Das Problem des geistigen Seins

Untersuchungen zur Grundlegung der Geschichtsphilosophie und der Geisteswissenschaften

von

Nicolai Hartmann

1933

Walter de Gruyter & Co.

vormals G. J. Göschen'sche Verlagshandlung / J. Guttentag, Verlagsbuchhandlung / Georg Reimer / Karl J. Trübner / Veit & Comp.

Berlin und Leipzig

Archiv-Nr. 42 02 32

Druck von Walter de Gruyter & Co., Berlin W 10

Vorwort.

Den Gegenstand der Geisteswissenschaften zu bestimmen, soweit er sich besondert in Literatur, Kunst, Sprache, Wissen, Religion, Moral, Recht u. a. m., ist Sache dieser Wissenschaften selbst. Darüber hinaus, sofern er in dieser Mannigfaltigkeit eine Einheit bildet und Erscheinungen zusammenfaßt, die in gemeinsamem Gegensatz zur Welt des Materiellen und zu dem kaum weniger mannigfaltigen Gegenstande der Naturwissenschaften stehen, liegt seine Bestimmung weit über die Kompetenz und Methode der Geisteswissenschaften hinaus und bildet ein Thema philosophischer Untersuchung.

Die besonderen Wissenszweige können wohl zeigen, wie ein bestimmter geschichtlicher Gang literarischer oder künstlerischer Entwicklung sich gestaltet, aber nicht, welche Seinsweise die Entwicklung selbst hat, und wie sie sich grundsätzlich zum gröberen Sein der dinglichen Welt verhält, in die sie ontisch eingebettet ist. Man braucht auf diesen Punkt nur das Augenmerk zu richten, um zu erkennen, daß hier das allgemeine Problem des geistigen Seins als solchen herausspringt. Mit ihm hat es das vorliegende Buch zu tun.

Man mißverstehe das Unterfangen nicht. Das Wesen des geistigen Seins ist in allen seinen Erscheinungsformen tief rätselhaft. Sein Problem ist im Grunde ein metaphysisches. Es gehört also nicht zu denen, die man in einem übersichtlichen Verfahren eingrenzen, behandeln und lösen könnte. Seine Geschichte ist zudem mit den schwersten Irrtümern belastet. Fast alle Versuche, das geistige Sein zu fassen, sind der Einseitigkeit, dem traditionellen Vorurteil oder der spekulativen Konstruktion verfallen; sie bewegen sich vorwiegend in den Extremen der Weltanschauung, neigen dazu, den Geist entweder als Grundlage aller Dinge oder als bloßes Beiwerk der Dinge zu verstehen. Daß sie damit den Phänomenen des geistigen Seins — als dem Bestande einer gegebenen Mannigfaltigkeit — nicht gerecht werden können, liegt auf der Hand.

Diese Sachlage ist heute kein Geheimnis mehr. Dennoch wird sie unausgesetzt von neuen Theorien, in denen die alten Vorurteile wiederkehren, aufs neue verschleiert. Es ist, als bestünde die geschichtliche Erfahrung, die der Geist an dem großen Rätsel seines eigenen Seins macht, garnicht für ihn.

Daß es demgegenüber einen schlichten Weg des Vordringens gibt, der sich eben diese geschichtliche Erfahrung zunutze macht und sich im übrigen rein an die Phänomene des Geisteslebens selbst hält, ohne sich in weitgehende Schlüsse zu verlieren, — einen Weg, der überall am Greifbaren und Aufweisbaren, ja nötigenfalls am scheinbar Äußeren einsetzt, nichtsdestoweniger aber dem Wesen des geistigen Seins besser auf die Spur kommt als die konstruktiven Theorien, — dieses darzutun und mit der Tat zu erweisen ist die Aufgabe der vorliegenden Untersuchungen.

Es handelt sich um einen Weg, der in mancher Hinsicht von Vorgängern gebahnt ist. Das Hauptverdienst fällt hierbei Wilhelm Dilthey zu, in dessen Arbeitsweise es lag, geistesgeschichtlich und philosophisch zugleich vorzudringen. In verschiedener Richtung haben Andere sodann seine Lebensarbeit fortzusetzen gewußt. Blickt man auf die Teilgebiete des Problems hin, so findet man allenthalben wertvolle Beiträge. Aber die Fülle der Phänomene ist nicht erschöpft, auch nicht, soviel ich sehen kann, irgendwo grundsätzlich als Ganzes in Angriff genommen. Ja, es will mir scheinen, nicht einmal das gefährliche Erbe Hegels ist im Sinne seiner fruchtbarsten Intentionen ausgewertet worden. Die kritisch Eingestellten haben hier wohl immer zu stark die Gefahr empfunden, die spekulativ Veranlagten aber sind ihr erlegen.

Ich muß es hier aussprechen, daß es gerade die langjährige, immer wieder neu einsetzende innere Auseinandersetzung mit der Hegelschen Philosophie des Geistes gewesen ist, was mir die Zugänge zu dem Problem erschlossen hat, dessen Aufrollung ich hier vorlege. Daß bei Hegel hinter der Metaphysik des Geistes ein wertvolles Stück echter, an der Geschichte gewonnener Phänomenologie des Geistes steht — womit ich das Werk nicht meine, das diesen Titel trägt —, ist eine Einsicht, deren Gewicht mir erst langsam, im Maße meines eigenen Loskommens von der Hegelschen Dialektik und Metaphysik, zum Bewußtsein gekommen ist. Es ergab sich daraus, daß es für das Problem des geistigen Seins noch einer anderen Scheidung des Lebendigen und Toten in Hegel bedurfte, als Croce seinerzeit sie zu geben vermochte.

Von hier aus bis zur Zusammenschau der ungeheuren Problemfülle war freilich noch ein weiter Weg. Allein, im einsamen Denken, hätte ich ihn schwerlich zurücklegen können. Die Hilfe kam von einer Reihe jüngerer Köpfe, die sich in den Jahren 1929/30 in meinem Kölner Disputierkreis zusammenfanden und zwei Semester lang fortlaufend mit mir den geschichtsphilosophischen Problemen nachgingen. In den Protokollen dieser Verhandlungen findet sich vieles vorgezeichnet, was diesem Buche dem Inhalt wie der Richtung nach die Grundlinien gegeben hat. Es liegt im Wesen solcher Diskussionen, daß sich das Mein und Dein des geistigen Gutes verwischt; der Beitrag des Einzelnen verschwindet in der gemeinsamen Sache. Verwerten aber läßt sich das Ganze nur einheitlich, wennschon der Autor es nicht als das seinige allein bezeichnen darf.

In diesem Sinne kann ich das vorliegende Buch nicht einfach das meinige nennen. Ich setze daher die Namen derer hierher, die meinem Empfinden nach neben mir den Hauptanteil daran haben: Heinrich Springmeyer, Robert Heiß und Bodo v. Waltershausen. Es sind Namen, die den Fachgenossen heute nicht mehr ganz unbekannt sein dürften.

Nicht darum ist es mir zu tun, die Mitarbeit dieser Helfer mit einem bloßen Dank zu quittieren. Das Verhältnis ist vielmehr dieses: was ich in diesem Buche vorlege, ist in vielen Stücken ebensosehr das ihrige wie das meinige. Und was immer davon später einmal einer von ihnen als das seinige in Anspruch nehmen sollte, muß ihm von vornherein als das seinige zugestanden sein.

Berlin, im August 1932. Nicolai Hartmann.

Inhalt.

Seite

Erster Teil.

Der personale Geist.

I. Abschnitt. Eingrenzung des Problems.

II. Abschnitt. Ontologische Grundbestimmungen.

Zweiter Teil.

Der objektive Geist.

I. Abschnitt. Das Grundphänomen und die Theorien.

II. Abschnitt. Objektiver Geist und Individuum.

Dritter Teil.

Der objektivierte Geist.

I. Abschnitt. Phänomen und Formen der Objektivation.

II. Abschnitt. Geschichtliches Sein des objektivierten Geistes.

III. Abschnitt. Objektivierter und lebender Geist.

Geschichtsphilosophische Einleitung.

1. Die drei Aufgaben der Geschichtsphilosophie.

Das Problem des geistigen Seins ist nicht einfach das der Geschichtsphilosophie. Weder ist Geschichte bloß Geistesgeschichte, noch ist der Geist bloß Geschichtlichkeit. Wohl aber hat aller Geist seine Geschichtlichkeit; und wohl ist mit Geschichte im strengen Sinne allemal Geschichte des Menschen gemeint. Der Mensch ist geistiges Wesen, das einzige dieser Art, das wir kennen. Er ist gewiß nicht „nur" geistiges Wesen, aber eben doch „auch" und wesentlich geistiges Wesen. Und als solches ist er geschichtliches Wesen. Das geistlose Sein hat keine Geschichte.

Dieser Zusammenhang rückt das Problem des geistigen Seins von vornherein in die nächste Nähe des geschichtsphilosophischen Problemkreises. Es bedarf hier vor aller Untersuchung einer Abgrenzung und einer positiven Fassung des Problemzusammenhanges. Beides dürfte am ehesten gelingen, wenn man bewußt von geleisteter Vorarbeit ausgeht. Und es kann keinem Zweifel unterliegen, daß diese in unserer Zeit nicht beim Problem des geistigen Seins liegt, sondern beim Problem der Geschichtsphilosophie. Das ist der Grund, warum diese Einleitung eine geschichtsphilosophische sein muß.

Sie beschreibt damit einen Umweg. Aber der Umweg ist bei gegebener Problemlage immer noch der kürzeste, relativ auf sie also der gerade Weg.

Die Problemlage selbst ist indessen eine gespaltene. Und das ist tief charakteristisch für die geschichtsphilosophischen Versuche unserer Tage. Was eigentlich hat eine Philosophie der Geschichte neben der positiven Geschichtsforschung zu suchen? Das ist die Frage nach der Frage, die sie zu stellen hat. Und schon in ihr ist keine Einhelligkeit. Einig ist man sich nur, daß es Geschichtsprobleme gibt, die keine solchen der Geschichtsschreibung sind. Aber welches sie sind und in welcher Grundfrage sie konvergieren, darüber ist Streit.

Wo Streit ist in der Wissenschaft, da gibt es ein lebendiges Verhältnis zur Sache, da stehen Perspektiven offen. Die Philosophie zumal hat stets aus ihren Fehden am meisten gelernt. Gerade die Vielspältigkeit der Meinungen im philosophischen Geschichtsproblem ist lehrreich. Sie beweist, daß es mehr als eine Problemgruppe gibt, die zu bewältigen wäre. Es ist deswegen sinnvoll, die Vielspältigkeit ernstzunehmen und auszuwerten. Denn eben die Mannigfaltigkeit der Fragen wie der Arten des Vorgehens dürfte anzeigen, daß hier nicht alles auf eine einzige Grundfrage hinausläuft — oder auch, daß die Grundfrage, die vielleicht wirklich dahinter steht, noch nicht zur Spruchreife gelangt ist.

Man kann hier drei Problemgruppen unterscheiden, die alle im heutigen Denken vertreten sind, sich aber dem Inhalt, der Interessenrichtung und den Vertretern nach sehr bestimmt voneinander abheben.

1. Wir kennen aus den Quellen nur Teile des Geschichtsprozesses. Wie verläuft er als Ganzes? Wohin geht seine Tendenz, wenn man ihn über die Gegenwart hinaus in die Zukunft verfolgt? Gibt es in ihm Ziele, auf die er hinsteuert? Oder wenigstens Gesetze, die ihn beherrschen?

2. Unser Wissen um das geschichtlich Ferne ist nicht nur lückenhaft, sondern auch inadäquat, voller Vorurteile und habitueller Fehler. Wie hat geschichtliche Erkenntnis zu arbeiten, sofern sie Anspruch auf wissenschaftliche Geltung macht?

3. Unser eigenes Leben und Erkennen ist geschichtlich eingebettet. Wir kennen es naiverweise nur in seiner Unmittelbarkeit, nehmen seine Formen für absolute, uns selbst als objektive Beurteiler. Wie aber sind wir selbst — einschließlich unseres geschichtlichen Verstehens — geschichtlich bedingt? Wie ist unsere eigene Geschichtlichkeit ontisch aufgebaut? Und wie kommen wir als Suchende und Verstehende über die eigene geschichtliche Bedingtheit hinweg?

Von diesen drei Problemgruppen ist die erste die der Geschichtsmetaphysik, die zweite die der Methodologie historischen Denkens, die dritte die des Historismus und seiner Überwindung. Die erste hat mit der positiven Geschichtsforschung noch den Gegenstand gemeinsam, den Gang der Weltgeschichte; sie fragt nur anders nach ihm. Sie ist der Einstellung nach naiv, die Theorien, die sie hervortreibt, sind allesamt dogmatisch. Die Gefahr, der sie ausgesetzt bleibt, ist die alles spekulativen Denkens, die konstruktive Grenzüberschreitung möglichen Wissens. In der zweiten Problemgruppe setzt die philosophische Kritik des historischen Denkens ein, radikal genug, um nicht nur die Geschichtsspekulation, sondern zugleich auch das positive Forschen des Historikers zu betreffen. Der Historismus endlich lenkt die Frage der Kritik wieder auf die des Geschichtsprozesses zurück, indem er die Aspekte, gegen welche sich die Kritik richtet, wiederum als Produkte ebenderselben geschichtlichen Entwicklung zu fassen sucht, deren Verlauf in ihnen begriffen werden sollte.

So könnte es scheinen, daß die drei Problemgruppen einander in eindeutig aufsteigender Linie überhöhen. Ja, es läge nahe, in der dritten eine Art Synthese der beiden ersten zu sehen, — wenn nicht gerade in ihr die Rückbeziehung auf den Prozeß die Eindeutigkeit der Frage untergrübe. Ist das Wissen um den Geschichtsprozeß selber geschichtsbedingt, so ist das kritische Wissen um diese Bedingtheit doch erst recht bedingt durch ein Wissen um den Geschichtsprozeß. Hier liegt offenbar ein Zirkel vor. Die Kritik fängt sich im eigenen Netz. Die historistische Problemgruppe, so sehr sie folgerichtig und unvermeidlich als Aufgabe dasteht, ist in ihren Voraussetzungen dialektisch. Und solange man die Dialektik nicht lösen kann, ist das Ausgehen von ihr illusorisch.

Das ist der Grund, warum man einstweilen die beiden ersten Problemgruppen als selbständige und von ihr unberührte betrachten muß, insoweit sie die heutige Sachlage in der Geschichtsphilosophie herbeigeführt haben.

2. Die Metaphysik der Geschichte.

Die Mannigfaltigkeit der spekulativen Geschichtsdeutungen beschränkt sich nicht auf die eigentliche Geschichtsphilosophie. Schon das mythische Denken beginnt damit. Wohlbekannt ist die uralte Auffassung, nach der am Anfang ein „goldenes Zeitalter" steht, ein Paradieseszustand der Vollkommenheit, gegen den alle weitere Entwickelung nur fortgesetzte Verschlechterung, der Geschichtsprozeß also ein einziger großer Abstieg ist. Jünger ist die umgekehrte Perspektive, die Vollkommenheit und Glückseligkeit in ferner Zukunft erwartet und im Prozeß des Weltgeschehens optimistisch den Aufstieg zu ihr sieht. Ihre Spuren finden wir auf der Höhe des Griechentums, nicht nur in der Platonischen Utopie, die sichtlich noch an ein nahes Zukunftsbild glaubt, sondern auch in der auf sehr nüchtern-realistischem Boden gewachsenen Vertragstheorie, wie Epikur sie uns erhalten hat.

Für das Denken der christlichen Völker hat Augustin den Gedanken des Aufstieges in klassischer Form als das Durchdringen und die Ausbreitung des Reiches Gottes auf Erden gezeichnet. Er schuf damit die Grundidee des teleologischen Geschichtsbildes, das Vorbild der Geschichtstheorien des deutschen Idealismus.

Im Gegensatz zu Herders Idee eines universalen Entfaltungsprozesses, der noch deutlich die Form eines höheren Naturprozesses an sich trägt, arbeitet sich bei Kant in vorsichtig kritischer Fassung der Gedanke des moralischen Endzweckes durch. Wohl sind die Kräfte, die zur Verwirklichung treiben, keine moralischen — sie liegen im „Antagonism" der menschlichen Anlagen und Interessen —, doch aber sind sie so beschaffen, daß sie den Menschen zur „bürgerlichen Gesellschaft", zur „Freiheit unter äußeren Gesetzen" hindrängen. Die Teleologie des Endzweckes ist hier noch nicht zur metaphysischen These erhoben. Sie verbirgt sich noch hinter der Unverbindlichkeit eines „Als Ob" — freilich eines nicht als bloße Fiktion verstandenen.

Die spekulativen Systeme des Idealismus lassen dann sehr schnell alle kritischen Vorbehalte fallen, wie in den Grundlagen so auch im Geschichtsproblem. Schelling ging in diesem Punkte schon mit dem „System des transzendentalen Idealismus" allen voran (1800). Über den Endzweck ist hier kein Streit mehr; in Frage steht nur, wie seine Verwirklichung in der Geschichte als garantiert zu denken ist. Beim Tun des Menschen kann die Gewähr dafür nicht liegen — nicht weil das Tun des Menschen begrenzt ist, auch nicht weil er etwa der Freiheit ermangelte, sondern gerade weil er Freiheit hat. Freiheit eben ist das Gegenteil aller Gewähr für einheitliche Richtung des Prozesses; sie ist ihrem Wesen nach Freiheit zum Bösen wie zum Guten, kann also diesem ihrem Wesen nach nicht die Tendenz auf das Gute hin garantieren. Darin erblickt Schelling den Beweis dafür, daß es ein Walten Gottes in der Geschichte geben muß. Nur Notwendigkeit, die über alle Freiheit übergreift und sie ausgleichend in ihren größeren Duktus einbezieht, kann Verwirklichung gewährleisten. Und so erscheint hier der Mensch als Schauspieler auf der Bühne des Weltgeschehens, Gott aber als Dichter des großen Dramas.

Das ist nur ein Auftakt. Sind die Grenzen vorsichtigen Wägens einmal überschritten, so ist kein Halten mehr. Fichtes Schrift von den „Grundzügen des gegenwärtigen Zeitalters" (1806), die ein Strafgericht der Aufklärung sein wollte und es für die Besinnlichen auch zweifellos war, gibt eine Periodisierung der Geschichte nach zwei Gesichtspunkten, der Vernunft und der Freiheit, die beide zusammen den Endzweck ausmachen sollen. Im Anfang herrscht die Vernunft widerstandslos, aber ohne Selbstbewußtsein und ohne Freiheit, — ein Zustand der Unschuld, der deutlich sein Vorbild im Paradiesesmythos hat. Ihm folgt die Epoche beginnender Freiheit und Sündhaftigkeit. Die Freiheit nimmt hier die Richtung der Auflehnung gegen die Gebote der Vernunft, weil sie diese für äußere Autorität hält, nicht wissend, daß sie die ihrigen sind. Diese Entwicklung läuft in den offenen Kampf gegen die Vernunft aus, die entfesselte Freiheit feiert den allgemeinen Kehraus aller höheren Gültigkeiten. Diese Epoche versteht Fichte als die der Aufklärung und schildert sie als Zeitalter der vollendeten Sündhaftigkeit. Aber die Freiheit kann als rein auflösende nicht bestehen, d. h. sie kann ohne Vernunft nicht bestehen. Sie muß also, einmal erwacht, schließlich einsehen, daß die Gültigkeiten, gegen die sie anging, die ihrigen sind. Sie entdeckt damit ihre Einheit mit der Vernunft und muß zu dieser zurückkehren, indem sie ihr eigenes Wesen erfüllt. Daher sieht Fichte im weiteren Lauf der Weltgeschichte ein Zeitalter der beginnenden Rechtfertigung und Heiligung heraufkommen, an dessen Schwelle er sein eigenes philosophisches Wirken erblickt. Als fünfte und letzte Epoche steht dann folgerichtig die vollkommene Synthese dessen da, was von Anbeginn im Grunde eins war, die Synthese von Freiheit und Vernunft, das goldene Zeitalter der Zukunft, die vollendete Rechtfertigung und Heiligung.

Zwei Dinge fallen in dieser Geschichtskonstruktion auf: die Vereinigung von Abstieg und Aufstieg und der ungleichartige Gang der beiden Momente des Endzweckes, Vernunft und Freiheit. Glückhafter Zustand ist am Anfang und am Ende, die Unseligkeit liegt in der Mitte. Aber ein Tiefstand ist sie nur im Hinblick auf die Vernunft. Sie ist eben Sündhaftigkeit. Aber die Sündhaftigkeit ist eine Phase der erstarkenden Freiheit. Die Freiheit beginnt in Fichtes Geschichtsbild mit dem Nichts: im Anfang ist gebundene Vernunft ohne Freiheit, in der Mitte ist entfesselte Freiheit ohne Vernunft, am Ende erst finden sich beide und steigern sich gegenseitig zur Vollendung. Der Gang der Freiheit in der Geschichte also ist eindeutiger Aufstieg, während der der Vernunft mit dem Abstieg beginnt, um erst vom Tiefstande ab wieder aufzusteigen. Freiheit und Vernunft beschreiben gleichsam verschiedene Kurven in der selben Zeit. Sie überschneiden und verfehlen sich, bis sie zuletzt zusammentreffen.

Für die Geschichtsmetaphysik ist das nicht ohne Bedeutung. Es liegt darin der Anfang der Einsicht, daß das Werden der Menschheit, selbst wenn man es idealistisch-teleologisch deutet, nicht aus der Einheit eines Prinzips allein verstanden werden kann.

3. Hegels Geschichtsphilosophie.

Die Hegelsche Philosophie hat einen Abschluß dieses gedanklichen Ringens gebracht, der die Einseitigkeiten der Vorgänger weit hinter sich läßt und an Großartigkeit alles übertrifft, was die Philosophie im Geschichtsproblem hervorgebracht hat. Da für die folgenden Untersuchungen dieses Geschichtsbild in mehr als einer Hinsicht — auch gerade im Hinblick auf das Problem des geistigen Seins — einen Gegenstand dauernder Auseinandersetzung bildet, so ist ein Überblick über seine Thesen hier nicht zu vermeiden. Die nachstehenden Thesen freilich bilden nur eine Auslese aus seinem Gedankenreichtum und prätendieren nicht auf Vollständigkeit. Sie sind im Hinblick auf das Weitere ausgewählt.

1. Die Vernunftmetaphysik des Idealismus geht bei Hegel in eine Metaphysik des Geistes über. Träger des Geschichtsprozesses ist der „objektive Geist", ein Wesen höherer Ordnung über dem Einzelmenschen, eine allgemeine Geist-Substanz mit eigener Seinsweise und eigenem Leben. Die individuellen Geister verhalten sich zu ihm wie Akzidentien. Nicht sie, sondern er in ihnen ist das Eigentliche, um das allein es geht. Die Individuen sind nur unvollständige Ausprägungen seines Wesens. Sie bestehen nie außerhalb seiner, sind ganz getragen von ihm. Sie können sich wohl verblendet von ihm „abscheiden", aber der „abgeschiedene Geist" ist todgeweiht.

2. Dahinter steht die allgemeine Grundthese: der Geist ist alles. Er ist nach Hegel auch die Wahrheit des Geistlosen, des Materiellen, des Lebendigen — nur eben nicht in seiner eigentümlichen Gestalt. Er erwacht im Menschen, gelangt zum Bewußtsein, erkennt sich in ihm aber noch keineswegs vollständig. Er bleibt als unerkannte geistige Gemeinsubstanz hinter der Vielheit der Individuen stehen. Und diese leben aus ihm heraus und in ihm.

3. Die allgemeine Geist-Substanz ist nicht nur Träger, sondern auch Leiter des Weltprozesses. Weltregierung ist die Vernunft. Der Plan des Geschichtslaufes ist das Zusichkommen der Vernunft.

4. Das Wesen der Vernunft ist die Freiheit, Endzweck der Geschichte das Sein der Freiheit, ihre Selbstverwirklichung. Auf diesen Endzweck ist der Prozeß selbstläufig gerichtet, was auch der Einzelmensch in ihr verfolgen möge. Auch in seinem Tun steckt, ihm unbewußt, jederzeit die Tendenz des Geistes zu sich selbst.

5. Die Weltgeschichte ist daher der „Fortschritt im Bewußtsein der Freiheit". Das ist ihr inneres Grundgesetz. Der Geist ist zwar „an sich das Freie", aber Freiheit ist nur „wirklich", wenn der, welcher sie hat, um sie weiß. Er ist anders vielmehr tatsächlich unfrei. Seit alters her sind die Völker in dem Maße frei gewesen, als sie „um ihre Freiheit gewußt haben".

6. Dennoch ist es nicht so, daß alles Gewicht auf dem Endstadium läge, und darin besteht der Hauptunterschied des Hegelschen vom Fichteschen Geschichtsbilde: Der Prozeß selbst ist das Wesentliche der Geschichte, jedes Stadium ist eine eigentümliche Gestalt des Geistes, die nicht wiederkehrt. Der Prozeß ist in das Resultat nur aufgehoben, die geschichtliche Geisteserbschaft der Völker ist die Erhaltung des Wahren in ihnen. Im Ganzen gesehen müssen Prozeß und Resultat inhaltlich zusammenfallen. Denn „die Wahrheit ist das Ganze".

7. Im so verstandenen Prozeß geht zwar ein einheitlicher „Weltgeist" durch die Vielheit der geschichtlichen Gestalten. Aber da er sich in diesen entfalten muß, so zerfällt er in die Vielheit der „Volksgeister". Und

damit treibt er verschiedene „Prinzipien" oder Grundideen geschichtlichen Geistes hervor. Die einzelnen Volksgeister haben jeder sein eigenes „Prinzip", das zu realisieren ihre Aufgabe in der Welt ist. Der Geschichtsprozeß ist die Abfolge der Volksgeister und darum als Ideengeschichte die Abwandlung der „Prinzipien" des Geistes.

8. Die Selbstverwirklichung eines solchen „Prinzips" setzt im geschichtlichen Leben eines Volkes weit vor dem Bewußtsein des Prinzips ein. Das Prinzip wirkt als dunkel gefühlte, innerlich-schicksalhafte Aufgabe im gegebenen Völkerkreise der Zeit. Die Verwirklichung des Prinzips aber ist die Selbstverwirklichung des Volkes.

9. Dem entspricht die Periodizität in der Entwicklung eines Volksgeistes in Jugend, Höhe und Alter. Die Jugend eines Volkes, die Zeit harten Emporringens, ist nach Hegel das glückhafte Zeitalter in seiner Geschichte. Hier ist das Individuum noch ganz geborgen im halb unbewußten Gemeingeiste; es ist noch nicht aus ihm herausgetreten zur Selbständigkeit, fühlt sich ganz als Glied des Ganzen. Hier schafft das Volk unbewußt aus seinem Prinzip heraus. Je mehr es der Reife und dem Alter zugeht, um so mehr geht das Schaffen in ein Genießen der Früchte über. Aber die Kraft erlahmt im Genuß; das Individuum tritt hervor, fühlt sich als Selbständiges, scheidet sich damit ab vom Ganzen. Das ist der Anfang der Auflösung. Ein Volk, das verwirklicht hat, was seine Aufgabe war, hat in der Welt nichts mehr zu suchen. Es stirbt ab. Die in Wahrheit Genießenden seiner Früchte sind die nachfolgenden Völker, die ein neues Prinzip in die Welt tragen.

10. Die Mittel der Selbstverwirklichung des Geistes sind die privaten Leidenschaften der Individuen. Die Vernunft bedient sich ihrer, sie überlistet in ihnen den Menschen von innen heraus: sie macht es, daß er im Verfolgen der persönlichen Zwecke jederzeit zugleich ein anderes betreibt und verwirklichen hilft, die Realisation des gemeinsamen Prinzips. Das ist die „List der Vernunft" in der Geschichte. In dieser Form waltet nach Hegel die Vernunft als Vorsehung in der Geschichte; und damit hängt die eigenartige Stellung der Freiheit bei ihm zusammen. Der Mensch dient dem Prinzip, ohne es zu wissen. Seine Moralität aber ist es, eben dieses auch wissend und aus freier Selbstbestimmung um des Prinzips willen zu tun. So ist seine Freiheit in die Vorbestimmung einbezogen.

11. Im allgemeinen weiß weder der Einzelne noch die Menge, was das eigentliche „Gewollte" in ihrem Wollen und Streben ist. Alles Große aber in der Geschichte geschieht dort, wo es ins Bewußtsein rückt und mit freiem Einsatz der Person verfolgt wird. Darum ist es wichtig, daß der Menge gesagt werde, was sie eigentlich und in Wirklichkeit „will". Das ist die Aufgabe und das Tun des geschichtlich großen Individuums.

Die großen Männer der Geschichte sind nicht die, welche mit eigenen Ideen vor die Menge treten und sie etwa mitreißen zu dem, was sie nicht „will"; sondern diejenigen, die der Menge zu sagen wissen, was sie „in Wirklichkeit will". Das Wollen allein tut es nicht, so wenig wie das Freisein ohne Bewußtsein: man muß auch wissen, was man will. Das Individuum wächst zur geschichtlichen Größe an, indem es sich zum Bewußtsein des gemeinsamen Geistes erhebt. Es gibt diesem damit sein Fürsichsein.

12. Darum ist alles gewaltsame Weltverbessern illusorisch, alle Berufung darauf, „wie es sein sollte", alle unorganische Umwälzung, alle Besserwisserei des Einzelnen oder einer Gruppe, alle projizierte Ideologie. Es gibt realgeschichtlich nur den stetigen und innerlich notwendigen Gang des objektiven Geistes. Ihm vorgreifen ist Verblendung. Für jede Zeit ist etwas Bestimmtes das Wahre, und für jede ein anderes: das, was im Gange des objektiven Geistes am Werden ist, bzw. was seiner jeweiligen geschichtlichen Fortbewegung entspricht. Ebenso ist aller Pessimismus schief: das Gute ist nicht an den Endzweck verhaftet, es ist immer schon da, immer in Verwirklichung begriffen. Nur der vermag es nicht zu sehen, der keinen Teil an ihm hat. Darum will er ein vermeintlich „Besseres". Er ist aber von der Geschichte selbst bereits überholt; sie gerade übt Kritik, indem sie fallen läßt, was nicht der Wandlung fähig ist. Sie ist zugleich das Weltgericht.

4. Materialistische Geschichtsphilosophie.

Die Hegelschen Thesen einer Kritik zu unterwerfen, erübrigt sich. Kritisiert sind sie oft worden, und zwar immer mit dem gleichen Effekt. Es läßt sich wohl leicht zeigen, wo und wie sie die Grenzen des Haltbaren spekulativ überschreiten; aber damit ist wenig gewonnen, denn wie man den Reichtum der in ihnen gefaßten Geschichtsphänomene dann zu fassen hat, dafür ermangelt es der maßgebenden Gesichtspunkte. Darüber ist kein Streit, daß sie metaphysisch unterbaut sind und daß man mit aller Kritik nur die Konsequenzen dieser Unterbauung trifft. In der vorliegenden Form wird kein Heutiger die Thesen akzeptieren. Aber trotzdem spürt man es leicht, daß man mit dem bloßen Abtun ihnen nicht gerecht wird. Es ist damit wie stets in der Philosophie: was leicht zu widerlegen ist, dessen Sinn liegt nicht im Widerlegbaren.

Es wird daher noch die Aufgabe einer späteren Untersuchung sein, zu diesen Thesen eine nicht nur kritisierende, sondern auswertende Stellungnahme herauszuarbeiten. Wie sehr diese Aufgabe eine eminent affirmative, aber bislang unerfüllte ist, läßt sich vorgreifend noch gar nicht zeigen [1]). Einstweilen aber genügt es, sich diesseits aller Auswertung an das Geschichtsbild, die Konstruktion als solche, zu halten. Und dazu ist es belehrend, der Hegelschen Geschichtsmetaphysik ihr Gegenstück, die „materialistische", gegenüberzustellen.

Die letztere ist in bewußtem Gegensatz zu Hegel von Marx geschaffen. Sie ist im Grunde keine Geschichts-, sondern eine Sozialtheorie, greift aber doch so stark in die Geschichtsdimension über, daß sich ein ebenso konstruktives Geschichtsbild ergibt. Der Gegensatz aber kommt dadurch zustande, daß sie nicht von der Sphäre des Geistes, sondern von der des Bedürfnisses und der Wirtschaft ausgeht.

Nach Marx entscheiden in der Geschichte immer die ökonomischen Verhältnisse, und zwar speziell die Produktionsverhältnisse. Sie entscheiden nicht nur über Markt, Börse, Handelspolitik, nicht nur über Lebenshaltung und äußeres Wohlergehen, sondern erst recht über die geistigen Strömungen und ihren Wandel. Aller menschlichen Betätigung und aller Entfaltung menschlicher Verhältnisse liegt der ständige Lebensbedarf zugrunde. Der Mensch muß sein Leben fristen. Er muß beschaffen, wessen er bedarf, muß „produzieren".

Das Beschaffen wiederum hängt an den Mitteln und Kräften, mit denen er arbeitet. Die Art des Werkzeuges, der ausgenutzten Naturkraft, der eigenen Arbeitskraft, die er einsetzt, sind das Entscheidende. Die Produktionsform also ist bestimmt durch die Produktionsmittel. Ein einfaches Werkzeug kann jeder besitzen, Maschinen kann nur der Kapitalist besitzen. Das Aufkommen der Maschine als Produktionsmittel zwingt also dem, der mit ihr arbeitet, ein Dienstverhältnis auf, das sein Leben von Grund aus umgestaltet. Die Produktionsform ist eine andere geworden, und mit ihr die Lebensform.

Die Produktionsform ihrerseits treibt somit weiter eine bestimmte Gesellschaftsform hervor. Sie läßt ganze Klassen entstehen, gibt ihnen das Gepräge, die Interessenrichtung und das soziale Verhältnis zu anderen Klassen, spitzt die Gegensätze zu und läßt den „Klassenkampf" entstehen. So greift sie gestaltend durch in das soziale, politische, geistige Leben. Denn jede Art gesellschaftlicher Verhältnisse prägt sich in geistigen Tendenzen, Ideen, Wertungen aus. Das aber heißt: die Gesellschaftsform ist weiter bestimmend für die „Ideologie".

In der Konsequenz dieser dreifach gestaffelten Abhängigkeit liegt es nun ferner, daß der Ideologiebegriff sich ungeheuer erweitert und schließlich die ganze Fülle der geistigen Welt mit all ihren Sondergebieten umfaßt: die Moral, das Wissen, die Bildung, Kunst, Weltanschauung, Religion. Auf der geschichtlichen Verschiedenheit der Besitz- und Arbeits-

[1]) Vgl. unten II. Teil, Kap. 18.

verhältnisse erhebt sich so in voller Abhängigkeit von ihr ein ebenso mannigfaltig variierender Überbau von Anschauungen, Denkweisen, Wertschätzungen, Vorurteilen, Illusionen. Jeder Klassentypus, jede soziale Lebensform erscheint auf diese Weise notwendig gefolgt vom Epiphänomen des besonderen Geistes, der ihr entspricht (des „Bewußtseins" sagt Marx, aber er meint den ganzen Typus und die Richtung des Geisteslebens). Nicht der Geist also bestimmt das geschichtliche Sein, sondern das geschichtlich gewordene Sein — und letzten Endes das ökonomische — bestimmt den Geist. Und nicht der Geist lenkt die Geschichte, sondern er wird in ihr sehr gröblich gelenkt durch die wirtschaftlichen Mächte.

Freilich muß er auch zurückwirken auf diese. Die Ideologie erweist sich eben doch auch als ein geschichtlicher Faktor — ein sekundärer zwar, aber einmal entstanden nicht ohne beträchtliche Stoßkraft. Das kommt bei Marx sehr plastisch heraus in seiner Theorie des Klassenkampfes; denn dieser wird im Namen einer spezifischen Ideologie geführt. Engels und die späteren Fortbildner der Theorie sind darin noch weiter gegangen, bis zu einer Art Wechselwirkung von Ideologie und Ökonomie, oder einer gegenseitigen Anpassung aneinander. Aber damit wird das Grundverhältnis, wie es Marx gezeichnet, nicht aufgehoben, daß das ganze geistige Leben erst einmal von den wirtschaftlichen Mächten hervorgetrieben ist, und alles neue Hervortreiben aus derselben Quelle kommt. —

Auch diese Thesen sollen hier nicht kritisiert werden. Sie werden ohnehin in unserer Zeit mehr diskutiert als irgendwelche anderen. Das letzte Wort ist über sie zweifellos noch nicht gesprochen. Auch dürfte die Krisis bei ihnen nicht so sehr im geschichtsphilosophischen Problemkreise liegen als im soziologischen und sozialpolitischen. In diesen aber handelt es sich um zu große Gegenwartsnähe und Aktualität. Für unser Problem liegt das Grundsätzliche auf anderer Ebene. Und damit rücken die Thesen in eine andere Perspektive.

5. Die grundsätzliche Fehlersituation in der Geschichtsphilosophie.

Hält man die Hegelsche und die Marxsche Geschichtsphilosophie gegeneinander, so fällt zunächst nur die Gegensätzlichkeit auf. Es ist ein fast kontradiktorischer Gegensatz der Position, in dem Punkt für Punkt die eine Theorie zu verneinen scheint, was die andere behauptet. Sofern nun, wie zu erwarten, in beiden ein Wahrheitskern steckt, so muß man schließen, daß die beiderseitigen Fehler in der Einseitigkeit der Ausgangspunkte liegen; und sofern diese auf beiden Seiten in gewissen Phänomenen bestehen, die sich jederzeit aufweisen lassen, so ist weiter zu schließen, daß beide Theorien nur einen Bruchteil des Gesamtphänomens der Geschichte vor Augen haben.

Indessen kommt man hier so billigen Kaufes nicht davon. Wo ein Gegensatz sich dem kontradiktorischen Verhältnis nähert, da muß — so lehrt die Logik — ein gemeinsames genus zugrundeliegen. Bei widersprechenden Theorien kann ein solches nur in der Gemeinsamkeit einer unausgesprochenen Voraussetzung liegen. Und wenn die letztere sich als irrig erweist, so stellt sich damit der Grundfehler beider als ein gemeinsamer heraus.

An diesem Punkte läßt sich neu einsetzen. Es fragt sich: wo liegt das gemeinsame Grundsätzliche, innerhalb dessen die Theorien einander widersprechen? Man wird es nicht innerhalb der Thesen suchen dürfen, sondern wie gesagt als Unausgesprochenes hinter ihnen. Man hat sich also beide Perspektiven auf ihre logischen Strukturen hin anzusehen. In der Form des Aufbaus verrät sich die metaphysische Voraussetzung.

Was sich da zeigt, ist etwas ganz Einfaches — ein Allzueinfaches. Beide Theorien setzen eindeutige Abhängigkeit zwischen den Faktoren des Geschichtsprozesses voraus. Nicht um zeitliche Abhängigkeit im Prozeß handelt es sich dabei — diese könnte ja auch eine homogene sein, zwischen Gleichartigem —, sondern um die in anderer Dimension gelagerte, an sich zeitlose Abhängigkeit der heterogenen Phänomengruppen im geschichtlichen Sein; letzten Endes also um das Abhängigkeitsverhältnis zwischen ungeistigem und geistigem Sein. Denn darum ist kein Streit, daß in dem Gesamtgehalt einer geschichtlichen Phase stets beides beisammen und in engster Beziehung ist. Es fragt sich nur, ob die geistige Entwicklungsphase die „materielle" (die ökonomisch-gesellschaftliche) bestimmt, oder diese die geistige.

Hier also liegt das Gemeinsame beider Theorien. Und erst von diesem Gemeinsamen aus läßt sich der Gegensatz genauer fassen. Beide suchen von einer einzigen Phänomengruppe aus das Ganze des geschichtlichen Seins zu verstehen. Bezeichnet man innerhalb des Ganzen das geistige Sein als die höhere Schicht, das wirtschaftliche als die niedere, so läßt sich formelhaft sagen: Hegel sucht das Ganze „von oben her" zu begreifen, Marx „von unten her". Beide aber suchen es ausschließlich von einem Ende her zu begreifen, nur eben vom entgegengesetzten. Hegel läßt keinen Raum dafür, daß neben dem Geiste und seiner Selbstverwirklichung auch noch ökonomische Dinge selbständig in die geschichtliche Entwicklung eingreifen könnten; Marx wiederum sieht keinen Spielraum ursprünglich geistiger Tendenzen neben den Auswirkungen der Produktionsformen vor. Beide also stimmen darin überein, daß sie nur einseitige, irreversible Abhängigkeit gelten lassen, das Ineinandergreifen selbständiger Determinationen verschiedener Schichten aber von vornherein ausschließen. Sie fassen beide das geschichtliche Sein rein monistisch auf, lassen nur eine Quelle bestimmender Mächte zu — als wäre es ausgemacht, daß deren nicht vielerlei verschiedene, durchaus autonome, nebeneinander bestehen und sich die Wage halten könnten.

So begehen sie beide denselben Fehler, nur mit umgekehrtem Richtungsvorzeichen. Man kann das auch so ausdrücken: sie tun beide so, als wäre von der Alternative auszugehen, geschichtliches Sein könnte nur entweder „von oben" allein oder „von unten" allein bestimmt sein. Sie übersehen beide, daß diese beiden Fälle keine Alternative ausmachen, daß die Disjunktion nicht vollständig ist, daß es noch sehr andere Formen der Bestimmtheit geben kann. Es kann nicht nur heterogene Determination in einem Geschichtslauf zusammenwirken — sich vielleicht befehden, gegenseitig beschränken oder auch intensivieren —, sondern es kann auch noch andere Schichten des geschichtlichen Seins, außer den extrem gelagerten, geben, und diese können ebenso wie jene auch eigentümliche und selbständige Bestimmung zum Ganzen beitragen. Die Gesellschaftsform z. B., die als solche weder ein ökonomisches noch ein geistiges Gebilde ist, könnte neben allen äußeren Faktoren, die bestimmend von oben oder unten in sie hineinspielen, auch noch ihrerseits ihr Eigengesetz haben, das als selbständige Determinante auf das Ganze Einfluß haben dürfte.

Was die extremen Theorien in ihrer Einseitigkeit gemeinsam haben, macht recht eigentlich die Problemlage der Geschichtsphilosophie aus — eine heute schon alte, aber noch keineswegs überwundene. Sie zeigt die typische Fehlersituation der Problemfassung selbst: das Problem ist von zwei Seiten angegriffen, aber von beiden nicht in seiner Ganzheit und Fülle ergriffen.

6. Allgemeiner metaphysischer Aspekt der Problemlage.

Was es mit einer solchen Fehlersituation auf sich hat, sieht man am besten an der Tatsache, daß sie in zahlreichen Problemen wiederkehrt. Am bekanntesten wohl ist sie in der Metaphysik des Organischen. Bis heute bekämpfen sich dort zwei entgegengesetzte Theorien, Mechanismus und Vitalismus. Jener erklärt „von unten", dieser „von oben" her. Das Kausalitätsprinzip ist und bleibt eine Kategorie der niederen Seinsschicht, der anorganischen Natur; die Teleologie dagegen — und aller Vitalismus operiert mit ihr, offen oder versteckt — ist und bleibt eine Kategorie der höheren Seinsschicht, des Bewußtseins. Daß der Organismus auch ein eigenes Determinationsprinzip haben könnte, das jenen beiden selbständig gegenüberstände, ist eine dritte Möglichkeit, die greifbar naheliegt, aber gegen die herrschenden und alteingewurzelten Vorurteile nicht aufkommt, obgleich auch empirischerseits die Anzeichen dafür nicht fehlen.

Nicht viel anders ist es im anthropologischen Problem, das heute wieder namhafte Köpfe beschäftigt. Der Mensch ist ein mannigfaltig geschichtetes Wesen, er ist zum mindesten geistiges und physisches Wesen ineins. Das Gegebene wäre, ihn aus eben dieser Schichtung heraus zu verstehen. Statt dessen sehen wir immer wieder Theorien aufkommen, die ihn entweder allein vom Geist (etwa vom Ethos und von der Freiheit) aus, oder allein vom Naturhaften aus verstehen wollen. Zu den letzteren sind auch diejenigen zu rechnen, die mit den Mitteln einer naturwissenschaftlich orientierten Psychologie vorgehen.

Allgemein läßt sich sagen, es herrscht in der Metaphysik die Tendenz vor, komplexe Gebilde einseitig-monistisch von oben oder von unten her zu begreifen, mit Kategorien also, die nicht ihre eigenen sind und bestenfalls nur Teilmomente in ihnen ausmachen, nicht aber die Eigenart des Ganzen erschließen können. Es spielt hier das althergebrachte Vorurteil hinein, Erklärung aus „einem Prinzip" sei die beste, Einfachheit sei das Siegel der Wahrheit. Man scheut sich vor jeder Art Vielheit der Prinzipien; man fürchtet den Pluralismus schon in seiner einfachsten Gestalt als Dualismus, über die hinaus man zumeist gar nicht reflektiert. So kommt es, daß wir in der Metaphysik zwei Grundtypen der Welterklärung haben, die einander fast unvermittelt, oft geradezu kontradiktorisch zugespitzt gegenüberstehen. Es gibt die Welterklärung „von oben" und die „von unten". Jene hält sich an Vernunft, Geist, Ideen, Gott, diese an Materie, Naturgesetze, Kausalität. Jene vergeistigt Materie und Natur, diese erniedrigt den Geist zum Annex der Materie.

Die lange Reihe der philosophischen „Ismen" zeigt deutlich diese Dualität des Typus. Der Fehler im Ausgang rächt sich in der Gespaltenheit und Unversöhnlichkeit der Denkweisen. Der Dualismus, den man in beiden Lagern zu fliehen suchte, ist so nicht zu vermeiden. Er kehrt in der Zweiheit der Lager selbst wieder. Die Gesamtsituation der Metaphysik eben ist eine charakteristische Fehlersituation. Der Fehler aber ist im Grunde auf beiden Seiten derselbe.

7. Ontologische Klärung der Sachlage.

Einen Grundfehler aufdecken und ihm abhelfen ist nicht dasselbe. Meist in der Philosophie beginnt nach der Aufdeckung erst die eigentliche Ratlosigkeit. Im vorliegenden Falle läßt sich das nicht sagen. Das Gesamtphänomen der „Welt", so undurchdringlich es im einzelnen sein mag, zeigt doch unbestreitbar und schon für den oberflächlichen Blick erkennbar den Charakter der Schichtung. Gelingt es, diesem Charakter wenigstens mit der Problemstellung gerecht zu werden, so ist die Fehlersituation behoben.

Um die Mehrschichtigkeit zu begreifen, genügt es, sich an allgemein Bekanntes zu halten. Niemand zweifelt, daß organisches Leben sich vom Physisch-Materiellen wesenhaft unterscheidet. Aber es besteht nicht unabhängig von diesem; es enthält es in sich, beruht auf ihm, ja die Gesetze des Physischen erstrecken sich tief in den Organismus hinein. Was nicht hindert, daß dieser über sie hinaus noch seine Eigengesetzlichkeit habe, die in jenen nicht aufgeht. Solche Eigengesetzlichkeit überformt dann die niedere, allgemein physische Gesetzlichkeit.

Ähnlich ist es mit dem Verhältnis des seelischen Seins zum organischen Leben. Das Seelische ist, wie die Bewußtseinsphänomene beweisen, dem Organischen durchaus unähnlich, es bildet offenbar über ihm eine eigene Seinsschicht. Aber es besteht überall, wo wir ihm begegnen, in Abhängigkeit von ihm, als getragenes Sein. Wenigstens kennen wir in der wirklichen Welt kein Seelenleben, das nicht vom Organismus getragen wäre. Wollte man nun hieraus schließen, daß es auch keine eigentümlichen Bestimmtheiten und Gesetze habe, die nicht in denen des Organischen aufgehen, so würde man wiederum das Phänomen verkennen und der „Erklärung von unten" verfallen. Die Psychologie hat es über jeden Zweifel erhoben, daß hier eine spezifisch seelische Eigengesetzlichkeit waltet; wir kennen sie zwar noch wenig (die Psychologie ist ja eine junge Wissenschaft), aber alles, was wir von ihr erfassen, zeigt deutlich ihre Eigenart, Selbständigkeit, Unableitbarkeit. Das seelische Sein ist also zwar getragenes Sein, aber in seiner Eigenart ist es bei aller Abhängigkeit autonom.

Schließlich ist es seit der Überwindung des Psychologismus eine wohlbekannte Tatsache, daß auch das Reich des geistigen Seins in dem des seelischen und seiner Gesetzlichkeit nicht aufgeht. Weder die logische Gesetzlichkeit noch das Eigentümliche von Erkenntnis und Wissen hat sich psychologisch ausschöpfen lassen. Noch viel weniger die Sphäre des Wollens und Handelns, der Wertung, des Rechts, des Ethos, der Religion, der Kunst. Diese Gebiete alle ragen, schon rein dem Phänomengehalt nach weit hinaus über das Reich der psychischen Phänomene. Sie bilden als geistiges Leben eine Seinsschicht eigener und höherer Art, mit deren Reichtum und Mannigfaltigkeit sich die niederen nicht entfernt messen können. Aber auch hier waltet das gleiche Verhältnis zum niederen Sein. Der Geist schwebt nicht in der Luft, wir kennen ihn nur als getragenes Geistesleben — getragen vom seelischen Sein, nicht anders als dieses vom Organischen und weiter vom Materiellen getragen ist. Auch hier also, und zwar hier erst recht, handelt es sich um Autonomie der höheren Schicht gegenüber der niederen, gerade in der Abhängigkeit von ihr.

8. Kategoriale Mannigfaltigkeit und Dependenzgesetzlichkeit.

Man sieht nun, worauf es in einem solchen Schichtenbau hinausläuft. Drei Punkte sind es, in denen sich das Verhältnis der Seinsschichten zusammenfassen läßt.

1. Jede Schicht hat ihre eigenen Prinzipien, Gesetze oder Kategorien. Niemals läßt sich das Sein einer Schicht aus den Kategorien einer anderen in seiner Eigenart verstehen, und zwar weder aus denen der höheren — denn sie treffen nicht zu —, noch aus denen der niederen — denn sie reichen nicht hin. Das Reich der Kategorien ist nicht monistisch angelegt; Erklärung der ganzen Welt aus einem Prinzip oder einer Prinzipiengruppe ist ein Ding der Unmöglichkeit. Wo und wie immer sie versucht wird, da führt sie zur Vergewaltigung kategorialer Eigenart. Das Kategorienreich ist vielmehr selbst ein geschichtetes. Seine Mannigfaltigkeit ist von derselben Größenordnung wie die der Seinsschichten.

2. Im Schichtenbau der Welt ist immer die höhere Schicht getragen von der niederen. Insofern hat sie kein selbständiges, sondern nur ein „aufruhendes Sein". Man kann dieses Aufruhen als durchgängige Abhängigkeit des Höheren vom Niederen verstehen: ohne materielle Natur kein Leben, ohne Leben kein Bewußtsein, ohne Bewußtsein keine geistige Welt. Die Richtung dieser Abhängigkeit läßt sich nicht umkehren; man kann nicht sagen: ohne Leben keine Materie, ohne Bewußtsein kein Leben usf., die Tatsachen sprechen dagegen. Dem entspricht die Richtung der Dependenz im Kategorienreich: niedere Kategorien kehren in den höheren als Elemente wieder, die höheren also stehen in Abhängigkeit von den niederen, sie können deren Gefüge nicht durchbrechen, sondern nur überformen oder überbauen. Die niederen Kategorien sind die stärkeren. Dieses „Gesetz der Stärke" ist das Grundgesetz der kategorialen Dependenz.

3. Die Abhängigkeit der höheren Seinsschicht ist aber durchaus keine Beeinträchtigung ihrer Autonomie. Die niedere Schicht ist für sie nur tragender Boden, condicio sine qua non. Die besondere Gestaltung und Eigenart der höheren hat über ihr unbegrenzten Spielraum. Das Organische ist zwar getragen vom Materiellen, aber sein Formenreichtum und das Wunder der Lebendigkeit stammen nicht aus ihm her, sondern treten als ein Novum hinzu. Ebenso ist das Seelische über dem Organischen, das Geistige über dem Seelischen ein Novum. Dieses Novum, das mit jeder Schicht neu einsetzt, ist nichts anderes als die Selbständigkeit oder „Freiheit" der höheren Kategorien über den niederen. Es ist eine Freiheit, welche die Abhängigkeit auf ihr natürliches Maß einschränkt und so mit ihr in der Einheit eines durch-

gehenden kategorialen Schichtungsverhältnisses koexistiert. Man kann ihr Gesetz in Vereinigung mit dem vorigen so aussprechen: die niederen Kategorien sind zwar die „stärkeren", aber die höheren sind über ihnen dennoch „frei"[1]).

Das Gesetz der Stärke und das der Freiheit bilden zusammen ein unlösliches, durchaus einheitliches Verhältnis; ja sie bilden im Grunde eine einzige kategoriale Dependenzgesetzlichkeit, welche das Schichtenreich der Welt von unten auf bis in seine Höhen beherrscht. Diese Gesetzlichkeit besagt nichts Geringeres als die Synthese von Abhängigkeit und Autonomie. Mit Abhängigkeit rechnen alle philosophischen Theorien, aber mit einer Selbständigkeit in der Abhängigkeit rechnen sie nicht. Und zwar deswegen nicht, weil sie nur mit totaler Abhängigkeit rechnen. Gerade totale Abhängigkeit aber gibt es im Stufenreich der Seinsschichten nicht. Gäbe es eine Abhängigkeit „von oben her", so brauchte dem nicht so zu sein; denn die höheren Kategorien sind die unvergleichlich reicheren, ihre Bestimmungsfülle, wenn sie auf das niedere Sein übergriffe, würde dieses nicht nur ausreichend bestimmen, sondern überbestimmen, und dieses wäre dann in der Tat total abhängig von ihnen. Aber sie greifen nicht über, sie sind die „schwächeren" Kategorien, das niedere Sein hat seine vollständige Bestimmtheit aus sich selbst. Es gibt keine Abhängigkeit „von oben her", sondern nur eine „von unten her". Die letztere aber kann keine totale sein, weil die Inhaltsfülle des höheren Seins eine weit überlegene ist und von den niederen Kategorien, auch wo sie durchgehend in Kraft bleiben, nicht entfernt gedeckt wird. So bleibt der höheren Seinsschicht allemal ein breiter Spielraum autonomer kategorialer Formung. Die niederen Kategorien sind eben zwar die stärkeren, aber auch die ärmeren und elementareren.

Man sieht nun leicht, wie die beiden Gesetze allem einseitigen Ableiten, allem monistischen Welterklären „von oben" wie „von unten" und damit aller metaphysischen Konstruktion von „Ismen" einen Riegel vorschieben. Dem Erklären „von oben her" tritt das Gesetz der Stärke entgegen, indem es nur Abhängigkeit des Höheren vom Niederen zuläßt. Und dem Erklären „von unten her" verdirbt das Gesetz der Freiheit das Spiel, indem es die Unfähigkeit der niederen Kategorien, höhere Formungsfülle herzugeben, bloßlegt. Gewaltsam behaupten läßt sich zwar jede beliebige Abhängigkeit. Aber an den Phänomenen

[1]) Die beiden Gesetze bedürfen natürlich einer eingehenderen Begründung. Für diese ist hier der Raum nicht gegeben. Eine genauere Durchführung findet sich in dem Artikel „Kategoriale Gesetze" (Philos. Anzeiger I. Heft 2, Bonn 1926). Daselbst auch das Nötige zum obigen Punkt 1., betreffend die kategoriale Mannigfaltigkeit.

aufzeigen läßt sich nur eine sehr beschränkte. Halten läßt sich in der Philosophie nur, was die Phänomene bestätigen.

9. Anwendung auf das geschichtsphilosophische Problem.

Was für die „Welt" gilt, wird auch für die Geschichte gelten, die in ihr spielt. Ja, es gilt von ihr in noch engerem Sinne als etwa vom organischen Leben oder sonst einer Einzelschicht des Seienden. Denn darin gleicht die Geschichte der Welt, daß sie vielschichtig aufgebaut ist. Sie ist ein Prozeß, in den Faktoren aller Seinsstufen bestimmend hineinspielen, ein Prozeß also, der — wenn überhaupt, so jedenfalls nur als Gesamtresultante heterogener Mächte verstanden werden kann, die dauernd aufeinanderstoßen.

Geschichte ist ebensosehr wirtschaftlicher wie geistiger Prozeß, ebensosehr vitales wie kulturelles Leben der Völker. Geographische und klimatische Bedingungen sprechen in ihr nicht weniger mit als Ideen, Wertungen, Irrtümer, weltanschauliche Befangenheit; technische Mittel nicht weniger als massenpsychologische Suggestion; „zufälliges" Zusammentreffen nicht weniger als planmäßiges Erstreben und Einsatz spontaner Energien.

Diese Einsicht ist einfach und keineswegs neu. Sie hat die nüchterne Arbeit des Historikers überall da stillschweigend begleitet, wo diese sich dem Sinn ihrer Aufgabe näherte. Weit weniger gegenwärtig ist sie den geschichtsphilosophischen Theorien geblieben. So kommt es, daß sie den letzteren gegenüber eine umwälzende Bedeutung gewinnt.

Man sieht das am besten im Rückblick auf die beiden repräsentativen Geschichtstheorien des 19. Jahrhunderts, deren Gegensatz oben entwickelt wurde. Die Hegelsche Geschichtsmetaphysik erklärt nicht nur einseitig vom Geiste aus die geschichtlichen Vorgänge, sie setzt vielmehr voraus, daß diese Vorgänge im Grunde auch nichts anderes als geistige Vorgänge sind. Wenigstens verschwinden hier die niederen Schichten geschichtlichen Geschehens fast ganz neben der des geistigen Lebens; und soweit sie in die Betrachtung hineingezogen sind, werden sie doch wieder nur auf die geistigen Faktoren hin gewürdigt, die in ihnen mitsprechen.

Das gleiche gilt von der „materialistischen" Geschichtsmetaphysik. Sie ist nicht nur bemüht, alles geschichtliche Geschehen von den ökonomischen Verhältnissen aus zu begreifen; sie setzt vielmehr stillschweigend voraus, daß alle Geschehnisse im Grunde solche der ökonomischen Sphäre sind. Gesellschaftsformen und Ideologien sind ganz in diese Sphäre des Geschehens einbezogen, erscheinen in ihr nur als Ausprägungen, Annexe, Epiphänomene. In solcher Gröblichkeit freilich wird man die Vereinseitigung Marx und den größeren seiner Fortbildner nicht vorhalten dürfen. Aber alle Vorsicht der Weiseren nützt hier wenig, solange es in der Tendenz der Theorie liegt, die Einseitigkeit auch inhaltlich zuzuspitzen, und die Tendenz, einmal selbstläufig geworden, sich im halben Verstehen eines breiten Adeptentums hemmungslos ausläuft.

Allermindestens läßt sich sagen, daß in beiden Fällen einseitige Gewichtsverlegung auf eine Schicht des geschichtlichen Seins vorliegt, welche die anderen Schichten entwertet und gleichsam entrechtet. Die konstruierte totale Dependenz bringt es eben mit sich, daß man alles Gewicht auf das vermeintlich Unabhängige legt. Hegel verstößt nicht nur gegen das Gesetz der Stärke, Marx nicht nur gegen das der Freiheit, sondern beide schmälern auch die Fülle des geschichtlichen Seins.

Alle einseitige Konstruktion erweist sich hiermit als irrig. Die Fehlersituation der widersprechenden Theorien beruht hier wie beim Weltbilde auf einem gemeinsamen Vorurteil; und hier wie dort ist es ein monistisches Vorurteil. Erst mit Behebung des Vorurteils wird der Weg frei für ein dem Gesamtphänomen gerecht werdendes Vorgehen.

10. Konsequenzen für ein mögliches Begreifen des Geschichtsprozesses.

Und wie beim Weltbilde, so ist es auch beim Geschichtsbilde: wie dem Fehler abzuhelfen ist, läßt sich grundsätzlich durchaus aufzeigen, wennschon die Aufgabe, die daraus erwächst, sich keineswegs ohne weiteres erfüllen läßt. Es gilt dazu nur, die Konsequenzen aus dem Schichtungscharakter des geschichtlichen Seins zu ziehen. Sie lassen sich in folgenden Punkten zusammenfassen.

1. Die Mehrschichtigkeit des geschichtlichen Seins zeigt dasselbe Grundverhältnis wie die der Welt, in der es sich entfaltet. Ja, es sind, wie sich zeigte, dieselben Schichten, die sie ausmachen. Die kategoriale Dependenzgesetzlichkeit wird also in ihnen auch grundsätzlich dieselbe sein müssen, wennschon sie Besonderungen zeigen kann. Die niederen Mächte müssen auch hier die „tragenden" sein, die höheren aber müssen als getragene zugleich doch auch autonom ihnen gegenüber sein. Woraus folgt, daß die besonderen Faktoren jeder Schicht in ihrer Eigenart unableitbar sind und nur dem einschlägigen Phänomenkreise abgewonnen werden können.

2. Die volle Struktur oder Form des Geschichtsprozesses muß hiernach eine überaus komplexe sein. Es kann in sie grundsätzlich alles hineinspielen, was die Welt an Seinsmannigfaltigkeit enthält. Und soweit es hineinspielt, sind alle diese Momente in ihr wesentliche und selbständige Faktoren.

3. Die Aufgabe, die hieraus erwächst, ist eine unübersehbare und in den Grenzen menschlichen Könnens jedenfalls nicht erfüllbare. Das

geschichtsphilosophische Grundproblem teilt somit Charakter und Schicksal der meisten philosophischen Fundamentalprobleme: es ist nicht restlos lösbar, enthält einen irrationalen Rest, ist insofern ein echt metaphysisches Problem.

4. Zugleich mit dieser Einsicht aber rückt die Fragestellung in eine andere Richtung hinüber. Die Geschichtsmetaphysik des Idealismus suchte eine Gesamtkonstruktion des Prozesses zu geben; sie ordnete die Gegenwart in ihr ein und weissagte das Zukünftige (Fichte). Dazu bedurfte es des Wissens um einen Endzweck, der Deutung des Geschehens als teleologisch bestimmter Verwirklichung und Sinnerfüllung. Alles das hat sich an der vordringenden Arbeit der Geschichtswissenschaft als unhaltbar erwiesen. Die Philosophie der Geschichte kann nach dieser Erfahrung nicht so leicht wieder daran denken, den Verlauf des Prozesses zu entwerfen. Damit tritt sie zurück von der zeitlichen Entwicklungsfrage und kommt zu einer Vorfrage, die in anderer Dimension ausschaut. Diese Dimension liegt quer zur Zeitlichkeit, und die Verhältnisse, die in ihr walten, sind kategoriale Verhältnisse. Und sofern es Verhältnisse sind, die verschiedene Seinsschichten geschichtlicher Mannigfaltigkeit verbinden, so handelt es sich in ihnen um die besonderen Formen des Ineinandergreifens heterogener Kategorien. Die Untersuchung, die hier notwendig wird, ist eine ontologische.

5. Schließlich hängt damit noch eine weitere Frage zusammen, die in derselben Dimension spielt und mit gleichem Recht als Vorfrage gelten darf: die Frage nach dem Träger der Geschichte, genauer, nach der Struktur desjenigen Gebildes, das „Geschichte hat". Ein solches mag nun einfach der Mensch sein, oder etwas über ihn Hinausliegendes: die Gemeinschaft, das Volk, die Menschheit, der Geist und seine Formen. Diese Frage hat den Vorzug, daß sie sich in der Hauptsache phänomenologisch behandeln läßt. Die genannten Gebilde sind alle der Analyse zugänglich, einige von ihnen (wie Gemeinschaft, Volk) sind auch schon wiederholt der Analyse unterworfen worden.

Die beiden letztgenannten Fragen dürften die im philosophischen Geschichtsproblem in erster Linie aktuellen sein, nicht überhaupt und jederzeit, wohl aber bei gegebener Problemlage. Die erstere von ihnen (unter Punkt 4) ist die um vieles weiter ausschauende, inhaltlich kompliziertere und größere, metaphysisch höher greifende. Für sie ist die zweite (unter Punkt 5) nur ein Vorspiel. Die zweite dagegen ist eine unmittelbar angreifbare. Ihr Gegenstand läßt beliebige vorläufige Begrenzungen zu, und jede Teiluntersuchung, die hier geleistet wird, liefert ein Stück des notwendigen Fundaments für die Behandlung der ontologisch-kategorialen Frage.

Hier ist denn auch der Punkt, an welchem die Untersuchungen des vorliegenden Buches einsetzen. Sie greifen aus der Fülle des geschichtlichen Seins nur das geistige Sein heraus. Sie setzen damit an demjenigen Punkte ein, in welchem geschichtliches Sein sich grundlegend von geschichtslosem unterscheidet, erheben aber nicht den Anspruch, es mit dieser seiner Unterschiedlichkeit zu erschöpfen. Über die Gewichtigkeit der nicht geistigen Faktoren im Geschichtsprozeß kann und soll in diesen Untersuchungen nichts entschieden werden. Sie halten sich somit grundsätzlich diesseits der eigentlich geschichtsmetaphysischen Fragen; nicht um eine von ihnen abzuschneiden, sondern um es allererst beurteilbar zu machen, welche von ihnen einer Behandlung zugänglich ist, und wo eine solche einsetzen könnte. Es sind daher keine eigentlich geschichtsphilosophischen Untersuchungen, wie sehr sie es auch fortgesetzt mit der Geschichtlichkeit des geistigen Seins zu tun haben, sondern durchaus nur Voruntersuchungen zu einer möglichen Grundlegung der Geschichtsphilosophie und der Geisteswissenschaften.

11. Auswirkung der Konsequenzen auf die geschichtsmetaphysischen Probleme.

Inwiefern das Zurücktreten zur Vorfrage sich schon rein der Einstellung nach im Verhältnis zu den metaphysischen Geschichtsproblemen auswirkt, davon kann man sehr wohl auch vor aller Untersuchung einen Begriff geben. Diese Probleme nämlich seligieren sich an der neuen Einstellung sehr greifbar in solche, zu denen sich ein Zugang findet, und solche, zu denen sich keiner findet. Zur Verdeutlichung sei das an einigen Beispielen gezeigt.

Zu den Fragen, für die sich kein Zugang ergibt, zählen die folgenden. Ist Geschichte ein blindes Geschehen wie der Naturprozeß, oder ist sie zielgeleitet? Gibt es in ihr überhaupt ein Hintendieren, das sie bestimmen könnte? Herrscht in ihr Notwendigkeit oder „Zufall"? Ist der Mensch mit seinem Willen in ihr bestimmend? Hat er überhaupt Freiheit in geschichtsbestimmendem Sinne? Oder gibt es eine anderweitige bestimmende Vernunft in der Geschichte, die über seinen Kopf weg determiniert (wie die Idealisten gelehrt haben)? Ist ferner die Geschichte wertbestimmt? Ist sie Verwirklichung von etwas, dessen Wesen in ihr angelegt ist, dessen Dasein über sie hinausliegt; oder ist sie ein sinnloses Geschehen? Oder führt sie wenigstens aufwärts, ist sie ein Aszendenzprozeß?

Auf solche Fragen Antwort suchen hieße, weit über die Phänomene hinausgreifen. Es sind die im engeren Sinne metaphysischen Geschichtsfragen. Sie sind es, die mit der Umstellung auf die phänomenologischen Fragen zurückgestellt werden und gleichsam auf den zweiten Plan rücken. Das will nicht bedeuten, daß es zu ihnen nicht andere Zugänge geben könnte; und wenn sich solche einmal eröffnen, so werden sich natürlich auch Lösungsmöglichkeiten für sie zeigen. Bis dahin aber dürfte es unter allen Umständen ein weiter Weg sein, ein Weg, der jedenfalls nicht ohne sorgfältige Behandlung der genannten Vorfragen zu beschreiten ist. Eine Geschichtsmetaphysik, die ihn bei heutiger Problemlage abkürzen oder ganz überspringen wollte, d. h. eine solche, die direkt mit den Fragen nach Determination, Teleologie oder Vernunft in der Geschichte beginnen wollte, wäre von vornherein zum Scheitern verurteilt. Man kann Geschichtsbilder solchen Typs natürlich jederzeit leicht entwerfen — so gut im bejahenden als im verneinenden Sinne —, aber sie sind undiskutierbar, leere Spekulation, Kartenhäuser.

Anders ist es mit einer zweiten Gruppe von Fragen, die jenen nahestehen und nicht weniger fundamental, wohl aber weniger anspruchsvoll sind. Ist Geschichte die der Individuen allein, oder die von höheren Ganzheiten, Geschichte des Kollektivums? Ist sie darüber hinaus auch Geschichte eines konkret Allgemeinen, das mehr als bloßes Kollektivum ist? Sind die geschichtlich sich wandelnden Formen des wirtschaftlichen, politischen, geistigen Lebens kollektiven Charakters, oder sind sie ein anderes, das die lebende Gemeinschaft sich erst als ihre Form gibt? Gibt es Wiederholungen, Gleichartigkeiten, Gesetzlichkeiten des Geschichtslaufes, oder ist alles in der Geschichte absolut einzig und einmalig? Ist ferner alles in der Geschichte zeitlich-prozeßhaft, oder gibt es auch Überzeitliches in ihr? Und ist die Zeitlichkeit ihres Geschehens dieselbe wie die des Naturgeschehens? Ist der Unterschied geschichtlichen Geschehens gegen anderes Geschehen überhaupt ein solcher der Zeitlichkeit, oder nur ein Unterschied im Charakter des Geschehens in derselben Zeit? Schließlich, ist Geschichte bedingt durch geschichtliches Bewußtsein, und in welchem Maße? Und da das Geschichtsbewußtsein selbst in der Geschichte spielt: ist es nur selbst geschichtsbedingt oder bestimmt es seinerseits als Faktor den Geschichtslauf? Oder steht beides in Wechselwirkung? Und welche Form nimmt diese an?

Auch diese Fragen lassen sich keineswegs ohne weiteres beantworten, und auch die Strukturanalyse der angedeuteten Art führt durchaus nicht direkt zu ihrer Lösung. Wohl aber läßt sich hier mit ihr auf eine Lösung planmäßig hinarbeiten. Denn diese Fragen überschreiten nicht die Grenzen der geschichtlichen Erfahrung, sie bleiben bei aller Grundsätzlichkeit den Geschichtsphänomenen nah. Man kann nur nicht mit ihnen anfangen, sondern bedarf des langen Weges einer Voruntersuchung, die selbst schon mehr als eine Lebensarbeit in Anspruch nimmt.

So dürfte sich allein schon an der phänomenologischen Analyse des geistigen Seins, die ja nur ein Teil der Vorarbeit ist, eine Fülle von Fingerzeigen ergeben, wie diese Probleme in Angriff zu nehmen sind.

Ja, vielfach meint man wohl in ihr die Lösung mit Händen zu greifen, und nur eine genügend kritische Einstellung kann vor übereiltem Zugreifen bewahren. Was sich z. B. einwandfrei herausarbeiten läßt, das sind die Ganzheiten geistiger Art auf allen Geschichtsgebieten, die zwar vom Kollektivum der Individuen getragen, aber nicht mit ihm identisch, sondern von anderer Struktur und geschichtlicher Seinsweise sind. Herausarbeiten läßt sich ferner ihr Verhältnis sowohl zum Individuum als auch zum Kollektivum; und dabei stößt man auf ein ansehnliches Bruchteil ihrer Eigengesetzlichkeit. Wie weit aber diese sich als geschichtliche Prozeßgesetzlichkeit deuten läßt, ist eine ganz andere Frage, die keineswegs in gleichem Maße beantwortbar ist. Denn eben diese geistigen Ganzheiten erweisen sich allemal ihrerseits als ein geschichtlich Einmaliges, an dem die Analogien stets mehr das Äußere bleiben. Weit bestimmter sind die Hinweise, die sich für das Verhältnis zur Zeitlichkeit ergeben. Sie lehren eindeutig, daß das Spezifische der geschichtlichen Bewegtheit nicht bei der Zeit als solcher, sondern bei der Struktur der Bewegung in der Zeit zu suchen ist; desgleichen daß die oft vermuteten und verfochtenen Elemente des Überzeitlichen in der Geschichte sich bei näherem Zusehen auf ein Minimum reduzieren, das dann nicht einmal der eigentlich geschichtlichen Realität angehört. Am reichsten schließlich dürfte der Ertrag für die Stellung des geschichtlichen Bewußtseins in der Geschichte ausfallen. Und in diesem Punkte ist das Resultat der Untersuchung auch ein unmittelbar aktuelles, insofern es das auf unserer Zeit lastende Problem des Historismus und seiner Überwindung betrifft.

Diese Perspektive ist nur eine Vororientierung. Sie wird sich erst in der Untersuchung zu bewähren haben. Sie betrifft indessen innerhalb der Gesamtlage des Geschichtsproblems nur die eine Seite — freilich die bei weitem gewichtigere, aber eben doch nicht das Ganze. Die andere Seite ist das Methodenproblem.

12. Die Geschichtslogik und ihre Begriffsbildung.

Geht man vom geschichtlichen Sein zur Geschichtserkenntnis über, so tritt man aus dem Sonnenlicht der Wirklichkeit in den Schatten der Reflexion. Es ist die Eigenart aller Fragen der Kritik, daß sie vom Gegenstande der Erkenntnis auf diese selbst zurücklenken. So hat es die Kantische Kritik gemacht, aber nur mit der Naturerkenntnis. Das Aufkommen der Geisteswissenschaften und das Aktuellwerden ihrer inneren Methodenschwierigkeiten zog folgerichtig die Kritik der historischen Vernunft nach sich. Und es konnte nach dem Scheitern der großen geschichtsmetaphysischen Konstruktionen nicht anders sein, als daß man sich von ihr das Größte versprach. Hatte doch die Kantische Kritik, soweit sie reichte, die theoretische Philosophie aufs nachhaltigste befruchtet. So schien es, man dürfte hoffen, daß ihre Ausdehnung auf historische Erkenntnis diese auf eine neue Basis stellen werde.

Auf der Höhe des Neukantianismus wurde das Problem spruchreif. Windelband ging 1894 mit der Unterscheidung „nomothetischer" und „idiographischer" Wissenschaften voran. Die letzteren sind die Geschichtswissenschaften. Sie unterscheiden sich radikal von den Naturwissenschaften dadurch, daß sie nicht auf Allgemeines, nicht auf Gesetze des Wirklichen ausgehen, sondern auf den Einzelfall als solchen, auf das Einmalige und in seiner Art Einzige. Was der Historiker herausarbeitet, ist immer ein Individuelles, einerlei, ob es sich um Personen, Entschlüsse, Taten oder um Völker, Geschehnisse, Kriege, Entwicklungen aller Art handelt.

Hier setzt ein Problem ein, dessen genauere Herausarbeitung wir Rickert verdanken. Alle Wissenschaft bewegt sich in Begriffen. Begriffe aber sind ihrer Natur nach Allgemeingebilde; sie sind der extensiv und intensiv unendlichen Wirklichkeit gegenüber jederzeit nur Abbreviaturen. Bei den Gesetzeswissenschaften sind sie in ihrem Element, denn Gesetze sind selbst Allgemeinheiten, in denen von der Fülle des konkreten Falles abgesehen ist. Die naturwissenschaftliche Begriffsbildung ist in ihrer Art vorbildlich, aber nicht auf die Geschichte als Erkenntnisgegenstand übertragbar. Hier findet sie ihre Grenze. Der individuelle Gegenstand, wo er streng als solcher verstanden werden soll, verträgt keinerlei Verallgemeinerung. Ja, man könnte hinzufügen: selbst wenn in der Geschichte Gesetzlichkeiten nicht weniger als in der Natur walten sollten, so bliebe der einzelne Fall doch in Gesetzesbegriffen ungreifbar. Er ist es ja auch in der Natur, nur ist die Naturwissenschaft gleichgültig gegen ihn, ihr kommt es auf das Gesetz an. Der Geschichtswissenschaft aber kommt es auf das Einzelne als solches an.

Was hier eigentlich erforderlich wäre, das sind individuelle Begriffe. Gerade das aber ist ein Ding der Unmöglichkeit. Begriffe sind ihrer Natur nach allgemein. Alles Begreifen geht den Weg der Analogie. Es ist immer Begreifen „durch" etwas, was man dazu schon haben muß. Wo „reine Verstandesbegriffe", wo „Analogien der Erfahrung" vorgegeben sind, da geht das Begreifen seinen eingefahrenen Weg. Wo jeder Gegenstand in sich einzig ist und diese Einzigkeit gerade erfaßt werden soll, da versagt das Begreifen.

Hier liegt eine Grundschwierigkeit ideographischer Wissenschaft. Man kann ihr freilich mit der Überlegung begegnen, daß Begriffe eines Individuellen ja nicht individuelle Begriffe zu sein brauchen. Man kann auch mit Simmel dem Gedanken des „individuellen Gesetzes" in der Geschichte Raum geben und so eine Art Kontinuität zur Gesetzeswissenschaft suchen. Beides aber versagt vollständig, wenn man es methodologisch für die Geschichtswissenschaft verwerten will. Methoden lassen sich nicht konstruktiv vorzeichnen wie Rechenregeln in der exakten Wissenschaft. Der einzige Weg, der sich bisher als gangbar erwiesen, ist von Dilthey beschritten worden. Er verbindet die Idee einer rein beschreibenden Geschichtswissenschaft mit der des „Verstehens" im Gegensatz zum „Begreifen", — ein Verfahren, das den Begriff nur noch als Verständigungsmittel, gleichsam als notwendiges Übel der Wissenschaft, gelten läßt und dadurch alles Gewicht von der Begriffsbildung auf ein intuitives Verstehen hinüberverlegt, welches in mehr als einer Hinsicht der künstlerischen Schau nahekommt.

Die Schwierigkeit ist aber auch damit nur praktisch behoben, und überdies nur für den, der im Besitze exzeptioneller historischer Intuitionskraft ist. Eine angebbare Methode, die sich erlernen und anwenden ließe, hat sich daraus nicht machen lassen. Es war nur die eigene persönliche Meisterschaft Diltheys, die solchen Vorgehens mächtig war.

13. Das Wertproblem in der Geschichtsforschung.

Eine zweite Erkenntnisschwierigkeit stellt sich bei den Wertgesichtspunkten ein, die der Historiker bewußt oder unbewußt zugrunde legt. Aus dem ungeheuren Tatsachenmaterial, das ihm vorliegt, muß er auswählen, um überhaupt zur Übersicht zu gelangen. Die Auslese aber setzt Gesichtspunkte voraus. Was ist „bedeutsam" und was nicht? Es ist eine wohlbekannte Sache, daß hier sehr mannigfaltige Stellungnahme hineinspielt, die der Historiker aus den Tendenzen seiner Zeit mitbringt. Nach Troeltsch entsteht der „historische Gegenstand" als umreißbares Etwas überhaupt erst durch eine Zwecksetzung der Forschung „von außen her". Man braucht also dabei gar nicht erst an die eigentlich tendenziöse Geschichtsdarstellung zu denken. Die Parteinahme des Interesses für bestimmte Seiten des geschichtlich Ganzen und Konkreten hat immer schon über Bedeutsamkeiten entschieden, wo eine Richtung des erkennenden Eindringens sich herausbildet.

Daß dagegen ein historisches Nüchternheitsideal nur unvollkommen aufkommt, ist a priori leicht zu sehen. Es ist heute eine alte, oft erhobene Forderung, nur „darzustellen, wie es gewesen ist". Man darf an ihrer Ernsthaftigkeit auch nicht zweifeln. Wohl aber an ihrer Durchführbarkeit. Denn die Tatsache einer bestehenden Interessen- und Ausleserichtung kann sie nicht aufheben. Hiergegen schützt auch keine Idee des intuitiven Verstehens, sowenig wie die eines bloß beschreibenden Vorgehens.

Wohl lassen sich zweierlei Wertgesichtspunkte in genügender Schärfe unterscheiden, der subjektive oder hineingetragene und der objektive, dem Gewicht der geschichtlichen Folgen entnommene. Ob man Alexander, Caesar, Napoleon als Helden ihrer Zeit darstellt, oder als Abenteurer, die von einer Welle der Geschichte hochgetragen sind, wird jederzeit in hohem Grade abhängig sein von Vorliebe, Geschmack, Bewertung menschlicher Größe [1]). Ob man aber die Bedeutung der Alexanderfeldzüge für die Entfaltung und Eigenart der hellenistischen Welt gelten läßt, ist nicht eine Frage des Geschmacks, sondern einfach des Blickes für geschichtliche Zusammenhänge. Je extremer man die Beispiele wählt, um so augenfälliger wird der Gegensatz beider Arten von Wertung.

Wo aber ist die Grenze zwischen ihnen zu ziehen? Das Tatsachenmaterial der Geschichtswissenschaft bewegt sich gemeinhin nicht in so bequem zugespitzten Fällen. Da verschwimmt alle Begrenzung; die Frage, ob hinter den eingeführten Wertungen wirklich vorhandene Wertqualitäten der Geschichte selbst stehen oder nicht, ist in der Praxis selten eindeutig entscheidbar. Wir haben dafür kein Kriterium, das nicht selbst schon Wertungscharakter trüge und in Wahrheit derselben Frage unterläge.

Diese Wertungsaporie strahlt in die verschiedensten Sonderfragen aus. Zu den bekanntesten gehört die nach der Periodisierung, sowie die nach dem Aufbau der Geschichtsepochen. Ist hier auszugehen von Völkerindividuen und ihren Lebensperioden? Oder von Geistes- und Ideengeschichte (etwa von Religionsgeschichte, wie in der christlichen Geschichtsschreibung sehr üblich geworden)? Oder von politischem und Kriegsgeschick? Oder von den inneren Verschiebungen der Weltwirtschaft? Ob es Einschnitte gibt, die alles das zugleich betreffen, ist eine Frage, auf die man es hier nicht ankommen lassen kann; denn ohne gewaltsame Deutung hat sie wenig Aussicht auf positive Antwort. Die Konsequenz ist, es kommt auch hier darauf an, welche Schicht geschichtlicher Tatsachen man für die gewichtigste hält. Die Entscheidung wird also immer bei der Bewertung liegen.

14. Grundsätzliches zum Problem der Methodologie.

Es ist kein Zufall, wenn diese Aufrollung der Methodenfrage, und zwar in ihren beiden Grundrichtungen, unbefriedigt läßt; kein Zufall auch, daß sie sich nicht recht beantworten läßt, obgleich es an geistvollen Vorschlägen nicht fehlt. Zu einer Kritik der historischen Vernunft fehlt eben doch sehr vieles. Es fehlt vor allem das, was die Kantische Kritik über den Charakter bloßer Methodenuntersuchung hinaushob, die positive Analytik, der Aufweis von Erkenntnisfundamenten. Sie gab, soweit überhaupt sie das Erkenntnisproblem entrollte, einen Aufbau von

[1]) Man erinnere sich hier an Hegels „psychologischen Kammerdiener“, für den es keine Helden gibt — nicht weil die großen Männer der Geschichte keine Helden wären, sondern weil er der Kammerdiener ist.

den Grundlagen aus. Das ist es, was im Problem der historischen Vernunft noch aussteht. Es ist wohl auch der Fragerichtung nach noch nicht im Ernst intendiert worden.

Warum aber ist eine bloß methodologische Erörterung unfruchtbar? Darum, weil sie ein sekundäres Problem voranstellt, weil sie mit dem beginnen will, womit lebendige Forschung aufhört. Es gibt keine vorgreifende Methodenerkenntnis vor der Sacherkenntnis, deren Methode sie zum Gegenstand macht.

Das ist eine Einsicht, die manchem Heutigen noch paradox erscheinen mag. Kein Wunder, das Zeitalter des Methodologismus in Philosophie und positiver Wissenschaft liegt noch sehr nah hinter uns. Es ist die Zeit des ausgehenden 19. Jahrhunderts, in der die positivistische Strömung der philosophischen Arbeit kaum etwas anderes übrig ließ als die Nachlese hinter dem Fortschritt der Spezialwissenschaften her. Und was konnte die Nachlese mehr tun als die Mittel und Wege zum Thema machen, denen jene ihren Fortschritt verdankten? Insoweit wäre das ein bloßer Tiefstand und noch kein Irrweg der Philosophie. Der Irrtum beginnt erst, wo die Philosophie sich einbildet, der Erkenntnisarbeit der Wissenschaften auf diese Weise voranzuleuchten, ihr gleichsam die Wege zu weisen, die Methoden zu liefern. Der Irrtum ist nicht ausgeblieben.

Grundsätzlich ist hier zu sagen: Methode ist allemal bedingt durch den Gegenstand einerseits und durch die Struktur des verwickelten Aktes, den wir Erkenntnis nennen, andererseits. Beide Faktoren können wir nicht beliebig variieren, sondern müssen sie hinnehmen, wie sie sind. Erkenntnis eines bestimmten Gegenstandes kann niemals beliebig so oder so vorgehen. Sie muß bei den sich darbietenden Angriffsflächen des Gegenstandes ansetzen, d. h. bei dem, was gegeben ist, — einerlei inwieweit diese Angriffsflächen durch ihre Eigenart oder durch die des Gegenstandes bestimmt sind. Sie kann unter allen Umständen nur von ihnen aus weiter eindringen. Damit aber ist ihr der Weg und die Art des Vorgehens vorgezeichnet. Sie kann beides nicht ändern. Sie kann freilich beides verfehlen. Aber dann eben ist sie nicht Erkenntnis.

Daraus folgt: es gibt, streng genommen, keine Verallgemeinerung und keine Übertragung der Methode von einer Gegenstandsgruppe auf die andere. Jede Art von Gegenständen verlangt ihre eigene Methode. Die Populäransicht von der Allgemeinheit der Erkenntniswege ist irrig und hat Schaden angerichtet. Nur im Äußerlichsten gibt es hier eine generelle Typik des Vorgehens. Sie liegt in den viel erörterten Begriffen Induktion, Deduktion, Analysis und einigen mehr. Aber gerade diese treten im wirklichen Verfahren der Forschung nie isoliert auf, machen es nicht aus; erst die besondere Art ihrer Anwendung, ihre Ansatzpunkte, ihr Eingeflochtensein in einen weit größeren Zusammenhang macht die

Methode aus. Sie sind keine Methoden, sondern nur Abstraktionen höchst variabler Methodenelemente.

Jede Wissenschaft arbeitet unausgesetzt an ihrer Methode — aber nicht, indem sie auf die Methode reflektiert, oder gar sie zum Gegenstand der Untersuchung macht. Sie arbeitet vielmehr an ihrer Methode, indem sie ganz an ihr Objekt hingegeben ist. Ihr Fortschreiten ist ein ständiges Ansetzen, Probieren, Mißlingen, Neuansetzen — bis ihr ein Schritt gelingt. Sie ringt mit ihrem Gegenstande, ihn zu bewältigen; und dieses Ringen ist zugleich das Erringen der Methode. Die Methode erwächst ihr unter den Händen in der Arbeit an der Sache. Ja, sie ist identisch mit dem Fortschreiten dieser ihrer Arbeit. Sie schafft sich also ihre Methode weit diesseits der Reflexion auf sie. Sie weiß nicht um sie, indem sie sie schafft; und sie braucht nicht um sie zu wissen, solange sie im wirklichen Schaffen steht.

Daraus folgt weiter: alles Wissen um die Methode ist sekundär, Sache nachträglicher Reflexion. Methodenbewußtsein geht nie voran, es kann nur nachfolgen. Man kann Methode nicht vorschreiben wie eine Norm. Man kann sie haben, d. h. ihrer mächtig sein, ohne sie zu erkennen — und das ist das Gewöhnliche, wo fruchtbare Arbeit der Forschung geleistet wird —, und ebenso kann man sie erkennen, ohne sie zu haben, d. h. ohne ihrer mächtig zu sein — und das ist typische Epigonenarbeit, Methodologie. Freilich brauchen sich auch Haben und Erkennen nicht auszuschließen; aber für gewöhnlich fallen sie keineswegs zusammen. Und wo sie wirklich zusammen bestehen, da ist das Haben vorangegangen, das Erkennen nachgefolgt.

Die wahren Meister einer Methode, und vor allem die Bahnbrecher, die sie schaffen, wissen selten um das Genauere ihrer Struktur. Wie sie sie fanden, in der Hingegebenheit an die Sache, so arbeiten sie auch mit ihr. Man findet es selten, daß sie viel von ihr zu sagen wissen. Und wer ihnen das Geheimnis ihres Könnens ablauschen will, der hält sich nicht an das, was sie darüber sagen, sondern an das, was sie tatsächlich machen. Es genügt, daß sie das Können haben. Ob sie auch sagen können, wie sie es machen, spielt keine Rolle. Sie gleichen darin den Künstlern. Ihre Kunst ist nicht lehrbar.

Als Beispiele dieser Sachlage können die meisten der großen Historiker gelten, die uns originär ein Stück Vergangenheit erschlossen haben. Auf der Grenze geschichtlicher und philosophischer Arbeit ist Dilthey ein einzigartiger Repräsentant eines methodischen Könnens, das weder er selbst noch seine Schüler methodologisch zu durchleuchten vermochten, das sich auch als nicht erlernbar und nur unvollkommen nachahmbar erwiesen hat. Auf philosophisch-systematischem Boden dürfte Hegel ein aufschlußreiches Phänomen großen Stiles darbieten. Die vielumstrittene Dialektik, welche die innere Form seines Denkens ist, tritt uns mit ihrer sacherschließenden Kraft überwältigend in seinen Werken entgegen. Sein Wissen um ihr Wesen aber war und blieb ein begrenztes. Er empfand sie als einen höheren Modus der „Erfahrung"; aber die spärlichen Hinweise, die darauf gehen, verraten uns das Geheimnis dieser Erfahrung nicht. Wir müssen es in seiner Gegenstandsforschung, d. h. im Ganzen seiner Lebensarbeit suchen. Dieses Suchen ist die Arbeit des Epigonen.

Es dürfte hiernach einleuchten, warum überhaupt Methodologie Epigonenarbeit ist und nicht geeignet ist, Wege zu weisen. Wo die wirklichen großen Probleme eingeschlafen sind, da wendet sich das Interesse dem „Verfahren" der Großen zu, von deren Arbeit es zehrt. Diese Nachlese kann fruchtbar sein — in ihrer Art —, aber nicht, wenn sie ihre Stellung verkennt und neuer Sacherkenntnis voranzuleuchten meint. Lebendig arbeitende Methode ist in allem Fortschreiten der Erkenntnis das Erste, Methodenbewußtsein das Letzte. Jene ist das Bahnbrechen, dieses das Aufräumen auf zurückgelegter Strecke.

Hier liegt der sachliche Grund für das Scheitern der philosophischen Geschichtsmethodologie.

15. Der Historismus und seine Eingrenzung im philosophischen Geschichtsproblem.

Es wurde oben angedeutet, wie der Historismus, indem er die Geschichtlichkeit des Geschichtsbewußtseins mit zum Thema macht, eine Rücklenkung der Methodenfrage auf das Grundproblem des Geschichtsprozesses herbeiführt. Die Aporie, in die er dabei gerät, braucht uns hier nicht zu beschäftigen. Nicht das Negative an ihm, sondern sein unverlierbar positiver Ertrag ist es, was die dritte Gruppe der geschichtsphilosophischen Fragen bestimmt. Wie blicken wir in die Geschichte hinein? Wie sind wir selbst geschichtlich bedingt? Und wie ist dadurch unser geschichtliches Bewußtsein bedingt? Diese Fragen gehen auf die Abhängigkeit der Geschichtswissenschaft von der wirklichen geschichtlichen Situation des Menschen, der sie treibt. Sie sind u. a. deshalb philosophisch zentral, weil in ihrer Richtung eine Lösungsmöglichkeit für die Wertfrage im Methodenproblem liegt — wenn auch nur eine relativistische.

Zugleich aber führen diese Fragen weiter. Es gibt zweierlei Geschichtsbewußtsein. Dem wissenschaftlichen geht ein anderes, naives voran, das primitiv oder entwickelt sein kann, aber von jenem zunächst unabhängig dasteht. Jeder Mensch erlebt selbst ein Stück Geschichte, weiß davon zu erzählen, gibt es der heranwachsenden Generation weiter. Neben das Selbsterlebte tritt so das aus unmittelbarer Tradition Aufgelesene. Ergänzt wird beides durch die festgewordene Überlieferung — sei es der Familie, der Ortschaft oder des Landes —, nicht weniger aber auch durch das, was in Bauten, Denkmälern, Gedenktagen, Festen, Einrichtungen fortlebt und auf Vergangenes zurückweist. Noch sehr viel weiteres gehört hierher. Alles zusammen macht den Gegebenheitsboden eines durchaus vorwissenschaftlichen Geschichtsbewußtseins aus. Die Geschichtswissenschaft aber kennt diesen Boden sehr genau und benutzt ihn als Quelle, gewiß mit Vorsicht, aber doch ausgiebig.

Am vorwissenschaftlichen Geschichtsbewußtsein nun ist die geschichtliche Bedingtheit noch weit greifbarer als am wissenschaftlichen. Es unterscheidet sich von diesem eben vor allem dadurch, daß es seine Bedingtheit geradezu zur Schau trägt, nicht aber, wie das wissenschaftliche, verleugnet oder für überwunden ausgibt. Seine „Zufälligkeit" und Unbekümmertheit, die seine unhistorische Einstellung ausmachen, sind insofern gerade seine Stärke. Es ist noch ganz gefangen von allem, was aus der Vergangenheit in seine Gegenwart hineinragt, hat keine Distanz dagegen. Das wissenschaftliche Geschichtsbewußtsein dagegen beginnt damit, sich zu alledem eine Distanz zu schaffen; es gelangt nur nicht bis zur Lösung aus dem Gefangensein. Und diese Situation ist offenbar in allem Fortschreiten eine dauernde und notwendige. Insofern ist die vom Historismus für die Geschichtswissenschaft geschaffene Problemlage nicht aufhebbar, und alle Überwindungstendenzen stoßen nach dieser Seite auf eine feste Mauer.

Andererseits erscheint eben diese Problemlage doch auch wiederum als eine eingegrenzte. Sie versteift sich gleichsam auf das Gefangensein des Geschichtsbewußtseins in seiner Gegenwartslage, anstatt diese in ihrem Gewordensein, d. h. aus der Vergangenheit heraus zu verstehen, von der sie bestimmt ist. Ein solches Verstehen hat zwar das Gefangensein selbst noch an sich; es gewinnt aber ein anderes Verhältnis zu ihm, indem es seine Tatsache zum Gegenstand macht. Daß hier ein Weg offensteht, den man ohne exaltierten Anspruch auf absolute Resultate beschreiten kann, ergibt sich schon aus der endgültigen Rückwendung vom Methodenproblem zum historischen Gegenstandsproblem, die man damit vollzieht. Denn hier gerät man wieder an das fruchtbare Bathos der Erfahrung, das dem Geschichtsbewußtsein offensteht.

Das vorwissenschaftliche Geschichtsbewußtsein gibt hier den nächsten Zugang. Es ist ganz getragen von dem, was aus der Vergangenheit in die Gegenwart hineinragt. Es ist danach also zu fragen, was es mit diesem „Hineinragen" auf sich hat und wie überhaupt es beschaffen ist. Denn seine bloße Tatsache ist merkwürdig genug: es liegt in ihr eben doch, so widersprechend es klingen mag, ein Gegenwärtigsein des Vergangenen. Hier stehen wir offenbar vor einem Grundfaktor der Struktur geschichtlichen Seins, sofern er geschichtliches Werden und Geschichtsbewußtsein zugleich bestimmt.

16. Vom Gegenwärtigsein des Vergangenen in der Geschichte.

Geschichte ist nicht ein bloßes Aufeinanderfolgen der Geschehnisse. Sie ist Zusammenhang im Geschehen, und zwar Zusammenhang von sehr eigener Art. Es gehört zu den Grundformen dieses Zusammenhanges, daß in ihr das Vergangene nicht absolut vergangen und verschwunden, nicht durchaus tot ist, sondern im Gegenwärtigen noch irgendwie lebendig bleibt. Die Einmaligkeit und Unwiederbringlichkeit wird damit natürlich keineswegs tangiert. Die Gegenwärtigkeit des Vergangenen ist nicht Wiederholung, ja nicht einmal Analogie. Es ist viel eher eine Art von Erhaltung zu nennen, ein Gegenwärtigbleiben trotz dem Abrücken des Gewesenen. Das ist es, was sich am ehesten als „Hineinragen" des Vergangenen in die Gegenwart bezeichnen läßt.

Wie also ragt das Vergangene in die Gegenwart hinein? Welche Arten des Hineinragens gibt es?

Man könnte zunächst glauben, daß schon der Kausalnexus eine solche sei. Hier bestimmt doch Vergangenes das Gegenwärtige, macht sich in ihm also sehr bemerkbar. Und da es Kausalzusammenhang in der Geschichte sehr wohl gibt, so müßte hier also auch ein erster Modus des Hineinragens zu suchen sein. Dennoch ist dem keineswegs so. Im Kausalverhältnis geht die Ursache in die Wirkung auf, oder genauer, sie „geht in sie über". In diesem Übergehen zehrt sie sich auf, verschwindet selbst ganz, erhält sich also nicht in der Wirkung, erscheint auch nicht in ihr. Wenn man die besondere Art des Vorganges nicht schon kennt — sei es aus Erfahrung oder aus Gesetzeskenntnis —, so ist aus der Wirkung die Besonderheit der Ursache in keiner Weise zu ersehen. Sie ist in der Wirkung verschwunden, besteht also in ihr nicht fort, ragt nicht in sie hinein. Wäre der Geschichtsprozeß nichts als Kausalprozeß, so gäbe es kein Hineinragen des Vergangenen in die Gegenwart.

Gerade im Gegensatz zum Kausalverhältnis lassen sich die Hauptarten des eigentlichen Hineinragens in voller Deutlichkeit fassen. Es sind ihrer zunächst zwei, die sich zwar nicht ganz scharf gegeneinander abgrenzen lassen, aber doch greifbar in einem gewissen Gegensatz zueinander stehen.

Die erste kann man das „stillschweigende" Hineinragen nennen. Es erstreckt sich auf alles, was noch vom Ehemaligen in uns lebendig ist, uns anhaftet oder uns beherrscht, aber nicht als ein Ehemaliges empfunden wird. So ist es mit der großen Masse dessen, was durch Tradition fortlebt, indem es noch als gegenwärtig empfunden ist, z. B. mit Sitten, Umgangsformen, Gebräuchen, deren ursprünglicher Sinn vergessen ist, den Anschauungen der Gegenwart auch nicht mehr entsprechen würde, die aber dennoch fortbestehen und als „heutige" empfunden werden, weil jedermann sie als die seinigen aufrechterhält. Das gilt ebenso von

Sprach- und Denkformen, von Anschauungen (etwa religiösen oder weltanschaulichen Dingen), von moralischen, rechtlichen, politischen Tendenzen, von Ideen und Wertungen, von Vorurteilen und Aberglauben. Bei alledem denkt im praktischen Leben niemand daran, woher es stammt. Es wird nicht als Vergangenes bewußt, es ist überhaupt nicht gegenständlich gegeben; es ist aber auch nicht in seine Wirkung verschwunden. Es lebt in den Lebenden noch fort als das, was es war, — nicht unverändert, aber dem Wissenden wiedererkennbar. Das Vergangene ist hier noch gegenwärtig, aber unbemerkt, stillschweigend.

Dem steht als zweite Art das „vernehmliche" Hineinragen gegenüber. Und es verhält sich auf der ganzen Linie entgegengesetzt. Hier weiß der Lebende darum, daß das Vergangene vergangen ist — sei es, daß er es gegenständlich vor Augen hat oder bloß als Vergangenes „empfindet". Er weiß also auch um das Hineinragen, und dieses sein Wissen gehört mit zur Form dieses Hineinragens. Es spricht hier gleichsam etwas zu ihm wie eine Stimme aus der Vergangenheit, wird gelegentlich von ihm auch wie eine solche empfunden. Das will das Bild der „Vernehmlichkeit" besagen: das Gegenwärtigsein des Vergangenen im Vergangenheitsbewußtsein der Gegenwart. Alles Selbsterlebte, das die Erinnerung festhält, ragt in diesem Sinne vernehmlich in die Gegenwart hinein; nicht weniger alles, wovon man erzählt bekommt, was in Familien- und Ortsüberlieferung, in Legende und Anekdote fortlebt, sowie das, woran Denkmäler, Bauten, Ruinen, Bildwerke gemahnen. Solches Vergangene kann natürlich auch noch lebendig sein in den Lebenden, ohne daß diese ausdrücklich darum zu wissen brauchten. Es überdeckt sich dann das stillschweigende mit dem vernehmlichen Hineinragen und kann sich gegenseitig ergänzen; die eigene geschichtliche Vergangenheit eines Volkes erhält sich in ihm meist in beiderlei Form, wenn auch in verschiedenen und nur partiell sich deckenden Ausschnitten. Doch bestehen beide Formen selbständig und kommen gesondert vor. Am vernehmlichen Hineinragen wird das sehr fühlbar, wenn man in Ländern alter, großer Kulturen reist und die Spuren des Vergangenen sich in ihrer Ferne, Fremdheit, Sonderbarkeit aufdrängen. Das, dessen Spuren sie sind, ist aus dem geschichtlichen Leben verschwunden; so kann es nur noch durch gegenständliche Vergegenwärtigung hineinragen.

Eine besondere Abart vernehmlichen Hineinragens ist die durch das Schrifttum vermittelte. Sie bildet ein eigenartiges Teilproblem des geistigen Seins und wird als ein solches unten ausführlich zu behandeln sein. Die Vernehmlichkeit und Gegenständlichkeit steigert sich hier ganz außerordentlich durch die eigenartige Macht des Schrifttums, das Nichtgegenwärtige erscheinen zu lassen. Es ist kein Zufall, daß die Geschichtsforschung sich in erster Linie an diese Quelle hält.

Erst an vierter Stelle setzt dann die Geschichtswissenschaft ein. Sie ist keineswegs identisch mit ihren Quellen, auch wo diese bereits ein später Niederschlag in Aufzeichnung und Darstellung sind. Sie beginnt immer erst mit deren Bewertung und Auswertung. Sie bleibt daher stets von den Grundformen des Hineinragens abhängig. Und für diese Abhängigkeit ist es charakteristisch, daß sie in zweierlei Bestimmtheit besteht. Das selektive, wertbestimmte und die Problemrichtung gebende Moment der Geschichtsforschung liegt fast ausschließlich bei dem verankert, was stillschweigend aus der Vergangenheit in die Gegenwart hineinragt; der Stoff dagegen, der sich ihr darbietet, ist mit seiner weitaus größeren Masse im vernehmlich-gegenständlich Hineinragenden gegeben. Da nun die methodische Schwierigkeit sowie die historistische Aporie des Geschichtsbewußtseins ganz und gar bei der ersteren Art der Abhängigkeit liegt, so ist leicht zu sehen, daß die weitere Klärung der Sachlage im Problem des stillschweigenden Hineinragens zu suchen ist.

Dieser Problemsituation kommen die Untersuchungen entgegen, die der II. Teil dieses Buches in Angriff nimmt. Geistiges Sein als überpersönliches Gemeinphänomen ist die Ebene, in der das stillschweigende Hineinragen spielt.

17. Seligierende Momente in der Erhaltung des Vergangenen.

Nicht alles Vergangene ragt in die Gegenwart hinein. Alle Erhaltung von geschichtlich Gewordenem unterliegt einer Selektion. Aber nicht das Dafürhalten und die Bewertung entscheiden darüber, was vom Vergangenen noch hineinragen kann und was nicht, sondern Gehalt und Eigenart des geschichtlich Gewordenen selbst, sowohl des Vergangenen, um dessen Hineinragen es sich handelt, als auch des Gegenwärtigen, in das allein es hineinragen kann.

Hier herrscht also keine Willkür, auch keine bewußte Auswahl; es herrscht allein der geschichtliche Wandel des Bestehenden. Was in ihm oder gegen ihn sich durchsetzt, das erhält sich in der neuen Gestaltung der Verhältnisse und bleibt in ihnen gegenwärtig.

Daraus ist zu entnehmen, daß es zwei Momente sind, an denen sich Erhalten und Vergehen scheidet. Beim stillschweigenden Hineinragen lassen sie sich unschwer auseinanderhalten. Das eine ist das Inkraftsein oder Noch-Lebendigsein (einer Sitte, Anschauung), also die Kraft der „Sache", den fortlebenden Geist mit einer gewissen Stetigkeit bei sich festzuhalten, auch da, wo er sich sonst zusehends verändert. So ist es deutlich im Recht: es gilt so lange, als es der Ausdruck des wirklichen Rechtsempfindens ist; darüber hinaus festgehalten, wird es als veraltet empfunden, und dann kommt die Tendenz auf, es zu verdrängen.

Das zweite Moment aber liegt in der Artung des Gegenwärtigen, gleichsam in der Kraft des lebenden Geistes, das Alte, das er noch an sich hat, umzugestalten, resp. es der neuen Lebensform zweckmäßig anzupassen. Am sichtbarsten ist das an der Staatsform, der Verfassung, den öffentlichen Einrichtungen. Solange ein Volk sich kraftvoll entwickelt, sind sie in steter Umbildung begriffen. Es ist praktisch kaum möglich, eine neue Staatsform aus dem Boden zu stampfen, so sehr das auch in Zeiten der Revolution zu geschehen pflegt. Das wirklich ganz Neue bleibt stets ein gewagter Versuch, ist unstabil, in seiner Unerprobtheit nicht haltbar, erst nach teuer bezahltem Experimentieren kann es sich befestigen; und auch das nur, indem altes Erprobtes wieder aufgenommen wird. Der natürliche Weg ist die organische Umgestaltung von innen heraus. Aber dazu gehört die umgestaltende Kraft des Neuen, das im Werden ist.

Beim vernehmlichen Hineinragen ist es überall anders, wo die Sache selbst nicht mehr fortlebt, die unmittelbare Tradition abgerissen ist. Es entscheiden hier folgende Momente. Es ragt hinein, was sich in einem Medium von größerer Dauer erhält, in dem es „objektiviert" ist, und durch das es festgehalten wird. Die Spuren vergangener Zeit können am Stein oder am Schrifttum hängen, durch sie auf die Nachwelt kommen. Dazu aber bedarf es zweitens bestimmter Einstellung der Gegenwart; die Zeit muß aufgeschlossen sein für die Spuren, die sich ihr darbieten, sie muß das Organ dafür haben. Geschmack und Interesse müssen entgegenkommen. Ein Schrift- oder Kunstwerk ist verschüttet und vergraben in einer Zeit, die es nicht versteht, nicht wiedererkennt, was es „sagt", auch wenn das Werk offen vor aller Augen liegt. Alle Renaissancen sind durch innere, spontane Zuwendung bedingt; sie sind ein Wiederfinden und Wiederentdecken.

Daneben spielt hier sehr wesentlich noch anderes hinein. So gibt es z. B. eine Wertung des Alten als des Ehrwürdigen und Autoritativen, sofern nämlich eine jeweilige Gegenwart es zur Rechtfertigung ihrer eigenen Tendenzen nötig hat. Man beruft sich da geradezu auf das Althergebrachte als auf das Bewährte und Geheiligte. So war es, wenn die Gründer des Reiches sich auf das alte „römische Reich deutscher Nation" beriefen; so ist es, wenn der religiös Suchende sich auf Augustin oder Luther beruft. Auch der Denker verschmäht solche Stütze nicht; „das steht schon bei Kant" oder „findet sich schon bei Aristoteles" — solche Berufung macht aufhorchen.

Schließlich darf nicht vergessen werden, daß alles das sich am leichtesten erhält, dem ein dauerndes Bedürfnis, eine bleibende Problemsituation, eine allgemeinmenschliche Neigung entgegenkommt. Viele religiöse Anschauungen zeigen eine erstaunliche geschichtliche Zähigkeit, auch wo sie sehr zufälligen Ursprungs sind und der gewordenen kulturellen Richtung nicht mehr entsprechen; was an ihnen festhält, ist eine tiefe menschliche Sehnsucht, die sich auch bei verändertem Weltbegreifen nicht wandelt. Ähnlich ist es mit den Grundproblemen philosophischen Sinnens; sie erhalten sich in der bunten Vielheit und Gegensätzlichkeit der Systeme, weil die Welt und das Leben dem Menschen dauernd dieselben Rätselfragen aufgeben. Auch Vorurteile und bare Nichtigkeiten halten sich auf gleicher Basis. So hält sich der Aberglaube an glück- und unglückbringende Vorzeichen auch in der aufgeklärtesten Zeit, uneingestanden, immer wieder belächelt, und doch unausrottbar. Der Mensch steht eben dauernd in gleicher Ratlosigkeit hinsichtlich dessen da, was nicht in seiner Macht steht, dessen also, was er „Zufall" nennt. Sein Nichtwissen um den Ausfall des nächsten Zukünftigen ist unaufhebbar.

18. Differenzierung der Gebiete des geschichtlichen Lebens.

In beiden Grundformen des Hineinragens gibt es indessen den gleichen Unterschied der Gesamthaltung eines Zeitalters. Es gibt traditionstreue und traditionsscheue Zeitalter, solche, die das Alte um seiner selbst willen festhalten, und solche, die es um seiner selbst willen ablehnen. Jenen ist es grundsätzlich das Bewährte und Geheiligte, diesen grundsätzlich das Überlebte und Belastende. Im einem Falle ist die stillschweigende Voraussetzung: es war einmal besser, die Alten waren klüger, standen dem Göttlichen noch näher; im andern Falle: es war einmal schlimmer, die Alten wußten noch nicht, was wir wissen, ihr Einfluß ist verdächtig.

Man sieht, in der Gegensätzlichkeit dieser Einstellung und Wertung kehren die beiden geschichtsphilosophischen Aspekte vom Abstieg und vom Aufstieg wieder — mit dem Unterschied nur, daß sie hier kenntlich sind als solche, die nicht erst die philosophische Reflexion heraufführt. Es sind Grundhaltungen im geschichtlichen Leben der Zeitalter selbst, Grundformen des Zeitgeistes. Die Philosophie aber, die daran ihre Theorien knüpft, ist geschichtlich sekundär, ist schon getragen von ihnen, ihr gedanklicher Niederschlag. Man sieht das sehr deutlich, wenn man die Jahrhunderte des ausgehenden Mittelalters gegen die Aufklärungszeit hält: dort die ungebrochene Pietät zum Hergebrachten, hier die Tendenz des Sich-Losmachens auf der ganzen Linie. Und wie die Grundhaltung, so die philosophischen Niederschläge.

Noch mehr aber als die geschichtlichen Zeitalter dürften sich in diesem Punkte die verschiedenen Gebiete des geschichtlichen Lebens — zumal des geistigen Lebens — unterscheiden. Der Gegensatz überträgt sich damit in die Gleichzeitigkeit ihres Zusammenbestehens. Diese Gebiete sind ihrer inneren Form nach von höchst verschiedener Aufgeschlossenheit gegenüber ihrer eigenen Vergangenheit. Und damit hängt es zusammen, daß auch das begleitende Geschichtsbewußtsein in ihnen ein grundverschiedenes ist. Es gibt grundsätzlich geschichtszugewandte und geschichtsabgewandte Geistesgebiete. Und je nach ihrem Dominieren oder Zurücktreten im jeweiligen Zeitgeist erweist sich auch dieser als geschichtszugewandt oder -abgewandt.

Am einen Extrem dieser Abstufung steht zweifellos das Gebiet des religiösen Lebens, insonderheit wo es sich um Offenbarungs- und Stifterreligionen handelt. Es ist nicht nur dem Vergangenen zugewandt, es lebt geradezu von der Vergangenheit, empfindet sie als ein dauernd Gegenwärtiges, ja direkt über die Zeit Hinausgehobenes. Ein Urfaktum, als solches zeitlich lokalisiert, liegt gegenständlich-vernehmlich zugrunde; und dieses Zugrundeliegen wird keineswegs aufgehoben durch die religiöse Vorstellungsweise, die es als zeitlos Gegenwärtiges versteht. Dem entspricht die absolute Autorität der Urkunde, des heiligen Buches. Eine Religion, die diese Gegenwärtigkeit des Vergangenen verliert, verliert sich selbst, hört auf zu sein, was sie ist, wird zur Reminiszenz.

Stellt man dagegen das andere Extrem, das Gebiet praktischer Findigkeit und Naturbeherrschung, die Technik, so wird der Gegensatz augenfällig. Die Technik wertet zwar die Errungenschaft von einst aus, soweit sie ihr weiterhilft, weiß aber um sie als vergangene nicht. Sie geht überall die kürzesten Wege auf ihre jeweiligen Zwecke zu, lebt ganz gefangen in ihnen, rein gegenwärtig, der Vergangenheit abgewandt. Sie hat wohl ihre Geschichte, aber kein Geschichtsbewußtsein. Das Alte ist ihr nur das Überlebte, das Neue ist das Wahre.

Eine lange Kette von Abstufungen liegt zwischen den Extremen. Bekannt ist, wie mächtig im Gebiete des Rechts das Alte seine Autorität geltend macht, und wie wohlbedacht es immer wieder herangezogen wird, wie hart es zuzeiten neuer Rechtsschöpfung widersteht. Ähnliches gilt von der Gesellschaftsform, der Moral, den herrschenden Sitten, ja von der Sprache. Nur daß hier das Hineinragen des Vergangenen fast überall ein stillschweigendes ist, während das Recht — schon durch das Suchen nach Präzedenzfällen — seiner Vergangenheit zugewandt lebt, also gegenständlich um sie weiß. Weit beweglicher und gleichgültiger gegen das Einst ist die Wirtschaft. Zwar ist ihre Traditionstreue in vielen ihrer Zweige eine außerordentlich zähe; aber sie hängt nicht am Alten um seiner selbst willen, sie wird nur von ihm festgehalten — auf eingefahrenem Gleise. Aber es spielen Mächte von sehr drastischer

Art in sie hinein, die sie aus dem Gleise hinauszwingen. Eine dieser Mächte ist die Technik, andere liegen in der Erschließung von Materialquellen, wieder andere in ihren eigenen Produktions- und Umsatzkrisen. Das alles wirkt der Inertia des Hergebrachten unaufhaltsam entgegen.

Eine eigene Stellung nehmen die Wissenschaften ein. Die Naturwissenschaft z. B. ist durchaus uninteressiert an ihrer Vergangenheit. Was sich nicht bewahrheitet, scheidet sie skrupellos aus, das Bleibende aber sammelt sie ebenso sorgsam auf. So hat sie eine scheinbare Traditionstreue; in Wahrheit ist es nur ihr „sicherer Gang", der die Errungenschaften festhält. Nach Bergung des historischen Gutes steht sie ganz unhistorisch da.

Ganz anders die Philosophie — und mit ihr manche der Geisteswissenschaften. Hier ist kein sicherer Gang, nur ein tastendes Vordringen, stets mit Fehlerquellen behaftet, die sie nicht durchschaut. Daher herrscht eine gewisse Unentschiedenheit dem Vergangenen gegenüber. Die Philosophie liest im Fortschreiten nicht alles auf, was Errungenschaft ist, birgt nicht laufend das geschichtliche Gut, kann es nicht jederzeit sicher als solches erkennen. So muß sie sich im Fortschreiten dauernd auseinandersetzen mit dem, was sie hinter sich läßt, muß sich immer wieder neu entscheiden, wie sie es einzuschätzen hat. Sie lebt dem Vergangenen zugewandt. Aber sie lebt nicht von ihm.

Weit schwieriger ist es, hier die Künste einzureihen. In ihnen kann tiefste Pietät gegen die Werke alter Meister mit intensivstem Ringen um Neues Hand in Hand gehen, ja mit bewußter Gegensatzstellung zu ihnen. Wo alte Stilformen das Schaffen beherrschen, da ragen sie stillschweigend hinein in die Gegenwart; wo sie als solche vernehmlich werden, da sind sie schon „objektiv" geworden — zu Gegenständen eines Bewußtseins geworden, in welchem man sich von ihnen geschieden weiß. Das Alte mag dann wohl respektiert und bewundert werden, aber man empfindet es nicht mehr als das Eigene. Das ans Licht drängende Neue hat es bereits hinter sich gelassen. Die neue Art zu sehen, zu hören, zu empfinden drängt unaufhaltsam zu dem, was ihr adäquat ist. Sie als solche, sofern sie das geschichtlich Bewegende ist, hat ihr eigenes Bewegungsgesetz und lebt ihm allein gemäß. Insofern ist sie trotz allem dem Vergangenen abgewandt. Sie erscheint sich selber, wie ihre Werke erscheinen, in ewiger Gegenwart.

19. Das geistige Sein in der Geschichte.

Diese Überlegungen sind nur Andeutungen und Richtungsanzeiger möglicher Untersuchungen, die als solche hier nicht durchgeführt werden sollen. Sie prätendieren weder auf Originalität noch auf Vollständigkeit in irgendeiner Hinsicht. Sie haben für die bevorstehenden Untersuchungen nur den einen Wert, daß sie ganz von selbst von der gegebenen Sachlage im Geschichtsproblem auf das Grundproblem des geistigen Seins hinausgeführt haben. Sie lenken damit von der Frage nach dem Geschichtsprozeß und seiner Struktur hinüber auf die Frage nach Struktur und Seinsweise dessen, was im Geschichtsprozeß steht, d. h. dessen, was „Geschichte hat".

Zwar, nicht das geistige Sein allein hat Geschichte. Wohl aber ist alle Geschichte auch und wesentlich Geschichte geistigen Seins. Völker, Staaten, die Menschheit sind als solche nicht Geist. Aber ohne den Einschlag des Geistes in ihnen wäre das Geschehen, das über sie hingeht, nicht Geschichte. Aller Geist aber, man mag ihm nun viel oder wenig Gewicht einräumen, hat zweifellos Geschichte. Dieser Satz klingt heute wie eine Selbstverständlichkeit. Er war aber nicht immer selbstverständlich. Er ist die affirmative Grundeinsicht des Historismus. Er ist fundamental genug, um es wert zu sein, über den Auswüchsen des Historismus nicht vergessen zu werden.

Die vorstehenden Überlegungen nun haben gezeigt, wie die Geschichtlichkeit eines jeweilig Gegenwärtigen an dem Hineinragen des Vergangenen hängt, wie das Hineinragen gewisse Grundformen aufweist, und wie diese sich entsprechend der differenten Eigenstruktur der Geistesgebiete mannigfach abwandeln. Die Unterschiede, die sich hier herausstellen, sind aber offenbar keine zeitlichen, sondern solche, die in jeder Zeitlage wiederkehren. Sie sind also auch als solche keine geschichtlichen Unterschiede. Wohl aber sind es Unterschiede, die ihrerseits bedingend für die Struktur des Geschichtsprozesses sein dürften.

Daraus ist allgemein zu folgern: es gibt Bedingungen der Struktur des Geschichtsprozesses, die selbst keine geschichtlichen Bedingungen sind. Greifbar können solche Bedingungen nur in einer Betrachtung werden, die in anderer Dimension, gleichsam senkrecht zur Zeit, ausschaut. Denn sie liegen in Wesensstrukturen — sei es des geistigen Seins überhaupt, sei es der Geistesgebiete oder ihres Verhältnisses zueinander.

Diesen Strukturbedingungen läßt sich nachgehen, und zwar vor der eigentlich geschichtsphilosophischen Frage. Der letzteren selbst wird damit nicht vorgegriffen. „Geschichte" sind, streng genommen, auch nicht die Teilprozesse, wie sie sich auf den einzelnen Geistesgebieten abspielen, sondern erst ihre Überschneidung, ihr Ineinandergreifen, ihre Schichtung und Wechselbedingtheit in einer Zeit und einem Gesamtgeschehen, kurz ihre konkrete Einheit. Die Analyse der Strukturbedingungen kann hier nur eine Vorarbeit zur Geschichtsphilosophie bilden.

Der Weg ist damit vorgezeichnet.

Man muß zunächst wissen, was überhaupt „Geist" in geschichtlichem Sinne ist, — Geist als dasjenige, woran und worin sich jene Teilprozesse abspielen. Geschichtlicher Geist ist nicht der persönliche Einzelgeist. Er ist ein Gesamtphänomen anderer Größenordnung und insofern mit Fug „objektiver Geist" zu nennen. Was aber das besagt, ist nicht der Metaphysik zu entnehmen — weder einer idealistischen noch sonst einer —, sondern allein der Analyse des einschlägigen, überreichen Phänomenbestandes.

Man muß zweitens — darüber hinaus — Klarheit zu schaffen suchen, was es mit den Objektivationen des Geistes auf sich hat, die gleichsam verkapselt in „Werken" ein geistiges Gut über den Wandel des geschichtlichen Geistes hinwegtragen und bewahren. Ihre Seinsweise und Gesetzlichkeit ist offenbar eine andere als die des geschichtlich fortlebenden und sich wandelnden Geistes.

Und man muß drittens für beides erst die Vorbedingung schaffen: das Verständnis für den individuellen oder persönlichen Geist. Es wird sich zeigen, daß diese Aufgabe keineswegs die leichteste ist. Die Sachlage aber, daß Personen am meisten unmittelbar gegeben erscheinen, bringt es mit sich, daß der Gang der Untersuchungen von diesem letzteren Fragepunkt ausgehen muß.

Erster Teil.

Der personale Geist.

I. Abschnitt.

Eingrenzung des Problems.

1. Kapitel. Schiefe Definitionen.

a. Vom Ausgang ohne Begriffsbestimmung.

Man sollte meinen, daß sich vor allem Weiteren müßte angeben lassen, was überhaupt Geist ist. Schon um Mißverständnisse auszuschließen, bedürfte es einer Definition, und sei es auch bloß einer nominellen.

Diesem Erfordernis läßt sich nicht Rechnung tragen. Es ist damit nicht anders als mit den meisten thematischen Grundbegriffen der Philosophie: Materie, Substanz, Leben, Bewußtsein, oder gar Sein, Realität, Wert. Wer von solchen Gegenständen handelt, macht unvermeidlich die Erfahrung, daß Nominaldefinitionen der Untersuchung nur hinderlich werden; sie sind nicht nur methodisch irreführend, sondern nicht einmal brauchbare Mittel der Verständigung. Die Wahrheit ist — um es gleich zu sagen —, daß wir solche Grundbegriffe überhaupt nicht definieren können. Die Begriffsbestimmung setzt hier überall die Untersuchung, die erst geführt werden soll, schon voraus. Jedes Bestimmungsstück will erarbeitet sein. Hat man hinterher eine größere Reihe von ihnen erarbeitet, so zeigt sich erst, wie schief alle vorläufigen Definitionen sind, die man auf Grund des einen oder des anderen von ihnen geben kann.

Reinlicher, obgleich im Anfang unbefriedigender, ist ein Vorgehen, das auf Vortäuschung logischer Umrissenheit verzichtet, wo keine vorhanden ist. Und es kann sich keine einstellen, bevor die einschlägigen Phänomene geklärt sind. Aus diesen allein lassen sich positive Bestimmungen gewinnen. Die Klärung aber ist in unserem Falle nahezu identisch mit der Untersuchung, vor der wir stehen. Was im Problem des geistigen Seins bei heutiger Problemlage zu leisten ist, das ist nichts anderes als die Heraushebung des Wesentlichen aus einer unübersehbar reichen Fülle von Phänomenen. Wir würden uns also im Zirkel bewegen, wenn wir eine Begriffsbestimmung zugrunde legen wollten. Wir müßten mit dem Ende anfangen. Oder aber wir müßten einen der zahlreichen Geistbegriffe hernehmen, die uns berühmte philosophische Systeme anbieten. Daß dabei Voraussetzungen mit übernommen würden, die erst zu rechtfertigen wären, liegt auf der Hand. Und das ist das erste, was zu vermeiden erfordert ist.

Man stoße sich also nicht daran, wenn die Untersuchung ohne Begriffsbestimmung ihres Gegenstandes einsetzt. Es ist immer noch besser, vom dehnbaren Populärbegriff auszugehen — denn stillschweigend tut man das, wenn man sich nicht durch eine Definition in Gegensatz zu ihm setzt — als eine unzureichende Bestimmung zu geben. In gewissen Grenzen hat jeder eine Vorstellung von geistigem Leben, und auch sie schon erweist sich bei näherem Zusehen reicher, als man vermuten sollte. Wie verschieden sie bei den Einzelnen ausfallen, wie sehr sie mit Vorurteilen durchsetzt sein mag, es läßt sich doch davon ausgehen. Sie einzugrenzen und zu erweitern ist die Aufgabe. Und dazu muß man die Phänomene sprechen lassen.

Bevor sich aber Gegebenes aufzeigen und beschreiben läßt, gilt es, gewisse Hindernisse anderer Art aus dem Wege zu schaffen, die nicht das naive, sondern das philosophische Denken geschaffen hat. Denn niemand wird bestreiten, daß unser Sinnen über Geistesphänomene mannigfach von Begriffsprägungen bestimmt wird, die den Lehrgebäuden alter und neuer Schule entstammen. Man weiß zumeist kaum um sie, das eigene Denken hat sie assimiliert. Und doch liegen hier die weit bedenklicheren Vorurteile.

Es ergibt sich die Notwendigkeit, zunächst auszumachen, was der Geist nicht ist, oder zum mindesten, was ihn nicht durchgehend charakterisiert. Man kommt so zu einer Vorarbeit, die zugleich klärt und begrenzt. Ihr Ziel ist die Eingrenzung des Problems. Indem sie es aber verfolgt, eröffnet sie Durchblicke auf den einschlägigen Bereich der Phänomene.

b. Das Unzureichende im „Lebens"-Begriff.

Unter den philosophischen Versuchen, das Wesen des Geistes zu umreißen, ist heute vielleicht noch derjenige der „Lebensphilosophie" am geläufigsten. Er hat den Vorzug, daß er das Geistige nicht auf die Einzelpersonen beschränkt, sondern Raum hat für Phänomene größeren, geschichtlichen Ausmaßes. Man charakterisierte den Geist als „Leben". Man dachte dabei selbstverständlich nicht an das Leben der Tiere und Pflanzen, man meinte eine eigene und höhere Art Leben.

Hält man das streng fest, so ist gegen das Wort nicht viel einzuwenden. Aber es läßt sich nicht festhalten. „Leben" hat nun einmal seine weitere Bedeutung, und die schlägt immer wieder durch. Man merkt es gar nicht; unversehens verschieben sich die Begriffe ins Organologische.

Was dahinter steht, ist die alte Gegenüberstellung von Geist und Materie. Das Materielle ist das Starre, Leblose; von ihm aus gesehen muß natürlich zuerst die Lebendigkeit als Gegenstück in die Augen springen. Das hat seine Richtigkeit. Nur zeichnet Lebendigkeit nicht den Geist allein aus, sondern alles, was der Seinsschicht nach „über" dem Physischen liegt. Sagt man aber, es handle sich ja nicht um organisches, sondern um „geistiges" Leben, so trifft man zwar das Rechte, aber nur im Sinne eines idem per idem. Man hat den Geist durch den Geist charakterisiert. Das ist der Grund, warum die ganze Charakteristik schief ist.

Auch in anderer Hinsicht ist sie unbrauchbar. Menschlich-persönliches Leben und geschichtliches Leben sind zwar beide geistiges Leben, aber nicht nur geistiges. Man muß also notgedrungen Lebendigkeit in beiden Erscheinungsgruppen als dasjenige festhalten, was vitales und geistiges Sein in uns verbindet. Und will man innerhalb dieses Verbindenden das geistige Leben vom vitalen abheben, so muß man offenbar schon anderweitig ausgemacht haben, was das Unterscheidende in ihnen ist. Das heißt aber, man muß schon wissen, was Geist ist.

Ersetzt man nun Leben durch „Dasein", um seiner Dehnbarkeit zu entgehen, so verschlimmert man die Sachlage nur noch. Denn alles, was real ist, hat Dasein: nicht nur der Mensch und das Tier, sondern auch der Stein. Meint man aber spezifisch menschlich-geistiges Dasein, so wird gerade der Daseinsbegriff überflüssig, und — man hat sich im Kreise bewegt.

c. Geist und Bewußtsein.

Man hat offenbar im Stufenreich des Seienden zu tief gegriffen. Greift man nun höher um eine Schicht, so gelangt man an das Bewußtsein, und damit in das Gegenstandsfeld der Psychologie. Auch das ist eine weit verbreitete Ansicht, der Geist sei Bewußtsein. Sie ist keineswegs im Psychologismus allein zu Hause; den idealistischen Theorien hat sie von jeher nahegelegen. Es läßt sich aber leicht zeigen, daß auch sie nicht hoch genug greift.

Freilich gehört das Bewußtsein irgendwie zum Geiste — wennschon nicht alles geistige Sein Bewußtsein ist (wie sich noch zeigen wird). Aber gehört etwa auch der Geist seinerseits zum Bewußtsein? Es gibt auch ein sehr ungeistiges Bewußtsein, ein solches, dem man praktische Findigkeit und eine gewisse Intelligenz nicht absprechen kann, das aber fest an den Dienst der vitalen Bedürfnisse gebunden bleibt und keinerlei autonome Intention zeigt. So kennen wir es bei den höheren Tieren. Wie weit es in der Deszendenz hinaufreichen mag, läßt sich nicht angeben, darüber sind auch heute die Ansichten geteilt. Vielleicht läßt sich zum mindesten sagen, wo Sinnesorgane sind, da wird es wohl auch im Ansatz Bewußtsein geben, wenn auch ein dem unsrigen sehr unähnliches. Tierpsychologische Experimente scheinen das zu bestätigen. Aber es handelt sich um Abstufungen, deren Mannigfaltigkeit wir keinesfalls übersehen.

Wie das geistlose Bewußtsein in geistiges übergeht, steht hier nicht zur Diskussion. Zweifellos aber setzt mit dem letzteren etwas Besonderes ein, ein Novum, das nicht in der Konsequenz der Stufenfolge liegt, sondern zu ihr hinzutritt. Es ist damit nicht anders als mit dem Verhältnis des Organismus zur anorganischen Natur auch. Niemand zweifelt hier am Zusammenhang, aber zu erklären ist das Organische aus dem Mechanismus — auch der höchsten Formen — nicht. So auch ist der Geist nicht aus dem Bewußtsein zu verstehen. Geistiges Sein ist keine psychologische Angelegenheit. Dieser Satz darf als eine Errungenschaft der letzten Jahrzehnte gelten. In den Tendenzen des Psychologismus lag es, das Logische, die Erkenntnis, das große Gebiet des Ethos, des künstlerischen Schaffens, des Glaubens u. a. m. als seelisches Sein zu verstehen und aus psychischer Gesetzlichkeit zu erklären. Das hat sich als ein Irrweg erwiesen. Die Überwindung des Psychologismus ist das Freiwerden des philosophischen Blickes für das Reich des geistigen Seins[1]).

Man kann also den Geist nicht durch Bewußtsein charakterisieren; man greift auch damit noch zu niedrig. Tatsächlich meint man dabei auch nur das menschlich-geistige Bewußtsein, genau so, wie man mit Leben das geistige Leben meinte. Dann aber bewegt man sich im Zirkel. Man muß vielmehr schon wissen, was Geist ist, um ein geistiges Bewußtsein — und d. h. bewußten Geist — zu charakterisieren.

Auch nach anderer Seite ist die Charakteristik falsch. Es ist nicht wahr, daß alles Tun des Geistes bewußt ist. Nicht trifft es jedenfalls zu auf das künstlerische Schaffen und Auffassen, das ja gerade nicht weiß, was es tut. Ähnlich ist es mit allem intuitiven Erfassen, Denken, Folgern: die Wege der Überlegung, auch wo sie streng nach den Gesetzen der Logik laufen, fallen hier nicht ins Bewußtsein; erst späte philosophische Reflexion deckt sie auf, und zwar als solche, die das Denken

[1]) Daß die Psychologie selbst sich seitdem in manchen führenden Vertretern umgestaltet hat und zu einer Wissenschaft vom Geist geworden ist, soll hier keineswegs verkannt werden. Nur eben ist sie insofern mehr als ihr Name besagt, und sollte sich vielleicht auch anders nennen.

immer schon gegangen ist. Das gleiche gilt von den unzähligen Verallgemeinerungen, die wir immer schon vollzogen haben, wo wir zu bestimmter Gegenstandsvorstellung, Auffassung, Meinung über Dinge, Personen, Verhältnisse gelangen. Der Weg der Lebenserfahrung bleibt im Dunklen, nur die Ergebnisse treten ins Licht des Bewußtseins. Und doch wird man den mannigfaltigen auf dem Werdegang der Erfahrung vollzogenen Synthesen den Charakter geistigen Tuns nicht absprechen wollen.

d. Verhältnis zum unterbewußten seelischen Sein.

Die letztere Überlegung ist es, die eine andere Möglichkeit nahelegt: das geistige Sein könnte in unbewußt seelischen Vorgängen verwurzelt sein und aus ihnen heraus verstanden werden. Diese Hypothese hat in einigen philosophischen Systemen recht breiten Boden gewonnen, ja sie ist bis zu einer allgemeinen Metaphysik des „Unbewußten" durchgeführt worden. Über diese Metaphysik ist hier kein Wort zu verlieren; sie hat das Verdienst, das Verhängnisvolle ihrer Voraussetzungen an den eigenen Konsequenzen überzeugend dargetan zu haben. Sie hat sich damit selbst erledigt.

Unbestreitbare Tatsache aber bleibt es, daß seelisches Sein nicht im Bewußtsein aufgeht, daß seelische Akte nicht im Aktbewußtsein aufgehen, geschweige denn in ihrem „Erlebtwerden", ja daß das Erlebtsein als solches überhaupt nicht zu ihrem Wesen gehört. Die Erlebnispsychologie, die Akt und Akterlebnis gleichsetzte, hat sich als unhaltbar erwiesen. Gibt es nun seelisches Sein, das nicht in Bewußtsein aufgeht, und geistiges Sein, das auch nicht in Bewußtsein aufgeht, so ist es verführerisch, das letztere auf das erstere zu beziehen und den Geist durch seelisches Sein zu charakterisieren.

Damit aber käme man erst recht in die niedere Seinsschicht zurück. Der Schein der Zusammengehörigkeit beider Problemgebiete kann sich überhaupt nur halten, solange man beide nicht näher ins Auge faßt. Begünstigt wird er dadurch, daß unsere Kenntnis vom unterbewußten seelischen Sein eine sehr begrenzte ist. Das geistig Unbewußte ist weit besser bekannt. Entscheidend aber ist, daß es dem ersteren tief heterogen ist. Das war an den obigen Beispielen zu sehen. Logische Gesetzlichkeit ist objektiv; sie betrifft die Struktur gedanklicher Inhalte, nicht der Akte, Vollzüge oder Zustände. Wenn wir also im gegenstandshingegebenen Denken sie befolgen, ohne um sie zu wissen, so folgt daraus nicht, daß sie dem seelischen Sein angehörten.

Das seelisch Unbewußte grenzt in anderer Richtung an das Bewußtsein als der Geist; oder richtiger vielleicht, es ragt aus anderer Richtung bestimmend ins Bewußtsein hinein. Es ist sein Hintergrund, die Tiefe, über der das Bewußtsein sich erhebt. Es bildet eine Sphäre, in der vieles noch vital gebunden ist, reicht in der Stufenfolge des Lebendigen viel weiter hinab als das Bewußtsein; die rätselvollen Erscheinungen des Instinktes — was auch ihr Wesen sein mag — lassen sich davon nicht abgrenzen. Man versteht so die oft gezogene Konsequenz, schon das pflanzliche Leben enthielte Seelisches. Das mag irrig sein, aber es ist sinnvoll.

Das geistige Sein dagegen, ob bewußt oder nicht bewußt, erhebt sich erst über dem Bewußtsein, erfaßt es gleichsam von oben her, zieht es über sich hinaus. Es ist die ontisch höhere Sphäre. Das Bewußtsein ist gleichsam nur ein schmaler Streifen zwischen ihm und dem unbewußt Seelischen. Beide greifen mannigfach bestimmend in seine Ebene ein, aber in entgegengesetztem Sinne. Und das Bewußtsein weiß um diesen Gegensatz, es unterscheidet die niederen und die höheren Mächte, mit denen es zu schaffen hat, grundsätzlich sehr bestimmt, wenn auch im Einzelfalle es sie nicht immer durchschaut.

2. Kapitel. Philosophisch einseitige Fassungen.

a. Die Theorien des Selbstbewußtseins.

Hat man mit dem Bewußtsein noch zu niedrig gegriffen, so ist zu erwarten, daß man dem Geist mit dem Selbstbewußtsein eher genügen kann. Damit erhebt sich eine weit ernstere Frage. Hier handelt es sich offenbar nicht mehr darum, ob die gesuchte Sphäre getroffen oder verfehlt ist. Selbstbewußtsein wird man schwerlich einem anderen als dem geistigen Sein zusprechen können. Die Frage ist nur, ob der Geist als solcher wirklich im Selbstbewußtsein besteht.

Der erste, der einen umrissenen Begriff des Geistes herausgearbeitet hat, Aristoteles, hat ihn durch das „Denken seiner selbst“ charakterisiert. Dieser Gedanke ist bis auf Hegel nicht abgerissen. Er steckt in der Leibnizischen Lehre von der Apperzeption, in Kants begleitendem „Ich denke“, in Fichtes Ich-Begriff. Nach Hegel ist der Geist grundsätzlich sein eigenes Fürsichsein; und wenn auch im Stufengang dieses Fürsichsein ein unvollendetes ist, so liegt es deswegen doch im Wesen des Geistes und drängt in ihm selbst zur Erfüllung. Das hat zur Voraussetzung den Satz, daß im Wesen des Geistes überhaupt die Vollendung liegt. Dasselbe metaphysische Motiv blickt schon bei Aristoteles durch: der νοῦς muß „Denken des Denkens“ sein, weil er Denken des Vollkommensten sein muß; nur insofern ist er reiner νοῦς. Nun ist er aber selbst das Vollkommenste, so muß er denn sich selbst denken.

Dieses hohe Pathos des Selbstbewußtseins ist in einer Hinsicht dem Geistproblem durchaus angemessen: es ist der Ausdruck dessen, daß der Geist als das „Höchste" begriffen werden muß, was wir kennen. Insoweit ist die ganze Überlegung richtig orientiert und allen neueren Theorien, die zu „niedrig" greifen, weit überlegen. Ob aber das „Höchste" auch als Vollkommenes verstanden werden darf, ist eine andere Frage.

Hier hat die Kritik einzusetzen. Ist es denn wahr, daß der Geist ein Vollkommenes ist? Freilich vom göttlichen Geist mag das gelten, und ihn meinte Aristoteles. Dasselbe gilt für die Hegelschen Bestimmungen, die ihren Grund alle im Gedanken des Absoluten haben. Der Geist aber, von dem wir handeln, ist weder der göttliche noch der absolute, sondern derjenige, den allein wir kennen, der unsrige, der endliche, der empirische; es ist der Geist, der in der Zeit lebt und stirbt, der Geschichte und Schicksal hat. Dieser empirische Geist ist zweifellos nicht vollkommen. Viel eher noch ist in seiner Weise das Organische, oder selbst das Materielle — in seiner unfehlbaren Gesetzlichkeit — ein Vollkommenes. Jede Seinsschicht hat ihre eigene Art Vollkommenheit, und in den niederen gerade scheint sie am ehesten erfüllt zu sein — vielleicht eben darum, weil sie Vollkommenheit niederer Art ist. Der Geist, wie wir ihn kennen, ist das am wenigsten Vollkommene, obschon er der Art nach das Höchste ist. Er ist in der Realität selten das, was er seiner Idee nach ist. Sein Leben ist unausgesetztes Ringen um seine Verwirklichung.

Nach dieser Richtung gilt es, mancher Vorurteile Herr zu werden, die unbemerkt in viele philosophische Bestimmungen hineinspielen. Was aber das Selbstbewußtsein als solches anlangt, so ist dabei dreierlei zu berücksichtigen.

1. Es gibt auch sehr unvollkommenes Selbstbewußtsein. Es ist wahr, daß nur das geistige Wesen seiner mächtig ist. Aber es fällt ihm nicht in den Schoß, es will errungen sein. Ein bloß begleitendes Ich-Bewußtsein ist nur ein formales, kein inhaltlich-konkretes Wissen um sich selbst.

2. Der Geist muß wohl des Selbstbewußtseins fähig sein; aber sein Reich beginnt nicht erst mit ihm. Es ist keineswegs wahr, daß der Geist immer darum weiß, was er ist. Irrig ist vor allem der Hegelsche Satz, der Geist sei in Wahrheit stets das, was er von sich weiß. Er weiß zumeist am wenigsten, was er in Wahrheit ist, und ist doch Geist in seinem Wissen um anderes. Nichts ist seltener und schwieriger als wirkliche Selbsterkenntnis. Er weiß für gewöhnlich von sich nur das, was er im Leben von sich „erfährt". So erfährt der Mensch die Wahrheit über seine Gesinnungen erst, wo sie ihm in seinen Taten greifbar werden. Was aber der Volksmund „Selbstbewußtsein" nennt, ist mehr Selbstverkennung als Selbsterkenntnis. Es ist das überhebliche Bewußtsein des angemaßten „Selbst".

3. Es ist auch nicht wahr, daß der Geist auch nur wesentlich auf sich selbst gerichtet sei, d. h. sich selbst zum Objekt habe. Er hat vielmehr alles mögliche zum Objekt, was nicht er selbst ist. Er ist grundsätzlich auf alles gerichtet, was ihm entgegentritt, ist weit mehr Weltbewußtsein als Selbstbewußtsein. Darin besteht seine Aufgeschlossenheit für die Welt, in der er sich findet. Anders wäre er in sich verschlossen. Daß seinesgleichen sein höchstes und vielleicht auch aktuellstes Objekt ist, ändert daran nichts. Seine Horizonte liegen, so weit immer ihre Radien reichen mögen, in dem, was nicht er selbst ist. Ein Geist, der nur Selbstbewußtsein wäre, wäre auf sich bornierter Geist.

Freilich brauchte das Gerichtetsein auf sich nicht notwendig in der These zu liegen, daß der Geist Selbstbewußtsein sei. Es wird nur von ihr unwillkürlich mit heraufbeschworen. Und oft genug sind von dieser Auffassung idealistische Vorurteile ausgegangen. Darum ist die Gegenthese in ihrem positiven Gehalt unbedingt festzuhalten: der Geist ist, wie wir ihn kennen, vor allem einmal aus sich heraus gerichtet, auf anderes, auf alles, was in seine Reichweite fällt. Und dem Gehalt nach ist er, was er umspannt. Das besagt: er ist nicht, was er von sich, sondern was er von der Welt begreift. Sofern er selber zur Welt gehört, ist darin sein mögliches Selbstbewußtsein eingeschlossen. Sein Wesen ist expansiv.

b. Die Gleichsetzung mit Vernunft.

In den älteren Theorien findet man fast durchgehend die Bestimmung, der Geist sei Vernunft. Diese Auffassung hat mehr die Form der mangelnden Unterscheidung als der ausdrücklichen Gleichsetzung. Wird doch der Aristotelische νοῦς ebensogut mit „Vernunft" wie mit Geist übersetzt. Man kann davon absehen, daß auch hierbei die Orientierung auf göttlich-absolute Vernunft vorwaltet. Denn die Bestimmung greift in aller Selbstverständlichkeit auch auf den menschlich-endlichen Geist über.

Man kann dieser Auffassung eine gewisse Berechtigung so wenig absprechen wie der Selbstbewußtseinstheorie, zumal wenn man unter Vernunft die höheren Funktionen des Verstehens, Begreifens, des mehr als dinglichen Erfassens oder gar des Wert-Vernehmens versteht. Wie man im übrigen „Vernunft" auch faßt, immer ist mit ihr das „Vernehmen" dessen gemeint, was bloße Wahrnehmung nicht gibt. Und in diesem Gegensatz ist etwas erfaßt, was in der Tat charakteristisch für geistiges Sein ist.

Der Mangel ist nur: diese genannten Momente sind zwar entschieden geistige, aber sie sind gerade durch „Vernunft" keineswegs eindeutig bezeichnet. Man muß doch vielmehr umgekehrt schon wissen, was Vernunft ist, und dazu reicht der Gegensatz zur Sinnlichkeit nicht aus; man muß ihren Begriff positiv fassen, sonst bleibt er leer. Und wie wollte man ihn positiv fassen, wenn nicht durch eben jene Momente, die als spezifisch geistige gelten. Man kann also viel eher noch Vernunft durch Geist als Geist durch Vernunft bestimmen. Geist in seinen Funktionen, Akten, seiner Tätigkeit ist das bei weitem Bekanntere.

Die Motive der Gleichsetzung sind auch geschichtlich ganz andere. Man meint mit „Vernunft" entweder das höhere Prinzip im Menschen, etwa das Göttliche; oder man meint die logische Strenge und Durchsichtigkeit, die „Rationalität", das Ideal des begrifflichen Denkens.

Mit dem ersteren ist nicht zu rechten. Vom Menschen aus und als Bestimmung empirischen Geistes ist übermenschliche Vernunft nicht zu verwerten. Man kennt sie nicht, und alle Bestimmung durch sie ist Bestimmung eines Bekannten durch ein Unbekanntes, mit dem nur hypothetisch zu rechnen ist. Anders ist es mit der „Rationalität". Zwar ist geschichtlich auch die Vernunft als ratio meist auf göttliche Vernunft hinausgespielt worden, doch läßt sich davon absehen. Das Mißliche ist vielmehr, daß sie eine viel zu enge Bestimmung ist. Die Vernunft als das Rationale umfaßt nicht entfernt die Fülle des geistigen Seins. Sie beschränkt es auf den Begriff, das Allgemeine, die Deduktivität, das logische Schema. Ihr Muster ist bei aller sonstigen Verschiedenheit immer wieder das mathematische Denken gewesen.

Die Rationalität in diesem Sinne ist für den Geist wohl auch charakteristisch — unter anderem, zentraler Gestelltem. Nur ein geistiges Wesen ist ihrer mächtig. Aber sie ist nur ein Moment an ihm, das nicht allgemein auf allen Gebieten, sondern nur in der objektiven Beherrschung bestimmter Gegenstandsgebiete zur Geltung kommt. Sie hat den Vorzug der Einfachheit, Ordnung, Übersicht, nicht aber unbedingt den der Einsicht. Sie reicht schon für das Erkennen nicht zu, geschweige denn für die erlebende, aktive oder wertende Seite des Geistes.

c. Der anthropologische Geistbegriff.

Liegt im Vernunftbegriff die doppelte Tendenz der Entgleisung — ins Übermenschliche einerseits, in die Enge des Logischen andererseits —, so wird man ungewollt auf den „Menschen" als den gegebenen Träger des Geistes zurückgeworfen. Nimmt man nun den Menschen in seiner Endlichkeit einerseits, in seiner Erlebnisfülle andererseits, so bietet sich die Bestimmung an: der Geist ist das spezifisch Menschliche im Menschen — im Gegensatz zum Materiellen, Organischen, Seelischen in ihm. So käme man zu einem anthropologischen Geistbegriff.

Das hat immerhin den einen Vorzug, daß man auf diese Weise ganz streng beim empirischen Geist steht, d. h. bei demjenigen, von dem allein wir Erfahrung haben. Dagegen will der Gedanke, daß es noch anderen Geist geben könnte, wenig besagen. Freilich, der Kosmos ist groß, Wesen von der Rangordnung des Menschen kann es auf Planeten anderer Sonnen geben, der Mensch hat in der Welt nicht das Monopol auf Geist. Man wird den Empirismus im Geistesproblem nicht so weit treiben dürfen, daß man solche Perspektiven einfach ignorierte — ob man nun daran glaubt, daß wir einmal Gewißheit darüber erlangen werden, oder nicht. Aber die Perspektive verhilft uns zu keinerlei Erweiterung dessen, was wir vom Geiste wissen. Wir müssen uns eben doch an den Menschengeist halten. Und sofern das eine Beschränkung ist, so ist es eine notwendige.

Nach dieser Richtung liegt keine Schwierigkeit im anthropologischen Geistbegriff, wohl aber nach anderer. Wollte man im Ernst den Geist durch den „Menschen" bestimmen, so müßte man doch zuvor dem Inhalt nach wissen, was der Mensch ist. Wissen wir nun das? Man wird sagen, in gewissen Grenzen freilich. Aber welches sind die Grenzen, in denen wir das wissen? Es sind die Grenzen unseres Wissens um den Geist. Denn den Menschen als Leib, oder selbst als seelisches Wesen, meinen wir ja nicht. Wir greifen, wenn wir das spezifisch Menschliche bestimmen wollen, unfehlbar nach solchen Merkmalen wie Erkenntnis, Zielbewußtsein, Sinnverständigkeit, Freiheit, Ethos, schöpferisches Tun u. a. m., — nach lauter Fragmenten des geistigen Seins also. Wir definieren in Wahrheit immer noch umgekehrt den Menschen durch unser fragmentarisches Wissen vom Geist. Das ist lehrreich. Diese Ordnung im Bestimmen läßt sich offenbar nicht umkehren.

Es darf einen hieran nicht irremachen, daß wir die Merkmale des Geistes doch wiederum nur am Menschen ablesen können. Das hat mit der Begriffsbestimmung nichts zu tun. Freilich ist der Mensch und seine Welt das Feld der Erfahrung, die wir vom geistigen Sein haben, — aber nicht in der Weise, daß wir zuerst einen Begriff des Menschen gewinnen, dem wir dann Bestimmungen entnehmen könnten. Nicht vom Begriff des Menschen, sondern vom Menschen selbst lesen wir die Merkmale des Geistes ab. Und in dem Maße, als hierbei ein Begriff des Geistes sich herausbildet, wird auch das spezifisch Menschliche am Menschen begrifflich faßbar.

d. Das Geistesleben als Aktvollzug.

Statt an die Rationalität kann man sich auch an die Aktseite des geistigen Lebens halten. Daß es eine solche gibt, kann keinem Zweifel unterliegen. Wollen und Handeln, persönliches Reagieren, Ablehnen, Gesinntsein, Lieben und Hassen u. a. m. haben deutlichen Aktcharakter; nicht weniger auch Erkennen, Denken, Reflektieren. Aber es sind nicht bloß seelische Akte — wie die dunkel triebhaften — sondern geistige Akte. Worin dieser Charakter des Geistigen an ihnen besteht, mag hier noch unerörtert bleiben; daß sie zu einer höheren Ordnung von Akten zählen, wird man zugeben; und darauf kommt es an.

Diese Akte sind keineswegs alle eigentlich „aktiv" — wie die Beispiele zeigen. Es ist also in ihnen auch nicht etwa die „theoretische" oder die „pathetische" Seite des Geistes vernachlässigt. Was aber ist das Charakteristische in solchen Akten? Man sieht sich versucht, es Aristotelisch zu bestimmen: es ist etwas Energetisches in ihnen, etwas, was in Zuständlichkeit so wenig aufgeht wie im Charakter des Vorganges. Es gibt etwas, was sich in ihnen einsetzt und zugleich sich in ihnen auslebt. Dieses Moment der „Energeia" läßt sich zutreffend als ein „Vollziehen" schildern. Scheler, der es in diesem Sinne versteht, zieht nun die Folgerung daraus: geistige Akte „sind" überhaupt „nur im Vollzuge"; oder auch, sie haben Wirklichkeit nur, sofern und solange sie „vollzogen werden". Daraus aber ergibt sich weiter: sofern der Geist im Aktleben besteht, muß auch der Satz gelten: der Geist besteht nur im Vollzuge. Und damit hätten wir ein Bestimmungsstück, das keinem vorgegebenen Begriff und keiner Theorie entlehnt ist, auch nicht von anderem Gebiete übertragen ist.

Aber auch mit ihm hat es gewisse Schwierigkeiten. Die geringste ist noch die, daß man auf diese Weise wieder in bedenkliche Nähe psychologischer Begriffe kommt. Von „Vollzug" läßt sich eben doch auch bei allen seelischen Akten sprechen, den bewußten wie den nichtbewußten, jedenfalls aber nicht bei den geistigen allein. Und wie soll da die Grenze gezogen werden — wenn man nicht eben das voraussetzen will, was man durch die Ausgrenzung faßbar machen wollte, den Geist?

Weit gewichtiger ist die zweite Schwierigkeit. Unter „Vollzug" muß doch offenbar mehr verstanden werden als ein bloß neutrales Geschehen oder ein Prozeß. Wäre Vollzug nur Geschehen, so teilte das geistige Sein ihn mit den niedersten Naturprozessen. Soll aber etwas mehr darunter verstanden werden, so läuft es im Vollzuge auf ein aktives „Vollziehen" hinaus. Dann aber steht notwendig hinter dem Vollzuge der „Vollzieher" — was ja auch auf das geistige Wesen als identisches in der Mannigfaltigkeit seiner Intentionen sehr genau zupaßt. Aber wie steht es dann mit dem Vollzieher selbst? Muß er nicht erst recht Geist sein? Ja, muß er nicht vielmehr das Eigentliche des Geistes sein? Hat man aber zuvor den Geist dadurch bestimmt, daß er „nur im Vollzuge ist", so setzt doch der Vollzieher wiederum einen Vollzug voraus, in dem er bestehen müßte; und da auch dieser Vollzug den Vollzieher verlangt, so setzt also der Vollzieher der Akte einen zweiten Vollzieher voraus, der ihn vollziehen müßte. Was in aller Form einen regressus in infinitum ergibt.

Konkreter läßt sich die Aporie so fassen: nach Scheler ist die „Person" Vollzieher der Akte. Ist nun etwa die Person nicht Geist? Offenbar doch erst recht. Also ist sie auch „im Vollzuge". Dann aber wird sie selbst von einem Vollzieher vollzogen. Steht nun noch ein anderes hinter ihr? Oder vollzieht sie sich selbst?

Man sieht, so ist nicht weiterzukommen. Das „Sich-Vollziehen" ist höchst zweideutig, könnte am Ende gar sehr mechanisch verstanden werden. Auch Planetenlauf und Elektronenbewegung „vollzieht sich". Im Ansatz, im Vollzugsbegriff muß der Fehler stecken. Er läßt sich offenbar nicht von den Akten auf den Geist übertragen. Dann aber ist es auch falsch, daß der Geist in den Akten besteht, in denen er sich auslebt. Er geht offenbar nicht darin auf. Es geht nicht an, den Vollzieher der Akte selbst unter das Schema des Aktes zu subsumieren. Man wird umgekehrt das Wesen der Person als etwas Primäres, nicht durch Vollzug Charakterisierbares zu verstehen haben. Dann wird es fruchtbar für den Begriff des Geistes. Denn was Personalität ist, läßt sich deskriptiv an Phänomenen — zumal den ethischen — erfassen. Hier eröffnet sich eine Aufgabe, der wir nachzugehen haben werden.

Das Zutreffende im Vollzugsgedanken soll darüber nicht vergessen werden. Das geistige Sein ist eine Bewegtheit eigener Art, ein Sich-Wandeln und Sich-Entfalten, eine Lebendigkeit, anders als die des Organischen. In gewissem Sinne also ist hier freilich alles im Vollzuge. Ein stillstehender Geist, in dem sich nichts mehr vollzieht, ist tot; abgestandener Geist wäre das Geistlose. Wie aber Entfaltung hier zu verstehen ist, ohne daß man das Entfaltete nachträglich wieder zum Prinzip der Entfaltung machte, das gerade ist die Frage.

3. Kapitel. Vorläufige Konsequenzen.

a. Schwebender und aufruhender Geist.

Zu den ältesten und ehrwürdigsten Vorstellungen des Menschengeschlechts gehört die vom selbständigen, unabhängigen, gleichsam über allem Irdischen „schwebenden" Geist. Mythische und religiöse Weltanschauung, Gottesbegriff und Seelenbegriff, Todes- und Jenseitsgedanken drängen konzentrisch auf diesen Punkt hin. Auch die philosophische Spekulation ist jahrhundertelang diesem Zuge gefolgt. Hier wurzelt die Aristotelische Auffassung, daß der Geist θύραθεν zur Seele hereinkomme, ein Kind einer anderen Welt.

Wie verschieden im einzelnen die so orientierten Weltbilder ausfallen, sie haben alle dieses gemeinsam, daß sie dem Geiste ein nicht nur autonomes, sondern auch abgelöstes Sein zuerteilen: seine Welt ist eine Welt für sich, und zwar eine höhere neben der empirischen. Steigert man diesen Gedanken noch um einen Grad, so steht man mitten in einer allgemeinen Geistmetaphysik. Dann gilt nur noch die Welt des Geistes für an sich seiend, und die Dingwelt ist nur ein Abglanz, ein Stufenreich unvollkommener Erscheinungsformen, oder gar direkt eine Scheinwelt.

Diese Auffassung ist es denn auch, die den Geist der Vergänglichkeit enthebt, ihn vom Werden und vom Prozeß ausnimmt, ihn als ewigen, identischen verstehen will. Dafür pflegt man sich auf die nachweislich bestehende Überzeitlichkeit der geistigen Gehalte zu berufen, dessen also, was in Wahrheit nicht er, sondern sein Gegenstand ist: des Mathematischen, des Logischen, der Werte und Gültigkeiten, des Allgemeinen, der Wesenheiten und Gesetze.

Die Frage aber ist gerade, ob denn der Geist in diesen Gehalten besteht, ob er so vollständig mit seinen Gegenständen identifizierbar ist. Man hat nun die andere Seite an ihm — die Aktseite und das Im-Vollzuge-Sein — ganz unterschlagen und damit die Zeitlichkeit preisgegeben, hat sich ganz auf das Inhaltliche zurückgezogen, als wäre der Geist nichts als Gegenstand eines in die Idealität erhobenen Bewußtseins. Man hat über der Sublimierung das eigentliche Leben des Geistes vergessen, das zwar kein organisches ist, aber wie dieses ein Leben in der Zeit. Und damit hat man die reiche Fülle der Phänomene des persönlichen und geschichtlichen Geistes verlassen. Man hat nicht nur den fruchtbaren Erfahrungsboden verlassen, man hat auch den Geist selbst seines Suchens und Ringens, seines Verfehlens und Erreichens, kurz seiner Erdgebundenheit und Bodenständigkeit beraubt.

Drei Dinge sind es, die dagegen festzuhalten sind. An ihnen scheidet sich methodisch wie inhaltlich reelle Untersuchung von spekulativer Träumerei.

1. Wir haben es ausschließlich mit dem Geist in den Grenzen unseres Erfahrungsfeldes zu tun, mit dem, was allein wir kennen und nachweisen können, dem „empirischen Geist". Wir haben uns an den Menschen und sein Geistesleben zu halten, wie es sich in der Mannigfaltigkeit seiner Erscheinungsformen darbietet. So allein können wir auf dem schwierigen Gebiet der Geistesphilosophie der kantischen Forderung kritischer Restriktion genügen. Denn diese Forderung zieht der Spekulation die Grenze „möglicher Erfahrung" vor.

2. Aller Geist, dem wir im Erfahrungsfelde begegnen, ist zeitlich gebunden. Er ist als geschichtlicher wie als persönlicher stets und in allem ein gewordener und vergänglicher. Darin gleicht er dem organisch Lebendigen, und darin ist er Leben, wenn schon ein anderes: daß ihm der Tod eignet. Nur das Lebendige hat den Tod an sich. Das Leblose

kennt ihn nicht, es geht kontinuierlich in anderes über[1]). Das Überzeitliche und Ideelle aber kennt ihn nicht, weil es der Realität und Erdschwere entbehrt und überhaupt keine Vergänglichkeit kennt. Dem Irrealen, sofern es Seiendes ist, darf man Abgelöstheit und „schwebendes Sein" zusprechen. Der empirische Geist aber ist realer Geist.

3. Es gibt, soweit Erfahrung reicht, keinen „schwebenden Geist". Aller Geist, den wir kennen, ist „aufruhender Geist". So hängt es unaufhebbar mit der Schichtung der realen Welt zusammen, von der oben die Rede gewesen ist; und so hängt es mit den kategorialen Gesetzen zusammen, die dort aufgezeigt wurden (vgl. S. 15f.). Wir kennen kein geistiges Sein, das nicht von seelischem Sein getragen wäre; und da das seelische Sein schon vom Organischen getragen ist, so geht die Schichtung des Realen weiter bis zum Materiellen. Dieses Verhältnis des Getragenseins ist eine durchgehende ontische Abhängigkeit, von der wir in der Welt, wie sie ist, keine Ausnahme finden. Sie tangiert nicht die Autonomie der höheren Schicht, also auch nicht die der höchsten, des geistigen Seins. Aber sie belehrt uns in aller Eindeutigkeit, daß diese Autonomie nicht als Abgelöstheit zu verstehen ist. Die Bedingtheit von unten her wird nicht durch Eigenart und Eigengesetzlichkeit des Geistes durchbrochen. Es gibt in der wirklichen Welt keinen „schwebenden Geist"; es gibt nur den über der Schichtung niederen Seins sich erhebenden und auf ihr „aufruhenden" Geist.

b. Die Autonomie des getragenen Geistes.

Es ist hier der Ort, einem weiteren Mißverständnis zu begegnen, das oft widerlegt, dennoch nicht aussterben will. Es besteht in der Meinung, das geistige Sein müsse, weil sein Bestehen in der Welt vom niederen Sein her bedingt und getragen ist, auch als eine Folge aus ihm angesehen werden und aus ihm „erklärt" werden können. Es könnte scheinen, als leistete das, was soeben über das Aufruhen und Abhängigsein gesagt wurde, dieser Meinung Vorschub. Das muß abgewehrt werden. Denn nichts ist falscher als das.

Bei dieser Auffassung geht man etwa davon aus, daß die Momente des Seelischen sich mannigfaltig kombinieren und bei genügend hoher Komplexion den Geist ergeben; ähnlich denkt man sich das Seelische aus Momenten des Organischen zusammengesetzt, und weiter das Organische aus Materiellem. Das ergibt dann durchgehend die Auflösung des höhe-

[1]) Die Rede von „toten Dingen", der man seit der Idealistenzeit immer wieder begegnet, ist von Grund aus irrig und metaphysisch irreführend. Sie suggeriert, ohne es auszusprechen, die Meinung, es stecke verkapptes Leben in den Dingen. Und das eben ist die versteckte Meinung in ihr. Es gibt aber keine „toten Dinge", weil es keine lebenden Dinge gibt.

ren Seins in das niedere. Die extreme Form dieser Denkweise ist der Materialismus. Sie braucht aber nicht bis auf das Materielle hinabzugehen, sie kann beim Organischen halt machen; sie ist dann Auflösung des Geistes in Vitalfunktionen (Biologismus). Macht sie schon beim Seelischen Halt, so ist sie Psychologismus. Aber das Prinzip ist dasselbe. Der Geist wird als Kompositum aufgefaßt, einerlei ob aus psychischen oder aus organischen oder aus mechanischen Vorgängen.

Die Unsinnigkeit des Materialismus darzutun, kann hier unterbleiben. Er hat sich selbst genügend ad absurdum geführt. Aber das Prinzip der „Erklärung von unten her" ist damit nicht erledigt. Von dem Prinzip aber ist zu sagen, daß es auch bei organologischer und psychologischer Basis sein Ziel nicht nur nicht erreicht, sondern auch gar nicht recht zu verfolgen in der Lage ist. Die geistigen Phänomene müßten sich eben doch „auflösen" lassen in Elemente ungeistiger Art. Von wirklicher Analyse aber ist bei diesen Theorien gar nicht die Rede. Es bleibt bei der Behauptung. Und die Behauptung bleibt als Hypothese in der Luft schweben.

Dazu ist grundsätzlich zweierlei zu sagen.

1. Wohl sind die Geistesphänomene etwas Hochkomplexes. Aber sie bilden deswegen doch keineswegs ein bloßes Kompositum. Wie man sie auch durchanalysiert, man findet stets spezifisch geistige Komponenten, die sich in keiner Weise auf Seinsformen ungeistiger Art reduzieren oder aus ihnen allein verstehen lassen. Furcht, Hoffnung, Vertrauen, Denken lassen sich genau so wenig in psychische wie in materielle Elemente zerlegen. Erst recht nicht die höheren Einheiten des Geisteslebens, Person, Gemeinschaft, geschichtlicher Geist. Sie sind gediegene Einheiten, Ganzheiten sui generis, die aus nichts anderem als sich selbst heraus verstanden werden können. Es ist in diesem Punkt mit dem geistigen Sein nicht anders als einige Stufen tiefer mit dem organischen, ja als überhaupt mit allen ontischen Schichtendistanzen. Auch organisches Leben läßt sich ja nicht in Atome zerlegen, seelisches Leben nicht in organische Funktionen. Die Zerlegbarkeit erstreckt sich hier nirgends auf das Eigentümliche des höheren Seins. Sie bleibt allemal beim Gefüge der ontischen Vorbedingungen stehen, auf denen es „aufruht".

2. Der Geist muß im „Aufruhen" wohl gewisse Bestimmtheiten des niederen Seins aufnehmen. Er kann sie nicht aufheben, weil er von Gebilden getragen ist, die in ihnen gefangen sind (so die Zeitlichkeit, Endlichkeit, Zerstörbarkeit u. a. m.). Die niederen Kategorien erweisen sich auch an ihm als die „stärkeren". Aber damit ist ihre Bedeutung für ihn auch erschöpft. Es folgt daraus nicht, daß er nur Komplexion „aus" ihnen sei. Es müssen stets Momente seiner eigenen Sphäre mit dabei sein, und diese gerade machen das Eigentümliche an ihm aus. In ihnen liegt das Unvergleichbare, das kategoriale Novum des geistigen Seins, seine onti-

sche Autonomie. Hat man hierbei die überragende Eigenart des Geistigen über allem geistlosen Sein vor Augen — etwa die charakteristische Intersubjektivität, Personalität, Spontaneität, die einzigartige Höhe der Individualität, Mannigfaltigkeit, die Besonderheit der höheren Einheitsgefüge —, so leuchtet es ein, daß diese seine eigenen Grundmomente und nicht die stereotypen Fäden physischer und vitaler Determination, die in sein Geflecht hineinragen, den eigentlichen Stoff bilden, aus dem der Geist gemacht ist.

Das ist der Grund, warum es unmöglich ist, den Geist „aus etwas zu erklären". Erklären in diesem Sinne läßt sich nur das Zusammengesetzte und Heteronome. Der Geist aber hat unbeschadet seines Aufruhens und seiner Daseinsabhängigkeit den Charakter der vollsten Eigengesetzlichkeit. „Erklären" kann man ihn überhaupt nicht. Man kann an ihm nur beschreibend seine Wesenszüge aufzeigen. Aber dazu muß man sie ihm selbst ablauschen, indem man der Eigenart seiner Grundphänomene nachgeht.

c. Die Aufhebung der metaphysischen Alternative.

Und noch eine weitere Konsequenz grundsätzlicher Art ist hier zu ziehen. Das geistige Sein, so zeigte sich, ist „getragenes" und zugleich „autonomes" Sein. Dieser Doppelcharakter ist der ontologische Ausdruck für seine Stellung im Schichtenreich der Wirklichkeit. Er wird sich noch in der genaueren Untersuchung zu bestätigen haben; und es wird sich zeigen, daß er überaus aufschlußreich für zahlreiche Sonderverhältnisse ist, deren verwirrende Fülle ohne ihn undurchsichtig bleibt.

Aber eben dieser Doppelcharakter ist mit dem Schein eines Widerspruchs behaftet, der immer wieder an ihm auffällt, weil hinter ihm ein ungehobenes kategoriales Vorurteil steht. Es scheint, daß das Getragensein der Autonomie widerstreite. Denn es ist eine Form der Abhängigkeit, Autonomie aber, so meint man, bedeutet Unabhängigkeit. Und nun folgert man, der Geist müsse entweder abhängig oder autonom sein, aber nicht beides zugleich.

Man hat dabei stillschweigend Autonomie der Abgelöstheit (dem „Schweben") und Abhängigkeit dem Zusammengesetztsein aus Elementen gleichgesetzt. Das ist der Fehler. So wird man natürlich auf ein Entweder — Oder hingedrängt. Nichts wirkt in der Philosophie so verunklärend wie die stillschweigende Hinnahme ungeprüfter Alternativen, aus denen man dann, ohne es selbst zu merken, die weitgehendsten Schlüsse zieht. Daß ein und dasselbe nicht zugleich abhängig und unabhängig sein kann, sieht auf den ersten Blick wie die platteste Selbstverständlichkeit aus. Im Leben aber, wo man konkrete Fälle vor Augen hat, wird man in aller Eindeutigkeit eines anderen belehrt. In unseren Entschlüssen z. B. sind wir jederzeit von der Fülle gegebener Umstände abhängig, können uns überhaupt nur in den Grenzen dessen bewegen, was sie uns offen lassen; zugleich aber sind wir innerhalb dessen, was sie offen lassen, durchaus unabhängig von ihnen. Und das ist wesentlich für die Eigenart menschlicher Situationen. Denn wäre dem nicht so, dann gäbe es gar nichts zu entschließen, und alle Wege unseres Verhaltens wären bis in die Subtilitäten hinein vorgezeichnet.

In der Wirklichkeit kennen wir es gar nicht anders, als daß Abhängigkeit und Unabhängigkeit zusammengehen. Formal liegt darin auch keinerlei Widerspruch. Die konkreten Fälle zeigen innere Mannigfaltigkeit, komplexe Struktur; sie sind immer so beschaffen, daß unaufhebbare Determiniertheit nach bestimmter Seite oder Richtung der Freiheit nach anderer Seite Spielraum läßt. Und dieses Verhältnis ist es, das in der Überlagerung der Seinsschichten vergrößert wiederkehrt — wie das Doppelgesetz der „Stärke" und „Freiheit" es ausspricht (vgl. Einleitung S. 16ff.). Das höhere Gebilde ist allemal das Abhängige und zugleich in der Abhängigkeit eminent Selbständige. Es besteht kein alternatives Verhältnis zwischen Autonomie und Getragensein. Autonomie ist nicht Abgelöstheit (Absolutheit), und Getragensein ist kein Zusammengesetztsein aus dem, was das Tragende ist.

Der Fehler ist, daß man immer geneigt ist, das autonome Gebilde als „schwebendes" ohne „Aufruhen" zu verstehen, das abhängige aber als „zerlegbar" in die Faktoren, von denen es abhängt. Auf beiderlei Weise verfehlt man das Wesen des Geistes. Für dieses ist gerade das Aufruhen der unzerlegbar autonomen Struktur charakteristisch.

d. Antithetischer Radikalismus der populären Weltanschauung und seine Überwindung im ontologischen Denken.

Trägt man dieser Sachlage nicht Rechnung, so ist es unmöglich, die eigentümliche Stellung des Geistes in der Welt, und mit ihr das Wesen des geistigen Seins selbst, zu begreifen. Dem Wissenden mag das als Selbstverständlichkeit erscheinen. Aber da niemand als Wissender geboren wird, und jedermann seine Vorurteile nicht aus dem undicht gesäten Wissen der Wissenden, sondern aus der Masse des unbesehen Hingenommenen und Hergebrachten bezieht, so ist es nicht überflüssig, an dieser Stelle noch weiter auszuholen.

Der Umweg betrifft die radikale Gespaltenheit der Populäransichten. Man glaubt, wie in der Einleitung gezeigt wurde, die Welt entweder „von oben" oder „von unten" erklären zu müssen, man entscheidet sich entweder für Allmacht des Geistes oder für Allmacht der Materie. Man setzt dabei ohne weiteres entweder ein geistiges oder ein materielles Grundwesen als absolut. Wer sich vom Glauben an eine Gottheit abwendet, weil ihm die Welt nicht gottgeschaffen erscheint, stürzt blindlings in den Materialismus. Wem die Plattheit des Materialismus nicht genügt — sei es für tiefere Gemütsbedürfnisse, sei es für erkannte und klar umrissene Sinnprobleme —, der sieht keinen anderen Weg als, wennschon ohne rechtes Zutrauen, zum traditionellen Gottesbegriff zu flüchten. Man sieht sich in beiden Fällen an die Extreme gefesselt. Man sieht nicht die Fülle der Möglichkeiten, geschweige denn die sprechende Fülle der Tatsachen, die im Bereich der Erfahrung liegen und ganz andere Perspektiven eröffnen. Man ist vom Radikalismus der Gegensätze gefangen.

Wir finden also das „Entweder — Oder", das sich auf philosophischer Denkebene als Fehler erwiesen hat, schon im populär-weltanschaulichen Bewußtsein. Und selbstverständlich ist der Zusammenhang der, daß die eigentliche Quelle des Vorurteils im letzteren liegt. Will man also an eine unbefangene Analyse der Geistesphänomene herangehen, so muß man im Aufräumen mit den Vorurteilen sehr weit zurückgehen, muß bei sich selbst reinen Tisch machen. Dieser Forderung ist auch bei ehrlichem Willen nicht leicht zu genügen, denn die Schlupfwinkel der Vorurteile liegen in einer Sphäre, die das Denken nicht um Rat fragt, in der Gefühlssphäre.

Tatsache ist nun, daß gerade in der Philosophie dieser Gefühlsradikalismus sich breit macht — allem Vorgeben kritischer Einstellung zum Trotz. Sieht man die Reihe der großen Systeme entlang, so dürfte das ohne weiteres auffallen. Diejenigen, die den Geistesphänomenen gerecht zu werden suchen, laufen fast alle auf einen irgendwie supponierten Gottesbegriff hinaus, wie verschieden im übrigen dieser auch ausfallen mag. Und diejenigen, die darauf verzichten, neigen fast ohne Ausnahme zu materialistischer Vorstellungsweise (wobei letztere freilich in weiterem Sinne zu verstehen ist); klassische Beispiele dafür sind die darwinistischen Theorien vom Menschen im 19. Jahrhundert.

Was hier überall genau so sehr fehlt wie im populär-weltanschaulichen Denken, ist die Befreiung von der Suggestion der Extreme und der nüchterne Respekt vor den Tatsachen. Gerade der Philosoph sollte sich als erster klarmachen, daß die Phänomene weder zu den Extremen drängen, noch auch sie zulassen. Es handelt sich nun einmal in der Welt, wie sie ist, nicht um eine Alternative von „Gott oder Materie", sondern um ein mannigfaltig gegliedertes Stufenreich der Seinsschichten, in dem es von Schicht zu Schicht ein sehr eigentümliches Ineinandergreifen von Abhängigkeit und Eigenständigkeit gibt. In diesem Stufenreich gibt es keine „Allmacht" einer Seinsschicht — weder einer höheren noch einer niederen. Denn immer sind die höheren Gebilde die schwächeren und vermögen nichts über die Elementargesetzlichkeit der niederen; und immer sind die niederen die ärmeren und einfacheren und reichen an die Seinsfülle der höheren nicht heran. Es gibt in diesem Verhältnis des Aufruhens und der Überhöhung keine Tyrannei einer Schicht über die andere und keine Vergewaltigung einer durch die andere. Die Gesetze der Materie sind Alleinherrscher nur in ihrem Reich; darüber hinaus sind sie nur tragendes Fundament, aber sie beherrschen das Getragene nicht. Der Geist ist wohl mächtig in seiner Sphäre, aber nicht allmächtig in der Welt. Über die Grenzen dieser seiner Sphäre hinaus hat er Macht nur über das, dessen Eigengesetzlichkeit er begreifend sich zu eigen macht und respektiert.

II. Abschnitt.

Ontologische Grundbestimmungen.

4. Kapitel. Stellung des Geistes im Schichtenbau der Welt.

a. Das ontische Überbauungsverhältnis.

Mit dem Gesagten ist die Stellung des Geistes in der Welt zwar umrissen, aber noch unzureichend bestimmt. An dem Verständnis dieser Stellung liegt aber viel für eine Vororientierung im Geistproblem, sie gibt den Rahmen für alle nähere Bestimmung her.

Geht man vom Getragensein und der Autonomie des Getragenen aus und versucht, auf dieser Grundlage das Verhältnis geistigen Seins etwa zum Organischen zu verstehen, so fällt sofort in die Augen, daß es sich nicht dadurch allein charakterisieren läßt. Denn dasselbe Getragensein und dieselbe Autonomie kehren im Verhältnis des Organismus zum physisch Materiellen wieder. Soll das nun heißen, daß in der Tat der Geist sich zum Organischen verhält wie das Organische zur Materie?

Hier wird die Unstimmigkeit sehr fühlbar. Sie liegt nicht darin, daß in dem gezogenen Vergleich die Seinsschicht des Seelischen übersprungen ist; sie wird dadurch nur sinnfälliger. Man kann sie vielleicht so ausdrücken: wohl ist es in beiden Verhältnissen ein Getragensein und eine Autonomie des höheren Seins, aber es kann nicht in beiden Fällen dasselbe Getragensein und dieselbe Art von Autonomie sein. Das ganze ontische Schichtungsverhältnis ist noch zu homogen gefaßt, als wäre es über alle Schichtenmannigfaltigkeit hinweg dasselbe.

Wie aber differenziert es sich, und worin liegt der Unterschied? Das läßt sich am besten an der inhaltlichen Beziehung zeigen. Der Organismus geht zwar im Materiellen und seiner Gesetzlichkeit nicht auf, aber er enthält beides doch in sich; er ist ein räumlich körperhaftes Gebilde, hat Schwere und Trägheit wie jeder andere physische Körper auch, seine Zellen bestehen aus Atomen. Der Organismus ist gewiß mehr als das alles, aber er streift es nicht ab, läßt es nicht hinter sich. Er behält es bei, er „überformt" es nur, bildet daraus wie aus Elementen etwas Höheres. Dieses Überformungsverhältnis zeigt deutlich, wo seine Autonomie liegt, und wie sie an die Eigenart der niederen Elemente rückgebunden bleibt, denen sie die höhere Formung aufprägt. Die Gesetze, die Kategorien des Physischen bleiben in Kraft, sie ragen gleichsam in den Organismus hinein, können auch durch das Novum der Überformung nicht aufgehoben werden; denn sie sind ja die stärkeren. So ist die Autonomie des Organismus eine sehr begrenzte. Er kann gleichsam nur formen, was in den gegebenen Elementen — und das sind Gesetze so gut wie Atome — möglich ist.

Das ist es, was weiter hinauf in der Schichtung sich ändert. Bliebe nämlich das Überformungsverhältnis auch weiter maßgebend, so müßte ja auch der Geist aus Atomen bestehen, Schwere haben usf., desgleichen müßten Vitalprozesse seine Elemente sein. Man sieht, hier setzt ein anderes Verhältnis ein. Es ist schon an der Stellung des seelischen Seins zum Organismus deutlich sichtbar. Auch hier ist ein Tragen und Aufruhen, aber von anderer Art. Das Seelenleben „enthält" den Organismus nicht in sich, Organe sind nicht seine Elemente, auch nicht im äußerlichsten Sinne; ebensowenig sind die Gesetze des Organismus seine Bausteine. Das Seelische ist nicht nur mehr als das alles, ist keine Überformung des Organischen, es ist vielmehr etwas toto genere anderes. Es hat die Eigenart des organischen Seins und seiner Formung hinter sich gelassen, abgestreift. Sein Verhältnis zu ihm beschränkt sich auf das nackte Getragensein. Die Abhängigkeit ist also weit entfernt, aufgehoben zu sein: im Seelenleben spiegeln sich die organischen Zustände, sie beeinflussen, bedrängen es mannigfach, aber sie sind nicht die seinigen, gleichen ihm auch nicht. Darum ist die Autonomie des Seelischen über dem Organischen von anderer Art und Größenordnung als die des Organischen über dem Materiellen. Man kann dieses Verhältnis im Gegensatz zur Überformung als „Überbauung" bezeichnen. Das Bild will besagen: es erhebt sich hier im Aufruhen auf dem Niederen ein Höheres über ihm, in welchem die Kategorien des Niederen nicht alle wiederkehren — ein Reich von Gebilden, die sich von wesentlichen Grundkategorien der tragenden Schichten vollständig emanzipiert haben und dadurch gleichsam „aus anderem Stoff gemacht" dastehen.

Das Gleichnis vom „anderen Stoff" ist freilich mit Vorsicht aufzunehmen. Es soll auch nur den Gegensatz zur Überformung charakterisieren. In dieser eben werden die niederen Formen zum „Stoff" der höheren (so die des Materiellen zum „Stoff" des Organischen). Wo Überformung durch „Überbauung" abgelöst ist, da werden die Formen der niederen Schicht nicht zu Bausteinen der höheren Formung, sondern diese hat ihre eigenen, die dann mit jenen gar nicht vergleichbar sind. Das läßt sich in strengerer Form auch so aussprechen: Die niederen Kategorien dringen in der höheren Schicht nicht alle durch, sie bleiben zurück, ihre Wiederkehr bricht ab [1]).

Daß dem so ist, läßt sich leicht am seelischen Sein zeigen. Hier bricht vor allem die Kategorie der Räumlichkeit ab, und mit ihr zugleich alles das, was mit ihr untrennbar zusammenhängt, die materielle Raumerfüllung, die Körperhaftigkeit sowie der ganze hochdifferenzierte Apparat ihrer Gesetzlichkeit. Das ist der Grund, warum die nach Analogie physikalischer Gesetzesforschung arbeitenden Methoden sich in der Psychologie nicht haben halten können. In der Biologie war es immerhin sinnvoll, von „Entwicklungsmechanik" zu sprechen, wennschon es ein einseitiges Vorgehen blieb; in der Psychologie aber hat es keinen Sinn, von Wahrnehmungs- oder Vorstellungsmechanik zu sprechen, Bild und Arbeitsweise sind von Hause aus schief gewählt. Ebenso versagt hier alles quantitative Vorgehen. Das hat man überzeugend am Fechnerschen Gesetz erfahren müssen. Mathematische und physikalische Kategorien passen eben grundsätzlich nicht zu auf das Seelische.

Und was vom seelischen Sein gilt, das gilt in erhöhtem Maße vom geistigen.

b. Das Reich des Geistes als eigene Welt über dem seelischen Leben.

Das letztere nun läßt sich folgerichtig erst im Laufe der Analysen erweisen, vor denen wir stehen. Vorwegnehmen läßt sich nur die Sachlage als solche. Im Groben dürfte sie aus dem Gesagten bereits durchsichtig sein. Wer nicht direkt materialistisch oder biologistisch voreingenommen ist, wird ohnehin im Gebiet des Geistes keine Kategorien des Materiellen oder des Organischen suchen. Auch leuchtet es a priori ein, daß ontische Grundbestimmungen, die schon in der Sphäre des Seelischen abbrechen, auch nicht höher hinauf in die des Geistigen hineinragen können.

Soweit darf man zusammenfassend sagen, daß im Stufenreich des Realen zwischen der Schicht des Organischen und der des Seelischen ein Schnitt liegt, der die oberen Schichten von den unteren radikaler scheidet als diese voneinander. Der bündige ontologische Ausdruck dafür dürfte dahin lauten, daß die Überlagerungsverhältnisse unterhalb des Schnittes bloße Überformungsverhältnisse sind, oberhalb seiner aber Überbauungs-

[1]) In meiner Arbeit über die „kategorialen Gesetze" (Philos. Anzeiger 1926) habe ich das „Gesetz der Wiederkehr" als ein durchgehendes behandelt. In dieser Gestalt kann ich es nicht aufrechterhalten. Wie es zu beschränken ist, bleibt ein Gegenstand eigener Untersuchung, die hier nicht geführt werden kann. Ich hoffe sie in Bälde anderweitig vorzulegen.

verhältnisse im angegebenen Sinne des Wortes. Bei den ersteren kehren die niederen Kategorien in der höheren Schicht abgewandelt wieder, bei den letzteren kehrt ein wesentlicher Teil von ihnen nicht wieder, sondern bleibt zurück, und die aufruhende Seinsschicht ist ihnen enthoben.

Daß letzteres auch zwischen seelischem und geistigem Sein Geltung hat, dafür reicht das Gesagte noch nicht aus. Es genügt dafür auch nicht zu konstatieren, daß geistiges Leben weder im Bewußtsein noch im weiter verstandenen Seelenleben aufgeht, wie oben gezeigt wurde. Ebenso unzureichend bleibt hier die Feststellung, daß es sich nicht einfach um den „Vollzug der Akte" handelt. Das alles unterscheidet wohl den Geist vom Seelenleben, könnte aber doch ebensogut auch auf ein Überformungsverhältnis hindeuten.

Wäre der Geist nichts anderes als personaler Geist, so ließe sich die Andersheit des Verhältnisses auch nicht mit Bestimmtheit aufzeigen. Aber er ist mehr als das. Das Charakteristische für geistiges Leben ist gerade dieses, daß die Einzelindividuen gar nicht für sich bestehen, ein isoliertes reales Dasein außerhalb der gemeinsamen geistigen Lebenssphäre also gar nicht haben. Eine Betrachtung, die sie isolieren wollte, würde sich in Abstraktionen bewegen und weit von der Wahrheit abkommen. Der beste Beleg dafür sind historische Monographien, die ein menschliches Einzelleben — etwa das eines Künstlers, Dichters, Politikers — darzustellen suchen. Der Darsteller wird zwangsläufig über die Einzelperson hinausgetrieben. Ihre Schicksale, ihre Entwicklung, ihre Leistungen sind auf keine Weise anders zu verstehen als aus ihrer Einbettung in die geschichtliche Gesamtlage, wobei das eigentliche Gewicht allemal auf die geistige Gesamtlage fällt.

Menschliche Individuen haben ihr geistiges Sein nicht einfach aus sich heraus, sie stehen von vornherein in einem Geistesniveau, in das sie hineinwachsen und in dessen inhaltlichem Reichtum sie verwurzelt sind. Das heißt nicht, daß sie nicht auch etwas für sich wären. Die Eigenart ist dadurch nur begrenzt, nicht aufgehoben. Aber sie ist nicht isolierbar und nicht als beliebig verpflanzbar zu denken. Dieses aber, was wir ein geschichtlich gegebenes geistiges Niveau nennen, ist etwas dem seelischen Sein völlig Heterogenes, setzt sich nicht aus Subjekten zusammen, besteht nicht in der Summe der Bewußtseinsträger, wie auch kein einzelnes Bewußtsein es ganz das seinige nennen kann. Es ist ein Geist-Phänomen anderer Größenordnung, geschichtlicher oder objektiver Geist.

Davon wird freilich erst weiter unten zu handeln sein. Für den Augenblick genügt dieses, daß die spezifischen Kategorien des Seelischen, die Subjektivität und das Bewußtsein, sich nicht darauf übertragen lassen. Sie reichen hier so wenig heran wie die des Organischen an das Seelenleben. Sofern aber die Einzelperson als geistiges Wesen mit bedingt ist durch den objektiven Geist, so ist auch ihre charakteristische Seinsweise den Kategorien des Seelischen enthoben.

Die Konsequenz ist, daß tatsächlich das geistige Sein auf der Linie zum seelischen nicht im Überformungsverhältnis steht, sondern im Überbauungsverhältnis. Und so allein ist die einzigartige Autonomie zu verstehen, die ihm — auch gegen die Enge der seelischen Vorgänge — eignet. Diese Autonomie aber ist es, mit der recht eigentlich wir es zu tun haben. Sie ist aus der Gesetzlichkeit des Ethos, des Rechts, der sozialen Gemeinschaft, des künstlerischen und erkennenden Schaffens genugsam bekannt; und es wird heute nicht leicht jemand sie nach der Art des Psychologismus für bloße Spitzenleistung seelischer Funktionen erklären.

Sein seelisches Sein hat jeder für sich. Es ist ein esoterisches Sein des Individuums, unübertragbar, mit dem man wohl Fühlung haben, in das man aber nicht hineingelangen kann. Man kann wohl mit ihm mitleiden und sich mitfreuen; aber es ist und bleibt ein zweites Leiden und ein zweites Sichfreuen neben dem originalen, und es bleibt auch bei aller Innigkeit ein qualitativ von ihm verschiedenes. Den Gedanken aber, den einer hat, kann man als denselben denken, wenn man ihn erfaßt; es ist zwar ein zweiter Denkakt, Akt eines anderen Bewußtseins, aber es ist derselbe Gedanke. Der Gedanke ist eben von Hause aus objektiv. Er ist expansiv, er verbindet, wo der Bewußtseinsvorgang isoliert. Dasselbe ist es mit Willenszielen, Strebens- und Schaffensrichtungen, Überzeugungen, Glaubens-, Wertungs- und Anschauungsweisen. Sie alle gehören der Sphäre des Geistes an. Der Geist aber verbindet, das Bewußtsein isoliert.

c. Die drei Grundformen des geistigen Seins.

Aus diesem Verhältnis ergibt sich ohne weiteres, warum das Hauptgewicht in unserem Problem auf den objektiven Geist fällt. Mit ihm wird es die Hauptuntersuchung (im zweiten Teil) zu tun haben. Und es wird sich zeigen, daß bei ihm auch das reichste Feld von Gegebenheiten vorliegt. Für die ontische Stellung des geistigen Seins überhaupt ist das überaus aufschlußreich. Denn lägen die ausschlaggebenden Bestimmungen beim personalen Geist, so bliebe der Unterschied der ganzen Sphäre von der des Seelenlebens ein schwer greifbarer.

Was die Dreiheit der Seinsformen des Geistes selbst anlangt, so ist hier zu dem am Schluß der Einleitung Gesagten hinzuzufügen, daß auch sie eine ontische Differenzierung ist, obgleich die Abgetrenntheit, in der die Betrachtung sie nacheinander zum Gegenstande macht, nur eine methodische ist. Das Verhältnis zwischen ihnen kann man sich vor der Hand so klarmachen: der personale und der objektivierte Geist stehen einander tief heterogen gegenüber, ihre Verbundenheit wäre aus ihnen selbst heraus nicht zu verstehen; aber im objektiven Geist hängen sie zusammen, an ihn sind sie beide, obgleich in sehr verschiedener Weise gebunden.

Dieses Verhalten wurzelt in zwei Gegensatzpaaren, die sich dimensional überkreuzen. Es stehen sich einerseits Einzelgeist und Gemeingeist, andererseits lebender und nicht lebender Geist gegenüber. Der personale und der objektive Geist haben die Lebendigkeit gemeinsam, wie verschieden auch deren Form und Seinsweise in ihnen sein mag. Der objektive und objektivierte Geist dagegen haben dieses gemeinsam, daß sie überpersönlich und überindividuell sind. Einzelgeist ist nur der personale; nicht lebender Geist ist nur der objektivierte. Jenen kennen wir in uns menschlichen Individuen, diesen in den Produkten geistigen Schaffens, in geformten Gebilden und „Werken", die als solche natürlich nicht Leben und Wandel haben, sondern „fixierter" geistiger Gehalt sind.

Da nun der geistige Gehalt der „Werke" — in Schrift oder künstlerischer Form festgehalten — über den Strom realen geschichtlichen Lebens erhoben, gleichsam in die Idealität erhoben, dasteht und in dieser seiner Erhobenheit dem Wandel des lebenden Geistes in der Geschichte standhält, so läßt sich von ihm sagen, daß er auch der Realität überhoben ist; wie denn das im geschaffenen Werk Dargestellte eben nur dargestellt und nicht realisiert ist, auch nicht als real vorgetäuscht ist. Man darf also weiter sagen: nur der personale und der objektive Geist sind „realer Geist", der objektivierte ist es nicht; und was an den geformten Werken real ist, das ist nicht ihr geistiger Gehalt, sondern nur die geformte „Materie", in der er festgehalten ist (die Schrift, der Stein mit seiner Raumform). Realität also hat nur der „lebende" Geist, der dem Leben enthobene und in einer Materie fixierte ist durchaus irrealer Geist.

Es folgt daraus weiter, daß individueller Geist nur als lebender und realer vorkommt, objektivierter aber nur als überindividueller. Der lebende objektive Geist dagegen verbindet in sich die Überindividualität mit Lebendigkeit und Realität. Sein Ineinssein mit dem personalen Geist macht die reale Welt geistigen Lebens aus; sein Ineinssein mit dem objektivierten macht den Inbegriff des geschichtlichen Geistes aus.

Alle diese Bestimmungen sind hier nur um der Übersicht willen vorweggenommen und entbehren noch der Begründung. Erst im Verlauf der Untersuchung werden sie sich rechtfertigen können. Zur vorläufigen Orientierung sei einstweilen nur noch das Folgende gesagt.

Selbstverständlich gibt es nicht dreierlei Geist nebeneinander, oder gar unabhängig voneinander. Es gibt nur das eine, einheitliche geistige Sein, ungeteilt und unteilbar. In dieser Einheit ist die dreierlei Seinsform des Geistes immer schon enthalten, ineinander verwoben und durchaus untrennbar. Es handelt sich nicht um Teile eines Ganzen oder um Glieder eines Gefüges, geschweige denn um Bausteine oder Elemente. Eher paßt schon das Bild von den „verschiedenen Seiten" eines und desselben Gebildes. Aber auch das ist ein hinkender Vergleich. Es sind drei Grundkategorien desselben geistigen Seins. Und das ist es, was mit dem Ausdruck „Seinsformen" gemeint ist.

Daß sie in der Untersuchung gesondert vorgenommen werden müssen, ist indessen keineswegs bloß ein notwendiges Übel der Methode. Denn gerade die Dreiheit der kategorialen Grundformen ist eine gegebene, ontische und in Phänomengruppen sehr divergenter Art sich darbietende. Es ist wie in jeder großen Mannigfaltigkeit: in der unzerreißbaren Einheit des Ganzen treten doch ganz von selbst besondere Gebilde von relativer Selbständigkeit hervor. In unserem Problem zeigt sich diese sowohl in der Differenz der Seinsweise als auch in der besonderen Funktion im Ganzen des Geisteslebens.

Nur der persönliche Geist kann lieben und hassen, nur er hat ein Ethos, trägt Verantwortung, Zurechnung, Schuld, Verdienst; nur er hat Bewußtsein, Voraussicht, Willen, Selbstbewußtsein — alles dieses im primären und eigentlichen Sinne verstanden, nicht im übertragenen.

Nur der objektive Geist ist Geschichtsträger im strengen und primären Sinn; nur er ist es, der eigentlich „Geschichte hat". Nur er ist überindividuell-gemeinsamer und doch zugleich realer und lebender Geist. Seine Wandlungen und Schicksale sind der geschichtliche Wandel und das geschichtliche Schicksal. Die Zeitlichkeit und Vergänglichkeit aber teilt er, wie mit allem Lebendigen (auch dem geistlosen), so auch mit dem lebenden personalen Geiste. Sein Leben bewegt sich nur in anderem Tempo. Die größeren Zeitmaße eben sind die geschichtlichen.

Nur der objektivierte Geist aber ragt ins Zeitlose hinein, und damit ins Ideelle und Übergeschichtliche. Sein Verhältnis zur Zeit und zur Geschichte ist ein anderes. Seine Schicksale sind die des Ideenhaften und an sich Zeitlosen im zeitlichen Geschichtsprozeß.

5. Kapitel. Konkrete Einheit des geistigen Seins.

a. Grundsätzliches zum Verhältnis der drei Seinsformen.

Die drei Seinsformen des Geistes stehen also durchaus koordiniert da. Es ist nicht so, daß eine von ihnen den Vorrang hätte, die anderen aber bloß Annexe an ihr wären. Jede hat vielmehr ihre besondere Art von Höhe und Überlegenheit über die anderen; und diese ist bei jeder von ihnen der der anderen so heterogen, daß von einem Widerstreit zwischen ihnen gar nicht die Rede sein kann. Vielmehr entspringt hieraus ein sehr eigentümliches Verhältnis der Ergänzung und des Angewiesenseins aufeinander, das herauszuarbeiten einen wesentlichen Teil unserer Aufgabe ausmacht.

Dieses im Auge zu behalten ist von grundsätzlicher Wichtigkeit. Neigt das philosophische Denken schon überhaupt einmal zu Einseitigkeiten, so ist diese Neigung im Geistesproblem vollends die herrschende. Am weitesten verbreitet dürfte in unserer Zeit die Ansicht sein, daß alles im Reich des Geistes — auch des geschichtlichen — auf dem Sein des Individuums beruht. Es bleibt einem dann nichts übrig, als die großen Geistesströmungen der Geschichte auf atomistische Zusammensetzung aus Tendenzen der Individuen zurückzuführen, wobei die temporäre Einheitlichkeit ihrer Richtung gänzlich unverstanden bleibt. Das hängt mit dem Vorherrschen der soziologischen Betrachtungsweise zusammen, in deren Begriff und Wesen es liegt, alle geschichtlichen Phänomene von überindividueller Größenordnung als Kollektivphänomene zu behandeln. Demgegenüber besteht die Aufgabe, den irreduziblen Gehalt und die Eigenstrukturen des objektiven Geistes allererst an Phänomenen aufzuweisen.

Entgeht man der Scylla, fällt man in die Charybdis. Auf der anderen Seite lauert, immer noch unbehoben, die Gefahr der Hegelschen Geistmetaphysik, — unbehoben nicht weil man sich etwa gleich verführt sähe, eine allgemeine Geistsubstanz anzunehmen, sondern einfach weil man auch hier stillschweigend eine Alternative zugrunde gelegt hat, die durch nichts gerechtfertigt ist. Man meint eben unwillkürlich, wenn's das Individuum nicht ist, das allem zugrunde liegt, so muß es wohl der objektive Geist sein. Und dann bürdet man diesem alles auf, ohne den Tatsachen Rechnung zu tragen, und entwertet so zugleich das Individuum. Das ist menschlich, aber grundverkehrt. Es gibt keine geistigen Phänomene, die man als solche des objektiven Geistes allein verstehen könnte, — genau so wenig, wie es solche gibt, die man vom Individuum allein aus verstehen kann. Und zwar weil es keinen objektiven Geist gibt, der für sich neben den Individuen bestünde, — genau so wenig wie ein Individuum, das für sich neben dem objektiven Geist bestünde. Hier wie dort sind dem spekulativen Fluge des Gedankens durch die Phänomene enge Grenzen gezogen. Alle Alternativen solcher und ähnlicher Art sind von Hause aus irrig. Sie sind aus der Luft gegriffen, nicht aus den Tatsachen. Mit dem empirischen Geist allein haben wir es zu tun. Und bei diesem gibt es auf der ganzen

Linie nur das Miteinander und Ineinander von Individuum und objektivem Geist. Und weil der Terminus des letzteren — der leider schwer ersetzbar ist — einmal mit überspannten Vorstellungen belastet ist, so gilt es gerade nach dieser Seite die besonnenste Zurückhaltung zu wahren.

Schließlich gibt es in der Geistesgeschichte auch gewisse Tendenzen, den objektivierten Geist in den Vordergrund zu drängen. Man identifiziert etwa die Kunst einer Zeit mit den Kunstwerken, die sie hervorbringt; oder man läßt die vorwiegende Art der Schriftwerke einer Zeit für die eigentliche Geistesrichtung in ihr gelten. Man tut das zwar nur in der Praxis der Darstellung, ohne grundsätzliche Konsequenzen zu ziehen; man macht keine Theorie daraus. Aber der Fehler im Ansatz ist nichtsdestoweniger derselbe. Man bevorzugt eine Grundform des geistigen Seins anstatt die Verwobenheit der gegensätzlichen Seinsweisen vor Augen zu haben. Gerade von den Objektivationen des Geistes aber wird sich zeigen, daß ihre Selbständigkeit eine scheinbare ist.

b. Gemeinsames Getragensein der geistigen Seinsformen vom gleichen Schichtenbau.

Substituiert man nun die Koordination von personalem, objektivem und objektiviertem Geist in die ontologische Perspektive vom Schichtenbau der Welt und seiner kategorialen Gesetzlichkeit, so ergibt sich, daß die drei Seinsformen des Geistes keine Fortsetzung der Schichtung bilden, einander auch weder überformen noch überbauen, sondern gemeinsam als untrennbare und konkrete Einheit einer und derselben ontischen Seinsschicht angehören, ja in ihrer Verwobenheit recht eigentlich sie ausmachen.

Sie haben also bei aller Verschiedenheit die gleiche Stellung in der Welt, und das heißt, das gleiche Verhältnis zum seelischen, organischen und materiellen Sein. Selbstverständlich gestaltet sich gerade dieses Verhältnis im einzelnen immer wieder anders. Aber das Grundsätzliche bleibt dasselbe. Es ist bei allen drei Seinsformen des Geistes dasselbe Getragensein und dieselbe Autonomie in der Abhängigkeit. Nur das Inhaltliche der Autonomie ist verschieden. Und es ist auch für alle drei Seinsformen dasselbe Überbauungsverhältnis; sie sind alle drei unräumliche Gebilde, haben weder Atome noch Zellen zu Elementen, sind nicht Überformungen psychischer Zustände oder Vorgänge. Sie zeigen aber gemeinsam das gleiche „Aufruhen" auf demselben Schichtenbau, kommen als schwebende Gebilde nicht vor, und zieht man ihnen das Seinsfundament unter den Füßen weg, so fallen sie zusammen.

Es genügt, diese Gleichstellung an einem der genannten Punkte zu erläutern. Am ehesten fragwürdig könnte sie am Getragensein erscheinen. Wählen wir also dieses als Beispiel. Bei der Einzelpersönlichkeit wird niemand zweifeln, daß sie uns nie anders als an ein leib-seelisches Wesen gebunden und gleichsam ihm aufsitzend begegnet, obgleich wir ihre geistige Artung mit diesem nicht identifizieren. Fraglich wird das Verhältnis erst beim objektiven Geist. Wäre der letztere dem personalen Geist als Schicht übergeordnet — wobei er als das in jeder Hinsicht höhere Gebilde dastehen müßte —, so ließe sich einfach sagen, daß er von den geistigen Einzelwesen getragen ist und durch ihre Vermittlung dem ontischen Schichtenbau aufruht. Dem ist aber nicht so. Es zeigte sich, daß er den Individuen weder übergeordnet noch zugrundeliegend ist, daß vielmehr beide in koordinierter Wechselbedingtheit stehen. Es muß sich also bei ihm um ein anderes Getragensein handeln, um ein ihm eigenes und unvermitteltes.

Ein solches ist denn auch leicht aufzuzeigen. Objektiver Geist ist allemal der Geist eines lebenden Volkes, oder auch einer Völkergruppe. Er ist vom Volkskörper getragen, steht und fällt mit ihm; alle Eigentümlichkeiten der vitalen Art, der Stammesreinheit oder Vermischung, der Lebensbedingungen sowie des angestammten seelischen Typus spielen hier eine genau so sehr mitbestimmende Rolle wie beim Individuum, — nur daß im Ausgleich der individuellen Besonderheiten sich ein Durchschnitt von relativer Konstanz ergibt, der auch in der Generationsfolge nur langsam abartet. Das Individuum ist schon in vitaler Hinsicht unlöslich an das „Leben der Art" gefesselt und ebensosehr von ihm getragen, als es sein Träger ist. Der geschichtliche Geist also, in den es hineinwächst, ist von vornherein nicht so sehr von ihm als vom Stammesleben getragen.

Noch größere Eigenart zeigt das Getragensein des objektivierten Geistes. Objektivationen sind nur in einer „Materie" möglich, in welcher der geistige Gehalt sich ausprägt. Die „Materie" aber ist stets von niederer Seinsart, wie sie denn stets eine solche ist, die sich an die Sinne wendet. Dafür liefern die Künste schlagende Beispiele. Das „Aufruhen" ist also hier von sehr anderer Struktur. Aber es ist grundsätzlich dasselbe Getragensein von niederer Seinsweise. Doch setzt hier ein Problem eigener Art ein, das eigentliche Rätsel der Objektivation als solcher, dessen Aufrollung eine besondere Untersuchung erheischt. Erst gegen das Ende unserer Analyse werden wir ihm nähertreten können.

c. Konsequenzen für den Gang der Untersuchung.

Wie mit dem Getragensein, so steht es mit der Bedingtheit „von unten her" und mit dem Novum, resp. der sich darüberlegenden Autonomie. Es ist bei den drei Seinsformen des Geistes durchaus je eine eigengeartete und insofern andere Autonomie, aber ihrer Stellung zum tragenden Fundament nach ist sie überall von gleicher Ordnung und zeigt das gleiche Überbauungsverhältnis. Die Seinsebene des Geistes also ist nach allen drei Richtungen die gleiche.

Wir haben es also mit einem von vornherein einheitlichen Gesamtproblem zu tun, an dem alle Differenzierung den Zusammenhang nicht lösen kann. Das ist methodisch insofern von einigem Gewicht, als man bei dieser Grundlage getrost den Einzelerscheinungen nachgehen kann, nicht nur in die natürliche Dreiheit der Grundformen und Seinsweisen, sondern auch weiter hinein in deren reiche Differenzierung. Man kann unbesorgt die kategoriale Beschaffenheit in der Besonderung der Phänomengruppen herausarbeiten. Der Zusammenhang stellt sich im Fortschreiten ganz von selbst her. Die gegenseitige Verflochtenheit der Kategorien sorgt dafür. Die ungeteilte Ganzheit des geistigen Seins muß sich von selbst ergeben, und zwar um so mehr, je mehr es gelingt, innerhalb der einzelnen Erscheinungsgruppen für sich die Wesenszüge zu erfassen.

Wollte man vom Gemeinsamen ausgehen, so müßte es neben den Erscheinungsformen besonders gegeben sein. Ein solches Gegebenheitsgebiet fehlt zwar nicht, denn immer sind im Leben alle drei Seinsformen des Geistes zusammen gegeben. Aber diese Art von Gegebenheit ist eine undifferenzierte, unübersichtliche, man ist bei ihr von der Erscheinungsfülle überwältigt, verliert sich in sie, ohne bestimmte Formen zu erfassen. Man sieht sich unwillkürlich auf Teilphänomene zurückgeworfen, sobald man begonnen hat, sich näher in das Gefüge hineinzusehen. Ein geistiges Individuum ohne Gemeingeist, in dem es steht, ist eine Abstraktion, ein Gemeingeist ohne Individuen erst recht. Ein Geistesprodukt mit selbst geistigem Gehalt kommt wohl in einer gewissen Besonderung vor, bleibt aber fest rückbezogen auf einen lebenden Geist, für den allein es ist, was es ist. Man weiß das alles nicht nur, man hat es auch konkret vor Augen, hat es gleichsam fest im Gefühl. Aber dieses Voraugenhaben und dieses Gefühl machen noch kein Eindringen und kein Erfassen aus.

Das Charakteristische ist nun, daß in der Zuwendung zum empirisch-geistigen Leben in aller Verbundenheit der Seinsformen doch in erster Linie der Unterschied hervortritt. Dem naiven Blick bieten sich stets zunächst Personen als die gegebenen geistigen Einheiten an, auf denen er haften bleibt; dem geschichtlichen Sehen fallen ebenso ganz von selbst die Zustände, Ereignisse, Wandlungen größeren Ausmaßes auf; der Geisteswissenschaft treten die Werke geistigen Schaffens ungesucht entgegen. Die Differenzierung des Gesamtgegenstandes ist so in der

Verschiedenheit der Einstellung, die wir mitbringen, mit gegeben. Wir brauchen sie in ihrer vorhandenen Form nur gelten zu lassen und auf den eingeschlagenen Bahnen fortzuschreiten, um dem Gesamtproblem im Ansatz gerecht zu werden. Denn gerade in der differenziellen Beschreibung wird mittelbar auch das Gemeinsame faßbar. Es bewährt sich hier, wie so oft auf anderen Gebieten auch, daß eben das, was in seiner Ganzheit kaum greifbar erscheint, an seinen inneren Unterschieden faßbar wird.

Das ist nur möglich, wenn alle drei Seinsformen des Geistes von Hause aus in einer Seinsebene liegen, dieselbe grundsätzliche Stellung in derselben gemeinsamen Welt haben und dieselben Grundmodi einer Seinsschicht zeigen. Es ist deswegen das ontische Fundamentalmoment der ganzen nachfolgenden Untersuchungen, daß es eine solche einheitliche Seinsebene gibt, in der sie liegen und unlöslich verbunden sind, — eine Seinsebene, die also genügend Spielraum hat, ihre Gegensätze zu umspannen, wie weit immer diese auseinanderführen mögen. Dieses Fundamentalmoment ist durch die vorausgehenden Überlegungen gewährleistet, wennschon seine konkrete Erfassung sich erst zugleich mit den Sonderbestimmungen in der Phänomenanalyse wird ergeben können.

6. Kapitel. Grundbestimmungen des lebenden Geistes.

a. Geistiges Leben und Realität.

Mit der Erörterung über das ontische Schichtenverhältnis und die Stellung des geistigen Seins in ihm sind wir bereits ein beträchtliches Stück über die traditionellen Bestimmungsversuche — die sich alle als negativ erwiesen haben — hinausgelangt und zu den positiven Grundbestimmungen übergegangen. Es sind zwar zunächst nur sehr allgemeine und dementsprechend nicht eben vielsagende Bestimmungen, aber sie eröffnen doch schon den Durchblick auf Konkreteres.

In einem Punkte aber bedarf es hier noch einer ontologischen Klärung. Er betrifft den eingeführten Realitätsbegriff. Es wurde gezeigt, wie der personale und der objektive Geist zusammen den „lebenden Geist" ausmachen, und mit dieser gemeinsamen Seinsform wurde ihnen zugleich der Seinsmodus der „Realität" zugesprochen. Das muß befremden, solange nicht klargestellt ist, was unter Realität verstanden werden soll. Denn das steht in der üblich gewordenen philosophischen Terminologie nicht fest. Mit diesem Erfordernis aber wird die Erörterung zugleich über die gemeinsamen Grundbestimmungen des Geistes hinausgetrieben, sofern dem objektivierten Geiste Realität nicht zukommt. Wir haben es im Problem des „geistig Realen" bereits mit einer die Seinsformen des Geistes scheidenden Bestimmung zu tun, oder, was dasselbe besagt, mit einer ersten und grundlegenden Bestimmung des lebenden Geistes.

Nun ist es ein Ding der Unmöglichkeit, definitorisch anzugeben, was Realität ist. Die Gleichsetzung mit Wirklichkeit, der man des öfteren begegnet, ist irrig. Es gibt vielmehr ebensosehr Realmöglichkeit und Realnotwendigkeit wie Realwirklichkeit — und zwar beide im Gegensatz zur bloßen Wesensmöglichkeit und Wesensnotwendigkeit. Ebensowenig läßt sich das Reale als das Gegebene verstehen, denn Gegebenheit ist überhaupt kein Seinsmodus, sondern nur ein Modus der Gegenständlichkeit, d. h. des Objektseins für ein Subjekt. Geläufiger noch als diese beiden Irrtümer ist ein dritter: Realität sei Dinglichkeit. Dem scheint der Terminus seinem Wortsinn nach Vorschub zu leisten, denn er ist von res hergenommen. Schon das Mittelalter aber hat mit seinem Begriffsrealismus diesen Wortsinn durchbrochen. Dadurch ist der Terminus verallgemeinert worden. Und in dieser Erweiterung ist er stehengeblieben.

Das Unmögliche soll hier nicht versucht werden. Nicht einen strengen „Begriff" der Realität haben wir nötig, sondern nur eine eindeutige Umfangsbestimmung. Und dafür ist es nur erforderlich, die Einengung des Terminus auf Dinglichkeit abzuwehren. Denn natürlich kann der lebende Geist nicht real sein, wenn Realität die Seinsweise von Dingen, oder auch nur Dingartigem bedeutet. Man müßte, wenn man so begrenzt, alles, was nicht physisch, körperhaft, materiell ist, für irreal erklären, — was zu den größten Schwierigkeiten führt. Am Organischen z. B. müßte der geformte Leib ein Reales, die Lebendigkeit aber ein Irreales sein. An einem Menschen wären „Fleisch und Knochen" real, nicht aber sein Befinden, sein Tun, seine Arbeit, sein Handeln an anderen Menschen; erst recht nicht natürlich seine Schicksale, Lebenssituationen, Liebe und Haß. Die großen geschichtlichen Geschehnisse, Entwicklungen, Krisen, der Wandel der Zeitalter wären irreal, aber Kanonen und Kanonenfutter wären real.

Man sieht, das ist ein platt materialistischer Realitätsbegriff. Er ist in seinen eigenen Konsequenzen von Grund aus unhaltbar, denn er schließt die gewichtigste Schicht des wirklichen Menschenlebens von der Realität aus. Er schneidet mitten in den Weltzusammenhang hinein, und zwar ganz windschief zu den wirklich vorhandenen Fugen des Seins. Natürlich kann man einen Begriff diktatorisch definieren, wie man „will", aber die Welt begreifen kann man dann mit ihm nicht.

Das gerade ist der Irrtum: zu meinen, daß das Materielle einen Vorrang der Seinsweise habe. Ebenso irrig wäre es, der Seele oder dem Geiste einen solchen Vorrang einzuräumen; der Geist hat den Vorrang der höchsten Seinsschicht, aber nicht den einer höheren Seinsweise (Modalität). Es ist zutiefst charakteristisch für die wirkliche Welt, daß sie „von unten bis oben" nur einen einzigen, einheitlichen Realitätsmodus hat und mit ihm die ganze Heterogeneität der Schichten zusammenhält. Schicksale und Situationen, Handlungen und Gesinnungen (wirklich gehegte), geschichtliches Werden und Vergehen sind genau so real wie Dinge und Dingverhältnisse, physische Vorgänge und Wirkungen. Sie haben genau dieselbe Daseinshärte und Brüchigkeit, Zeitlichkeit, Vergänglichkeit, Einmaligkeit, Unwiederbringlichkeit; sie bilden ebenso reale Mächte, Antriebe oder Widerstände in unserem Leben. Ob man einen Naturprozeß oder ein Stück Geschichtsprozeß lenken will, man muß die wirkliche „reale" Macht dazu haben; und nur das Inhaltliche der Macht ist verschieden, nicht das reale Haben oder Nichthaben als solches. Ob man auf den Widerstand des Eisens oder den der bestehenden Satzung stößt, es ist dieselbe Realität des Widerstehens; nur das Widerstehen selbst ist verschieden. Und daß das einmal Geschehene nicht zu ändern ist — weder ungeschehen zu machen noch wieder heraufzuholen in die Gegenwart — das ist dieselbe Fesselung des Realen an seine bestimmte Zeit, einerlei, ob es eine Bewegung im Kosmos ist oder ein Tun des Menschen, ein Völkergeschick, ein geschehenes Unrecht, ein Augenblick des Gelingens und der Höhe.

Hält man diese Dinge zusammen, so muß es einleuchten, daß im Problem des geistigen Seins keinen Schritt vorwärts zu kommen ist ohne einen angemessenen Realitätsbegriff. Den Phänomenen angemessen ist aber nur ein solcher, der Materielles und Immaterielles umspannt. So allein läßt sich das Ineinander von personalem und objektivem Geist in einer Seinsebene verstehen, obgleich nur der erstere in leiblich-sichtbaren Individuen erscheint; so allein ist auch das ontische Getragensein und Aufruhen zu verstehen, das mannigfache Hineinspielen physischer Gewalten in das Geistesleben und das Ringen des Geistes um Beherrschung dieser Gewalten. Das Hineinspielen wie das Beherrschen ist eben ein reales, nicht anders als das Aufruhen und das Ringen. Schließlich, so allein ist der Schichtenbau der wirklichen Welt zu verstehen: es ist die eine „reale Welt", die geschichtet ist in der Abstufung ihrer Seinsformen. Die Schicht des geistigen Seins ist nur die oberste dem Gehalt und der kategorialen Formung nach. Sie hat nicht einen blasseren Seinsmodus als die niederen. Man kann es als das modale Grundgesetz der wirklichen Welt aussprechen, daß der Realitätscharakter als solcher in ihr nach oben zu weder ab- noch zunimmt, sondern der gleiche bleibt. Was hier wirklich abnimmt, das ist das Übergewicht des Materiellen. Aber das hat mit Realität nichts zu tun.

Auf dieser Grundlage lassen sich Menschenleben und geschichtliches

Leben in ihrem Vollgewicht als Realprozesse verstehen, ohne naturalistischen Mißverständnissen Raum zu geben. Sie setzen einen realen Daseinszusammenhang voraus, der Lebendiges und Lebloses, Seelisches und Seelenloses, Geistiges und Geistloses umfaßt, kurz: Einheit und Ganzheit der realen Welt.

b. Realität und Individualität.

Mit der Realität hängt unlösbar die Individualität zusammen. Sie ist nicht dasselbe. Auch das vielem Einzelnen Gemeinsame ist realiter gemeinsam, und darin besteht dann seine Allgemeinheit. Aber real ist das Allgemeine nur, wo es realen Einzelfällen gemeinsam ist. Der lebende Geist ist niemals ein „bloß" Allgemeines, wie man es etwa in abstracto unabhängig von den „Fällen" und ihrer „Anzahl" faßt. Er ist also auch nicht bloße Wesenheit, essentia. Er „hat" wohl seine Wesenszüge, aber er „ist" nicht ihr Inbegriff. Er ist vielmehr stets der Spezialfall „unter" ihnen, ein Einzelnes und Einziges, ein Individuelles im strengen Sinne des Wortes. Er unterscheidet sich auch darin nicht von Dingen, Organismen, Geschehnissen. Nur ist seine Individualität eine unvergleichlich reichere, darum liegt bei ihm ein größeres Gewicht auf ihr. Die Dingindividualität ist dem Menschen gleichgültig, er gleitet im Leben wie in der Wissenschaft über sie weg, obgleich sie grundsätzlich dieselbe Einzigkeit und Einmaligkeit ist. Die Individualität von Personen aber, sowie die von Lebenssituationen, geschichtlichen Ereignissen und Wandlungen ist ihm wichtig, weil ihre Besonderheit ihn angeht und dadurch mit die seine ist.

Individualität ist also nicht allein für den personalen Geist charakteristisch, sie ist auch dem geschichtlichen Geist eigen. Gerade er ist in jeder geschichtlichen Zeitlage ein anderer, kehrt so, wie er einmal war, nicht wieder, ist einzig und unwiederbringlich — unbeschadet der Gemeinsamkeiten und Analogien, die an ihm auftreten mögen.

Es ist damit allen Theorien die Spitze abgebrochen, die den objektiven Geist als ein abstrakt Allgemeines oder als bloße „Form" — reines Eidos — verstehen wollen, wobei die Individuen an ihm bloß „teilhaben". Von den Einzelpersonen aus gesehen ist er freilich das ihnen allen Gemeinsame. Aber er geht darin nicht auf. Geschichtlich gesehen, als Gesamterscheinung, die ihre Zeit hat, ist er durchaus einzig. Individualität ist unabhängig von der Größenordnung des Gebildes. Die größeren Einheiten sind stets das den Gliedern Gemeinsame. Das hindert nicht, daß sie anderen Gebilden gleicher Ordnung in vollgültiger Einzigkeit gegenüberstehen.

Der geschichtliche Geist ist qualitativ von Fall zu Fall ein anderer, nicht anders als der Einzelmensch. Alles Auflösen in Allgemeinheiten oder Gesetzlichkeiten ist hier doppelt verdächtig, 1. weil es einen gedanklichen Schematismus an das heranträgt, was ein historisches Denken gerade in seiner Einzigkeit verstehen sollte, und 2. weil der gleiche Schematismus sich folgerichtig auch auf die Einzelpersonen erstrecken müßte. Im Leben begegnen wir denn auch hier der Schematisierung, der vereinfachten Rubrizierung der Menschen nach „Typen" und äußeren Analogien. Das mag als modus vivendi notwendig sein. Aber daß man der Persönlichkeit so gerecht werde, wird niemand behaupten. Eigentliche Individualität ist schwer zugänglich, der Mensch durchschaut sie nicht in einzelnen, wie scharf auch erfaßten Kennzeichen. Was er im Leben für seine Menschenkenntnis ausgibt, ist nichts als die Routine treffsicheren Rubrizierens. Die aber gerade geht nach Analogien vor und gleitet über das wirklich Einzigartige weg.

Daß er damit im Leben auskommt, solange er nicht menschliche Nähe sucht, das ist es dann, was ihn bei seinem Schematismus festhält und nicht mehr losläßt. Die Routine hat ihm die Individualität verdeckt.

c. Individualität und Existenz.

An den beiden Grundbestimmungen der Realität und der Individualität hängt die engere Seinsweise der „Existenz". Sie bildet in der ontologischen Begriffssprache den Gegensatz zur bloßen essentia. Existenz hat nur das Einzelne — „unter" seiner Essenz; insofern ist es eingeschränkt gegen diese, aber von höherer Bestimmtheit und Seinsweise. Existenz ist nicht identisch mit Realität, insoweit auch das Gemeinsame im Individuellen real ist; nur das Individuelle als solches aber ist ein Existierendes.

Der lebende Geist hat also Existenz. Er hat damit die Begrenztheit in bestimmter Zeitspanne, existiert nur in ihr, außerhalb ihrer aber nicht. Das ist für sein „Leben" — auch das geschichtliche — ausschlaggebend. Er ist damit der neutralen Blässe des Zeitlosen enthoben. Er tritt im Strom des Werdens auf — geht in die Existenz hervor — und verschwindet wieder in ihm.

Nach zwei Seiten versündigen sich hier die Theorien. Entweder sie sprechen Existenz nur den Dingen zu; so entspricht es nicht nur dem materialistischen Realitätsbegriff, sondern auch dem Aristotelischen Begriff des σύνολον, zu dem die Materie als notwendiges Wesensstück gehört. Oder sie lassen nur das geistige Sein als existierendes gelten und sprechen dem Dinglichen die Existenz ab. Man muß aber dann das Physische zur Erscheinung depotenzieren und gerät so in die Metaphysik des Idealismus. In der gleichen Weise schief orientiert ist auch der Kierkegaardsche Existenzbegriff, dem zufolge die Welt, in der der Geist steht, nicht existiert, sondern nur für ihn als den allein existenziellen besteht und so die seinige ist.

Beides ist verfehlt, ja beides enthält denselben Grundfehler: die vorausgesetzte Seinsalternative von Materie und Geist. Nur die Entscheidung innerhalb dieser gröblich vereinfachten Gegensätzlichkeit fällt verschieden aus. Gerade die Existenz aber ist, schlicht ontologisch verstanden, gemeinsam — dem Materiellen, Lebendigen, Seelischen und Geistigen. Hebt man diese Gemeinsamkeit auf, so hebt man unvermeidlich auch die von Realität und Individualität — und darüber hinaus auch die der Zeitlichkeit auf; die Schichtungszusammenhänge werden verschleiert, das Weltbild verrückt.

Ein Mensch existiert, und ein Ding existiert. Sie existieren zwar sehr verschieden. Aber sie existieren miteinander in der einen existierenden Welt. Und die Existenz selbst ist die gleiche. Sie hat Raum für unbegrenzte Differenzierung des Existierenden. So nur ist es möglich, daß dem Menschen in seiner Seinsebene Dinge begegnen.

d. Existenz und Zeitlichkeit.

Ein weiteres Moment, das den lebenden Geist mit dem geistlosen Sein verbindet, ist die Zeitlichkeit. Das hängt wieder unlöslich mit Realität, Individualität und Existenz zusammen. Es ist ein Irrtum, daß nur das Raum-Zeitliche real sei. Alles Zeitliche ist real, auch das Raumlose; und alles Reale ist zeitlich; was natürlich nicht heißt, daß Realität und Zeitlichkeit dasselbe wären. Sie decken sich nur dem Umfang nach. Dasselbe gilt von Zeitlichkeit und Individualität, Zeitlichkeit und Existenz. Wesenheiten sind zeitlos. Aber Wesenheiten haben weder Individualität noch Existenz. Der lebende Geist ist nicht Wesenheit. So ist er in der Zeit, hat Entstehen und Vergehen, existiert nur in bestimmter Dauer. Er hat so als personaler wie als geschichtlicher die Endlichkeit alles Realen an sich. Es gibt an jeder seiner Gestalten nicht nur den Wandel, sondern auch Anfang und Ende, Geburt und Tod.

So einfach das erscheint und so selbstverständlich auch das geschichtliche Denken mit dieser Tatsache rechnet, es gilt doch auch hier, gewissen Vorurteilen zu begegnen. Und zwar nach drei Richtungen.

1. Es gibt metaphysische Theorien, die dem Geist die Zeitlichkeit absprechen. Es steckt dahinter entweder der Unsterblichkeitsglaube oder die Ignorierung der Individualität. Das letztere ist charakteristisch für die logisch-idealistischen Theorien, das erstere für scholastische Denkweise Averrhoistischer Richtung. Diese begegnet sich mit der alten Seelenwanderungslehre in der Meinung, der Geist komme erst durch den Leib in die Zeitlichkeit (so neuerdings auch von Scheler vertreten), wobei die Voraussetzung ist, daß er an sich zeitlos ist. Was sich vielleicht halten ließe,

wenn der Geist nicht zugleich als lebender und existierender gemeint wäre, so aber unvermeidlich auf Widersprüche führt. Die innere Schwierigkeit gibt sich, wenn man in der metaphysischen Voraussetzung noch einen Schritt weiter geht und den Geist als etwas ursprünglich Allgemeines, Wesen- und Ideenhaftes, d. h. als Platonisches ἀεὶ ὄν faßt. Diese einst weit verbreitete Ansicht hat noch das gefühlsmäßige Werturteil für sich, das „Ewige" als solches sei das Höhere und Vollkommenere. Und hier dürfte der eigentliche Boden liegen, auf dem alle solche Vorstellungsweise wächst. Mit alledem aber hat man sich himmelweit vom Gegebenen entfernt — so weit, daß sich wissenschaftlich gar nicht mehr damit rechten läßt.

2. Nicht weniger schief fällt das Bild aus, wenn man umgekehrt die Zeitlichkeit dem Geiste als die seinige vorbehält, als wäre das Materielle, Organische usw. nicht ebenso zeitlich. Die Konsequenz ist dann nicht zu umgehen, daß die Dinge ihre Zeitlichkeit vom Geiste her empfangen, nämlich vom Subjekt her, als „dessen" Welt sie verstanden werden. Idealistisches und subjektivistisches Denken hat diese Konsequenz denn auch ausgiebig gezogen. Diese Weltansicht aber rächt sich am Geiste, wenn er im Leben den Eigensinn der Dinge und ihrer Zeitgebundenheit erfahren muß. Die Zeit ist eben keine ausschließlich geistige Kategorie. Das Entstehen und Vergehen in der Zeit, die Dauer und die irreversible Folgeordnung sind gerade dem Geiste und den Dingen gemeinsam, sind im Naturgeschehen und im geschichtlichen Geschehen dieselben. Nur die besonderen Formen des Entstehens und Vergehens, der Erhaltung und Folge sind verschieden.

3. Noch größer wird der Irrtum, wenn man den Dingen zwar „ihre" Zeit läßt, für den Geist aber eine andere Zeit postuliert. Das ist in unseren Tagen eine geläufige Vorstellungsweise geworden. Die Zeit, in der der Mensch lebt, scheint eine ganz andere zu sein als die, in der die Planeten umlaufen. Diese scheint ein homogener Gleichfluß zu sein, jene ein ständiger Vorgriff in das Kommende und ein Bewahren des Vergangenen. Diesen Unterschied und manchen anderen mehr gibt es in der Tat. Aber es ist kein Unterschied der Zeit als solcher, sondern einer am Verhalten des Seienden in der Zeit. Will man das Verhalten in der Zeit als die „Zeitlichkeit" dessen bezeichnen, was in der Zeit ist — was freilich immer mißverständlich bleibt —, so kann man freilich von verschiedener „Zeitlichkeit" sprechen. Tatsächlich verhält sich der existierende Geist sehr anders in der Zeit als das Ding, das Naturgeschehen, das Lebewesen. Aber in aller Andersheit ist es ein Verhalten in derselben Zeit.

e. Ontische Einheit der Zeit in allen Schichten des Realen.

Der Beweis dafür liegt in der einfachen Tatsache, daß Prozesse jeder Seinsart nicht nur gleichzeitig nebeneinanderher verlaufen, sondern auch ineinandergreifen und in den komplexen Formen des realen Geschehens — der Ereignisse des persönlichen wie des geschichtlichen Lebens — unlöslich miteinander zusammenhängen. Seelisches Aktgeschehen koexistiert in demselben zeitlichen Gesamtfluß mit mechanischem und chemischem Geschehen, geistiges mit organischem. Die Zeit zieht keine Grenze zwischen den Seinsschichten, nur der Raum zieht eine; aber Zeitlichkeit ist an Räumlichkeit so wenig gebunden wie Realität und Individualität. Sie hat Spielraum für Realprozesse jeder Art. Sie verbindet sie homogen und ist dadurch die ontische Ebene ihres Bezogenseins aufeinander. So allein ist es möglich, daß unser Erkennen laufend den Ereignissen folgt, und zwar ohne Unterschied, ob diese in Bewegungen am Himmel oder in sozialer Entwicklung der Zustände bestehen, in denen wir leben. So allein kann geistige Initiative in natürliche Prozesse eingreifen, wie das in aller Naturbeherrschung, Technik und produzierenden Arbeit geschieht. Und so allein ist es verständlich, daß die Schwankung leiblichen Befindens das Geistesleben beeinflußt, durchquert, hebt, ablenkt. Die Gleichzeitigkeit, das Eingebettetsein in *einen* Zeitstrom ist die Grundbedingung von dem allem. Denn das Zugleichsein des ontisch Heterogenen ist nur möglich, wenn eine und dieselbe Zeit alle Arten von Prozessen in sich beisammen hat.

Eine sehr plastische Illustration hierzu ist die geschichtliche Zeitbestimmung, und zwar nicht erst in der nachträglichen Chronologie des Historikers, sondern immer schon laufend im Zuge der Ereignisse selbst. Ihre Maßstäbe sind Tage, Monate, Jahre, Jahrhunderte. Die hier zugrunde gelegten Einheiten sind nicht dem geschichtlichen Geschehen entnommen, sondern dem kosmisch-mechanischen. Denn Tage und Jahre sind kosmische Umläufe, ob man sie nun ptolomäisch oder kopernikanisch oder nur naiv empirisch versteht. Sie haben vor geschichtlichen Abläufen nichts als die Gleichförmigkeit voraus. Und darum eben lokalisiert man zeitlich nach ihnen das Ungleichförmige. Was ein Ding der Unmöglichkeit wäre, wenn es nicht ein identischer Zeitlauf wäre, der alles, auch das heterogenste Geschehen umfaßte.

Es ist also gerade für das Verständnis der geistigen Welt wesentlich, daß es nur „eine" Zeit gibt, und daß diese für alle Schichten des Realen identisch ist. Die Zeit ist gemeinsame Grundkategorie für sie alle. Sie steht darin in einer Linie mit Realität, Individualität und Existenz. Es hat sich gezeigt, daß jede von diesen in den metaphysischen Systemen vereinseitigt worden ist; eine um die andere hat man benutzen wollen, um den Geist von der Materie zu scheiden. Die Versuche sind alle gescheitert. Es ist widersinnig, den Unterschied des unzweifelhaft Grundverschiedenen dort zu suchen, wo er nicht ist, Grenzscheiden künstlich aufzurichten, wo keine bestehen. Der Grenzen und Unterschiede gibt es genug, um sie braucht man nicht besorgt zu sein. Man muß sie aber den Phänomenen abgewinnen.

7. Kapitel. Kategoriale Besonderheiten.

a. Zeitlichkeit und Prozessualität.

Mit dem Moment der Zeit hängt weiter das der Prozessualität zusammen. Es ist nicht mit ihr identisch, ist mehr als das bloße „In-der-Zeit-Sein". Auch das Beharrende ist in der Zeit, aber es ist nicht ein in ihr Ablaufendes. Der Prozeß aber läuft ab. Prozessualität ist die an der Seinsform selbst wiederkehrende Zeitlichkeit. Die Zeit ist Fluß, unaufhaltsamer Ablauf; und alles, was im Flusse ist, wird selbst zum Fluß, nimmt die Seinsform des unaufhaltsamen Ablaufes an. Es ist also nicht nur „im" Flusse, sondern es „ist" selbst Fluß.

So ist es mit den Dingen. Sie sind nicht nur im Entstehen und Vergehen begriffen, sie sind vielmehr dieses Entstehen und Vergehen selbst. Was als Konstanz der Dinge erscheint, hängt nur an der Gegebenheitsweise. Das dingliche Objekt wandelt sich viel langsamer als das Subjekt, so erscheint es ihm substantiell. In Wirklichkeit ist, was wir ein Ding nennen, nur ein relativ stabiles Prozeßstadium. Dasselbe gilt für Weltkörper, für kosmische Systeme, für Atome. Sie alle sind nicht etwas neben dem Prozeß, oder auch nur „in" ihm, sondern sind selbst wesentlich Prozeß. Nur sieht der Mensch sie anders, im Gegensatz zum Prozeß, weil seine Anschauungskategorien der Enge des praktischen Lebens angemessen sind.

So ist das „Leben" Prozeß. Das Lebendige, der Organismus, ist nicht etwas neben ihm, sondern selbst der Prozeß. Es gibt keine Lebensform anders als im Formbildungsprozeß resp. im Formauflösungsprozeß. Die morphologische und die physiologische Seite des Ganzen bilden nur einen Gegensatz menschlicher Aspekte. Ähnliches gilt vom Seelischen; hier ist erst recht alles Fluß.

Und so gilt es auch vom lebenden Geist. Er steht nicht nur im Prozeß, er „ist" selbst Prozeß. Das ist das Wahre an dem Satze, er bestehe nur im Vollzuge. Was man die Beweglichkeit und Lebendigkeit des Geistes nennt, hat hier seine Wurzel. Es ist, wie man sieht, eine Wurzel, die ihm mit allem Realen gemeinsam ist — nicht anders als Individualität und Zeitlichkeit —, und sie gehört insofern noch mit zu jenen Grundbestimmungen. Daß es eine sehr besondere Art Bewegung und Leben ist, darf man darüber nicht vergessen. Die Besonderheit aber liegt nicht im Wesen der Bewegtheit allein, sondern stets auch mit im Wesen ihres inneren Gegengewichts, der Erhaltung. Und an diesem wird ihre Eigentümlichkeit faßbar.

Das geistige Leben, das privat-persönliche wie das geschichtliche, ist weder bloßes Bewegtwerden noch bloßer Formbildungsprozeß. Das erstere teilt es mit dem Materiellen, das letztere mit dem Organischen. Der Geist ist darüber hinaus noch innerer spontaner Wandel, ein ständiges Suchen und Finden neuer Gestaltung, nicht gebunden an eine Formentypik, die in den Individuen konstant bliebe wie die organische und sich nur in steter Verjüngung wiederbildete, oder sich nur unter dem Druck veränderter Bedingungen langsam abänderte. Der Geist hat Freiheit der Selbstgestaltung in ganz anderem Ausmaße, und zwar im Kleinen wie im Großen, in der Einzelperson wie im gemeinsamen Zeitgeiste. Was in seinem Reich zu Eigenart und Größe anwächst, ist immer einzig in seiner Art und kehrt nicht wieder. Er ist eben nicht Überformung eines Gegebenen, sondern die sich überbauende freie Gestaltung, schöpferischer Wandel, der seinesgleichen in der Welt nicht hat.

b. Prozessualität und Identität.

Es liegt im Wesen alles Wandels und aller Veränderung, daß etwas in ihr fortbesteht, was sich nicht verändert. Ohne ein solches ist es gar nicht Veränderung von etwas, sondern bloßes Entstehen aus Nichts und Vergehen in Nichts. Es ist die Errungenschaft der vorsokratischen Philosophie, daß sie zur Einsicht gelangte, ein Entstehen aus Nichts und Vergehen in Nichts gebe es in der Welt nicht. Diese negative Seite der Einsicht tritt bei Parmenides spruchreif hervor; die positive meldet sich bei Heraklit: es ist alles nur Wandel eines identisch Bleibenden, immer geht eines in das andere über, der Weg ins Sein und aus dem Sein — im Bilde „der Weg auf und nieder" — ist ein und derselbe, Entstehen des einen und Vergehen des anderen sind „ein" Prozeß.

Soweit es sich um Naturprozesse handelt, wurzelt hier der Gedanke der Substanz. Wo etwas sich wandelt, da beharrt auch etwas. Auch wenn man von der Erhaltung des Stoffes absieht, im Flusse beharrt doch zum mindesten der Fluß selbst. Seine Dynamik hat ihre Trägheit. Alles Reale hat seine Verläßlichkeit in der Beharrung des Prozesses und seiner Gesetzlichkeit. Der Fluß der Dinge ist verläßlich durch seine Trägheit, er ponderiert in seinen Formen weiter, solange ihn nichts aufhält. Und welche Macht der Welt sollte ihn aufhalten?

Das Reich des Organischen hat eine andere Form der Beharrung. Der einzelne Organismus ist gebrechlich, bedroht. Das Leben der Art aber erhält sich, indem es ihn wiederbildet. Der Tod des Individuums ist ausgeglichen und überboten durch die Reproduktion. Die Beharrung hat hier nicht die Form der Subsistenz — es beharrt kein unwandelbar Identisches —, sondern die der Superexistenz, d. h. eines Lebensprozesses höherer Ordnung, der getragen vom Kommen und Gehen der Individuen, über ihnen und über sie weg fortgeht.

Anders der Geist in seinem Wandel. Ihm liegt weder Substanz zugrunde noch bildet er sich jemals wieder als das, was er war. Er beharrt weder mechanisch durch Trägheit noch organisch durch Reproduktion. Dennoch gibt es in ihm ein Identischbleiben, das seinen eigenen Wandel überdauert, denn sonst wäre es kein echter Wandel. Er hat seine eigene kategoriale Form der Identität. Sie ist dadurch charakterisiert, daß die Identität ihm nicht von selbst zufällt, weder durch passive Ponderanz noch durch Gesetze, die unverbrüchlich über ihm walten, sondern jederzeit erst von ihm selbst hergestellt und gleichsam spontan an ihm vollzogen werden muß. Der Geist muß sich immer erst mit sich selbst identifizieren — und zwar über die Zeitdistanz und über den eigenen inneren Wandel hinweg. Seine Beharrung ist spontanes Festhalten an sich, ein Für-sich-Einstehen oder Sich-Treubleiben. Der Geist braucht keine über ihm oder unter ihm waltende Macht, die ihn festhielte bei dem Seinen. Er hat die einzigartige Macht, sich selbst bei dem Seinen festzuhalten — oder freilich auch sich nicht festzuhalten, sich zu verlieren. Seine Erhaltung und seine Identität sind auf Freiheit gestellt.

Daß dem so ist, wissen wir zur Genüge aus unserem eigenen Tun und Treiben. Wenn der Mensch etwas verspricht oder abmacht, so sagt er damit gut für sich, und zwar für sich als den künftigen und gewandelten. Er identifiziert sich also als den jetzigen mit sich als dem künftigen, den er empirisch noch nicht kennt und den er jedenfalls erst erfahren wird — zu seiner Überraschung vielleicht. Niemand kann wissen, wie er nach einem Jahr urteilen oder empfinden wird, geschweige denn, was er wollen wird; im Gegenteil, er kann zum voraus wissen, daß er anders empfinden und wollen wird. Dennoch kann er für sich gut sagen über eben diesen seinen Wandel hin, um den er weiß: er hat die Macht, für sich einzustehen, er stellt damit sein künftiges Tun in Abhängigkeit nicht vom künftigen, sondern vom jetzigen Wollen. Und hernach, wenn es sich um das Einlösen des Versprochenen handelt, da ist es wieder dieselbe Identifizierung mit sich, nur rückwärts, mit sich als dem damaligen. Er ist nicht gezwungen, er kann das jetzige Wollen dem ehemaligen überordnen, aber dann gibt er sich selbst preis, identifiziert sich nicht. Sein Tun ist auf Freiheit gestellt. Das Erstaunliche aber ist schon, daß er überhaupt an sich als einem Identischen festhalten „kann“, während er tatsächlich ein gewandelter ist.

Wie man sich mit dem ausgesprochenen Willen von einst identifizieren kann, so auch mit den eigenen Zielen und Vorsätzen von einst, so mit den Gesinnungen, den Fehlern, der Schuld von einst, so auch mit den Sympathien, dem persönlichen Zutrauen, der Liebe von einst. Und im Maße solcher Identifizierung stellt man auch faktisch die Identität der eigenen Person her. Die Einheit des persönlichen Seins fällt einem nicht zu, sie ist und bleibt immer eine Frage des Einsatzes, des Einstehens für sich, der Kraft — die innere Synthese des in den Wandel Auseinandergerissenen zu vollziehen. Was wir Persönlichkeit, sittlichen Charakter, individuelles Ethos eines Menschen nennen, beruht ganz und gar auf dieser Kraft. Mit ihr steht und fällt die geistige Einheit des Menschen.

Etwas Ähnliches läßt sich auch im Leben des geschichtlichen Geistes aufzeigen. Auch er kann an sich festhalten oder sich preisgeben, sich mit sich über die Zeit hinweg zusammenschließen oder im Wandel zerflattern. Wo geschichtlich Großes zur Entfaltung gelangt, da geschieht es immer auf Grund eines Sich-selbst-Treubleibens. Zur Höhe steigern kann sich nur, was an seiner Grundtendenz festhält. Auch der objektive Geist ist ein einiger und identischer nur, soweit er sich mit sich selbst vor- und rückwärts zu identifizieren weiß.

Der Geist ist dasjenige Reale, das sein eigenes Im-Flusse-Sein zu überflügeln die Kraft hat. Die Prozessualität hat er mit allem Realen gemeinsam, und nur die Formen des Wandels sind andere; die Identität im Wandel aber teilt er mit keinem anderen Seienden. Sie ist sein Eigenes, sein Vorrecht.

c. Identität und Endlichkeit.

Ein weiteres Moment, das aus der Zeitlichkeit folgt, ist die Endlichkeit. Auch diese teilt der Geist mit den Dingen, dem Organismus, dem Seelischen. Endlichkeit ist ein Wesensattribut alles Realen. Ihre Grenzen im Sein sind die der Zeitlichkeit. Denn Entstehen und Vergehen sind schon Anfang und Ende.

Man muß dieses Moment ganz ablösen von der Frage, „wie" der Geist entsteht und vergeht. Es ist zunächst nur wesentlich, „daß" er entsteht und vergeht — und zwar rein empirisch, unter unseren Augen, als persönlicher Geist. In jedem Menschen hat er sein Erwachen und sein Einschlafen. Und da zwischen beiden nur eine begrenzte Zeitspanne liegt, der Geist aber sich nicht beliebig schnell entwickeln kann — denn geschenkt wird ihm nichts, er muß alles mit eigenem Einsatz erarbeiten —, so liegt darin auch die Begrenztheit möglicher individueller Entwicklungshöhe. Diese schwankt tatsächlich in weiten Grenzen, aber prinzipiell bleibt die Endlichkeit stets dieselbe.

Anfang und Ende des persönlichen Geistes ist an organisches Leben, Geburt und Tod gebunden. Persönlicher Geist kann nicht von Individuum zu Individuum weitergegeben werden — er muß in jedem neu entstehen, wie das Seelenleben auch. Bewußtsein ist nicht übertragbar. Persönlicher Geist aber ist an ein Bewußtsein gebunden, kann sich von ihm nicht ablösen. Darin ist der objektive Geist anders gestellt.

Soweit sind Anfang und Ende durch das Getragensein vom Organismus bestimmt. Aber es gibt auch die innere Begrenzung. Der Geist hat ein Leben eigener Art, und dieses hat seinen eigenen Kreislauf. Er wächst an bestimmte Aufgaben heran, an eine gewisse Höhe des Niveaus; dann aber sistiert er sich selbst, seine Einsatzkraft ist erschöpft, er zehrt vom Erreichten, und darin verebbt seine Lebendigkeit. Dieses Sich-Erschöpfen ist dem Einzelgeist wie dem Gemeingeist eigentümlich. An beiden ist es dasselbe Absterben.

Und noch eine dritte Form von „Ende" kennt das Geistesleben. Der Geist lebt nur im Wandel, in fortlaufender Umgestaltung. Die innere Bedingung der Wandlung aber ist, wie sich zeigte, die Kraft der Identifizierung mit sich selbst. Diese nun ist begrenzt. Der Wandel kann über sie wegschreiten, und dann hört er auf, Wandel zu sein, geht in Entstehen eines Neuen über, das sich mit dem Alten nicht mehr identifiziert; und dieses Entstehen ist das Vergehen des Alten, sein Ende. Die Einheit löst sich, der Geist zerflattert, spaltet sich, gibt sich preis. In diesem Sinne gibt es den inneren Untergang des Menschengeistes schon bei Lebzeiten; und ebenso den inneren Untergang, die Selbstauflösung geschichtlichen Gemeingeistes, wenn ein Volk seine Höhe überschritten hat und bei Lebzeiten vom Schauplatz der Geschichte verschwindet.

d. Das Verhältnis des Geistes zur Räumlichkeit.

Da die reale Welt, in der der Geist lebt, auf ihren niederen Stufen eine räumliche ist, der Geist aber auf diesen aufruht, so ist sein Verhältnis zur Räumlichkeit ein für ihn ausschlaggebendes, obgleich er selbst nicht räumlich ist. Es ist ein durchaus positives Verhältnis, und zwar nach zwei Seiten.

Erstens ist zu sagen: ein geistiges Wesen muß, wenn schon selbst raumlos, doch irgendwie der Räumlichkeit mächtig sein. Es lebt eben in einer räumlichen Welt, obgleich sein Leben kein räumliches ist. Der Raum ist nicht Realkategorie des Geistes, wohl aber seine Anschauungskategorie. Der Geist kann ohne Bewußtsein der Räumlichkeit und ohne Zurechtfinden in ihr nicht leben. Er hat beides durch die ihm eigene Raumanschauung. Diese braucht nicht streng identisch mit dem Raume als Realkategorie der Dingwelt zu sein. Es genügt, daß sie ein beschränktes und deformiertes Gegenbild der Realräumlichkeit ist[1]).

[1]) Dieses nachzuweisen ist hier nicht der Raum; das gehört in eine an die Wurzeln

Zweitens aber ist der lebende Geist mittelbar auch realräumlich gebunden, und das ist der Sinn des Satzes, daß er als unräumlicher doch in einer räumlichen Welt lebt. Räumliche Gebundenheit ist etwas ganz anderes als Raumgeformtheit oder räumliche Lokalisation. Sie ist auch, recht verstanden, etwas ganz Elementares und gar nicht Rätselhaftes. Sie ist eine einfache Funktion des ontischen Getragenseins. Der Geist ist durch sein „Aufruhen" an den organisch-leiblichen Träger und durch ihn hindurch auch an das Materielle gebunden. Diese aber sind beide räumliches Sein. Gäbe es den „schwebenden" Geist, der ohne Seinsfundamente existieren könnte, so wäre dem ganz anders; und entsprechend ganz anders haben es immer die idealistischen und geistmetaphysischen Theorien dargestellt. Darin aber lag ihr Fehler. Denn die Erfahrung kennt keinen schwebenden Geist. Wir haben uns allein an den empirischen Geist zu halten.

Raumgebundenheit des Geistes in diesem Sinne ist etwas durchaus Konkretes und Geläufiges. Daß ich in einer bestimmten Stadt lebe, bedeutet für mich als geistiges Individuum, daß ganz bestimmte, mit dieser Stadt, dieser Bevölkerung, diesem Himmelsstrich, dieser Gegend, diesen Lebens- und Erwerbsverhältnissen gegebene Faktoren meine geistige Entwicklung bestimmen. Mein Lebens- und Wissenshorizont, mein Weltbild, ja die Perspektive, in der ich die übrige räumliche Welt sehe, ist dadurch wesentlich mit geformt. Ich kann, einmal geistig geformt, wohl darüber hinauswachsen — auch ohne mich räumlich fortzubegeben —, ich bin durch meine Raumgebundenheit als leibliches Wesen nicht etwa auch geistig an diesen Standort gefesselt, bin überhaupt nicht geistig raumgefesselt. Wohl aber bleibt die Entwicklung, die ich unter den raumbedingten Eindrücken und Einflüssen genommen, an mir haften. Ich kann sie nachträglich nicht abstreifen, kann keine andere an ihre Stelle setzen. Es ist irrig, sie von der Idee des an sich raumfreien Geistes aus als eine mir äußerliche hinzustellen. Was den Geist in seinem Werdegange formend bestimmt hat, ist und bleibt ihm wesentlich. Aber das bedeutet keine Räumlichkeit des Geistes.

Jedes geistige Individuum ist an individuell-organisches Leben gefesselt, zeitlebens und notwendig. Der Spielraum örtlicher Bewegungs-

des Problems gehende Kategorienlehre. Dasselbe gilt von den folgenden Erörterungen. Es sei hierzu nur bemerkt: es ist ein Irrtum, Erkenntniskategorien (oder Anschauungskategorien) ohne weiteres den Realkategorien gleichzusetzen. Zwischen beiden bestehen einschneidende Unterschiede, die herauszuarbeiten Aufgabe der Kategorialanalyse ist. Diese Sachlage konnte nur deswegen so lange verdeckt bleiben, weil bisher Kategorienlehre kaum anders als im Rahmen der Erkenntnistheorie getrieben worden ist. Die entscheidenden Zugänge liegen aber im ontologischen Problemfelde. Vgl. hierzu „Metaphysik der Erkenntnis"[2] Berlin 1925, Kap. 48 und 49.

freiheit gestaltet auch den primären geistigen Gesichtskreis. Alle Wahrnehmung ist an den nächsten räumlichen Umkreis gefesselt. Es gibt nur Wahrnehmung von einem Raumpunkte aus, alles Hineinschauen in die Welt ist und bleibt perspektivisch. Dasselbe gilt vom Erleben, vom Erfahrungmachen, vom Schicksal, das einen trifft, auch vom innerlichen. Wer einem freund oder feind ist, wen man liebt, in welche geschichtlichen Bewegungen man hineingezogen wird, worin man zur Stellungnahme gezwungen wird, ja was überhaupt einen berührt und angeht, das alles hängt in hohem Maße davon ab, „wo" man lebt, wem man räumlich begegnet, in welche lokale politische Gesamtlage man sich hineingestellt findet.

Erhebung über diese Raumgebundenheit ist nur in gewissen Grenzen möglich. Überhaupt möglich aber ist sie, weil die Gebundenheit nicht am Geiste als solchem haftet, sondern am tragenden Seinsfundament. Er selbst bleibt auch in der Raumgebundenheit unräumlich.

e. Anschauungsraum und Anschauungszeit.

Der Satz, daß der Geist durch den Leib in die Zeit komme, hat sich als falsch erwiesen. Die Zeit ist Realkategorie des Geistes, sie kommt ihm ursprünglich und unvermittelt zu. Der Raum aber ist nicht Realkategorie des Geistes, kommt ihm nur mittelbar zu, und im Grunde gar nicht ihm selbst. Es gilt also der Satz: in den Raum kommt der Geist nur durch den Leib.

Anschauungskategorien des Geistes aber sind beide, Raum und Zeit. Nicht die Wahrnehmung allein bewegt sich in ihren Formen, sondern auch die Vorstellung, der Gedanke, die Phantasie. Das ist insofern von eigenartiger Bedeutung, als in diesen Anschauungsformen der Geist unbegrenzte Bewegungsfreiheit hat, was er der Realzeit, in der er lebt, und dem Realraum, an den der Leib ihn fesselt, gegenüber jedenfalls nicht hat. Niemand kann sich real von dem Zeitpunkt lösen oder fortbewegen, in dem er gerade lebt; niemand kann in die Vergangenheit zurück, niemand in die Zukunft voraus. Jeder ist an den Gleichfluß der Zeit gebunden, wird von ihm fortgeführt, kann ihn weder beschleunigen noch aufhalten. Er hat keine Eigenbeweglichkeit in der Zeit, er wird nur bewegt. Er teilt dieses Geschick mit den Dingen, mit allem Realen. Aber in der Anschauungszeit bewegt er sich frei, der Gedanke verweilt hemmungslos beim Vergangenen, und in den Grenzen der Voraussicht beim Zukünftigen. Der Geist vergegenwärtigt ohne Unterschied das zeitlich Nahe und Ferne. Er selbst aber bleibt dabei unentwegt in seiner Realgegenwart. So hat er in seiner Anschauungsform die Freiheit, sich über die Realzeit, der er angehört, hinwegzusetzen. Aber das Hinwegsetzen ist ein irreales und verletzt nicht seine Zeitgebundenheit.

Dasselbe gilt von der Raumanschauung im Verhältnis zum Realraum. Zwar, was als Räumliches im Raume ist, das ist ihm nicht in gleicher Weise verhaftet wie der Zeit. Der Raum hat keine Eigenbewegung, er führt, was in ihm ist, nicht mit; er läßt der eigenen Bewegung Spielraum, ist recht eigentlich das Bewegungsfeld des Beweglichen. Aber die Raumbewegung in bemessener Zeit ist begrenzt. Der leibgebundene Geist mit seinem räumlich begrenzten Wahrnehmungs- und Erlebnishorizont hat realiter nur die Bewegungsfreiheit des Leibes. Der Mensch wandert, reist, lernt Länder und Völker kennen, aber stets ist er mit dem Erleben an den Ort gebunden, an den er sich begibt. In der Vorstellung aber, im Gedanken, in der Phantasie ist er nicht an den Ort gebunden. Da herrscht ein anderes Gesetz. Durch die Anschauungskategorie hat er Freiheit, geistig zu verweilen, wo er will; in der Vorstellung setzt er sich über die räumliche Gebundenheit hinweg, die ihm durch die Leiblichkeit anhaftet. Aber das Hinwegsetzen ist ein irreales und bewegt ihn nicht fort vom jeweilig wirklichen Standort.

So ist der Geist erhaben über Raum und Zeit in seiner Realgebundenheit an sie; und bleibt doch gefesselt in ihnen bei aller Erhabenheit über sie. Er führt ein Doppeldasein in den Dimensionen der Welt, weil diese in ihm selbst als die seinen wiederkehren. Die Macht und Freiheit, die er in seinen Anschauungsformen hat, ist sein Vorrang in der Welt — vor allem, was sonst in Raum und Zeit gefangen ist. Und eben dieser Vorrang hebt sein eigenes reales Gefangensein nicht auf.

f. Unräumlichkeit und Undinglichkeit.

Was man mit einigem Recht, obgleich schief, die Übersinnlichkeit des Geistes genannt hat — schief, denn man dachte nur an den „äußeren Sinn" —, das ist in Wahrheit seine Undinglichkeit. Und diese ist mit der Unräumlichkeit gegeben, wiewohl nicht identisch mit ihr.

Hier liegt das grundlegende kategoriale Moment, welches das seelische und geistige Sein vom Materiellen und Organischen scheidet. Was sie verbindet, ist die Zeitlichkeit, das In-einer-Zeit-Sein, die Zugehörigkeit zum Gesamtstrom des Geschehens; was sie trennt, ist die Räumlichkeit. Materielle und organische Prozesse sind raumzeitlich, seelische und geistige nur zeitlich. Beide Grundformen der Prozessualität sind nur in einer Dimension homogen, gleichläufig, unmittelbar bezogen aufeinander; in den übrigen Dimensionen sind sie heterogen, verlaufen windschief zueinander, berührungslos. Aller Realzusammenhang, der über diese Schichtenscheide übergreift, ist undinglich-zeitlicher Zusammenhang.

Für das prozessuale Sein des lebenden Geistes, zumal für das des geschichtlich-objektiven Geistes, ist das die Grundlage alles Weiteren und Spezielleren. Dieses Verhältnis trägt sowohl der Abhängigkeit im Getragensein als auch der Autonomie Rechnung. Alle Eigenart und Eigengestaltung des Geistes bewegt sich im Überdinglichen, ruht aber unaufhebbar auf dinglichen Seinsfundamenten auf. Das „Aufruhen", obschon ein räumliches Bild, ist kein räumliches Aufruhen; die Raumgebundenheit des Geistes durch den Leib ist keine räumliche Gebundenheit. Nur die Zeit und der Prozeßcharakter stellen die Einheit der realen Welt her. Raum und Zeit sind keine gleichwertigen Realkategorien. Die Zeit ist fundamentaler. Sie reicht höher hinauf, umfaßt alles Reale, auch das geistig Reale. Der Raum bricht auf halber Höhe ab. Was oberhalb des Organischen liegt, ist raumlos. Auch die vermittelte Raumgebundenheit des Geistes ändert daran nichts.

Raum und Zeit sind die äußerlichsten — bloß dimensionalen — Kategorien der realen Welt. Man kann an ihrer Hand nicht in die Tiefe des Gefüges leuchten. Dennoch ist schon an ihrem Verhältnis die einzigartige Stellung des geistigen Seins in der Welt sehr wohl zu sehen. Darum hängt so viel an der rechten ontologischen Fassung dieses Verhältnisses. Die traditionelle Fassung hat es mit mehr als einem Vorurteil belastet. Meist werden Raum und Zeit zu homogen gefaßt; ihre Gleichstellung in der dinglichen Welt verführt dazu. Oder sie werden zu heterogen verstanden; dazu verleitet die Undinglichkeit des geistigen Seins. Es ist z. B. nicht wahr, was der bekannte Satz sagt: was im Raume zusammenfalle, müsse in der Zeit geschieden sein, und was in der Zeit zusammenfalle, müsse im Raume geschieden sein. Die erste Hälfte des Satzes kommt nur für Dingliches in Betracht; die zweite aber kommt auch für seelisches und geistiges Sein in Betracht, und da ist sie unzutreffend. In der Ebene des Geistes koexistiert das Verschiedenste reinlich abgehoben in gleicher Zeit, ohne räumlich geschieden zu sein. Das geistige Sein hat andere Dimensionen des Bei- und Nebeneinanderseins. In ihnen liegt der Spielraum für unbegrenzte Mannigfaltigkeit des Gleichzeitigen.

Was für Raum und Zeit gilt, spiegelt sich genau wider im Verhältnis von Dinglichkeit und Prozessualität. Die letztere reicht viel weiter als die Dingform im Realen. Es gibt undingliche Prozesse, wie es unräumliches Geschehen in der Zeit gibt. Aber es gibt keine prozeßlose Dinglichkeit, keine zeitlose Räumlichkeit — wenigstens nicht, soweit es sich um reales Sein handelt. Der Prozeßcharakter verbindet Geist und Materie, der Dingcharakter trennt sie.

g. Das reale Drinstehen in der realen Welt.

Die längste Zeit hat der Geist für ein Wesen „von einer anderen Welt" gegolten. Das philosophische Denken traf sich hierin mit dem mythischen und religiösen Denken. In den reinen Wesenheiten meinte man die in sich ruhende „ideale Sphäre" zu fassen, die man mit dem Geiste identifizierte. Die Sphäre gibt es freilich, aber sie ist nur eine Gegenstandssphäre des Geistes, nicht er selbst, und auch nicht die Ebene, in der er lebt. Denn sein Leben ist ein reales, zeitliches und hat keine Ähnlichkeit mit dem zeitlosen Sein der Wesenheiten.

Den lebenden Geist charakterisiert nichts grundlegender als sein Drinstehen oder Eingebettetsein in der einen realen Welt. Er ist ein zu ihr Gehöriges, nicht anders als das geistlose Sein. Das Sein des Geistes ist ein Sein von dieser Welt. Es ist ein erfahrbares Sein, und zwar ihm selbst erfahrbar. Der Geist erfährt stets erst im Laufe seiner Entwicklung, was eigentlich er ist.

Das ist wiederum etwas ganz Konkretes. Der Geist, den wir kennen, ist stets ringender Geist. Es geht ihm immer um etwas, das er erreichen oder verfehlen kann. Er hat sein Bedrohtsein, sein Betroffensein, sein Schicksal. Stets ist er zur Initiative herausgefordert, jede Lebenssituation stellt die Anforderung an ihn, einzugreifen, zu handeln. Im Gebiete des persönlichen Ethos beruht hierauf das innere Gefährdetsein, die Möglichkeit der Versündigung, der Schuld. Nur ein reales, im Ringen stehendes geistiges Wesen kann Schuld und Verdienst haben. Hat es Schuld verwirkt, so muß es sie tragen. Der Geist ist ebensosehr moralisch tragender, wie er schicksaltragender und leidender Geist sein kann.

Das Ganze des Geisteslebens spielt sich in einer steten Dynamik ab. Man kann wohl Schnitte hindurchlegen um der Betrachtung willen, aber die Statik der Schnitte ist Abstraktion, am lebenden Geist gibt es sie nicht. Hier haben die kontemplativen Theorien Verwirrung angerichtet. Der lebende Geist steht nicht als Zuschauer unbeteiligt dabei, während das reale Leben sich an ihm vorüberdrängt. Er steht immer selbst mitten drin im Drange. Er gerade wird gedrängt, und er drängt selber. Er kann sich wohl zur Kontemplation erheben, aber dann muß er die Erhebung dem Drange abringen. Man darf viel eher umgekehrt sagen: die Welt, in der der Geist lebt und stirbt, diese Welt des Dranges und Lebensernstes, ist bereits mit die geistige Welt. Er lebt nicht in einer ihm heterogenen Welt. Die Welt ist ihm homogen, weil sie ebensosehr die Welt der Individuen und des geschichtlichen Lebens ist wie die der Dinge und Dingverhältnisse.

Die Kehrseite dieses homogenen Drinstehens ist, daß der Geist nicht seine Welt für sich hat. Das geistige Individuum hat als Einzelsubjekt weder seine eigene Welt, noch hat es die eine gemeinsame Welt sich gegenüber. Es ist vielmehr in sie einbezogen, ihr Glied. Darum allein gibt es die perspektivischen Ausschnitte aus der Welt, die durch die Grenzen des ihm Gegebenen herausgeschnitten sind. Aber der Ausschnitt ist nur seine Vorstellungs- oder Gedankenwelt. Er lebt und ringt, leidet und stirbt nicht in dieser, sondern in der einen realen Welt, der er angehört.

Die Verschiedenheit individueller Geisteswelten ist ontisch sekundär. Niemand wird ihr Bestehen bestreiten, aber es ist kein Ansich-Bestehen. Jede von ihnen hat ihre Bedeutungsschwere einzig in ihrer Bezogenheit auf die eine reale Welt, der sie alle angehören und deren verzogene Teilbilder sie sind. In dieser Einheitsbeziehung beruht auch ihre Beziehbarkeit aufeinander, ihre partielle Identifizierbarkeit. Und an dieser hängt alle Verständigung und geistige Gemeinschaft. Denn nur die Träumenden haben jeder seine eigene Welt. Die Wachen haben — nach dem Worte Heraklits — alle nur eine Welt.

h. Abhängigkeit und Herrschaft des Geistes in der Welt.

Diese eine Welt ist der gesamte Schichtenbau des Realen, die Welt des geistigen und des geistlosen Seins. In ihr findet das ganze Verhältnis des Getragenseins und der Autonomie Platz. Und so nur wird die ontische Abhängigkeit des geistigen Seins verständlich. Denn sie setzt Einheit der Welt im Seinsmodus voraus.

Aber mit dem Getragensein ist das Verhältnis zu den niederen Schichten nicht erschöpft. Der Geist steht nicht empfangend allein ihnen gegenüber, sondern auch gebend. Er tut das Seine im Gesamtgeschehen. Er gestaltet nicht nur sich selbst, er gestaltet in seinen Grenzen auch das Materielle, Lebendige, Seelische. Es gibt auch die rückläufige Determination, die vom Geiste auf das niedere Sein übergreift. Das widerspricht nicht dem Stärkersein der niederen Kategorien. Der Geist verändert nicht die Gesetze der Natur. Aber er lernt sie begreifen und ausnutzen. Und so verändert er das, was unter diesen Gesetzen steht, indem er das Seine hinzutut.

Hierher gehört das mannigfaltige Gebiet der Naturbeherrschung, der Arbeit an Dingen, der Gestaltung des Vorgefundenen für menschliche Zwecke. Fast alles sichtbare Wirken gehört hierher und alles, was Technik heißt. Nicht alles Wirken des Geistes ist segensreich in der Welt. Im Kampfe ist der Mensch geworden, was er ist. Er hat Leben vernichtet, Tiergeschlechter ausgerottet. Aber er hat sich eine Dingwelt geschaffen, wie Natur sie nicht schafft; und diese selbstgeschaffene Dingwelt macht einen beträchtlichen Teil seiner Menschenwelt aus — Landbau, Tierzucht, Verkehrswege, Städte. Mit dem Anwachsen dieser Dingwelt hat er sowohl sein eigenes Leben als das der Natur umgestaltet. Er hat das Antlitz der Erde verändert.

Der Mensch kann Raubbau treiben mit der Natur, und dann gefährdet er auch sich selbst; er kann sie aber auch hinaufbilden, Möglichkeiten in ihr erfassen und in weiser Beherrschung ihrer eigenen Kräfte realisieren. In beidem zeigt der Geist sein anderes, ontisch „rückwärts" gewandtes Gesicht. Er ist auch darin allem anderen Realen gleichgestellt, daß er sich im Gesamtstrom des Geschehens auswirkt. So ist es schon im privaten Tun des Einzelnen. Es gibt kein menschliches Handeln, das nicht seine Kreise zöge, in denen es fortwirkt. Jede Tat ist ein Anstoß, der, einmal geschehen, nicht mehr zurückgenommen werden kann. Der Geist, der den Anstoß gegeben, hat Freiheit nur in der Entscheidung zu ihm, nicht darüber hinaus. Hier wurzelt ein Grundgesetz des menschlichen Ethos. Das ontische Determinationsverhältnis darin ist aber ein allgemeineres; es charakterisiert diesseits alles moralischen Wertgewichts schon die Stellung des Geistes zur Natur. Er ist und bleibt abhängig, aber es ist die Abhängigkeit des Herrschers von Mächten, die lenkbar sind. Er herrscht, aber es ist ein Herrschen über Gewalten, deren Gesetz und Wesen er nicht ändern kann. Und so geschieht es, daß er wie der Zauberlehrling die Geister, die er rief, nicht los wird.

III. Abschnitt.

Das geistige Individuum.

8. Kapitel. Spontaner Aufbau und Abbau.

a. Selbstgegebenheit und Selbsterfassung.

Das geistige Individuum nimmt als Objekt der Betrachtung eine einzigartige Stellung ein. Und darin liegt ein erstes Moment, das ihm nicht mit dem objektiven Geiste gemeinsam ist. Das betrachtende Denken ist hier mit seinem Gegenstande bei sich selbst. Denn wenn auch Geist nicht in Denken aufgeht, so ist das Denken — und auch das philosophische — doch Geist. Das bedeutet für die Betrachtung einen Vorteil und einen Nachteil zugleich.

Der Vorteil liegt auf der Hand. Der Geist als individueller kann sich selbst von innen sehen, er braucht zu sich keinen Umweg, ist seiner habhaft, ist sich selbst unmittelbar gegeben. Dieses Verhältnis wird im praktischen Leben nicht ausgewertet, wohl aber im philosophischen Denken. Der Beleg dafür ist das Ich-Bewußtsein der Person. Nicht als wäre dieses schon ein detailiertes Wissen um sich. Wohl aber ist es eine zentrale Selbstgegebenheit unmittelbarer und gewissester Art. Die philosophische Analyse kann hier ansetzen, kann anderweitig Gegebenes auf diesen Zentralpunkt beziehen.

Der Nachteil aber ist das Sich-selbst-im-Wege-Stehen des Ich. So hat es Fichte mit Recht genannt. Gerade weil der Geist selbst das Denken ist, tritt er neben sich als Subjekt des Denkens, das ihn denkt — resp. des Schauens, das ihn schaut. So ist immer auch er selbst nicht das, was geschaut wird. Denn sein Subjektsein gehört wesentlich dazu. Im Wissen um das Cogito ist wohl untrügliche Selbstgegebenheit und Selbstgewißheit, aber deswegen noch kein erkennendes Erfassen seiner selbst. Die Ichgewißheit kann mit tiefster Unwissenheit dessen, „was" ich bin, koexistieren. Um zu erkennen, was es ist, muß das Subjekt sich zum Objekt werden. Das kann es nie vollständig. Insofern ist die Selbsterfassung tief im Nachteil gegen das Erfassen alles dessen, was nicht eigenes Selbst ist. Die natürliche Erkenntnisrichtung des Subjekts ist die „nach außen", auf das, was ihm „gegenüber" ist. Das Gegenüberstehen ist das Gegenstand-Sein. Macht das Subjekt sich selbst zum Gegenstande, so muß es sich selbst auch wirklich zum „Gegenstehen" bringen. Da es aber sich selbst nicht verlassen kann, so muß es gleichsam vergessen, daß es selbst es ist, was erfaßt werden sollte. Es muß also gerade in der Selbstvergessenheit sich auf sich besinnen.

Von dieser inneren Schwierigkeit kommt die philosophische Reflexion auf den subjektiven Geist nicht los. Doch kommt dem ein anderer Umstand zu Hilfe. Der Einzelgeist ist auf die Selbstanschauung nicht angewiesen. Er findet seinesgleichen außer sich in der Welt. Und da findet er den Geist in Gegenstandsstellung. Handelte es sich um seelisches Sein, so hülfe ihm das wenig. Denn dieses hat jeder für sich. Der Geist aber ist expansiv, auch der persönliche. Er greift über und ist das, was er in Wahrheit ist, recht eigentlich in seinem Verhalten zur Welt, der er angehört.

b. Selbstgestaltung und Selbstverwirklichung.

Das geistige Individuum entwickelt sich, wie auch das organische Individuum sich entwickelt. Aber Entwicklung ist hier etwas ganz anderes als dort. Der Organismus entfaltet seine Anlagen in gesetzmäßiger Folge, die seinen Werdegang beherrscht. Vom Geiste aber gilt, daß er sich immer erst zu dem machen muß, was er ist.

Man braucht diesen Satz nicht irgendwie metaphysisch zu verstehen, nicht im Sinne Hegels, als wäre dem Geiste etwas als seine Idee vorgezeichnet, was er zu verwirklichen hätte. Der Sinn ist ein ganz schlichter, empirischer: dem Geiste fällt seine Gestaltung nicht in den Schoß, ist nicht von selbst da, geht nicht von selbst vor sich. Sie will geschafft, errungen sein. Sie entwickelt sich nicht ohne sein Zutun, ist nicht mit Fähigkeit und Anlage schon gesichert. Sie erfordert seinen eigenen Einsatz, muß erst von ihm verwirklicht werden.

Das ist anders im Reiche des Organischen, anders auch in der Sphäre des Seelischen. Der Organismus reproduziert sich in neuen Individuen, die Artform greift über, vererbt sich; die Gestaltung kehrt wieder, unverändert oder nur wenig verändert. Das Leben geht kontinuierlich in neues Leben über. Die neue Ausformung ist durch die alte Form bestimmt. Die Variabilität ist daran ein Zufälliges, ein bloßes Schwanken, das sich wieder ausgleicht.

Das Seelische geht zwar nicht kontinuierlich über. Es erwacht neu in jedem Individuum zum Bewußtsein. Aber sein Erwachen ist doch in den ganzen Entwicklungsprozeß einbezogen, dessen Faktoren, äußere wie innere, immer schon bereit sind und keineswegs von ihm selbst — etwa dem Bewußtsein — erst beschafft werden müssen. Es ist gesorgt, daß immer die gleichen Bedürfnisse, Nöte, Triebe walten, die dem Seelenleben bestimmte Bahnen vorzeichnen.

Ganz anders der Geist. Auch er ersteht neu in jedem Individuum, er wird nicht mit dem Leben vererbt. Er muß sich aber erst selbst schaffen, muß Einsatz tun bei jedem Schritt. Er ist nicht einfach Entfaltung von Anlagen. Man bedenke: sehen und gehen lernt das Kind mit der erwachenden Fähigkeit der Organe, Glieder; sprechen lernt es nicht einfach mit der organischen Entwicklung. Es muß aufnehmen, kombinieren, begreifen lernen. Unter Stummen lernt es überhaupt nicht sprechen. Das gleiche ist es mit der praktischen Orientierung in der Welt, im Leben, in der Menschensphäre. Jeder muß seine eigenen Erfahrungen machen, muß verfehlen, unterliegen, leiden, wieder und wieder versuchen, wagen. Die fremde Erfahrung allein, sie mag noch so belehrend sein, hilft ihm nicht — nicht weil sie auf ihn nicht zuträfe, sondern weil sie nicht die seine ist. Er muß Lehrgeld zahlen. Anders lernt er das Leben nie. Die Anlage, auch die glänzendste, tut es allein nicht, so wenig wie die Belehrung allein es tut. Das Stück Lebensweisheit, das er braucht, will erworben sein.

Nicht anders ist es mit allem sonstigen Lernen auch. Es fällt dem Menschen nichts zu; der Geist, inhaltlich verstanden, vererbt sich nicht. Nur der Einsatz, die Arbeit schafft es. Es will alles errungen sein. Tatsachen und Resultate können einem dargeboten werden, das Verstehen muß man selbst besorgen; die Einsicht, den Sinn erschließt nur die eigene Bemühung. Das ist das Gesetz aller Schulung, die innere Grenze alles Lehrens. Nun aber lernt der Mensch nie aus, solange er lebt. Er steht also im dauernden Ringen um sich selbst, dauernder Selbstgestaltung und Selbstverwirklichung.

Das Leben des Geistes ist eine Lebendigkeit sehr eigener Art. Es ist nicht wie das organische Leben in bestimmten Formen verfestigt. Es hat eine gewisse Freiheit über sich selbst. Niemand hat Gewalt über seinen leiblichen Typus, seine vitale Artung; hier kann ein jeder nur erhalten und auswerten. Der Geist aber kann sich in mancherlei Richtung verschieden ausgestalten, je nachdem, was er aus sich macht, wohin er sich dirigiert. Der Einschlag der Aktivität, des eigenen spontanen Zugriffs ist ausschlaggebend.

Darum ist die qualitative Mannigfaltigkeit des Geistes in der Verschiedenheit der Individuen so erstaunlich groß — nicht zu vergleichen mit der vitalen Mannigfaltigkeit einer Art. Im Organischen ist die Streuung nur Abweichung, Variabilität eines Schemas; im Geistigen betrifft sie das inhaltliche Wesen von Grund aus. Das ist die einfache Folge davon, daß der Geist das, was er ist, nicht nach Gesetzen werden muß, sondern sich dazu machen muß. Er ist so — bei aller Abhängigkeit und Bedingtheit — mit dem, was er eigentlich ist, auf sich selbst gestellt. Darin ist er im Nachteil gegen alle anderen realen Wesen. Zugleich aber auch allen überlegen. Er hat dadurch einen Spielraum der Entfaltung, der von ganz anderer Größenordnung ist.

Und erwägt man, daß mit dem Spielraum der Mannigfaltigkeit die Chance wächst, daß etwas Außerordentliches sich hochringt, so ist es klar, daß hiermit auf der Ebene des geschichtlichen Geistes, wo nur das Außerordentliche führend werden kann, eine ungeheure Gestaltungskraft gegeben ist.

c. Raubbau am Leben und Selbstvernichtung.

Der Geist gestaltet nicht nur sich selbst, sondern auch die Welt, in der er steht. Er greift rückdeterminierend über auf die ihn tragenden Seinsschichten. Aber weil er mit deren natürlicher Gestaltung steht und fällt, so gefährdet die Umgestaltung seine Existenz. Das gilt weder allgemein noch notwendig, der Geist mit seinem Machtbereich ist nur eine verschwindende Insel im Kosmos; ihn baut er mit seinem Tun nicht ab. Wohl aber scheint darin eine gewisse Zwangsläufigkeit in bezug auf das ihn unmittelbar tragende Leben zu liegen. Der Geist zehrt am Leben.

Diese Einsicht ist nicht neu, und man braucht aus ihr nicht mit Klages einen Pessimismus der Selbstvernichtung zu machen. Aber daß ein Stück ernster Wahrheit darin steckt, die als Mahnung erfaßt und beherzigt sein will, sollte man nicht verkennen. Am Menschen wenigstens kennen wir es nicht anders, als daß die geistige Entfaltung ihn auch „verbraucht".

Zwischen dem leiblichen und dem geistigen Leben des Menschen besteht eine Wechselbeziehung eigener Art. Der Geist überbaut das

Vitale, formt es in mancherlei Stücken um und hinauf; er vermag es in gewissen Grenzen zu sichern, zu schützen, zu pflegen, über ihm zu wachen. Er kann organische Leistungen heben, steigern, verfeinern, Fertigkeiten ausbilden. Er vergeistigt die körperliche Form, Bewegung, den Gesamthabitus. Aber eben mit der Vergeistigung schwächt er auch die vitalen Kräfte, den gesunden Trieb, die natürliche Selbsterhaltung und Selbstregulierung. Das organische Leben, sich selbst überlassen, seligiert sich andauernd in der Härte des Kampfes, steigert sich in der Richtung rein vitaler Kraft. Der Geist durchquert diese Richtung, lenkt ab von ihr, steigert nach anderer Seite. Er baut ab, was das Leben aufgebaut hat. Die Robustheit weicht der Verfeinerung.

Wohlbekannt ist es, daß die geistige Arbeit am Leben zehrt. Der Geist aber ist auf Arbeit angewiesen, weil er sich das Seinige immer erst erarbeiten muß. Seine Bildung verlangt hohen Einsatz. Der Leib hat ein anderes Gesetz. Ihm muß der Geist den Einsatz abringen. So untergräbt er die Harmonie des Organischen, sein inneres Gleichgewicht. Er konsumiert die angesammelten Schätze des Lebens.

Die Belastung, das Verkümmern, Zusammenbrechen des leiblichen Lebens unter der Anforderung des Geistes ist die gewöhnlichste Erscheinung. Wieweit das Leben unter der Belastung sich wieder aufrichten kann, mag fraglich sein. Tatsache ist die allgemeine Vitaldegeneration in den Bildungsträgern. Nicht in einer Generation wirkt sie sich aus — das wäre zu verschmerzen —, sie erbt sich fort. Die Geschlechter der Gebildeten stehen immer auf dem Aussterbeetat; wenige Generationen genügen, sie aufzuzehren. Und wenn der Nachschub aus gesundem Volkstum das Aussterben nicht ausgliche, die höhere Geistesbildung müßte in kürzester Zeit aussterben. Volkshygienisch gesehen, kann sie in einer Nation nur so lange fortleben, als noch unverbrauchtes, ungeistiges Leben in genügender Breite vorhanden ist, das sie aufzehren kann. Als unbegrenzt darf der Vorrat in einem Volke wohl niemals gelten. Geschichtlich tritt das im Altern der Völker in die Erscheinung — ein Prozeß, dessen Wurzel wohl nicht hierin allein zu suchen ist, der aber sicherlich mit durch diese Dinge bestimmt ist.

Die Kulturhöhe der geschichtlich führenden Völker wird teuer bezahlt. Was wir unser Bildungs-, Schul- und Lehrwesen nennen, unser ganzes mit äußerstem Kraftaufwand hochgetriebenes Geistesleben, sieht unter diesem Gesichtspunkt bedenklich nach Raubbau am Leben aus. Das wird man sich nicht verhehlen dürfen. Die Folgen treffen auf die Dauer mittelbar auch den Geist. Bestünde er in intellektueller Kultur allein, so brauchte dem vielleicht nicht so zu sein. Sofern er aber auch in Auswertungsfähigkeit, Ethos, Schaffenskraft, in Gemütskultur, Glücksfähigkeit und Sinnerfüllung des persönlichen Lebens besteht, liegt für die Stabilität seines Gesamthabitus hier eine viel größere Gefahr. Denn im Abbau der vitalen Einsatzkraft werden diese Seiten seines Daseins zuerst herabgesetzt.

d. Ein gefährliches Bildungsideal. Geschichtliche Perspektive.

Der Mensch kann ohne den höchsten Einsatz für den Geist nicht als Mensch leben, mit ihm aber — so scheint es — nicht fortleben. Aus diesem Dilemma vorschnelle Konsequenzen zu ziehen, wäre gewiß irrig. Nicht darauf laufen diese Erwägungen hinaus. Aber das Wuchern des Geistes ist gefährlich. Und er hat, einmal erwacht, die Tendenz zu wuchern. Gefährlich ist das heutige Bildungsideal — nicht durch seine Richtung zur Höhe, sondern durch seine Richtung in die Breite. „Alle sollen Gebildete sein" — das ist untragbar für einen lebendigen Volkskörper, ist die Vernichtung der eigenen Reserven. Denn nur in den vital Unverbrauchten liegen die Reserven. Man denkt dabei an Humanität, Gleichheit, gerechte Teilhabe aller an den höchsten Gütern. Man denkt nicht daran, daß das große Experiment eine unerprobte Sache betrifft, daß erst künftige Geschlechter die Folgen sehen werden, daß hier systematische Selbstaufhebung drohen könnte.

Und dennoch, wer hieraus Nahrung für seine eigene Kulturmüdigkeit und Untergangsstimmung ziehen wollte, beginge den Fehler, den Lauf der Weltgeschichte nach einer Weltminute beurteilen zu wollen. Sieht man sich nämlich nüchtern in die Sachlage hinein, so gewinnt man den Eindruck — nicht des Alterns und der Schwäche, sondern eher einer gewissen Jugendlichkeit, Unreife und Draufgängerschaft des Geistes. Was ihm fehlt, ist Besinnung, Klarsehen, Urteilsfähigkeit. Und ist denn der Geist nicht in der Tat geschichtlich jung? Wenige Jahrtausende hat er hinter sich. Wer wollte das viel nennen, wo das Leben auf der Erde, und selbst der Menschenstamm sein Alter nach Zeitmaßen ganz anderer Größenordnung bemißt? Und wer wollte den Geschichtsprozeß in die Zukunft hinein nach empirischen Maßen begrenzen? Die kosmisch tragenden Bedingungen ändern sich nur in kosmischen Perioden, gegen die gesehen geschichtliche Entwicklung im Miniaturmaßstab der Zeit verläuft. Es ist nicht utopisch, zu sagen: wir stehen noch im Anfang der Geschichte.

Wie dem auch sei, in allem Raubbau, den der Mensch an den Schätzen der Natur treibt, ist deutlich Unreife des Geistes zu erkennen. Immer sägt er den Ast, auf dem er sitzt. Entweder er merkt es erst, wenn es zu spät ist, oder er sieht kommen, was kommen muß, ist aber zu sehr gegenwartsgefangen, um den Vorteil des Augenblicks fahren zu lassen. Der Einzelne denkt nicht an die kommenden Generationen. Aber ist das notwendig? Liegt solche Kurzsichtigkeit im Wesen des Geistes? Kann er nicht klug werden, aus eigener geschichtlicher Erfahrung lernen? Der Mensch hat schon manchen Verbrauch rationiert, der einst dem Raubbau preisgegeben war. Warum sollte er sein eigenes organisch-vitales Kapital nicht auch mit Vorblick und Weisheit verwalten lernen?

Das Grundverhältnis, daß überhaupt der Geist an den Kräften des Lebens zehrt, läßt sich nicht aufheben. Aber organisches Leben verjüngt sich, schafft seine Kräfte neu. Die Unfähigkeit des Geistes, dieses zu erfassen und sein eigenes Wuchern entsprechend zu regulieren, ist kein unaufhebbarer Zustand. Der Geist kann reifen, lernen, den Sinn seines Getragenseins begreifen. Geschenkt freilich wird ihm diese Weisheit nicht. Sie will wie alles, was der Geist geworden ist oder werden muß, errungen sein. Die Reife des eigenen Lebensmodus muß er sich selber abringen. Der geschichtliche Spielraum dazu liegt frei vor ihm. Aber auch hier gilt der Satz, daß der Geist auf spontane Selbstgestaltung angewiesen ist, sich seine Wege selbst finden, sich sein Gesetz selbst auferlegen muß. Auch in dieser Hinsicht muß er sich erst zu dem machen, was er ist.

9. Kapitel. Geistiges und geistloses Bewußtsein.

a. Die Ablösung aus der Spannung.

Gefahren und Aufgaben dieser Art liegen nicht beim Bewußtsein als solchem, sondern ausschließlich beim geistigen Bewußtsein. Das geistlose Bewußtsein wuchert nicht. Es ist eingespannt in die Vitalfunktionen, löst sich von ihnen nicht zu freier Ausweitung ab. Es ist noch ganz dienendes Bewußtsein.

Daß man den Geist nicht durch Bewußtsein charakterisieren kann, wurde oben gezeigt. Wohl aber läßt er sich durch die besondere Form des Bewußtseins charakterisieren. Das Bewußtsein des Menschen ist ein anderes als das der höheren Tiere, und was es mit diesem gemeinsam hat, ist hier nur eine Basis, ein Hineinragen niederer Seinsform in die höhere — wie es dem Getragensein der letzteren entspricht.

Das Bewußtseinsleben des Tieres ist, soweit überhaupt wir in seine Form eindringen können, in dem Verhalten des Tieres zu seiner Umwelt gegeben. Alle Tierpsychologie muß sich an diese äußere Gegebenheit halten. Das Verhalten zur Umwelt nun zeigt auch in den höchsten Formen tierischen Bewußtseins eine charakteristische Unmittelbarkeit, Distanzlosigkeit, Zudringlichkeit. Es geht nahezu auf im Zupacken, Zuspringen, Flüchten, Sich-Ängstigen. Sogar die scheinbar beobachtende Zurückhaltung tritt aus dieser Gesamteinstellung nicht heraus, auch sie zeigt dieselbe unmittelbare Gespanntheit auf das, was es begehrt oder fürchtet.

Diese Gespanntheit wurzelt in rein vitalen Mächten. Die Selbsterhaltung, der Hunger, der Kampf um die eigene Existenz, das Bedrohtsein, die Witterung des Feindes, der Geschlechtstrieb, die Konkurrenz mit den Artgenossen sind auf der ganzen Linie das Bestimmende, die Faktoren, die das tierische Bewußtsein dauernd in Spannung halten. Was über ihre Reichweite hinausgeht, interessiert das Tier nicht, ja man kann sagen, es existiert nicht für das tierische Bewußtsein. Dieses Einbezogensein in das Verhältnis von Gefährdung und Trieb ist die Eingespanntheit des Bewußtseins in den Dienst des Organischen. Auch was man die tierische Intelligenz nennt, fällt aus diesem Rahmen nicht heraus. Es zeugt wohl davon, daß auch das eingespannte Bewußtsein gewisser Umwege fähig ist, daß es durch Erfahrung lernen, neue Wege finden und einschlagen kann. Aber die Findigkeit bleibt begrenzt und ist in ihren Antrieben auf keine Weise über die Triebreize der Umwelt hinauszulocken.

Das geistige Bewußtsein setzt ein mit der Ablösung aus der Spannung, dem Freiwerden vom Triebe, der Distanz zur Sache, mit der es zu tun hat. Es beschränkt sich nicht auf das, was das Individuum vital angeht. Seine Umwelt ist nicht durch Bedürfnis und Bedrängnis seligiert, sie ist inhaltlich erweitert, ist streng genommen ohne angebbare Grenzen, kann sich ausdehnen, soweit Erfahrung und Vermutung sie führen. Sie zeigt damit grundsätzlich ein anderes Verhältnis zur wirklichen Welt, in der das Individuum lebt: ein objektives Verhältnis des Eindringens und Erfassens. Damit ist eine andere Basis der Orientierung in der Welt gegeben. An ihr hängt der Unterschied des herrschenden vom dienenden Bewußtsein.

Das Distanzverhältnis ist weit entfernt, von Hause aus ein intellektuelles zu sein. Es ist nicht ohne weiteres Beobachtung, Betrachtung, theoretisches Verhalten. Die Lebensaktualität ist auch in ihm nicht aufgehoben. Sie ist nur überbaut und überboten von einem anderen Verhältnis. Sie ist nur aus der Unmittelbarkeit herausgetreten, oder genauer, aus der Fesselung an sie, hat einem vermittelten Verhältnis der Welterfassung Raum gegeben. Das vermittelte Verhältnis ist noch nicht notwendig Überlegung, wohl aber der Spielraum möglicher Überlegung und dadurch in der Tat selbst schon Überlegenheit über das eingespannte reaktive Bewußtsein. Die Ablösung aus der Spannung ist die Basis möglicher Umschau.

b. Innere Exzentrizität und Orientierung auf die Welt.

Es fragt sich, welche Form nun das geistige Weltbewußtsein hat und welche Stellung es in der Welt, wie es sie begreift, sich selber anweist. Diese Frage ist durch neuere Forschungen auf dem Grenzgebiet von Tierpsychologie und Anthropologie zu einer gewissen Spruchreife gelangt.

Die folgenden Bestimmungen lehnen sich in der Formulierung an die Darlegungen H. Pleßners an; durch den anders gearteten Problemzusammenhang freilich erfahren diese eine Gewichtsverschiebung[1]).

Das tierische Bewußtsein hat die Form einer Frontstellung gegen seine Umwelt — nicht im Wahrnehmen allein, sondern in der ganzen Fülle seiner Lebensbeziehungen zu ihr, seiner Gefährdetheit, Reaktivität und Aktivität. Diese „Frontalität" hat ihre „geschlossene Form" durch die Zentralstellung, die das Bewußtsein sich selbst darin anweist, in der es also sich selbst mit „setzt". Das ist nach dem Ausdruck Pleßners die „Positionalität der geschlossenen Form". Charakteristisch für dieses Bewußtsein ist also die Diskrepanz zwischen der Stellung, die es sich selbst in „seiner" Welt gibt, und der Stellung, die es in der wirklichen Welt einnimmt. Die letztere eben ist eine in keiner Weise zentrale. Wie denn die „Umwelt", in deren Zentrum das Bewußtsein sich stellt, keineswegs die reale Welt ist, in der es wirklich steht. So ist denn auch die „Geschlossenheit" eine reine Angelegenheit der Setzungsform.

Gegen diese hebt das geistige Bewußtsein sich ab durch sein Mitwissen um das eigene Einbezogensein in die gegebene Welt und um die Zufälligkeit seiner Stellung in ihr. Seine Gesetztheit rückt damit vom Zentrum der gegebenen Welt ab, und diese hört auf, bloße „Umwelt" zu sein — denn Umwelt eben ist die auf das Subjekt zentrierte Welt —, sie wird ihm zu „der Welt", d. h. zur wirklichen Welt, in der es als ein Mitlebendes steht. Diese veränderte Stellung zur Welt ist, als Bewußtseinsform verstanden, seine „Positionalität der exzentrischen Form". Dem Menschen ist die Welt, die ihm gegeben ist, nicht mehr durch die Umkreisstellung zu ihm charakterisiert, er sieht sie nicht als die um ihn und auf ihn als Zentrum bezogene. Die Stellung, die er sich in ihr gibt, ist — von ihr aus gesehen — eine „exzentrische". Er orientiert nicht mehr die Welt auf sich, sondern sich auf die Welt. Und damit erst beginnt er, sich objektiv „in der Welt" zu orientieren.

In dem Gesamtaspekt dieses Bewußtseins ist nicht er das Primäre, sondern sie, die Welt, die ihr Zentrum außer ihm hat. Er gibt sich damit die Einordnung in die begriffene Welt. Und wie sehr diese begriffene Welt auch bloß ein Ausschnitt der wirklichen Welt sein mag, sie ist ihm doch nicht mehr die für ihn allein bestehende; er bezieht nicht sie auf sich, sondern sich auf sie. Das Tier ordnet sich gar nicht ein; es bedarf dessen auch nicht, es ist schon immer — ohne alles Zutun des Bewußtseins — in die wirkliche Welt fest eingeordnet und kann dieser Einordnung nichts

[1]) Vgl. Helmuth Pleßner, Die Stufen des Organischen und der Mensch, Berlin 1928; insonderheit Kap. 6 und 7. „Die Sphäre des Tieres" und „Die Sphäre des Menschen".

hinzufügen. Es braucht die Exzentrizität der inneren Setzung nicht. Der Mensch aber braucht sie. Denn sein ganzes Leben und Ringen in der Welt geht um die Stellung, die er in ihr erstrebt. Daß er sie erfasse, wie er sie vorfindet, ist für ihn erstes Erfordernis.

Das ist die innere Umwendung, mit der sich das geistige vom geistlosen Bewußtsein scheidet. Sie hängt aufs engste mit der Ablösung aus der Spannung zusammen. Das Verstehen der wirklichen Stellung, die das Bewußtsein in der Welt einnimmt, erhebt es über die Eingespanntheit. Die Welt geht ihm nicht mehr auf in dem, was da droht und lockt; sie besteht ihm nun auch in sehr viel anderem, das in keiner Weise ihm gilt. So erscheint sie ihm als eine neutralisierte Welt, es hat Distanz zur Sache gewonnen, mit der es zu tun hat. Es ist entspanntes Bewußtsein.

c. Die Umorientierung als Grenzscheide der Weltanschauung.

Die innere Umstellung des Bewußtseins zur „exzentrischen Form" ist also identisch mit dem Wandel der Gegebenheitsform der Welt. Aus der „Umwelt", die ein bloßes Feld der Triebe ist, wird eine „Mitwelt", mit der der Mensch lebt. Versteht man unter Weltanschauung die eigentliche Anschauungsform, in der die Welt dem Bewußtsein erscheint, so liegt im Gegensatz des geistigen zum geistlosen Bewußtsein die primäre Grenzscheide der Weltanschauungen. Es ist ein Gegensatz, der als solcher keine Zwischenglieder zuläßt; zwischen der subjektiven Welt und der objektiven Welt ist kein Übergang möglich, sie schließen einander aus. Es ist eine radikale Umstellung des Bewußtseins, die sie scheidet, ein Sprung. Ob ich die Welt als „die meinige" sehe oder als „die Welt schlechthin", darin liegt die Krisis — und zwar bis in die höchsten Formen der Weltanschauung hinein.

Nun hängt aber die Umstellung an der inneren Ablösung aus der Spannung des eigenen Trieblebens. Und diese Ablösung ist keineswegs mit einem Ruck geschehen. Sie ist ein sehr langsamer Prozeß, ist mit tausend inneren Hemmungen belastet; und bei jeder Hemmung bedarf es des besonderen Einsatzes, bei jeder muß die Überwindung erst errungen sein. Geschichtlich ist dieser Prozeß nie ganz vollzogen. Der Mensch behält seinen Ursprung dauernd an sich, das tierische Bewußtsein setzt in ihm nie ganz aus. Der Mensch bleibt stets auch Tier. So kommt das Bewußtsein von seiner angestammten Positionsform nicht ganz los. Auch als geistiges Bewußtsein ist es noch auf lange Sicht hin beherrscht von der Tendenz, alles auf sich zu beziehen, sich selbst die Zentralstellung in der Welt zu geben, praktisch wie theoretisch. Erst weit ausschauende Erfahrung — auch die Erfahrung, die das gereifte, ja das philosophierende Denken mit seinem Gesamtgegenstande, der Welt, macht — streift schließlich den Rest des geistlosen Bewußtseins ab.

Da aber der Gegensatz der Positionsformen ein radikaler ist, der nur den Sprung, nicht den Übergang zuläßt, so wird das Bewußtsein, indem es sich langsam — in geschichtlichen Phasen — zur geistigen Position hochringt, in seinen Übergangsformen uneinheitlich und gleichsam in sich selbst gebrochen. Und da es den Bruch als den seinigen empfindet, so muß es um seine Heilung ringen. Es hat, wie wir es am Menschen kennen, die exzentrische Position immer schon auf bestimmten Lebensgebieten errungen und hält an ihr fest, wird aber gleichzeitig auf anderen Gebieten noch von der geschlossenen Form der Zentralposition gefangen gehalten. Der Ausgleich tendiert zwar im ganzen eindeutig auf die erstere hin — aber mit wiederkehrenden geschichtlichen Rückschlägen, die auf den ersten Blick unerklärlich scheinen.

Das Erstaunliche ist, daß gerade die höchsten Geistesgebiete die vom geistlosen Bewußtsein angemaßte Zentralstellung am längsten beibehalten. Man sollte das Umgekehrte erwarten, gerade hier müßte doch die Tendenz der Ablösung am weitesten vorgeschritten sein. Das Gegenteil ist der Fall. Im mythischen Denken herrscht die Vorstellung vom Menschen als dem Ziel der Schöpfung vor. In religiöser und philosophischer Weltanschauung kehrt die anthropozentrische Auffassung der Welt — meist verbunden mit Entwertung der realen Welt — immer wieder. Den Gipfel hierin bilden gerade solche metaphysische Systeme, die sich für unmetaphysisch und kritisch ausgeben. Aller Subjektivismus, Relativismus, Idealismus gehört hierher; auch die neuesten Abarten, die sich scheinbar in Gegensatz dazu setzen, in Wirklichkeit aber den objektiven Sinn von Sein und Wahrheit suspendieren, machen keine Ausnahme — der Tendenz nach also auch der Pragmatismus und der philosophisch-weltanschauliche Historismus.

Sie wissen es alle nicht, daß sie Rudimente des geistlosen Bewußtseins im philosophischen Geiste sind. Aber die Schroffheit ihrer Position verrät sie. Ihr Widerspruch gegen die im praktischen Leben längst errungene und befestigte exzentrische Position macht sie kenntlich als das, was sie sind.

d. Gebundenheit und Freiheit.

Warum aber, so muß man fragen, sind gerade diejenigen Geistesgebiete, die den größten Höhenflug des Bewußtseins zeigen, am nachhaltigsten rückgebunden? Alle Freiheit des Geistes wurzelt in der Ablösung aus der Spannung; und wo diese sich zu kontemplativer Ruhe steigert, da sollte man die größte Freiheit erwarten. Demgegenüber sind zwei Momente zu beachten, die das Verhältnis verschieben.

1. Die weltanschaulichen Dinge sind weit entfernt, auf reine Kontemplation gestellt zu sein. Sie sind keineswegs das Gebiet größter geistiger Freiheit, ja nicht einmal der reinsten Erkenntniseinstellung und Wissenschaftlichkeit. Die Tendenz zur „Wahrheit" wird gerade hier auf Schritt und Tritt von anderen Tendenzen durchkreuzt, die gemeinhin um vieles stärker, aber schwer zu durchschauen sind, weil sie in mitgebrachter, unbemerkter Gefühlseinstellung wurzeln. Diese Tendenzen nehmen immer neue Gestalt an, nehmen Erkenntnisresultate auf, passen sich an, erscheinen immer wieder im Gewande der Objektivität, ja in der Würde größeren Tiefsinns, wobei die Undurchschautheit ihrer Herkunft dem Scheine höherer Einsicht Vorschub leistet. Die Kritik wird so leicht nicht mit ihnen fertig. Freilich ist es eine Tiefe, aus der sie kommen. Aber es ist die Tiefe der Niederung, des geistlosen Bewußtseins.

Was hierüber immer wieder täuscht, ist die Voraussetzung, spekulatives Denken sei freies Denken. Es ist in Wahrheit in hohem Grade gebunden. Es folgt nicht der Einsicht, wohin sie führt; es schreibt ihr vor, wo sie hingelangen soll. Es hat also in Wirklichkeit mit Erkenntnis wenig zu tun. Die Erkenntnis, wo sie wirklich unbeeinflußt ihre Wege geht, ist wohl ein freigewordenes Weltbewußtsein. Aber gerade sie wagt nicht so leicht den spekulativen Flug. Sie hält an der Orientierung des Bewußtseins auf die Welt fest. Das spekulative Denken fällt immer wieder zurück in den Atavismus, die Welt auf sich zu orientieren. In den dunklen metaphysischen Bedürfnissen steckt eben die Rückgebundenheit des Bewußtseins an seine primitive Urform. Und solange sie im Hintergrunde des philosophischen Denkens dominieren, ponderiert dieses immer wieder zurück zu ihr. Diese Wurzel der Gebundenheit können wir nicht gewaltsam ausreißen. Der Weg der Einsicht und des Weltbegreifens ist ein Weg ununterbrochenen Ringens mit ihr.

2. Die Ablösung aus der Spannung und die exzentrische Einordnung in die gegebene Welt ist gerade in den praktischen Lebensverhältnissen zuerst da. Hier eben zwingt die Aktualität des Lebens selbst den Menschen zur höheren Orientierung. Die Orientierung des Bewußtseins auf die Welt ist eben die objektive und dadurch die im Leben selbst überlegene Orientierung. Sie ist es, die dem Menschen Sachbeherrschung und Situationsbeherrschung verleiht, das Bewußtsein vom eingespannten und dienenden zum freien und herrschenden erhebt. Denn Sache und Situation wollen verstanden sein, um ausgewertet werden zu können. Je objektiver der Mensch die Situation sieht, in der er steht, um so größer ist seine Chance, sie spontan gestalten zu können. Die Bewußtseinsform der exzentrischen Position ist es, die dem Menschen die Fülle seiner Möglichkeiten, den Spielraum seiner Freiheit eröffnet. Sie ist die Form des geistigen Bewußtseins.

Es ist durchaus kein Widerspruch, daß Entspanntheit und Freiheit des Bewußtseins im Gezwungensein zu ihr entsteht und sich zuerst dort durchsetzt, wo das Bewußtsein ihrer dringend als einer Überlegenheit im Leben bedarf. Alles Hochringen geschieht unter dem Zwang, denn es muß der angestammten eigenen Urform abgerungen werden. Und was speziell den Zwang zur Freiheit anlangt, so ist dieses nicht die einzige und nicht die erstaunlichste Form, in der er auftritt, — wie sich noch zeigen wird.

Am deutlichsten sieht man dies gerade dort, wo der Zwang fehlt, beim weltanschaulich-spekulativen Bewußtsein. Es gibt keinen unmittelbaren praktischen Zwang in der Wahl des Weltbildes. Das Weltbild ist gleichgültig für das praktische Leben, soweit es mit dessen Erfordernissen paktiert und seine Kreise nicht stört. Das wäre anders, wenn die „Welt" ein Wesen wäre, das die Verkennung fühlen und sich für sie am Menschen rächen könnte. Die Welt aber ist von überwältigender Gleichgültigkeit dagegen, was der Mensch von ihr denkt; die phantastischsten Weltbilder berühren sie nicht, sie rächt sich nicht; die Verkennung, Verkleinerung, Verunglimpfung in den Augen des Menschen stört ihre Kreise nicht. Nur die Erkenntnis wird gestört, verfälscht. Die aber ist Sache des Menschen.

So herrscht hier die größte Freizügigkeit — aber nur von seiten der Welt, nicht von seiten des Bewußtseins. Denn wo der Zwang zur Erhebung fehlt, da erhebt es sich so leicht nicht, und wenn ihm der Himmel offen steht. Denn keine Freiheit wird ihm geschenkt, es muß sie erringen. Es muß mit eigenem Einsatz sich erst zu dem machen, was es seinem Wesen nach ist. Und wo es den Einsatz nicht aufbringt, fällt es unfehlbar in die Form des geistlosen Bewußtseins zurück.

10. Kapitel. Die Objektivität.

a. Gegenständlichkeit der Welt. Die Objektion.

Dadurch, daß das Bewußtsein zurücktritt in seine wahre Stellung, erscheinen ihm die Dinge als das, was sie an sich sind. Die Vordringlichkeit, die angemaßte Zentralstellung verdeckt ihm die objektive Welt hinter der subjektiven Umwelt. Die Umorientierung auf die Welt ist die Zurechtweisung des Bewußtseins, die es an sich selber vollzieht. Es weist sich in den Winkel der Welt, in den es gehört; es deckt die Umwelt ab, die ihm die Welt verdeckt. Damit allererst wird es der Welt als einer objektiven ansichtig. Indem aber die Dinge ihm zu Objekten werden, wird es selbst zum Subjekt der Objekte.

Das geistlose Bewußtsein ist weder eigentliches Subjekt noch hat es eigentliche Objekte. Was ihm dazu fehlt, ist die Distanz zu den Dingen.

Erst das geistige Bewußtsein bringt es zur Objektivität. Diese ist nicht Grund, sondern Folge der Ablösung aus dem Drang und der exzentrischen Selbsteinordnung. Das geistige Bewußtsein ist gegenständliches Bewußtsein. Es weiß die Dinge als die ihm gegenstehenden, seine Gegenstände. Gegenstände sind die Dinge nicht von sich aus, sondern nur durch die Form und das Tun des Bewußtseins. Sie sind es auch nur „für" das Bewußtsein, nicht an sich. Zwar stehen die Dinge ihm von jeher gegenüber — in der Welt, in der sie mit ihm koexistieren, — aber das ist eben bloße Koexistenz, vielleicht ein Wirkungs-, Reiz- oder Nutzverhältnis, nicht ein Objektverhältnis. Für den Geist setzt hier ein anderes Gegenstehen ein: das Gegenstehen als Erscheinungsform, das Für-ihn-Sein der Dinge. „An sich" sind sie auch ohne ihn, was sie sind; aber Gegenstände können sie nur „für ihn" sein. Sie können also zu Gegenständen nur dadurch werden, daß er sie durch seine Bewußtseinsform zu seinen Gegenständen macht, sie sich „objiziert". Das Zum-Objekt-Werden der Dinge ist die Funktion einer besonderen Einstellung des Bewußtseins auf sie, eine eigene Art Hingabe an sie. Diese Funktion ist die Erkenntnis.

Ihre Form ist die Objektion. Das Tier ist der Objektion nicht mächtig. Soweit ihm Dinge überhaupt gegeben sind, sind sie in seine Vitalsphäre einbezogen; sie werden begehrt oder gescheut, sonst bleiben sie unbemerkt. Bei dieser Bewußtseinsform kann es zur Objektion nicht kommen. Objekt wird ein Ding erst dann für ein Bewußtsein, wenn dieses darauf bedacht ist, wie das Ding an sich selbst beschaffen ist, und was überhaupt es „ist" — nicht relativ auf Trieb und Begehren, sondern rein als das, was es ist. Nicht darauf kommt es an, ob der Eindruck, den das Bewußtsein vom Dinge gewinnt, zutreffend oder irrig ist, sondern auf die Einstellung des Bewußtseins als solche. Auch im Falle des Irrtums ist das Ding eben doch zum Gegenstand des Bewußtseins gemacht. Ja, erst auf der Ebene dieses Objektionsverhältnisses gibt es den Unterschied von Treffen und Verfehlen, Wahrheit und Irrtum.

b. Erkenntnis und Erkenntnisgegenstand.

Der Objektbegriff, um den es hier geht, ist der spezielle Begriff des Erkenntnisobjekts. Er umfaßt also nicht das Objekt der Vorstellung, des Denkens, der Phantasie. Es handelt sich überhaupt nicht um das intentionale oder innere Objekt, das in seiner Korrelation zum Akt aufgeht, sondern um Seiendes, das an sich und unabhängig vom Bewußtsein dasteht, aber im Erkenntnisverhältnis zum Objekt des Bewußtseins gemacht wird. Sich denken oder vorstellen kann das Bewußtsein alles Mögliche, auch das, was es in der wirklichen Welt nicht gibt; erkennen kann es nur, was es in ihr gibt. Erkenntnis ist ein Transzendenzverhältnis, ein Erfassen oder Zum-Objekt-Machen dessen, was an sich besteht.

Erkenntnis ist die Objektion dessen, was von sich aus nicht Objekt eines Subjekts ist. Die Dinge, das Seiende, die Welt, wie sie „ist", verhalten sich gleichgültig gegen die Objektion. An ihnen macht es keinen Unterschied aus, ob und wie weit sie Gegenstand der Erkenntnis werden. Das Seiende ist an sich nicht Gegenstand, alles Sein ist übergegenständlich. Und wenn es zum Gegenstande gemacht wird, so ändert auch das hieran nichts; das Sein geht auch dann in seinem Gegenstandsein nicht auf. Ob es aber zum Gegenstande wird, das hängt nicht von ihm, sondern von der Fähigkeit des Bewußtseins ab, es sich zu objizieren [1]).

Diese Bestimmungen sind grundlegend für das Verständnis derjenigen Objektivität, die das geistige Bewußtsein vom geistlosen scheidet. Nicht als wäre der Geist nicht auch des freien Gedankenspiels oder der Phantasie fähig. Er ist es freilich, aber das ist nicht das Charakteristische in seinem Verhältnis zur Welt, in der er steht. Charakteristisch für ihn ist vor allem, wie er sich in dieser Welt orientiert. Und dafür ist es belanglos, was er sich über sie zusammenphantasiert, wesentlich aber, was von ihr er erkennt. Das Ausschlaggebende also ist, wieviel von der wirklichen Welt er zum Gegenstand zu machen vermag. Die Umorientierung des Bewußtseins, seine Einorientierung in die Welt und sein Sich-Zurechtfinden in ihr ist von Hause aus eine Funktion der Objektion der Welt, die es vollzieht.

Ein Mißverständnis, das hier leicht unterläuft, gilt es abzuwehren. Die „Objektion", von der die Rede ist, muß von „Objektivation" wohl unterschieden werden. Das ist um so nötiger, als gerade der Geist sehr wohl der Objektivation fähig ist, ja in seinen höheren Funktionen sehr wesentlich darin besteht, daß er sich objektiviert. Bei diesen höheren Funktionen stehen wir einstweilen nicht, von ihnen wird noch zu handeln sein.

Objektivationen sind vom Geiste geschaffene Gebilde, in denen er

---

[1]) Der hier zugrundegelegte Erkenntnisbegriff bedarf nach mancher Richtung einer Begründung. Dafür sei hier auf meine „Metaphysik der Erkenntnis"[2], Berlin 1925, I. Teil, verwiesen. Erkenntnis ist hiernach nicht eine Sinneinheit, nicht Urteil, auch nicht ein bloß intentionales Verhältnis, sondern ein transzendentes Verhältnis, welches das Bewußtsein mit dem, was an sich ist, verbindet, resp. dieses ihm erscheinen läßt. Substituiert man in die oben angestellte Erörterung einen beliebigen anderen Erkenntnisbegriff — etwa einen logischen, idealistischen oder immanenztheoretischen —, so bleibt die eigenartige Weltstellung des geistigen Bewußtseins unverständlich, und es ergibt sich eine Sinnwidrigkeit, die durch keine Kompromisse zu beheben ist. Was kein Wunder ist, denn man legt damit ahnungslos die überwundene Form des geistlosen Bewußtseins zugrunde.

sich ausprägt und veranschaulicht. Die Objektion vollzieht zwar auch er, und nur er, aber sie schafft keine Gebilde, die er aus sich herausstellte. Sie betrifft ausschließlich das Verhältnis, in das der Geist als erkennender zur Welt tritt, in der er lebt. Was objiziert werden soll, muß zunächst etwas an sich sein; es wird von der Objektion nicht erst geschaffen, sondern eben nur zum Objekt eines Subjekts gemacht. Was objektiviert wird, das setzt keinerlei Sein unabhängig vom Geiste voraus. Es ist vielmehr dem lebenden Geist als das Seinige entnommen und wird erst durch die Objektivation ausgeformt und in die Unabhängigkeit von ihm herausgestellt. Objektivation ist also in gewissem Sinne das Gegenteil der Objektion. Objektivation ist Spontaneität, ein Schaffen, ein In-die-Welt-Setzen. Objektion ist Erfassen, Rezeptivität, Aufnehmen, Begreifen. Sie erschöpft sich im Wahrnehmen, Erfahren, Schauen, Eindringen, Ermitteln. Ihr Gegenstand ist ihr gegeben. Sie rührt weder an sein Dasein noch an seine Geformtheit.

c. Der erkennende Geist und das Für-ihn-Sein der Welt.

Die Erkenntniseinstellung ist uns, den geistigen Einzelwesen bestimmter Entwicklungshöhe, etwas Geläufiges. Unser Leben bewegt sich in andauernd fortschreitender Erkenntnis, genau so sehr wie in andauerndem Ringen um Güter und Ziele. In diesem Fortschreiten werden immer neue Bereiche der realen Welt zu Gegenständen für uns. Die Objektion schreitet fort, ihr Radius erweitert sich. Und mit ihm erweitert sich der Bereich der Bewußtseinsobjektivität sowie unsere Orientierung in der Welt.

Und da die Einstellung des Bewußtseins hierbei eine objektive ist, so ist sie Hingegebenheit an das Objektfeld und reflektiert nicht auf das, was sie selbst ist. Sie ist dem Geiste selbstverständlich geworden. Aber das Selbstverständliche ist, genauer betrachtet, etwas sehr Wunderbares. Die Orientierung auf die Welt ist nur die eine Seite davon — die praktische und lebensaktuelle Seite, denn alles Auswerten und Beherrschen hat hier seinen Ansatzpunkt. Die andere Seite aber betrifft das Wesen des Geistes selbst, sofern er durch die Objektwerdung der Welt für ihn zu einer einzigartigen Stellung in der Welt aufrückt.

Die Einzigartigkeit seiner Stellung besteht darin, daß sein Verhältnis zu den Dingen auch die Dinge in ein anderes Verhältnis zu ihm bringt. Sie sind als objizierte nicht mehr bloß an sich, was sie sind, sondern auch für ihn. Indem das Bewußtsein sich erkennend an sie hingibt, geben sie ihm sich her, und zwar als das, was sie an sich sind. Sie geben ihr Ansichsein her. Darin besteht die Erkenntnisgegebenheit im Unterschied zu aller anderen Gegebenheit. Auch dem Tiere ist mancherlei gegeben, aber nicht als das, was es an sich ist, sondern nur als das, was es bedroht oder lockt, es nährt, ihm zugute kommt. In diesem Sinne ist auch der Organismus der Bezugspunkt eines Für-ihn-Seins der Dinge. Aber es ist ein anderes Für-ihn-Sein. Denn die Dinge sind für ihn nicht das, was sie an sich sind. Das Beutetier etwa ist für das Raubtier nicht das, was es seinem eigenen Wesen nach ist — ein lebendiges Kunstwerk der Natur —, sondern nur Beute, was im Wesen dieser Tierart gar nicht zu liegen braucht. Für den Geist aber ist es, was es seinem eigenen Wesen nach ist. Und das eben heißt: es ist sein Objekt.

Das Tier steht zusammen mit dem geistigen Wesen in einer und derselben realen Welt. Aber die Welt ist „ihm" eine andere, als sie an sich ist. Ihr Ansichsein gibt sich ihm nicht, es kann sie sich nicht objizieren. Dem Geiste aber ist sie — innerhalb der Grenzen jeweiliger Objektion — das, was sie an sich ist. Es ist das Geheimnis der Objektion, daß sich ihr das Ansichsein erschließt. So erst gewinnt der Geist seine eigenartige Stellung in der Welt. Sie besteht in einem anderen, dem wirklichen Für-ihn-Sein der Welt, in der er steht, — dem Für-ihn-Sein dessen, was sie an sich ist.

Das Merkwürdige in diesem Verhältnis kommt plastisch zutage, wenn man erwägt, daß die Ablösung aus der Spannung und die Umorientierung des Bewußtseins gerade in einem Absehen von dem besteht, was die Dinge „für es" sind. Man kann das, paradox zugespitzt, so ausdrücken: indem der Mensch mit seiner Bewußtseinseinstellung das bloße Für-ihn-Sein der Dinge überschreitet und sie in ihrem An-sich sehen lernt, werden sie erst wirklich das, was sie an sich sind, auch für ihn. Jenes erste Für-ihn-Sein war eben nur ein Für-den-Trieb-Sein. Und für den Trieb sind die Dinge nicht das, was sie sind. Für ihn sind sie nur, was er in ihnen sieht, begehrt oder fürchtet. Der Geist aber sieht in ihnen, was sie sind. Dieses Sehen ist Erkenntnis.

Diese Sachlage ist grundlegend für das Wesen des geistigen Bewußtseins. Und sie ist im Grunde einfach; nur daß sie sich in den fertigen Begriffen nicht adäquat fassen läßt, daß man schwerfälliger Umschreibung bedarf, läßt sie kompliziert erscheinen. Vollkommen durchsichtig ist sie, sobald man sie konkret an einem kindlichen Beispiel ins Auge faßt. Für den Schimpansen ist die Banane etwas durchaus Bestimmtes, ein Heißbegehrtes. Aber das Begehrtsein ist für die Banane nicht charakteristisch. Charakteristisch für sie als solche ist ein ganz anderes, rein ihr selbst zukommendes So-und-so-Beschaffensein. Dieses hat sie „an sich". Der Schimpanse also, der nur das Für-ihn-Sein des Begehrten als solchen faßt, bringt es nicht dazu, daß die Banane, was sie an sich ist, auch für ihn sei. Das geistige Bewußtsein dagegen, das gegen das Begehrtsein Distanz hat, bringt es ohne weiteres dazu, etwas von den

Bestimmtheiten, die sie an sich hat, zu fassen; und im Fortschreiten der Einsicht kann es mehr und mehr davon erfassen. Sie ist ihm Objekt, es hat sie sich objiziert. Und in den jeweiligen Grenzen der Objektion ist sie das, was sie an sich ist, auch für den Geist.

d. Subjekt und „Ich" im Erkenntnisverhältnis.

Das Subjekt-Objekt-Verhältnis ist eine eigentümliche Schöpfung des Geistes. Ohne ihn besteht es nicht in der Welt, es kommt durch ihn in sie hinein. Und damit kommt etwas Neues in sie hinein, das sich über alle Realverhältnisse legt, sie überbaut, ohne an ihrem Bestande zu rühren, sie gleichsam spiegelt. Das Gleichnis vom erkennenden Bewußtsein als Spiegel der Welt hinkt freilich; denn von eigentlichem Zurückwerfen ist hier gar nicht die Rede, und die Seite des Subjekts im Gesamtverhältnis kommt so nicht zu ihrem Recht. Nur die Wiederkehr der Welt in einem Weltbilde kommt zum Ausdruck; desgleichen daß jedes Einzelbewußtsein die eine Welt in anderem Ausschnitte erfaßt. Darüber hinaus ist das Erkenntnisverhältnis ein durchaus einziges und keinem anderen Verhältnis vergleichbares.

Es ist ein und dieselbe Umorientierung des Bewußtseins, welche die Welt zum Objekt, das Bewußtsein aber zum Subjekt macht. Subjekt und Objekt stehen streng korrelativ zueinander. Aber diese Korrelativität muß recht verstanden werden: nicht die Dinge stehen korrelativ zum Subjekt, sondern nur ihr Objektsein, d. h. ihr Gegenstehen selbst, oder ihr Objiziertsein. Das Sein der Dinge ist übergegenständlich und bleibt auch im Gegenstehen gleichgültig gegen die Objektion. Die Korrelation also ist eine, die nur das Bewußtsein und sein erkennendes Tun angeht, nicht die Welt, die es zum Gegenstande macht.

Auch die Korrelativität ist also nur ein einseitiger Ausdruck, ein hinkendes Gleichnis für das Ganze des Erkenntnisverhältnisses. Nach innen aber, auf die Bewußtseinsform als solche trifft sie zu. Denn Subjekt im strengen Sinne ist das Bewußtsein durchaus nur als Subjekt der Objekte: als dasjenige, wofür allein die Dinge Objekte sind. Denn an sich sind sie es nicht. Für den Innenaspekt des Bewußtseins ist das von größter Bedeutung. Es ist ein oft wiederholter Satz, daß das Selbstbewußtsein erst mit dem Objektbewußtsein einsetzt und in Abhängigkeit von ihm sich entwickelt. An diesem Satz ist nicht zu rütteln. Er wirft aber ein helles Licht zurück auf das Wesen der Umorientierung. Das triebgefangene Bewußtsein ist trotz der Zentralstellung, die es sich gibt, durchaus kein Selbstbewußtsein. Das, was es ins Zentrum stellt, hat nicht die Seinsform des „Ich". Denn das „Ich" ist Wissen um sich. Erst indem das Bewußtsein sich zum Subjekt der Objekte konstituiert — und das kommt in der Objektion zustande —, hebt es sich innerlich von der

Welt ab. Und erst in der Abgehobenheit wird es mittelbar seiner ansichtig. Der innere Bezugspunkt ist zwar auch ohnedem da, aber das objektlose Bewußtsein weiß um ihn nicht. Es kann um ihn erst wissen als um das Subjekt der Objekte. Das Selbstbewußtsein ist vermitteltes Bewußtsein. Und die Unmittelbarkeit, in der es sich als „Ich" erscheint, ist vermittelte Unmittelbarkeit — eine solche also, in der das Bewußtsein um die Vermittelung, die es vollzogen hat, nicht weiß.

Das Selbstbewußtsein ist ein Grundphänomen des individuellen Geistes. Aber es ist weit entfernt, ein bloßes Erkenntnisphänomen zu sein. Das Schwergewicht in ihm liegt in der praktischen Einstellung des geistigen Wesens. Und diese läßt sich vom Subjekt-Objekt-Verhältnis aus nicht entwickeln. Für ihre Belange ist der Geist mehr als Subjekt, er ist Person. Von der Personalität aus erst läßt das Phänomen des „Ich" sich fassen. Das aber gehört in ein anderes Kapitel.

e. Fürsichsein des Geistes und Für-ihn-Sein der Welt.

Das Selbstbewußtsein hat die Form des Für-sich-Seins. Hier trifft der sonst wohl gefährliche und oft mißbrauchte Hegelsche Ausdruck zu und ist nicht zu entbehren. Im Sich-selbst-Wissen als Subjekt der Objekte ist der Geist in der Tat das, was er an sich ist, auch für sich. Denn zum Subjekt hat er sich wirklich gemacht, ist es also an sich.

Dieses Fürsichsein ist im empirischen Geiste des Menschen niemals ganz vollzogen. Der Mensch weiß in seinem Sichwissen als Subjekt nur sehr wenig von sich, ebenso wie er in seinem Wissen um die Dinge als seine Objekte noch keineswegs viel von ihnen zu wissen braucht. Der Mensch ist überhaupt nicht ein fertig vollzogenes geistiges Bewußtsein. Die innere Umorientierung ist ein langsamer Prozeß, sie kommt in ihm nicht so leicht zu Ende, weder im individuellen Leben des Einzelnen noch im geschichtlichen der Menschheit. Der Mensch hört ja auch nicht auf, Tier zu sein, wie hoch immer er sich im Geiste hinaufarbeitet. Es bleiben dauernd in ihm geistiges und geistloses Bewußtsein beisammen. Und da sie einander widerstreiten, so gibt es stets Lebensgebiete für ihn, auf denen sie sich befehden. In diesem dauernden Widerstreit aber erhält sich auch dauernd das Gesetz der Umorientierung — nämlich sofern diese selbst andauert und immer wieder errungen sein will. Das heißt: 1. soweit der Mensch jeweilig über die Auffassung der Dinge als bloß „für ihn" seiender hinausgelangt, werden die Dinge vielmehr erst wirklich „für ihn", was sie an sich sind; und 2. soweit er jeweilig von sich als Beziehungspunkt der Dinge absieht, wird er vielmehr erst wirklich „für sich", was er an sich ist. Denn eben damit wird er Subjekt, d. h. wirklicher Beziehungspunkt der Objekte, und als Subjekt der Objekte weiß er um sich.

Die Wirklichkeit seines Fürsichseins also hängt an der Verwirklichung des Für-ihn-Seins der Welt. Dieses Verhältnis nun erhält noch eine weitere Note dadurch, daß auch mit der Welt etwas vorgeht, indem sie als Objekt die seinige wird. Wenn oben gesagt wurde, daß das Sein der Dinge gleichgültig gegen ihre Objektion dasteht, so ist doch damit nicht gesagt, daß im ontischen Gesamtverhältnis sich nichts änderte. Die Dinge treten vielmehr eben damit auch in ein neues Verhältnis ein. Daß sie zu Gegenständen eines Subjekts werden, beeinträchtigt zwar weder ihren Dingcharakter noch ihr Verhältnis zueinander; wohl aber treten sie dadurch in ein Verhältnis zum Menschen, das sie von sich aus nicht haben. Die Erkenntnisrelation ist insofern durchaus auch eine Seinsrelation. Und mit ihrem Einsetzen setzt eine Verbundenheit eigener Art, gleichsam auf eigener, überdinglicher Ebene, ein. Das Ding von sich aus hat kein „Sein für jemand". Erst mit dem Auftreten des „Jemand", für den es etwas sein kann, setzt diese Seinsordnung ein, und zwar als eine die anderen Ordnungsweisen alle überlagernde.

Daß etwas das, was es an sich ist, auch „für" jemand sei, ist vom Sein der Dinge aus gesehen, etwas Gleichgültiges, Äußerliches, wiewohl es auch dieses Sein schon in ein höheres Verhältnis hineinhebt. Vom Sein der Welt aus gesehen ist es aber weder äußerlich noch gleichgültig. Die Welt ist nicht allein Welt der Dinge, sondern Inbegriff aller Seinsschichten; sie ist ebensosehr die Welt des Geistes. Indem aber der Geist in der Welt sich diese Stellung gibt, daß alles, was ist, darüber hinaus noch etwas für ihn ist, kommt ein Sinnverhältnis in sie, wie das geistlose Sein es ihr nicht zu geben vermag. Der Geist in der Welt ist — noch diesseits alles gestaltenden Eingreifens in sie — schon Sinngeber und Gestalter der Welt. Es ist seine Macht der Objektion, die ihn dazu erhebt, indem sie die Welt aus einer bloß an sich seienden zu einer „für ihn" seienden erhebt. Sinn haben kann ein Seiendes nicht an sich, sondern nur „für" jemand. Die Grundtat der Sinngebung ist die, daß ein Seiendes in der Welt sich zu dem macht, „für" das überhaupt Seiendes Sinn haben kann. Der Geist macht sich zu einem solchen dadurch, daß er die Welt zu seinem Objekt, sich selbst zum Subjekt macht.

Das ist zwar nur ein Boden möglicher Sinngebung. Aber ein tragfähiger Boden. Auf ihm erhebt sich der Sinnreichtum, der mit dem Charakter des Geistes als Person in der Welt einsetzt.

IV. Abschnitt.

Die Personalität.

11. Kapitel. Phänomen und Problem der Person.

a. Der innere Pol der Subjektivität.

In der Objektivität der inneren Einstellung liegt das charakteristische Verhältnis des Geistes zu der Welt, in der er lebt, soweit das Verhältnis ein bloß auffassendes ist. Aber der innere Pol des Verhältnisses, gegen den alles Für-ihn-Sein konvergiert, ist aus ihm heraus nur formal angebbar. Was eigentlich er ist, bleibt darin unbestimmt. Im Erkenntnisverhältnis spielt er die Rolle des Subjekts der Objekte. Das ist gewiß charakteristisch, aber es ist nur eine Verhältnisbestimmung, wie denn der Subjektbegriff ein rein relationaler ist und nichts besagt als die Gegenstellung zum Objekt.

Der Geist ist offenbar weit mehr als das; und erst, wenn es gelingt, das, was er darüber hinaus ist, an den Platz des Subjekts zu substituieren, kann auch die Objektivität in ihrem vollen Sinn verstanden werden. Ist der Geist dasjenige in der Welt, wofür sie einen Sinn hat, so muß er auch danach beschaffen sein. Die Stellung eines bloßen Subjekts ist dafür noch eine zu äußerliche und gleichgültige. Der Geist ist nicht nur spiegelnder Geist. Sein Auffassen ist nicht das einzige, was sein Verhältnis zur Welt bestimmt, es ist in eine Fülle anderer Beziehungen zur selben Welt eingebettet und von ihnen mitbestimmt. Der Geist ist in die Aktualität des Lebenszusammenhanges einbezogen. Er handelt und leidet, erwartet und fürchtet, sorgt sich und hofft, schafft und ringt. Und in der Mannigfaltigkeit dieser Akte und Beziehungen ist er gleichwohl einer, mit sich identisch, und selbst über den eigenen Wandel hinweg noch ein sich mit sich selbst identifizierender.

Das Merkwürdige hierbei ist, daß dieses Einbezogensein in die Aktualität die Objektivität nicht aufhebt. Diese entstand mit der Ablösung aus dem Drang. Mit dem Rückfall in ihn müßte sie sich auflösen. Das aber ist gerade charakteristisch für den Geist, daß er die Distanz zur Sache, mit der er es zu tun hat, auch im Lebenszusammenhang festhält, und wo er sie verliert, ihrer doch prinzipiell fähig bleibt. Sein Drinstehen in der Aktualität ist kein Rückfall ins geistlose Bewußtsein. Dieses Drinstehen reißt realiter auch nie ab, und jene Ablösung bedeutet auch gar nicht ein Heraustreten des Individuums aus dem Einbezogensein. Sie ist nur die Ablösung aus der eigenen Triebgebundenheit, denn diese ist es, die das Tier distanzlos im Drange festhält. Was der Geist vollzieht, ist gerade dieses, daß er mit gewonnener Distanz und Objektivität die ganze bunte Fülle der Lebensbeziehungen aufnimmt und in seiner Weise meistert.

Was aber ist er selbst im Hinblick auf die Mannigfaltigkeit dieser Akt- und Lebensverhältnisse? Es ist leicht zu sehen, daß sich das weder mit einem Worte sagen noch in einen streng umrissenen Begriff fassen läßt. Wohl aber dürfte es sich annähernd beschreiben lassen — und zwar nicht abgelöst in sich selbst, sondern aus eben jener Fülle und Mannigfaltigkeit der Akt- und Lebensbeziehungen heraus, deren innerer Pol und Einheit er ist. Denn diese Mannigfaltigkeit ist greifbar und läßt sich, im Ausschnitt gefaßt, analysieren.

Im Leben pflegen wir diese Einheit des geistigen Einzelwesens als „Person" zu bezeichnen. Wir unterscheiden sie damit schon im Alltag von der Sache, dem Organismus, ja dem Seelenleben und dem Bewußtsein. Unter Personen verstehen wir die menschlichen Individuen, sofern sie als handelnde, redende, wollende und strebende, als Vertreter ihrer Meinungen, Einsichten, Vorurteile, als Wesen mit Ansprüchen und Rechten, Gesinnungen und Wertungen im Zusammenleben mit anderen ebensolchen menschlichen Individuen verbunden dastehen und deren Behandlung, Äußerung, Wollen und Streben erfahren, ihren Meinungen, Einsichten, Vorurteilen begegnen, zu ihren Ansprüchen, Gesinnungen und Wertungen irgendwie Stellung nehmen. In diesem lose umrissenen Sinn soll der Begriff der „Person" hier festgehalten werden, wobei von vornherein das Gewicht auf die angedeutete Fülle gegenseitiger Beziehungen fällt. Die Überhöhung des bloßen Subjekt-Seins ist damit genügend festgelegt.

b. Subjekt und Person.

Was beim Subjekt noch allenfalls angeht — es so zu betrachten, als stünde es für sich allein in der Welt, die es sich zum Gegenstande macht —, das ist an der Person ein Ding der Unmöglichkeit, eine Abstraktion, die das eigentliche Wesen der Person verfehlen müßte. Im Zusammenstehen der Personen aber handelt es sich immer schon um eine gemeinsame geistige Sphäre, in der sie sich bewegen und Beziehung haben. Und diese Sphäre ihrerseits ist nicht mehr durch Personalität charakterisierbar. Sie umfängt die Personen als eine objektive, gehört mit zur Gesamtwelt, in der sie leben, bildet die Ebene ihrer Aktion und Reaktion. Sie ist ihre gemeinsame geistige Welt, objektiver oder geschichtlicher Geist. Sie als solche bildet damit den Gegenstand einer anderen Untersuchung, die noch aussteht.

Es soll hier nicht verschleiert werden, daß die Charakterisierung des personalen Geistes auf diese Weise in die Sphäre des objektiven Geistes vorgreift. Das liegt im Sachzusammenhang begründet und ist nicht zu vermeiden. Es muß aber darauf hingewiesen werden, daß kein Widerspruch darin liegt, wenn man Personalität aus überpersonalen Geistesphänomenen und diese wiederum aus personalen heraus charakterisiert. Es handelt sich hier ja nicht um synthetischen Aufbau, bei dem die Bausteine der unteren nicht aus den oberen Stockwerken genommen werden können. Bis dahin ist in der Erforschung der Geistesprobleme noch ein weiter Weg, in unserer Zeit wenigstens. Es handelt sich um eine weit bescheidenere Aufgabe: um die Analyse eines weit ausladenden Gesamtphänomens, dessen Einheit nicht zerrissen werden darf, dessen Teilphänomene aber nacheinander vorgenommen werden müssen. Beschreibendes Vorgehen hat Freiheit, alles vorauszusetzen, was zum Gesamtphänomen gehört. Es kann nur nicht dessen sämtliche Aspekte zugleich klären. Aber seine Sonderungen sind keine Isolierungen.

Der Mensch steht dem Menschen nicht als Subjekt, sondern als Person gegenüber, und mit Personen als Gegenspielern rechnet er im Getriebe des Lebens. Wohl ist er Subjekt und hat fremde Subjektivität gegen sich. Aber sein Verhältnis zu den Mitlebenden als zu einer Mitwelt erschöpft sich nicht im Für-ihn-Sein der Welt, wie denn die Mitlebenden gerade „für ihn" sich nicht darin erschöpfen, seine Objekte zu sein. Hier eben bricht eine andere Bindung zwischen ihm und der Welt durch, die in jener nur verdeckt erscheint: sein eigenes Für-die-Welt-Sein. Es ist dieselbe Welt, die als Objekt „für ihn" ist, für die er seinerseits auch etwas ist. Aber was er für sie ist, ist etwas ganz anderes, denn nicht Objekt ist er für sie, auch nicht bloß Subjekt ihres Für-ihn-Seins, sondern ein Wesen, das in ihr handelt und leidet, sich in ihr auslebt und auswirkt, in ihr sein Schicksal hat und selber ihr zum Schicksal wird. Zwischen ihm und der Welt ist ein gegenseitiges dynamisches Verhältnis, ein Formen und ein Geformtwerden. Er ist in ihr und für sie auch ein schaffendes Prinzip. Er bestimmt in den Grenzen seines Könnens seinerseits die Welt mit, er schafft an ihr, und zwar in einer für sie sehr wesentlichen Weise. Und wennschon sein Tun in der Weite der Welt verschwindet, so schafft er doch Gebilde von anderer Seinshöhe, eine Welt des Geistes in der geistlosen Welt. Denn die Welt ist nie fertig, sie hat für Schöpfertum Raum. Das personale Wesen ist Mitschöpfer der Welt.

c. Person und „Ich".

Die Objektivität ist untrennbar von der Subjektivität, das Gegenstandsbewußtsein vom Selbstbewußtsein. Insofern ist das Ich-Phänomen mit dem Erkenntnisphänomen verknüpft. Aber was wir im Leben „Ich" nennen, dieses innere Etwas, das im sprachlichen Ausdruck als „erste Person" auftritt, ist keineswegs bloß Subjekt und aus der Gegenstellung zu den Objekten heraus nicht zu verstehen. Es ist vielmehr die Person, die als „Ich" von sich spricht, und ihr Gegenstück ist nicht so sehr das Ding, das als Objekt gegeben ist, sondern die andere Person, die ihr als „Du" gegeben ist — die „zweite Person", wie die Grammatik sagt. Im Verhältnis der Personen erst ist das „Ich" das, was es eigentlich ist. Es ist die innere Form des Wissens der Person um sich — im Wissen um die anderen Personen.

Aber auch das „Wissen" drückt das wirkliche Verhältnis noch nicht aus. Denn gerade zum „Du" ist die Beziehung primär nicht die des wissenden Subjekts, sondern die der handelnden und Behandlung erfahrenden Person. Und was vom Verhältnis zum Mitmenschen gilt, das gilt vom Verhältnis zu Dingen, zu Sachlagen, Situationen, Lebensumständen, kurz zur Welt. „Ich" arbeite, „ich" will etwas, „ich" finde mich zurecht in gegebenen Umständen. Das ist der natürliche Ausdruck, den die Person sich aus ihrem jeweiligen Verhalten im Leben heraus gibt. Er ist viel primärer als das „ich denke", mit dem der Philosoph die Reflexion auf das Subjekt vollzieht. Von Descartes über Kant zu Fichte hat sich der philosophische Ich-Begriff zu Unrecht immer fester an das theoretische Verhältnis zur Welt geheftet. Darüber dürfte umzulernen sein. „Ich" ist zwar der Ausdruck eines Selbstbewußtseins und insofern in der Tat eines Wissens; aber dasjenige, worum dieses Wissen weiß, ist nicht das wissende Subjekt, sondern die im Leben stehende, mit Dingen schaltende und an Personen handelnde Person. Es ist der begriffliche Ausdruck des von sich zeugenden Selbstbewußtseins der Person.

Ein impersonales „Ich" ist ebensosehr eine Unmöglichkeit wie ein impersonales „Du". Die Sprache mit ihrer Auszeichnung dieser charakteristischen Personalwörter, sowie der personalen Verbalformen, legt deutliches Zeugnis ab für die Zentralstellung der Personalverhältnisse im Denken und Leben des geistigen Wesens. Es gibt kein Sein des Subjekts vor dem Sein der Person — nicht anders, als es kein Sein der Erkenntnis gibt ohne ein Sein des Wollens und Erlebens, des Handelns und seiner Rückschläge. Was wir „Ich" nennen, ist das aus der bunten Fülle der Lebenszusammenhänge aufdämmernde Selbstbewußtsein; und erst an dieses heftet sich das Sich-Wissen des Subjekts als Rückbeziehung aus der Objektivität.

d. Gegebenheit, Unerkennbarkeit und Unverkennbarkeit.

Die Personalität ist der eigentliche Kernpunkt, der kategoriale Grundcharakter des geistigen Individuums. Aber den Geist durch sie als ein Bekanntes zu definieren, geht nicht an. Denn was sie ist, läßt sich um nichts eher angeben, als was der Geist ist. Allem Eindringen sind hier enge Grenzen gezogen, und selbst die Beschreibung kann nur Umwege einschlagen. Alles Zergliedern versagt hier, wir kennen sie überhaupt nur als Ganzheit. Alles Herleiten ist aussichtslos, denn es gibt nichts, worauf man sie zurückführen könnte. Das Eigentümlichste des Geistes, das große kategoriale Novum, das ihn radikal von allem sonstigen Seienden abhebt, ist auch das eigentlich Undurchdringliche, das am meisten Irrationale — alogisch und transintelligibel zugleich.

An der Person bestätigt sich die oft bewährte Regel, daß gerade das Bekannteste und Geläufigste das am wenigsten Erkannte und Erkennbare ist. Denn praktisch irren wir uns nie über den Personcharakter, wo und wie immer wir es mit Personen zu tun haben. Insofern ist Personalität nicht nur leicht erkennbar, sondern geradezu unverkennbar. Wir kennen also praktisch ihre Merkmale sehr wohl, greifen darin schwerlich einmal fehl. Aber wir wissen deswegen doch nicht um sie als solche, können sie nicht als maßgebende Bestimmungen angeben. Und noch weniger wissen wir um das Wesen dessen, was sie anzeigen.

Die Art, wie wir im Leben um Personen wissen, ist eine erlebende. Wir fühlen uns von ihnen in besonderer Weise berührt, fühlen uns von ihrem Tun, ihren Intentionen, Gesinnungen, ja schon von ihrem Blick betroffen. Die Gegebenheit der fremden Person ist eine unmittelbare, nicht erkenntnismäßige; sie ist direkt mit der Lebensbeziehung zu ihr da. Man kann auch nicht sagen, daß mit ihr nicht das Kernhafte, Wesentliche der Person als solcher gegeben sei. Aber sie ist kein objektives Erfassen dieses Wesentlichen. Die Person weiß um die Person als um ihresgleichen; sie spürt den Anspruch, als Person genommen zu werden, treffsicher heraus, und ihr Verhalten ist von vornherein dadurch bestimmt. Aber sie weiß deswegen doch nicht zu sagen, „was" dieses Ihresgleichen ist.

Dieses Wissen ist auch noch keineswegs ein Wissen um individuelle Eigentümlichkeit der bestimmten Persönlichkeit. Es ist nur ein Wissen um die Personalität überhaupt. Diese ist der allen gemeinsame Personcharakter als solcher und ist von der besonderen Persönlichkeit wohl zu unterscheiden. Die Persönlichkeit lernen wir nach und nach aus ihren Taten, ihrem Verhalten, ihrer Stellungnahme kennen; wir müssen sie erst erfahren, um sie zu verstehen. Die Personalität dagegen ist unmittelbar gegeben, vor aller weiteren Erfahrung mit dem Einzelmenschen. Insofern ist in der personalen Auffassung deutlich ein apriorisches Element zu erkennen, das sofort die Anschauungsweise bestimmt, wo und wie immer geistige Einzelwesen in den Gesichtskreis treten.

Die Personalität ist also ebensosehr Anschauungskategorie des Geistes, als sie Realkategorie des Geistes ist. Denn die unmittelbare Gegebenheit und Unverkennbarkeit von Personen für Personen ist eine anschauliche. Sie läßt sich in gewissen Grenzen dem vergleichen, was für die Sphäre der Dinganschauung die Dingkategorie ist. Wie dort das Ding als Träger und Substanz seiner Eigenschaften aufgefaßt wird — eine Vorstellungsweise, die sich erst im wissenschaftlichen Erkennen auflöst —, so in der Sphäre der geistig anschaulichen Welt die Person. Auch sie wird als eine Art Substanz aufgefaßt, als dasjenige, das da handelt und leidet, sich äußert, von unserem Verhalten getroffen wird, uns mit dem seinigen trifft, jenes beantwortet und auf dieses die Antwort unseres Verhaltens erwartet. Sie wird stets ebensosehr als Träger eines Situationsbewußtseins wie als Realfaktor der Situation selbst aufgefaßt, wobei die besondere Artung des letzteren von der Art und Adäquatheit des Situationsbewußtseins mit bestimmt ist.

Mit dieser kategorialen Form gegenseitiger Anschauung personaler Wesen ist also gar nicht so wenig gegeben. Das Primäre in alledem dürfte ein unmittelbares Wissen um den Anspruch der fremden Person sein, überhaupt als Person genommen und behandelt zu werden, ein Anspruch, der demjenigen gleichkommt, den auch die eigene Person erhebt. Was auf diese Weise zustande kommt, ist eine interpersonale Ebene gegenseitiger Einräumung und Anerkennung. Das Wissen um sie ist nicht identisch mit dem Erfassen der besonderen interpersonalen Situation. Denn in dieser Form der Persongegebenheit ist gerade das Wissen darum eingeschlossen, daß die fremde Person die Situation überdauert, als identische durch eine unabsehbare Mannigfaltigkeit von Situationen hindurchgeht und sich in ihrem Wechsel wie eine Substanz erhält.

12. Kapitel. Personalität als Realkategorie.

a. Identität und Ganzheit im Wandel der Person.

Anschauungskategorien sind mit Realkategorien nicht identisch. Nur ein Näherungsverhältnis besteht zwischen ihnen. Wie die Raumanschauung nicht identisch mit der realen Räumlichkeit ist, sondern eine Vereinfachung, Verendlichung, ein verschobenes Bild des Raumes bildet, so auch die Personalität als Anschauungsform des geistigen Seins. Sie gibt der angeschauten Person das Ansehen einer Substanz, was sie in Wirklichkeit nicht ist, sieht sie als ein streng identisches, geschlossenes Wesen, faßt sie in einer Ganzheit, die sie als Beisammen im gegenwärtigen Augenblick versteht. Damit ist wohl etwas am Wesen der Person getroffen, aber es ist doch schief getroffen. Und wenn dabei das Eigentliche der Person unerkannt bleibt — bei aller Unverkennbarkeit im Ganzen —, so ist das gerade durch diese Anschauungsform mit verschuldet.

Es wurde schon oben gezeigt, inwiefern die Identität des geistigen Wesens nicht als Beharrung, es selbst also nicht als Substanz verstanden werden kann (vgl. Kap. 7b). Das gilt in erster Linie von der Person. Sie ist zwar nicht teilbar und nicht zerlegbar und wird insofern mit Recht auch in der Anschauung als ein Ganzes aufgefaßt. Aber ihre Ganzheit ist nicht im Jetzt beisammen, sie ist in das Leben, die Dauer, den Wandel der Person auseinandergezogen. Und die Identität darin ist etwas, was immer erst hergestellt werden muß, wobei die Person über ihren eigenen zeitlichen Wandel übergreifen muß. Sie muß sich immer erst mit sich selbst identifizieren, und je nach dem Grade, in dem sie das zuwege bringt, ist sie eine mehr oder weniger einheitliche. Ihre Selbsterhaltung ist auf Freiheit gestellt und muß den Mächten, die sie auseinanderzureißen die Tendenz haben, jederzeit erst abgerungen werden.

Das zeigte sich am greifbarsten im Festhalten am gefaßten Entschluß, am Willensziel, am gemachten Einsatz, am gegebenen Versprechen und an der Fähigkeit, es einzulösen. Es ist die Kraft, für sich gutzusagen und einzustehen, was die Person mit sich selbst zur Einheit zusammenschließt. Eine andere Einheit hat sie nicht, und wo sie diese nicht aufbringt, da zerfällt sie in die Mannigfaltigkeit ihrer Lebensstadien. Ein vorgegebenes Beharrendes ist ihr nicht eigen. Man kann sich ein solches durch die Identität des leiblichen Individuums, der im Wandel wiedererkennbaren Gesichtszüge, ja selbst des Namens vortäuschen. Identität der Person ist das nicht.

Aber das alles bekommt eine noch viel allgemeinere Bedeutung, wenn man erwägt, daß es sich bei der Identität der Person ja nicht um einzelne Akte und eingegangene Bindungen handelt, sondern um ihr ganzes inneres und eigentliches Sein. Alles Verhalten einer Person gegen Personen ist schon rein als solches Zusage und wird als solche verstanden. Man verläßt sich auf Personen als auf die einmal im Leben erprobten, man rechnet mit ihnen als den sich gleichbleibenden, an sich festhaltenden. Man ist darauf angewiesen, mit ihnen als identischen zu rechnen, obgleich man um ihre Wandelbarkeit weiß. Denn anders läßt sich überhaupt im Leben mit ihnen nicht rechnen; wenn jede neue Lebenslage sie ändert, so sind sie unberechenbar, denn Lebenslagen sind einzig, ephemer und lassen sich in ihrer Besonderheit nicht voraussagen. Das gilt am meisten von der innersten Sphäre der Person, der ihrer Gesinnungen, ihrer Stellungnahme, ihrer Wertungen. Wer das, was er verehrte, mit Füßen tritt, wer nicht an seiner Liebe oder Freundschaft festhält, der verliert nicht nur den Gegenstand der Verehrung, Liebe und Freundschaft, sondern auch sich selbst; wie er denn auch für die Personen, denen diese Gesinnungen galten, ein anderer wird.

Sich untreu werden in der inneren Einstellung ist Selbstpreisgabe. Nicht als müßte der Wandel, das Reifen, das Abtun des Überwundenen zum Stillstand kommen, wo die Identität der Person sich herstellt.

Gerade im Wandel festhalten an sich ist das, was die Person zur Einheit und Ganzheit zusammenschließt. Auf die Identität im zeitlichen und inhaltlichen Auseinander kommt es an. Die Ganzheit der Person ist nicht ihre Komplexheit im Augenblick, sondern ihr innerer Zusammenschluß mit sich selbst über das Auseinandergezogensein in der Zeit hinweg. Wohl kann man von einer Ganzheit der Person auch in ihrer Gegenwärtigkeit sprechen; aber im vollen Sinne verstanden schließt sie das Gegenwärtigsein ihrer Vergangenheit und die Gewähr für Künftiges ein.

Das aber heißt: die Ganzheit der Person, die in der Anschauung so unmittelbar gegeben scheint, ist in Wahrheit erst die Synthese dessen, was in ihr niemals realiter beisammen ist, weil es zeitlich auseinanderliegt. Und diese Synthese ist es, welche die Person selbst an sich vollziehen muß, denn ein von sich aus Beharrendes, das sie an ihr vollzöge, steht nicht hinter ihr. Der Vollzug gelingt ihr keineswegs immer, und nicht ohne Widerstand. Es gibt die zerrissene, zerflatternde, zerfließende Person; aber die Frage ist, wie weit sie dann Person ist. Nur der spontane Einsatz, das freie Zu-sich-Halten — gleichsam das innere Sichbekennen zu sich — ist der Synthese mächtig und bringt es zur Ganzheit.

Was sich im Leben forttreiben, hin und her werfen läßt, was wir als Person gelten lassen, weil es fortvegetiert oder den Namen weiter trägt, das ist nicht Person. Individuum, Subjekt, Bewußtsein mag es sein, der empirische Einzelmensch in seiner Halbheit. Person ist Ganzheit. Sie ist das geistige Wesen, das sich zu dem immer erst machen muß, was es in Wahrheit ist.

b. Person und Situation.

Das ständige, nie abgeschlossene, spontane Sich-selbst-Konstituieren oder Sich-selbst-Vollziehen — für das wir keinen streng zupassenden Ausdruck haben — ist ein erster positiver Zug am Wesen der Personalität als Realkategorie des geistigen Seins. Weitere Züge ergeben sich, wenn man das Verhältnis der Person zu ihrem Lebensspielraum ins Auge faßt. Man gerät dabei noch tiefer als bei der personalen Einheit und Ganzheit in die Sphäre von Wille, Gesinnung, Ethos hinein. Die Ethik ist es, die es fast auf der ganzen Linie ihrer Probleme mit der Person als solcher zu tun hat. Der philosophischen Arbeit auf ihrem Gebiete verdanken wir das meiste, was wir über Personalität wissen.

Der Lebensspielraum der Person ist kein Objektfeld, wie der des Subjekts, sondern ein Aktions- und Reaktionsfeld. Aktion und Reaktion dürfen hierbei freilich weder mechanisch noch organisch verstanden werden; man darf sie auch nicht auf die eigentlich tätigen Akte beschränken — insofern ist das Bild ein schiefes und darf nicht verselbständigt werden —, es muß vielmehr alle rein innere Einstellung, alles Gesinntsein, alles Stellungnehmen und Verhalten in gegebener Lebenslage mit darunter verstanden werden. Das Aktionsfeld ist auch dann noch viel enger als das Objektfeld. Es ist ein Ausschnitt aus derselben realen Welt, aber seine Grenzen sind nicht die der Gegenständlichkeit, sondern die der Lebensaktualität. Zum Gegenstand kann alles Seiende werden, was das Subjekt faßt; aktuell für die Person wird nur, was sie irgendwie betrifft, in Mitleidenschaft zieht, angeht, herausfordert.

Das Leben der Person ist eine einzige, ununterbrochene Kette von Situationen, in denen sie sich durchfinden muß. Ob das Sich-Durchfinden im bloßen Einnehmen einer Stellung, im Wahren der Haltung oder im tätigen Eingreifen besteht, macht hier nur einen sekundären Unterschied aus. Handlung im weiten Sinne ist auch schon die Haltung, die Stellungnahme; und es ist genugsam bekannt, wie sehr schon die Haltung der Person in gegebener Situation ihrerseits einen situationsbildenden Realfaktor ausmacht.

Zwischen Situation und Person besteht nun ein eigenartiges Verhältnis, das in aller inhaltlichen Mannigfaltigkeit doch grundsätzlich stets dasselbe bleibt. Die Person sucht sich die Situationen nicht aus, sie „gerät" in sie. Sie kann eine bestimmte Situation wohl kommen sehen und in gewissen Grenzen ihr ausweichen; aber sie entzieht sich damit dem Strom der Ereignisse nicht, sie verschiebt nur die Sachlage, kann es nicht hindern, daß sie neue Situationen heraufbeschwört, wobei sie nie gewiß ist, ob die vermiedene nicht noch vorzuziehen war. Charakteristisch bleibt es auch so für das Verhältnis, daß die Situation, in welche der Mensch wirklich gerät, ungerufen, ungewählt, schicksalhaft über ihn kommt, wenn auch nicht immer unverschuldet. Im allgemeinen wird er einfach von ihr überfallen, findet sich in ihr als einer gewordenen.

Einmal hineingeraten aber, kann er nicht mehr ausweichen. Er kann nicht „rückwärts", denn er kann das real Gewordene nicht ungeworden machen; er kann nicht „seitwärts" heraus, denn die Situation hält ihn umfangen, ist die seinige. Er kann nur „vorwärts". Er muß durch sie hindurch, muß mit ihr fertig werden. Und das heißt, er muß in ihr handeln. Es hilft ihm nichts, wenn er sich untätig verhält; auch das Unterlassen ist ein Handeln, es kann ebenso gewichtig, verdienstvoll, schuldhaft sein wie das aktivste Eingreifen. Die Unentschlossenheit ist realiter nicht weniger Entscheidung als der entschiedene Entschluß. So zwingt die Situation ihn zur Entscheidung. Sie läßt ihm darin keine Freiheit, er muß entscheiden, und er entscheidet tatsächlich immer, was er auch tut oder läßt.

Wie aber er sich entscheiden soll, das sagt ihm die Situation nicht. Sie läßt ihm Spielraum, so oder so zu handeln. Und wenn er dafür keine maßgebenden Gesichtspunkte in sich selbst findet, so steht er ihr hilflos gegenüber. Darin also hat er Freiheit, wie er sich entscheidet, nicht aber darin, ob er sich überhaupt entscheiden will. Er ist von der Situation zur Entscheidung gezwungen. Aber zur freien Entscheidung. So kommt das Eigentümliche heraus, daß er von ihr geradezu zur Freiheit gezwungen ist.

Von hier aus kann man das Wesen der Person in einem zentralen Grundzuge bestimmen. Person ist das, was in Situationen „gerät" und sich durchfinden muß. Nur für sie sind die wechselnden Lebenslagen wirkliche Situationen, nur sie wird in ihnen vor eigentliche Entscheidung gestellt. Und weiter, Person ist dasjenige Wesen, das durch die jederzeit neue Situation zur freien Entscheidung gezwungen ist. Sie ist also das Wesen, das in der Notwendigkeit, unter der es steht, frei ist, zu seiner Freiheit selbst aber genötigt ist.

c. Das Hineingerissensein in den Strom des Geschehens.

Ein Tier ist jederzeit nur von dem berührt, was den Trieb angeht; die Person ist von allem berührt, was in ihrer Reichweite geschieht, es geht sie alles an. Sie ist interessiert, gefesselt, beeindruckt, für oder wider eingenommen, nimmt Stellung zu allem, was an ihr vorüberzieht, sie beantwortet alles innerlich mit ihrem Fühlen, ihren Wünschen, Sehnsüchten, Aversionen. Ein bloßes Subjekt der Objekte ließe sich auch rein betrachtend, unbeteiligt denken. Die Person nicht. Ein reines Subjekt aber ohne Personalität kennen wir nicht. Person eben ist das Wesen, für das alles Objektive auch eine Seinsschwere hat, die hingenommen, mit der gerechnet werden muß. Und da alles, was Objekt werden kann, ein übergegenständliches Sein hat, so erweist sich hiermit die Person in noch ganz anderem Sinne wie das Subjekt als dasjenige Wesen, „für" das die Welt das ist, was sie an sich ist.

Dieses Verhältnis intensiviert sich weiter, wenn man es in die eigentliche Lebensaktualität hinein verfolgt. Nicht um ein bloßes „Angehen", Interessiertsein, gefühlte Anteilhabe handelt es sich. Die Person ist noch anders beteiligt am Strom des Geschehens: sie steht mitten in ihm drin, ist hineingerissen in ihn, wird von ihm hin und her geworfen. Nicht nur ihr Entscheiden, Wollen, Eingreifen spielt in ihm, sondern auch ihre Schicksale, die sie tragen muß, ihr ganzes Erleben und Erleiden. Sie gehört diesem Strom an, sieht ihn herankommen, erfährt seine Übermacht, muß mit allem, was er bringt, irgendwie fertig werden. Das Hineingerissensein und Mitgerissensein ist ein stetiges Betroffensein. Sie kann nicht neben den Strom des Geschehens hintreten, ihm betrachtend zuschauen. Sie kann sich wohl innerlich über ihn erheben, aber nur, indem sie erträgt, was ihr davon zu ertragen zufällt. Sie kann das Betroffensein selbst so wenig aufheben wie das Hineingerissensein.

Auf den ersten Blick könnte es scheinen, als sänke sie damit wieder auf den Status des geistlosen Bewußtseins herab. Auch das Tier ist hineingerissen, steht im Drang, und um die Ablösung aus dem Drang ist die Objektivität erkauft. Hier scheint die Ablösung wieder preisgegeben, die Objektivität verschwunden zu sein. Ganz das Gegenteil ist der Fall. Die Person gibt die Distanz zu den Dingen nicht preis, ihr Hineingerissensein in das Geschehen ist bereits vom Verhältnis der Objektivität getragen. Es fehlt die unmittelbare Reaktivität. Das Objektbewußtsein, die Hemmung, die Überlegung ist eingeschoben.

Hier ist offenbar ein tiefer Unterschied. Das Tier steht diesseits der Objektivität; es steht nicht nur im Drang, es ist ihm auch ausgeliefert, hat nichts gegen ihn einzusetzen. Es ist den äußeren und inneren Mächten verhaftet, ist also auch nicht zur Entscheidung herausgefordert. Seinem Tun ist durch die Lebenslage und den Trieb die Richtung vorgezeichnet. Es hat keine Freiheit, nur unmittelbare Reaktivität. Das geistige Wesen erfährt die Hemmung durch das eingeschaltete Gegenstandsbewußtsein, es hat ein Bild der Situation, kann Möglichkeiten sehen. Mit dieser Zwischeninstanz entsteht der Spielraum der Freiheit, das So-oder-anders-Können. Auch die Person ist durch die Situation gezwungen, aber nicht zu einem vorgezeichneten Verhalten, sondern nur zur Entscheidung. Die Entscheidung aber ist die ihre.

Das verändert das Hineingerissensein von Grund aus. Es ist für die Person kein haltloses Ausgeliefertsein. Es ist ebensosehr ein Herausgefordertsein zur Tat, zur Stellung, zur Haltung in dem, was mit ihr geschieht. Person, von hier aus gesehen, ist das Wesen, das im Betroffensein selbst Elastizität zeigt, im Tragen und Leiden sich Haltung zu geben vermag, im Fortgerissensein noch Spontaneität behält, in der Übermacht äußeren Geschickes noch innere Überlegenheit wahren kann; ein Wesen, das in allem Gestaltet- und Gemodeltwerden durch die realen Mächte, die es tragen und treiben, stets auch selbst mit gestaltet.

d. Die emotional-transzendenten Akte.

In alledem steckt noch eine Voraussetzung, die in aller Aktivität schon erfüllt ist, selbst aber ihr Gegenstück ist und die Form eines passiv-rezeptiven Verhaltens zeigt. Sie betrifft die Art, wie der Person die reale Welt gegeben ist.

Das Erkenntnisverhältnis ist dafür gewiß charakteristisch, auch in ihm ist die Person rezeptiv. Aber es ist nicht das primäre Verhältnis, ist schon ein Überbau anderer, fundamentalerer Verbundenheit mit der Welt. Man kann aber von ihm aus auf die letztere zurückleuchten, indem man sich an die Formen des Hineingerissenseins und Betroffenseins hält.

Die Objektion hing an einer bestimmten Aktbeziehung zu den Dingen. Diese Beziehung ist, als Akt verstanden, eine transzendente, ist transzendenter Akt. Das will besagen, sie ist kein bloßer Bewußtseinsakt (wie Denken, Vorstellen, Phantasieren), sondern ein über das Bewußtsein hinausgreifender, es mit einem unabhängig von ihm Seienden verbindender Akt. Dieses Hinausgreifen ist die Transzendenz. Im strengen Sinne also ist nicht der Gegenstand „transzendent" — nicht er greift hinüber über die Grenze der Bewußtseinswelt, er ist schon ohnehin jenseits ihrer — sondern der Akt.

Akte dieser Art sind charakteristisch für das geistige Wesen als das der Welt, in der es steht, zugewandte und geöffnete. Und ihrer gibt es weit mehr als den Erkenntnisakt. Es sind Akte mit emotional-rezeptivem Charakter, in denen die reale Welt noch anders und eindringlicher gegeben ist als in der Erkenntnis. Die Transzendenz in ihnen aber ist dieselbe. Der Mensch „erfährt" nicht nur als theoretischer Beobachter, er erfährt auch als Betroffener die Geschehnisse, in die er hineingerissen ist. Er „erlebt" Situationen, „erleidet" sein Schicksal, muß es „tragen" und empfindet sein Realitätsgewicht im Tragen. Dieses Erfahren, Erleben, Erleiden, Ertragen bildet recht eigentlich die Form seines Drinstehens im Strom der Ereignisse. Aber er „erfährt" die Ereignisse anders als im Erkennen, er erfährt sie in ihrer Unausweichlichkeit, in der Härte ihrer Realität. Er selbst ist dabei in Mitleidenschaft gezogen, ist betroffen, gehemmt, gefördert, bedrückt, belastet oder auch gehoben, hochgetragen. Dieses Erfahren und Erleben ist ein Durchmachen. Was wir Lebenserfahrung nennen, ist durchaus Erfahrung von dieser Art. Der Erfahrene ist der, welcher viel durchgemacht, getragen, überstanden hat.

Die Transzendenz dieser Akte, die Eindringlichkeit und Aufdringlichkeit dessen, was in ihnen zur Gegebenheit gelangt, ist offenbar eine weit stärkere als die im Erkenntnisverhältnis. Gegen letzteres ist sie in der Beziehung zwischen Personen stets im Übergewicht und besteht unabhängig von ihm. Ich erfahre die Behandlung, das Zutrauen, die Geringschätzung der Menschen auch ohne sie eigentlich zu erkennen; ich kann die Folgen meines Tuns sehr empfindlich erfahren, auch ohne zu verstehen, daß es solche sind. Die emotionale Erfahrung geht der Erkenntniserfahrung voraus; und wo diese einsetzt, da fußt sie immer schon auf ihr. Dasjenige aber, was diese Erfahrung „macht", ist nicht das Subjekt, sondern die in das Realgeschehen hineingerissene und in ihm sich durchschlagende Person.

Das gleiche gilt von einer Reihe weiterer Akte. Sie sind alle in gleichem Sinne emotional-transzendent, nur nicht in gleichem Maße rezeptiv. Alles Erwarten von Künftigem ist von dieser Art, alles Gefaßtsein auf etwas, Bereitsein zu etwas, alles Hoffen, Ersehnen, Fürchten, Sich-Ängstigen. Der Mensch steht nicht nur im Strom des Geschehens, er sieht ihn auch kommen, steht jederzeit dem Heranrückenden als einem Unabwendbaren gegenüber, und zwar unabhängig davon, wie weit er es voraussieht. Eins ist jederzeit gewiß, daß überhaupt Künftiges heranrückt, um dann in die Gegenwart einzurücken, über ihn zu kommen. Im Erwarten, Hoffen, Fürchten ist der Mensch vom Heranrückenden vorbetroffen, noch ehe es ihn wirklich trifft. Und dieses Vorbetroffensein ist kein illusorisches, es bedrückt und belastet ihn gemeinhin nicht weniger als das, was ihn zur Zeit trifft; wie denn die Unaufhaltsamkeit des wirklich Anrückenden eine reale ist. Die vorgreifenden Akte verbinden ihn mit dem Künftigen. Sie ziehen es zum Voraus in den Kreis seiner Lebensaktualität.

Auch auf die eigentlich aktiven Akte, das Wollen, Streben, Handeln fällt von hier aus noch neues Licht. Denn auch sie haben eine rezeptive Kehrseite, an die man gewöhnlich bei ihnen nicht denkt, — und zwar in dreifacher Hinsicht. Erstens erfährt der Mensch in seinem Tun den Widerstand der Dinge; er kann die Gesetzlichkeit der Dinge nicht ändern, kann nur sie erfassen und gebrauchen lernen. Was wir Arbeit nennen, ist ein dauerndes Ringen und Lavieren mit diesem Widerstande. Der Mensch erfährt die Eigenart der Dinge recht eigentlich erst in der Arbeit an ihnen. Zweitens erfährt er den Zwang der Situation, die ihn zu Entscheidung und Handlung nötigt; er macht auch darin seine Erfahrung und reift an ihr. Drittens aber fällt das Gewicht seines eigenen Handelns an Personen auf ihn zurück, stempelt und zeichnet ihn gleichsam. Denn Verdienst und Schuld fällt ihm zu. Die fremde Person ist zwar die von seinem Tun direkt betroffene, er selbst aber ist von eben diesem Tun rückbetroffen, und was er anrichtet, fällt mit seinem ethischen Gewicht auf ihn zurück. Dieses Rückbetroffensein ist ebenso unaufhaltsam und von ihm unabhängig wie das direkte Betroffensein im Erleben und Erleiden; er „erfährt" darin ebenso ungewollt und ungesucht die inneren Folgen seines Tuns — ja schon des Wollens und der bloßen Gesinnung —, wie er im Lauf der Geschehnisse die äußeren Folgen erfährt. Und auch das, was ihn so rücktrifft, die moralische Bürde, muß getragen werden.

e. Das Aktgefüge und die Einheit der Person.

Die aufgeführten transzendenten Akte, sowie manche ihnen verwandte treten nun keineswegs isoliert auf. Sie bilden im Leben der Person ein unlösliches Geflecht, ein Aktgefüge, in dem alles sich gegenseitig bedingt und trägt. Nur in der Betrachtung muß man sie auseinanderhalten, um ihre Mannigfaltigkeit allererst zu erkennen und ihre Strukturen zu fassen.

In diesen Akten spielt sich der Lebenszusammenhang der Person mit der Welt, in der sie lebt, ab; in ihnen ist ihr die Welt primär erschlossen und gegeben. Man kann auch sagen, diese Akte sind die inneren Formen ihres Drinstehens im Strom des Geschehens, ihres Beteiligt- und Hineingerissenseins; sie haben deswegen die Drastik des Realgeschehens an sich, entsprechen darin sehr genau der Härte des Realen. Die wiederkehrenden Momente des Betroffenseins, des Vor- und Rückbetroffenseins spiegeln diese Härte in allen Abarten wider. Man kann nun hieraus wieder eine neue Grundbestimmung der Personalität ablesen. Das Leben der Person besteht im Gefüge der emotional-transzendenten Akte, der aktiven und spontanen wie der rezeptiven. Person ist das Wesen, das sich in diesen Akten auslebt — und zwar in einer Welt auslebt, die ihm zugleich primär in ihnen aufgeschlossen und gegeben ist. Person ist das Wesen, das vom Weltgeschehen allseitig betroffen, bedrängt, herumgeworfen ist, zugleich aber auch von ihm zur Selbstentfaltung und Selbsttätigkeit herausgefordert ist und zum mitbestimmenden Faktor in ihm werden kann. Ihr Schicksal im Strudel ist auch zugleich ihre anwachsende Erfahrung und ihr Hinauswachsen über das Getriebensein.

Der Beziehungsreichtum zur Welt im Aktgefüge der Person ist eine unübersehbare Mannigfaltigkeit. Indem die Person an ihn hingegeben lebt, ist sie in diese Mannigfaltigkeit auseinandergerissen, und zwar nicht nur im Nacheinander der Situationen und Lebensstadien, sondern ebensosehr in der Gleichzeitigkeit, in der sich verschiedenes Erleben, Erfahren, Ertragen, Hoffen, Fürchten und Handeln überschneidet. Gegen dieses Auseinandergerissensein muß sie sich jederzeit erst zur Einheit und Ganzheit zusammenschließen. Hier setzt immer wieder das Sich-mit-sich-selbst-Identifizieren ein. Die Person geht in ihren Akten nicht auf, sie ist nicht gleich ihrer Summe. Sie ist nicht das Erfahren und Erleben, sondern das Erfahrende und Erlebende, nicht das Wollen und Handeln, sondern das Wollende und Handelnde. Erfahren und Wollen sind in keiner Weise identisch, wohl aber das Erfahrende und Wollende. Diese Identität aber ist es, die nicht vorgegeben ist, sondern immer erst mit vollzogen werden muß. Da nun die Ganzheit der Person die Mannigfaltigkeit der Akte einschließt, in denen sie über sich hinaus auf die Welt bezogen ist, so ist gerade in ihnen und durch sie die Ganzheit der Person auf stetige Selbstsynthese gestellt. Ihr Reichtum ist auch ihre Gefahr, ihr inneres Bedrohtsein mit Zerfall und Selbstpreisgabe. Ihr Zusammenhalten aber ist ihr Ringen mit der Gefahr, ihr Festhalten an sich im Auseinandergerissensein.

Wie sie den inneren Halt hat gegen das Ausgeliefertsein an den Strom des Geschehens, so hat sie auch den inneren Halt gegen das Zerrissenwerden in der Hingegebenheit. Person ist das Wesen, das sich auch gegen den inneren Sprengstoff ihrer eigenen Aktmannigfaltigkeit zusammenzuschließen die Kraft hat. In diesem Sich-mit-sich-Zusammenschließen erst ist sie Einheit — ein im Außenaspekt substanzartig Anmutendes — und so tritt sie in Gegenstellung zu anderen Personen.

f. Expansivität und Lebenskreis der Person

Das Sich-Zusammenschließen der Person ist kein Sich-Abschließen. Das Subjekt ist nur ein Bezugspunkt, ein Gegenpol der Objekte; das Bewußtsein ist eine in sich geschlossene Sphäre, niemand teilt sein Bewußtsein mit anderen, jeder hat das seine, wie sehr er auch mit anderen in Fühlung leben mag. Kein anderer kann hineingelangen, es von innen sehen. Das Bewußtsein trennt die Menschen. Der Geist verbindet sie. Die Person ist zwar individuell, sie geht auch nicht von Mensch zu Mensch über, aber sie greift über, erstreckt sich expansiv in die Lebenssphäre hinein, in der sie mit fremden Personen zusammensteht, sie zieht ihre private Sphäre in einem gewissen Umkreis um sich herum und lebt mit ihr als der ihrigen. Sie identifiziert sich nicht nur mit sich selbst zur eigenen inneren Ganzheit, sondern auch mit einem gewissen Ausschnitt der Welt, mit dem sie sich im Strom des Geschehens schicksalsverbunden fühlt oder auch sich aktiv dem Strebensziel nach verbindet. Was in diesen Kreis hineinspielt, empfindet sie als etwas, was ihr selbst geschieht, ist betroffen davon wie von eigenem Schicksal.

Dieser Lebenskreis der Person, ihr Bannkreis — oder wenn man so will, ihr magischer Kreis — ist ein fundamentaler Grundzug der Personalität als Realkategorie, realitätsgestaltend, weltformend weit über die eigentlich bewußte Aktivität der Person hinaus, das greifbare, erlebbare, offen zutage liegende Wunder ihres Wesens. Die Person zieht ihn nicht etwa mit bestimmter Absicht um sich her, kann ihn auch willkürlich nicht beliebig verschieben, er ist einfach mit ihr da, ist eine Funktion ihrer ontischen Seinsform, steht und fällt mit ihrem Dasein in der Welt. Er ist insofern vielleicht das eigentümlichste Moment der Personalität als Realkategorie. Der Schlüssel zum Verständnis dieses Bannkreises liegt in den transzendenten Akten der Person. In ihnen überschreitet sie die Bewußtseinsinnerlichkeit, zieht die Fäden lebendiger Verbundenheit, tritt in ein Verhältnis zur Welt, durch das ein Stück der Welt ihr als das ihrige zugehört, sie selbst aber ihm ebenso zugehört.

Und reißt man sie gewaltsam von diesem Stück der Welt los — was wohl im Menschenschicksal liegen kann —, so bleiben ihre Wurzeln in ihm hangen, wie die der abgerissenen Pflanze im Erdreich, und sie muß neu Wurzel fassen oder zugrunde gehen.

Die Verwurzelung beginnt schon in der niedersten Seinssphäre, bei den Dingen, mit denen sie sich umgibt. Wir sagen, diese Dinge „gehören" ihr, sind die ihrigen. Wir meinen damit nicht ein rechtliches Besitzverhältnis. Das Recht kommt hier erst hinterher und sanktioniert oder schützt ein Verhältnis natürlichen, inneren Ursprungs. Nicht darauf kommt es an, ob die Person über eine Sache Verfügungsrecht hat, sondern darauf, ob die Sache wirklich ihr zu eigen geworden, ihr wirkliches Eigentum ist. Eigentum im strengen Sinne ist nicht, was man erhandeln oder veräußern kann. Echtes Eigentum ist unveräußerlich, weil die Sache nur für die bestimmte Person das ist, was sie ist. So ist das Werkzeug, mit dem sie arbeitet, ihr Eigentum; in fremder ungeschulter Hand, die seiner nicht mächtig ist, ist es gar kein Werkzeug. Man kann das Werkzeug „als" Werkzeug nicht beliebig fortgeben. Es gehört zum Leben der Person, und man müßte das Stück Person, das mit zu ihm gehört, mit fortgeben. Aber man kann es nicht abtrennen von ihrer Ganzheit.

Ähnlich ist es mit allem, was einem Menschen wirklich zu eigen ist, mit Haus, Hof, Acker, Vieh, mit der Umgebung seines täglichen Lebens. Es bekommt alles etwas von seinem Geiste ab, nicht anders als er selbst von alledem das Gepräge bekommt, das ihn mit zu dem macht, was er als diese bestimmte Person ist; seine Gewohnheiten, sein Können, Geschick, Findigkeit, seine Lebensweise sind von dieser seiner Dingsphäre bestimmt, und sie bleiben an ihr hängen. Er hat von seiner personalen Sphäre her nicht weniger das Gepräge als diese von ihm. Die Grade, in denen sich sein Zusammenwachsen mit ihr zur Einheit abstuft, sind sehr verschieden; der Bauer auf seiner Scholle, der Handwerker in seiner Werkstatt ist in einem viel mächtigeren Sinne Person als der halb entwurzelte Großstadtmensch von heute. Aber ganz fehlt die Sphäre und die Einheit der Person mit ihr nirgends.

Bedeutender noch wird das Phänomen in der höheren Sphäre, im Verhältnis der Person zu ihresgleichen. Hier gerade zeigt sich das Wunder des Bannkreises in ganzer Stärke. Denn hier geht das Verhältnis in ein gegenseitiges über. Die Lebenskreise überschneiden sich, verschmelzen, ergeben Zusammengehörigkeiten höherer Ordnung. Sie werden nicht identisch, sie sind nur ineinander verhakt. Auch Personen können einander „gehören". Die eine ist dann etwas Bestimmtes, was zu ihrem Wesen zählt, nur für eine bestimmte andere oder einige wenige. So ist es nicht nur im Freundeskreise, in der gegenseitigen Liebe, in der Ehe und Familie, so ist es auch in der Zusammenarbeit, in der Strebens-, Ziel-, Lehr- und Kampfesgemeinschaft; ja, so ist es sogar in der Gegnerschaft, denn auch die Gegner sind ohne einander nicht voll und ganz das, was sie als Personen sind.

Jede Person hat so ihren Bannkreis unter den Mitlebenden; wer in ihn tritt, wird hineingezogen, von ihm innerlich erfaßt, mitgestaltet, und er gestaltet selbst ihn. Man braucht diesen Bannkreis der Person nicht als Machtkreis zu verstehen, obgleich hier wohl eigentliche und echte Macht von der Person ausgeht; denn sie ist selbst ebenso seiner Macht unterworfen, ist rückgefesselt an ihn. Es sind auch keineswegs die aktiven Akte — Wollen und Handeln — die hier allein dominieren; es sind ebensosehr die rezeptiven im Spiel, das Erleben, Erfahren, Erleiden. Noch tiefer greift die Mitverantwortung, das Miterleben, Mittragen, die ganze Solidarität des Zusammenstehens in gemeinsamer Lebenslage. Aber das alles erschöpft nicht die reiche Fülle der Bindung im Lebenskreise der Person. Es ist vielmehr das ganze Sein der Person mit aller individuellen Eigenart, das dem Kreise sein Gepräge gibt. Er ist von ihr nicht ablösbar, noch weniger als der Kreis der Dinge, die ihr eigen sind; er zerfällt in sich, wenn man die Person aus ihm heraushebt, oder er wird ein ganz anderer, ein Lebenskreis anderer Personen mit anderem Gepräge. Er ist recht eigentlich Bannkreis der Person, er steht und fällt mit dem Banne, der von ihr ausgeht. Was wir im Leben eine starke, eine große, eine mächtige Persönlichkeit nennen, das ist eine solche, deren Bannkreis gestaltende Kraft hat und anderen Personen Lebensfülle verleiht. Es brauchen nicht notwendig die Willensstarken zu sein, die den stärksten Bann ausüben und die größte gestaltende Kraft entwickeln. Auch die Stillen, Innerlichen, Sinnigen, wenn sie nur innerlich lebendig, rege, erlebnisstark sind, greifen als bestimmende Macht über sich hinaus und geben Gepräge dem, was der Prägung fähig ist.

Person ist hiernach das Wesen, das nicht nur in seinen Akten sich transzendiert, sondern mit seiner ganzen Seinsform ein über sich hinaus lebendes und bezogenes ist; ein Wesen, das von Hause aus in Selbsttranszendenz lebt, das mit seinem Lebenskreise innerlich verwachsen ist und jederzeit ebensosehr in ihm besteht wie in sich selbst. Sie ist das von Grund aus expansive Wesen, das im Hinauswachsen in die Welt sich selbst doch nicht verliert, sich vielmehr so erst in Wahrheit selbst ausgestaltet und verwirklicht. Sie erweist sich damit als das eminent geistige Wesen, wie weder das Subjekt noch das Bewußtsein es von sich aus sind. Denn der Geist überhaupt — und nicht erst der objektive — ist seinem Wesen nach expansiv. Das Bewußtsein trennt die Menschen, der Geist verbindet sie.

13. Kapitel. Personalität und Selbstbewußtsein.

a. Reflexivität und Selbsterkenntnis.

Was die Person in Wirklichkeit ist, das ist sie selten mit vollem Bewußtsein. Weder was sie in sich selbst noch was sie über sich hinaus durch ihren Lebenskreis ist, noch auch, was sie weiter hinaus für die Welt, für die großen Verbände und deren geschichtliches Leben ist — denn auch in ihnen ist sie integrierendes Glied —, besteht dadurch zu Recht, daß sie es erfaßt, begreift; es ist auch nicht dadurch begrenzt, wieweit sie darum weiß. Das Selbstbewußtsein ist sekundär, gemessen am ganzen geistigen Sein der Person. Und wo es aufkommt, da ist es von diesem Sein als einem schon bestehenden getragen. Es ist das nachträgliche Erfassen dessen, was die Person ohnehin schon ist.

Daß aber überhaupt es aufkommt, und daß es dann seinerseits konstitutiv gestaltend in das Sein der Person eingreift und so trotz seinem Nachhinken doch ein Wesensmoment der Person ist, daran kann man nicht zweifeln. Nicht die nackte Selbstgegebenheit, das formale Ichbewußtsein, kommt hier in Frage, sondern inhaltlich erfüllte Selbsterkenntnis. Diese aber ist schwerer zu gewinnen als alle andere Erkenntnis, ist größeren Täuschungen ausgesetzt, muß den Selbsttäuschungen und Selbstverfälschungen der Einbildung erst abgerungen werden. Selbsterkenntnis ist eine Angelegenheit des Ethos, eine späte und in der Ausgereiftheit seltene Frucht des Geistes. Sie fällt ihm nie in den Schoß und ist nie vollendet.

Wenn man den Geist mit Hegel als Fürsichsein versteht, so muß der Satz gelten, daß der Geist jederzeit das ist, was er von sich weiß. Aber der Satz ist von größter Fragwürdigkeit. Man kann eher umgekehrt sagen: der Geist ist einerseits jederzeit mehr, als er von sich weiß, und andererseits weiß er meist auch mehr von sich, als er ist. Das erstere ist der Mangel an Erkenntnis dessen, was in seiner jeweiligen Wirklichkeit an ihm dran ist; das letztere aber ist das dunkle Wissen um das, was in seinem Wesen liegen mag und was er sein sollte, ohne es in Wirklichkeit zu sein. Beides aber ist nicht Wissen um das, was er in Wirklichkeit ist.

Es liegt keineswegs im Wesen des personalen Geistes, sein eigenes Objekt zu sein. Wohl aber liegt es in seinem Wesen, in aller Bezogenheit auf anderes eine gewisse Rückbezogenheit auf sich selbst zu haben. Er hat Reflexivität. Das ist etwas ganz anderes als Selbsterkenntnis, kein Fürsichsein dessen, was er an sich ist, nur ein Mitgegebensein des eigenen Personseins selbst, ohne Wissen um dessen Beschaffenheit.

Was in dieser bloßen — inhaltlosen, oder doch höchst inhaltsarmen — Reflexivität fehlt, was sich im Gegensatz zu ihr erst gegen Widerstände herstellt, das ist gerade die Objektivität, die Distanz, das Verhältnis zum eigenen Ansichsein. Zu allem, was in ihren Blick tritt, hat die Person eher Distanz als zu sich selbst. Sie ist sich entrückt durch die Identität mit sich, die sie sich gibt. Die Identität eben ist Distanzlosigkeit. Das Mitwissen um sich ist so ein bloßes Sich-Fühlen, ein Gegebensein ohne Gegenständlichkeit[1]).

Wirkliche Selbsterkenntnis ist etwas ganz anderes. Sie ist vermittelt durch das Verhältnis der Person nach außen, zur Welt; sie bildet sich im Erleben, Erfahren, im Handeln, Schuldigwerden und Tragen. Ihr Boden ist die volle Lebensaktualität. Die Person lebt sich in ihren transzendenten Akten aus und in erster Linie in den emotionalen. Diese Akte haben Relationsform, sie verbinden nur, wo ein Gegenüber besteht. Da sie aber mit ihrem einen Relationsgliede in der Person wurzeln, so weisen sie alle auf die Person zurück, wie sehr immer sie von ihr aus nach außen gerichtet sein mögen. Im Betroffensein, im Vor- und Rückbetroffensein ist mit der Seinsschwere des Widerfahrnisses jederzeit auch die Person selbst als betroffene sich gegeben. In diesem mit der Erlebnisfülle anwachsenden Zurückgeworfensein auf sich selbst „erfährt" die Person, was sie ist und wie sie dasteht. In ihrem Bezogensein aus sich heraus in ihre Lebenssphäre, in ihrer Expansivität erscheint sie sich selbst, intensiviert sich ihr Mitwissen um sich und erfüllt sich mit Inhalt.

b. Gewissen und Selbsterfahrung.

Das inhaltliche Mitwissen um sich ist so von Hause aus ein praktisches. Indem die Person das Verhalten der anderen Personen erfährt, erfährt sie darin sich selbst. Sie erfährt sich in der Behandlung, Anerkennung, Zurücksetzung, die ihr zuteil wird, in den Folgen ihrer Taten, im Erleben dessen, was sie anrichtet, im Betroffensein der anderen Personen von ihr.

Es wurde oben gezeigt, wie ihr Wollen und Handeln, ja schon ihre innere Einstellung in der Gesinnung, auf sie zurückfällt, wie die Person rückbetroffen ist von dem, was an Initiative von ihr ausgeht. Sie erfährt ihren eigenen Wert und Unwert in ihrem Verhalten zu anderen Personen, auch unabhängig von deren Empfinden und Bewerten. Es ist ihr eigenes Empfinden ihrer selbst, das darin erwacht, ihr Mitwissen um das, was sie in ihrem Verhalten in Wahrheit ist. Dieses Mitwissen um sich ist das Gewissen. Das ist eine andere als die bloß formale, inhaltslose und deshalb der Einbildung preisgegebene Reflexivität. Die

[1]) Vgl. hierzu die oben entwickelte Aporie des Sich-selbst-im-Wege-Stehens, Kap. 8a.

Person erfährt sich hier als das, was sie an sich ist. Denn sie erfährt sich in ihrem Lebenskreise — gleichsam in ihrem Außer-sich-Sein — und zwar eben aus dem Gepräge, das sie selbst diesem Lebenskreise gibt.

Der Anfang der Selbsterkenntnis ist kein spontaner. Im Fortschreiten kann der eigene Einsatz sie sehr wesentlich vorwärts treiben. Aber der Anstoß ist ein Rückbetroffensein von sich selbst — indem die geschehene Tat dem Täter „ein anderes Antlitz" zeigt —, ein echtes Getroffensein der Person von ungesuchter Erleuchtung, gleichsam von der Erscheinung ihres wahren Gesichtes im Spiegel ihrer Taten. Das ist nicht Selbstreflexion, es ist ein hartes, obgleich inneres Gestoßenwerden auf sich selbst[1]). Der Mensch erlebt die größten Überraschungen an sich selbst, indem er sich in seinen Taten sehen lernt. Das eingebildete Bild der eigenen Person, das auf dem leeren Ich-Bewußtsein emporwuchert, zerfällt vor der Härte der moralischen Selbsterfahrung. Der Mensch wird vom Leben belehrt, was er im Leben ist.

Ob ich mutig oder feige bin, kann ich nicht wissen, bevor der Augenblick der Gefahr eintritt, in dem ich die Prüfung zu bestehen habe. Ob ich hilfsbereit oder egoistisch bin, erfahre ich erst angesichts fremder Hilfsbedürftigkeit. Daß ich mich als Held träume, daß ich aus der Ferne mitfühlend bin, wo es meines Einsatzes nicht bedarf, beweist weder meine Tapferkeit noch meine Nächstenliebe. So ist es mit allem moralischen Sein der Person. Erst die Situation, wenn sie da ist, offenbart — mir selbst wie den anderen — wer ich bin.

Es ist die charakteristische Lage der Person in ihrem Wissen um das eigene wirkliche Sein, daß sie erst nach und nach, im Laufe eines ganzen Menschenlebens, erfährt, was sie ist. Es bedarf dazu aller ihrer Schicksale, alles Leidens und Tragens, es bedarf der unübersehbaren Kette der Lebenssituationen und alles Handelns, Irrens, Schuldigwerdens in ihnen. Es ist ein Sich-selbst-Erfahren, das nicht im Suchen nach sich, sondern im Suchen nach ganz anderem, im Gerichtetsein nach außen, im Hingegebensein an das Leben und im Fertigwerden mit seinen Konflikten zustandekommt. Die unmittelbare Reflexion auf sich selbst wirkt da noch am ehesten störend, verfälschend. Und nicht als solche Reflexion ist das Sokratische „Erkenne dich selbst" zu verstehen, sondern als Selbstprüfung in der ungesuchten Lebenserfahrung.

In diesem Sinne freilich ist die Selbsterkenntnis dem personalen Geiste wesentlich. Und nicht nur als moralische Forderung, sondern als sein moralisches Ausreifen. Sie ist nicht mit einem Schlage da, und in-

[1]) Oder, wenn man das Wort „Selbstreflexion" dafür festhalten will, so muß man seinen Sinn als ein Sich-Spiegeln im Anderen verstehen. Es ist nicht Reflexion der Person „in sich", sondern Reflexion in ihrem Verhalten zur Mitwelt.

sofern muß sie freilich erst erworben werden. Aber sie kommt in gewissen Grenzen doch mit Notwendigkeit, weil der Mensch ohne Verhalten zu anderen nicht leben kann, in diesem Verhalten aber sich fortlaufend selbst erfährt. Er kann ihr auf die Dauer nicht ganz entgehen, wie abgeneigt er der Selbstprüfung auch sein mag, wie sehr er handelnd und erlebend nach außen gerichtet sein mag. Denn eben indem er sich nach außen verliert, gewinnt er die Distanz gegen sich, seiner ansichtig zu werden. Er löst damit die Aporie des Selbstbewußtseins, die Identität von Subjekt und Objekt, die seine Distanzlosigkeit zu sich ist: er löst im Außer-sich-Gerichtetsein die Identität der Person mit sich, die ihn ihm selber verbirgt.

Im Bilde: er läuft vergeblich hinter sich her, solange er sich dicht auf den Fersen bleibt. Läßt er aber von sich ab, gibt er sich hin an das, was nicht er ist, in dem Augenblick erreicht er sich.

c. Innere Distanziierung und Identifizierung.

Daß die Selbsterkenntnis auf einer gewissen Lösbarkeit der eigenen Identität beruhen soll, dürfte zunächst paradox erscheinen. Es ist, wenn man es so ausdrückt, auch nicht streng zutreffend. Es besteht vielmehr von vornherein eine gewisse Gelöstheit. Und diese kommt der geforderten Distanz zu sich selbst zugute. Man muß sich hier des Verhältnisses erinnern, das in der Einheit und Ganzheit der Person steckt. Auseinandergerissen in die zeitlichen Stadien des eigenen Wandels, auseinandergespannt in die Mannigfaltigkeit der sich überschneidenden Situationen und Verhältnisse, niemals im Jetzt beisammen, niemals ganz identisch mit sich in der Verschiedenheit der Beziehung zu fremder Initiative oder fremdem Lebenskreise — muß die Person vielmehr jederzeit erst sich mit sich selbst identifizieren; und erst soweit ihr das gelingt, ist sie wirklich Einheit einer Person.

Dieses Verhältnis gibt von vornherein der Distanz zu sich Spielraum. Und der Spielraum bleibt bestehen auch in der sich mehr und mehr schließenden Ganzheit. Denn der Zusammenschluß ist nie ganz vollendet, die expansive Natur der Person, ihr fortschreitendes Außer-sich-Sein in ihrem Lebenskreise hält ihm die Wage. Zwischen Hinausleben aus sich und Zurückgeworfensein auf sich besteht ein ständiges Spannungsverhältnis, und in dieser Gespanntheit verläuft das ganze Leben der Person, dergestalt daß eines das andere nicht nur beschränkt, sondern auch ermöglicht und trägt. Nur im Expandieren und Sich-selbst-Verlieren findet sie sich selbst, und nur in der Identifizierung mit sich ist sie ein expansionsfähiges Gebilde.

Insoweit löst sich die Paradoxie in Schein auf. Doch zeigt sich dahinter noch ein zweites Gegenverhältnis. Das Selbstbewußtsein und die

Identität der Person setzen sich nämlich auch gegenseitig voraus. Das Selbstbewußtsein also, als inhaltserfülltes verstanden, hat sowohl die Nichtidentität als auch die Identität zur Vorbedingung; die Identifizierung ihrerseits aber hat das Selbstbewußtsein, und mit ihm die Nichtidentität zur Vorbedingung. Das erstere leuchtet aus dem entwickelten Distanzverhältnis ein; das letztere aber wird einleuchtend, wenn man erwägt, daß die Identifizierung mit sich ein Akt der Spontaneität und des freien Einsatzes ist, also notwendig ein Wissen um das voraussetzt, womit die Person sich jeweilig zu identifizieren hat. Handelte es sich nur um formales Ich-Bewußtsein, so könnte die Mitgegebenheit des Ich als eine sich gleichbleibende in der Mannigfaltigkeit der Akte und Aktualitäten angesehen werden. Es handelt sich aber nicht darum. Die Person identifiziert sich, indem sie sich als die jetzige mit jetzigem Erleben und Wollen auf sich als die einstige in der einstigen Situation mit dem in ihr gefaßten Entschluß rückbezieht, indem sie also das, wofür sie sich einmal eingesetzt, auch als gewandelte noch als das ihrige anerkennt und am Einsatz dafür festhält. Das ist ohne ein inhaltliches Bewußtsein dessen, was sie war, wie sie dastand, wofür sie eingetreten ist, nicht möglich. Die Identifizierung also setzt in der Tat auch ihrerseits ein gewisses Selbstbewußtsein voraus.

Hier liegt also ein Verhältnis der Wechselbedingtheit vor. Es zu begreifen wäre aussichtslos, wenn es sich um ein statisches Verhältnis handelte, oder auch nur um ein einmalig anhebendes. Dem ist aber nicht so. Die Person findet sich bei erwachendem Selbstbewußtsein in einer gewissen Auseinandergespanntheit vor, zugleich aber auch in einem gewissen Zurückgeworfensein auf sich selbst. Und beide Momente intensivieren sich im Fortschreiten der Selbsterkenntnis. Jedes erworbene Bruchstück der Selbsterkenntnis wird zum Ansatz neuen Zusammenschlusses mit sich, zugleich aber auch neuen Heraustretens und Herauslebens aus sich. Und umgekehrt gibt jedes neue Heraustreten aus sich den Ansatz neuer Selbsterfahrung im Lebenskreise der Person.

Person ist das Wesen, in dem die Gegensätze der eigenen Tendenzen sich gegenseitig vermitteln. Sie verinnerlicht sich im fortschreitenden Fürsichsein, indem sie sich in ihr Sein-für-anderes verliert; und sie wächst sich aus in ihr Sein für die Mitwelt, indem sie erkennend für sich wird, was sie für sie ist. Die innere Gelöstheit ist ihr so wesentlich wie ihr Zusammenschluß mit sich, die Distanz gegen sich so wesentlich wie die Identität in der Distanziierung. Es gibt kein Bild, kein anderes Verhältnis in der Welt, dem sich dieses vergleichen ließe. Wie sich denn auch kein adäquater Begriff prägen läßt, in dem man das Ganze dieses Verhältnisses einfangen könnte.

14. Kapitel. Die Person als sittliches Wesen.

a. Innere Bewegungsfreiheit und Vorsehung.

Im Verhältnis des personalen Geistes zu sich selbst zeigte sich eine eigenartige Beweglichkeit, ein Loskommen-Können von sich und ein Rückkehren-Können zu sich, eine Aufgelockertheit der Einheit, die den Zusammenschluß immer wieder in die Spontaneität der Person setzt. Aber die Beweglichkeit geht viel weiter, wenn man sie als die der Person in ihrem Objektfelde versteht.

Zwar seine Realbeweglichkeit in der wirklichen Welt ist begrenzt, wie aus dem oben entwickelten Verhältnis zu Raum und Zeit hervorgeht (vgl. Kap. 7 d—f). Der Mensch als geist-leibliches Wesen ist durchaus raumzeitlich lokalisiert. Er hat in der Zeit keine Freiheit der Realbewegung, kann aus dem Zeitpunkt, in dem er jeweilig steht, durchaus nicht heraus. Im Raume aber genießt er nur die begrenzte Bewegungsfreiheit, die ihm die Leiblichkeit läßt. Das ist eine Begrenztheit seines Erfahrungsfeldes, und keineswegs nur des theoretischen. Im Gegensatz dazu aber steht die andere Art von Beweglichkeit, die er im Anschauungsraum und in der Anschauungszeit hat, die also auf dasselbe reale Raumzeitfeld der Welt bezogen ist — denn auf dieses sind die Anschauungskategorien bezogen —, aber nicht Realbeweglichkeit in ihm ist. Mit ihr löst sich das geistige Wesen von der Beschränktheit des leiblichen Sich-Hinbegebens ab und hat, indem es an seine Raumzeitstelle in der realen Welt gebunden bleibt, die Freiheit, sich in der Welt als seinem Objektfelde über sie hinwegzuversetzen. In dieser Freiheit wurzelt die Kontemplativität, die Ablösung vom Gegenwärtigen, Nahen, Gegebenen, die Beweglichkeit der spontanen Zuwendung, der Betrachtung, des Gedankens. Der Geist hat so die Macht, auch in einer anderen Mitwelt zu leben als der, in welche er real hineingestellt ist und in der er real bleiben muß. Es mag Vergangenes oder Künftiges sein, es mag eine Welt der Idee, des Wertes, des Schönen, des Ewigen sein, eine Welt der Utopie, ja der Phantasie — nichts hält ihn zurück, in ihr zu verweilen, heimisch zu werden, bis zum Vergessen und Verlieren der wirklichen Welt.

Weit wichtiger als das aber ist die praktische Seite des Phänomens. Diese hängt an der Fähigkeit des zeitlichen Vorgreifens. In der Realzeit kann der lebende Geist nicht vorauseilen, denn er ist an ihren Gleichfluß gebunden; er kann sie nicht überholen, kann nicht sich selbst vorweg sein. Aber in der Zeitanschauung hat er Bewegungsfreiheit, hier kann er vorauseilen, vorgreifen, vor sich her laufen. Er rührt damit nicht an seiner realzeitlichen Gebundenheit [1]). Er lebt in der Vorausschau vor dem Zeiger der Realzeit her, er ist der „Vorsehung" fähig.

---

[1]) In diesem Punkte ist neuerdings durch falsche Analyse der Zeitphänomene viel

Kein Zweifel, die Vorsehung des Menschengeistes ist äußerst begrenzt, entspricht nicht der Größe des Namens, die man vom theologischen Denken her damit verbindet. Die Zukunft kann der Mensch nicht „erfahren", ehe sie in die Gegenwart herabrückt, und ohne Erfahrung bleibt sein Erkennen ein tastendes. Aber das hindert ihn nicht, im Vorblick auf Kommendes zu leben, mit ihm zu rechnen, von ihm vorbetroffen zu sein. In dem Schleier, der ihm die Zukunft verhüllt, ist nur ein winziger Riß. Aber der genügt. Ja, es genügt schon, daß der Mensch überhaupt vordenken, sich auf Kommendes einstellen kann. Ein größeres Maß an Vorsehung würde er schwerlich tragen können, das Vorbetroffensein würde ihn erdrücken. Er hat ungefähr das Maß an Vorsehung, das er braucht, und das er erträgt.

Dieses geringe Maß aber schon ist von entscheidender Bedeutung für seine Stellung als Person in der Welt. Denn alle Aktivität, alle Initiative, alles Handeln, Eingreifen in das Geschehen, alles Gestalten und Schöpfertum hängt daran. Das Vergangene ist nicht mehr zu ändern; das Gegenwärtige ist auch schon geworden, wie es ist, hat allemal seine volle Bestimmtheit schon an sich und muß mit ihr hingenommen werden; einzig das Zukünftige, das noch im Anzuge ist, steht der Initiative offen, ist noch zu beeinflussen. Seine volle Determination steht noch aus, solange bis alle Realfaktoren beisammen sind, die es zur Wirklichkeit erheben. Das Eingreifen des Menschen ist nichts anderes, als daß er seine Initiative mit einschiebt unter die Faktoren und die Gesamtresultante des Geschehens damit verschiebt.

Von jedem Zeitpunkte aus ist das Zukünftige allein das Feld möglichen Wollens und Handelns. Das Minimum an Vorsehung, das der Mensch hat, eröffnet ihm die Perspektive möglicher Aktivität. Wäre der Geist gar keiner Vorsehung mächtig, hätte er keine Bewegungsfreiheit in der Anschauungszeit, oder wäre die Welt so beschaffen, daß sie gar keine Vorsehung zuließe — wäre sie etwa ganz gesetz- und regellos im Zuge des Geschehens —, der Mensch wäre kein handelndes und folglich auch kein wollendes Wesen, hätte kein Ethos; es gäbe nichts, wofür er sich einsetzen und verantwortlich sein könnte.

Die Vorsehung, die er hat, erhebt den Menschen über das gegenwartsgefangene geistlose Bewußtsein. Sie erhebt ihn höher als selbst die Objektivität, die nur das Für-ihn-Sein der Welt ausmacht. In der

---

gesündigt worden. Auch in Heideggers Zeitanalyse ist Realzeit mit Anschauungszeit verwürfelt, kategoriale Momente der letzteren sind unbesehen auf erstere übertragen. Nur so konnte es möglich erscheinen, daß ein realzeitlich gebundenes „Dasein" sich selbst vorweg sei. Es kann das keineswegs, es kann nur in der Anschauung — im Vorausschauen — vor sich her laufen. Und so allein entspricht es dem Phänomen, dem der Handlung so gut wie dem der „Sorge".

Aktivität ist er seinerseits das, was er ist, für die Welt. Er wird zur gestaltenden Macht in ihr, indem er sie dort, wo sie seinem Zugriff offensteht, sehen lernt.

b. Vorbestimmung und Zwecktätigkeit.

Vorsehung ist der archimedische Punkt, an dem der Geist ansetzt, die Welt zu bewegen. In diesem Punkte setzt gleichsam die Energiebefreiung in ihm ein. Er wird aus einem allseitig Betroffenen zu einem selber Betreffenden. Diese Sachlage, obgleich praktisch wohlbekannt, dürfte philosophisch immer noch nicht die ihr gebührende Beachtung gefunden haben. Sie ist ein kategoriales Grundmoment am Wesen der Person und unerläßliche Vorbedingung für das Verständnis alles Weiteren.

Indessen, Vorsehung ist nur Voraussetzung möglicher Initiative, nicht selbst schon Initiative. Sie öffnet dieser nur das Feld. Vorsehung ohne Aktivität wäre eine zweischneidige Gabe; das Heranziehende sehen und es nicht aufhalten, nicht vorgreifend mitgestalten können, hieße zur Passivität verurteilt sein. Der Mensch steht anders da. Zur Vorsehung kommt die Macht aktiver Vorbestimmung, spontanen Eingreifens. Er ist das Wesen, das eigentliche Initiative hat, das schaffend ist, das im Vorblick auch vorbestimmt und das von ihm Vorbestimmte in den Grenzen seiner Kraft auch durchzusetzen vermag. Erst so ist er wollendes und handelndes Wesen.

Man braucht das nicht gleich von der moralischen Seite zu verstehen. Wohl wächst das Ethos auf diesem Boden, aber der Boden ist noch nicht das Ethos. Die Spontaneität des Geistes ist schon rein ontisch eine andere als die des Lebewesens. Alle Aktion des geistlosen Bewußtseins ist reaktiv. Sie ist gebunden in ihren Anlässen und inneren Artgesetzen. Das Tier hat wohl die Freiheit, nach dem zu greifen, was es begehrt; aber es hat nicht die Freiheit, zu begehren, was es nicht reizt. Das geistige Wesen ist nicht in seine Getriebenheiten gebannt. Es hat inneren Spielraum gegen sie, wie es den äußeren Spielraum in gegebener Situation hat (vgl. Kap. 12 b).

Dem entsprechend hat seine Aktivität eine ganz eigene kategoriale Form. Es kann den Gegenstand seines Tuns als ein zu Schaffendes bei sich selbst geistig vorformen, inhaltlich vorbestimmen, wie es ausfallen soll; und es kann, das Vorgeformte objektiv — als inneres Objekt vor der Sache — im Auge habend, es handelnd realisieren, wobei es sich dessen, was die gegebene Lebenslage darbietet, als Mittel zu ihm bedient. Diese kategoriale Form ist die der Zwecktätigkeit. Mit ihr wächst es über die Kausaldetermination hinaus. Zwecktätigkeit ist eine Determinationsform anderer und offenkundig höherer Art. Sie setzt ein mit der Vorsetzung und Vorformung des Zweckes, greift damit dem kausalen Lauf der Dinge vor; sie vollzieht sodann die Rückdetermination der Mittel, und zwar bis auf das erste herab, das unmittelbar in ihrer Macht steht; und dann erst setzt als ein drittes Stadium die Verwirklichung des Zweckes ein, die als Realprozeß dieselbe Reihe der Mittel durchläuft, nur umgekehrt, mit dem ersten beginnend. Die beiden ersten Stadien spielen sich rein im Bewußtsein ab, wobei die Beweglichkeit in der Anschauungszeit sowohl das Vorgreifen als auch die Rückdetermination der Mittel ermöglicht; denn diese läuft der irreversiblen Richtung des realen Zeitflusses entgegen. Der Realprozeß im dritten Stadium erst ist wieder an den Zeitfluß gebunden. Durch ihn fügt sich das finale Tun dem Strom des Realgeschehens ein [1]).

Für die Person ist es von zentraler Bedeutung, daß sie der Zwecktätigkeit mächtig ist. Sie greift damit determinierend in die reale Welt ein, fügt dem laufenden Realgeschehen eine Komponente ein, die ganz die ihrige ist. Das Realgeschehen von sich aus geht gleichgültig über ihre Wünsche weg; sie aber, indem sie diese zu Zwecken ausformt, sich „vornimmt" und vermöge vorgesehener Mittel zu realisieren weiß, determiniert ihn um, lenkt ihn auf das Gewünschte hin. Dieses Umdeterminieren und Hinlenken durch Einfügung eigener Bestimmungskomponenten ist die Handlung. Mit der Handlung setzt der reale Einfluß des Geistes auf das geistlose Geschehen ein. Auf ihr beruht seine Machtstellung in der realen Welt.

c. Macht des Geistes über das Geistlose. Die „List der Vernunft".

Die Macht, die er ausübt, besteht nicht in seinem Stärkersein. Gegen Naturgewalten als solche kommt der Mensch nicht auf. Die Überlegenheit des Geistes besteht im Ausnutzen vorhandener Mächte, die ohne ihn blind sich auswirken. Er tritt nicht in Gegensatz zu ihnen, nimmt nicht den vergeblichen Kampf mit ihnen auf; er beherrscht sie vielmehr, und zwar indem er sich selbst mit seinen Zielen ihrer Wirkungsweise anpaßt. Er herrscht, indem er sie ihrer eigenen Natur gemäß wirken läßt, aber so, daß sie seinen Zwecken als Mittel dienen müssen. Er läßt sie für seine Zwecke arbeiten.

Das ist ihm möglich, insoweit er ihre Wirkungen kennt, voraussieht

[1]) Die Zwecktätigkeit, von deren kategorialer Form (dem Finalnexus) hier die Rede ist, darf nicht mit Zweckmäßigkeit verwechselt werden. Zweckmäßig ist sehr vieles in der Welt, was nicht durch Zwecktätigkeit und nicht um eines Zweckes willen entsteht. Zweckmäßig sind z. B. die Mittel, die der Handelnde zu seinem Zwecke wählt, aber sie brauchen nicht für den Zweck geschaffen zu sein. — Die genauere Kategorialanalyse der Zwecktätigkeit kann hier nicht gegeben werden; man vergleiche dazu meine „Ethik" (Berl. 1926), Kap. 20, c—f.

und so zu seligieren weiß, daß sie das von ihm Bezweckte hervortreiben. Denn sie selbst sind richtungslos, ziellos, blind, sind auch nicht durch fremden Willen auf Zwecke festgelegt, es liegt nicht in ihrem Wesen, auf etwas Bestimmtes hinausgelangen zu müssen. Die Überlegenheit des Geistes ist also gerade die Zielgebung selbst. Er kann, was die Naturwesen nicht können: Zwecke setzen und Mittel für sie seligieren. So übt er eine Lenkung aus, mit der er die Naturmächte gleichsam „überlistet". Das ist — nach dem Worte Hegels — die „List der Vernunft", den neutralen Naturprozeß vor seine Zwecke zu spannen. Die Naturkraft wird dienstbar. Sie arbeitet zwar nach wie vor in der ihr eigenen Weise und Gesetzlichkeit, aber sie bringt etwas hervor, was keineswegs in ihrer Wirkungsweise lag. In dieser „List" liegt die Macht der Vernunft über das Vernunftlose, des Geistes über das Geistlose.

Der heutige Mensch, immer das letzte Wunder der Technik bestaunend, hat das wirklich Erstaunliche darüber vergessen. Es ist ihm selbstverständlich geworden, daß überhaupt Wasser und Wind, Feuer, Dampf, chemischer Prozeß, elektrischer Strom dem Geiste gehorchen, für seine Zwecke arbeiten, er selber aber nur steuert, reguliert, neue Wege erdenkt, sie zu leiten. Das Selbstverständliche, kaum mehr Beachtete, ist das Grundphänomen, und zwar nicht ein Grundphänomen der Natur, sondern des Geistes. Die Naturkraft kann sich dem Geiste nicht widersetzen, solange und soweit er ihr Wesen versteht, ihre Eigenart respektiert. Sie kann es nicht, weil sie willenlos, tendenzlos, neutral ist, gleichgültig gegen alles, was er mit ihr will. Das ist sein Vorteil, und er weiß ihn wahrzunehmen. Daß und wie er ihn wahrnimmt, darin besteht seine Macht. Er macht die Natur zu seinem Bundesgenossen, und durch sie gestaltet er sein eigenes Leben aus. Er tut es auf der ganzen Linie — in den Grenzen seiner jeweiligen Einsicht, Findigkeit und Ausdauer.

Die Geschichte der Einrichtungen, in denen der Mensch lebt — von Wohnung und Nahrung bis zu den subtilsten Errungenschaften —, ist die Geschichte seiner erfinderischen Zwecktätigkeit. Der Geist ist von Hause aus naturgetragen. Aber im Laufe seiner Selbstentfaltung bringt er es zuwege, das tragende Fundament bedeutend zu erweitern. Er zwingt immer neue Naturmächte, sein sich ausweitendes Leben in der Welt zu tragen. Er macht sich damit noch mehr abhängig; aber es sind zuverlässige Mächte, auf die er sich verläßt. Und nur in seiner eigenen Zuverlässigkeit liegt die Schranke seiner Herrschaft.

Dieses Verhältnis wirft ein neues Licht auf den Satz, daß der Geist sich zu dem erst selbst macht, was er ist. Und man darf hinzufügen: auch die Welt, in der er lebt, hat in weitem Ausmaße erst er zu dem gemacht, was sie ist. Sie ist die von ihm für ihn umgestaltete Welt.

Schon der Mensch der Steinzeit hat die Welt für sich umgestaltet;

sein Werkzeug, seine Behausung, sein Verhältnis zu Tier und Pflanze beweisen es. Der Mensch von heute hat das Stück Welt, das er beherrscht, derartig durch Kunstprodukte umgestaltet, daß er in der nicht von ihm gestalteten Welt schwerlich mehr leben könnte. Das ist lehrreich. Der Geist kann mit seinem Herrschen so wenig in den Himmel wachsen wie die Bäume. Das Fundament alles Beherrschens ist seine Abhängigkeit. Und die Abhängigkeit steigert sich mit der Herrschaft. Sie blickt überall wieder unverändert hindurch. Und das Verhältnis verschiebt sich bedenklich zu ihren Gunsten, wo sie zur Abhängigkeit vom Produkt der Herrschaft wird, der Geist aber die Höhe nicht halten kann, die das Produkt geschaffen hat.

Die Macht des Geistes über das geistlose Sein ist ein Schalten mit fremden Kräften, ein Herrschen durch Vorsehung und Vorbestimmung allein. Wo er die Zügel aus der Hand verliert, steht er auf seiner Höhe ohnmächtiger da als das Tier in seiner Niederung.

d. Aktivität und Wertbewußtsein.

Soweit wäre die Aktivität noch keine Angelegenheit des Ethos. Sie wird es aber, sobald man die hinter ihr stehende Beziehung auf Werte ins Auge faßt. Man stößt damit auf eine neue Seite des personalen Geistes, die ebenso fundamental ist wie Vorsehung und Vorbestimmung: seine Wertsichtigkeit oder sein Wertgefühl.

Was Werte ihrer Seinsweise nach sein mögen, ist dafür relativ gleichgültig. Wichtig ist hier nur die Rolle, die sie für den Geist spielen. Diese aber ist so: dem Geiste erscheint alles, was ihn in der Welt irgendwie angeht, wertbezogen — wertvoll oder wertwidrig —, und die Erscheinungsform dieser Wertbezogenheit ist seine eigene Stellungnahme, einerlei ob sie eine bloß innere, gefühlte, oder ausgesprochene, oder gar durch die Tat bekundete ist. Hierher gehört alle Anerkennung, Billigung, Achtung, Sympathie, Bewunderung, Begeisterung; nicht weniger aber auch die Gegenstücke, alle Ablehnung, Mißbilligung, Verachtung, Antipathie, Entrüstung, Empörung. Was immer im Leben in die Reichweite seiner Fühlung tritt, beantwortet die Person mit bestimmter innerer Haltung. Und diese ihre Haltung ist ihr der Anzeiger des Wertvollen und Wertwidrigen.

Das Wertbewußtsein, in diesem weiten Sinne verstanden, kommt nicht etwa erst als Nachzügler hinter der Erkenntnis her. Wie das emotionale Aktverhältnis zur Mitwelt ihr vorausgeht, so auch die aufgezählten Arten der Stellungnahme. Sie sind selbst eminent emotionale Akte, nur eben besondere; es sind keine rezeptiven, auch keine rein aktiven, sondern reaktive Akte. Durch ihr ständiges Mitgehen mit allem Erleben und Erfahren, Erwarten und Fürchten, Erhoffen und Erstreben ist alles, was dem Menschen nahetritt, in seinen Augen schon mit Wertnuancen überfärbt. Sein Aktionsfeld und sein Objektfeld ist immer schon von empfundenen Wertmomenten durchsetzt, ja in gewissen Grenzen vorseligiert. Die Beachtung, das Aufmerksamwerden ist schon von ihnen gelenkt. Sie richtet sich von Hause aus nicht auf Beliebiges, sondern auf das, was ihr beachtens*wert* erscheint, was zu sich hinzieht oder abstößt. Was primär in die Sicht tritt, fällt so von vornherein „unter Werte", einerlei ob positiv oder negativ. Erst die reine Erkenntnis, die Wissenschaft, kennt ein Sachinteresse, das darüber hinausgeht. Aber sie gerade tritt erst sekundär auf.

Es ist ein circulus vitiosus, zu meinen, wertvoll sei, was man wünsche oder erstrebe. Man müßte dazu ja zuerst wünschen und erstreben können, was einem nicht wertvoll wäre. Der Mensch kann das jedenfalls nicht. Das geistige Wesen, wie wir es in uns kennen, ist mit seinem Erstreben immer schon an empfundenes Wertvollsein gebunden. Es kann sich nicht nach dem sehnen, was ihm wertwidrig erscheint, sondern durchaus nur nach dem, worin es irgendeinen Wert spürt — und zwar unabhängig von der Art des Wertgebietes. Es kann wünschen nur, was ihm wünschenswert (etwa angenehm), erstreben nur, was ihm erstrebenswert (als ein Gut), verehren nur, was ihm verehrenswert erscheint. Und ebenso kann es ablehnen nur, was ihm in irgendeinem Sinne wertwidrig erscheint. Das ist das Grundgesetz des Geistes als wertbezogenen und wertfühlenden Wesens. Insoweit hat der Geist gegen sein Wertgefühl keine Freiheit [1]).

Andererseits ist leicht zu sehen, daß ein Wertvollsein für den Menschen auch bestehen kann, ohne daß er ein Wertbewußtsein davon hat. Die Dinge, die uns im Leben am unentbehrlichsten sind, wie Licht, Luft, Wärme, die also den größten objektiven Nutz- und Vitalwert für uns haben, bemerken wir im Leben kaum. Das Wertbewußtsein setzt hier erst ein, wenn sie uns entzogen werden; und zwar dann mit qualvoller Intensität. So nimmt man wohl auch Freundlichkeiten, Liebesdienste, menschliche Treue und Hingebung achtlos hin, ohne eigentliches Wertbewußtsein, ohne Dank und Gegenliebe; aber das Erwiesene hat seinen Wert für uns auch unabhängig von unserem Wertempfinden, wie denn nachträglich dem Achtlosen wohl die Augen darüber aufgehen können. Hier liegt ein zweites Grundgesetz des Geistes in seinem Verhältnis zu den Werten: Werte — auch wo sie relativ auf ihn bestehen und durchaus Werte „für ihn" sind — bestehen doch unabhängig von seinem Wertbewußtsein. Er kann auch blind an ihnen vorüberleben; je nachdem aber,

---

[1]) Man vergleiche hierzu Max Scheler, Der Formalismus in der Ethik und die materiale Wertethik (3. Aufl. Halle 1928) I. Teil, II., sowie meine „Ethik", Kap. 14—17.

wieweit er wertblind oder wertsichtig ist, reift er zum Wertverstehen der Welt heran. Das Fortschreiten im Wertbewußtsein ist sein eigenes Sich-Aufschließen für die Wertfülle, die ihn umgibt. Und stets ist dabei nicht der Wert vom Wertbewußtsein, sondern das Wertbewußtsein vom Bestehen des Wertes abhängig.

e. Das Reich der Werte und die menschlichen Zwecke.

Hat man sich diese beiden Grundgesetze klargemacht, so folgt daraus, daß alle Aktivität der Person wertbedingt ist. Und zwar in doppeltem Sinne: sie ist bedingt nicht nur durch das Bestehen des Wertes am Erstrebten, sondern auch durch das Wertgefühl, durch das er dem Strebenden in irgendeiner Form gegeben sein muß. Nun ist, wie gezeigt, die kategoriale Form aller Aktivität die Zwecktätigkeit. Was aber kann der Mensch sich zum Zweck machen, sich vornehmen, vorsetzen? Offenbar nicht Beliebiges, sondern nur, was er als ein Wertvolles empfindet. Nicht die Zwecktätigkeit als solche also, sondern das Wertgefühl, das hinter ihr steht, entscheidet darüber, welche Zwecke er setzt.

An diesem Punkte eröffnet sich ein unerwarteter Einblick in das Wesen der menschlichen Person. Die Zwecktätigkeit als solche nämlich ist durchaus wertindifferent. Sie ist überhaupt nur die Form, in der sich ein aktionsfähiges Wesen für etwas einsetzt; der Inhalt aber — das, wofür es sich einsetzt — ist durch sie in keiner Weise vorgezeichnet. Die Zwecke selbst also werden von ihr nicht hergegeben. Sie müssen vielmehr ihr gegeben werden. Denkbar ist es, daß Zwecktätigkeit sich auch auf Wertwidriges um seiner selbst willen richtete. Der Mensch freilich ist dessen nicht fähig. Aber das liegt an ihm, nicht an der Zwecktätigkeit. Das Wesen der Person in ihm ist so geartet, daß er nur wollen kann, was ihm in irgendeiner Richtung als wertvoll einleuchtet. Der Mensch ist kein satanisches Wesen. Ein solches kennen wir empirisch nicht. Aber seine Idee ist in sich widerspruchsfrei und hat dem religiösen Denken immer vorgeschwebt, wo immer man das Prinzip des Bösen personifizierte. Sie besagt nichts anderes als ein Wesen, welches das Wertwidrige um seiner selbst willen will und zum Ziele seiner Zwecktätigkeit macht.

Die Art, wie der Mensch das Böse will, ist eine ganz andere. Er will nicht das Wertwidrige um seiner selbst willen, sondern immer um eines Wertvollen willen, das ihm vorschwebt. Man stiehlt nicht, um zu schädigen, sondern weil man die Sache haben will. Das Haben der Sache aber ist für den Stehlenden wertvoll. Man betrügt nicht, weil man den Nachteil des Betrogenen will, sondern weil man den eigenen Vorteil will. Selbst im Handeln aus Schadenfreude bleibt immer noch der Wert der eigenen Lust übrig. Das sind Werte niederer Ordnung, und die moralische Wertwidrigkeit — das sog. Bösesein des Willens — liegt im

Vorziehen des niederen Wertes vor einem weit höheren, der in diesem Wollen beiseitegesetzt und verletzt wird. Das Sittlich-Böse ist die Inversion der Wert-Rangordnung im Handeln, im Wollen, ja schon in der Gesinnung. Das Gute ist das Sich-Einsetzen im Sinne des höheren Wertes.

Man darf also nun umgekehrt das geistige Wesen als sittliche Person durch dieses sein eigenartiges Verhältnis zu den Werten charakterisieren. Es ist dasjenige Wesen, dessen Aktivität eindeutig wertgerichtet ist; oder auch dasjenige, dessen Zwecktätigkeit sich nur auf Ziele richten kann, die ihm als wertvoll einleuchten. Der Mensch ist das den Werten als solchen grundsätzlich zugewandte, den Unwerten grundsätzlich abgewandte Wesen. Er hat zwischen Wert und Unwert als solchen keine Wahl. Er ist deswegen noch lange nicht zum Guten prädestiniert. Denn er hat Freiheit der Wahl zwischen Wert und Wert. Und da seine natürliche Tendenz auf das Greifbare und Nahe geht, die Aktualitäten des Lebens aber die niederen Werte stets in greifbare Nähe rücken, so bleibt auch in dieser beschränkten Freiheit noch ein weiter Spielraum für Verletzung der höheren Werte.

f. Einzigartige Stellung des wertvernehmenden Wesens in der Welt.

Aber noch ein weiteres Licht fällt von hier aus auf den Geist. Bestehen die Werte unabhängig von seinem Wertgefühl, steht vielmehr dieses in Abhängigkeit von ihnen, so ist seine Fühlung mit den Werten der Kontakt mit einem zweiten Reich, das neben und über dem Realen, jedenfalls aber unabhängig von ihm besteht. Denn Werte in ihrer eigentümlichen idealen Gültigkeit haben ihren Bestand in der Tat unabhängig davon, ob sie realisiert sind oder nicht, und sie werden unabhängig davon als Werte empfunden. Ob es irgendwo in der Welt Gerechtigkeit gibt, dagegen ist der ideale Sachverhalt, daß Gerechtigkeit wertvoll ist, ganz gleichgültig; und was das Wissen um dieses Wertvollsein anlangt, so empfindet der Mensch es vielleicht am stärksten dort, wo er Zeuge empörender Ungerechtigkeit ist. Er empfindet den Wert als ein Seinsollendes im Gegensatz zum real Seienden. Und dieses Empfinden steigert sich in dem Maße, als die Realität dem Seinsollenden widerstreitet.

Die Fühlung des Geistes mit dem Reich der Werte ist seine Verbundenheit mit einer anderen Welt, gleichsam seine Hellhörigkeit für den Ruf, der aus ihr herüberklingt in die reale Welt, für die Forderung, die von den Werten ausgeht. Das Wertgefühl hat die Form eines inneren „Vernehmens“; es kommt damit dem primären Wortsinn von „Vernunft“ nahe. Und es ergibt einen guten Sinn, praktische Vernunft als Wertvernehmen zu verstehen.

Das Wertgefühl des Menschen ist das Hineinragen des lebenden Geistes in die andere Welt; oder richtiger wohl umgekehrt, das Hereinragen dieser anderen, an sich idealen und gegen das Reale indifferenten Welt in die reale Welt. Das lebende, geistig-personale Menschenwesen ist der Punkt in der realen Welt, an dem diese sich der idealen Forderung öffnet, die von den Werten ausgeht. Alles übrige Reale geht seinen Weg der Notwendigkeit, gleichgültig gegen Forderung und Sollen. Nur der Mensch geht nicht gleichgültig seinen Weg. Er „vernimmt" den Ruf. Und da er die Macht aktiver Vorbestimmung und Zwecktätigkeit hat, so steht es bei ihm, die vernommene Forderung in seiner Welt und seinem Leben zu realisieren.

Das gibt dem Menschen eine ganz einzigartige Stellung in der realen Welt. Indem die Werte determinierend in seine Aktivität eingreifen, seiner Zwecktätigkeit die Zwecke — d. h. den Inhalt — geben, greifen sie durch ihn hindurch in die Gestaltung des Realen ein. Von sich aus nämlich, ohne ihn, können sie es nicht. Werte sind keine realen Mächte, sie sind nur Wesenheiten, sagen bloß, was sein „soll". Sie realisieren sich nicht von sich aus, haben nicht das Zwingende von Naturgesetzen oder Realprinzipien, die unverbrüchlich alles beherrschen, was unter sie fällt. Werte sind „schwächer" als sie. Das bloße Seinsollen bewegt den Gang der Dinge nicht. Realisation der Werte bleibt abhängig davon, ob sich in der realen Welt selbst ein Wesen findet, das empfänglich ist für ihre ideale Forderung und sich mit seiner Realenergie für sie einsetzt.

Der Mensch allein, als personal-geistiges Wesen, ist solchen Einsatzes fähig. Er hat das Wertvernehmen einerseits, hat die Realenergie der Zwecktätigkeit andererseits. Er ist der berufene Mittler der Werte in der realen Welt. Aber er ist es nicht gezwungenermaßen. Es ist in seine Freiheit gestellt, ob er die Mission, die ihm zugefallen, übernimmt oder nicht. So ist er sittliches Wesen. Die Ohnmacht der Werte bedeutet seine Macht; sie gibt ihm die Einzigartigkeit seiner Stellung in der Welt. Ihm ist es gegeben, das aus dem Wertreich her Vernommene in seinem Verhalten zu verwirklichen und damit eine Determination höherer Ordnung in die Welt hineinzutragen, die sie ohne ihn nicht hat.

Das ist eine Überlegenheit ganz anderen Ranges als die Distanz und die Objektivität, ja selbst als die naturbeherrschende Zwecktätigkeit. Der Mensch ist Bürger zweier Welten zugleich, und an ihm ist es, sie zu vereinigen. Die Würde, die ihm diese Stellung gibt, ist ihm fühlbar als sein Ethos, seine Verantwortung, sein Schöpfertum — und freilich auch immer wieder als sein Versagen vor dem eigenen Weltberuf. Diese seine überlegene Stellung ist zugleich auch seine innere Exponiertheit, sein Schicksal. Denn sie ist eine Zwischenstellung, ein

Doppelleben in zwei inhaltlich differenten Welten. Er hat an beiden teil, ist von beiden her determiniert. Der Mensch ist von seinen Seinsfundamenten her der Realdetermination eingefügt, empfängt aber durch sein „Vernehmen" außerdem noch die Determination der Werte. Beide stoßen in ihm aufeinander, und so ist sein Ethos der Kampfplatz zweier heterogener Determinationen oder Gesetzlichkeiten. Das Aufeinanderstoßen empfindet er als sittlichen Konflikt, den auszutragen ihm zufällt.

Das Reich des Geistes ist das Reich des Konfliktes. Die Natur kennt den Konflikt in diesem Sinne nicht, auch die organische nicht; aller Gegensatz spielt dort noch zwischen homogenen Mächten — realen Mächten — und aller Austrag ergibt Resultanten, die nicht anders ausfallen können, als sie ausfallen. Ebensowenig kennt das ideale Reich der Werte und des Sollens diese Art Konflikt; aller Wertgegensatz läßt wiederum Wertsynthesen zu, einerlei ob der Mensch sie zu fassen vermag oder nicht. Nur der lebende Geist steht im Konflikt, nur in ihm stoßen Real- und Idealdetermination zusammen; ihm fällt es zu, den Konflikt auszukämpfen.

g. Das Ethos und die Freiheit der Entscheidung.

Der Austrag des Konflikts im Ethos des Menschen ist nur möglich, wenn der personale Geist auch die Kraft selbständiger Entscheidung hat. Er kann den Konflikt nicht austragen, indem er ihn versöhnt — die Heterogeneität der Determinationen kann er nicht aufheben —, sondern nur, indem er „entscheidet", indem er anerkennt und verwirft. Er muß ein Machtwort sprechen, muß es in die Wagschale werfen, muß durch seinen Einsatz dem, was die Werte heischen, Realität verleihen oder versagen. Diese Fähigkeit, sein Machtwort zu sprechen, ist seine Freiheit.

Diese seine Freiheit ist nicht identisch mit dem Spielraum, den ihm die Situation läßt, auch nicht mit der Ohnmacht der Werte; sie fällt weder mit seiner Vorsehung noch seiner Vorbestimmung und Herrschermacht zusammen, ist auch keineswegs schon mit der bloßen Hellhörigkeit für den Ruf der Werte gegeben. Die Situation vielmehr sagt ihm ja gerade nicht, „was" er tun, „wie" er entscheiden soll; sie nötigt ihn nur überhaupt zur Entscheidung. Die Nötigung aber hat nur einen Sinn, wenn er entscheidungsfähig schon von sich aus ist. Die Zwecktätigkeit ihrerseits ist inhaltsleer, sie wartet auf „Zwecke", die ihr gegeben werden müssen. Die Werte vollends, deren Forderung er vernimmt, sind von sich aus ohnmächtig, zu determinieren. Sie legen seinen Willen nicht an die Kette, er behält Spielraum in der Mannigfaltigkeit der Werte; und in jede Situation spielen ihrer verschiedene mit verschiedener Werthöhe hinein. Die Werte gerade sind auf seinen Einsatz angewiesen; er hat die Entscheidungsfreiheit so gut ihnen wie der Situation gegenüber. Und es ist leicht zu sehen, daß beides vielmehr ein und derselbe Spielraum ist. Denn eben um sein Eingreifen in gegebener Situation handelt es sich bei der Wertrealisation durch ihn.

Alles läuft hier auf ein letztes Grundmoment des personalen Geistes hinaus, das zur Vorsehung, Vorbestimmung und Wertsichtigkeit noch hinzutritt: auf die eigentliche, innere, spontane Fähigkeit der Entscheidung selbst, die positiv verstandene Freiheit des Willens. Sie ist nicht bloße Freiheit der Handlung, denn die hängt an äußeren Faktoren; auch nicht Freiheit im Sinne des „Dürfens" (wie die rechtliche Freiheit), denn in ihrer Macht gerade steht es, das Dürfen zu überschreiten. Es ist die hinter alledem stehende, schon in der Gesinnung ansetzende Freiheit der Intention oder Initiative selbst. Und nur in diesem Sinne ist sie ein Novum gegen alle jene kategorialen Momente der Person und tritt zu ihnen als zentrale Grundkategorie noch hinzu.

Denn an diesem Punkt hängt der Charakter der Person als sittliches Wesen. Nur ein freies Wesen ist der Verantwortung und Zurechnung fähig, kann Schuld und Verdienst haben, gut oder böse in moralischem Sinne sein. Wer durch Umstände und eigene Artung gezwungen ist, in bestimmter Weise zu wollen und zu handeln, ist sittlich weder gut noch böse, wie wertvoll oder wertwidrig auch sein Tun ausfallen mag. Ihm läßt sich nichts zurechnen, er ist unzurechnungsfähig. Denn es stand nichts in seiner Entscheidung. Ein Wesen, das dem empfundenen Werte blind nachgehen „müßte", seiner Forderung unterworfen wäre wie einem Naturgesetze, würde die Forderung zwar erfüllen und im Sinne dieses Wertes vielleicht vollkommen sein; aber seine Vollkommenheit wäre nicht sittliches Gutsein. Denn es stand nicht in seiner Macht, anders zu sein. Die Fähigkeit zum sittlich Guten gibt es nur in Einheit mit der Fähigkeit zum sittlich Bösen. Nur das sich frei entscheidende Wesen ist sittliches Wesen; nur ein solches ist Träger sittlicher Werte und Unwerte.

Die sittliche Freiheit in diesem Sinne ist ein tiefes metaphysisches Rätsel. Der Streit der philosophischen Theorien um sie reißt nicht ab. Sie läßt sich weder eindeutig beweisen noch widerlegen. Nicht bestreiten aber läßt sich die überwältigende Fülle der sittlichen Phänomene, die — wenn sie nicht alle leerer Schein sind — eindeutig auf sie hinführen. Der Mensch als sittliches Wesen kann sich diesen zentralen Punkt seines Menschentums auch nicht bestreiten lassen, wenn er sich selbst nicht preisgeben will. Seine Freiheit, als Macht der Entscheidung verstanden, ist der irrationale Kern der Person als solcher. Von den sittlichen Phänomenen aus ist an ihm nicht zu zweifeln, was immer auch die „deterministischen" Theorien sagen mögen. Man muß ihn in seinem Unbegreiflichsein hinnehmen — wie anderes Irrationale auch — und die Grenzen menschlichen Begreifens nicht zu Grenzen des Seienden machen[1]).

15. Kapitel. Zur Metaphysik der Person.

a. Die Prädikate der Gottheit und ihre Begrenzung.

Hält man die vier Grundbestimmungen der Person als sittlichen Wesens zusammen, wie sie im vorigen Kapitel entwickelt wurden, so fällt es auf, daß sie den Prädikaten der Gottheit entsprechen, wie das christlich-theologische Denken sie von alters her hat gelten lassen. Von der Vorsehung und Vorbestimmung — Providenz und Prädestination — leuchtet dies ohne weiteres ein. Nicht ganz so leicht sieht man das dem Wertbewußtsein und der Freiheit an. Aber der Gedanke, daß das Wissen um Gut und Böse ursprünglich Gott vorbehalten ist, dem Menschen aber erst im Sündenfall — im Genuß der Frucht vom Baume der Erkenntnis — verliehen wird, ist uralt. „Ihr werdet sein wie Gott," sagt die Schlange. Und dieses Wie-Gott-Sein heißt „wissen, was Gut und Böse ist". Die Freiheit vollends ist die Fähigkeit zum Machtspruch, zum „Es werde", das den Schöpfer kennzeichnet.

Diese Prädikate erscheinen nur verkleinert, verendlicht am endlichen Geiste. Grundsätzlich aber sind es dieselben. Der Mensch ist provident in minimalem Maße, aber genug, um das offene Feld der Aktivität vor sich zu sehen. Er prädestiniert künftiges Werden in den engen Grenzen seiner Machtmittel; aber er zeichnet Zwecke vor und verwirklicht sie durch Kräfte, die er zu Mitteln macht. Er erlauscht aus dem Reich der Werte das eine und das andere Bruchstück; er kennt es als Ganzes nicht, aber die Bruchstücke schon geben seinem Leben Sinn und Richtung. Sein Machtspruch bewegt sich nur innerhalb gegebener Situationen, aber er erhebt ihn doch zum verantwortlichen, auf sich selbst gestellten Wesen.

Die Verendlichung also entkräftet die Prädikate der Gottheit nicht. Das ist lehrreich. Das Ethos des Menschen — und das ist das Eigentliche der Personalität in ihm — ist wesensgleich mit dem, was der Glaube in der Gottheit verehrt. Nur die Unendlichkeit fehlt ihm dazu. Denn sie macht jedes dieser Prädikate zu einem absoluten. Diese Prädikate in voller Unbeschränktheit an sich zu haben, dazu gehört eine unbeschränkte

[1]) Das metaphysische Problem der Willensfreiheit kann hier natürlich nicht aufgerollt werden. Ich verweise dafür auf meine Ethik, III. Teil. Es muß aber davor gewarnt werden, das Problem auf die beliebte Alternative von Determinismus und Indeterminismus hinauszuspielen. Denn sittliche Freiheit ist nicht Unbestimmtheit, sondern eine Bestimmtheit des Willens eigener Art.

Tragkraft. Von ihr ist der Mensch weit entfernt. Seine „Göttlichkeit" ist eine knapp bemessene, sie ist ausbalanciert auf seine Kräfte.

Das ist ein Gleichnis. Aber der Sinn davon ist ein ganz nüchterner und greifbarer. An der Vorsehung sahen wir es schon, der Mensch hat soviel von ihr, als er verträgt und zugleich nötig hat; mit dem vollen Wissen um alles Heranrückende würde er das Leben nicht tragen können. Das gleiche gilt von seiner Vorbestimmung. Ginge sie ohne Grenze in die Weite, er müßte für alles Sorge tragen. Auch an der Wertsichtigkeit läßt es sich zeigen. Schon das begrenzte Maß, das er von ihr hat, macht ihn zum Kampfplatz zweier Determinationen, erfüllt sein Leben mit Konflikten. Wäre er aller Wertschau mächtig, der Gegensatz müßte ihn sprengen.

Am gewichtigsten wird das bei der Freiheit. Ein Wesen, das unbegrenzte Freiheit hätte, wäre auch mit unbegrenzter Verantwortung belastet. Gerade darin aber sind dem Menschenwesen enge Grenzen gezogen; es bricht schon unter der wirklichen beschränkten Verantwortung, die es im Leben zu tragen bekommt, manchmal zusammen. Der Mensch erträgt nur ein geringes Maß an Freiheit. Und eben dieses Maß ungefähr hat er. Begrenzt aber ist seine Freiheit nicht nur durch die mannigfachen Determinationsfäden, in deren Geflecht sie sich als schmales Band einschiebt; sie ist auch grundsätzlich begrenzt durch das Maß seiner Macht zur Verwirklichung. Denn „wollen" kann er im Ernst nur, wozu er auch die Mittel sieht, es durchzuführen. Wollen ist nicht vages Wünschen oder Sehnen. Es ist Initiative, Entscheidung angesichts erfaßter Möglichkeit. Sittliche Freiheit ist nur Freiheit der Initiative.

b. Das aus sich selbst heraus gefährdete Wesen.

Mit der Wertfühlung, der Aktions- und Entscheidungsfähigkeit ist der personale Geist auf der Höhe seines Wesens. Aber es ist eine gefährliche Höhe. Sie stellt die größten Anforderungen an ihn, zwingt ihn zu ständigem Ringen, läßt ihn dicht über dem Abgrund wandeln, schützt ihn nicht vor dem Sturz. Nur seine Endlichkeit mildert die Position, hebt sie aber nicht auf.

Das wurde schon deutlich am „Wertvernehmen". Der Geist ist das Reich des Konflikts; er verbindet ideale und reale Welt, trägt den Kampf der Determinationen aus. Viel plastischer aber noch zeigt sich dieses Verhältnis in seiner Freiheit. Ein Auftakt dazu ist das ontologische Gesetz der Realsituation, die ihn zur Entscheidung nötigt, nicht aber ihm sagt, wie er zu entscheiden hat. Auch das Wertbewußtsein schreibt ihm nicht einen bestimmten Weg vor. Es läßt ihm immer mehrere offen, denn das Wertreich ist mannigfaltig, und in jede Situation spielt mehr als ein Wert hinein. Gebunden ist er mit seinem Trachten nur überhaupt an Werte, nicht an bestimmte, nicht an die höheren allein, ja nicht einmal vorzugsweise an sie. Er kann ihre Forderung vernehmen, während die anderen weit größere Macht über ihn haben.

Wäre er mit seinem Wollen eindeutig und in jedem Falle an den höheren Wert gebunden, so läge hier keine Gefahr für ihn; die Rangordnung der Werte würde dann über seinem Wollen walten wie ein Naturgesetz. Aber ein freies Wesen wäre er nicht. Und auch kein sittliches Wesen. Seine Freiheit ist gerade die Fähigkeit, wider sie oder mit ihr zu gehen.

Es ist ein Irrtum, zu meinen, es gebe eine Freiheit zum Guten allein. Eine solche vielmehr wäre Unfreiheit. Alle wirkliche Freiheit ist Freiheit zum Guten und zum Bösen zugleich. Nur ein Wesen, das des Bösen fähig ist, ist auch des Guten fähig. So wenigstens, wenn man es streng als das sittlich Gute versteht, im Unterschiede zu bloßer Vollkommenheit. Sittlich gut ist nur ein Wille, der das Gute wählt, indem er auch das Böse wählen konnte. Die Fähigkeit zum Guten ist um die Fähigkeit zum Bösen erkauft. Die Freiheit zum einen ist identisch mit der Freiheit zum anderen.

Die Freiheit der Entscheidung, die Macht des Machtspruches, ist die höchste Gabe, deren der Mensch teilhaft ist, das eigentliche Wunder seines Wesens, das am meisten Metaphysische und Gottgleiche in ihm. Aber es ist eine zweischneidige Gabe. Sie ist auch seine innere Gefahr. Durch sie ist der Mensch das labile Wesen, das er ist, bei jedem Schritt dem Sturz in die Tiefe ausgesetzt, zeitlebens in die Krisis gestellt. Die anderen Wesen alle, die geistlosen und personlosen, sind vom ersten bis zum letzten Schritt gebunden, geführt, behütet von ihrer Artgesetzlichkeit; ihr Tun ist blind, aber unbeirrbar wesensgerecht und in diesem Sinne infallibel. Sie sind des Bösen nicht fähig, wie sie des Guten nicht fähig sind. Nur der Mensch ist sehend, hat die Freiheit des Für und Wider gegenüber dem Wertgesetz, das ihm als das seinige einleuchtet. Und so gerade ist er an dieses Gesetz — das des sittlich Guten, oder des höheren Wertes — nicht gebunden, ist nicht geführt, nicht behütet von ihm. Er ist sein eigener Hüter, aber ein schwacher Hüter. Das ist seine innere Labilität. Die hohe Gabe der Freiheit stellt eine Anforderung an ihn, zu deren Höhe er sich immer erst erheben muß. Der Geist muß sich auch hierin immer erst zu dem machen, was er ist. In keinem Punkte seines Wesens ist das greifbarer als in seiner sittlichen Freiheit. Sie gerade ist die innere Form der rätselhaften Fähigkeit, sich zu dem, was er ist, zu machen — oder nicht zu machen.

Das freie Wesen ist das aus sich selbst heraus gefährdete Wesen. Die anderen alle kennen nur den Kampf mit der äußeren Bedrohung. Nur der Mensch ist von innen bedroht. Er trägt Selbstverwirklichung und Selbstvernichtung in sich selbst.

c. Wertgeöffnete Stellung zur Welt und Auswertung des Lebens.

Noch weit positiver stellt sich das Verhältnis dar, wenn man es vom Wertbewußtsein aus betrachtet. Sofern der Geist der „Vernehmende" ist, gewinnt auch das Für-ihn-Sein der Welt, in der er steht, noch eine andere Note. Dieses Für-ihn-Sein wurde oben als Objektionsverhältnis charakterisiert. Aber das ist nur die Hälfte der Sache. Denn es betrifft nur das Welterfassen, das Erkennen, Wissen, Begreifen. Schon die emotional-transzendenten Akte — das Erleben, Erfahren, Hoffen, Fürchten, Wollen, Lieben — führen darüber hinaus auf ein Wertverhältnis hin. In Wahrheit aber erscheint dem wertfühlenden Wesen alles, was in seinen Gesichtskreis tritt, wertbetont, ja mannigfach wertabgestuft, und zwar im positiven wie im negativen Sinne. Das gilt auch weit außerhalb der Reichweite seiner Aktivität.

Der Geist ist das Wesen, das, in der Welt stehend, alles mit seinem Wertfühlen beantwortet. Damit ändert sich das Für-ihn-Sein der Welt, und zugleich auch das, was er seinerseits für sie ist. Das ist noch eine andere Sinngebung und Sinnerfüllung als die in der Objektivität. Soweit die Welt eine werterfüllte ist, reicht das Erkennen für sie nicht zu. Die Wertfülle verlangt die Wertantwort, und nur ein Leben im Genuß der Wertfülle kann ihr gerecht werden. Diese Sinnerfüllung kann nur das wertfühlende Wesen in die Welt tragen.

Wäre die Welt wertlos, so wäre freilich alles Wertfühlen an ihr illusorisch. Sie ist es nicht. Sie ist zwar nicht wertgeleitet oder wertgerichtet in ihren Prozessen. Diese laufen nicht auf Realisation von Werten als auf Zwecke hinaus. Es sind keine Finalprozesse. Aber in ihrer bunten Mannigfaltigkeit realisiert sich Wertvolles und Wertwidriges auch ohnedem in Fülle. Wie Zweckmäßiges in unübersehbarer Abwandlung auch ohne Zweck entsteht, so auch Wertvolles. Dem geistigen Wesen aber ist es gegeben, sich dem zuzuwenden und hinzugeben, was wertvoll ist. Es braucht die Augen nicht vor dem Wertwidrigen zu verschließen, es kann deswegen doch im Genuß der Wertfülle stehen.

Daß das personale Wesen das von Schritt zu Schritt sich entscheidende ist, hat also noch einen weiteren Sinn als den, der im Wollen und Handeln liegt; Entscheidung gibt es auch als innere Stellungnahme, diesseits aller Aktivität. Ein solches Wesen kann in der Welt als wertabgestufter nicht in der Weise drinstehen, wie es in ihr als bloß seiender drinsteht. Diese Welt fordert nicht nur sein Tun heraus, sondern auch seine Teilhabe. Die Situationen, Geschehnisse, Schicksale sind nicht nur etwas, womit der Mensch „fertig werden" muß; sie sind auch etwas, dem er mit dem

Wertbewußtsein „gerecht werden" kann. Und indem er das wird, werden sie erst ganz das für ihn, was sie an sich sind.

Mit seinem Gerechtwerden ist er das die Welt auswertende Wesen. Dieses Auswerten ist kein Ausnutzen oder Ausbeuten, auch kein Überlisten und Arbeiten-Lassen für seine Zwecke. Es ist einfach die innere Beantwortung mit dem Wertgefühl, das Geöffnetsein, die Aufnahmestellung, das Bereithaben der „Wertantwort" auf alles, was aus der Wertfülle ihm faßbar wird. Es ist auch kein bloßes Erfassen — wie im Erkenntnisverhältnis —, es ist viel eher ein Erfaßtsein zu nennen, ein Erfüllt- und Ergriffensein. Wie denn überhaupt das „Vernehmen" der Werte — auch ihrer selbst in ihrer Idealität jenseits aller Realisation — mehr ein Erfaßtsein von ihnen und ein Hinaufgerissensein zu ihnen ist als ein Erfassen.

Dem wäre nicht so, wenn der Mensch nur das auf ihn Bezügliche, ihn Betreffende, ihm Ausnutzbare als wertvoll empfinden könnte. Dann wäre es aber auch nicht die Welt, wie sie an sich ist, was im Wertfühlen „für ihn" wäre. Als geistiges Wesen hat er Distanz zum Objektfelde, und die Distanz bleibt ihm in der Teilhabe. So kann er allem Beliebigen nach seinem Werte gerecht werden. Sein Wertinteresse ist selbst ein distanziiertes, aus dem Drang und der Nutzbarkeit abgelöstes. Oder auch: seine wertende Stellungnahme ist selbst eine „objektive", und das will sagen, eine „exzentrische", eine solche nämlich, die nicht ihn selbst zum Zentrum der Welt macht.

Die Umorientierung auf die Welt ist freilich auch beim Wertfühlen eine langsam werdende — es steht ihr praktisch der Egozentrismus genau so entgegen wie weltanschaulich der Anthropozentrismus. Der Mensch erfüllt ja auch nicht so leicht die hohe Aufgabe des „Gerechtwerdens", er muß sich zu ihr erheben, und das geschieht nicht ohne Einsatz. Er lebt an vielem vorbei, steht immer nur bruchstückweise im Genuß der Wertfülle. Aber in seinem Wesen liegt auch hier die Erfüllung; und er kann sich sehr wohl zu dem machen, was er dem Wesen nach ist. Er hat auch darin Freiheit; wie denn auch in jedem einzelnen Falle, wo ihm Wertvolles begegnet, die innere wertende Stellungnahme die Form einer Entscheidung für oder wider die Sache hat.

Der Potenz und dem Wesen nach ist er sehr wohl der allseitigen Wertfühlung fähig, soweit immer die jeweilige Objektion der Welt für ihn reicht. Und sein geistiges Wachstum ist wesentlich ein inneres Heranwachsen des Wertgefühls an gegebene Wertfülle. Er kann den kosmischen Weltbau, die tierische Organisation, den Kristall, den Magneten hingegeben betrachten, erfaßt von dem Wunder, das ihn allseitig umgibt. Das geschichtlich frühe, tiefe Gefesseltsein von solchen Gegenständen — lange bevor eigentlich ästhetisches Schauen sich herausbildet — legt davon

Zeugnis ab. Die naive Neugier geht in Wissensdrang über, der Wissensdrang in das sokratische „Staunen“. Der Denkende und Sinnende ist von Hause aus nichts weniger als der unbeteiligt Hinschauende. Er ist der Teilhabende, „Vernehmende“, von der Fülle der Wunder zuinnerst Berührte und Ergriffene [1]).

d. Geistiges Eigentum. Ontische Zufälligkeit der Sinngebung.

Metaphysisch läßt sich das auch so ausdrücken: Der Mensch ist zwar nicht der, „für“ den allein das Wertvolle Wert hat, denn es hat seinen Wert auch in sich. Wohl aber ist er der, „für“ den allein es einen Sinn hat. Im Wesen des Wertvollseins liegt es nicht, wertvoll „für“ jemand zu sein. Wohl aber liegt es im Wesen des Sinnvollseins, sinnvoll „für“ jemand zu sein. Das ist am sichtbarsten an den sittlichen Werten. Die Zuverlässigkeit oder Treue der Gesinnung ist moralisch wertvoll an dem, der sie hat, auch ohne daß sie von jemand gewürdigt wird, ohne daß jemand ihr gerecht wird durch sein Sich-Verlassen auf sie. Aber sinnvoll ist sie nur für den, der sich auf sie verläßt. Sie kommt erst darin zu ihrem Recht. Das Wertvollsein ist ohne ihn gleichsam vergeblich da.

Was sich die Welt ohne den Geist, der ihr gerecht wird, nicht geben kann, ist das Sinnvollsein ihrer Wertfülle. Es fehlt ihr der geistige Pol der Sinnbeziehung. Indem sie als wertvolle für ihn wird, was sie an sich ist, wird auch er für sie, was er an sich (seinem Wesen nach) ist, der Sinngeber in der Sinnlosigkeit ihres bloßen Daseins. Er tritt damit in ein Verhältnis zu ihr, wie kein anderes ihrer Wesen es zu ihr haben kann. Er rückt auf in ihr zu dem, dem sie „noetisch zu eigen“ ist, dem sie geistig „gehört“. Er wird so von ihr selbst wieder an die Stelle eingesetzt, von der als einer angemaßten er sich im Einsetzen der Objektivität entfernte. Die Entfernung ist die exzentrische Stellung, die er sich in seinem Weltbewußtsein gibt. Rückt aber das Weltbewußtsein zum Wertbewußtsein auf, so wird es damit in einem anderen Sinne wieder ins Zentrum der Welt gerückt. Der Sinn der Wertfülle kommt zu seinem Recht nur an dem ihr gerecht werdenden wertvernehmenden Wesen.

Die Welt braucht in ihren Seinsfundamenten deswegen nicht auf Sinnerfüllung angelegt zu sein, genau so wenig, als sie auf das Sein des Geistes angelegt zu sein braucht. Es wäre irrig, vermessen, ein

[1]) Es ist in diesem Zusammenhang darauf aufmerksam zu machen, daß das νοεῖν der Alten — ihr Ausdruck für die höhere Erkenntnisfunktion (νοῦς, νόησις) — nicht „denken“ heißt, wie man gewöhnlich übersetzt, sondern „spüren“, „merken“, „Fühlung haben mit etwas“. Es ist die μετάληψις τοῦ νοητοῦ des Aristoteles, das θεᾶσθαι des Platon, ein echtes „Vernehmen“ dessen, was seinen Wert in sich selbst hat. Es ist das innere Schauen in der Hingegebenheit an das Geschaute und insofern das „Teilhaben“ an ihm. Steht doch nach Aristoteles die Vollkommenheit der νόησις in Abhängigkeit von der Vollkommenheit ihres Gegenstandes.

Rückfall des Weltbildes in das geistlose Bewußtsein, wenn man hieraus irgendwelche kosmisch-teleologischen Schlüsse ziehen wollte. Einsichtig ist nur dieses: wann und wo immer in der Welt wertverstehender Geist aufkommt, da fällt die Wertfülle der Welt ihm als sein noetisches Eigentum zu, und neben ihm ist nichts in ihr noch außer ihr, „wofür" sie sinnvoll wäre. Sinngebung ist ontisch sekundär. Sie ist vom Seinszusammenhang aus gesehen ein Zufälliges.

Was es aber mit dem „noetischen Eigentum", dem geistigen „Gehören" auf sich hat, läßt sich an wohlbekannten Phänomenen sehr greifbar machen. Wir rechnen im Leben immer damit, haben ein klares Bewußtsein davon, zumal wo das geistige Eigentum in Gegensatz zum ökonomischen tritt. Wem „gehört" denn eigentlich ein Kunstwerk? Wessen wirkliches „Eigentum" ist es — nicht als Ding, das man rahmt und aufhängt, sondern als das, was es künstlerisch ist? Gehört es in diesem Sinne etwa dem Milliardär, der es kaufen und bei sich aufhängen, aber nicht künstlerisch sehen und genießen kann? Oder gehört es dem Schauenden, der ergriffen davor steht? Kein Zweifel, das Vernehmen des Wertes allein entscheidet über das Gehören. Man kann Kunstwerke als Kunstwerke nicht „kaufen", sie geben sich einem nicht, es sei denn um den Einsatz des Geistes im Verstehen. Und das Verstehen läßt sich nicht mitkaufen. Man muß es selbst aufbringen. Keine Macht der Welt kann daran etwas ändern. Es liegt im Gesetz des Schönen, daß es das, was es ist, nur für den ästhetisch Geöffneten und Empfänglichen ist, und keines anderen geistiges Eigentum sein kann, als das seine.

Es ist dasselbe mit allem, was Verstehen verlangt. Was hilft es, ein Buch zu „besitzen", wenn man nicht „vernimmt", was es einem „sagt". Man besitzt es vielmehr nicht und kann so auch nie in seinen Besitz gelangen. Dieses Verhältnis ist nun nicht an Geistesprodukte allein gebunden. Es kehrt an allem wieder, was nur irgend Natur und Menschenleben an bunter Fülle darbieten. Der Wald, durch den ich gehe, entspannt, geöffnet, empfangend, genießend — ist er nicht im einzig wahren Sinne mein, und zwar eben durch mein Empfangen und Genießen? Dem Holzhändler, der mit ihm spekuliert, ist er kein noetisches Eigentum, und kann es auf dieser Grundlage nicht werden. Und der sichtbare Kosmos am Nachthimmel, der niemandem dinglich gehört, ist er nicht wahres noetisches Eigentum dessen, der ihn zu „sehen" weiß, seine Geheimnisse empfindet?

Das größte aller Beispiele ist das Menschenleben selbst, das um uns her pulsiert. Man kann geschlossenen oder sehenden Auges hindurchgehen; man kann reifen und wachsen im Erleben, kann seinen Reichtum an Tragik und Komik, menschlicher Größe, schicksalhafter Dramatik schauend, verstehend, teilhabend einernten; man kann aber auch als unfreiwilliger Mitspieler stumpf in der Überfülle stehen und geistig leer ausgehen. Der Weise ist der sapiens, d. i. der alles Schmeckende, Verstehende, Auswertende, der wie das Dichterauge aus allem das Bedeutsame heraussieht. Das Leben, das an ihm vorbei und über ihn hergeht, ist sein geistiges Eigentum. Es fällt ihm als das seinige zu — im Maße seines Wertvernehmens.

Geistiges Eigentum kann alles sein, was da „ist". Es ist sein Gesetz, daß es sich allen gibt, die sich ihm öffnen, sich allen verschließt, die sich ihm verschließen, wie sehr sie auch ihre Leere empfinden und neidisch nach der Fülle haschen mögen. Die Welt „gehört" dem Geiste als dem geöffneten und axiologisch hellhörigen. Das ist das Geheimnis des Geistes, daß er es ist, dem alles zufällt, wofern er sich auftut. Darin besteht das höhere Für-ihn-Sein der Welt. Sie ist in der Tat für ihn, was sie an sich ist, wofern nur er für sie ist, was er an sich ist.

e. Anspruch des Geistes an den Geist. Das Ethos der Teilhabe.

Ein weit ernsteres Gesicht noch zeigt das Verhältnis auf dem Boden des Ethos — dort, wo der Geist es in der Welt mit seinesgleichen zu tun hat. Daß der Mensch am Menschen vorbeisehen und vorbeileben kann, ist nicht dasselbe, wie daß er an Natur und Kosmos, an Kunst und Lebensfülle vorbeilebt. Hier geht nicht nur er selbst leer aus, sondern auch der Mitmensch. Die Dinge erheben nicht den Anspruch, gesehen, gewürdigt, geistig ausgewertet zu werden. Wohl aber der Mensch. Er kann das, was er ist, nicht einfach für sich sein; er braucht den, für den er es sein kann. Auf sich zurückgeworfen, verkümmert er. Denn er hat ein Empfinden dafür, ob er erfaßt und verstanden wird. Wo er es nicht wird, da trifft es ihn wie Verneinung, er sieht sich beiseitegeschoben, übersehen, ausgeschaltet aus dem eigentlichen Leben der Lebenden.

Dem Menschen gerecht werden mit dem Wertgefühl, ist für den Menschen eine moralische Anforderung. Er kann ihr genügen, kann vor ihr versagen. Das Versagen ist hier nicht einfach sein Schaden, es ist sein Verschulden. An Gütern — auch den höchsten — kann man sich mit achtlosem Vorbeigehen nicht versündigen. Wohl aber am Menschen. Es gibt einen Anspruch des Geistes an den Geist, ihm gerecht zu werden — nicht mit der Handlung oder dem Wollen, ja selbst nicht mit aktueller Gesinnung, sondern rein im Hinschauen, Teilhaben, Würdigen, in einem Bruchteil von Verweilen und Hingabe. Das ist eine andere „Gerechtigkeit" als die der Zugeständnisse und Pflichten, eine innere Gerechtigkeit der Wertantwort. Denn jeder weiß es im Stillen von jedem, daß er dessen bedarf, daß es die Sehnsucht seines Lebens ist, das, was er ist, auch für jemand zu sein; niemand erträgt die Sinnlosigkeit, vergeblich da zu sein. Jeder bedarf zu dem, was er ist, noch der Sinnerfüllung, gewertet, verstanden, genommen, ja nur moralisch „gesehen“ zu werden. Er will mit dem, was es wert ist an ihm, auch „vernommen“ sein.

Sich selbst aber kann er das nicht geben. Er bedarf des Anderen. Dieses Bedürfen ist ein echter moralischer Anspruch, nicht geringer als der der äußeren Rechte der Person; ein tief im Menschenwesen liegendes Erfordernis, das jederzeit mit dem Zusammengeführtsein im Leben bereits in Kraft tritt und seinerseits Situationen schafft, deren feine Fäden sich unwägbar über das gröbere Geflecht der lauten Aktualitäten legen. Freilich, kein Mensch kann allem gerecht werden, was an solcher Anforderung an ihn herantritt; das geht über endliche Einsatzkraft. Aber er kann in der Gesamthaltung geöffnet für sie dastehen, kann als Wissender und Fühlender das Verstehen im Ansatz zurückstrahlen, wo er dem Anrecht des Geistes an den Geist begegnet. Denn wenn sie alle aneinander vorüberleben, ungewertet und unvernommen, wissend umeinander, wessen sie bedürfen, jeder es für sich ersehnend, dem anderen aber versagend, das ist der Gipfel des Widersinns, ein Ethos der Leere und Lieblosigkeit, die Vernichtung des personalen Geistes.

Der Geist hat die Kraft der Sinngebung. Er hat sie im weiten Sinne an der realen Welt, aber in einem viel engeren und höheren Sinne an dem, was in der Welt von seiner Art ist. An der Welt ist Sinngebung, von ihr aus gesehen, eine zufällige. Am Menschen ist sie nicht zufällig. Dort weiß der Mensch nicht um sie, auch wo er sie gibt; es ist auch kein Anspruch der Welt an ihn, den er damit erfüllt. Hier aber besteht der Anspruch, und zwar ein dringender. Und der Mensch weiß darum, er hat die Fühlung mit dem Mitmenschen als seinesgleichen. Es ruft ihn an aus der dunklen Tiefe fremder Einsamkeit, und er kennt den Ruf, es ist der seinige auch. Hier ist die Sinngebung nicht nur allgemein in seine Macht, sondern auch in seine Entscheidung und seine Freiheit gestellt. Und so empfindet er den vernommenen Ruf als ein Sollen, das ihn betrifft, ihn angeht, seinen Einsatz und sein Gerecht-Werden verlangt, — als eine moralische Anforderung, vor der er schuldig werden kann, nicht anders als vor anderen moralischen Anforderungen auch.

Das Ethos der Teilhabe und des Gerechtwerdens mit der Wertantwort bildet so ein Kernstück aller echten und innerlich verstandenen Moralität. Es ist dem Ethos der Liebe verwandt, denn ohne den Einsatz des Hingegebenseins und das liebende Verweilen des Blickes auf dem, was er faßt, ist es unmöglich, Personen gerecht zu werden. Es ist nur eine andere Liebe als die Nächstenliebe, die sich im Tun bewährt, und auch als die individuell persönliche Liebe, die „einem“ gilt und andere ausschließt. Aber darin gleicht das Ethos der Teilhabe dem aller anderen Liebe, daß es Sinngebung ist und seine Erfüllung in sich trägt. Die Macht der Sinngebung ist dem, der sie zu gebrauchen weiß, auch das Glück der Sinngebung. Sie wirkt im Erfüllen auch das eigene Stehen in der Fülle. Denn wie die Welt dem zufällt als die seine, der ihr mit dem Herzen gerecht wird, so fallen ihm auch die Menschen zu und werden die seinen, wo immer er ihr Sehnen nach Sinnerfüllung vernimmt und stillt.

Zweiter Teil.

Der objektive Geist.

I. Abschnitt.

Das Grundphänomen und die Theorien.

16. Kapitel. Überindividuelles im personalen Geist.

a. Rückblick und Konsequenzen.

Die Charakteristik des personalen Geistes mußte auf Umwegen vorgehen. Es war nicht möglich, ihn rein von innen heraus aus seinem Kern her zu bestimmen. Dieser Kern erwies sich im Fortschreiten immer mehr als irrational. Am deutlichsten wurde das am Wesen der Person. Gerade bei ihm aber kam die Untersuchung am nächsten an den Kernpunkt heran.

Daß die breite Mannigfaltigkeit der gefundenen Einzelzüge trotzdem ein Gesamtbild ergibt, das sich mit einer gewissen Selbstläufigkeit schließt, hat dennoch seinen guten Grund — nicht etwa in der Vollständigkeit der Einzelheiten, sondern in ihrer natürlichen Zusammengehörigkeit. Sie erleuchten sich gegenseitig, ergänzen sich und eröffnen so miteinander den Durchblick auf das unmittelbar nicht Faßbare.

Das gibt zu denken, und keineswegs bloß in methodologischer Hinsicht. Denn sieht man näher zu, so sind fast alle aufgezählten Züge nicht unmittelbar dem geistigen Individuum abgewonnen, sondern den Verhältnissen, in denen es steht. Die Distanz, die Objektivität, die Erkenntnis zeigen die Form einer „Orientierung auf die Welt". Das Drinstehen im Strom des Geschehens, das Hineingerissensein, die emotional-transzendenten Akte, die Expansivität der Person in ihrem Lebenskreise haben deutlichen Relationscharakter. Sie bestimmen den Geist aus seinem Verhältnis zur Welt. Das steigert sich noch, je näher man der Sphäre des Ethos kommt. Vorsehung, Zwecktätigkeit, Macht über das geistlose Sein, das Wertbewußtsein und seine Konsequenzen umreißen die einzigartige Stellung des geistigen Wesens in der Welt. Sie verraten so mittelbar, was eigentlich personaler Geist ist. Aber weder einzeln noch insgesamt sind sie der gesuchte Kern.

Solche Charakteristik „von außen her" müßte von Grund aus verfehlt sein, wenn alle diese Verhältnisse dem personalen Geiste äußerlich wären. Sie besteht aber zu Recht, wenn sein Verhältnis zur Welt, in der er steht, sein eigentliches Wesen ist, d. h. wenn es das ist, was die Bestimmtheiten seines unmittelbar nicht greifbaren Inneren ausmacht. Handelte es sich hierbei bloß um Einbettung in die dingliche Welt, so ließe sich allenfalls zweifeln, ob das letztere zutrifft. Mit der Sphäre des Ethos aber setzte eine Beziehung ein, die den Geist mit seinesgleichen verbindet. Und gerade aus dieser Beziehung ergeben sich die wesentlichsten Bestimmungsstücke, unter anderem ein so inneres wie das der Freiheit. Hier läßt sich nicht zweifeln, daß es um das Wesen der Person selbst geht.

Man wird sich also auch nicht verhehlen dürfen, daß diese wesentlichsten Bestimmungsstücke an einer Sphäre gewonnen sind, die weit über die Einzelperson hinausgreift, an einer interpersonalen Sphäre des Verbundenseins und Angewiesenseins aufeinander, von der die bunte Mannigfaltigkeit des Erlebens und Erleidens, der Handlung und Verantwortung, der Teilhabe und des Vorbeilebens von Hause aus umschlossen und getragen ist. Und da läßt sich nicht verkennen, daß diese Sphäre den Charakter eines selbst wiederum geistigen Gebildes hat — denn um bloße Lebensgemeinschaft handelt es sich nicht —, den Charakter also eines überpersonalen geistigen Zusammenhanges, der offenbar nicht vom Ethos der Einzelperson erst aufgebaut, sondern von diesem schon vorgefunden wird.

Diese Sphäre geistiger Gemeinsamkeit, dieses gemeinsame Geistesleben, das über die Individuen weggeht, sie verbindet und trägt, den Boden ihres Wachstums und ihrer Differenzierung bildet, ist das Leben des objektiven Geistes. Die Wahrheit also ist, daß die wesentlichsten Bestimmungsstücke des personalen Geistes nicht unmittelbar an ihm selbst, sondern vom objektiven Geiste her gewonnen wurden, und zwar ohne daß dieser als solcher dabei erkannt zu werden brauchte.

Da nun alles Charakterisieren und Bestimmen zwangsläufig den Weg vom Bekannteren zum Unbekannteren geht, so folgt weiter, daß der objektive Geist im Verhältnis zum personalen das Bekanntere ist. Diese Sachlage — auf den ersten Blick wenig einleuchtend — ist nichtsdestoweniger Grundlage all unseres Wissens um das geistige Sein. Es ist gerade umgekehrt, wie das naive Denken meint: nicht das geistige Individuum, sondern die geistige Gemeinsamkeit ist das im Leben selbst unmittelbar Faßbare und Greifbare. Nur die leibliche Erscheinung der Person täuscht uns ein Verstehen ihres Wesens vor; das wirkliche Wesen der Person verlangt den Einsatz der Teilhabe und der persönlichen Hingebung; anders ist der Zugang zu ihr nicht zu gewinnen.

Der objektive Geist dagegen ist die große Selbstverständlichkeit unseres Menschenlebens, die wir nur deshalb nicht bemerken, weil wir in ihr ganz leben und atmen. Hier bedarf es nur des Aufmerksamwerdens auf das Unbeachtete. Hier gilt es keine Geheimnisse zu entschleiern, keine Rätsel zu lösen — wenigstens vor der Hand nicht. Es gilt einfach, das Phänomen greifbar zu machen.

Insofern ist die Aufgabe unserer zweiten Untersuchung eine bei weitem leichtere und dankbarere. Es gilt nur, sich den Blick freizuhalten von überspannten Erwartungen und metaphysischer Voreingenommenheit. Das Thema verführt nun einmal leicht zu solchen. Die Untersuchung selbst hat es keineswegs mit metaphysischen Fragen zu tun. Sie grenzt wohl an solche und kann es nicht vermeiden, sie mit aufzudecken. Ihr eigener Gang aber ist ein dicht bei den Phänomenen bleibender, nüchterner, in der Hauptsache deskriptiver.

b. Die Ablösbarkeit der geistigen Inhalte.

Geht man nun weiter vom personalen Geiste aus — als dem scheinbar unmittelbar gegebenen —, so fällt schon an ihm eine ganze Reihe von Zügen auf, die geradlinig auf den objektiven Geist hinausführen. Von dieser Art sind alle die Momente an ihm, in denen sich seine Expansivität zeigte, desgleichen alles, was zum Für-ihn-Sein der Welt und der Mitlebenden gehörte, einerlei ob dieses auf Objektion oder auf Wertteilhabe beruht. Das Expandieren der Person in die reale Mitwelt, ihr Über-sich-Hinaussein in ihrem Bannkreise, ist ja kein Verlassen ihrer selbst; zugespitzt könnte man es als ein Außersichsein schildern, in dem sie vielmehr gerade bei sich bleibt. Woraus hervorgeht, daß die Person ohne den Umkreis, in den sie expandiert, noch gar nicht das ist, was sie in Wirklichkeit ist. Es gehört immer ein Stück Welt realiter mit zu ihr. Und insoweit dieses Stück ein Bruchteil menschlicher Gemeinsamkeit ist, so ist es stets auch schon ein Stück lebenden Gemeingeistes.

Viel plastischer aber als im praktischen Lebensbezuge zeigt sich das an der eigentümlichen Seinsweise alles geistigen „Inhalts". Unter Inhalt soll hier im Gegensatz zu den Akten — auch den transzendenten — alles verstanden werden, was ein geistiges Einzelwesen als seine Ansichten, Meinungen, Vorstellungen, Urteile, Vorurteile, Begriffe oder Anschauungen ausgibt oder vertritt. Vom Bewußtsein aus kann man diese inhaltlichen Gebilde auch als innere oder intentionale Objekte bezeichnen, denn sie treten zunächst als die inneren Korrelate der meinenden Akte auf, sind aber nicht durch Objektion gewonnen und können von sich aus nicht prätendieren, als Erkenntnisgegenstände zu gelten; wie denn der Unterschied von wahr und unwahr an ihnen als im Geiste bestehenden Gebilden keinen Unterschied macht.

Aller geistige „Inhalt" nun im angegebenen Sinne hat die Tendenz, sich zu objektiv gestalteten Gebilden auszuformen. Diese Gebilde können anschaulich, konkret, bildhaft sein, oder auch abstrakt, allgemein, symbolisch. Immer aber haben sie in der Sphäre des Geistes einen gewissen objektiven Eigenbestand. Man kann ihn die „innere Objektivität" nennen — im Gegensatz zur äußeren, die im transzendenten Erkenntnisakt durch Objektion gewonnen wird.

Von diesen Gebilden gilt der Satz, daß sie ablösbar sind — nicht nur vom meinenden Akte, sondern auch vom meinenden Subjekt; oder voller ausgedrückt: sie sind ablösbar von der Person, deren Meinungen, Ansichten oder Anschauungen sie sind. Sie überdauern nicht nur innerlich im Geistesleben der Person den Akt, der sie hervortreibt, bleiben nicht nur für sie selbst in objektiver Ausgeformtheit gewonnener Meinungen bestehen, sondern können auch von Person zu Person weitergegeben werden, können in der Vielheit der geistigen Individuen fortwandern und sich zu einer Art Gemeinbesitz einer beliebigen Menge von Individuen auswachsen.

Das ist eine andere Art Expansion des Geistes als die, welche den Weg der transzendenten Akte nimmt. Und es ist leicht zu sehen, daß sie viel weiter geht, ungehemmter und gleichsam müheloser fortschreitet. Sie bildet eine weit ausladende Verbundenheit der Personen, die über ihren ganzen sonstigen Lebenszusammenhang hinausgreift und sie in eine Sphäre inhaltlicher Gemeinsamkeit einbettet, die immer schon da ist, wo der Einzelne in seinem Werdegange in sie hineinwächst; es ist eine Inhaltssphäre, die ihrerseits gestaltend auf ihn übergreift, wie denn aller eigenen Erfahrung und allem Urteil des Einzelnen die übernommene Masse geprägter und herrschend gewordener Meinungen jederzeit schon entgegenkommt.

So unverbindlich dieses Verhältnis auf den ersten Blick erscheinen mag — es ist das Wohlbekannteste des Wohlbekannten —, man steht bei ihm nichtsdestoweniger schon bei einem gewichtigen Grundphänomen des objektiven Geistes und muß ihm dementsprechend Beachtung schenken.

c. Logische Form und alogische Geprägtheit. Mitteilung und Tradierbarkeit.

Die Ablösbarkeit der Inhalte von der Person ist eine fundamentale Eigenart des geistigen Lebens[1]). Sie unterscheidet es radikal vom

[1]) Die Ablösung, von der hier die Rede ist, hat natürlich mit der „aus dem Drang", von der oben die Rede war (Kap. 9 a—c), nichts zu tun. Dort handelte es sich um

bloß seelischen Leben. Psychologisch gehören Akt und Inhalt untrennbar zusammen. Das ist der Grund, warum man die eigentlich geistigen Gebilde psychologisch nicht fassen kann. In der Tendenz solcher Fassung lag der Fehler des Psychologismus. Es war einer der vielen Fehlversuche, eine höhere Seinsform von der Gesetzlichkeit der niederen aus zu verstehen. Durch die ausführliche Kritik des Psychologismus ist das auf der ganzen Linie — in klassischer Weise zumal an den logischen Gebilden — klargestellt worden.

Begriff und Urteil, sowie deren Folgezusammenhänge sind die festesten und eindeutigsten Prägungen geistigen Inhalts, zugleich aber auch die mit der greifbarsten Objektivität. Sie sind nur weder primär noch anschaulich. Sie haben die größte Stabilität in der Weitergabe. Und eben darum liegen sie aller Weitergabe durch die allgemeine Verständigungsfunktion, die Sprache, zugrunde; die Allgemeinheit der Wortbedeutungen beruht darauf, nicht weniger aber auch ihr Versagen vor dem unmittelbar Anschaulichen.

Von begrenzterer Objektivität sind die alogischen Geprägtheiten der Vorstellung, und zwar gerade durch ihre Anschaulichkeit. Dennoch gibt es auch hier eine gewisse Ablösbarkeit und Mitteilbarkeit. Die Beschreibung kann ihre Züge immer in gewissen Grenzen treffen. Sogar das Wahrgenommene als solches, sofern es der fremden Person nicht auch zur Wahrnehmung gebracht werden kann, entbehrt dieser Abgehobenheit vom Subjekt nicht ganz. Auf dem Umwege über Begriff und Wort — soweit diese reichen — kann es auch inhaltlich weitergegeben werden. So hört oder liest man von Beobachtungen, Erfahrungen, Erlebnissen anderer Personen, kann sich in gewisser Annäherung ein „Bild" davon machen und es weiter mitteilen.

Ja, die gleiche Ablösbarkeit erstreckt sich bis in die lebensaktuellste Sphäre hinein, in die der gefühlsbetonten Inhalte; sie gilt grundsätzlich auch von Zielen und Zwecken, Wunsch- und Willensobjekten, Geschmacks- und Werturteilen, von Nuancen der Stellungnahme, der Sympathie, Liebe, Verehrung, Verachtung, der ästhetischen Bewertung. Fremde Zwecke können wir als solche verstehen, können mit ihnen im Leben rechnen, auch wenn sie weit entfernt sind die unsrigen zu sein. Schätzung und Abwertung, Geschmack und Kunstempfinden unterliegen einer gewissen Mitteilbarkeit, auch wenn sie nicht mitempfunden werden. Kann doch mitgeteiltes Wertempfinden „erweckend" für das eigene sein — auch in seiner Einseitigkeit und Schiefheit; es kann „ansteckend" um sich greifen von Person zu Person. Es kann sich dabei auf ganz unwägbare Dinge erstrecken, die kein begrifflicher Ausdruck und keine

---

die Distanz des Bewußtseins zur Sache, hier um die Distanz des Inhalts zum Bewußtsein.

Sprache faßt. Es gibt eben noch anderen Ausdruck geistigen Inhalts als den konventionellen der Sprache. Die Haltung, die Miene, die Geste, das persönliche Verhalten kann Ausdruck sein. Diese lebendige, in der Anpassung an neue Inhalte stets erfinderische Symbolik hat unter Umständen die weit größere Kraft. Sie durchsetzt alle personalen Lebensbeziehungen und ist im Aufgefaßten stets schon enthalten, wo dieses sich zum objektiven Gebilde ausprägt.

Wichtig ist hierbei, daß solches objektive Bestehen in der Abgelöstheit mit dem Erkenntnisverhältnis nichts zu tun hat. Für den Selbständigkeitscharakter der geistigen Inhaltsgebilde ist es ganz gleichgültig, ob es sich um bloß Vorgestelltes, Erdachtes, Phantasiertes oder um Erfaßtes und Begriffenes handelt. Ein Einfall, ein Traum, ein Märchen hat dieselbe Objektivität, Geprägtheit, Tradierbarkeit wie eine Einsicht, eine Entdeckung, ein Fund. Wahrheit und Irrtum machen hier keinen Unterschied. Auch bewußte Fälschung und Entstellung zieht der Weitergabe keine Grenze vor. Der Gedanke, der Begriff, das Urteil sind ebenso indifferent gegen diesen Unterschied wie Erdichtung und Phantasiespiel. Nur die Erkenntnis steht anders da. Und das gerade beweist, daß die innere Objektivität geprägter Inhalte ihr gänzlich indifferent gegenübersteht. Irrtümer und Vorurteile haben dieselbe Objektivität und Tradierbarkeit wie Wahrheiten. Das ist eine wohlbekannte geschichtliche Erfahrung. In der Objektivität als solcher liegt daher kein Erkenntniskriterium. Sogar ihre höchste Form, die logische Struktur, ist als solche indifferent gegen wahr und unwahr.

Und daraus folgt unmittelbar: die innere Objektivität der geistigen Gebilde hängt nicht an einer Verankerung im Realen. Es gibt wohl auch Übereinstimmungen der Auffassung, die auf Gemeinsamkeit des Realgegenstandes beruhen. Von dieser Art ist die tiefe Analogie aller menschlichen Erfahrung. Aber eben diese zählt zum Bereich der Erkenntnis und ist von ihrem Wahrheitsgehalt nicht abzulösen. Die bloß innere Objektivität ist etwas ganz anderes. Sie besteht unabhängig von allem Zutreffen auf Seiendes, besteht auch ohne ein solches. Sie ist eine rein innere Angelegenheit des geistigen Gutes.

Das „Wandern" des geistigen Inhalts von Person zu Person — auf dem Wege des Ausdrucks und der Mitteilung — ist die Grundlage aller lebendigen „Tradition" und bildet damit ein Grundphänomen des objektiven Geistes. Man kann sein Prinzip so aussprechen: was einmal von einer Person im Ausdruck objektiviert ist, läßt sich überhaupt nicht mehr von ihr festhalten. Es wandert weiter, je nach der Aufnahme, die es findet, und zwar so lange, bis es von anderem Inhalt verdrängt wird. So kann es, wenn es die Gemüter fesselt, den Kreis der Lebenden durchwandern, kann geschichtlich die Generationen entlangwandern. Seine Seinsweise im Wandern ist eine getragene, in der die Träger wechseln, der „Inhalt" aber bleibt. Es besteht in Abgelöstheit vom hervorbringenden Akte fort, bleibt aber stets gebunden an den auffassenden und verstehenden Akt der jeweiligen Träger.

d. Intersubjektivität der Erfahrung und des Weltbildes.

Mit der objektiven Gestalthaftigkeit und Tradierbarkeit des geistigen Inhalts fällt seine Intersubjektivität nicht zusammen. Diese hängt einerseits nicht an Inhalt und Gestaltung allein, greift auf Akt und Verhalten der Person über, ist aber andererseits am breitesten im Erkenntnisgebiet ausgeprägt. Intersubjektiv ist das am Geiste, was nicht erst durch Ablösbarkeit von der Person auf andere Personen übergreift, sondern von vornherein allen gemeinsam ist als die alle verbindende Struktur und Gesetzlichkeit des Geistes. In ihr liegt ein zweites und tieferes Fundament des objektiven Geistes.

Die Entdeckung der intersubjektiven Gemeinsamkeit fällt nahezu mit der Entdeckung des geistigen Seins zusammen. Heraklit spottet über die Verblendung „der Vielen", die da meinen, sie hätten jeder seine „Privatvernunft" (ἰδία φρόνησις), während der „Logos" in Wahrheit einer ist und gemeinsam. Der Gedanke der Einheit der Vernunft geht seitdem ununterbrochen durch die Mannigfaltigkeit der philosophischen Theorien, immer neue Phänomene führen zu ihm zurück. Daß es eine sachliche Basis der Verständigung (ὁμολογία) in der Meinungsverschiedenheit gibt, war die Entdeckung des Sokrates; daß ihr ein inneres Rüstzeug des Geistes zugrunde liegt, das jeder in sich trägt, ist der Gedanke Platons. Spitzt man diese Grundmotive weiter zu, so kommt man bereits zu metaphysischen Fassungen der Sachlage: nicht „wir" denken, sondern „es" denkt in uns; und von hier aus ist es nur ein Schritt bis zur Lehre vom allgemeinen oder „transzendentalen" Subjekt, das verbindend hinter den Einzelsubjekten steht; oder auch vom intellectus divinus, in dem menschlich-individueller Intellekt wurzelt.

Sieht man von solcher Metaphysik ab und hält man sich eng an das Phänomen, so ist die Sachlage diese: wie ich heiß und kalt empfinde, rot und grün, so oder ähnlich auch die anderen; was ich „erfahre" im Zuge der Ereignisse, erfahren auch andere; was ich aus gleicher Erfahrung folgerichtig „schließe", das schließen auch andere. Darum allein können wir uns über Seiendes verständigen. Wir leben nicht nur realiter in einer gemeinsamen Welt, sondern im allgemeinen auch dem Wissen und Verstehen nach. In den Grundzügen ist auch das Weltbild — wenigstens das naive und unreflektierte — als inneres geistiges Gebilde das gleiche.

Das hat natürlich seine Grenzen. Wahrnehmung kann divergieren, Erfahrung ist je nach Lebensumständen verschieden; und nichts ist mannigfaltiger als die „Meinungen" der Menschen, über was es auch sei. Aber diese Divergenz ist nicht uferlos. Die vorgestellten, gedachten, gemeinten Welten sind nicht der Willkür preisgegeben. Relativ auf die Ausgänge zeigen sie doch annähernd die gleiche Folgerichtigkeit; und die Ausgänge enthalten stets auch Gemeinsames. So zeigen die vorgestellten Welten auch immer ein teilweises Zusammenfallen. Anders wäre auch bei vollkommenster Mitteilbarkeit Verständigung in den einfachsten praktischen Dingen nicht möglich. Wo zwei zusammen im Regen gehen, da ist es niemals so, daß es für den einen regnet und für den anderen nicht regnet — normalerweise wenigstens. In diesem Falle beruht die Intersubjektivität der Erfahrung auf der Konstitutionsgleichheit, der leiblichen wie der seelischen, ist also außergeistig bedingt. Und da besteht sie natürlich nur in den Grenzen dieser Gleichheit. Daher der Spielraum des Eindrucks und der auf ihm fußenden Meinung.

Anders ist die autonom geistige Intersubjektivität gestellt, die auf Identität der Gesetzlichkeit von Gedanke, Vorstellung und Meinung beruht. Die bekannteste Gesetzesidentität dieser Art, die die Individuen verbindet, ist die logische, und zwar speziell die der Zusammenhänge, der Schlüsse. Begriffe kann man auch willkürlich bilden, urteilen kann man immer noch Beliebiges (ein Urteil braucht ja nicht wahr zu sein); aber „schließen" kann der Mensch nicht Beliebiges aus Beliebigem, sondern durchaus nur Bestimmtes aus Bestimmtem — soweit nicht außerlogische Faktoren die Stringenz beeinträchtigen. Hier ist strenge Übereinstimmung von Subjekt zu Subjekt. Denn diese Gesetzlichkeit beherrscht das „private" Denken des Einzelnen. In diesem Punkte also ist die „Gemeinsamkeit des Logos" greifbar. Der Einzelne hat keine private Logik. Darum allein kann die Konsequenz fremden Denkens unmittelbar einleuchtend sein, seine Inkonsequenz aber als solche fühlbar und — ihm nachweisbar sein.

Soweit steht die Intersubjektivität noch diesseits der Erkenntnisbeziehung zum objizierten Realen. Aber sie greift auch dahin über. Auch die inhaltlichen Kategorien, unter denen wir Reales auffassen, sind gemeinsam. Gemeinsam ist die Kausalauffassung der dinglichen Vorgänge, gemeinsam die Voraussetzung der Substrate, die Gesetze der Größenverhältnisse. Indem wir das gleiche Inventar von Formmodellen der Vorstellung, der Anschauung, des Begreifens besitzen, tauchen auch notwendig anläßlich gleicher Gegebenheit die gleichen geformten Gestalten am objektiven Inhalt auf.

Das geschieht unabhängig von Tradierbarkeit und Mitteilung. Umgekehrt, diese beruhen ihrerseits schon auf den kategorialen Formgleichheiten. Sonst eben wäre der fremden Person das Gemeinte im Mitgeteilten nicht wiedererkennbar. Die Kategorien der Auffassung zählen zu dem mitgebrachten Gattungsmäßigen des Geistes. Nicht zwar, als könnte es nicht Geist mit anderen Kategorien geben. Aber wir haben es nur mit dem empirisch-menschlichen Geiste zu tun, und dieser ist nun einmal generell so und nicht anders geformt. An ihm ist die Forderung der „gemeinsamen Vernunft" erfüllt. Diese in ihrem Formenbestande besteht auch dann zu Recht, wenn die Formen auf das Reale nicht zutreffen sollten, darf also nicht auf die Grenzen stichhaltiger Erkenntnis beschränkt verstanden werden [1]).

e. Einheit der Vernunft und Unfreiheit des Denkens.

„Die Wachen haben alle nur eine Welt," sagt Heraklit; im Traume hat jeder die seinige. Das betrifft nicht die reale Welt — da ist es eine Selbstverständlichkeit —, sondern die vorgestellte. Ob man diese Intersubjektivität auf Einheit des Logos, des Verstandes oder der Kategorien zurückführt, macht in der Sache keinen Unterschied aus. Am geläufigsten ist wohl das Schlagwort von der „Einheit der Vernunft" geworden. Man darf es für das Geistproblem trotz seiner Vagheit ruhig beibehalten, wofern man nur dabei die einschlägigen Phänomene konkret vor Augen hat. Die Phänomene der Intersubjektivität am geistigen Sein haben nicht den Sinn, daß sie alle Individualität aufheben; sie heben z. B. die Getrenntheit der Bewußtseinswelten keineswegs auf, sie überbrücken sie nur durch fundamentale Gemeinsamkeiten. Sein Bewußtsein hat jeder für sich. Der Geist aber ist nicht das Bewußtsein. Er greift über. Das Bewußtsein trennt, der Geist verbindet.

Die Gemeinsamkeit der Gesetze und Kategorien des Geistes bedeutet am Denken des Individuums eine ganz bestimmte Art von Unfreiheit. Diese erstreckt sich ohne Unterschied auf alles menschliche Denken, und keineswegs bloß auf das der geschichtlich eingefahrenen Geleise. Der Einzelne kann auf Grund sehr eigenartiger individueller Gegebenheiten mit voller logischer Notwendigkeit zu Resultaten kommen, die von der herrschenden Meinung weit abweichen. Denn schließen kann er nicht beliebig, sondern nur wie die gemeinsame Logik des Gedankens es verlangt. Niemand kann seinem Denken vorzeichnen, wo es hinausgelangen

[1]) Die hier gestreifte Frage ist die des Apriorischen und gehört in die Erkenntnistheorie. Zum Verständnis des Gesagten sei hingewiesen auf den grundlegenden Unterschied von immanenter oder intersubjektiver Apriorität und transzendenter Apriorität. Nur an der letzteren hängt die aus Kants „Deduktion" her bekannte Frage der Gültigkeit. Kategoriale Formen apriorischer Natur können sehr wohl allen Individuen gemeinsam sein, ohne doch „objektive Gültigkeit" zu haben. Es genügt für immanente Apriorität, daß nur alle Menschen die gleichen Kategorien haben. Vgl. „Grundzüge einer Metaphysik d. Erkenntnis" [2], Kap. 45, 46.

soll. Ein Gedanke kommt nicht, wenn man ihn ruft; er kommt „von selbst" — d. h. im Zuge gesetzlichen Denkzusammenhanges — und dann hat er Macht über das Denken. Sind die Gegebenheiten, aus denen er kommt, unbestreitbar, und ist die Art des Folgerns stichhaltig, so wehrt man sich vergebens gegen ihn. Er überzeugt einen, und zwar ohne Unterschied, ob es eigener oder fremder Gedanke ist.

Es gibt im Denken, soweit es logisch ist, keine Freiheit. Gerade das Denken ist streng gesetzlich. Es ist ein Irrtum, zu meinen, man könne sich denken, was man will. Man kann dem Denken folgen, soweit man will; man kann es auch mit dem Willen verleugnen, wo man sich vor seinen Konsequenzen fürchtet. Aber man kann damit nicht ganz hindern, daß es einen überzeugt. Der Mensch „muß" denken, wie er denkt; auch da, wo er irrt, — solange eigenes oder fremdes Denken ihn nicht eines anderen überzeugt. Freiheit ist hier nur dem Realen gegenüber — denn logische Folgerichtigkeit ist bei irrigen Voraussetzungen (Gegebenheiten) ebensosehr Gewähr der Unwahrheit wie bei zutreffenden Gewähr der Wahrheit —, aber nicht der eigenen Gesetzlichkeit gegenüber.

Diese innergeistige Sachlage ist die längste Zeit verkannt worden. Das Mittelalter bestrafte den Ketzer, es sah in ihm nicht den Irrenden, sondern den Sündigen, als trüge er die Schuld am Zuge seines Denkens. Es ist also gerade umgekehrt, als die übliche Auffassung es hinstellt: das Mittelalter hat die Freiheit des Denkens nicht verneint, sondern bejaht. Es glaubte an sie. Darum zog es den Irrenden zur moralischen und gerichtlichen Rechenschaft. Und eben dieser Glaube war sein Irrtum. Und nicht weniger irrte sich die Neuzeit — insonderheit die Aufklärung —, wenn sie meinte um die Freiheit des Denkens zu ringen. Denn gerade der mittelalterliche Glaube an die Freiheit des Denkens war es, was sie bekämpfte. Ihre wirkliche Forderung ging auf Anerkennung der inneren Notwendigkeit und Unfreiheit der persönlichen Überzeugung.

Wirkliche Freiheit des Geistes ist nur im Wollen und allem, was mit ihm zusammenhängt, im Handeln, in der Gesinnung. Weder in der Auslese der Situationen noch im Intelligieren noch im Wertempfinden ist Freiheit. Nur die Entscheidung und der persönliche Einsatz für oder wider ist bei empfundener Wertmannigfaltigkeit in die Macht des Menschen gestellt.

17. Kapitel. Zur Klärung des Begriffs.

a. Das Thema der Geisteswissenschaften.

Es handelt sich nun darum, den Geist in seiner überindividuellen Grundgestalt zu fassen. Das Hauptgewicht muß hierbei auf seiner Seinsweise, der Art seines Bestehens oder Wirklichseins liegen. Denn diese ist nicht unbestritten, ist überdies von Hegel her metaphysisch belastet. Solange man sich ihrer nicht versichert, d. h. sie nicht als Gegenstand sehen lernt, ist alle Diskussion über Wesenszüge des objektiven Geistes vergeblich.

Es gilt dazu das Phänomen in möglichster Breite und Mannigfaltigkeit zu fassen. Die soeben aufgezeigten überpersonalen Züge am personalen Geist reichen dazu nicht entfernt aus. Alle Gebiete des geschichtlich-wirklichen und sich wandelnden Geistes müssen herangezogen werden: Recht, Sitte, Sprache, politisches Leben nicht weniger als Glaube, Moral, Wissen, Kunst. Das sind Inhaltsgebiete des geschichtlichen Geistes; aber gerade ihre Geschichtlichkeit zeigt, daß sie in bloßer Inhaltlichkeit nicht aufgehen, sondern geschichtliches Leben, Werden und Vergehen haben, und in der besonderen Art dieses ihres „Lebens" kann ihre Seinsweise faßbar werden.

Daß die Betrachtung hierbei überall in zwei Dimensionen sich bewegen kann — in der statisch-strukturellen und der zeitlich-dynamischen —, ist ein erheblicher Vorteil, der ihr zugute kommt. In beiden Richtungen wird sie sich eng an die Phänomene zu halten haben. Und das besagt, daß es sich hier noch mehr als beim personalen Geist um bloße Beschreibung handelt, ja daß die ganze Untersuchung auf weite Sicht hin wenig mehr tun kann als Phänomene zusammenhalten und beschreiben.

Dieser sichere Weg ist um so mehr der gegebene, als man sich beim objektiven Geist nicht, wie beim personalen, auf ein allgemein zugestandenes Bewußtsein seiner Existenz berufen kann. Man kennt ihn naiverweise nicht unmittelbar als ein Tatsächliches und Wirkliches. Die Existenz muß also mit erwiesen werden. Und sie eben wird greifbar erst mit dem Verständnis für seine Seinsweise.

Andererseits ist diese Aufgabe keineswegs von exzeptioneller Schwierigkeit. Man meint wohl auf den ersten Blick, der personale Geist sei wohlbekannt, der objektive schwer zu fassen. Daß dem nicht so ist, zeigte sich schon im vorigen Kapitel. Und es wird sich im Fortgang der Untersuchung immer mehr erweisen, daß gerade das Gegenteil zutrifft. Nur im ersten Hinschauen ist das geistige Individuum unmittelbar gegeben, bei näherem Zusehen erweist sich sein Wesen immer mehr als ungreifbar. Umgekehrt der objektive Geist: zunächst scheint er ungreifbar zu sein, lernt man aber seine Erscheinungsweise sehen, so erweist er sich immer mehr als ein Wohlbekanntes, mit dem wir im Leben schlechterdings immer und überall zu tun haben.

Ihn zu charakterisieren ist gewiß keine Kleinigkeit. Aber den wirklich großen inneren Schwierigkeiten wie beim personalen Geist begegnet man bei ihm nicht. Man begegnet ihnen eben deswegen nicht, weil er „objektiv" ist und uns, wie andere Realobjekte auch, als etwas außer uns

Seiendes entgegentritt. Das Innenwesen von Subjekt, Person, Akt, Bewußtsein, Selbstbewußtsein ist schwer zu fassen. Aber das sind nicht Momente des objektiven Geistes. Dieser ist weder Subjekt noch Person noch Akt, weder Bewußtsein noch Selbstbewußtsein. Die ganze Wendung nach innen ist zu seiner Fassung nicht nötig. Er ist ganz und gar Geformtheit, Geprägtheit, inhaltlich greifbare Gestaltung, und als historischer Geist deren Wandel und Werdeprozeß.

Dem entspricht das Verhältnis der positiven Wissenschaften zu ihm. Vom personalen Geist gibt es, streng genommen, keine Wissenschaft. Die Psychologie langt gerade nur bis an seine Grenze heran; ihr Feld ist das Seelische, und das ist in seiner großen Masse ungeistig. Die Ethik faßt wohl eine bestimmte Seite an ihm, aber nicht das Ganze. Die Charakterologie geht der Tendenz nach vielleicht mehr auf das Ganze der Person, ist aber zu sehr auf Typisierung angewiesen, um des Prinzipiellen Herr zu werden; sie liegt überdies selbst noch in den Anfängen.

Vom objektiven Geiste dagegen handeln viele alte Wissenschaften, und ihre reiche Erfahrung kommt der philosophischen Analyse zugute. Alles, was man heute unter dem weiten Titel „Geisteswissenschaften" zusammenfaßt, hat in erster Linie den objektiven Geist zum Thema. Der Mannigfaltigkeit seiner Gebiete entspricht die Vielzahl der Geisteswissenschaften. Hierher gehören die Sprach- und Literaturwissenschaften, die Kunst- und Kulturwissenschaften, vor allem aber die vielen Zweige der Geschichtswissenschaft. Auch wo es sich nicht um eigentliche Geistesgeschichte handelt, wo es sich um Geschichte der Technik, des Städtebaus, des Handels, des Kriegswesens handelt, ist es doch stets das geistige Ringen und seine Errungenschaften, was den eigentlichen Gang der Geschichte ausmacht — nicht anders als in der Geschichte des Rechts, der Staatsverfassungen oder einzelner Wissenszweige.

Daß die Geschichtswissenschaften durch ihren Gegenstand auch in weitem Maße von Einzelpersönlichkeiten handeln, tut dem keinen Eintrag. Die Individuen stehen eben mitten drin im geschichtlichen Leben, man kann sie vom objektiven Geiste gar nicht abtrennen. Blickt man aber auf die Rolle, die ihnen hier zufällt, und auf das wirkliche Tun der Wissenschaft an ihnen als Gegenständen, so findet man zweierlei immer wieder: es ist immer die Zeitlage des geschichtlichen Geistes als ganzen, aus der heraus individuelle Eigenart und persönliches Schicksal verständlich wird; und es ist eine überpersönlich-geschichtliche Bedeutsamkeit der Person, um derentwillen sie überhaupt zum Gegenstand gemacht wird. Nicht beliebige Individuen werden so behandelt, sondern diejenigen, die in irgendeiner Weise den objektiven Geist bewegen. Und so steht dieser auch hier in zwiefacher Hinsicht hinter der Person.

b. Zeitgeist und völkischer Geist.

Für den vorläufigen Begriff des objektiven Geistes kann man sich auf den Sprachgebrauch beziehen. Das Grundphänomen ist eben ein durchaus geläufiges, wennschon im eigenen Leben der Person nur gelegentlich beachtetes.

Wir sprechen ganz zwanglos vom „Geist" des Hellenismus, der Renaissance, des Rokoko, auch wohl spezieller von dem des ciceronischen oder augusteischen Römertums. Jedermann versteht das, wenn er ein Bruchstück Geschichte kennt. Und wenn man dann einige repräsentative Gestalten nebeneinanderstellt, die dem gleichen Geiste angehören — dem „Zeitgeiste", wie man sagt —, wenn man darüber hinaus gewisse charakteristische „Ideen" der Zeit oder charakteristische Ziele, Tendenzen, Leistungen, Geschehnisse oder gemeinsame Schicksale der Menschen jener Zeit hinzufügt, so liegt darin bereits allemal ein gewisses Bild dieses „Geistes".

Ebenso spricht man vom „Geiste eines Volkes" als einem gegenwärtigen und meint damit völkische Eigenart anderen Völkern gegenüber. Das ist etwas ganz Konkretes, Erfaßbares, Erlebbares, was der Vermittlung geschichtlichen Wissens nicht bedarf und auf begriffliche Fassung nicht wartet. Es ist etwas, was sich unmittelbar aufdrängt, wo und wie immer man damit in Berührung kommt. Jeder, der in ein fremdes Land kommt, „erfährt" den fremden Geist des fremden Volkes und unterscheidet ihn im Erfahren sehr bestimmt von dem eines anderen Volkes. Er „erlebt" ihn als etwas Reales und Lebendiges, als etwas, was es wirklich gibt und womit er sich auseinandersetzen muß, wenn er im fremden Lande leben will. Er muß ihn verstehen, mit ihm im Leben rechnen lernen, in ihm wie in einer Sphäre sich bewegen lernen. Kurz, er erfährt und erlebt ihn als eine Macht, von der er — ganz wie in anderem Erfahren und Erleben auch — betroffen ist, die ihn allseitig umgibt, belagert, Anforderungen an ihn stellt. Und ganz wie mit anderen realen Mächten auch, muß er sich mit dieser Macht irgendwie stellen, muß mit ihr paktieren. Denn gegen sie angehen kann er als Einzelner nicht.

Von hintergründigen Dingen ist hierbei gar nicht die Rede. Es handelt sich um ein Stück Alltagserfahrung, wie jeder sie machen kann. Der fremde „Geist" liegt durchaus zutage, wennschon man ihn nicht ohne weiteres greifen kann. Er ist nicht identisch mit dem, was die einzelnen Individuen sind, denn diese haben darüber hinaus noch ihre Besonderheit, sind auch keineswegs durchweg reine Repräsentanten; desgleichen ist er nicht identisch mit dem ganzen Volke als Summe der Individuen, denn man erfährt ihn ja nur an einer kleinen Auslese von Einzelnen, setzt sich auch keineswegs mit allen auseinander, weder mit der Mehrheit noch mit einer weislich zu diesem Zweck getroffenen Auslese. Dennoch tritt er einem geschlossen als einheitliches Gebilde entgegen. Er ist in allem, geht in nichts auf. Er verbindet die heterogensten Dinge — von den Nichtigkeiten des Umganges und der Höflichkeit bis zu den Formen politischer Leidenschaft und Parteiung, ja bis zu den herrschenden Ansichten, Vorurteilen, Wertungen oder auch den Vorzugsrichtungen der Ablehnung und Zustimmung. Und diese Mannigfaltigkeit hindert nicht, daß sich gerade seine Einheitlichkeit aufdrängt. Man erlebt ihn in aller Vielspältigkeit — und selbst in aller Divergenz seiner einseitigen Ausprägung an den Einzelnen — doch überall als ein Ganzes.

Hiermit ist das Grundphänomen des objektiven Geistes in populärster Form umrissen. Seine Reichhaltigkeit wird sich so leicht nicht erschöpfen lassen; die ersten Zugänge können nicht mehr als grobe Umrisse erkennen lassen. Nicht überall tritt objektiver Geist in so aufdringlicher Form in die Erscheinung wie am fremdvölkischen Geist. Der Zeitgeist, der ganzen Völkergruppen gemeinsam sein kann, ist verschwiegener, eine andere Form des Gemeingeistes. Sich selbst wird er nur selten anschaulich; erst im historischen Rückblick ist er deutlich erkennbar. Der Sache nach ist der Unterschied aber nur ein solcher der Dimension. Geschichtlich überlagert sich stets der Zeitgeist mit dem völkischen Geist. Er ist in der Gleichzeitigkeit differenziert in die völkischen Besonderheiten, und diese wiederum durchlaufen die sich ablösenden Gestalten des Zeitgeistes in sehr verschiedener Kurve. Im Gesamtphänomen aber, wie eng oder breit man es auch fassen mag, ist immer beides unlösbar ineinander verwoben.

Der Differenzierung sind hierbei keine prinzipiellen Grenzen gezogen. Ein Städtchen, eine Gemeinde, eine Berufsklasse, eine Arbeitergruppe können jede ihren bestimmt ausgeprägten Gemeingeist haben; nicht anders als eine politische Partei, ein Verein, ein Bataillon, ja eine Schulklasse. Und überall zeigt sich die gleiche Überlagerung, vermehrt noch um die Einbettung des partikulären Geistes in die umfassenden und an Prägung überlegenen Gestalten des Geistes. Das Phänomen ist dasselbe im großen wie im kleinen. Nur seine Durchbildung, seine Stabilität und sein Gewicht sind außerordentlich verschieden. Geschichtlich liegt das Übergewicht stets bei den großen Erscheinungsformen.

c. Gemeinschaft, Kollektivität und Gemeingeist.

Sieht man sich nun unter den heutigen Theorien nach Fassungen dieses Phänomens um, so muß es auffallen, daß sie in ihrer großen Mehrzahl nicht geeignet sind, ihm gerecht zu werden. Das hängt mit den vorherrschenden Strömungen in der Soziologie zusammen, deren Betrachtungsweise, obgleich vielfach den Geistesphänomenen zugewandt und auf sie übertragen, doch nicht ursprünglich von ihnen hergenommen ist. Die Gemeinschaftsphänomene sind eben als solche keine Geistesphänomene, wie eng sie auch mit ihnen verwoben sein mögen. Sie als solche sind vielmehr Kollektivphänomene. Und die zeigen eine andere Eigengesetzlichkeit. Man wird sie gewiß im Geistesproblem nicht unterschätzen dürfen. Aber ob das „Kollektivum" als solches schon geistiges Sein ist, ob also Gemeinschaft identisch mit Gemeingeist gesetzt werden darf, ist eine ganz andere Frage.

Auf die Mannigfaltigkeit der Theorien, die der Sache nach diese Frage bejahen, soll hier nicht eingegangen werden. Es genügt für unseren Zweck, generell die Gegenthese zu ihnen herauszuarbeiten und am Phänomen zu begründen. Sie lautet in Kürze dahin: der Gemeingeist als solcher ist nicht Gemeinschaft, er hat nicht die Form des Kollektivums, ist weder als Summe noch als das Ganze der Individuen zu verstehen. Wahr ist nur soviel, daß objektiver Geist nie ohne ein Kollektivum von Einzelpersonen besteht, daß er stets von einem solchen getragen ist, wie immer dessen jeweilige Form beschaffen sein mag, ja daß er mit ihm geschichtlich steht und fällt. Unwahr ist, daß er nichts anderes als das Kollektivum sei.

Dieses nachzuweisen ist nicht mit einem Schlage möglich. Es wird sich erst allmählich im Fortschreiten der Untersuchung herausstellen können. Es wird zu zeigen sein, wie das geistig Gemeinsame in jeder Zeitgenossenschaft ein Gebilde und eine Ganzheit anderer Dimension ist als die Gemeinschaft der Individuen. Vor der Hand aber muß es zur Vororientierung genügen, einige wenige Momente herauszustellen, um wenigstens die Unterscheidung greifbar zu machen.

1. Vor allem gilt es hier, der mechanistisch-genetischen Auffassung entgegenzutreten, die, veranlaßt durch die Arbeitsweise gewisser Naturwissenschaften, ein Ganzes aus seinen Elementen heraus erklären zu können meint. Es ist bekannt, daß zurzeit selbst die Wissenschaften, in denen sie aufkam, sich von ihr abwenden. Bedeutsamer für unser Problem ist, daß auch die Soziologie mit ihren Gemeinschaftsproblemen auf der ganzen Linie über sie hinausgetrieben wird. Der Gemeingeist vollends ist so nicht faßbar. Die Voraussetzung wäre, daß die Einzelpersonen immer schon vor dem Gemeingeist da wären, ja daß dieser um so mehr anwachsen müßte, je mehr Personen sich kollektiv zusammenschließen. Das ist der Grundirrtum. Soweit die Geschichte zurückreicht, findet das Individuum allemal schon einen bestimmt gestalteten und bestehenden Gemeingeist vor, und in diesen „wächst es hinein". Ein Zeitgeist ist zu jeder Zeit schon vorhanden. Kein Einzelner erdenkt oder erfindet ihn erst für sich. Niemand fängt als Einzelner neu an, Satzung, Konvention, Ausdruckssymbole zu schaffen. Jeder vielmehr „übernimmt" gewordene und vorgefundene Gültigkeiten, Sitten, Sprache. Und dieses Übernehmen ist nicht das Übernehmen eines Kollektivgebildes — man über-

nimmt nicht die Menge der Individuen —, sondern offenkundig nur ein Übernehmen der gemeinsamen Formen und Geprägtheiten, die sie an sich haben, dessen also, was die Menge der Individuen für recht, gültig, anständig oder erforderlich hält. Übernommen wird das geistig Gemeinsame, das sie verbindet.

2. Dieses geistig Gemeinsame hat keinerlei Ähnlichkeit mit einer Summe. Und nur deswegen kann es überhaupt ein Gemeinsames sein. Gemeinsam im strengen Sinn kann nur sein, was jedes Individuum ganz und ungeteilt an sich haben kann. Kein Individuum aber kann eine Summe von Individuen ganz und ungeteilt an sich haben. Das ergibt nicht nur eine Unmöglichkeit, sondern direkt einen Widersinn.

3. Wie der vielzellige Organismus keine Summe von Zellen ist, so auch der Gemeingeist keine Summe personaler Geister. Hier wie dort ist die Gestaltung des größeren Ganzen ein ontisches Novum, das die tragenden Elemente überformt und ihnen unähnlich ist. Ja, das Gleichnis trifft nicht einmal zu; denn der Organismus „besteht" immerhin „aus" Zellen, wennschon er mehr ist als ihre Summe, der Gemeingeist aber „besteht" nicht aus Personen, und das ist sein Unterschied von der „Gemeinschaft". Er wächst nicht mit der Vermehrung der Individuen, schrumpft nicht mit ihrer Abnahme. Die größere Zahl bietet ihm nur die größere Chance der Entfaltung und des Ausgleichs; sonst ist er gleichgültig gegen sie, und stets ist er voll ausgeprägt nur in einer Elite von Individuen. Unter ihm her wechseln die Träger, ihre Anzahl schwankt in weiten Grenzen, er aber besteht fort — auch da, wo die Gemeinschaftsformen sich lösen und neue sich bilden. Er wandelt sich zwar seinerseits auch, aber sein Wandel ist ein anderer als die Folge der Generationen, ein anderer auch als die der Kollektivganzheiten. Er ist durch beide Arten der Folge mit bedingt, geht aber in ihnen nicht auf.

4. Aller objektive Geist ist in sich selbst eine vielfache Mannigfaltigkeit. Im Hinblick darauf läßt sich allenfalls von ihm als einem hochkomplexen Gebilde sprechen, dessen einzelne Bestandteile sich auch gesondert betrachten lassen. Aber das geht nur in der Abstraktion an. Voll verstehen lassen sich die Einzelheiten nur im Zusammenhang seiner Einheit. Und — was hier die Hauptsache ist — auch in der abstraktesten Sonderung seiner Teilgebilde stößt man niemals auf Individuen als Elemente. Der Gemeingeist ist eben seinem Wesen nach kein Aggregat von Individuen, sondern — wenn überhaupt man das Bild zulassen darf — ein solches von geistigen Formen, Inhalten, Gültigkeiten. Man kann ihn als Inbegriff von Anschauungen, Wertungen, Vorurteilen usw. fassen, er wird deswegen doch nie zum Inbegriff der Personen, deren Gemeinsames er ausmacht. Wie denn auch seine inhaltliche Mannigfaltigkeit nicht die Mannigfaltigkeit der Personen ist, sondern gerade ihre Gleichartigkeit.

Was sich aus Individuen integriert, das trifft niemals das Wesen seiner Ganzheit; es läuft auf anders dimensionierte Ganzheiten hinaus, ist in bezug auf ihn in falscher Richtung integriert.

5. Schließlich ist zu berücksichtigen, daß auch eine einzelne Person sehr wohl Repräsentant eines Gemeingeistes sein kann. Sie wird ihn zwar nie ganz umspannen (der inhaltlichen Mannigfaltigkeit nach), wird als Repräsentant immer irgendwie einseitig bleiben. Dennoch kann er in seinen charakteristischen Wesenszügen an ihr beisammen und gerade als einheitliches Ganzes faßbar sein. Darum sucht der Historiker sich plastische Einzelgestalten heraus, um an ihnen einen Zeitgeist konkret zu charakterisieren. Er kann eben an ihnen das Wesentliche des Gemeingeistes aufzeigen. Was nur Sinn hat, wenn dieses Wesentliche nicht eine Summe von Individuen ist, sondern ein qualitativ Identisches an ihrer Vielzahl.

d. Lebender Gemeingeist und abstrahierter Typus.

Hat man sich davon überzeugt, daß objektiver Geist kein Kollektivum ist, ja mit einem solchen auch keinerlei Ähnlichkeit hat, so liegt es nahe, ihn sich als ein bloß abstrakt Allgemeines, etwa als den abstrahierten geistigen Typus der Individuen vorzustellen. Ein solcher wäre dann zwar in den Individuen realisiert, über sie hinaus aber durchaus nichts Wirkliches. Man brauchte ihn deswegen nicht gerade nominalistisch in das Reich der Begriffe zu verbannen. Wohl aber würde er damit der realen Welt enthoben und in die Sphäre der Wesenheiten (essentiae) abgedrängt. Denn die Realität, die er im einzelnen Individuum allein hätte, wäre ja vielmehr personaler Geist.

Mit solcher Auffassung fällt man in das andere Extrem. Und das ist ebenso unzutreffend. Wesenheiten haben nicht Geschichte, haben überhaupt kein zeitliches Sein. Was sie sind, das sind sie zu jeder Zeit, und zwar eben deswegen, weil sie an sich zeitlos sind. Das trifft auf den objektiven Geist, wie wir ihn im Leben erfahren, ganz und gar nicht zu. Er gerade hat Geschichte, hat ein Dasein in bestimmter Zeit; er kommt auf, entwickelt sich und verschwindet wieder von der Bildfläche des geschichtlichen Lebens. Das gilt vom Zeitgeist genau so sehr wie vom völkischen Geist, und nicht weniger von allen Abstufungen des Gemeingeistes bis zu den kleinsten und ephemersten Formen des Gruppengeistes hinab.

Weit einleuchtender aber noch wird das, wenn man auf einzelne Geistesgebiete hinblickt und sich im Hinblick auf sie den schlichten Sinn lebendigen und toten Geistes vergegenwärtigt, wie er dem geschichtlichen Denken mit gutem Grunde geläufig ist. So sprechen wir von lebendiger und toter Kultur, von lebendiger und toter Sprache, lebender (positiver) und toter Moral, geltendem und nicht mehr geltendem Recht. Wie man tote Sprachen wohl noch erlernen und verstehen, aber nicht mehr im Leben mit Lebenden sprechen kann, so kann man auch das Recht oder die Moral von einst noch sehr wohl verstehen, aber man kann sich nicht mehr gegen sie versündigen. Man lebt nicht mehr nach solcher Moral, unter solchem Recht, denn sie gelten nicht mehr, haben keine Macht mehr über die Lebenden. Und dieses, daß sie nicht mehr gelten, daß ihre Geltung eine solche in bestimmter geschichtlicher Zeit war und nicht willkürlich wieder erweckt werden kann, das beweist, daß ihr geschichtliches Sein und Nichtsein ein reales ist. Wären sie bloße Wesenheiten, so müßte ihre Geltung eine immerwährende, zeitlose sein. Geschichtliches Gelten ist eben etwas anderes als Wesensgeltung. Es ist ein Macht-Haben über die Gemüter, ein In-Ansehen-Stehen bei ihnen, ein Beherrschtsein und Geformtsein der Menschen durch das Geltende. Geschichtlich lebender Geist ist der die Individuen auf ihrem ganzen Werdegange in seinem Bann haltende und so von innen heraus sie gestaltende Geist.

Hiermit ist etwas berührt, was offenkundig über den Charakter eines bloßen „Typus" hinausgeht. Geistiger „Typus" ist auch die tote Kultur oder Sprache, nicht mehr geltendes Recht, vergessene Moral. Gerade an der Allgemeinheit, dem Typencharakter, oder auch der Wesensstruktur macht das geschichtliche Lebendig- oder Totsein keinen Unterschied aus. Für die Seinsweise des Geistes aber ist dieser Unterschied gerade maßgebend. Wie denn das Lebendigsein hier kein bloßes Bild ist; es drückt ein geschichtliches Dasein des Geistes aus, sein Gegenwärtigsein, Fortbestehen oder Inkraftsein. Dieses Dasein und Inkraftsein ist aber kein ewiges. Es hat sein Ende, wie es seinen Anfang in der Geschichte hat.

Was so in bestimmter Zeit „da ist", in anderer Zeit aber „nicht da ist", was lebendig oder tot ist, das hat geschichtliche Existenz. Und damit ist es über die Abstraktheit eines bloß Allgemeinen, eines Typus, hinausgehoben. Es gehört nicht in das blasse, ontisch depotenzierte Reich der essentia, sondern in das Reich vollgewichtiger Wirklichkeit. Der objektive Geist in allen seinen Formen und Teilgebieten hat geschichtliche Realität, Sein in begrenzter Zeit, Gebundenheit seiner Existenz an sie[1]).

Es ist von Wichtigkeit, dieses als einen weiteren Grundzug am Phänomen des objektiven Geistes festzuhalten. Jeder Gemeingeist gehört zur realen Welt, wie der personale Geist auch. Er ist in keiner Weise ihr enthoben, hat kein schwebendes Sein, tritt auch nicht wie ein ihr Transzendentes in ihr auf. Er ist ein Lebendiges — mit der ganzen Endlichkeit und Vielspältigkeit der Realbedingtheit, wie sie allem Lebendigen eigen ist,

[1]) Vgl. hierzu das oben über Realität und Existenz Gesagte, Kap. 6 a—d.

nicht anders als die Einzelpersonen auch. Er ist zwar der Geist im großen, und sein Leben fließt in anderem Tempo als das der Personen. Aber sein Leben ist deswegen nicht weniger wirkliches Leben und als solches dem Gesetz alles Realwirklichen — dem Gesetz der Zeitlichkeit und Vergänglichkeit — nicht weniger unterworfen als anderes Leben auch.

Und eben darum wird er, wo immer er uns im Leben selbst zum Bewußtsein kommt — wie im Erleben fremdvölkischen Geistes —, als realer und lebender Geist erlebt.

e. Objektiver und objektivierter Geist.

Es zeigt sich somit, daß das Sein des objektiven Geistes weder in der Summe der Individuen noch im Inbegriff der ihnen gemeinsamen Wesenszüge aufgeht. Jene Summe ist zwar ein Reales und Lebendes, aber es fehlt ihr die Einheit des Gemeinsamen; dieser Inbegriff wiederum ist zwar ein Gemeinsames, aber es fehlt ihm Lebendigkeit und Realität. Beide fassen so das Wesen der Sache nicht.

Tiefer greift schon die Auffassung, die den objektiven Geist als „Objektivation des Geistes" zu verstehen sucht[1]). Diese Auffassung geht zwar auch am Grundphänomen vorbei, denn die Objektivationen sind nicht der lebende Geist. Auch wird hier vorausgesetzt, daß objektiver Geist auf dem personalen beruhe, von diesem gleichsam „erfunden" und dann in die objektive Gestaltung geprägt werde, in der er fortbestehen und seinen Schöpfer überleben kann. Solche Voraussetzungen widerstreiten schon dem oben Gesagten; sie werden sich im weiteren in noch ganz anderem Maße als unzutreffend erweisen. Immerhin ist in dieser Auffassung wenigstens die Schiefheit der Kollektivstruktur fallen gelassen; und ebenso ist das andere Extrem vermieden, das abstrakt Allgemeine oder der bloße Typus. Nach beiden Richtungen läßt sich an der „Objektivation" in der Tat sehen, daß es Seinsformen des Geistes gibt, die von ganz anderer Art sind.

Es ist jetzt nur noch der eine Fehler übrig, daß diese Seinsformen ganz einseitig als „Produkte" des Geistes verstanden sind. Denn damit sind sie vom geschichtlich lebenden Geiste abgelöst. Der objektive Geist ist aber gerade der geschichtlich lebende. Und jene Produkte sind zwar seine Schöpfungen, aber mit ihm nicht identisch.

Was der Geist schafft, trägt sein Ebenbild und ist in seiner Weise Geist von seinem Geiste. Ob es sichtbar und dinglich ist — ein vom

---

[1]) So bei Hans Freyer „Theorie des objektiven Geistes". Hier ist Eigenart und Seinsweise der Objektivation zwar nicht erkannt, sie wird ganz dem objektiven Geiste zugezählt. Trotzdem kommen auch so an diesem einige Grundzüge zum Vorschein. Denn in der Objektivation ist ihr Schöpfer, wennschon nicht enthalten, so doch erkennbar.

schaffenden Geiste geformtes Ding —, ob unsichtbar, nur innerlich vernehmbar — wie das Gedankengut einer Zeit —, das ist hier nur ein sekundärer Unterschied. Die Dinge, mit denen der Mensch sich als den seinigen umgibt, zählen alle dazu. Das Werkzeug, das Gerät, die Waffe gehören hierher; nicht weniger aber ist das Bildwerk, die Dichtung, der nüchtern aufgezeichnete Bericht von dieser Art.

In solchen Gebilden „objektiviert sich" der lebende Geist, der individuelle so gut wie der Gemeingeist. Aber die Objektivation ist nicht der lebende Geist selbst. Der letztere hat in ihnen nur seine Manifestation, nicht direkt sein Leben. Nun aber ist geschichtlicher Geist ein Lebendiges, wirkliches Geistes-Leben, das zu seiner Zeit aufkommt, reift und niedergeht — während seine Objektivationen, die Schöpfungen oder Produkte, ihn überleben. So lebt in jedem Volke zu jeder Zeit ein bestimmter Geist als der seinige. Und sein Gepräge hat er an sich selbst, in seinen Schöpfungen geht er niemals auf.

Von ihm als dem geschichtlich objektiven Geiste haben wir jetzt zu handeln. Der objektivierte Geist dagegen bildet ein weiteres Problem, das eine andere Behandlung verlangt. Er ist ein Gebilde von durchaus anderer Art und Seinsweise.

18. Kapitel. Stellungnahme zu den Hegelschen Thesen.

a. Hegels Entdeckung und Entdeckerirrtum.

Die großen Entdecker wissen es selten, was sie entdecken. Wie Kolumbus Neuland fand und es nicht wußte, so die Sucher und Finder des Geistes erst recht. Erst die Zeit lehrt es, was sie gefunden. Die Epigonen wissen es. Es ist immer das alte Spiel, man zieht aus, eine Eselin zu suchen, und findet ein Königreich. Viel häufiger gewiß ist das Umgekehrte, aber die Geschichte verzeichnet es nicht.

Man darf von Hegel sagen, daß er der Entdecker des objektiven Geistes ist. Gerade den überindividuellen, geschichtlich lebenden Geist meinte er, und für ihn prägte er diesen Terminus. Auf ihn bezog er das geschichtliche Geschehen, in ihm erblickte er den eigentlichen Geschichtsträger, den Schöpfer von Recht und Moral, Gemeinschaftsorganisation und Staat, Bildung, Zivilisation und Kultur. Denn diese Gebilde sind es, die Geschichte haben. Damit hat er der Philosophie des Geistes die Wege gewiesen.

Seine Entdeckung war, daß er den lebenden Geist im großen an seinen Grundphänomenen auf allen Geistesgebieten erstmalig philosophisch faßte und sein Eigenleben neben dem lebenden Geist im kleinen, oder auch über ihm aufzeigte. Zugleich aber fiel diese Entdeckung in seinem eigenen Denken auf den Boden einer allgemeinen, höchst spekulativen Metaphysik des Geistes, die seine Errungenschaft den Nachfahren verdunkelt, entstellt, zweifelhaft erscheinen lassen mußte. Echtes Geschautes und sehr reell Erfaßtes ist hier mit Konstruiertem und dialektisch Erdichtetem so eng verwoben, daß bis heute eines vom anderen kaum lösbar erscheint. Das hat seinen Gedanken einer sehr berechtigten Kritik preisgegeben.

Aber die Kritik ist übers Ziel geschossen. Sie hat es nicht verstanden, Entdeckung und Entdeckerirrtum zu scheiden, Geschautes und Erdachtes zu entwirren. Die festgefügte Systematik der Hegelschen Philosophie mochte das bis zum äußersten erschweren. Und doch liegt gerade hier die eigentliche Aufgabe. Nicht in Konstruktion und System, sondern in Erarbeitetem und Gefundenem liegt der bleibende Wert philosophischer Leistung. Was hier geboten ist, das ist sauberste Scheidung. Es gilt, das ursprünglich Geschaute herauszulösen aus den Klammern des Systems, es herauszuheben, freizulegen. Denn es ist das Übergeschichtliche in der geschichtlichen Masse der Hegelschen Philosophie.

Es ist die Größe der Großen, daß ihnen die Probleme, an denen sie arbeiten, schon in der Arbeit selbst das System sprengen. Im ganzen ihrer Lebensarbeit ist stets Lebendiges und Totes, Geschautes und Konstruiertes, unverlierbare Errungenschaft der Einsicht und vergängliche Spekulation dicht beisammen. Im Fortgang der Geschichte scheidet sich beides von selbst. Das Hegelsche System ist gefallen, die von Hegel geschaute Sache ist geblieben. Folglich muß es möglich sein, diese herauszuheben und darzustellen.

Die Entdeckung des Grundphänomens liegt im Denken Hegels selbst zeitlich viel weiter zurück als die in seiner Spätzeit durchgeführte Theorie des objektiven Geistes. Man kann ihre Spuren in die frühen Schriften zurückverfolgen. In der „Phänomenologie" liegt sie bereits als gesichertes Fundament zugrunde. Dieses Werk ist in seinen wesentlichsten Partien schon eine Erscheinungslehre des objektiven Geistes — nur ohne die Aufdringlichkeit der Substanzmetaphysik, die in der Spätzeit dominiert. Man verfährt in bezug auf Hegel also nicht einmal unhistorisch, wenn man die Substanzmetaphysik beiseite läßt und die gedanklichen Elemente heraushebt, die der eigentlichen Erscheinungsfolge des objektiven Geistes angehören.

Es wurden oben zwölf Thesen der Hegelschen Geschichtsphilosophie zusammengestellt[1]), die seine spätere Lehre vom objektiven Geist enthalten. Indem wir an die gestellte Aufgabe herangehen, muß vor allem weiteren zu diesen Thesen Stellung genommen werden. Es wird sich zeigen, daß in Form und Umfang auch nicht eine von ihnen

[1]) Vgl. die geschichtsphilosophische Einleitung, Punkt 3.

sich halten läßt. Sie sind so, wie sie dastehen, jedenfalls nicht Ausdruck des geschauten Phänomens. Das Phänomen wird vielmehr von Grund aus neu zu erarbeiten und zu beschreiben sein. Erst in der Erarbeitung wird die Stellungnahme sich rechtfertigen können. Da es aber gilt, Punkt für Punkt und in aller Ausdrücklichkeit die Substanzmetaphysik bloßzulegen, um erst einmal das Geschaute von ihr ablösbar zu machen, so läßt es sich nicht vermeiden, jenen zwölf Thesen einstweilen ebenso viele Gegenthesen entgegenzustellen.

b. Individuum, Geist, Freiheit, Endzweck.

Als metaphysische Konstruktion sind alle diejenigen Züge dieser Theorie zu bezeichnen, die den Boden des Aufweisbaren verlassen, — also alle, die von der Geist-Substanz handeln oder sie voraussetzen; ferner alle, die von der Zweckrichtung, Vorsehung oder Vernunft in der Geschichte sprechen oder darauf basieren; schließlich alle, welche den Optimismus eindeutigen Fortschrittes betreffen.

1. Der objektive Geist ist nicht ein Wesen hinter den Individuen, sondern durchaus nur etwas „in" ihnen — wennschon nicht „aus" ihnen zusammengesetzt und nicht im Einzelindividuum aufgehend. Das Verhältnis von Substanz und Akzidenz ist hier in keiner Weise anwendbar; weder ist der objektive Geist Substanz, noch sind die Individuen Akzidentien. Wahr ist es, daß die Individuen, von ihm aus gesehen, nur unvollständige Ausprägungen sind; desgleichen daß sie strukturell von ihm getragen sind und nie außerhalb seiner bestehen. Wahr ist es in ganz bestimmtem Sinne auch, daß sie todgeweiht dastehen, wo sie sich künstlich von ihm „abscheiden". Aber unwahr ist es, daß er allein das Eigentliche ist, um das allein es im Geistesleben geht. Personen haben vielmehr ihrerseits eine sehr bestimmte Art Vorrang, den der objektive Geist mit ihnen nicht teilt: eben die Personalität. Und weder macht er inhaltlich die ganze Fülle persönlicher Individualität aus, noch kann er ohne Individuen bestehen. Zwischen personalem und objektivem Geist ist das Tragen und Getragensein ein gegenseitiges.

2. Gänzlich jenseits aller Grenzen des Aufweisbaren steht die dahintersteckende These, der Geist sei „alles". Weder ist der Geist alles, noch kann er in der Welt vor dem Bewußtsein — das immer individuell ist — auftreten. Er kann also auch nicht als unerkannte Gemeinsubstanz hinter der Vielheit der Individuen stehen. Der Geist ist ontisch sekundär. Er ist das Bedingteste von allem, was die Welt umfaßt, das in der Stufenfolge Letzte, und zwar eben, weil er das Höchste ist. Er ist, als objektiver wie als personaler, getragener Geist; er ruht auf den Schichten des geistlosen Seins.

3. Der objektive Geist kann — obschon selbst getragen — sehr wohl

Träger des Geschichtsprozesses sein. Aber er kann nicht Leiter des Prozesses sein. Wenn es Vernunft in der Geschichte gibt, so jedenfalls nur die individuelle der Personen. Ihre qualitative Gemeinsamkeit (von der oben die Rede war) ändert daran nichts; denn auch gemeinsame Vernunft ist keine übermenschliche. Die menschliche aber ist nicht in der Lage, einen Plan des Geschichtslaufes zu überwachen, geschweige denn die Rolle der Weltregierung auf sich zu nehmen.

4. Daß Freiheit zum Wesen der Vernunft gehöre, wird man nicht wohl bestreiten können. Aber daß Vernunft in Freiheit allein bestehe, läßt sich angesichts der Tatsache des Wertvernehmens nicht aufrecht erhalten. Nur den vernommenen Werten „gegenüber" hat der Wille Freiheit, im Vernehmen selbst ist keine Freiheit. Aber selbst gesetzt, das Wesen der Vernunft wäre wirklich die Freiheit, so bildet doch jedenfalls Freiheit nicht den Endzweck der Geschichte. Das gerade ist tief fragwürdig und unwahrscheinlich, daß die Geschichte einen Endzweck habe. Wo der Mensch nicht Zwecke in ihr verfolgt — und das erstreckt sich nicht auf nennenswerte Zeitspannen —, da hat sie aller menschlichen Erfahrung nach überhaupt keine Zwecke. Ihre Richtung ist jeweilig vom Tun des Menschen genau so abhängig wie von anderen Mächten. Der objektive Geist ist in seinem geschichtlichen Wandel ebensowenig von Zwecken gelenkt, als er selbst Lenker des Wandels ist.

c. Prozeß und Resultat, Prinzip und Verwirklichung.

5. Es gibt in der Geschichte wohl das fortschreitende Bewußtsein der Freiheit; aber es ist nicht ihr inneres Grundgesetz, „Fortschritt im Bewußtsein der Freiheit" zu sein. Es liegt überhaupt nicht in ihrem Wesen, Fortschritt zu sein. Soweit aber es in ihr Fortschritt gibt, so besteht dieser nicht als Fortschritt der Freiheit allein, sondern ist inhaltlich mannigfaltig und vieldimensional. Wahr dagegen ist, daß Freiheit nie und nirgends ohne Bewußtsein der Freiheit wirklich ist. Freiheit ist nicht etwas Potenzielles, was auch ohne Betätigung bestehen könnte. Es gibt sie nur in der Entscheidung, und nur bewußter Geist kann Entscheidung fällen. Wo immer es Verwirklichung der Freiheit in der Geschichte gibt, da hat sie notwendig die Gestalt des Fortschrittes im „Bewußtsein der Freiheit".

6. Nicht rechtfertigen läßt sich der Satz, daß in der Geschichte der Prozeß ganz in das Resultat „aufgehoben" sei. Ein solches Aufgehobensein müßte bedeuten, daß alle irgendwie wesentliche Errungenschaft des Geistes erhalten bliebe und im weiteren Fortschritt zum Baustein werden müßte. Diese These fällt in dem Augenblick, wo Fortschritt und Zielrichtung überhaupt zweifelhaft werden. Die geschichtliche Erfahrung lehrt, daß die Geisteserbschaft von Volk zu Volk — soweit

sie überhaupt besteht — eine durchaus lückenhafte ist, und daß stets viel Wertvolles und Wesentliches zugrunde geht. Prozeß und Resultat fallen am objektiven Geiste niemals zusammen, weder im Großen noch im Kleinen. Jedes Stadium des Prozesses ist eine eigentümliche Gestalt des objektiven Geistes, die als solche geschichtlich einzig ist und nicht wiederkehrt.

7. Nicht rechtfertigen läßt sich auch die Auffassung vom objektiven Geist als einheitlichem „Weltgeist", der durch die Vielheit der geschichtlichen Gestalten geht, — selbst dann nicht, wenn man von aller Substanzialität absieht. Was wir geschichtlich kennen, ist nur ein relativ kontinuierliches Leben des Gemeingeistes, das vielstrahlig läuft und im Gestaltwandel besteht. Wohl lösen in diesem Wandel die „Volksgeister" einander ab, aber nicht in der Weise, daß sie schicksalhaft ihr „Prinzip" und ihre geschichtliche Aufgabe wie eine innere Bestimmung mitbrächten. Bildlich kann man von ihrer „Aufgabe" höchstens in dem Sinne sprechen, daß aus jeweilig gegebener Weltsituation, in die sie eintreten, ihnen eine bestimmte Rolle in der Gesamtgeschichte zufällt, die sie dann je nach Anlage, Kraft und Geschick ausfüllen und auch nicht ausfüllen können.

8. Wohl gibt es mancherlei im Leben eines Volkes, was als dunkler Drang wirksam ist, bevor es bewußt erfaßt und zielgerecht verfolgt wird. Aber als Selbstverwirklichung eines „Prinzips", das als innere „Bestimmung" ihm vorgezeichnet wäre, läßt sich das keineswegs verstehen. Was sich in der Tat überall herausbildet, das ist die völkisch-geistige Eigenart; und diese kann sehr wohl den Charakter eines „Prinzips" gewinnen, kann sogar in bewußten Tendenzen sich selbst als ein solches verstehen. Aber sie fällt einem Volke nicht vom Himmel zu, sondern entsteht selbst geschichtlich, und zwar in einem Gefüge heterogenster Einflüsse. Der lebende Geist aber durchschaut das Gefüge nicht. Er ist deswegen geneigt, bewußt gewordene Tendenz und Eigenart für ein ihm ursprünglich eigentümliches Prinzip zu nehmen.

d. Entwicklung, geschichtliches Individuum, Erhaltung und Untergang.

9. Daß es eine Periodenfolge im Sinne von „Jugend — Reife — Alter" im Leben der Völker gibt, wird niemand bestreiten. Man wird auch weiter zugestehen dürfen, daß der Gemeingeist im Frühstadium die Kraft zeigt, das Individuum bei sich festzuhalten, im Spätstadium aber sich lockert. Und diese Entwicklung dürfte in der Tat eine solche des objektiven Geistes sein. Aber sie ist zweifellos nicht nur das. Dahinter steht eine weit elementarere Entwicklung vitaler Art, die im

langsamen Verbrauchtwerden der Lebenskraft eines Volkes besteht. Der Geist zehrt an ihr, und mit der Zeit zehrt er sie auf.

10. Ist der Weltprozeß weder auf Vernunftzwecke gerichtet noch durch Vernunft geleitet, so kann man auch nicht sagen, daß die Vernunft in der Geschichte sich der privaten Leidenschaften der Individuen bediene, um ihre Zwecke zu realisieren. Man wird also keineswegs von einer List der Vernunft in der Geschichte sprechen dürfen. Dennoch steckt in diesem Gedanken ein wichtiges Gesetz des objektiven Geistes, nur handelt es sich weder um Vernunft noch um Zwecke, geschweige denn um List, sondern um etwas viel Einfacheres und Innerlicheres im Verhältnis von Individuum und geschaffener Gestaltung der Gemeinschaft, um dieses nämlich: nur solche Gemeinschaftsform kann sich geschichtlich halten und entwickeln, deren Interessenrichtung derjenigen der Individuen gleichläufig ist. Die Gleichläufigkeit zeigt sich dann darin, daß die „Leidenschaften" des Einzelnen die gemeinsame Sache betreiben, ohne sie zu bezwecken, ja ohne darum zu wissen, daß sie es tun. Im Effekt kommt es freilich auf dasselbe Überlistetsein heraus. Aber auch *nur* im Effekt, nicht im wirklichen Grundverhältnis. Denn keine Vernunft ist hier am Werk; es ist ein Überlistetsein ohne List. Es ist dasselbe wie in der Vitalsphäre, wo der Geschlechtstrieb das Individuum überlistet: das Individuum sucht nur die eigene Befriedigung, dient aber damit dem Leben der Art. Dieses Gesetz ist also kein spezifisch geistiges. Weder das Leben der Art noch der geschichtliche Geist sind deswegen providenzbegabt. Sie haben beide einfach die Form der Einbeziehung des Individuums in das Ganze, dem es zugehört.

Ob die „Moralität" der Individuen in nichts anderem als der bewußten Einbeziehung bestehe oder nicht, ist auf dieser Basis nicht zu entscheiden. Sofern aber Moralität auf Freiheit der Person beruht, schließt sie die Vorbestimmung einer über sie weg waltenden Vernunft aus. Insofern also kann sie jedenfalls nicht in einer Gemeinschaft bestehen, deren geistige Organisation den Einzelnen in seinem Tun überlistet — zum mindesten nicht insoweit, als dieses Verhältnis reicht. Hier trennen sich radikal die Wege der Hegelschen Teleologie und des lebendigen Ethos.

11. Es läßt sich nicht verkennen, daß es ein dunkles geschichtliches Wollen gibt, das den Gemeingeist vorwärtstreibt, ohne daß es sich bewußt ausprägt. Für dieses die Prägung zu finden, es zu erkennen, der Menge zu sagen, ist in der Tat Sache des großen Individuums. Aber es ist nicht wahr, daß dem geschichtlichen Individuum keine andere Rolle zufällt. Es gibt auch die persönliche Entdeckerkraft, Findigkeit und Initiative, welche die Menge erst auf Umwegen für sich gewinnen muß. Der personale Geist ist geschichtlich relevant keineswegs *nur*

als Sprecher des objektiven Geistes. Er ist es auch in seinem Abweichen von ihm. Es ist eben nicht wahr, daß niemand über den jeweilig lebenden objektiven Geist hinauswachsen könne. Der Einzelne kann zwar nicht „neben ihn" hintreten, er bleibt stets in ihm verwurzelt. Aber das, wohin er hinausgelangt, ist ein anderes als seine Verwurzelung. Und das Erstaunliche ist gerade, daß es die geschichtliche Kraft haben kann, die Menge nachzuziehen.

12. Am wenigsten vielleicht läßt sich der bestrickend optimistische Gedanke vom Weltgericht halten. Wenigstens ein gerechtes Gericht ist die Geschichte nicht — im Hinblick auf Wert und Unwert dessen, was sie hervortreibt —, man müßte denn schon rein nach dem Erfolg urteilen. Und eben das wäre nicht Werturteil. Es ist nicht wahr, daß das Beste sich durchgehend erhält, das Mindere zum Schutt der Geschichte zurücksinkt. Viel Zweifelhaftes hält sich im Wandel der Zeiten mit erstaunlicher Zähigkeit, viel Großes und Herrliches ist erschütternd ephemer. Im allgemeinen ist das Gröbere das geschichtlich Stabilere. Am vergänglichsten ist alles, was den Charakter der Hochblüte hat; denn es ruht auf exzeptionellen Bedingungen, die sich so nicht wieder zusammenfinden. Hier wie überall gilt das kategoriale Gesetz der Stärke: das Niedere ist das Stärkere.

Das Besserwissen des Weltverbesserers mag lächerlich sein, nicht alle Idealbildung ist deswegen schon dilettantisch. Es gibt auch das aus der Tiefe des objektiven Geistes geborene Bewußtsein des Seinsollens im Gegensatz zum jeweilig Seienden. Und es kann seine innere Wahrheit haben, auch wo es sich geschichtlich durchzusetzen nicht den Boden findet. Nicht alle Ideologie, die irreal bleibt, ist utopisch. Es ist ein grundsätzlicher Irrtum, ihren geschichtlichen Wert nach dem Grade geschichtlicher Verwirklichung allein zu bemessen. Das Weltgericht der Geschichte ist weder gerecht noch weise. Es ist nicht das einer vernehmenden Vernunft.

Wahr dagegen ist — in den Grenzen menschlicher Erfahrung —, daß geschichtliche Umgestaltung, Neuerung, Neuschöpfung nur organisch aus Bestehendem herauswächst. Das wird um so greifbarer, je höher hinauf in die engeren Geistesgebiete man das Werden des Neuen verfolgt. Dieses Gesetz ist auch da nicht durchbrochen, wo der Zeitgeist nur den Umschlag empfindet. Der Gegensatz als solcher ist eben zu aller Zeit das unmittelbar Greifbare und Fühlbare. Gegensatz aber besteht nicht ohne Gemeinsames. Das Kontinuum nur verbirgt sich dem Umsturzbewußtsein der Lebenden. Der Epigone erst kann es sehen.

II. Abschnitt.

Objektiver Geist und Individuum.

19. Kapitel. Geist als Formgebung der Gemeinschaft.

a. Lebensbasis des Gemeingeistes.

Mit dem Gesagten werden aus dem Begriff des objektiven Geistes alle diejenigen Momente ausgeschaltet, die dem Phänomen nicht gerecht werden, sei es, daß sie seinen Gehalt überschreiten, wie die Hegelschen, sei es, daß sie an ihn nicht heranreichen. Objektiver Geist ist weder eine Substanz hinter dem Geistesleben einer Menschengemeinschaft noch auch eine bloße Summe der Individuen; er ist auch weder ein bloßer Typus des geistig Gemeinsamen noch ein bloßes Geistesprodukt. Sondern er ist das Geistesleben in seiner Ganzheit, wie es geschichtlich in einer jeweilig bestehenden, durch Zeitgenossenschaft und Lebensgemeinschaft verbundenen Menschengruppe sich herausbildet, entwickelt, zur Höhe gelangt und niedergeht.

Daß ein solches geschichtliches Geistesleben, trotzdem es nicht Substanzcharakter hat, dennoch als greifbare Einheit und Ganzheit besteht, das eben ist das eigentliche Phänomen des objektiven Geistes, dessen positive Grundzüge aufzuweisen sein werden. Die folgenden Kapitel (20—25) haben diese Aufweisung zum Ziel. Sie führen dabei in eine große Mannigfaltigkeit von Verhältnissen hinein, die je nach den Geistesgebieten sich abwandeln und erst in der Überschau die gemeinsamen Grundzüge rein erkennen lassen. Diese Verhältnisse sind nicht ohne weiteres identisch mit dem objektiven Geist, sind aber durchweg angetan, sein Wesen zur Erscheinung zu bringen. Das Eindringen in die Sache ist hier wie überall an das Grundgesetz philosophischer Methode gebunden: es muß beim Gegebenen einsetzen und von ihm aus erst die Wege weiteren Vordringens finden, wie sich die Möglichkeit dazu bietet.

Hat man sich dieses klargemacht, so tritt als Vorfrage alles Weiteren das Problem hervor, wie grundsätzlich das Verhältnis eines geschichtlich lebenden Gemeingeistes zur Gemeinschaft der Individuen zu verstehen ist. Denn wenn er nicht Objektivation ist, so kann er nur an und in einer Gemeinschaft von Individuen leben. Nun ist die Gemeinschaft nicht er selbst, denn sie ist ein Kollektivum. Er selbst ist offenbar etwas anderes, was in ihr und mit ihr besteht. Er prägt sich selbst in bestimmte Formen, die er im Fortleben dauernd umprägt. Aber er löst die Geprägtheiten nicht von sich ab. Sobald diese sich von ihm ablösen, treten sie vielmehr aus ihm heraus und sind nicht mehr die seinen; so können sie ihn dann überleben, aber nur als Objektivationen dessen, was er war. Zum wirklichen geistigen Leben dagegen gehört die Gestaltung, die er dem Leben der Gemeinschaft als dem Kollektivverbande der Individuen gibt.

Hier liegt nun die Basis aller weiteren Ausgestaltung des objektiven Geistes. Denn da er nur am Kollektivum bestehen kann, dieses aber der Formung durch ihn bedarf, um tragfähig für seine höheren Stockwerke zu werden, so muß die Formung, die er dem Kollektivum gibt, Grundlage aller höheren Gestaltung des Geistes sein. Diese Forderung betrifft den ganzen, an äußere und innere Lebensbedingungen geknüpften modus vivendi eines Stammes, eines Volkes oder einer Völkergruppe. Das Material der Formung ist hier ebensosehr Geistiges wie Ungeistiges, das Elementare des Miteinander-Lebens und -Auskommens; die Formung selbst aber ist Schöpfung des Geistes. So ist es mit den Eigentums-, Tausch- und Handelsverhältnissen, so mit der Beschaffung oder Produktion des Lebensnotwendigen, mit Wirtschaftsform und Wirtschaftsregulation aller Art. So ist es mit dem Gewohnheitsrecht im Verkehr, mit den gültigen Anschauungen von Billigkeit, Schicklichkeit, Pflichten und Freiheiten des Einzelnen, der Familie, der Verbände. So schließlich ist es mit den Formen des Zusammenschlusses zu einem größeren, aktionsfähigen Ganzen und dessen Einrichtungen, mit dem Staat und seinen Organen.

Alles das sind Inhaltsgebiete des lebenden geschichtlichen Geistes. Nicht der Einzelne formt sie aus nach seinem Belieben, er findet sie vorgeformt und sich in ihre Geformtheiten einbezogen. Zusammengenommen bilden die Formungen dieser Gebiete die Grundschicht des objektiven Geistes, über der die eigentlichen, rein geistigen Domänen seines Schaffens sich erst erheben können. Denn sie eben sind Formen der Gemeinschaft als solcher.

b. Natürliche Artgemeinschaft und geistig überformte Gemeinschaft.

Für diese Grundschicht nun ist es charakteristisch, daß der Zusammenschluß der Individuen selbst, in dessen Gestaltung sie besteht, nicht erst vom Geiste geschaffen wird. Der Geist vielmehr übernimmt den Zusammenschluß von der niederen Seinsschicht, dem organischen Leben. Und nur die Überformung zum höheren Gebilde, zur aktionsfähigen Einheit und Ganzheit, ist sein Werk.

Dasselbe nämlich, was für den Menschen gilt, daß er als isoliertes Individuum gar nicht vorkommt, gilt auch schon für das Reich der Lebewesen, und zwar für das Tier sowohl als für die Pflanze. Das Tier steht immer schon in der Lebensgemeinschaft der Art. Sein individuelles Leben ist in das „Leben der Art" einbezogen, das in der Kette der Generationen fortläuft. In dieser Kette ist das Individuum nur ein Glied; der Artprozeß geht über sein Leben weg, wird aber von ihm gleichwohl mit getragen und bestimmt, sofern das Individuum in der Zeugung Leben weitergibt, zugleich aber auch als Konkurrent im Kampf ums Dasein der Mitlebenden auftritt. Die Art lebt in ihm wie in den anderen Individuen, und wenn es das Leben der Art durch Fortpflanzung weitergegeben hat, so hat es seine Rolle ausgespielt. Ob die Art auch äußerlich eine gemeinschaftliche Lebensform zeigt oder nicht (etwa als Herde), ist dafür gleichgültig. Das Einbezogensein des Individuums in die Lebensgemeinschaft der Art besteht auch ohne sichtbaren Zusammenhalt.

In der Natur ist das ein hartes Gesetz, das Individuum kommt dabei im allgemeinen schlecht genug weg. Das Leben der Art, als einheitlicher Prozeß verstanden, hält nur fest, was ihm dienlich ist; auf das Exemplar kommt es ihm nicht an, da treibt es Verschwendung. Die relative Stabilität der Gesamtziffer ihrer Individuen hält die Art aufrecht durch erhöhte Reproduktion in jeder Generation. Wo die Vernichtungsziffer im Jugendstadium hohe Werte annimmt, da kompensiert sie diese durch ungeheure Überproduktion; im Durchschnitt kommt wieder die gleiche, relativ geringe Individuenzahl bis zur Geschlechtsreife und Nachzucht. Das Resultat ist ein gewisses quantitatives Gleichgewicht der Art, durch das sie sich im Sinne ihrer Selbsterhaltung ausbalanciert. Und so gerade ist sie dem Wechsel der äußeren Lebensbedingungen am besten angepaßt.

Dieses Bild intensiviert sich noch sehr, wenn man auf die Kontinuität des Lebens in den Keimzellen des metazoischen Organismus hinblickt. Das Keimplasma wandert in aller Buchstäblichkeit von Individuum zu Individuum. Von ihm geht alle Wiederbildung des Organismus aus. Es lebt gespalten in die Vielzahl der Individuen, in jedem Befruchtungsakt aber finden sich die Keimzellen wieder zueinander; sie bleiben so über große Zeitspannen hin im ständigen Gemeinschaftskonnex, bilden gemeinsam den überdauernden Kern im Leben der Art. Und von ihrer Lebenskontinuität aus ist das Leben der Individuen nur die jeweilige Trägerschaft.

Der Mensch als Naturwesen fällt voll und ganz unter dieses Naturgesetz der Art. Das Gesetz bleibt auch hier die Grundlage aller Gemeinsamkeit, wennschon das Individuum als Person zu ganz anderer Selbständigkeit aufsteigt. Aber als geistiges Wesen fällt er unter ein anderes Gesetz. Denn der Geist als inhaltliche Sphäre des Gemeinsamen vererbt sich nicht mit der Reproduktion des physischen Individuums. Es ist ein anderer Modus der Wiederbildung im Individuum, auf dem seine geschichtliche Kontinuität beruht. Er wird tradiert und muß als tradierter vom Individuum erworben werden, indem es an ihn als bestehende Sphäre heranwächst[1]).

Die Gemeinsamkeit des Geistes überbaut die des Blutes. Was sie von dieser scheidet, ist die Seinsschicht des Bewußtseins. Denn das Bewußtsein trennt die Menschen, der Geist aber verbindet sie. Er verbindet sie nur anders als die Bluts- und Stammeseinheit. Er formt damit ein anderes Ganzes über ihrer Mannigfaltigkeit.

c. Kollektive Lebensform und Gemeinwesen.

Dieses andere Ganze ist als solches nicht die Kollektivform des Gemeinschaftslebens, sondern der Gemeingeist. Da dieser aber vom Kollektivum getragen ist, so fragt es sich, wie letzteres sich zu ihm verhält. Daß der Geist es sich erst schaffe, wie die alten Vertragstheorien sagen, ist von Hause aus unglaubwürdig, da er ja vielmehr das Kollektivum voraussetzt. Andererseits ist es wohlbekannt, daß schon das Tierreich gewisse Formen der Lebensgemeinschaft kennt, die keineswegs in allgemeiner Art- und Zuchtverbundenheit aufgehen.

Man ist von Nietzsche her gewohnt, das Herdentier im Menschen mitleidig-verächtlich zu übersehen. Indessen ist die Herde als Lebensform, sowie alle ihr verwandten Bildungen unter den höheren Tieren, unverkennbar eine zweite, nicht weniger eigenartige Form organischer Lebensgemeinschaft. Sie ist nur keine allgemeine Lebensform, ist relativ selten; eben deswegen aber hebt sie von vornherein diejenigen Tiergeschlechter, die sie haben, aus der Reihe der übrigen heraus. Und daß sie, von der Menschengemeinschaft aus gesehen, in manchem an diese erinnert — irritierend für den, der sich seiner Nähe zum Tierischen schämt —, hat seinen einfachen Grund darin, daß die Herde, ontisch verstanden, die Vorläuferin der Menschengemeinschaft ist.

Die Schichtungsgesetzlichkeit der Seinsformen besagt, daß der Geist, eben weil er die höchste Schicht bildet, ganz und gar auf den niederen Schichten, also auch auf der des Lebendigen aufruht — d. h. es nicht nur zeitlich als Entwicklungsstufe hinter sich hat, sondern es dauernd als seine Seinsbasis an sich und unter sich hat, und zwar mit allen seinen mannigfaltigen Bildungen und Einrichtungen, soweit sie das Menschengeschlecht betreffen. Das Gefüge seines Aufruhens auf dem organischen Sein ist für ihn durchaus eine Dauereinrichtung. Lebenden objektiven Geist gibt es nur getragen von einem lebenden Volkskörper, genau so wie den persönlichen Geist nur getragen vom lebendigen Leibe. Ein Volk aber ist Stammesgemeinschaft. Nicht der Geist also erdenkt oder erschafft erst die Gemeinschaft als solche, das Kollektivum. Er

[1]) Dazu vgl. das folgende Kapitel.

übernimmt vielmehr die Gemeinschaft aus der Sphäre des organischen Lebens. Sie besteht vor ihm, und als geschichtlich erwachender Geist findet er sie als die ihn schon tragende vor. Sie ist als solche nicht Geisteskategorie, sondern Vitalkategorie.

Der Geist nun übernimmt die Vitalkategorie — und zwar in beiderlei Gestalt: als die Einheit im Leben der Art und als Kollektivform des Zusammenlebens. Die erstere bleibt im Hintergrunde seines Eigenlebens als tragende Macht; die letztere aber erfaßt er objektiv und als solche und gestaltet sie um in ein anderes, wie das tierische Leben es nicht kennt.

Dieses andere ist das Gemeinwesen — in allen Abstufungen und Formen, die geschichtlich an ihm auftreten, — und zwar mit allen seinen Einrichtungen. Der Staat wird nicht von der Natur geschaffen, sondern vom Geiste. Seine Institutionen werden erdacht, in langsamem Prozesse erprobt, umgeformt und wieder erprobt; ihr Wandel vollzieht sich in fortschreitender Selbstformung der Lebensgemeinschaft, unter Einsatz von Wille und Intelligenz der Individuen. Aber diese Selbstformung durch den Geist ist und bleibt Überformung der bereits vom organischen Leben übernommenen Kollektivform; wie denn diese als solche in ihr stets erhalten bleibt. Es ist damit nicht anders als mit der engeren Gemeinschaft der Familie, die auch im vitalen Blutszusammenhang wurzelt und nur vom Menschengeiste überformt wird.

Der Staat ist so die „innere Gestalt", die der Geist dem übernommenen Kollektivum gibt. Aber nicht die Initiative des personalen Einzelgeistes genügt dazu. Diese Formgebung ist ein in größeren, geschichtlichen Zeitmaßen schreitender Prozeß, in dem viel persönlicher Einsatz sich summiert. Und da dieser sich nur summieren kann, wenn im Ganzen die Richtung einheitlich bleibt, so ist es die Einheit des lebenden objektiven Geistes, in der die gestaltende Kraft zu suchen ist.

d. Gemeinwesen und Gemeingeist.

Hier liegt der Grund, warum alle Kontrakttheorien des Staates sich als unzutreffend erweisen mußten. Staatsrechtliche Form mag wohl die des Vertrages sein. Aber diese Form ist nicht die ihrer Entstehungsweise. Der Kontrakt als solcher wird nie geschlossen, er besteht als modus vivendi vor aller Vertragsfähigkeit der Individuen, die in ihn einbezogen sind. Es ist nur ein anderes, ob in einer bestehenden Lebensgemeinschaft die Formen, in denen sie verläuft, stillschweigend herrschen — sei es durch gewordene Richtungen des Instinktes und des dunkel gefühlten Angewiesenseins aufeinander oder durch die Trägheit der Gewohnheit —, ein anderes, ob sie mit dem Einsatz des Bewußtseins und der spontanen Gestaltungsinitiative geschaffen sind.

Wie man sich den Übergang zu denken hat, und wie man sich das

Entwicklungsstadium ausmalen mag, in das man ihn zu verlegen hat, ist eine Frage für sich. In der Menschengeschichte, soweit wir zurückzusehen vermögen, haben wir es stets mit geistig überformtem Gemeinschaftsleben zu tun. Der Staat in allen bekannten Formen, die er annimmt, ist schon Schöpfung eines Gemeingeistes, der, getragen von vorbestehender Lebensgemeinschaft, formgebend auf diese zurückgreift. Oder auch: der Staat ist die Formung, die der lebende geschichtliche Geist dem gewordenen Kollektivum, an dem er besteht, zu geben weiß. Dasselbe gilt von jeder Art geltender Institution, jedem geltenden Recht. Und da die Formung des Kollektivums den lebenden Geist sehr wesentlich mit gestaltet, so läßt sich auch sagen: sie ist die Formung, die der objektive Geist sich selber in seiner Grundschicht zu geben weiß.

Für diese Auffassung von Recht und Staat als Selbstgestaltung eines lebenden geschichtlichen Geistes ist es also keineswegs erforderlich, ein hypothetisches Vorstadium der Rechtlosigkeit und der Gemeinschaftslosigkeit anzunehmen. Die Theorie vom bellum omnium contra omnes ist nicht der Schlüssel zum Verständnis der Gemeinschaftsordnung. Sie ist ebenso überflüssig wie unwahrscheinlich. Ein anderes wäre es, sie modifiziert auf das Verhältnis kleiner Stammesgemeinschaften untereinander zu beziehen, aus deren Konkurrenz erst größere, geschichtlich relevante Gemeinwesen durch Zusammenschluß entstanden sein dürften, wobei es dann einerlei bleibt, inwieweit Überlegenheit und Unterwerfung oder gütliche Vereinigung den Entwicklungsgang bestimmen mag. In jedem Falle aber handelt es sich dann um etwas ganz anderes. Denn die Träger eines solchen bellum omnium sind keine Einzelpersonen mehr, sondern schon Kollektivgebilde.

20. Kapitel. Leben und Geist der Sprache.

a. Die eigentlichen Gebiete des objektiven Geistes.

Aus dem Gesagten erhellt, daß man den objektiven Geist von der Gemeinschaftsform aus nicht zureichend charakterisieren kann. Das staatliche Leben ist zwar wesentliche Grundschicht im Leben des Gemeingeistes, aber eben doch nur Elementarschicht. Weder geht der Staat im Geiste noch der Geist im Staate auf. Der Staat ist in erster Linie ein Kollektivum von Personen — was schon das Recht nicht ist —, ja er ist auch ein geographisch-räumliches Gebilde. Geist ist er nur im Sinne der Selbstgestaltung, die er lebendig hervortreibt und fortbildet; desgleichen im Sinne der Politik, die er verfolgt. Denn Politik gerade ist niemals Sache des Einzelnen, auch wenn der einzelne Machthaber sie betreibt. Er betreibt eben die Sache aller und des Staates.

Rein kann man das Wesen des objektiven Geistes nur auf seinen eigentümlichen Gebieten zu fassen bekommen. Der Überblick dieser Inhaltsgebiete läßt sich in strenger Vollzähligkeit nicht angeben. Die einzelnen Gebiete spalten sich wieder, zeigen vielfach keine scharfen Grenzen, weder gegeneinander noch gegen anderweitige Gebilde der Gemeinsamkeit. Es seien daher nur in loser Reihe die folgenden genannt: die Sprache, die Produktion und Technik, die bestehende Sitte, das geltende Recht, die vorherrschenden Wertungen, die herrschende Moral, die hergebrachte Form der Erziehung und Bildung, der vorwaltende Typus der Einstellung und Gesinnung, der tonangebende Geschmack, die Richtung der Kunst und des künstlerischen Verstehens, der Stand der Erkenntnis und Wissenschaft, die herrschende Weltanschauung, und zwar letztere in jeder Form, sei es als Mythos oder Religion, sei es als Philosophie.

Diese Inhaltsgebiete sind nicht nur ungleichartig, sondern auch höchst ungleichwertig. Auch gibt es zu verschiedener Zeit das Dominieren des einen und des anderen von ihnen sowie das Zurücktreten der übrigen — und zwar noch abgesehen von ihrer inhaltlichen Selbständigkeit oder Abhängigkeit. Auch ist in verschiedenen Völkern verschiedenes von ihnen ein bevorzugtes Gebiet, anderes ein vernachlässigtes oder unterdrücktes. Immerhin fehlt wohl keines irgendwo ganz. Alle diese Unterschiede können in der Analyse des Grundphänomens unberücksichtigt bleiben; wesentlich ist zunächst gerade das Gemeinsame im Heterogenen. Ebenso ist es vor der Hand gleichgültig, an welche Entwicklungsstadien der Völker man sich hält. Denn nicht auf Entstehungsweisen kommt es an. Die höheren Stadien sind, obgleich sie die ursprünglichen nicht sind, um nichts weniger lehrreich als die primitiven.

b. Vom Übernehmen, Hineinwachsen und Erlernen.

Als Beispiel sei das Geistesgebiet der Sprache herausgegriffen. Sieht man hier von der Entstehungs- und Entwicklungsfrage ganz ab, beschränkt man sich in aller Ausdrücklichkeit auf das Gegebene, nämlich auf die vorliegende und jederzeit aufweisbare Seinsweise einer lebenden Sprache, so erweist sich das Verhältnis des sprechenden Individuums zu ihr als höchst aufschlußreich.

Das Grundverhältnis ist dieses: der Einzelne schafft sich seine Sprache nicht, er findet sie als die gesprochene Sprache vor und „übernimmt" sie im Mitsprechen von den Sprechenden. Was das Kind als Nichtsprechendes (infans) mitbringt, ist nichts als die Fähigkeit, überhaupt sprechen und Gesprochenes verstehen zu lernen, sowie die natürliche Tendenz zu beidem. Die Richtung von Anlage und Antrieb ist also die, in eine gemeinsame Sphäre der Verständigung, so wie sie unter den Lebenden besteht, hineinzuwachsen. Die Sprache selbst aber schafft das Kind sich nicht, es „empfängt“ sie — als die zunächst unverstandene, dann halb und halb erratene, sich erschließende, allmählich geläufig werdende, zuletzt beherrschte. Dieses Empfangen und Übernehmen ist ein langer, mannigfach abgestufter Prozeß des „Erlernens“ unter ständigem Einsatz seelischer Kraft; zugleich aber auch ein Prozeß des Anteilgewinnens oder des „Hineinwachsens“ in die schon vorbestehende Sphäre des geistig Gemeinsamen.

Daß das Kind im Frühstadium in gewissen Grenzen selbsttätig Bezeichnungen schafft und sich in ihnen verständigt, widerspricht dem keineswegs. Denn weder bleibt es dabei, noch könnte es sich damit auch nur primitiv ausdrücken, wenn nicht der Erwachsene darauf „einginge“, ihm erratend oder auch mitformend entgegenkäme. Das Wesentliche ist gerade, daß das Kind diese Versuche selbsttätig wieder überschreitet und fallen läßt, indem es sich der gehörten Sprache anpaßt und sie übernimmt. Es übernimmt damit das geistige Erbgut der Menschensphäre, in der es sich bewegt, soweit ein solches in der gesprochenen Sprache zu einer gewissen Stabilität gelangt ist und ihm als vorgeformtes entgegentritt. Und zwar übernimmt es dieses naiv, ohne zu wissen, was es damit übernimmt, ohne also sich auch nur im geringsten damit auseinanderzusetzen. Es weiß es nicht anders, als wie die gesprochene Sprache es ihm in ihren Prägungen darbietet; und es kann auch in diesem Prozeß des Hineinwachsens nicht darauf kommen, daß es anders sein könnte, daß also gleicher Inhalt auch anders hörbar ausgesprochen, gleiches Erfahrenes oder Erlebtes auch anders geistig-kategorial ausgeformt und verstanden werden könnte[1]).

Die Probe auf das Exempel dieses Übernehmens und Hineinwachsens ist die Relativität auf die Sprache der umgebenden Menschensphäre. Das Kind übernimmt nicht die Sprache seiner Vorfahren oder Stammesgenossen, sondern die der Menschen, unter denen es aufwächst. Es erbt seine Sprache nicht, wie es seine Anlagen erbt. Es spricht die Sprache, die mit ihm gesprochen wird. Versetzt man es frühzeitig aus dem angestammten Milieu in ein fremdsprachiges, so wird die fremde Sprache ebensosehr die seinige, und mit ihr die geistige Geformtheit und das geistige Gut der fremden Kultur. Die Muttersprache ist nicht notwendig die der leiblichen Mutter. Sprache eben ist geformter, lebender Gemeingeist. Der Geist aber wird nicht von der Blutsgemeinschaft „vererbt“, sondern in weitgehender Unabhängigkeit von ihr im Hineinwachsen des

---

[1]) Diese Naivität des Übernehmens ist nicht dem Kinde allein eigen. Sie spiegelt sich deutlich in der Absolutheit, mit der in den Frühkulturen vieler Völker der Fremdsprachige als „stumm“ oder unartikuliert sich Äußernde empfunden wird (βάρβαροι, niemcy). Es ist das der Standpunkt eines subjektiven Monismus oder Absolutismus der eigenen Sprache.

Individuums und im fortschreitenden Erfahren bestehender Geformtheit „übernommen".

c. Das Gesetz der Tradition.

Übernehmen läßt sich nur, was „übergeben" (tradiert) werden kann. Man kann also den Grundsatz, auf den die obige Überlegung hinausgeführt hat, auch so aussprechen: der Geist vererbt sich nicht, er „tradiert" sich nur; er wandert im Übergeben und Übernehmen von Generation zu Generation. Dieses Wandern ist das Fortleben des geistigen Seins in immer wieder neuen Individuen, sein Überleben als objektiver Geist. Übernehmen kann man nur den lebenden Geist, sofern man in ihn als bestehende geistige Sphäre hineinwächst; denn nur die bestehende Sphäre kann man im ständigen Erleben erfahren und sich zu eigen machen. Wie denn nur der in den Lebenden lebendige Geist sich dem Erleben unmittelbar gibt und darbietet. Dieses unmittelbare Sich-Geben und -Darbieten ist der Grundmodus seines Übergreifens und seiner Weitergabe — das Tradieren im weiten Sinne des Wortes. Und es ist das Gesetz der Tradition im weiten Sinne, daß der Geist keinen anderen Weg des Übergehens und des direkten Fortlebens über das Individuum hinaus hat als diesen.

Damit hängt es zusammen, daß das Hineinwachsen in seine Sphäre ein Erlernen und Erwerben ist. Dem Individuum wird auf seinem Wege des Heranwachsens an das Niveau nichts geschenkt, es muß seinen Einsatz daran setzen, muß die Arbeit des Zueigenmachens leisten. Wenn sich der Geist vererbte, wie Eigenschaften, Anlagen, Fähigkeiten sich vererben, so wäre das Individuum dieser Arbeit überhoben. Aber wie man eine Sprache nicht ererben, sondern nur erlernen kann — einerlei ob im kindlich-naiven Hineinwachsen oder im bewußten Erarbeiten der fremden Sprache durch den Erwachsenen —, so ist es auch mit allem anderen geistigen Gehalt. Es bedarf der Spontaneität des Auffassens und Verarbeitens. Denn es ist zwar das Gesetz des Geistes, daß sein Inhalt expansiv ist, daß er die Menschen verbindet, allen gehört, die ihn zu fassen vermögen; aber es ist auch sein Gesetz, daß er in jedem Individuum sich erst zu dem machen muß, was er ist. Geistiger Gehalt und geistiges Gut expandiert nur so weit, als die Fassungskraft des Individuums sich zu ihm erhebt. So leistet das Kind im Übernehmen der Sprache ein erhebliches Stück geistiger Arbeit; und diese Arbeit ist sein spontaner Einsatz. Denn es formt sich innerlich an ihren Formenreichtum heran. Hat es sie aber erlernt und ist es ihrer mächtig geworden, so ist es von ihr in seinem Denken durchformt, und sie ist über sein Denken mächtig geworden. Was wir „eine Sprache beherrschen" nennen, ist vielmehr das innere Beherrschtsein von ihr. Gerade dort also, wo man gedankenlos geneigt ist, das Einsetzen der sprachlichen Spontaneität des Individuums zu suchen, beginnt sie in Wahrheit schon aufzuhören. Sie schläft freilich nicht ein. Sie wird nur frei für andere und höhere Aufgaben. Und im Maße des Beherrschtseins von übernommener Sprachform wendet sie sich diesen zu.

Der Gegensatz zur Vererbung legt hier den Vergleich mit den niederen Seinsschichten nahe. Im Reich des Organischen wird das Leben kontinuierlich weitergegeben. Die Reproduktion des Individuums geht vom lebenden Individuum aus. Hier schließt Leben direkt an Leben, es reißt nirgends ab, wiewohl der einzelne Lebensträger zugrunde geht. Und das Geheimnis dieser Weitergabe ist die Vererbung. Das ändert sich in der nächst höheren Schicht, im Seelischen. Hier ist die Kette unterbrochen, diskontinuierlich. Das Seelenleben erwacht in jedem Individuum als ein anderes, neues, das auch nicht weitergegeben werden kann. Insonderheit auffallend ist das am Bewußtsein. Sein Bewußtsein hat jedes Individuum für sich, sein Entstehen geht nicht vom Bewußtsein der elterlichen Individuen aus, sondern durchaus nur von deren organischem Leben; dieses aber ist etwas ganz anderes als das Bewußtsein. Das Bewußtsein trennt die Individuen — dieser Satz gilt nicht nur unter den nebeneinanderher Lebenden, sondern auch unter den in der Generationskette einander Folgenden. In der Ebene des Bewußtseins also ist das Kontinuum unterbrochen.

Im Leben des Geistes aber stellt es sich wieder her, und zwar nicht durch Rückkehr zur Erblichkeit, sondern auf anderem, spezifisch geistigem Wege. Dieses neue Kontinuum eben hat die Form der Tradition. Die gemeinsame Geistessphäre übernimmt die Funktion der Verknüpfung; aus ihr gewinnen die Individuen den geformten geistigen Inhalt, um ihn ihrerseits weiterzugeben. Sie umfängt bestimmend die Einzelnen, um selbst wiederum von ihnen fortgetragen zu werden. In dieser Sphäre lebt so die Tradition fort, und dadurch lebt der objektive Geist in anderen und anderen Individuen fort. Im Effekt also ist es hier ähnlich wie im organischen Leben; nur die Funktion selbst, die Art des Weitergebens ist eine von Grund aus andere. Das Leben fällt dem Individuum zu, den Geist muß es sich im Aufnehmen erarbeiten. Der geistige Gehalt und seine Formung nimmt auf seinem Gang durch die Generationen den Umweg über das Bewußtsein und seine Spontaneität. Da aber gerade das Bewußtsein die Individuen trennt, so muß er selbst den Modus des Übergreifens hergeben. Dieser Modus eben ist das Übergeben und Übernehmen, was beides in der Expansivität des geistigen Inhalts wurzelt. Sich selbst kann das Bewußtsein nicht weitergeben, desgleichen nicht seine Akte; wohl aber seine Gedanken, Ansichten, Meinungen, Erkenntnisse. Das Objektive ist das Übergreifende. Und seine Lebendigkeit in den Individuen ist das Leben des objektiven Geistes.

Das organische Leben vererbt sich, das Bewußtsein reißt ab und entsteht neu; beides ist gleich rätselhaft. Das Kontinuum des Geisteslebens dagegen vollzieht sich offen vor unseren Augen, an ihm ist kein Geheimnis und keine Unbegreiflichkeit. Gerade das überindividuelle Leben des objektiven Geistes also — gegen dessen Anerkennung so vielerlei Vorurteil besteht — ist, rein als Phänomen betrachtet, keineswegs rätselhaft. Es ist eine schlichte, durchaus verständliche Grundtatsache des Menschenlebens; und wer sie als solche erfaßt, ist in der Lage, durch sie sehr viel anderes zu begreifen.

d. Der geistige Gehalt der Sprache.

Wäre die Sprache nichts als die äußere Konvention der Mitteilung, so wäre mit dem Übernehmen und Übergeben des Sprachschatzes nichts mehr als die Mitteilungsfähigkeit des Individuums und die Möglichkeit geistigen Konnexes überhaupt gegeben. Das wäre zwar nicht wenig, aber der die Sprache Erlernende bliebe doch in der inneren Formung seines Denkens, Überlegens, Empfindens, Begreifens unberührt.

Dem ist nun keineswegs so. Sprache ist unabtrennbar von der inneren Formung der erfaßten Mannigfaltigkeit, die sie ausspricht. Das Wort, der Satzbau, die „Wendung", die Redeweise, ja selbst der mit alledem verbundene Tonfall — sie alle haben ihre eigentümliche inhaltgestaltende Kraft. Sie unterstreichen Bestimmtes an bestimmtem Inhalt, lassen anderes zurücktreten, sie wirken selektiv — nicht nur in der Mitteilung selbst, sondern von ihr zurück auch in der Auffassung. Die geprägten Worte sind, von innen gesehen, Begriffe. Und als Begriffe schneiden sie aus dem vieldimensionalen Kontinuum der erlebten Wirklichkeit bestimmte Stücke heraus; sie begrenzen, teilen ein, registrieren, sondern und verbinden das Aufgefaßte und heben es erst in dieser Überformung voll ins Bewußtsein. So stellt der Sprachschatz mit seinem Formenreichtum für den, der ihn beherrscht, einen Inbegriff von vorgeformten Allgemeinheiten dar — mit bereits herausgehobenen und bevorzugten Grundmerkmalen —, und in diese Allgemeinheiten rückt das anwachsende Erlebnis- und Erfahrungsmaterial ein. Die Objektivität des individuellen Geistes, seine Distanz zur Sache und die exzentrische Stellung, die er sich in der aufgefaßten Welt gibt, ermöglichen dieses Einrücken. Die Sprache erwächst auf dem Boden dieser Objektivität, und sie erweitert ihn ihrerseits. Dadurch erweisen sich Worte und Wendungen als die Vehikel geistiger Inhaltsformungen, als eine unübersehbare Fülle von Kategorien der Auffassung, des Denkens, Begreifens selbst.

Und nicht nur das. Denn genau dieselbe Rolle übernehmen sie in bezug auf die ständig wechselnden und nicht weniger mannigfaltigen Reaktionsweisen im Leben, auf die Art des Empfindens von menschlichen Beziehungen, Situationen, Erfordernissen, auf die innere Stellungnahme und Wertung in ihnen. Denn ebenso wie die Beschaffenheiten des Erfahrbaren sind auch seine Wert- und Unwertkomponenten im Sprachausdruck generell vorgeformt, seligiert, unterstrichen oder unterdrückt, ins Bewußtsein gerückt oder ins Unbewußte zurückgedrängt. Je nachdem aber, welche Wertbetonungen sich im Wortausdruck objektivieren und zur Mitteilbarkeit aufrücken, wird auch das Wertempfinden selbst, und mit ihm die Entwicklung der Stellungnahme — mittelbar also die Gesamthaltung des Menschen — in entsprechende Richtung gedrängt.

Die lebende Sprache ist so aufs innigste mit einer Reihe weiterer Geistesgebiete — indirekt wohl mit allen — verknüpft. Sie steht und fällt mit deren Geformtheit. Und sie wandelt sich mit ihr. Wer den Sprachschatz übernimmt, der übernimmt eben damit mehr als ihn. Denn alles, was der lebende Geist ist, formt er zugleich in seinem Wort- und Redeschatz aus. Die Ausformung ist auf vielen Gebieten — z. B. dem des Wissens, der Moral, der Wertung — so adäquat, daß selbst noch die tote Sprache den Gehalt des Geistes von einst vermitteln kann. Das ist der Grund, warum Sprachwissenschaft eminente Geisteswissenschaft ist. Der objektive Geist eben, dem die Sprache zugehört, und dessen Sprache sie ist, ist durchaus einer in aller Mannigfaltigkeit seiner Inhaltsgebiete; und wo man die Form seiner Äußerung faßt, da hängt stets der ganze Geist mit daran.

e. Bewegende Rolle des Individuums im Leben der Sprache.

Dieses Verhältnis wird dadurch keineswegs durchbrochen, daß auch der Einzelne sprachlich schöpferisch sein kann, ja es ohne Wollen und Wissen überall ist, wo ihm Neuartiges auszusprechen die Kraft wächst. Das Leben der Sprache ist ja nicht ein zweites, allgemeines Leben neben oder über dem der Sprechenden. Es besteht in der stets wieder vor neues Erleben gestellten Ausdruckstendenz der Individuen; es geht nur in der des Einzelnen nicht auf.

Die lebendige Sprache steht nicht still, sie ist in stetiger Wandlung. Die Wandlung zwar schreitet, vom Standpunkt des Einzelnen aus gesehen, langsam vorwärts, in geschichtlichen Zeitmaßen; der Einzelne aber mit seinem privaten Ausdruck-Suchen und -Finden ist nichtsdestoweniger schöpferisch-bewegend in diesem Wandel. Er ist dadurch integrierendes Moment im Leben der Sprache. Er ist es gemeinhin zwar nur in minimalem Maße; aber genau dasselbe, nur erheblich gesteigert, ist der eminent Schöpferische — der Meister des Wortes, der Redner, der Schriftsteller, der Dichter.

Aber alles das ändert am Grundverhältnis nichts. Denn vor allem Schöpferischsein steht für den Einzelnen allemal das Übernehmen und Hineinwachsen, das Zueigenmachen und Beherrschenlernen eben derselben Sprache, in der er nachmals schöpferisch formen mag. Wobei nicht zu vergessen ist, daß alles Beherrschen hier mehr den Charakter des Sichbeherrschenlassens hat, ein Sichhingeben an den Geist der Sprache ist, ein Mitgehen mit ihm von innen heraus. Denn auch das ist charakteristisch, daß gerade mit dem Beherrschtsein des Individuums seine bewegende Kraft wächst. Der objektive Geist entfaltet ebendort, wo er die größte Macht über den Einzelnen gewinnt, auch die größte Beweglichkeit; und das Suchen und Finden der Einzelnen ist nicht eine Bewegung neben der seinigen, sondern diese selbst. Was vom Einzelnen geschaffen ist — wo es nur irgend die Kraft hat, einzuleuchten — verfällt dem Gesetz der Objektivität, und damit der Tradierbarkeit. Es gehört, kaum ausgesprochen und verstanden, nicht mehr dem Schöpfer, sondern jedermann, der es „versteht". Der Vernehmende geht mit. Das Ausgesprochene wird Gemeingut des lebenden Geistes. Und es wandert nun geschichtlich weiter mit der Gesamtmasse des Sprachschatzes. Es ist dem objektiven Geiste einverleibt und wird mit ihm weiter übernommen.

So kann man am Beispiel der Sprache in nuce die Grundmomente des objektiven Geisteslebens alle beisammen finden. Das gilt insonderheit für das charakteristische Wechselverhältnis des Tragens und Getragenseins zwischen individuellem und objektivem Geist. Die Individuen sind die lebenden, aber wechselnden Träger des gemeinsamen Geistes; ihr schöpferischer Einsatz bewegt ihn, treibt ihn vorwärts, aber die Bewegung ist als einheitlich fortlaufende nur die seinige, nicht die ihrige. Und ebensosehr ist wiederum der gemeinsame Geist das tragende Element der individuellen Spontaneität und Schöpferkraft. Denn in jedem Menschenleben formt zuerst er seinerseits das Individuum, läßt es teilgewinnen im Heranwachsen an sein Niveau; und erst vom erreichten Niveau aus genießt das Individuum eine gewisse Freiheit eigener geistiger Initiative und Artung. Der Spielraum dieser Freiheit hat die Weite für unübersehbare Eigenart und Mannigfaltigkeit. Aber gemessen an dem, was der Einzelne übernimmt — der überkommenen Sprache, „die für ihn dichtet und denkt" —, ist das, was er von sich aus hinzufügt, minimal. Das gilt sogar noch für die seltenen Fälle großen Schöpfertums. Denn kein Einzelner leistet etwas annähernd dem Vergleichbares, was der im Gange der Jahrhunderte angehäufte und tradierte Sprachschatz darstellt. Niemand ist in der Lage, diese „geistige Masse" preiszugeben und durch eine neue, selbstgeschaffene zu ersetzen. Der Maßstab dafür entzieht sich uns als den Mitlebenden nur deshalb, weil im Fortbilden das Neue allein ins Bewußtsein gehoben ist und dadurch unverhältnismäßig vergrößert erscheint.

Das Sprachbewußtsein dürfte hier überhaupt ein unverläßlicher Wertmesser sein. Denn der Einzelne weiß es nie, wie sehr er beherrscht ist von der Sprache, die sein Denken trägt; andererseits freilich weiß er es zumeist auch nicht, wann und in welchem Maße er gelegentlich wirklich schöpferisch ist. Die wahre Originalität ist nicht notwendig die gewußte, geschweige denn die gewollte; wie denn der Volksmund die wirklichen Urheber seiner Dikta nicht kennt. Im ganzen aber kann sich die Tragkraft des individuellen Einzelgeistes mit der des objektiv fortlebenden in der Sprache so wenig messen wie auf irgendeinem anderen Geistesgebiet, das bewußtere Initiative zuläßt.

21. Kapitel. Erkenntnis und Wissenschaft.

a. Der „Stand der Wissenschaft" und der Lernende.

Was sich an der Sprache aufzeigen ließ, findet sich mutatis mutandis auf allen Gebieten des Geistes wieder. Es ist überall dasselbe Verhältnis zwischen Gemeingeist und Individuum. Er trägt, und er wird getragen. Und überall ist es so, daß sein Tragen das stärkere ist, während das des Individuums erst zur Kollektivität integriert dem seinigen die Wage hält. Vor allem aber ist der Gemeingeist immer schon als bestimmter und geformter da, das Individuum aber muß aufnehmend und sich ihm angleichend in ihn hineinwachsen.

Wohlbekannt ist das auf dem Gebiet der Bildung, des Wissens und der Erkenntnis. Niemand fängt mit dem Erkennen selbständig von vorn an. Es fällt ihm die angesammelte Arbeit von Jahrhunderten zu; zahllose Einzelköpfe waren an ihrer Gesamtleistung beteiligt, der Ertrag aber, in eine objektive Einheit zusammengegangen, ergibt zu jeder Zeit einen bestimmten „Stand der Wissenschaft" und ist als solcher überkommenes Gemeingut. Ein solcher Stand der Wissenschaft nun — einerlei ob der einer Einzelwissenschaft oder der aller Wissenschaften — zeigt deutlich die Züge des objektiven Geistes. Er geht in keinem Einzelkopfe auf, ist in keinem wissenschaftlichen Bewußtsein beisammen, ist aber dennoch Einheit eines einzigen weitverzweigten Zusammenhanges, in dem alle Glieder aufeinander bezogen sind, so daß mit dem Wandel einer Teilansicht auch stets das Ganze sich ändert; und jeder Wissende weiß diesen Zusammenhang als Einheit, obgleich er ihn nicht umspannt. Geschichtlich gesehen ist ein solcher „Stand" nur ein Querschnitt, gerade das unbewegte Feststehen gibt es in ihm als Ganzem nicht. Er ist nur jeweiliges Stadium in geschichtlich langsam schreitender Fortbewegung.

Und die Fortbewegung ist die fortschreitende Arbeit der Erkenntnis, das eigentliche Leben der Wissenschaft. Sofern aber dieses Leben weder inhaltlich in einem Menschenbewußtsein noch zeitlich in der Dauer eines Menschenlebens aufgeht, sondern getragen von jeweiliger Erkenntnisarbeit vieler Einzelner über sie wegschreitet, ist es echtes Leben des objektiven Geistes.

Im Stand einer Wissenschaft ist alles Besondere gegenseitig bedingt, zugleich aber als Prozeßstadium bedingt durch die ganze Kette voraufgegangener Errungenschaften der Erkenntnis, durch den Grad ihres Überprüftseins und den Umfang der bis zur Stunde gemachten Erfahrung. Nicht das Dafürhalten des Einzelnen entscheidet hier über Geltung oder Nichtgeltung des Besonderen, sondern die Bewährung in der gestrafften Einheit des Ganzen und ihrer inneren Fortbildung. Daß ein Einzelner für sich die ganze Erfahrung von Generationen durchlaufe, die Reihe der gemachten Entdeckungen selbst mache, alle gezogenen Schlüsse selbständig zöge und allseitig überprüfte, daran ist nicht zu denken. Wer als Autodidakt den Stand der Wissenschaft ignoriert und frei Erdachtes dagegenstellt, gerät in eine lächerliche Position. Er gelangt in Wahrheit über die ersten Schritte nicht hinaus, und alle darüber weggreifende Kombination bleibt notwendig rückständig.

In Wahrheit tritt der Einzelne stets zuerst als Lernender an den jeweiligen Wissensbestand heran. Und Lernender muß er auf lange Sicht bleiben, wenn es ihm Ernst damit ist, die Höhe des gegebenen Standes der Wissenschaft zu erreichen. Es erfordert schon den vollen Einsatz der Kräfte in den empfänglichsten Lebensjahren, an das Niveau des wissenschaftlich objektiven Geistes heranzuwachsen, und das will besagen, dorthin zu gelangen, wo zurzeit die wirkliche Arbeit der Forschung sich abspielt und wo diese den Stand ihrer Probleme hat. Erst wo das geschehen ist, wird der Einzelne auf seinem Wissensgebiet urteilsfähig.

Das Hineinwachsen hat hier offenkundiger als irgendwo den Charakter des Übernehmens und Teilgewinnens. Denn es vollzieht sich — was auf anderen Gebieten nicht in gleichem Maße der Fall ist — im vollen Lichte des Bewußtseins, in bewußter Bemühung und Anspannung. Es geht hier nicht, wie beim Erlernen der Sprache; die halb unbewußte Nachahmung und innere Angleichung ist hier noch kein Übernehmen. Denn es handelt sich nicht um ein bloßes Aufgreifen und Aneignen, sondern um Begreifen. Das Begreifen aber beansprucht einen anderen Grad eigenen Einsatzes. Es kann ihm nichts geschenkt werden, es muß von unten auf Schritt für Schritt die Einsicht erarbeiten; der Stand der Wissenschaft bildet ein System, das diese Stufen der Einsicht alle enthält, und jede Stufe muß vom Lernenden erstiegen werden. Er kann weder Stufen überspringen, noch die Stufenfolge umkehren, noch auch sich mit bloßem Hinnehmen über sie wegtäuschen. Das Begreifen hat seine objektive Ordnung, die in den Zugängen des Gegenstandsgebietes ihr Gesetz hat. Diese Ordnung ist nicht identisch mit der besonderen Lehr- und Lernmethode. Die Methode vielmehr beruht schon auf ihr und ist ihrerseits nichts als die Führung auf objektiv festliegender Linie.

Erst wo der Lernende zu einer gewissen Beherrschung der objektiven Problemlage gelangt, kann er in das Stadium des Suchens und Findens, d. h. der eigentlichen Forschung eintreten. Das Lernen reißt zwar auch hier nicht ab, aber es wird ein anderes. Es geht nicht mehr gebahnte Wege, es sucht sich, das Problem vor Augen, den eigenen Weg. Es ist und bleibt dabei abhängig vom Stande der Wissenschaft, fußt auf ihm, ist recht eigentlich von ihm beherrscht; auch hier eben ist die errungene Beherrschung vielmehr ein Beherrschtsein. Aber gerade der objektive Stand der Wissenschaft hat es an sich, über sich hinauszudrängen, und seine Herrschaft über das Individuum besteht deshalb nicht darin, daß er es festhält beim Erreichten, sondern es im persönlich gewordenen Forscherdrang darüber hinausdrängt.

b. Wissenschaftliche Bildung und Menschwerdung.

Der ganze verzweigte Apparat von Lehre, Unterricht, Schulung, d. h. ein großer Teil dessen, was wir als Bildungswesen bezeichnen, dient der Bemühung um das Heranwachsen an ein gewisses, zur Zeit maßgebendes Niveau des Wissens. Der hohe Wert dieser Art von Bildung, der Umfang der öffentlichen Einrichtungen dafür und das gewaltige Maß von Arbeit, das der Einzelne aufwenden muß, um solcher Bildung teilhaft zu werden, wäre unverständlich, wenn es sich hier lediglich um Aneignung von Kenntnissen handelte. Auch der praktische Gebrauchswert gewisser Kenntnisse ist nicht imstande, diesen Aufwand zu rechtfertigen — ganz abgesehen davon, daß die wenigsten Kenntnisse in diesem Sinne praktisch sind, diejenigen aber, die es wirklich sind, wohl auch auf kürzerem Wege zu gewinnen wären. Aber es handelt sich eben nicht um die Kenntnisse als solche.

Es handelt sich um nichts Geringeres als um die Menschwerdung des Einzelnen. Denn es handelt sich um seine Teilhabe am Geiste der Zeit, um sein Hineinwachsen in den lebenden objektiven Geist — durch die Heranbildung an dessen gegebenen Stand.

Mensch im vollen Sinne seiner geschichtlichen Epoche ist der Einzelne erst, wenn er bewußt in der gemeinsamen geistigen Atmosphäre mitleben kann, wenn er begreifend teil hat an dem, was die Führenden auf den verschiedenen Gebieten des Erkennens laufend erarbeiten, —

man kann auch sagen, wenn das Weltbild seiner Zeit das seinige geworden ist und im Wandel, den es erfährt, ihn mit sich zieht.

Man muß sich hier dessen erinnern, was oben (Kap. 10 c und e) vom Wesen der Erkenntnis als einer Grundfunktion des individuellen Geistes gesagt wurde: sein Erkennen ist das Für-ihn-Sein der Welt, und zwar — wenigstens der Tendenz nach — der Welt, wie sie an sich ist. Dieses Für-ihn-Sein ist des Menschen Teil, sein Anrecht an die Welt. Das Individuum als geistiges Wesen hat Anspruch darauf, in dieser ihm allein eigentümlichen Weise teilzuhaben am Seienden. Aber als einzelnes kann es den Anspruch nicht erfüllen. Es ist dabei auf die weit angelegte Zusammenarbeit nicht nur der Zeitgenossen, sondern der Generationenfolge angewiesen. Der Erkenntnisprozeß ist ein gemeinsamer, überindividueller, geschichtlicher, langatmig in geschichtlichen Schritten schreitender. Im Wissensstande eines Zeitalters ist die Erkenntnisarbeit einer ganzen Epochenfolge aufgesammelt. Darum kann der Einzelne das Für-ihn-Sein der Welt auf der Höhe, die seine Zeit erreicht hat, nicht sich selbst geben, er muß es lernend übernehmen.

Darum hängt am Lernen und Teilgewinnen, an der Bildung des verarbeitenden Begreifens seine Menschwerdung. Das Individuum wird zum Menschen im Sinne desjenigen Menschentums, dessen Träger und Repräsentant es ist, nur durch sein Heranwachsen an die jeweilige Höhenlage des objektiven Geistes, in den es hineingeboren ist. Dieser Weg ist kein Umweg. Er ist der abgekürzte Weg des Begreifens, den allein der zeitlich engbegrenzte personale Geist zu durchlaufen imstande ist.

c. Die Bewegung des Wissens und die Rolle des Individuums in ihr.

Dem entspricht auf der anderen Seite die Rolle des suchenden und forschenden Einzelnen, des Entdeckers und Denkers. Niemand arbeitet in der Wissenschaft, um seine Errungenschaft — oder das, was er dafür hält — mit ins Grab zu nehmen. Was der Einzelne findet, das gehört, kaum gefunden und ausgesprochen, schon nicht mehr ihm allein, sondern jedem, der es begreift. Es greift über, zieht seine Kreise im Wissen der Mitlebenden, setzt sich der Kritik, der Nachprüfung aus, erfährt Berichtigung und Umbildung. Und so geht es in den geistigen Gemeinbesitz über. Es hat den Stand der Wissenschaft an seinem Teil fortbewegt und lebt in seiner lebendigen Bewegung selber fort. Das Fortbewegen spielt sich so ganz in den Formen des Nehmens und Gebens ab. Nur eben, sofern der Einzelne ein Finder ist, gibt er nicht einfach weiter, was er übernommen hat; er gibt mehr zurück, als er empfing. Er übernimmt die gewordene Problemlage; er fügt ihr die Lösung des Teilproblems ein und gibt sie so verschoben zurück.

Freilich hat die Ausbreitung ihr eigenes Tempo, und oft genug ein langsames; vieles gelangt erst nach Generationen in den Bestand der allgemeinen Bildung, manches dringt überhaupt nicht bis dahin vor, es ist zu esoterisch, bleibt dem Fachwissen vorbehalten. Ebenso gibt es Grenzen der Ausbreitung, die in der Struktur der geistigen Mitwelt liegen, die Grenzen eines Sprach- und Kulturkreises. Aber diese Grenzen sind keine prinzipiellen, es sind nur die geschichtlich zufälligen eines bestimmten objektiven Geistes, sofern er jederzeit auch seinesgleichen neben sich hat und nicht beliebig in den Geist einer fremden Kultur übergreifen kann. Und was die zeitliche Verzögerung im Hindurchdringen anlangt, so ist diese nur ein Faktor der Hemmung, des Widerstandes — ein Gegenfaktor, wie er auf anderen Gebieten auch besteht.

An sich aber ist es das Gesetz des geistigen Gutes, daß es die Einzelnen nicht trennt, wie das dingliche Gut, sondern verbindet. Es ist seiner Natur nach expansiv, hat von sich aus die Tendenz, Gemeingut zu sein, in den objektiven Geist überzugehen. Nur so ist die Selbstverständlichkeit zu verstehen, mit der ein lebendig sich entwickelnder Zeitgeist die Einsichten des Einzelnen in sich aufnimmt. Er wächst innerlich mit ihnen, stellt jederzeit ihren Inbegriff und ihren inhaltlichen Zusammenhang dar.

Diese bewegende Rolle des Individuums reimt sich mit der Tatsache, daß jeder Suchende und Findende als Lernender begonnen haben muß. Er muß heranwachsen an die gegebene Problemlage, ehe er diese mitbewegend vorwärtsbringt. Und auch sein Suchen und Finden selbst ist jederzeit ein solches aus der gegebenen Problemlage heraus. Er kann nicht beliebig aus einem anderen Stande der Wissenschaft heraus forschen. Die Gesamtsituation der Erkenntnis, in die er hineingewachsen ist, stellt ihn erst vor die Aufgabe, die er als die seinige begreift. Sie hält ihn fest und bleibt bestimmend in seinem Denken, auch wo er sie in einzelnen Einsichten überschreitet. Der Schritt, den er vorwärts tut, so groß er den Zeitgenossen scheinen mag, bleibt doch nur ein Schritt im Zuge der Gesamtbewegung. Er ist gering, gemessen an der angehäuften Vorarbeit, auf welcher fußend er gelingen konnte.

So ist der Einzelne auch im eigensten Forschen getragen vom objektiven Geiste, in dem er steht. Er schafft nicht so sehr aus sich selbst als aus ihm heraus, und sein Schaffen geht mit seinem ganzen Ertrag wieder in ihn ein. Es ist von Hause aus ebensosehr das Schaffen der Wissenschaft in ihm wie sein Schaffen in der Wissenschaft.

22. Kapitel. Geltende Moral und Moralität des Einzelnen.

a. Eigenart des Übernehmens im Gebiet des Ethos.

Nicht ganz so klar liegt die Sache auf dem Gebiete der praktischen Lebensführung, der Moral und der Erziehung — der letzteren, sofern sie nicht Bildung, sondern die moralisch-praktische Führung des Jugendlichen betrifft. Was die Sachlage hier erheblich kompliziert, ist das Moment der Wertung und des Wertbewußtseins. Es ist zwar nicht zu verkennen, daß der Einzelne gerade auf diesem Gebiet besonders kraftvoll vom Zeitgeist ergriffen wird: er sieht von Kind auf, wie die Anderen handeln, sieht die Folgen, hört die Bewertungen und gleicht sich unmerklich mit dem eigenen Wertempfinden ihnen an. Insoweit wächst er in die geltende Moral seiner Zeit nicht anders hinein als in Sprache und Wissen, wird von ihr ebenso von innen heraus geformt. Aber gerade das bewußte Übergeben und Übernehmen, zumal wo es die Form der Belehrung annimmt, hat hier seine Grenzen.

Nichts ist bekannter als die Fruchtlosigkeit moralischer Lehren, Ratschläge, Ermahnungen. Der angehende Mensch hat eine gewisse Abneigung dagegen, empfindet sie leicht als aufdringlich, ja als plattes Moralisieren. Die Weisheit des wirklich Erfahrenen und Erprobten findet, auch wo sie einleuchtet, nicht ohne weiteres den Eingang in den Willen des Menschen. Niemand wird durch fremde Erfahrung klug — nicht weil sie nicht auf ihn und sein Leben zuträfe, sondern weil sie nicht die seine ist. Das gilt von Menschenkenntnis und Menschenbehandlung so gut wie von Selbsterkenntnis und Selbstbehandlung. Nichts kann den Weg der eigenen Erfahrung ersetzen. Man muß selbst Lehrgeld zahlen.

Was aber heißt nun das? Ist hier der objektive Geist machtlos, oder sieht sich das Individuum von ihm verlassen? Gerade hier, wo es sich um die am meisten lebensaktuellen Bindungen, Wertungen, um Verantwortung und Mitverantwortung handelt, bestehen doch auch die stärksten Gebundenheiten und Geformtheiten des Gemeingeistes, des Milieus, des Standes, völkischer und zeitgenössischer Eigenart. Und gerade auf diesem Gebiet treten die Geformtheiten dem Einzelnen am fühlbarsten entgegen. Was er auch tut oder läßt, er setzt sich der Beurteilung aus, fordert das Anerkanntwerden und Abgelehntwerden heraus. Und nichts spürt er am eigenen Leben und Schicksal gewichtiger als das.

Das also kann das Versagen der „Lehre“ nicht bedeuten, daß der Einzelne vom objektiven Geist verlassen wäre, gleichsam aus ihm herausgestellt wäre. Es kann nicht dieses sein, daß das private Ethos des Menschen mit sich selbst anheben müßte. Die Basis des Überkommenen ist durchaus vorhanden, und er muß an sie heranwachsen, um auf ihr zu stehen. Nur der Weg des Heranwachsens ist hier ein anderer, und zwar deswegen, weil die Form des Übergebens und Übernehmens eine andere ist. Sie kann weder die der inneren Nachahmung sein, wie bei der Sprache, denn das Ethos verlangt Entscheidung und Einsatz der Person; noch auch kann sie einfach die der Belehrung sein, denn die Belehrung muß nicht nur die Einsicht, sondern auch das sittliche Empfinden überzeugen. Ja, sie muß dieses Empfinden allererst erwecken. Und das nicht im Vorgreifen und Hinwegschreiten über das eigene Erleben. Sich überzeugen von moralischer Gültigkeit und Verbindlichkeit ist etwas grundsätzlich anderes, als sich überzeugen von Errungenschaften der Erkenntnis und Wissenschaft.

b. Der Weg der ethischen Erfahrung.

Warum dem so ist, das hat einen objektiven Grund, und zwar im Wesen der moralischen Gültigkeit. Diese eben hat den Charakter einer an den Menschen gestellten Anforderung, eines „Sollens". Wer mit Belehrung über solche Gültigkeit vor den Werdenden hintritt, der mutet ihm zu, die Anforderung anzuerkennen und gutzuheißen, sich selbst aber ihr unterzuordnen. Nun aber kann niemand eine Anforderung anerkennen, die er nicht selbst als Erfordernis empfindet. Und wiederum als Erfordernis empfinden kann er sie nur, wenn er den Wert, um den es in ihr geht, wenigstens dunkel fühlt.

Freilich kann man sich auch einfach der Autorität fügen. Daß die Erziehung zum Ethos mit der Autorität fremden Willens beginnt, daß dem moralisch Unreifen die Mannigfaltigkeit möglichen Verhaltens unter der Alternative von Gehorsam und Ungehorsam erscheint, braucht nicht bestritten zu werden. Aber der Unreife folgt ein Reifen, und darauf gerade kommt es an, was im Reifen die weichende Autorität fremden Willens ersetzt. Das bloße Sich-Fügen ist nicht moralisches Verhalten, so wenig wie das bloße Sich-Widersetzen. In blinder Zucht wird das Ethos nicht mündig. Die Erziehung zum Ethos kann bei der Autorität, mit der sie anhebt, nicht stehen bleiben. Einmal im Leben, einerlei ob spät oder früh, kommt für jeden die Zeit der inneren Auseinandersetzung mit dem blind Hingenommenen. Und erst was aus der Auseinandersetzung als eigene Überzeugung hervorgeht, macht die eigentliche innere Gestaltung des Ethos aus.

Werterkenntnis kann durch Belehrung nicht hervorgerufen werden; nicht wenigstens durch sie allein. Der Schlüssel zu ihr ist das Leben. Die erlebte Situation, deren Ernst man erfahren hat, erweckt das Wertgefühl. Und nicht in der Weise darf man dieses Erfahren verstehen, als müßte es immer das Einleuchtende, die Wertrealisation im menschlichen Verhalten sein, was das Wertbewußtsein weckt; viel öfter ist es gerade die erfahrene Wertwidrigkeit im Leben, an der dem sonst vielleicht Unbelehrbaren ein Wert aufgeht, Gültigkeit und Erfordernis einleuchtend werden. Wer Ungerechtigkeit erfahren oder auch nur mitempfindend angesehen hat, dem leuchtet der Wert der Gerechtigkeit von selbst ein; wer belogen worden, weiß die Wahrhaftigkeit einzuschätzen; wer Mißtrauen erfahren hat, kann erst das in ihn gesetzte gute Zutrauen würdigen. In diesem Sinne ist die eigene ethische Erfahrung Schritt für Schritt der Weg des erwachenden Wertbewußtseins.

Jede Werteinsicht hat ihre bestimmte Zeit im Menschenleben, ihr spezifisches Reifestadium. Denn sie hat ihre praktische Vorbedingung in den erlebten Aktualitäten des Lebens selbst. Für jeden Wert tritt diese Vorbedingung erst zu ihrer Zeit ein, für jeden wird der Mensch zu besonderer Zeit und in besonderer Lebensreife empfangsbereit. Diesem Reifeprozeß kann die Belehrung wohl vorgreifen, aber das Vorgreifen erschließt das Wertbewußtsein nicht. Ist der Mensch aber seinen Weg des Erfahrens und inneren Reifens gegangen, ist er so zum „Vernehmen“ des Wertes gelangt, so ist alle Belehrung überholt und überflüssig.

c. Der objektive Geist als Lehrmeister des Ethos.

Gibt es nun deswegen hier kein Übergeben und Übernehmen, kein Hineinwachsen in den Wertgehalt geltender Moral, kein inneres Geformtwerden von ihr? Tradiert sich das Ethos nicht? Ist hier im Werdegange des Einzelnen der lebende objektive Geist ausgeschaltet?

Das wäre weit gefehlt. Der objektive Geist hat mannigfaltige Wege, das Individuum zu umfassen und zu sich hinaufzuziehen. Er als geltende Moral ist ja nicht ein Inbegriff von Vorschriften, sondern eine Geformtheit des sittlichen Empfindens im Leben der Menschen. Und da die Situationen, in die der Einzelne gerät, durch das sittliche Empfinden der Beteiligten — durch ihre stillschweigenden Voraussetzungen und Erwartungen, ihre selbstverständlichen Anforderungen und Wertungsreaktionen — schon jederzeit mit bestimmt sind, so kann man auch sagen: es ist der objektive Geist der bestehenden Moral, der die Lebenssituationen des Einzelnen mit gestaltet und durch sie hindurch im Anwachsen der sittlichen Erfahrung auch die Erweckung des Wertbewußtseins bestimmt. Er gerade gibt so das Feld der sittlichen Erfahrung her.

Es gibt in einer bestehenden Menschengemeinschaft keine anderen Situationen als solche zwischen den Trägern des lebenden Ethos. Der Werdende steht in jeder Lebenslage Personen gegenüber, deren Empfinden von diesem Ethos bestimmt ist. Es ist so dauernd derselbe Geist, der ihm im Wertempfinden, Anerkennen und Ablehnen der Mitlebenden entgegentritt. Und gerade dieses Anerkennen und Ablehnen ist es, was ihn aus jeder Situation heraus lebendig, plastisch, als Erlebtes und Empfundenes anspricht. Wie er auch handelt oder sich verhält, er erfährt unfehlbar Wert und Unwert seines Verhaltens — nicht etwa bloß in ihrem Werturteil, das ja auch einseitig oder ungerecht sein kann, — sondern viel unmittelbarer und schlagender an der Art ihres Betroffenseins, ihrem Verletztsein oder Angetansein. Denn dieses ist ihm als ein Wirkliches und Unverfälschtes, weil Ungewolltes, selbst wiederum erfahrbar. Er erfährt es als ein Rückbetroffensein der eigenen Person von der eigenen Handlungsweise, nicht anders, als er Wert und Unwert des fremden Verhaltens im direkten Betroffensein der eigenen Person erfährt.

Dieselbe Realsphäre also, die sein ethisches Erfahren bestimmt und Schritt für Schritt sein sittliches Empfinden weckt, formt, erweitert, ist es auch, die das lebende gemeinsame Ethos ausmacht. Sie ist der lebende objektive Geist selbst, soweit er moralischer Gemeingeist ist. Sie ist es, die sein Wertbewußtsein — und mittelbar seine ganze moralische Grundhaltung — auf bestimmte Werte hin orientiert, seinen Sinn für Seinsollendes überhaupt in eine bestimmte inhaltliche Auslese aus der Mannigfaltigkeit möglicher moralischer Anforderungen hineindrängt und in ihr fortschreiten läßt. Dieser Prozeß aber ist identisch mit seinem Hineinwachsen in den objektiven Geist seiner Zeit. Er ist das Heranwachsen an das Niveau der geltenden Moral.

Der Unterschied gegen die anderen Gebiete des Geistes ist also nur der, daß der Weg des Heranwachsens ein anderer ist. Er führt trotz dem Beginnen mit dem Autoritätsverhältnis nicht über die Lehre, wie sie der Mensch dem Menschen geben kann, und darum ist und bleibt der Satz der Alten von der „Lehrbarkeit der Tugend" zweideutig; er führt auch trotz der breiten Rolle, die das Verhältnis von Vorbild und Nachfolge hier spielt, nicht über die Nachahmung, denn eben dieses Verhältnis unterliegt schon dem Gesetz der Wertreife, und weder ist Nachfolge Nachahmung, noch kann ein Vorbild einleuchten, das nicht schon unter empfundenen Werten und auf sie hin seligiert wäre. Der Weg des Heranwachsens ist vielmehr allein maßgeblich bestimmt durch das dauernde Herausgefordertsein des Wertgefühls von den Situationen des wirklichen Lebens, die ihrerseits vom Geiste der geltenden Moral mitgeformt sind.

Als der wahre und allein wirkliche Lehrmeister des Ethos erweist sich auf diese Weise der lebende objektive Geist selber, so wie er dem Werdenden in den Gewordenen jederzeit konkret entgegentritt. Er ist die richtunggebende Macht in der inneren Ausformung von Stellungnahme, Gewissen und Grundhaltung. Der menschliche Erzieher aber kann hier nur sich selbst in den Prozeß der Formung einbeziehen, sich bewußt zu seinem Werkzeug machen. Er kann die selbstläufig entstehenden Konflikte des Werdenden benutzen, kann sie mildern, vereinfachen oder auch ins Prinzipielle sich steigern lassen, je nachdem es das gegebene Reifestadium erlaubt. Er kann also nur in das wirkliche Leben des Werdenden mit eintreten, als Mitlebender die Lebenslagen mit formen — denn schon das bloße Maß dessen, was er ihm moralisch zumutet, ist hier ein eminentes Mitformen[1]). Aber er kann ihm die Erfahrung, auch die böse Erfahrung, nicht ersparen; er muß sie ihn selbst machen lassen. Der Autonomie des Heranwachsens kann er nicht vorgreifen. So muß er Werkzeug des wahren Lehrmeisters bleiben. Und sein eigenes Ethos, wenn er sich selber recht versteht, kann nur das des Zurücktretens gegen ihn sein.

d. Mitverantwortung und bewegende Kraft der Person im Leben der Moral.

So kehrt das alte Bild des Grundverhältnisses doch auch hier wieder. Es ist dasselbe Hineinwachsen, Übernehmen und Heimischwerden des Einzelnen im objektiven Geist. Der Unterschied des Weges aber hat seinen Hintergrund in der Besonderheit der Rolle, die das Ethos selbst im Gesamtgeist einer Zeit spielt.

Das Ethos des Menschen ist zwar, ebenso wie seine Erkenntnis, ein Modus des Für-ihn-Seins der Welt; denn mit seiner Aufgeschlossenheit für die Werte wächst auch die Auswertung der Mitwelt für ihn und durch ihn. Aber die andere und aktuellere Seite des Ethos betrifft sein eigenes Verhalten zur Welt, das innere wie das äußere, das Gerechtwerden wie das Handeln. In beidem aber liegt das Umgekehrte des Für-ihn-Seins, nämlich sein eigenes Für-die-Welt-Sein.

Der Geist ist hier nicht nur ein der Welt zugewandter, sondern auch ein in sehr bestimmter Weise sie mit formender. Denn nicht nur, was er an ihr tut, sondern auch was er an sich tut und was er aus sich macht, das ist er zugleich auch für die Welt.

Bei dieser Bezogenheit aus sich hinaus in das Mitseiende liegt auf dem Ethos das einzigartige Gewicht der Verantwortung. Weil aber

[1]) Das ist freilich eine Frage des feinsten pädagogischen Taktes und hat überdies enge Grenzen. Es gibt da immer die Gefahr des eigenen Unechtwerdens in der „pädagogischen Haltung". Der Jugendliche ist hellhörig in diesem Punkte, er spürt die leiseste Unechtheit der geschaffenen Situation, merkt den erzieherischen Zweck; er fühlt, es wird ein Spiel mit ihm getrieben, es ist nicht Ernst, die Situation ist Schein. Und dann setzt, versteckt oder offen, die umgekehrte Reaktion ein, die Opposition gegen das vielleicht schon sich meldende Wertbewußtsein. Der Effekt ist die Verdunkelung des Wertes, der ihm aufgehen sollte.

derjenige Teil der Welt, „für" den die Einzelperson in ihrem Ethos etwas ist, in erster Linie durchaus die geistige Mitwelt ist, so bedeutet dieses ihr „Für-die-Welt-Sein" unmittelbar ein Sein für den objektiven Geist. Und die Verantwortung, die auf ihr ruht, ist Mitverantwortung für ihn, für sein Bestehen oder Zugrundegehen, seine Wandlung und geschichtliche Bewegung.

Verantwortung nun — und die hinter ihr stehende Freiheit der Entscheidung — ist durchaus Sache des Individuums. Der Einzelne will, entscheidet, handelt, er hegt Absichten und Gesinnungen, nicht der objektive Geist. Aber wie der geschichtliche Geist der jeweiligen Menschensphäre mitbestimmend hinter der Formung des persönlichen Ethos steht, es auf der ganzen Entwicklungslinie in seinen gemeinsamen Formtypus eingeprägt hält und so der Freiheit privater Entscheidung Grenzen setzt, so mündet auch alles, was der Einzelne aus seinem persönlichen Ethos heraus tut und im Tun aus ihm herausstellt, wieder zurück in das gemeinsame Ethos und in den geschichtlichen Geist der Zeit.

Streng genommen gibt es kein Handeln, das ausschließlich den Einzelnen träfe, wie sehr es auch ihm allein gelten mag. Jede Tat wirkt, auch dort wo sie nicht wirken will, und wo der Täter nicht weiß, was sie wirkt. Denn sie stößt hinein in ein bestehendes Gesamtethos, und dieses ist jederzeit mitbetroffen von ihr. Ja, es gibt vielleicht keine Gesinnung, keine Bewertung oder Stellungnahme, die nur die Einzelperson berührte, wie sehr immer sie nur diese direkt betreffen mag. Es trifft alles darüber hinaus noch den Gemeingeist, es zieht seine Kreise weit hinaus über die private Sphäre des Einzelnen. Es reißt mit, es verführt, es verleidet, es schreckt ab. Alles kann Beispiel sein, im Anziehen wie im Abstoßen, im Guten wie im Bösen. Jedes Verhalten der Person kann anderen Personen neue Werteinsicht erschließen, es kann sie ihnen aber auch verwirren und verschließen. Denn es gehört der Sphäre an, in die der ethisch Werdende hineinwächst.

In Wahrheit ist jeder Mensch jederzeit unfreiwillig auch Erzieher. Er weiß nur selten einmal im Leben darum. Und niemals weiß er um die besonderen Wirkungen und Einflüsse, die von ihm ausgehen. Nachträglich im Rückschauen mag er wohl das eine und das andere davon erkennen; aber sein Erkennen ändert den Lauf des einmal von ihm Ausgegangenen nicht, noch kann es ihn aufhalten.

So ist auch hier der Einzelne, ohne es zu durchschauen, ein mitbewegendes Element in der Gesamtbewegung des objektiven Geistes. Und seine Verantwortung an ihm ist jederzeit die gleiche wie am einzelnen Mitmenschen. Er wird bewegt von der lebenden Moral und bewegt wiederum sie an seinem Teil. Er ist getragen von ihr und trägt sie seinerseits fort, den Wandel mitbewirkend, den sie erfährt. Dieselbe Wechselbedingtheit von personalem und objektivem Geist, der wir überall begegnen, gilt auch im Reiche des Ethos.

23. Kapitel. Die Sphäre von Kunst und Lebensstil.

a. Künstlerischer Geschmack und Stilempfinden.

Und wieder anders ist es mit dem Verhältnis von Gemeingeist und Individuum auf dem weiten Gebiete des herrschenden Geschmacks in Kunst und Leben, der sinnlich-äußeren Form- und Stilgebung, die der Mensch in alles hineinträgt, was er aus sich selbst und aus den Dingen macht. Es ist das weit verstandene Gebiet der ästhetischen Kultur; nicht um die eigentlichen Künste allein handelt es sich hier, nicht um das Tun und die Blickrichtung des Schaffenden allein, sondern ebenso um alles, was im Leben des Alltags durch herrschenden Stil und Geschmack bestimmt ist.

Die bestimmte Art formauffassenden „Sehens" — und nicht bloß des visuell verstandenen — durchzieht alle Lebensgebiete. Es ist stets zugleich auch ein formgebendes Sehen. Am auffallendsten vielleicht ist es in der Selbstauffassung und äußeren Selbstgestaltung des Menschen enthalten, von der sichtbaren Formgebung in der Tracht bis hinein in die Artung der Geste, der Bewegung, des Auftretens, der Umgangsformen. Nichts vielleicht wandelt sich geschichtlich so sichtbar, unter den Augen der Lebenden, wie diese Art der Formgebung, und nichts vielleicht so einheitlich in geschlossener Front. Der Einzelne ist hier mehr als irgendwo sichtbar geformt vom objektiven Geist. Er ist dem herrschenden Geschmack unterworfen. Er gehorcht dabei nicht einem ins Bewußtsein gehobenen Gesetz; er findet sich vielmehr, wo er zum Bewußtsein der Formgebung erwacht, schon vom allgemeinen Geschmack als dem seinigen beherrscht, er empfindet „nach" ihm wie nach einem Gesetz, ohne doch ihn als Gesetz zu empfinden. Wohl mag er auch die Phantasie haben, sich in gewisser Hinsicht eine andere Selbstgestaltung zu geben. Aber weder verfällt er darauf, wenn nicht besondere Umstände ihn zur Opposition drängen, denn der Zeitgeist beherrscht ihn; noch kann er die abweichende Selbststilisierung ungestraft durchhalten, denn er „fällt auf" mit ihr. Er fällt heraus aus der gewohnten, gefallenden, zur Anforderung an jedermann gewordenen Form; er „stößt an".

Was diese Geistesgebiete alle — von der hohen Kunst bis zur nichtigen Mode — umfaßt, ist das Phänomen des Stiles. Man braucht dabei nicht gleich an die besonderen und hochdifferenzierten Kunststile zu denken. Stil im weiten Sinne ist alles, was in der Art der Formgebung einem Zeitalter oder einem Menschenmilieu gemeinsam ist. Am ausgeprägtesten aber und vielleicht auch am meisten bewußt gibt es den Stil in Dichtung, Musik, bildender, bauender, malender Kunst.

Es ist wohlbekannt, wie fest diese Kunststile an bestimmte Zeitalter gebunden sind, und wie fest zugleich die Individuen in ihrer Zeit mit ihrem künstlerischen Empfinden an sie gebunden sind. Die Menschen dieser Zeit eben formen und schaffen unmittelbar aus dem sie verbindenden einheitlichen Stilempfinden heraus; und darum sind sie mit ihrem Formen und Schaffen den Zeitgenossen unmittelbar verständlich. Sie sehen, hören, denken, reden in den Prägungen des Stiles. Ja, der Stil ist im Grunde eben dieses, daß sie eine gemeinsame Art zu sehen, zu hören, zu denken, zu reden und sich zu gerieren haben. Er ist in ihnen selbst die Geformtheit ihrer inneren Haltung. Darum formen sie Werke, die den Charakter des Stiles an sich tragen. Sie haben nicht die Freiheit, beliebig anders zu formen. Und wenn sie es wagen, anders zu formen, so werden sie formlos.

Dieses Verhältnis bleibt auch bestehen, wo der einzelne Geniale wirklich den Stil ändert. Denn hier gerade ändert sich in seinem Sehen oder Hören die innere Geformtheit selbst. Und eben darin besteht die Genialität. Der Kunststil differenziert sich unbegrenzt, er artet sich ab und um. Aber die gemeinsame Zeitprägung bleibt ihm. Ihr Wandel besteht in seinem Wandel. Und die Probe auf das Exempel ist das Tun des Epigonen, der mangels eigener Verwurzelung in seiner Zeit den Stil früherer Kunst nachbildet. Das Werk bleibt Nachahmung und ist als solche wesentlich unterschieden vom geistig autochthon gewachsenen Werke. Im Nachahmen eben ist der Stil nicht mehr die lebendige innere Form seines eigenen Empfindens, Sehens oder Hörens. Und wie sehr er diese auch einfühlend erlangen will, er kann sie sich doch, vom lebenden Geiste des Stiles abgeschnitten, nicht geben.

b. Lebensstil und „guter Geschmack".

Hieran wird es sichtbar, wie der Stil etwas ist, was lebendig oder tot sein kann, und zwar genau in demselben Sinne, wie auch eine Sprache tot sein kann. Das Leben des Stils ist echtes, inneres Leben des objektiven Geistes, wie sehr es sich auch inhaltlich um äußere und sichtbare Formung handeln mag. Und man darf hinzufügen, es ist um so mehr echtes Geistesleben, je weniger sein Vorhandensein objektiv ins Bewußtsein gehoben ist, je mehr also der Stil einfach die gemeinsame Form des wirklichen Sehens, Hörens, Empfindens — und des entsprechenden Bewertens ist, d. h. je mehr der Stil rein und ungestört vom urteilenden Bewußtsein die innere Norm des in einer Zeitgenossenschaft lebenden Geschmacks ist. Vom Geschmack in Kunstdingen gerade muß es gelten, daß er unmittelbar reagiert, im Hinschauen selbst wertet, nicht nach Gründen fragt. Er hat nicht die Form des denkenden Abwägens, steht allem Intelligieren fern, braucht um sein Warum nicht zu wissen. Daß etwas „gefällt" oder „nicht gefällt", mag den Seinszusammenhängen nach so bedingt, so hintergründig sein wie nur immer denkbar. Es ist deswegen doch niemals ein Bewußtsein der Bedingungen und Hintergründe. Im Gegenteil, das eindringende Bewußtsein macht es irre, löst es auf.

Dasselbe nun gilt auch vom „Lebensstil" — worunter alles zu verstehen ist, was an sichtbaren Formen selbstverständlicher oder konventioneller Art unser eigenes Leben als ein spezifisch geprägtes und gebundenes erhält. Es gilt vom Zeitgeschmack in Mode, Geste, Rede- und Umgangsform, in der Haltung und Bewegung, im Brief- und Aktenstil. Auch die Mehrzahl der Höflichkeitsformen gehört hierher, die Art, sich zu zeigen und zu verbergen, Rücksichten zu nehmen, Gesinnungen zur Schau zu tragen oder vorzutäuschen, die Freiheit oder Zurückhaltung der Meinungsäußerung, das Grenzempfinden von gebotenem Verhalten der privaten Ansicht und Unaufrichtigkeit, die Formen gesellschaftlichen Verkehrs und der Liebeswerbung, die Schranken des Anständigen und Nichtanständigen. Gewiß variiert hier das Verhalten des Einzelnen in weitem Spielraum; und dieses Variieren hat nicht nur seine ethische Kehrseite, sondern ist auch unmittelbar Ausdruck des individuell Persönlichen. Denn alle solche Formung ist Überprägung von Urwüchsigem, Naturhaftem im Menschen, von Wünschen, Aversionen, Leidenschaften, Trieben. Aber die Stilprägung, die sich darüberlegt, ist als solche weder gut noch böse, weder naturhaft noch naturwidrig, weder persönlich die des Einen noch die des Anderen. Sie ist eine objektive, den Zeitgeist beherrschende Formung autonomen Charakters, die in ihrer Überindividualität alle Züge des objektiven Geistes trägt.

Diese Stilgeprägtheit ist es, die Geschichte hat. Sie wandelt sich zusammen mit der Moral und dem Recht, mit der Staatsform, der Sprache, dem sozialen und politischen Leben; und ihre Wandlung ist mit deren Wandlung durch mannigfache Beziehung verknüpft. Sie hat auch stets ihre Vergangenheit, auf der sie steht, die noch als solche empfunden in sie hineinragt; diese Vergangenheit wird dann als der „Geschmack von gestern", ja vielfach direkt als das Gemiedene, Unschöne empfunden, von dem man sich fortbewegt. Solches Verwerfen ist inhaltlich ungerecht, geschichtlich aber ist es insofern wohl gerecht, als es eben nichts anderes ist als das Bewußtsein des Sich-Fortbewegens und des Zurückgelassenhabens. Wie denn die Stilprägung zuzeiten auch eine gewisse Inertia zeigt, als geschichtlich verfestigte Form im gewandelten Geiste fortbestehen kann und dann als hohle „Form" im schlechten Sinne, als „Zopf", als steifer Zwang empfunden wird. Und dann kann das Vorbrechen des individuellen Temperamentes wohl gar erlösend wirken. Denn abschütteln kann man die gewordene Form nicht beliebig und nicht rein negativ; sie kann nur durch positive, neue Form verdrängt werden. Denn wenn auch oft, wo alte, hohe Kultur zugrundegeht, ein Interregnum der Formlosigkeit einzusetzen scheint, so ist doch das wahre Verhältnis ein anderes: es ist sehr wohl auch da neuer Lebensstil im Werden, und nur vom Empfinden des alten aus wirkt er formlos.

Ob der geschichtliche Wandel in schnellem Tempo bunt wechselt, wie in der Mode, oder sich schwerfällig in den Perioden des Gemeinschaftswandels vollzieht, ist für das Grundphänomen gleichgültig. Das Hinstreben auf Neues ist nirgends ganz tot, selbst wo die Formen des Lebensstiles seit Jahrhunderten stabil scheinen; und ebensowenig dürfte selbst im flatternden Wechsel sensationeller Augenblicksströmungen des Geschmacks das Gefangensein von geprägtem Überkommenem ganz fehlen. Stets aber ist der Wandel ein den Lebenden gemeinsamer — auch dann, wenn er lokal begrenzten Ausgang hat, zunächst nur einen engen Gesellschaftskreis erfaßt, die weiteren Kreise aber nachhinken. Ja selbst das, was überhaupt nur eine Gruppe der Mitlebenden durchdringt, unterliegt noch dem gleichen Gesetz des geschichtlich gemeinsamen Wandels. Der objektive Geist ist in engen Grenzen grundsätzlich derselbe wie in weiten. Seine Maße sind keine extensiven. Er ist so wenig die Summe der Menschen, die er umfaßt, als die Summe des Formgehalts, den er in ihnen ausprägt. Er ist einzig das wirkliche geistige Leben selbst, sofern es diese Formen als gemeinsame innere Prägung seiner Träger zeigt.

c. Vom „Leben" des Stils.

Dieses Moment der geistigen Lebendigkeit ist greifbar an den Lebens- und Kunststilen. Den Stil gibt es als geschichtlich lebendigen nur dort, wo er in der Art des Sehens, des Empfindens, des Geschmacks selbst enthalten ist, d. h. wo das Empfinden des Einzelnen wirklich von ihm beherrscht ist. Insofern ist es mit ihm nicht anders als mit der geltenden Moral, dem geltenden Recht. Eine Moral „lebt" nur solange, als sie bestimmend ist im Werturteil und Wertempfinden der Menschen. Sie ist tot, wenn das Empfinden sich gewandelt, sich anderen Werten zugewandt und unter sie als seine Normen getreten ist. Ein bestehendes Recht hat seine lebendige Kraft nur, solange es im Ganzen genommen dem wirklichen Gerechtigkeitsempfinden der Menschen gerecht wird. Daß es darüber hinaus von bestehender Macht festgehalten werden kann, ändert daran nichts. Das so festgehaltene Recht ist unterhöhlt, es muß über lang oder kurz sich wandeln, um dem gewandelten Rechtsbewußtsein nachzufolgen.

Genau so ist es mit dem Geschmack und dem Stil einer Zeit. Was „nicht mehr gefällt", ist eben „aus dem Geschmack heraus"; es wirkt geschmacklos. Sein Stil ist nicht mehr der im Stilempfinden der Menschen lebende Stil. Wenn man so vom „Leben" des Geschmacks und des Stiles spricht, so ist das durchaus kein Gleichnis. Dieses Leben ist ein wesentlicher Bestandteil vom sich geschichtlich bewegenden objektiven Geist. Man kann es durch nichts anderes umschreiben, kann es so wenig in Elemente auflösen wie organisches Leben, kann es auch synthetisch nicht wieder aufbauen, wenn es nicht mehr lebendig ist. Das Leben des Stiles ist stets gewachsene Ganzheit; und als Ganzheit, die über viele Gebiete übergreift, hat es seine Eigengesetzlichkeit im Wandel der Zeiten. Es ist weder ein Gewolltes noch ein Erstrebtes, weder des Einzelnen noch der Gesamtheit; vielmehr alles, was in sein Gebiet fällt, ist durch den lebenden Stil schon auf Erstrebbarkeit hin vorseligiert, und das Bewußtsein kennt es nicht anders als in solcher Auslese.

Ebenso sind Geschmack und Stil niemals willkürliche Schöpfung des Einzelnen. Sie sind es auch dann nicht, wenn wirklich der Einzelne führend voranschreitet. Auch der große Künstler findet seine Grenze an dem, was dem künstlerischen Empfinden seiner Zeit zugänglich ist. Ohne sein Publikum ist er der Führer nicht. Wo es ihn im Stich läßt, da bleibt ihm vielleicht eine ferne Zukunft, die er nicht erleben kann, aber in seiner Zeit ist er der Belächelte, Isolierte, Ausgeschiedene; und die Bewegung des lebenden Geistes führt an ihm vorbei. Im allgemeinen ist der Künstler aber vielmehr selbst von innen heraus festgehalten vom künstlerischen Empfinden seiner Zeit; er hat nur in engen Grenzen Macht darüber. Er kann auch nicht einfach aus ihm als einem noch in ihm selbst lebendigen heraus. Es ist vielmehr sein Ringen mit dem lebenden und ihn beherrschenden Stil, wenn er ihn schaffend und bahnbrechend fortbewegt.

Man sollte meinen, daß die Ästhetik viel hierzu zu lehren hätte. Ganz das Gegenteil dürfte der Fall sein. Die Ästhetik — soweit wir sie haben — kennt wohl die Formbeschaffenheit des Stiles, aber nur als Phänomen am Kunstwerk. Das „Leben des Stiles" als ein gemeinsames in einer Zeitgenossenschaft kennt sie nicht. Sie weiß um die Struktur des schauenden Aktes, in gewissen Grenzen vielleicht sogar um die des schaffenden, und sie analysiert diese Struktur. Aber das gemeinsame Geistesleben, das die Struktur hervorgetrieben und den Strukturwandel dauernd hervortreibt, ist nicht ihr Problem. Weit eher faßt noch die Kunstgeschichte — desgleichen Musik- und Literaturgeschichte — etwas vom „Leben des Stiles"; wenigstens setzt sie es voraus und wird ihm dadurch gerecht. Sie eben ist Geistesgeschichte, ihre Problemebene ist die des objektiven Geistes.

Wohl aber geht der Sache nach von dieser Problemlage die Forderung an die Ästhetik aus, sich hier zu orientieren. Ist doch alle Kunst auch Selbstformung und Selbstausdruck eines lebenden Geistes und mit ihren Themen in diesem verwachsen. Hier öffnet sich ein Weg erweiterter ästhetischer Problemaufrollung, der wohl angetan sein dürfte, bis in die von Schwierigkeiten aller Art umlagerte Grundfrage der künstlerischen Werte hineinzuleuchten.

d. Die Form des Hineinwachsens in den Geschmack der Zeit.

Und ebenso wie beim Ethos, beim Wissen und bei der Sprache gibt es auf dem Gebiet von Geschmack, Kunst und Lebensstil ein Hineinwachsen des Einzelnen in den objektiven Geist. Wie sehr der Geschmack von Mensch zu Mensch in Einzelheiten divergieren mag, die gemeinsame Grundlage ist doch unter Zeitgenossen immer schon da: die Form des Empfindens ist ihnen gemeinsam. In diese Form wird das Empfinden des Werdenden unmerklich hineingezogen — und zwar nicht in der Bemühung um sie, sondern einfach im Mitleben mit denen, die sie gemein haben.

Die Art des Übernehmens und Übergebens ist also hier wieder eine sehr eigenartige. Sie steht dem Übernehmen der Sprache nahe. Doch spielt das Lehren und Lernen hier eine noch viel geringere Rolle. Auch ist Belehrung hier nicht deswegen unwirksam, weil sie nicht überzeugen könnte (wie in der Moral), sondern weil sie überhaupt erst möglich wird, wo eine gewisse Gemeinsamkeit des Empfindens sich bereits herausgebildet hat. Sie wird also erst da möglich, wo sie bereits überflüssig ist.

Eine außerordentlich große Macht dagegen hat bei diesem Übernehmen das Mitempfinden fremden Empfindens, das innere Mitgehen des Gefühls, das Sich-Angleichen des noch schwankenden Geschmacks an einen stark ausgeprägten und entschieden geäußerten Geschmack fremder Personen. Solches Mitgehen und Mitempfinden ist durchaus nicht notwendig an eigenes autonomes Empfinden geknüpft (wie beim ethischen Vorbilde). Das eigene Empfinden des werdenden Menschen gleicht sich in Sachen des Geschmacks gemeinhin sehr skrupellos an, wo nur irgend es auf starke Führerschaft stößt.

Das ist am greifbarsten auf dem Gebiet des konventionellen Geschmacks im Alltagsleben, in allem, was Schicklichkeit, Anstand, Umgangsform, Redestil, Mode betrifft. Hier überall wird der eigene Geschmack erst bewußt, wenn er vom „herrschenden Geschmack" längst geformt ist.

Das Stilempfinden, wo es sich zu einem sich wissenden ausreift und wertend Umschau hält, hat immer schon übernommen, was es vom lebenden Zeitgeist übernehmen konnte. Und eben durch das Übernehmen erst ist es zur Wertung dessen fähig, was ihm entgegentritt.

Aber auch in den eigentlichen Künsten ist es nicht anders. Die zur Zeit lebende und schaffende Kunstrichtung ist allemal die überzeugende. Sie ist es eben durch ihr lebendiges Schaffen. Und sie hält sich am Leben, nur solange sie überzeugend ist. Von ihr wird der Einzelne wie von einer Strömung erfaßt und mitgerissen. Daß aber hier wie sonst nirgends einzelne Persönlichkeiten die Führenden sind, ändert an diesem Verhältnis nichts. Die Führenden gerade sind die eminenten Repräsentanten des künstlerischen Zeitgeistes; und was sie schaffen, ist das geistige Gemeingut. Das Führendsein der Schaffenden aber ist identisch mit dem Gemeingut-Sein der geschaffenen Werke. An den Werken erfüllt sich das Gesetz der Expansivität: sie „gehören" allen denen, deren Empfinden sich zu ihnen erheben kann. Die Werke, die wir schauen, hören, erfassen, formen auch unser Schauen, Hören und Auffassen selbst. An ihnen reift und bildet sich Geschmack und Stilempfinden.

Die gewaltige Macht individuellen Schöpfer- und Führertums ist das Einzigartige der Künste unter den übrigen Geistesgebieten. Hier wie sonst nirgends ist es der Einzelne, der die geschichtliche Bewegung hervorruft. Er bewegt den objektiven Geist, indem er ihm innerlich voraus ist, nicht so weit voraus aber, daß er ihm nicht mehr angehörte und von ihm aus nicht mehr verstanden werden könnte. Dieses „der-Zeit-voraus-Sein" — und zwar um den entscheidenden Schritt, für den der lebende Geist der Zeit reif ist — ist das Geheimnis der Großen. Es geht eine geheime Macht davon aus, die von den Mitlebenden empfunden wird, ihren Widerstand herausfordert, sie aber dennoch mit sich zieht. Denn das Gros der Menschen ist in der Kunst stets bloß empfangend, gezogen, mitlaufend. Und als gezogene Masse ist es zugleich ein Faktor des Widerstandes. Der Schaffende aber muß diesen Widerstand immer erst durch die Kraft seines Werkes überwinden.

e. Suggestion und künstlerische Erziehung.

Dem entspricht die ungeheure Suggerierbarkeit des Geschmacksurteils, die Tendenz der Menge zum Nachsprechen, ja zur Nachahmung der bewertenden Haltung, zum Sich-Einreden des noch gänzlich Unverstandenen. Die wenigsten sind es immer, die ein wirklich eigenes Urteil haben, wo und wie immer das künstlerisch Neue und Unerwartete in ihren Gesichtskreis tritt. Und von denen, die es nicht haben, wissen die wenigsten, daß sie es nicht haben. Die fremde Meinung, die ausgegebene Parole, das schnell geprägte Schlagwort der „Kritik" kommt ihrem Tasten entgegen, überhebt sie der Auseinandersetzung, täuscht ihnen eine eigene innere Stellungnahme vor. Sie sind der Suggestion verfallen und wissen es nicht einmal.

Das so erzeugte Empfinden ist ein uneigentliches und unechtes. Aber es wäre irrig, ihm deswegen im Wandel des wirklichen künstlerischen Geschmacks die Bedeutung abzusprechen. In die Bewegung des objektiven Geistes ist vielmehr auch das unechte Empfinden mit einbezogen — und zwar als ein durchaus wesentlicher Faktor; denn es handelt sich nicht um das Verhalten einiger weniger, sondern der großen Masse. Das Merkwürdige nämlich ist, daß auf diesem Umwege über ein unechtes Empfinden im großen Ganzen doch relativ viel echtes Empfinden zustande kommt. Das äußere Aufgreifen eines „in der Luft liegenden" Geschmacks, ja selbst das bloße Aufschnappen geäußerten Urteils, schließt keineswegs das nachfolgende wirkliche Sich-Überzeugen von innen heraus aus. Die Erfahrung lehrt, daß es im allgemeinen vielmehr mit einer gewissen Zwangsläufigkeit darauf hinführt.

Was im Gebiete des Ethos ein Ding der Unmöglichkeit ist, vollzieht sich hier in aller Selbstverständlichkeit: aus der äußerlich nachgeahmten Einstellung zur Sache wird ein inneres Verhältnis zu ihr, Fühlung mit dem besonderen künstlerischen Wert der Sache. Man wird von außen her auf die innere Empfangsstellung hingedrängt. Das geschieht gewiß nicht immer, und stets nur in den Grenzen des individuellen künstlerischen Gereiftseins. Aber im Ganzen ist der Prozeß des Reifens und Hineinwachsens des Einzelnen in eine gegebene ästhetische Wertsphäre und in das den Zeitgeist beherrschende Wertempfinden doch auf diesen Umweg angewiesen. Man sieht das am deutlichsten daran, daß gerade kleine zufällige Einseitigkeiten, die der Zeitgeist schon nach kurzer Zeit abstreift, genau ebenso übernommen werden und sich ausbreiten wie das Entscheidende und Bahnbrechende.

Wie dieser Prozeß vor sich geht, wie überhaupt etwas, was mit bloßer Suggestion anhebt, zu wirklicher Erschließung und Bildung des Wertgefühls führen kann, ist eine Frage der Psychologie und ermangelt bislang noch einer zureichenden Antwort. Tatsache aber ist, daß dieser Weg des Hineinwachsens eine erstaunliche Gleichartigkeit des künstlerischen Empfindens, des Geschmacks, der Wertung in einer jeweiligen Zeitgenossenschaft ergibt. Diese Gleichartigkeit aber, als Gesamtphänomen verstanden, ist das Leben des objektiven Geistes — soweit es ein Leben bestimmten, herrschenden Geschmacks und Stilempfindens ist.

Hier liegt auch der Grund, warum es — trotz aller eigentlichen Unlehrbarkeit ästhetischen Empfindens — doch so etwas wie ästhetische Führung und Erziehung gibt. Man muß sich dabei nur klar sein, daß die wirklich erziehende Kraft im Grunde nicht bei denen liegt, welche die Rolle des zufälligen Vermittlers spielen — denn auch sie sind nur Geführte und Gezogene —, sondern bei der künstlerischen Initiative des Schaffenden. An geschaffenen Werken allein kann ästhetische Bildung und Erziehung fortschreiten.

24. Kapitel. Weitere Gebiete des Geisteslebens.

a. Religion und Mythos.

Auf keinem Gebiet wohl ist die geschlossene Einheit und Ganzheit des objektiven Geistes so spürbar, mächtig und anerkannt wie auf dem der Religion und des mit ihr eng verwandten Mythos. Man könnte in gewissen Grenzen auch andere Formen der Weltanschauung hierher rechnen, soweit nicht wissenschaftlich-philosophischer Einschlag — die geschichtlich späteste Form — ihnen ein ganz anderes Gepräge gibt. Es gibt keinen Zeitgeist, der nicht eine bestimmte, vorherrschende Form des Weltbildes hätte und in diesem Weltbilde dem Menschen seine bestimmte Stellung anwiese. Wohl liegt auch hier überall ein bestimmter Stand der Erkenntnis zugrunde; aber weder ist es wissenschaftliche Erkenntnis, noch bleibt das Weltbild bei ihr stehen. Die Weltanschauung greift jederzeit weit höher, bezieht ohne Grenzbewußtsein von Wissen und Nichtwissen das Unbekannte ein, gibt ihm die zum Ganzen passende Prägung und stellt so ein Einheitsbild her, das den metaphysischen Bedürfnissen der Zeit genügt.

Weltanschauung in diesem Sinne ist niemals Produkt einsamen Denkens eines Einzelnen. Sie ist geschichtlich gewordenes Gemeingut des Geistes, der Einzelne übernimmt sie, wächst mit seinem Sinnen in sie hinein und ist, wo er Eigenes denkt, stets schon von ihr vorgeformt — in diesem seinem eigenen Denken selbst. Weltanschauung tradiert sich und wandelt sich im Tradiertwerden; immer aber bleibt sie inhaltliche Einheit eines Gemeinsamen. Und auch dort noch, wo sie sich konfliktvoll spaltet, ist sie immer noch in allen Abspaltungen von breiter Menge getragen.

Den breitesten Raum in geschichtlicher Zeit nimmt hier die Religion ein. Ihre Traditionsform ist eine bewußte, sorglich gehegte; ihre Quellen sind geschichtliche, auch da, wo der Glaube ihren Lehrgehalt als übergeschichtlichen empfindet. Dem entspricht der hohe Anteil der Lehre am Tradieren, die einzigartige Autorität des Überkommenen, die stets über lang oder kurz einsetzende Verfestigung und Dogmatisierung des Lehrgehalts; nicht weniger aber auch der Radikalismus des Umschwunges, wenn es einmal zu ihm kommt.

Der Grund davon liegt in dem Gewicht des Inhalts. Denn der

Inhalt betrifft das aktuelle Verhältnis des Menschen zu denjenigen Mächten, denen er sich ausgeliefert fühlt, die seiner Meinung nach über ihm walten. Die Vorstellung von Göttern, oder auch einer alleinigen Gottheit, ist zwar die bei weitem vorwiegende, aber nicht die allein mögliche Anschauungsweise. Wesentlich dagegen ist es immer, daß es sich um Mächte überlegener Art handelt, mit denen der Mensch sich stellen muß, — sei es nun, daß sie als waltende Vorsehung, Schicksal, Verhängnis oder einfach als die vom Menschen unabhängige Richtung des Weltprozesses vorgestellt werden.

In der Frage nach dem objektiven Geist handelt es sich nicht um Irrtum und Wahrheit, beim Glauben so wenig wie bei der Moral und beim Recht. Wohl aber handelt es sich um das Verhältnis des Einzelnen zur überkommenen Lehre. Charakteristisch für dieses Verhältnis in der Religion (und ähnlich auch schon im Mythos) ist die rein hinnehmende Übernahme, das reine Sich-Fügen, die ehrfürchtige Hingegebenheit an das als höhere Wahrheit sich Darbietende. Wohl fehlt es auch hier nicht ganz an selbständiger Auseinandersetzung des Einzelnen mit der Lehre. Sie kann sogar in Zeiten hoher dogmatischer Verfestigung sehr intensiv werden, kann dahin führen, daß man das Geglaubte mit einer Art Wissen — echtem oder vermeintlichem — zu unterbauen sucht. Aber diese Tendenz ist sekundär. Sie wird der Religion auch mehr aus der Abwehrstellung gegen den Andersgläubigen oder den Zweifler aufgezwungen, als daß sie autonom aus ihr herauswüchse. Sie ist nur Begleiterscheinung, Apologetik. Es ist damit im objektiven Geist nicht anders als im personalen. Auch für den Einzelnen setzt die Auseinandersetzung erst ein, wo geistige Mächte anderer Provenienz sich in ihm selbst der überkommenen Lehre zu widersetzen beginnen.

b. Das Glaubensleben als prototypisches Leben des objektiven Geistes.

Das Ursprüngliche und Eigentliche ist hier vielmehr ganz und gar das ungestörte Getragensein des Einzelnen vom gemeinsamen Geist der Religion, sein Geborgensein in ihm — dergestalt, daß dieser lebendige und in der Gemeinschaft der Glaubenden als lebendig empfundene Geist für ihn gleichsam denkt und sorgt, ihm die quälenden Rätsel löst, die er selbst nicht lösen kann, für ihn die wesentlichen Entscheidungen fällt, die er von sich aus zu fällen sich nicht getraut. Als religiöser Mensch ist er bis in die kleinen Dinge des Lebens hinein vom lebenden Gemeingeist getragen. Und darin eben besteht die Macht der Religion in ihm.

Echtes religiöses Leben als wirksame Macht im Leben der durch sie verbundenen Menschen ist so die reinste und prototypische Form, in der wir das Leben des objektiven Geistes kennen. Man kann auch sagen, es ist seine ideale Form. Objektiver Geist in vollkommener Gestalt ist eben das vollständige Durchwaltetsein der Individuen von der Einheit eines Geistes, ihre Verbundenheit durch sie — nicht in der Sphäre oberflächlicher Berührung oder äußerer Gemeinsamkeit, sondern von innen her und aus der Tiefe ihres Wesens heraus. Das Glaubensleben, wo es unberührt von zersetzenden Mächten dasteht, erfüllt dieses Ideal in einzigartiger Reinheit. Es bindet den Einzelnen fester an den Gemeingeist als Sprache und Wissen, Sitte und Moral, Geschmack und Kunst. Und so ist es zu verstehen, daß große Durchschlagskraft in der Geschichte, auch wo sie die Richtung auf ganz andere als religiöse Ziele nahm, doch zumeist auf diesem Boden gewachsen ist.

Religiöses Leben gibt es als persönliches so gut wie als Gemeinschaftsleben. Und wie auch das letztere sich abstuft — als das einer Familie, einer Gemeinde, eines Volkes, einer Völkergruppe —, immer steht es in Wechselbedingtheit mit dem persönlichen Glaubensleben. Sein Verhältnis zur höheren Macht muß sicherlich jeder Einzelne für sich abmachen, darin läßt ihm der Geist der Religion Freiheit; genau so wie in der Moral jeder für sich Entscheidungen fällen und Verantwortung tragen muß. Aber wie er die höhere Macht versteht und welche Wege er sieht, sich mit ihr zu stellen, darin ist er ein Kind des religiösen Geistes, in dem er steht. Seine Auffassung von Gott, Welt, Mensch, Schicksal, Bestimmung des Menschen und Seelenheil macht sich kein Einzelner für sich allein zurecht; er würde an das Zurechtgemachte auch nicht als an ein wirklich Bestehendes glauben. Die Heiligung des Geglaubten durch den Glauben einer ganzen Mitwelt — und mehr noch durch den einer in der Tradition fortlebenden Vergangenheit — ist der als Kraft empfundene Hintergrund, auf dem die persönliche Überzeugtheit erwächst. Und erst im Rahmen des so für fest und geheiligt Übernommenen kann der Einzelne sein persönliches Verhältnis zur Gottheit gestalten.

Die außerordentliche Stabilität aber, die der objektive Geist als gemeinsamer Glaube geschichtlich gewinnen kann, hat ihren Ursprung nicht etwa in der Dogmatisierung des Lehrgehalts — die ist vielmehr erst Folge —, sondern in der Eigenart des religiösen Geistes, seine eigene, jeweilig geschichtlich gewordene Form auf die Absolutheit eben derjenigen übermenschlichen Macht zurückzuführen, die der eigentliche Gegenstand des Lehrgehalts und des Glaubens ist. Es ist die geschichtliche Grundeigenschaft der Religion, ihre eigene Geschichtlichkeit verleugnen zu müssen, damit aber zugleich ihre eigene, dauernde Lebendigkeit verkennen zu müssen.

Erst auf dieser Basis erwächst die verfestigende Macht der Tradition, die Dogmatisierung der Lehre und die Ablösung des lebendigen Glaubens durch die Theologie.

c. Revolutionärer Geist der Technik.

Was es mit solcher Traditionsweise und -Gebundenheit auf sich hat, leuchtet am besten ein, wenn man die Sachlage in „traditionslosen" Geistesgebieten dagegenhält. Als ein solches Gebiet kann man das der Technik anführen. Natürlich gibt es auch hier Tradition, und auch hier kann sie verfestigte Formen annehmen, wie die Geschichte des Handwerks und der Zünfte beweist. Grundsätzlich aber ist es doch so, daß hier dem Neuerfundenen in ganz anderem Maße als sonstwo der Eingang offensteht.

Und wo ein Zeitalter große Erfindungen aufzuweisen hat, die in die Art der Produktion bestimmend eingreifen, da erlebt es Umgestaltungen, die von der Technik auf andere Gebiete übergreifen, auf die soziale Lebensform, die Anschauungen, die Wertungen, ja schließlich auf das Weltbild. Es geht dann — wie in unserer Zeit — von diesem Teilgebiet des Geistes eine Art revolutionierender Bewegung aus, die nach und nach das Ganze des Zeitgeistes erfassen kann.

Was man so als „Traditionslosigkeit" der Technik zu bezeichnen geneigt ist, ist also keineswegs ein Fehlen der Tradition in ihr selbst; weit eher darf man darin die traditionsauflösende Wirkung auf andere Gebiete erblicken. Der Einzelne arbeitet durchaus mit überkommenem Werkzeug, Gerät, maschineller Einrichtung, und zwar nach gleichfalls überkommener und erlernter Methode. Keiner ist darauf angewiesen, von Grund aus alles selbst zu erfinden und zu erproben. Er findet das Erprobte vor, er tritt lernend hinein in die bestehende Betriebsform, und er leistet das Seinige durchaus auf ihrer Basis, auch dann, wenn er Neuerungen einführt. Das gilt vom modernen Fabrikbetriebe noch mehr als vom Handwerk alten Stils; und es gilt von der Leistung des technischen Leiters genau so sehr wie von der des Arbeiters. Es ist grundsätzlich dasselbe Übernehmen und dasselbe Hineinwachsen in den bestehenden und jeweilig lebendigen Geist der Technik, wie in den Geist der Wissenschaft, der Kunst, des Lebensstils. Dem Lernen folgt auch hier das Beherrschen, und dieses ist ebenso wie dort vielmehr ein Beherrschtsein. Und erst der vom lebenden Geist der Technik Beherrschte kann, wenn er das Glück hat ein Finder zu sein, seinerseits ihn fortbewegen.

Der Unterschied liegt nur im Tempo der Bewegung und seiner Spielweite zwischen scheinbarem Stillstand und gewaltsamer Überstürztheit. Und dieser Unterschied führt auf einen anderen zurück: das technische Schaffen ist an die äußeren Zwecke des Bedarfs gebunden. Und nicht nur unterliegen diese einem Wechsel, sondern auch das Schaffen selbst ist darauf angewiesen, stets die kürzesten Wege zu gehen. Denn nur die Erreichung der jeweiligen Zwecke ist hier maßgebend. Der geringste Fortschritt des Wissens, eine scheinbar kleine Erfindung, kann mit großer

Plötzlichkeit den kürzeren Weg eröffnen. Die Technik wird dann zwangsläufig auf diesen Weg gedrängt. Sie hat hier keine Wahl.

Die Traditionsscheu im Geiste der Technik ist kein Preisgeben seiner selbst, kein Abreißen des Errungenen, sondern gerade ein sehr organisches, kontinuierliches und unvermeidliches Fortschreiten; eine geistige Lebendigkeit sehr eindrucksvoller Art, und greifbarer als die auf vielen anderen Gebieten. Der Geist der Technik ist seinem eigenen geschichtlichen Gewordensein nur abgewandt, und zwar nicht, weil er ungeschichtlich wäre, sondern weil er das geschichtliche Gut, soweit es lebensfähig ist, jederzeit als ein gegenwärtiges wohlaufgehoben in sich enthält.

d. Der objektive Geist im Leben des Gemeinwesens.

Für den geschichtlichen Blick zentraler und greifbarer als irgendeines der genannten Geistesgebiete ist das des politischen Lebens. Seine Eigenart ist mit der Überformung schon bestehender und ohne Zutun des Geistes gewachsener Stammesgemeinschaft — von der oben die Rede war (Kap. 19 c) — nicht im mindesten erschöpft. Denn mit der Überformung erst beginnt das eigentliche Leben des Menschen als Staatsbürger. Und in ihm ist die Initiative stets die der einzelnen Führenden, die der Masse ihre Ziele zu zeigen wissen. Aber nichtsdestoweniger ist bestimmt gerichtete „Politik" immer Sache der Gemeinschaft und nicht des Einzelnen, auch dann gerade, wenn sie vom Einzelnen geführt und von der Masse als die seinige empfunden wird. Das gilt ohne Unterschied, ob es sich um innere oder äußere Politik handelt, um das Gleichgewicht sozialer Machtgruppen oder um das Verhältnis von Völkern und Staaten. Denn die Sache, um die es geht, ist ihrem Wesen nach die gemeinsame.

Soweit ist das eine Selbstverständlichkeit und bedarf keines Nachweises. Aber man könnte sagen: wo bleibt hier der Geist? Und nun gar der objektive? Die Initiative freilich ist Sache des Geistes, aber des personalen. Was hinzukommt, was dieser Initiative zugrunde liegt, ist die gegebene Situation. Aber eine politische Situation ist als solche nicht eine gewollte; sie entsteht ungerufen, und dann gilt es, in ihr zu handeln. An ihr sind Faktoren aller Art beteiligt — Bedürfnis, Not, Bevölkerungszuwachs, Wirtschaftsverhältnisse, die Konkurrenz der Völker. Die so entstehenden Situationen sind gemeinsam und treffen auch den Einzelnen nur als gemeinsame. Nur sind es keine geistigen Situationen.

Dagegen ist zu sagen: die Politik selbst besteht nicht in den Situationen, genau so wie auch das private Verhalten des Einzelnen im Leben nicht in den Situationen besteht. Politik ist vielmehr die Haltung, die der Gemeingeist in gegebener Situation einnimmt, die Tendenz, die er einschlägt, das Unternehmen oder das Wagnis, auf das er sich einläßt, sowie die Art und Weise, wie er es durchzuführen sucht. Bestimmt gerichtete Politik ist immer schon Reaktion des Gemeinwesens auf eine Situation, von der es betroffen ist. Sie hat also notwendig die Form einer gemeinsamen Haltung oder Tendenz; und diese ist sehr wohl eine geistige. Da sie aber nicht die des Einzelnen allein sein kann, selbst wenn sie von der Initiative des Einzelnen bewegt wird, so fällt sie in das Erscheinungsgebiet des objektiven Geistes.

Von Interesse ist hier vor allem die im Hintergrunde aller Augenblickstendenz stehende dauernde und nur langsam sich wandelnde Grundrichtung in der politischen Entwicklung eines Volkes oder auch einer einmal geschaffenen Institution. So kann man in der Politik der römischen Republik in mehr als vier Jahrhunderten bei aller Wandlung der Sachlage eine einheitliche Grundtendenz finden. Nicht viel anders ist es mit der Politik des Papsttums in nahezu einem Jahrtausend, ja sogar mit der parallel laufenden des Kaisertums — trotz allem Schwanken, Unterliegen und Wiedererstehen. Analoges zeigt die Entwicklung des englischen Parlamentarismus, der modernen Arbeiterbewegung und zahlreicher ähnlicher Bewegungen, die das Gesamtbild der Jetztzeit bestimmt haben.

In allen diesen Fällen ist es ein bestimmter „Geist", der sich dauernd in wechselnden Situationen erhält und die mannigfaltigsten Gestalten annimmt; ein Geist, der sich wohl ändern kann, aber nicht willkürlich nach dem Willen des Einzelnen, der ihn vielleicht gängeln will, sondern nur organisch, unter Wahrung seines Charakters. Der einzelne Staatsmann aber handelt aus diesem Geiste heraus; denn er gerade ist eminent von ihm erfaßt, und darum eben ist er der Mann, der Menge einzuleuchten. Wohl bewegt er an seinem Teile den geschichtlichen Geist, aber nicht aus sich allein heraus, denn zunächst ist er von ihm bewegt, getragen, vorgeformt. Ja, man darf umgekehrt sagen: nur als ein vom geschichtlichen Geiste seines Volkes Erfaßter und im Sinne dieses Geistes sich führend Einsetzender ist er überhaupt Staatsmann.

Die Freiheit der Entscheidung hat er nicht der Tendenz gegenüber, die ihn trägt und als deren Vertreter er das Zutrauen genießt, das ihn an seinen Platz getragen hat. Freiheit hat er nur in der Art, wie er die Hebel für sie in Bewegung setzt.

e. Die Dynamik politischer Tendenz und das Hineinwachsen des Einzelnen.

Ähnliches wie von der Gesamttendenz im Leben eines Volkes gilt auch von der Tendenz seiner Gruppen, Schichten, Klassen oder Parteien. Auch hier ist es überall ein Gemeingeist — wenn auch ein partikulärer —, der den Einzelnen gefangen hält. Nur läuft der geschichtliche Wandel hier meist in anderem Tempo, bleibt viel dichter an die Augenblickslagen gekettet. Hier wie dort aber besteht der Zusammenhang mit dem Vergangenen, und zwar in Form eines Kontinuums der politischen Tendenz selbst. Und dieses Kontinuum bedeutet ein Noch-Lebendigsein der alten Einstellung, der alten Ziele — selbst dann, wenn sie in der Gegenwart nicht mehr die gleiche Aktualität haben. So ist es mit alter Feindschaft, altem Nationalehrgeiz, alter Rivalität oder auch mit alter Führerstellung eines Volkes, seiner Hegemonie oder Vormachtstellung; ebenso auch mit allem lebendigen, noch empfundenen Prestige sowie mit jeder Art lebendigen Freiheitsdranges.

Der Einzelne wächst hier mit aller Selbstverständlichkeit in die bestehende Tendenz des Ganzen oder der Gruppe hinein, der er angehört. Er lernt von vornherein die Welt der Öffentlichkeit unter dieser Tendenz sehen, er kennt sie nicht anders. So wird die bestehende Tendenz die seine. Schlagworthaft treten ihm die Wertäußerungen entgegen, das ruhig-selbstverständliche oder das leidenschaftlich verfochtene Für und Wider der Parteinahme. Er lernt politisch denken nicht anders als in diesen Kategorien, einerlei wie hochentwickelt oder primitiv sie sein mögen. Sie haben das Eine vor aller nachträglichen Überlegung voraus, daß sie unmittelbare Lebendigkeit haben, daß der Krafteinsatz in ihnen vernehmbar und eindrucksvoll ist. Darum ist ihre Macht eine suggestive, der Überlegung und dem Urteil vorhergehende, ja gemeinhin auch gegen das Urteil anlaufende und es mitreißende. Der angehende Mensch, wenn er halbwegs urteilsfähig wird, ist immer schon von diesem Strom lebender Tendenz erfaßt und durchsetzt. Die politischen Leidenschaften der Sphäre sind die seinen geworden.

Das ist die innere dynamische Form, in der der politische Geist einer Gruppe, eines Volkes, eines Zeitalters sich tradiert. Es kann geschehen, daß die eigentlichen und ursprünglichen Ziele, die das Sinngebende der Tendenz waren, über der blinden Inertia der einmal stark gewordenen Tendenz verlorengehen, verblassen, in Vergessenheit geraten, während die Tendenz selbst geschichtlich weiterläuft, gleichsam autonom wird und sich nun erst auslaufen muß, bevor sie zur Ruhe kommt. Man kann durchaus nicht behaupten, daß solche kernlos auslaufenden Tendenzen nicht mehr lebender Geist seien. Sie sind es sehr wohl, haben auch gelegentlich noch die Kraft, Völkerschicksale zu bestimmen; sie sind nur weniger tief verwurzelt, und die großen Anstöße zur Erneuerung kommen nicht aus ihnen, sondern im Gegensatz zu ihnen. Es geschieht aber auch, daß sie sich wieder verinnerlichen, sei es daß sie auf ihre ursprünglichen Ziele zurückkommen oder sich mit neuem Ideengehalt erfüllen, an den die lebende Tendenz sich dann angleicht.

25. Kapitel. Die Rolle des Erziehungswesens im objektiven Geiste.

a. Der Weg der Menschwerdung des Einzelnen.

Als ein letztes Beispiel sei noch das Gebiet der Erziehung betrachtet. Es überschneidet sich mit den vorgenannten, hat auch nicht einen eigenen Inhalt neben ihnen, sondern der Gehalt eben jener Geistesgebiete, soweit er ein lebendiger ist, bildet seinen Inhalt. Es gibt Erziehung zum Wissen, zur Moral, zum Recht, zur sozialen Ordnung, zum Staatsbürgertum und zum politischen Verstehen, genau so wie zur Sprache, zur Kunst, zur Musik, zur Dichtung, zum Lebensstil, zur Religion. Insofern ist das Gebiet der Pädagogik kein selbständiges. Das Erziehungswesen gleicht darin dem viel umfassenderen Felde der Geschichte; auch der Geschichtsprozeß ist nicht etwas Selbständiges neben dem Sein jener Geistesgebiete. Er ist vielmehr deren Existenzform in der Zeit.

Und dennoch, wie die Geschichte von Sprache, Wissen, Moral etwas anderes ist als diese selbst, so auch die Erziehungsarbeit in ihnen. Sie betrifft die Führung des Einzelnen bei seinem Hineinwachsen in den objektiven Geist. Und weil der Einzelne zum Menschen im vollen Sinne seiner Zeit und seiner Mitwelt nur im Hineinwachsen werden kann, so läßt sich sagen: die Erziehung ist der Weg der Menschwerdung des Einzelnen.

Dieser Weg nimmt selbst geschichtlich verschiedene Formen an, je nachdem der lebende Geist einer Zeit sich ihm als solchem zuwendet, in ihm eine Aufgabe sieht oder nicht. Keineswegs aber ist der Weg der Menschwerdung des Einzelnen nur insoweit Erziehungswerk, als er ein bewußter und wissentlich verfolgter ist. Er ist Erziehung auch in seinen unbewußten Ursprüngen. Er ist auch durchaus nicht ein Vorrecht bestimmter Alterslage. Nur der bewußt verfolgte Teil des Weges ist an das Jugendstadium gebunden. Auf die Schule des Hauses folgt die des Lehrmeisters, auf diese die Schule des Lebens. Und die Folge ist nicht einmal eine rein zeitliche; denn die Stufen überschneiden sich.

Lernen und Lehren reißt nicht ab im Leben des Einzelnen. Der Mensch lernt nicht aus, solange er lebt. Und was wichtiger ist, er lehrt unausgesetzt — mit allem, was er redet, tut, unterläßt, mit allem eigenen Streben, Irren, Verfechten und Gelingen. Jede menschliche Haltung die er annimmt, hat ihre zwei Fronten, eine bewußte und gewollte, auf den Gegenspieler zugepaßte, und eine ungewollte, meist auch unbewußte, deren Auswirkung er nicht absieht. In der Dimension der letzteren liegt die lebendige Lehre, die er in seinem Tun und seinem Geschick den Mitlebenden bedeutet.

b. Der objektive Geist als Lehrmeister aller Lehre.

Nimmt man nun hierzu das Resultat, das auf allen Gebieten, die betrachtet wurden, immer wieder in die Augen sprang, daß nämlich eben das Verhalten des Einzelnen, sein Wissen, Reden, Glauben, Werten usw. schon vom gemeinsamen Geiste seiner Zeit geformt ist, und daß eben diese Geformtheit es ist, in der lebend er für andere Beispiel und Lehre ist, so ergibt sich der Grundsatz: alle Erziehung ist Erziehung zum objektiven Geist.

Zu etwas anderem eben als dem Geiste, den sie hat, kann eine Sphäre der Mitlebenden den Werdenden nicht heranziehen. Und so ist dieses Heranziehen notwendig identisch mit der Führung des Werdenden bei seinem Hineinwachsen in den objektiven Geist, und insofern bei seiner Menschwerdung. Weil aber das formende Prinzip dieser Formgebung die Vorgeformtheit derer ist, von denen Beispiel, Lehre und Einfluß ausgeht, so ergibt sich mit gleicher Konsequenz der zweite Grundsatz: alle Erziehung ist letzten Endes auch Erziehung durch den objektiven Geist — und zwar ohne Unterschied, ob sie bewußte Führung oder ungewollter Einfluß ist.

In diesen beiden Grundsätzen — man kann sie Grundsätze alles pädagogischen Wirkens nennen — ist das Verhältnis von individuellem und objektivem Geiste zusammengefaßt, wie es alle Geistesgebiete unabhängig voneinander, wenn auch mannigfaltig abgewandelt, zeigen. Dieses Verhältnis charakterisiert auch durchaus eindeutig den Sinn alles bewußt pädagogischen Bestrebens. Daß ein solches Bestreben, und mit ihm bei fortgeschrittener Kulturhöhe die Organisation des Bildungswesens, eine Notwendigkeit ist, hat seinen Grund in der elementaren Tatsache, daß der Geist sich nicht vererbt, sondern nur tradiert. Er muß auf allen Gebieten übernommen, erworben, zu eigen gemacht werden. Und wo das nicht von selbst geschieht im bloßen Mitleben des Heranwachsenden — wie im Übernehmen von Sprache, bestehenden Sitten und Lebensstil —, da muß die bewußt betriebene Lehre und Übung einsetzen. Denn bewußte Lehre und Übung gehen grundsätzlich auf dasselbe Ziel, dem auch das bloß nachahmende und sich angleichende Übernehmen zustrebt, auf die Beherrschung des überkommenen geistigen Gutes, die vielmehr ein Beherrschtsein des Einzelnen von ihm ist.

Diese Notwendigkeit ist im Gebiete des Wissens am größten. Denn Erkenntnis tradiert sich am wenigsten von selbst im bloßen Mitleben. Es ist ein ungeheurer, dem praktischen Leben zum großen Teil weit entlegener Schatz an Erfahrung und gedanklicher Arbeit, der hier aufgespeichert ist. Ihn übernehmen heißt, ihn auf geeignet verkürztem Wege im individuellen Begreifen wiedererarbeiten und bewältigen.

Und dem entspricht das Vorwalten der Wissensbildung und intellektuellen Schulung in den geschaffenen Lehrinstitutionen. Grundsätzlich aber ist das Verhältnis das gleiche auf allen Geistesgebieten.

Von hier aus gesehen, ist der Sinn der bestehenden Lehrinstitution dieser, daß der objektive Geist selbst in autonomer Tendenz das Hineinwachsen des Einzelnen und seine Menschwerdung in die Hand nimmt — dort nämlich, wo das nicht von selbst geschieht. Denn die Institution ist als solche nicht Werk des Einzelnen. Und der eigentliche Lehrmeister ist auch hier der objektive Geist — in der Gestalt des berufenen Lehrers — genau so sehr, wie er es auch sonst überall im Leben in der Gestalt der Mitlebenden ist. Der Lehrer und Erzieher ist der Einzelmensch, in dem die Lehrmeisterschaft des objektiven Geistes sich verkörpert und objektiviert. Er ist der Träger einer hohen, das Ganze des Geisteslebens betreffenden Mission. Und sofern er um diese weiß, macht er sich bewußt zu ihrem Mittel.

Die Kooperation der berufenen Einzelnen ist der Idee nach die objektive Lehrinstitution — ein geschaffenes Organ des lebenden Geistes, gleichsam das Organ seiner geschichtlichen Fortpflanzung von Generation zu Generation. Könnte der Geist sich inhaltlich vererben, brauchte er nicht erst vom Werdenden übernommen und erarbeitet zu werden, so wäre ein solches Organ überflüssig. Der Geist aber vererbt sich nicht. Nur der Lebende kann ihn dem Lebenden vermitteln, und zwar auch nur als ein selbst in ihn Hineingewachsener und an ihm Teilhabender.

Es ist das Geheimnis aller erzieherischen Wirksamkeit, daß sie im Leben des objektiven Geistes die Funktion übernimmt, die im Reiche des Organischen der Zeugung und leiblichen Vererbung zufällt. Sie ist dieselbe Wiederbildung des Gewordenen, nur auf einer anderen Ebene des Seins; Weitergabe eines anderen Gewordenen — in anderer Bewegungsfreiheit und grundanderem Modus des Gebens.

c. Der Spielraum der Persönlichkeit.

Hier wurzelt der Sinn aller pädagogischen Bemühung. Der Lehrende verwaltet einen Schatz des Geistes, der nicht der seinige ist. Er hat nichts zu geben als ihn, ist ohne ihn inhaltslos. Wie denn, was er selbst als Mensch ist, schon auf der Teilhabe an ihm erwachsen ist. Daß er diesen Schatz nur in den Grenzen seines individuellen Teilhabens vermitteln kann, ist selbstverständlich. Aber diese Grenzen wollen wenig bedeuten angesichts der noch ausstehenden Teilhabe des Lernenden, sowie des Ausgleichs aller individuellen Besonderheit in der Kooperation mit anderen Lehrenden.

Weit wichtiger ist eine andere Begrenzung. Allem möglichen Geben und Nehmen in Erziehung und Lehre ist eine grundsätzliche Grenze gezogen — und zwar durch die Grenze der Gemeinsamkeit des geistigen Seins selbst; man kann also auch sagen, sie ist gezogen durch die Grenze des objektiven Geistes gegen den personalen Geist. Denn vermitteln, übergeben und übernehmen läßt sich nur das gemeinsame und objektiv gewordene geistige Gut. Und nur um Teilhabe an ihm — einerlei ob mit dem Wissen oder mit der inneren Einstellung, Wertung, Geformtheit des Empfindens und Glaubens — handelt es sich im Erziehungswerk.

Der oben gebrachte Satz: „Alle Erziehung ist Erziehung zum objektiven Geist", gewinnt erst sein volles Gewicht, wenn man ihn von seiner negativen Seite als ein Gesetz der Einschränkung möglicher Erziehung versteht. Denn negativ lautet er: Es gibt keine Erziehung zum individuellen Geist.

Das bedeutet natürlich nicht, daß alle Charakterbildung und alle Führung in der persönlichen Entfaltung des Werdenden illusorisch wäre. Vielmehr solche Führung ist im Grunde gar nicht Hinlenkung auf ein vorgesehenes und inhaltlich bestimmtes Charakterbild der Einzelpersönlichkeit. Was der Einzelne in seiner charakterlichen Durchbildung braucht, ist vielmehr das Allgemeine, das, was wirkliche Errungenschaft im Ethos der Zeit ist. Und alles Voranleuchten des Erziehers mit der eigenen Persönlichkeit bewegt sich durchaus innerhalb dieser Grenzen. Die künftige Persönlichkeit des Geführten kann er inhaltlich nicht vorsehen und nicht vorbestimmen. Er könnte sie damit nur verfehlen oder gar verbiegen. Es wächst unter seinen Händen jederzeit ein anderes, als er sieht; und was es werden muß, kann er nur erfahren.

Persönliche Individualität wächst nur von selbst. Sie bildet sich spontan nach eigenem Gesetz, und sei es auch im Gegensatz zu allem Lehrbaren und Erziehbaren. Man kann sie nicht pädagogisch antizipieren, um ihr die Wege zu weisen. Und dem entspricht der weite Spielraum der Persönlichkeit innerhalb des Gemeinsamen, in das sie hineinwächst. Ein jeder lebende Gemeingeist umfaßt in seiner Einheit eine unübersehbare Mannigfaltigkeit persönlicher Eigenart. Und nicht nur seine Schranke ist das, sondern auch seine innere Tragkraft und Größe, sein Reichtum und seine Lebendigkeit. Objektiver Geist ist nicht die Zwangsjacke des personalen Geistes, nicht Uniformierung der Individuen. Er ist nur Basis, nur Niveau, und die Grenzen, die er absteckt, lassen der individuellen Mannigfaltigkeit eine Bewegungsfreiheit, der keine Charaktertypik gerecht zu werden vermag.

d. Generelle und individuelle Entwicklung des Einzelnen.

Dabei ist das Verhältnis nicht so, daß der Werdende zuerst uniform in den Gemeingeist als in ein generelles Schema hineingepreßt würde und etwa dann erst in der Lage wäre, sich die persönliche Note wie eine Überformung des Generellen zu geben; desgleichen auch nicht umgekehrt so, daß er zuerst persönliche Eigenart entfaltete, und diese erst hinterher durch sein Hineinwachsen in den objektiven Geist zurechtgestutzt würde. Vielmehr beides geht auf der ganzen Linie einzelmenschlicher Entwicklung Schritt für Schritt zusammen. Die Besonderheit wächst zusammen mit dem Gemeinsamen. Sie bezieht bei jedem Schritt das aus dem Gemeingeist Übernommene in die persönliche Eigenart ein; und diese wiederum gewinnt mit jeder solchen Einbeziehung neue Entfaltungsmöglichkeit für sich selbst.

Es gibt nicht zweierlei Entwicklung der Person. Es ist nur e i n Werdegang, eine zugleich individuelle und generelle Entwicklung. Die Momente der Persönlichkeit aber und des überpersönlichen Geistes sind in dieser Einheit eines Werdeganges durchaus heterogen. Und ihr durchgängiges Ineinandergreifen hebt die Heterogeneität nicht auf.

In diesem einheitlichen Doppelprozeß nun ist es tief charakteristisch, daß alle Lehre und Erziehung sich ausschließlich auf das Gemeingut bezieht, das der lebende Geist mit sich führt, nicht aber auf das individuell Eigenartige. Wollte der Erzieher auch die Eigenart selbst meistern, er würde sie verfälschen. Es käme notwendig auf Konstruktion erdachter Eigenart oder gar auf Nachbildung und Ansuggerierung fremder Eigenart heraus. Beides kann nie etwas anderes ergeben als die Verfehlung der wirklichen eigenen Artung einer werdenden Persönlichkeit.

Es ist damit dasselbe wie im Gebiete des Ethos mit dem Unterschied von Nachfolge und Nachahmung. Die Nachfolge bezieht sich auf das Vorbild im Sinne eines allgemeinen sittlichen Wertes — etwa der Opferfähigkeit, Selbstbeherrschung, Tatkraft, Rechtlichkeit — oder auch mehrerer solcher Werte zugleich. Solche Werte gelten für jedermann; und darum hat Nachfolge in Richtung auf sie ihre unaufhebbare Bedeutung in der Entwicklung des persönlichen Ethos. Hier darf sich einer den anderen zum Vorbilde nehmen; er ahmt ihn nicht nach, er mißt sich nur moralisch an ihm, soweit er den Abglanz eines allgemeingültigen Ideals in ihm erblickt. Und das Vorbild kann er jederzeit preisgeben, wenn er das Ideal in ihm nicht mehr sieht.

Die Nachahmung dagegen gilt der persönlichen Eigenart. In ihrem Wesen liegt es, den Menschen in die Irre zu führen. Eigenart eben hat den Sinn, Eigentümlichkeit des Einzelnen zu sein. Sie fällt heraus aus den Tendenzen und Normen des objektiven Geistes. Und jede

Nachbildung durch andere Personen greift deren eigene, unerkannte, noch schlummernde persönliche Artung an und muß sie verfälschen.

III. Abschnitt.

Leben, Macht und Realität des objektiven Geistes.

26. Kapitel. Der Geist im Großen und seine Einheit.

a. Gewachsene Einheit und Ganzheit.

Die Erörterungen der letzten Kapitel ergeben eine gewisse Übersicht der Geistesgebiete, in Auswahl zwar, aber doch in gewisser Mannigfaltigkeit. Die Übersicht diente in erster Linie der Vororientierung, hat aber darüber hinaus zur Heraushebung eines Grundzuges geführt, der in vielfacher Abwandlung immer wiederkehrte: des eigenartigen Grundverhältnisses zwischen personalem und objektivem Geist. Dieses Verhältnis erwies sich als ein gegenseitiges Tragen und Getragensein — nämlich einerseits als ein Übernehmen des Individuums, sein Hineinwachsen in den objektiven Geist, das zugleich sein inhaltliches Heranwachsen an ihn ist, zugleich aber andererseits als ein Leben des objektiven Geistes in den Individuen, das ihr Verhältnis zur gemeinsamen Welt und mittelbar diese selbst gestaltet. Denn die Welt, in der das Individuum lebt, wird ihrerseits vom Verhalten der Individuen überformt.

An diesem durchgehenden Grundverhältnis bilden die verschiedenen Gebiete des Geisteslebens nur verschiedene Seiten. Zu jedem Zeitgeist gehört ein bestimmtes soziales und rechtliches Leben, bestimmte politische Tendenz, bestimmte geltende Moral, Weltanschauung, bestimmter Glaube, bestimmter Geschmack und Lebensstil, bestimmte Kunst, Dichtung, Bildung, Technik, Sprache. Es liegt in der Natur des Menschenlebens, daß Geformtheiten all dieser Art jederzeit beisammen sind und zusammen das sich tradierende Gemeingut des Geistes bilden.

Zugleich aber auch ist damit gesagt, daß sie alle durch ihren inneren Zusammenhang jederzeit eine ganz bestimmte, gewachsene Einheit des objektiven Geistes bilden, aus der die einzelnen Glieder — die besonderen Inhaltsgebiete — sich nur in der Abstraktion herauslösen lassen.

Es gibt keine Sprache, die nicht spezifischer Ausdruck eines bestimmten Wissens, bestimmter Moral, Sozialform und Religion, Element bestimmter Dichtung, Verständigung in bestimmtem Geschmacksgeleise usw. wäre. Ebenso gibt es keine Gesellschaftsform, keine Moral, kein Recht, denen nicht bestimmter Zeitgeschmack, bestimmte Weltanschauung, Bildung, Sprache, Technik zugehörte. Das hindert gewiß nicht ein gewisses freies Variieren der Geistesgebiete gegeneinander. Aber diese Freiheit hat erfahrungsgemäß viel engere Grenzen, als man der inhaltlichen Divergenz nach meinen sollte. Sie ist nicht daran meßbar, was für Kombinationen „denkbar" sind. Der geschichtliche Wachstumsprozeß des Geistes ist ein organischer, im Großen wie im Kleinen, und die Gebundenheit der inhaltlichen Momente in ihm ist bis in die Einzelheiten hinein eine gegenseitige.

Schaut man so das in der Betrachtung Isolierte wieder zusammen, so wird der Einheitscharakter des objektiven Geistes dem des personalen wieder sehr ähnlich. Es ist dieselbe Einheit im Großen, die dieser im Kleinen und in der Individuation ist. Ja, man kann umgekehrt sagen: die inhaltliche Einheit des objektiven Geistes, wie sie in langsamem geschichtlichem Gange gewachsen ist, kehrt im Individuum wieder. Denn jeder Einzelne empfängt ihn im Hineinwachsen in ihn. Das entspricht auch der pädagogischen Erfahrung: man kann wohl in Erziehung und Lehrgang die einzelnen Geistesgebiete sondern, kann dieses vorziehen, jenes vernachlässigen, aber man kann sie weder vollständig auseinanderreißen noch auch verhindern, daß der Erzogene durch die Gemeinschaft der Mitlebenden, in der er sich bewegt, in sie alle hineingezogen werde. Der objektive Geist ist seiner Natur nach expansiv. Sein Durchdringen in die Formung des Werdenden ist mit künstlichen Mitteln nicht aufzuhalten.

Objektiver Geist, im Sinne solcher jederzeit „gewachsenen Einheit" verstanden, ist der Geist im Großen. Und dem entspricht sein Leben im Großen, das geschichtliche Leben. Man wird diese Fassung jetzt nicht mehr als gemachte Geist-Metaphysik mißverstehen. Der Geist im Großen ist keine Geist-Substanz; er ist auch kein Geist außer oder neben dem menschlichen Geist, sondern durchaus nur dieser selbst — aber im Sinne der beschriebenen Phänomene verstanden: als dasjenige, was in Vielen lebt, sich tradiert, übernommen, zu eigen gemacht, bewältigt und weitergegeben wird und deswegen der Beschränktheit auf das Individuum überhoben ist.

Damit kehrt die Untersuchung zum Problem seiner Seinsweise zurück und nimmt den zu Anfang beschrittenen Weg wieder auf, welcher den aufweisbaren Phänomenen beschreibend nachgeht. Das kann im weiteren Verfolg nicht mehr nach Einzelgebieten gesondert geschehen, sondern nur in der Überschau über sie, wobei die einmal dargelegte Sachlage auf den Einzelgebieten für alles weitere zugrunde gelegt werden kann.

b. Objektive Einheit in der subjektiven Mannigfaltigkeit.

Neben den ersten Grundzug des objektiven Geistes — das Übergeben und Übernehmen — treten nun weitere, die bisher bloß anklangen, aber nicht ausgeschöpft wurden. Als ein zweiter darf die Seinsweise der Einheit gelten, die ein jeweilig bestehender Gemeingeist zeigt. Diese Seinsweise ist eine tief eigenartige und rätselhafte, mit nichts anderem vergleichbare. Ginge die Einheit des objektiven Geistes im persönlichen Geiste des Einzelnen auf, wären also ihre jeweiligen Träger vollwertige Repräsentanten der objektiven Ganzheit, so läge hier keine Schwierigkeit. Aber dem ist nicht so. Der objektive Geist geht inhaltlich in keinem seiner Vertreter auf, seine Ganzheit ist in keinem menschlichen Bewußtsein beisammen. Und dennoch besteht sie und wird als bestehende gewußt, empfunden, respektiert.

Dieser Satz gewinnt sein volles Gewicht, wenn man den sich tradierenden Geist inhaltlich versteht. Es zeigte sich, auf allen Gebieten bildet er eine inhaltliche Ganzheit, in der alles unlösbar zueinander gehört. Und ebenso ist es mit der Einheit aller dieser Gebiete selbst. Sie ist gewachsene Einheit, und ihre Glieder haben kein isoliertes Fürsichsein. Wo ihr Glieder fehlen, da bleibt sie fragmentarisch, besteht also in Wahrheit gar nicht als Einheit. Nun ist aber der objektive Geist in den einzelnen Repräsentanten jederzeit inhaltlich fragmentarisch. In keinem ist er das, was er ist, als Ganzes. Beisammen ist er nur im Kollektivum einer Zeitgenossenschaft. Aber gerade beisammen ist er auf diese Weise nicht. Eher noch könnte man sagen, daß er auf diese Weise auseinandergerissen in die Vielheit der Individuen ist. Als auseinandergerissener aber besteht er nicht als Einheit.

Wäre nun der objektive Geist selbst ein Kollektivum und hätte er die Seinsform einer Summe von Individuen, so müßte es bei diesem Auseinandergerissensein sein Bewenden haben, und von einem Bestehen als Einheit und Ganzheit ließe sich überhaupt nicht sprechen. Aber er ist, wie sich zeigte, kein Kollektivum, und seine Seinsform ist nicht die einer Summe von Individuen. Man muß sich das um des Folgenden willen klar vor Augen halten, und zwar am aufgerollten Grundphänomen selbst. Nämlich einerseits: das Wissen einer Zeit besteht nicht aus Individuen, sondern aus Einsichten und Urteilen; das Recht besteht nicht aus Personen, sondern aus geltenden Bestimmungen; die Sprache nicht aus redenden Menschen, sondern aus Worten und Wendungen, und so durch alle Gebiete fort. Zugleich aber andererseits: der objektive Geist wird tradiert, übernommen, zu eigen gemacht; es hat aber keinen Sinn, das Tradieren auf eine Summe von Individuen zu beziehen; übernommen wird weder die Einzelperson noch ein Kollektivum von Personen, sondern das ihnen gemeinsame geistige Gut.

Und vollends zu eigen gemacht wird eine Mannigfaltigkeit von Inhalt und Geformtheit, keineswegs aber eine solche von Menschen. Und auch das gilt offenbar durchgehend für alle Geistesgebiete.

Ist also der objektive Geist etwas radikal anderes als das Kollektivum der Individuen, so will es für seine Einheit und Ganzheit wenig besagen, daß sein Beisammensein im Kollektivum vielmehr ein Auseinandergerissensein ist. Denn eben dieses zweifelhafte Beisammensein ist nicht die wahre Form und Seinsweise seiner Einheit. Er selbst ist etwas anderes, eine Ganzheit anderer Art, inhaltliche Ganzheit.

Man kann also auch seine Einheit nicht anders als inhaltlich fassen oder beschreiben. Sie steht weder zur Vielheit der Individuen noch zu deren Gemeinschaft in Gegensatz, ist vielmehr von beiden getragen. Sie fällt aber als getragene in eine andere Ebene des Seins und hat deswegen eine von ihnen grundverschiedene Seinsweise. Und diese als solche läßt sich im Unterschied von Individuum und Kollektivum nur negativ umreißen. Seinsweisen eben sind etwas Letztes, Unzerlegbares. Sie lassen sich nicht definieren, sondern nur am Phänomen zur Anschauung bringen. Die Umreißung ist nur Hinführung der Anschauung auf das, was sie zu erfassen hat. Dieses selbst aber, das Phänomen, besteht darin, daß der objektive Geist, dem scheinbaren Auseinandergerissensein zum Trotz, doch auf allen Gebieten inhaltliche Einheit ist und vom hineinwachsenden Individuum gerade als Einheit verstanden und empfunden wird, auch wenn es weit entfernt ist, seine Ganzheit in sich aufnehmen und in der Enge seines Bewußtseins repräsentieren zu können.

c. Die Einheit der Wissenschaft und ihre Seinsweise.

Das Nichtaufgehen des objektiven Geistes im personalen verträgt sich sehr wohl mit der früher berührten Tatsache, daß auch das Individuum mit seiner Eigenart in ihm nicht aufgeht. Die Persönlichkeit hat stets noch andere, besondere Züge, die sich gegen die gemeinsamen Geisteszüge abheben, aber doch innerhalb der Grenzen möglicher Variabilität bleiben, die diese ziehen. Das gerade ist das Charakteristische an dem Wechselverhältnis von Persönlichkeit und Gemeingeist, daß sie ineinander nicht aufgehen, einander nach verschiedener Seite überschreiten. Weder geht menschliche Individualität im objektiven Geiste auf, noch dieser in ihr. Persönlich-geistige Individualität eben ist das am Einzelnen, was er nicht mit anderen gemein hat. Gemeingeist aber ist das, was die Individuen verbindet, ohne doch für den Einzelnen geradezu verbindlich zu sein.

Am bekanntesten ist das Nichtaufgehen auf den Gebieten der Erkenntnis. Es muß hier an das erinnert werden, was oben über den

„Stand der Wissenschaft" gesagt wurde (Kap. 21a). Ein solcher „Stand" ist ein Inbegriff des Wissens, der aufgesammelt von langer Hand her in einer Zeitgenossenschaft vorhanden ist, aber in keinem einzelnen Kopfe beisammen ist. In den Anfängen der Wissenschaft mag es das Beisammensein in einem Kopfe gegeben haben, im fortgeschrittenen Stadium ist das ein Ding der Unmöglichkeit und tatsächlich niemals gegeben. Nur der Dilettant der Wissenschaft kann sich darüber täuschen, d. h. derjenige, der in Wahrheit nicht oder nur oberflächlich hineingewachsen ist. Der Autodidakt ist schnell fertig, weil er um den Stand der Probleme nicht weiß. Der Kenner, und zumal der tätige Forscher, der auf seinem Gebiet die nächste Anwartschaft hätte, seine Wissenschaft zu umfassen, weiß es am besten, daß er weit davon entfernt ist. Das Beisammensein auch nur einer Wissenschaft als Ganzheit in einem Kopfe ist ein Phantasiegebilde der Ahnungslosen.

Aber wollte man schließen, es gäbe dieses Ganze gar nicht, so ginge man vollkommen fehl. Es gibt durchaus zu jeder Zeit und in jeder Wissenschaft das Ganze jeweiliger Errungenschaften, den in sich zusammenhängenden Stand der Probleme, der in jedem Einzelproblem eine sehr bestimmte Grenzlage von Einsicht und Nichtwissen bedeutet. Und an dieser Tatsache hat man vielmehr zu lernen, daß es noch eine andere Seinsweise geistiger Ganzheiten gibt als das Beisammensein in einem einzigen Kopfe.

Der „Stand der Wissenschaft", und vollends der einer Einzelwissenschaft, ist weit entfernt, eine bloße Abstraktion zu sein; er bildet nicht einen bloß idealen Querschnitt, der nirgends realisiert wäre. Er ist vielmehr durchaus real in der Zusammenarbeit der Wissenden und Forschenden einer Zeit. Ja, er ist eine lebendig fortschreitende, sich eigenartig entwickelnde Ganzheit. Und jeder einzelne wissenschaftliche Kopf, so wenig er sie inhaltlich „haben" mag, hat doch ein durchaus lebendiges Bewußtsein ihres Vorhandenseins und ist überdies bei jedem Schritt, den er tut, darauf angewiesen, sich in ihr zu orientieren und auf sie zu stützen. Den Stand des Problems, an dem er arbeitet, kann er nicht schaffen und nicht ändern; er kann ihn nur fortbewegen durch seine Arbeit, aber eben dazu muß er am übernommenen Stand ansetzen.

Realisierung eines Wissenschaftsstandes in der Zusammenarbeit vieler Köpfe ist kein Auseinandergerissensein, sondern gerade eine Form des Beisammenseins, auch wenn diese vielen Köpfe — wie bei heutiger Wissenschaftslage — über die ganze Erde verstreut sind. Es handelt sich ja nicht um räumliche Einheit, so wenig wie um Bewußtseinseinheit. Es ist ein Beisammensein ganz anderer Art, eine komprehensive Einheit, deren Dimensionen keine anderen sind als die des Inhalts der Wissenschaft. Wie mannigfaltig also auch die Rollen der Einzelnen in der Arbeitsteilung divergieren mögen, sie haben doch alle die natürliche Konvergenz zur inhaltlichen Einheit in sich. Und dieses Ineinandergreifen aller jeweiligen Forscherarbeit ist nicht als Summe darstellbar; es ist eine vom Stand der Probleme, als der selbst ineinandergreifenden, zusammengehaltene und sich von deren Gesamtheit her regulierende Organisation erkennenden Vordringens, in der der Einzelne mit seinem Einsatz jederzeit ebensosehr tragend als vom Ganzen getragen ist. Denn gerade am einheitlichen Fortschreiten wird die Einheit jeweiligen Wissensbestandes greifbar. Daß die Fäden der Spezialforschung auch auf weite Strecken selbständig nebeneinander herlaufen und sich gegenseitig aus den Augen verlieren können, ändert hieran nichts. Die Tendenz zur Ganzheit ist nichtsdestoweniger vorhanden und findet über lang oder kurz immer wieder zu ihr zurück.

Die Seinsweise der Wissenschaft ist damit umrissen. Sie darüber hinaus positiv zu bestimmen, ist unmöglich. Seinsweisen sind nicht definierbar, nur beschreibbar. Es ist damit nicht anders als mit der Seinsweise des Lebensprozesses im tierischen Organismus. Dieser setzt sich aus zahllosen heterogenen Sonderprozessen zusammen. Dem Physiologen sind nur diese faßbar. Das Ganze dagegen tritt nur im Gesamtphänomen in die Erscheinung, wird hier in vollkommener Selbstverständlichkeit hingenommen, bleibt dabei aber gänzlich unverstanden und dem Begreifen tief rätselhaft. Wer aber wollte deswegen am Bestehen dieser Ganzheit zweifeln? Das Rätselhafte liegt eben als solches durchaus gegeben zutage.

Um nichts weniger gegeben und als selbstverständlich hingenommen steht die Einheit und Ganzheit der Wissenschaft einer Zeit da. Sie ist spürbar da und wird vom Zeitgenossen wie vom geschichtlich rückschauenden Epigonen durchaus als Einheit und Ganzheit empfunden. Der von ihr Umfangene lebt und forscht in ihr als einer gewußten, wennschon nicht überschaubaren Totalität. Der Epigone aber, aus der Andersheit seiner Einstellung und seines Wissensstandes heraus, empfindet sie erst recht als gegenständlich faßbare, in sich einheitliche Denk- und Anschauungsweise von einst und erkennt sie leicht in ihren Spuren wieder, wo und wie immer ihm diese begegnen.

d. Einheit von Sprache, Geschmack, Kunst, Moral.

Nicht auf allen Gebieten liegt dieses Verhältnis so greifbar zutage wie in der Wissenschaft. Dennoch ist es das gleiche Verhältnis, und nur die Andersheit der Inhaltsstrukturen täuscht eine andere Sachlage vor.

Man meint vielleicht, in einer Sprachgemeinschaft sei wohl jeder Einzelne im Besitz der Sprache als ganzer. Das trifft aber schon hinsichtlich des Wortschatzes nicht ganz zu. Vollends illusorisch wird es im Hinblick auf die Mannigfaltigkeit des Ausdrückbaren und seiner Meisterung durch die lebendige „Wendung". Der sprachliche Formenreichtum des Dichters läßt sich in keiner Weise mit dem der Anderen vergleichen. Aber auch die Möglichkeiten der Dichtung werden vom einzelnen Dichter nicht ausgeschöpft. Eine Sprache gibt immer wieder anderes her, sobald eine Ausdrucksinitiative sie führt. Dennoch ist sie eine und wird als einheitliche Ganzheit empfunden. Und dieses Empfinden hat seinen Beleg in der Unmittelbarkeit des Verstehens, das die Zeitgenossen gleicher Zunge verbindet.

Ähnlich ist es mit dem Lebensstil, dem Kunstgeschmack, dem moralischen Empfinden. Das Geschmacksurteil divergiert nicht nur von Mensch zu Mensch, es bleibt auch vieles, was sich an den künstlerischen Geschmack wendet, Vielen ganz unzugänglich. Dennoch gibt es die einheitliche Geschmacksrichtung einer Zeit bis in große Feinheiten hinein als eine sehr bestimmte und ausgeprägte. Nicht weniger abgestuft ist der Sinn für den herrschenden Stil im Leben selbst, für Anstand, Sitte, Schicklichkeit, Umgangsform; und dem entspricht die Abstufung der wirklichen Geformtheit des Einzelnen von dem, was gefällt und als stillschweigende Anforderung gilt. Es gibt in jeder Zeit Menschen, die von alledem nur wie von einer Tünche berührt sind, ohne innerlich durchgeformt zu sein, und daneben zu jeder Zeit solche, die wirklich von sich aus stilgerecht sind und zu leben wissen. Aber es ist nichtsdestoweniger dieselbe Geformtheit, und nur der Grad des Hineingewachsenseins und der Teilhabe ist verschieden. Und ihre Einheit bleibt auch in fragmentarischer und äußerlicher Ausprägung unverkennbar.

Im moralischen Empfinden vollends ist die Divergenz von breitester Spielweite. Der Gewissenlose, der Stumpfe oder der ethisch Undifferenzierte ist gemeinhin auch der für vieles Wertblinde. Sein Ethos ist viel enger als das gemeinsame des Zeitalters. Aber auch der moralisch Hochentwickelte und Empfindsame hat noch seine Einseitigkeit. Auch in ihm ist das Ethos seiner Zeit nicht beisammen. Dieses vielmehr kann ein gemeinsames ja nur sein, sofern es aller solchen individuellen Verschiedenheit und Abstufung Spielraum läßt. Und dennoch ist es im gemeinsamen Leben der Menschen beisammen und kann als ein Ganzes sehr wohl empfunden werden. In der geschichtlichen Rückschau erscheint es als straffe, in sich gebundene Einheit, und alle Spuren, die das Leben der Einzelnen zurückläßt, lassen es deutlich wiedererkennen. Das Beisammensein ist nur auch hier kein personales. Seine Seinsweise ist die des objektiven Geistes.

e. Geistige Einheit des Gemeinschaftslebens.

In noch anderer Weise spiegelt sich das im Gebiet des sozialen, rechtlichen, staatlichen und politischen Lebens. Im Durchschnitt gesehen ist die Teilhabe des Einzelnen an diesem Leben eine sehr beschränkte, ja armselige. Sein Mitwissen und Miterleben, sein Verstehen, seine Urteilsfähigkeit ist begrenzt. Noch mehr vielleicht seine Fähigkeit aktiven Mitlebens und bewußten, staatsbürgerlichen Mitverantwortlichseins. Und doch ist gerade hier das aktive Mitleben des Einzelnen wesentlicher Bestandteil im Leben des Ganzen.

Indessen, diese Begrenztheit der Einzelnen und Zerrissenheit des Ganzen in ihnen geht tatsächlich noch viel weiter. Auch der Berufene und aktiv im öffentlichen Leben Stehende, dem man die Überschau am ehesten sollte zutrauen dürfen, hat sie in Wirklichkeit nicht. Der Beamte hat sie in seinem Ressort, darüber hinaus fehlt sie ihm; der leitende Verantwortliche muß sich auf ihn verlassen, muß sich also auf bloß summarischen Einblick beschränken. Man überlege weiter: die Finanzpolitik, die Wirtschafts-, die Außenpolitik sind schon jede für sich nur durch weitgehende Arbeitsteilung zu bewältigen; wer vollends an der Spitze des Ganzen steht, kann auf keine Weise den selbstgewonnenen konkreten Einblick in das Besondere haben. Das Gesamtbild, aus dem heraus er den Organismus des Staates verstehen und leiten soll, ist ein in allen Richtungen verkürztes. Und das ist notwendig, denn anders könnte es überhaupt kein Gesamtbild sein. Weil aber die Elemente des staatlichen Gleichgewichts auf allen Gebieten gerade in den Einzelheiten verwurzelt sind, so kann er die Quellen des Ungleichgewichts nicht sehen und nicht im Entstehen ausgleichen.

Das wirkliche politische Leben geht auch im Wissen und Empfinden des führenden Staatsmannes nicht auf. Und zwar auch dann nicht, wenn er das Glück hat, in solchen Einzelheiten, die zurzeit die dringlichsten sind, das Rechte zu treffen. Der lebendige objektive Geist ist auch in seinem persönlichen Geist nur fragmentarisch vertreten.

Und dennoch gibt es hier greifbarer als irgendwo die einheitliche Ganzheit des objektiven Geistes. Sie ist zwar in keinem subjektiven Geiste beisammen, aber sie ist als empfundene und Alle betreffende Gesamtlage und Gesamttendenz beisammen. Sie existiert geschichtlich, führt ihr Eigenleben in der Gemeinschaft der Zeitgenossen und ist so ihr von innen heraus gemeinsames Schicksal, das sie alle mitreißt und sehr fühlbar das Schicksal aller ist. Wie denn auch die großen geschichtlichen Bewegungen gemeinsam sind und im Privatleben der Einzelnen sich gemeinsam auswirken. Der Einzelne kann hier auch sehr wohl ein Bewußtsein des Mitgerissenseins haben; nicht weniger aber auch ein Bewußtsein dessen, daß es stets auch um ihn und seine Sache geht. Und im Maße seiner staatsbürgerlichen Reife entspricht dem das Bewußtsein seiner Mitverantwortlichkeit.

27. Kapitel. Bewegen und Bewegtwerden.

a. Schaffen, Handeln und Getriebensein.

Es war bei den Einzelgebieten (Kap. 20—22) die Rede davon, wie es ein Schaffendsein des Individuums im objektiven Geiste gibt, das ihn bewegt. Da nun die Gesamtbewegung nie stillsteht, ihre bewegende Kraft sich aber aus zahllosen Anstößen integriert, die aus der Initiative des Einzelnen kommen, so könnte man meinen, das Individuum wäre hier überhaupt das bewegende Prinzip, und wo seine Initiative ins Große wachse, da könnte es dem geschichtlichen Prozeß der geistigen Bewegung die Ziele vorschreiben.

Diese bewegende Kraft aber findet ihre Grenze an dem Nichtaufgehen des objektiven Geistes in ihm. Wäre der ganze Geist einer Zeit, auch nur auf einem Sondergebiet, jemals beisammen im individuellen Geist, so wäre es wohl denkbar, daß dieser ihn nicht nur tätig, sondern auch zwecktätig-bewußt bewegte. Bleibt aber, wie gezeigt, der Gesamtgeist in ihm jederzeit fragmentarisch, so kann der Einzelne nie mit Sicherheit wissen, wann und womit er ihn bewegt. Es ist mehr oder weniger immer dieses: er glaubt zu bewegen, und er wird bewegt; und wiederum: er bewegt wirklich und weiß nicht, daß er bewegt.

Dieses Verhältnis intensiviert sich noch ganz außerordentlich dadurch, daß der Einzelne um seine Geformtheit durch den objektiven Geist — auch gerade, soweit er sie wirklich an sich hat — nicht weiß. Er weiß noch viel eher darum, womit er von ihm abweicht. Denn das Gemeinsame ist das Selbstverständliche und Unbemerkte.

Am einleuchtendsten zeigte sich das auf moralischem Gebiet. Der Einzelne wirkt unmittelbar durch sein Verhalten; er leuchtet ein und er leuchtet nicht ein, er verletzt und er verpflichtet, er untergräbt und er baut auf; aber selten weiß er, womit er es tut. Es ist keineswegs immer das Gute, das zum Guten, keineswegs immer das Böse, das zum Bösen wirkt. Das böse Beispiel kann lehrreicher sein als das gute. Aber man weiß gemeinhin nicht, womit man es gibt — sei es, daß man die Feinheit des moralischen Empfindens für das eigene Verfehlen nicht hat, sei es, daß man das begangene Unrecht nicht für so gewichtig nimmt, es für ausgeglichen durch anderes hält.

Blindheit für die eigene Schwäche ist menschlich. Nicht weniger menschlich ist es, daß man den kleinen Wellenschlag privaten Recht- und Unrechttuns nicht eben für weltbewegend erachtet. Und noch gewichtsloser erscheint es einem, wie weit man anderen in der Bewertung gerecht wird oder nicht gerecht wird. Man vergißt, daß wir Einzelnen nicht einfach die Einzelnen sind, daß wir gewisse moralische Gleichgeformtheiten miteinander teilen, daß Kinder einer Zeit die Tendenz haben, sich in gleicher Richtung zu verfehlen, daß hinter aller persönlichen Initiative schon das gemeinsame Ethos mit seiner Grundeinstellung und seiner geschichtlichen Einseitigkeit steht. Was einer verfehlt, summiert sich mit dem, was viele gleichartig verfehlen; es schwillt so schließlich zu einer beträchtlichen Welle an, die sehr wohl bewegend sein kann.

Eben diese Zeitkindschaft aber ist das Sein des objektiven Geistes in uns. Es ist ein Irrtum, zu meinen, der moralische Zeitgeist in uns bestehe nur in dem, was in uns gut und groß und tapfer ist. Auch unsere Kleinheit, Schwäche, Feigheit gehört sehr wesentlich mit dazu — sofern wenigstens sie nicht nur persönliche Eigenart, sondern die „gemeine" oder vorherrschende Wesensart der Mitlebenden ist. Auch der objektive Geist hat seine Schwächen und Stärken. Und beide sind die unsrigen, soweit wir Träger seiner Gesamttendenz sind.

b. Die geistige Bewegung im Wechsel der Generationen.

Der Einzelne steht so mit seiner Initiative schon in einer Bewegtheit des objektiven Geistes, die sich als Strömung in ihm auslebt.

Daß hier ein gewichtiges Gesetz liegt, wiewohl man es nicht leicht in eine Formel bringen kann, sieht man deutlich an dem bekannten Phänomen des Generationswandels in der Moral. Die heranwachsende Generation zeigt jederzeit — neben allem Gefangensein in den überkommenen Anschauungen — auch eine gewisse Opposition gegen die ältere Generation. Sie tut das nicht einfach aus kindischem Mutwillen oder Unreife. Gerade mit der fortschreitenden Reife nimmt die Opposition zu — und zwar unbeschadet bestehender Zucht, Autorität, Beeinflussung, ja Zwang; unbeschadet auch der kindlichen Verehrung und des mit der Reife wachsenden Verstehens für die Alten.

Solche Opposition kann sehr verschieden stark sein, kann revolutionär anschwellen oder bis zur Unmerklichkeit verschwinden. Immer aber bleibt das Grundverhältnis dabei dasselbe. Die Jugend erwächst jederzeit in der doppelten Tendenz: sie will werden, was die Erwachsenen sind, und sie will zugleich doch auch nicht ganz so werden, wie die Erwachsenen sind. Sie hat im Heranwachsen unter ihnen ihre Stärke und ihre Schwäche erfahren; und lange bevor sie die eine oder die andere objektiv beurteilen könnte, ist ihr Herz schon von der einen gefangen, von der anderen zurückgestoßen.

Das Zurückgestoßensein ist der Antrieb zum Neuen. Denn es gibt keine moralische Einstellung, die sich rein im Negativen halten könnte.

So kommt unter dem Abgelehnten die neue positive Tendenz hervor, tief unerkannt, aber innerlich notwendig, unaufhaltsam; sie ringt sich suchend und tastend hoch, bis sie dereinst von den Herangewachsenen ins Bewußtsein und in die Objektivität gehoben wird. Der bewegende Anstoß aber liegt nicht in den treibenden Kräften der jungen Generation allein, sondern sehr wesentlich auch in den Schwächen der alten — die eben dadurch so wurde, wie sie ist, daß auch sie sich ihrerzeit in bestimmter, ebenso einseitiger Tendenz hochrang.

Der Einzelne weiß hier selten, wo seine Schwäche liegt. Er erfährt sie spät, wenn überhaupt. Und wenn er sie — vielleicht im Verkanntsein von den eigenen Kindern — wirklich erfährt, so hat sie längst sich ausgewirkt und das ihrige beigetragen in dem allgemeinen Abstoßungsprozeß. Sie hat bewegt und wußte nicht, daß sie bewegte; derweil so vieles andere, was derselbe Mensch im stolzen Bewußtsein des Schaffens von sich ausgehen ließ, in Wahrheit nur sein Mitlaufen in der Reihe war.

c. Der unbewußte Beweger und sein Gegenfaktor im Zeitgeiste.

Es ist dasselbe auf allen Geistesgebieten, nur sehr verschieden abgestuft. Der Politiker an verantwortlicher Stelle kann mit einer unbedachten Äußerung eine folgenschwere Aktion heraufbeschwören, während das, worum sein Bemühen geht, auch wenn er es erreicht, vielleicht in eine Nichtigkeit ausläuft. Denn darauf kommt es an, in welche schon vorhandene oder gerade aufkommende Tendenz, Stimmung, Erregtheit des öffentlichen Lebens er mit Wort oder Tat hineinstößt.

Dem Forscher kann es begegnen, daß er in langjähriger hingebender Arbeit Einsichten gewinnt, die weder er noch die Mitlebenden einzureihen oder auszuwerten wissen — Arbeit auf Vorrat, die vielleicht niemand braucht. Und es kann geschehen, daß ein unbeachtetes Nebenresultat unverhofftes Licht auf lange gesuchte Zusammenhänge wirft. Manche große Entdeckung ist diesen Weg gegangen. Denn davon hängt Gewicht und Bedeutung seines Vordringens ab, auf welches zurzeit im Werden begriffene Stadium der Problementfaltung im Wissen seiner Mitwelt es auftrifft.

Wer in Umgang und Rede einem originalen Erleben Ausdruck gibt, prägt wohl ungesucht ein treffendes Wort, das nachgesprochen und weitergetragen wird; er braucht nicht zu wissen, daß er schöpferisch war, erkennt die eigene Wendung vielleicht nicht einmal wieder, wenn sie in fremdem Munde zu ihm zurückgelangt. Und vielleicht, wo derselbe Mensch den Ausdruck feilt, bewußt ein Diktum rundet, da ist es wie verklungen so vergessen. Ein anderer Faktor bestimmt über das Geschick des sprachlichen Gutes; und der liegt nicht bei ihm. Denn jederzeit ringt vielerlei in Vielen nach Ausdruck, und was dem entgegenkommt, schlägt ein.

Dasselbe gilt von der Geste und der Pose, vom Stil des Benehmens, der Art des Sichzeigens und Sichverbergens, bis hinein in die Äußerlichkeit von Kleid und Mode. Der Lebensstil und der ihn tragende Geschmack ist den subtilsten Anstößen von seiten des Einzelnen ausgesetzt; und nie würde es sich voraussehen lassen, ob der von ihm gegebene „Anstoß" zur Anstößigkeit oder zum Anreiz ausschlägt. Aller Anstoß kommt zwar vom Individuum; aber nicht das Individuum entscheidet darüber, ob er zum bewegenden Anstoß wird oder nicht.

d. Der Künstler und sein Publikum.

Selbst in der Kunst noch waltet das Gesetz des beim Gemeingeiste liegenden Gegenfaktors. Hier wenn irgendwo, so sollte man meinen, ist das Schöpfertum des Einzelnen ein autonomes. Das ist auch keineswegs zu bestreiten, soweit es sich bloß um künstlerische Produktion als solche handelt, ohne Rücksicht auf Zeitgenossenschaft und Publikum — d. h. solange es sich nicht um die Bewegung der Kunst selbst, als der Art, zu sehen, zu hören, aufzufassen, als des künstlerischen Zeitgeschmacks handelt. Aber handelt es sich denn jemals um die reine Produktion des Einzelnen? Nur in der Abstraktion kann es das geben. Wie es den isolierten Einzelnen überhaupt nicht gibt, so auch nicht sein isoliertes Schaffen. Es kommt immer schon aus bestimmtem Stande des gemeinsamen künstlerischen Empfindens, das geschichtlich die Schule seiner Vergangenheit durchlaufen hat; und es mündet wieder in ihn hinein — ihn fortbewegend oder an ihm abprallend.

Es gibt auch im Tun des Künstlers ein Treffen und Verfehlen, und nicht nur im Sinne von Gelingen oder Mißlingen eines Werkes; es gibt das auch im Sinne des Einschlagens oder Nichteinschlagens, des Durchdringens und Eingangfindens in die Menschenherzen oder des Dastehens vor verschlossenen Türen. Alles Schaffen wendet sich an die Schauenden. Das liegt im Wesen des geschaffenen Werkes: es ist das, was es ist, überhaupt nur für den in rechter Weise Schauenden. Der Künstler ohne sein Publikum ist nur der Einsame, Führer im Schauen aber ist er nur, wo er einer Welt der Mitlebenden den Blick zu erschließen vermag. Den objektiven Geist bewegt nur, wer die Kraft hat, durch Geschautes den Schauenden mitzubewegen.

Gemeingut des Geistes einer Zeit wird auch in der Kunst nur, was „einschlägt". Das Einschlagen macht den Genialen zum Führenden und äußerlich zum Erfolggekrönten. Was aber entscheidet darüber, ob er mit seinem Geschaffenen einschlägt? Nicht die Kraft des eigenen Schauens und Schaffens allein. Das beweist die Menge der in ihrer Zeit Verkannten, die von der Nachwelt „entdeckt“, einem späteren Geiste führend wurden. Es entscheidet der andere Faktor, der beim jeweiligen objektiven Geiste liegt, bei seiner Empfänglichkeit, seiner Fähigkeit zum Umlernen, seinem Eigensinn und seiner Eigenbewegung.

Hier spielt viel Zufälliges hinein, viel Verfälschung und Irreleitung durch die scheinbar berufenen Beurteiler, die Einfluß gewinnen, weil sie zuerst öffentlich zu Worte kommen; man denke an die berufsmäßige Kritik, an die schnell geprägten Schlagworte, an das sensationslüsterne Haschen nach dem Neuartigen, an das Verschwinden des wirklich Neuen und Großen in der Masse dessen, was einen gesunkenen Vulgärgeschmack befriedigt. Es bleibt dennoch etwas übrig, was man das Schicksal eines geschaffenen Werkes im Geiste seiner Zeit nennen kann. Ja, selbst die Verfälschung des öffentlichen Urteils gehört noch mit zu diesem Schicksal. Denn ein künstlerischer Zeitgeist, der sich verfälschen läßt, ist sein eigenes Mißgeschick, ebensosehr wie das des Schaffenden und seines Werkes.

e. Persönliche Spontaneität und geistige Gesamtsituation.

Wo man auch hinblickt, auf allen Gebieten des Geistes gibt es die vom Einzelnen ausgehende bewegende Kraft. Als die von Vielen summiert sie sich im Gesamteffekt und läuft in die geschichtliche Bewegung des objektiven Geistes aus. Aber sie ist nirgends einfach der Spontaneität des Einzelnen anheimgegeben.

Hinter dem Tun des Einzelnen — sei es nun ein unwillkürliches oder ein spontanes — steht mitbestimmend und bahnenweisend schon die Gesamttendenz, in die er hineingewachsen ist und aus der heraus seine eigene Initiative sich als besondere und persönliche emporringt. Und wiederum über sein Tun legt sich gewichtig und seligierend ein zweiter, ihm äußerer Faktor, der in der gegebenen Geformtheit der Mitlebenden aus demselben Gemeingeiste heraus besteht. Man kann diesen Faktor als die geistige Gesamtsituation bezeichnen, in welche der vom Individuum kommende Anstoß hineinstößt. Und je nach den Bedingungen, die hier vorliegen — je nach dem Vorwalten entstandener Tendenzen, je nach deren Saturiertsein oder offenem Bedürfnis — schlägt das sich zeigende Neue ein oder nicht, wird zum Anstoß einer Bewegung oder bleibt unbeachtet liegen.

Denn jederzeit tastet der herrschende Zeitgeist suchend vor sich her — nach den kommenden Dingen; jederzeit ist in ihm selbst die Tendenz zur Umformung, jederzeit das Bedürfnis nach Fortbewegung und das Ausschauen nach dem Neuen. Aber auch jederzeit ist das Ausschauen, Tasten und Suchen ein solches in bestimmter Richtung. Und die Richtung wirkt selektiv auf das, was der Zeitgeist aufzunehmen imstande ist. Er ist empfänglich für alles, was der Sache nach in der Richtung seines Suchens liegt — auch wenn es in seiner Besonderheit überraschend kommt —, ablehnend gegen alles, was aus ihr herausfällt. Damit wird er zum Schicksal für den Künstler und sein Werk. Nicht weniger aber auch für den unscheinbaren Träger der Zeitkindschaft, der schlicht dem eigenen Empfinden folgt, nicht wissend, daß er neue Wege einschlägt.

Wohl mag es wahr sein, daß wahrhaft Großes und Würdiges sich mit der Zeit notwendig durchsetzt. Aber es wäre ein verwegener Optimismus, zu meinen, alles überhaupt Wertvolle müsse einschlagen. Es gibt auch die großen, prophetischen Einsichten, die in ihrer Zeit verkannt und verspottet bleiben. Und wenn sie nach Jahrhunderten wiederentdeckt und geschichtlich gefeiert werden, so ändert das an ihrem Schicksal in ihrer Zeit nichts mehr. Sie gehören dann einem anderen lebenden Geiste an und bedeuten ihm ein anderes, als was sie dem ihren hätten bedeuten können. Der objektive Geist, in den sie hineinstießen, ist dann tot. Er gehört der Vergangenheit an, sie haben ihn nicht bewegt, und das Vergangene steht unbeweglich da. Die Bewegung aber, die sie dem neuen Geiste geben, ist eine andere.

28. Kapitel. Der objektive Geist als Macht im Leben des Individuums.

a. Widerstand des Zeitgeistes und Ohnmacht des Einzelnen.

Die letzten Betrachtungen lassen bereits sehr anschaulich erkennen, wie sehr der objektive Geist eine Macht im Leben des Individuums ist, wie er den Einzelnen nicht nur trägt, einbettet, von den frühesten Schritten auf leitet, formt und in seinem Strome mitführt, sondern auch der persönlichen Initiative, wo diese selbständig hervortritt, eine Art Schicksal bereitet.

Diese Macht nun wäre soweit bloß eine Gegeninstanz der persönlichen Auswirkung; und da diese nicht das Individuum trifft, sondern ihn, den Gemeingeist, so brauchte sie der Initiative des Individuums nicht entgegenzutreten. Aber das ändert sich, sobald das Individuum sich etwas „gegen" den lebenden Gemeingeist herausnimmt. Da stößt es auf Widerstand, ja auf Gegenwehr. Und diese Gegenwehr ist dem Einzelnen weit überlegen. Sie ist eine Macht anderer Größenordnung. Ob sie sich passiv ablehnend verhält oder direkt ihn bekämpft, in jedem Falle ist und bleibt sie die Übermacht, gegen die er vergeblich angeht.

Der Einzelne, wo er diese Macht „gegen sich" hat, ist ohnmächtig. Er kann wirken und mit dem Seinigen durchdringen nur da, wo er sie „für sich hat", und das besagt, wo sie selbst seine Sache aufgreift und zu der ihrigen macht. Und das wiederum geschieht nur, wo im objektiven Geiste eine wirklich bestehende Tendenz, ein schon vorhandenes Suchen oder Ringen, oder auch nur ein Bedürfnis ihr entgegenkommt. Sofern aber der Einzelne beweglicher ist als der objektive Geist, so läßt sich dieses Verhältnis mit besserem Recht umgekehrt aussprechen: die Sache des Einzelnen hat den objektiven Geist dann „für sich", wenn sie ihrerseits einer in ihm schon bestehenden oder sich hochringenden Tendenz entgegenkommt.

Im Kleinen ist das schon auf dem Gebiete des Lebensstiles zu sehen. Wer Anstoß erregt, die Sitte, den Anstand verletzt, das Gewohnte durchbricht, hat die herrschende Meinung gegen sich. Er ist der Gemiedene, ja bei exklusiven Gesellschaftsverhältnissen direkt der Ausgestoßene. Was sich hier zur Wehr setzt, sind nicht einfach die Menschen, die Anderen, ebensolche Individuen wie er selber, der den Anstoß gegeben. Sie sind es freilich, aber es ist nicht das Individuelle in ihnen, was sich wehrt, sondern das Gemeinsame, von dem sie beherrscht sind. Wo nur einige sich wehren, andere aber zustimmen, da entsteht gar kein eigentlicher Widerstand, jedenfalls keiner, der seiner Größenordnung nach dem Tun des Einzelnen wesentlich überlegen wäre. Erst wo alle die gleiche Haltung einnehmen, wie „ein" Mann dagegen aufstehen, gleichsam in geschlossener Front eine Mauer bilden, gegen die der Einzelne ohnmächtig anrennt, entsteht die charakteristische Opposition überlegener Art.

Solche Opposition also beruht schon auf einer inneren Gleichgeformtheit der Vielen. Sie ist eine typische Funktion des objektiven Geistes. Und in ihr, so darf man sagen, erfährt der Einzelne, der Anstoß gibt, in aller Form das Sein des objektiven Geistes als eine sehr fühlbare Macht. Und über die Härte ihres Wirklichseins bleibt ihm kein Zweifel. Ob er darin das Wesen und den Wert des objektiven Geistes erfährt, ist eine andere Frage. Jedenfalls aber erfährt er ihn sehr drastisch als das Festgefügtsein einer bestehenden geistigen Form, die als gemeinsame sich in den Vielen zur Wehr setzt. Sein Unterliegen ist nichts anderes als die Tatsache seiner Isolierung. Und eben diese Isolierung ist seine Ohnmacht.

b. Verbrechen und Strafe. Recht und Macht.

Dasselbe Phänomen — nur weit gewichtiger und ernster, die Grundlage der Gemeinschaftsordnung betreffend — finden wir auf rechtlichem Gebiet. Hier schafft sich der lebende Gemeingeist auch die sichtbare Organisation, mit der er sich gegen die ihn durchkreuzende Initiative des Einzelnen zur Wehr setzt. Diese Organisation ist auch äußerlich mit der Macht ausgestattet, die dem Individuum Widerstand leistet. Die Macht erscheint konkret in der Institution der rechtsprechenden Instanz. Der Brecher der bestehenden Ordnung ist hier der Übertreter des Rechts; denn die Ordnung, die er durchbricht, ist die vom Recht geformte. Und er erfährt den Widerstand des bestehenden Rechts im Urteil, das ihm gesprochen und an ihm vollzogen wird. Ob es sich dabei um unbefangen begangenes Unrecht oder um Verbrechen, ob um zivilrechtliche Entscheidung oder um verhängte und gewaltsam vollstreckte Strafe handelt, die Sachlage bleibt grundsätzlich dieselbe.

Was hier greifbar in die Erscheinung tritt, ist gerade die Macht des objektiven Geistes. Sie ist zur Institution mit bestimmter Befugnis geworden. Dem bestehenden positiven Recht ist das durchaus nicht äußerlich. Ein Recht ohne Macht ist nicht geltendes Recht. Und gerade dem Einzelnen und seiner Privatinitiative tritt es kraft dieser seiner Macht entgegen, wie es denn andererseits ihn in den Grenzen seiner rechtlichen Freiheit kraft eben dieser Macht vor fremder Privatinitiative schützt.

Fragt man aber, was diese Macht eigentlich ist, wo sie herstammt, wer letzten Endes ihr Träger ist, so kann man hier nicht wiederum mit dem „geltenden Recht" antworten, auf dem sie beruhe. Denn eben das Gelten des Rechts setzt ja schon die Macht voraus. Man kann auch nicht sinnvoll die Frage weiter hinausschieben, etwa auf die staatliche Verfassung, auf besondere geschichtliche Entwicklung, auf die Umstände, die einer Gruppe die Macht in die Hand spielen. Mit alledem ist der Kern der Sache nicht berührt. Denn jede bestehende Macht ist getragen von der Gemeinschaft, in der und über die sie herrscht. Die Frage ist eine innere und prinzipielle.

c. Geliehene Macht. Satzung und innere Geltung.

Eine Macht, die nicht auf dem Recht beruht, ist eine unrechtliche; ein Recht, das nicht auf der Macht fußt, ist ein machtloses und jedenfalls kein geltendes Recht. Dennoch ist es ein offenkundiger circulus vitiosus, daß die Macht auf dem Recht, das Recht aber wiederum auf der Macht beruhen solle.

Man muß einen Schritt weiter gehen, muß fragen, wo beide wurzeln. Der Machthaber steht nicht auf sich selbst, sondern auf der Gemeinschaft. Als Einzelner hat er gar keine Macht. Nur als Vertreter ihres Willens hat er sie. Es ist geliehene Macht. Verliert er diesen Konnex, so hat er ausgespielt. Dasselbe gilt von den bestallten Körperschaften, die das Recht handhaben.

Und andererseits das Recht selbst: besteht es denn in der Formel, der Satzung? Wo die Satzung nicht mehr lebendig ist in den Menschen, ihr Rechtsbewußtsein und Rechtsgefühl sie nicht trägt, da ist sie gar nicht mehr eigentlich geltendes Recht. Seine Geltung ist eine äußere geworden; aber eben das ist keine eigentliche und innere Geltung mehr. Solange bestimmte Satzung wirklich „gilt" in einer Menschengemeinschaft, da ist sie vom lebendigen Rechtswillen getragen, ist nichts als sein Ausdruck.

Das braucht nicht zu heißen, daß der Einzelne die einzelne Bestimmung bewußt will; wohl aber, daß die Mitlebenden, im Ganzen genommen, das bestehende Recht im Ganzen gutheißen und als das ihrige anerkennen.

Die Macht, die dem geltenden Recht insoweit eignet, ist demnach keine andere als diejenige, die im gemeinsamen Rechtswillen lebendig ist. Sie ist in der Wurzel identisch mit dem Inkraftsein des Rechts in den Menschen selbst, oder wenn man so will mit dem gemeinsamen Bewußtsein, daß die äußere Geltung und Handhabung der Satzung Ausdruck innerer Geltung ist. Das Recht ist so von der Zustimmung im Rechtswillen getragen, sofern dieser nicht Privatsache des Einzelnen, sondern ein gleichgeformter in den Einzelnen ist. Und eben dieser im Grunde gleichgeformte Wille ist die Quelle der Macht, mit der es sich durchsetzt.

Nun ist aber die innere Gleichgeformtheit der Einzelnen, wo sie eine Menschengruppe, ein Volk, ein Zeitalter beherrscht, nichts anderes als der geschichtlich lebende objektive Geist in ihnen. Ob man die Gleichgeformtheit dann als die des Rechtsbewußtseins oder des Rechtsempfindens oder Rechtswillens interpretiert, ist demgegenüber belanglos; alles das sind von vornherein schiefe Bezeichnungen, denn weder handelt es sich hier um eigentliches „Bewußtsein", noch um „Empfinden", noch um „Wollen". Eher könnte man von gemeinsamer Tendenz sprechen. Worauf es ankommt, ist einzig, daß es sich um den gemeinsamen, in Vielen lebenden Geist handelt, der in ihnen als einer Menge eine Macht bildet; ferner daß der Einzelne um diese Macht keineswegs zu wissen braucht, daß aber er sie als unüberwindlich erfährt, sobald er bei seinem Tun sie gegen sich hat.

Der geschichtlich objektive Geist ist es, der Macht und Recht in sich vereinigt und sie deswegen auch nur vereinigt in die Erscheinung — d. h. in die geschichtliche Wirklichkeit — treten läßt. Er spricht im Gesetz allgemein, im Urteil des bestallten Gerichtshofes für den besonderen Fall. Und nur soweit dieses Verhältnis zu ihm als lebendem gewahrt ist, sind beide — Gesetz wie Urteil — „gerecht". Ohne den lebenden Geist, in dem sie wurzeln, schweben beide in der Luft und müssen notwendig als ungerecht empfunden werden. Sie sind ohne ihn nur Ausdruck einer nicht zu Recht bestehenden oder gar usurpierten Macht. Das aber heißt, sie sind ohne ihn bloß Ausdruck der „Gewalt", und wer ihnen verfällt, sieht sich vergewaltigt.

Dann aber haben sie in Wahrheit den lebenden objektiven Geist selber gegen sich. Sie widerstreiten dem wirklichen Rechtswillen. Und dieser als gemeinsamer ist bereits im Begriff, sie zu stürzen. Recht und Macht haben dieselbe Quelle. Dieselbe innere Geltung, dasselbe gemeinsame Inkraftsein steht hinter ihnen. Das innere Gelten des Rechts ist identisch mit der Macht, die es über die Menschen hat.

d. Gemeinsame Tendenz und Wille des Einzelnen.

Wie es nicht notwendig ist, hierzu ein bewußtes Wollen einzelner Bestimmungen im Willen der Einzelnen anzunehmen, so ist es erst recht nicht notwendig, so etwas wie eine volonté générale anzunehmen, die noch etwas Besonderes neben oder hinter dem Willen der Einzelnen wäre. Es ist eine von Grund aus irrige Vorstellung, von der man bei solcher Annahme ausgeht. Man meint, zuerst sei der private Wille da, der in jedem ein inhaltlich anderer und anders gerichteter sei. Das gerade ist der Irrtum. Der Einzelne wächst von vornherein in die gemeinsamen Zustände, Nöte, Bedürfnisse und Erfordernisse hinein, und diese sind durchaus die seinen; und im Maße seines Begreifens wird seine Willenseinstellung unvermeidlich in die gemeinsame Richtung gedrängt.

Es ist vielmehr so: es gibt gar kein Wollen der Einzelnen, das nicht schon im Aufkommen und Bewußtwerden gewisse nach Inhalt und Richtung gemeinsame Grundzüge aufwiese. Und ebenso gibt es kein Rechtsempfinden der Einzelnen, das nicht schon im Erwachen die gemeinsame Grundeinstellung enthielte. Das Gemeinsame der Grundeinstellung aber ist nichts anderes als das Phänomen des objektiven Geistes. Versteht man unter volonté générale nichts als dieses Phänomen, so kann man ihren Begriff ohne Gefahr beibehalten; freilich dürfte das schwer durchführbar sein, weil der Terminus einmal geschichtlich belastet ist. Das Gemeinsame der Tendenz oder der Grundeinstellung ist aber als solches ein aufweisbares Phänomen und darf mit den überlieferten Deutungen nicht verwechselt werden. Die Macht der Tendenz liegt einfach in ihrer Gemeinsamkeit selbst. Eine andere primäre Macht als sie gibt es in der Sphäre von Recht und Staat nicht.

Der Wille des Einzelnen behält ihr gegenüber immer noch weiten Spielraum. Er kann auch ganz aus der gemeinsamen Tendenz herausfallen. Er ist dann der isolierte und durch die Isolierung ohnmächtige Wille. Man darf daher die gemeinsame Tendenz nicht als „Willen Aller“ interpretieren. Denn auch vom Willen des Einzelnen abgesehen gibt es immer die Divergenz der Gruppen. Aber in der Divergenz gibt es auch immer irgendwo im Hintergrunde die Tendenz zu Einigung und Ausgleich. Und in dem schwankenden Gleichgewicht dieser Mächte stellt sich jederzeit eine Resultante heraus, welche die vorwiegende Tendenz darstellt.

Dasselbe gilt vom Machtträger oder der machttragenden Gruppe. In einem gewissen Spielraum kann die in ihren Vertretern verwirklichte Macht sich von der gemeinsamen Tendenz entfernen, ja sie kann sich auch gegen die Tendenz gebrauchen lassen. Aber der Machtträger kann es dann nicht hindern, daß die Tendenz sich gegen ihn wendet. Und auf die Dauer kann er sich so nicht halten. Denn seine Macht ist geliehene Macht. Derselbe geschichtlich objektive Geist, den er vergewaltigt, ist die alleinige Quelle seiner Macht. Die von der Machtquelle losgerissene und künstlich verselbständigte Macht ist geschichtlich todgeweiht.

e. Die Paradoxie im Recht der Revolution.

Die verselbständigte Macht braucht nicht die eines Machtträgers zu sein, es kann auch die formelle Macht eines überlebten Rechtes sein oder auch die einer überlebten Staatsverfassung. In jedem Falle aber hat sie die eigentliche lebendige Quelle der Macht gegen sich, sobald sie ihrerseits der Gesamttendenz des objektiven Geistes zuwiderläuft. Nimmt diese den Kampf auf, sucht sie die verselbständigte Macht zu stürzen, so setzt das typische Phänomen der Revolution ein.

Sieht man dieses Phänomen im Lichte des angegebenen Zusammenhangs an, so kann man nicht umhin, auch von einem „Recht der Revolution" zu sprechen. Denn es ist ja der lebende Gemeingeist, der sich hier, entsprechend seiner wirklichen Fortbewegung, die ihm entsprechende neue Form zu geben sucht. Aber es ist durchaus fraglich und schwer zu entscheiden, was für ein Recht es ist, das er in Anspruch nimmt. Ein positives, geltendes, anerkanntes Recht ist es jedenfalls nicht. Geltendes Recht ist vielmehr dasjenige, gegen das er angeht. Beruft man sich hier aber auf ein bloß ideales Recht, so wird die Schwierigkeit noch größer. Denn ihm würde die Macht fehlen. Im Wesen der Revolution aber liegt es, daß Macht wider Macht steht.

Man kann diese Paradoxie auf eine noch schärfere Formel bringen. Der Revolutionsführer geht gegen bestehende Macht und bestehendes Recht an. Unterliegt er, so bleibt das Bestehende in Kraft, und er steht als Hochverräter da. Setzt er sich aber durch, so gilt mit der neuen Macht ein neues Recht, und er ist der legitime Gesetzgeber dieses Rechts. Was entscheidet hier? Ist es einzig eine Frage von Erfolg oder Mißerfolg, also letzten Endes von äußeren Umständen und Zufälligkeiten? Das würde heißen, daß Recht und Unrecht zu einer Frage des Zufalls wird.

Der Widersinn, der hierin liegt, ist unlösbar, solange man Recht und Macht voneinander abtrennt und als selbständige Faktoren gegeneinander ausspielt. Anders, wenn man in der Grundtendenz des lebenden Gemeingeistes die gemeinsame Quelle beider erkennt. Gewiß spielt in jedem politischen Umschwunge der Zufall eine breite Rolle. Aber es ist doch nicht so, daß er allein entscheidet. Wo in einem Staatswesen die Zustände unhaltbar geworden sind, da ruht der Geist der Revolution nicht, bis das Neue sich durchsetzt, auch wenn der Ansturm wieder und wieder abgeschlagen wird. Wo aber der Zustand gesund ist und nur eine Gruppe von Unzufriedenen den Umsturz anstrebt, da kann sich das Neue, auch wo es siegt, nicht halten; es muß der alten Ordnung wieder weichen. Blickt man auf geschichtliche Augenblickslagen hin, so läßt sich da freilich manches Gegenbeispiel anführen. Blickt man aber auf die Entwicklungen im Großen hin, so wird man die Regel bestätigt finden.

Daraus folgt, daß hier überall noch ein anderer Faktor am Werk ist, und zwar der eigentlich fundamentale Faktor: den Ausschlag gibt auf die Dauer stets die wirklich bestehende Tendenz des lebenden Gemeingeistes. Ob der Revolutionär Hochverräter oder Gesetzgeber mit legitimer Macht wird, ob das sich hochringende Neue der Kraft des Alten unterliegt oder sich durchsetzt, darüber entscheidet letzten Endes die Richtung, in welche der lebendige Rechts- und Sozialwille zur Zeit wirklich tendiert. Was dieser Richtung entspricht, dem fällt die Macht des lebenden objektiven Geistes zu; und was ihr zuwiderläuft, dem versagt sie sich. Denn im einen Falle ist es bereits ihre eigene geschichtliche Tendenz, aus welcher die Revolution geboren ist; und darin liegt deren Recht. Im anderen Falle ist sie aus einer ihr äußeren Tendenz geboren; und darin liegt dann ihr Unrecht.

f. Machtphänomene auf anderen Geistesgebieten.

Nicht auf allen Gebieten tritt der Machtcharakter des objektiven Geistes so konkret, verkörpert, sichtbar in die Erscheinung. Aber latent besteht er überall, und überall tritt er gelegentlich dem Individuum gewichtig entgegen. Es liegt im Wesen der Macht überhaupt, daß sie dem Einzelnen ungreifbar bleibt, solange er selbst mit ihr geht, sie für sich hat, von ihr gehegt und getragen ist, daß er aber auf sie als eine wirkliche erst gestoßen wird, wo er sie gegen sich hat. Es sind auf allen Gebieten in erster Linie die großen, schöpferischen, führenden Individuen, die sie erfahren und von ihr zu sagen wissen. Und hier liegt der Hauptgrund, warum den Durchschnittsmenschen die Realität des objektiven Geistes verborgen bleibt. Er geht zu sehr mit ihm, um ihn erfahren zu können. Und darin eben besteht seine Durchschnittlichkeit sowie die ausbalancierte Stärke und Geborgenheit seiner Position.

Sehr fühlbar aber auch dem durchschnittlichen Einzelnen kann die Macht des lebenden Gemeingeistes auf moralischem Gebiet werden. Hier greift keine Institution im Auftrag der Gesamtheit ein, und doch erfährt der Schlechte die moralischen Folgen seines Tuns. Das gemeinsame sittliche Empfinden lehnt ihn ab. Ebenso ist es auf dem Gebiet des Glaubens und der Weltanschauung. Die abweichende Überzeugung, ob wahr oder unwahr, begegnet dem Gewicht der hergebrachten und herrschenden Überzeugung. Der Einzelne kann diese nicht überrennen, muß es mit ihr aufnehmen. Sie aber ist, auch wenn sie nicht unduldsam ist, doch träge, verharrt in ihrem Geleise. Sie muß ihn erdrücken, denn sie isoliert ihn, — es sei denn, daß er in ihr selbst eine Tendenz vorfindet, die ihm entgegenkommt. In Wahrheit aber ist in diesem Falle vielmehr er selbst mit seiner Überzeugung schon von einer entstehenden Bewegung des objektiven Geistes erfaßt, und was er glaubt, ist von Hause aus nicht das Seinige allein.

Am fühlbarsten tritt das Machtphänomen dort auf, wo der Neuerer dem Zeitgeist neue Werte verkündet, neue Normen anzuerkennen zumutet. Das Wertgefühl einer bestimmten geschichtlichen Zeit hat sein Eigengesetz; es kann nur dahin folgen, wohin es aus eigener Entwicklung von innen heraus gedrängt wird. Es muß verneinen, was seinem eigenen Ringen zuwiderläuft, und zwar ohne Rücksicht auf Wahr und Unwahr. Dagegen kann der Einzelne mit seiner geschauten Wahrheit nicht aufkommen. Er ist machtlos der Übermacht ausgeliefert, ein Verkannter, vielleicht ein Märtyrer seiner Idee. Das Gesetz der Wahrheit, das er vielleicht für sich hat, hilft ihm nicht. Es ist nicht das Gesetz des geschichtlichen Geistes. Der Geist hat sein Eigengesetz, seinen eigenen Rhythmus des Wandels. „Seine" Wahrheit kann nur werden, wozu er reif und geöffnet ist. Und das Gewicht seiner Stellungnahme ist keine rein passive Macht, sondern eine solche mit eigener Bewegungstendenz.

29. Kapitel. Geschichtliche Individualität des objektiven Geistes.

a. Einzigkeit alles geschichtlich Realen.

Wie der objektive Geist eine Macht im Leben des Individuums ist — eine formende und tragende so gut als eine hemmende, begrenzende, ja vernichtende —, so ist er auch eine Macht nach außen gegen den fremden Geist, der mit ihm in Gleichzeitigkeit koexistiert. Als Macht in diesem Sinne erfährt der völkische Geist den fremdvölkischen, und nicht nur im politischen Leben. Alles wirkliche Nebeneinander der Völker ist auch ein stetiges Sichmessen, Sichbefehden und Sichergänzen des vielerlei völkischen Geistes, ein Sichanziehen und Sichabstoßen, ein Vergewaltigen und Sichwehren. Siegen und Unterliegen in dieser Ebene des Geistes ist ein anderes als im politischen Leben; und oft geschieht es, daß der kulturelle Geist siegt, wo sein Träger, das Volk unterliegt. So zog der

Geist der Griechen auf der ganzen Linie siegreich in die römische Welt ein, während sie selbst politisch den Römern erlagen.

Damit tritt die andere Seite in der Seinsweise des geschichtlichen Geistes zutage, seine jeweilige Begrenztheit, Besonderheit und Sonderexistenz, die ihresgleichen neben sich hat; desgleichen ferner die Mannigfaltigkeit koexistierender Gestaltungen, sowie die Einzigartigkeit und geschichtliche Unwiederbringlichkeit jeder einzelnen Gestalt lebenden Gemeingeistes.

Faßt man diese Seite des Phänomens ins Auge, so leuchtet es ein, daß aller wirkliche und lebende objektive Geist — und das ist ein jeder, der geschichtlich real und eine Macht ist — jederzeit selbst wiederum Individualität hat. Diese seine Individualität widerspricht nicht der Allgemeinheit, die ihm den Einzelpersonen gegenüber eignet, die er umfaßt; sie fällt auch nicht mit deren Individualität zusammen, sondern ist eine andere. Jeder lebende Gemeingeist ist so ein im strengen Sinne Einmaliges und Einziges, nur eben ein solches von anderer Größenordnung und anderer Seinsweise, von anderer Begrenzung und Lebensdauer. Sein geschichtliches Dasein ist dem Dasein der Einzelperson übergelagert. Das getragene und superexistierende Allgemeine der privaten Existenz ist selbst wiederum ein individuell Existierendes[1]).

Alles Reale ist individuell — so kann man das ontologische Grundgesetz der Individualität aussprechen. Das gilt vom geschichtlich Realen und vom geistig Realen so gut wie vom dinglich Realen. Der lebende objektive Geist aber ist in jeder Gestalt geschichtlich realer Geist, und zwar mit allen Merkmalen echter Realität: er „ist" in bestimmter Zeit, und nur in ihr, er existiert lebend in bestimmten geschichtlichen Realumständen, ist an das organische Stammesleben eines bestimmten Volkes gebunden und verschwindet mit ihm, wenn es zugrunde geht. Darin besteht seine Einmaligkeit und Einzigkeit, daß er nur in dieser Zeit, in diesem lebenden Volke, unter diesen Umständen existiert, in diesem bestimmten Stadium weltgeschichtlicher Gesamtentwicklung sich herausbildet, in ihrem Weitergange aber verschwindet.

Wohl kann sich ein ähnlicher Geist mit mancherlei analogen Zügen unter anderen Bedingungen wiederfinden. Was man in genere den Geist der „Aufklärung" nennt, kehrt in gewisser Entwicklungsphase bei verschiedenen Völkern zu verschiedener Zeit wieder; ähnliches gilt von Strömungen religiöser Vertiefung, politischer Expansion, wissenschaftlichen Aufschwunges. Aber solche Wiederkehr ist immer nur Analogie in gewissen Zügen, die man dann mehr oder weniger willkürlich für die allein maßgebenden ausgibt. Bestenfalls liegt vielleicht in ihr eine gewisse Entwicklungsgesetzlichkeit, die mit geschichtlicher Notwendigkeit

[1]) Zu den Begriffen Existenz und Individualität vgl. Kap. 6 b—d.

gewisse Grundphänomene sich wiederholen läßt. Aber niemals wiederholt sich der lebende Geist selbst.

Auch menschliche Einzelpersonen zeigen gemeinsame Züge. Das beeinträchtigt ihre Einzigkeit nicht. Selbst das Gemeinsame ist am anderen Träger noch ein anderes. Genau so ist es mit der Einzigkeit eines geschichtlichen Gemeingeistes. Partielle Übereinstimmungen heben sie nicht auf. Wohl ist die Sophistenzeit in Griechenland eine Aufklärungsepoche, aber man kann nicht sagen, daß sie in der französischen Aufklärung wiederkehre. Die gemeinsamen Züge können die Andersheit der Zeitlage, der völkischen Charaktere, der Führertypen nicht verschwinden machen. Die Weltgeschichte wiederholt sich nicht. Ein einmal lebender objektiver Geist mit seinem besonderen geschichtlichen Schicksal kann sich so wenig wiederholen wie der Einzelmensch mit seinem Menschenschicksal.

b. Verkennung der Individualität und ihre Gründe.

Das Individuellsein ist nicht ein Vorrecht der Person. Immer wieder stößt man auf das Vorurteil, als wäre Individualität dem Einzelmenschen vorbehalten. Das widerspricht dem Sinn des Einzigseins, der vielmehr der Seinsweise alles Geschehens, alles Dinglichen, Lebendigen und Geistigen gemeinsam ist. Selbst was sich qualitativ gleicht bis zur Ununterscheidbarkeit, ist das zweitemal nicht dasselbe wie das erstemal.

Nur der Mensch täuscht sich hierüber, weil er gewohnt ist, im Auffassen das Aufgefaßte zu vereinfachen. Er sieht über das Einzigartige hinweg, hält sich an das Gleichartige. Er verallgemeinert schon im Sehen und Hören, das an den Einzelfall gebunden ist; er tut es im Begreifen um vieles mehr, denn er begreift durch das Allgemeine.

Solche Vereinfachung ist notwendig, er würde sich sonst in der überwältigenden Mannigfaltigkeit verlieren. Er kann sich gleichsam den Luxus nicht leisten, alles Wirkliche als das zu nehmen, was es ist, als Individuelles. Er kann den Einsatz individuellen Auffassens nur dort aufbringen, wo für ihn etwas daran liegt: beim Mitmenschen. Und auch da nicht entfernt bei jedem. Ins Einzigartige der Persönlichkeit dringt er nur in gewissen besonderen Fällen vor, wo die Person auch „für ihn" etwas Einziges „bedeutet". Aber das ist eine Auslese durchaus subjektiver Art. Sie hat mit dem Individuell-Sein und Nichtindividuell-Sein nichts zu schaffen, weder mit dem der Dinge noch der Menschen, noch der Geschehnisse, noch auch der großen geschichtlichen Strömungen.

Was den Menschen hindert, die Individualität des objektiven Geistes, dem er angehört, zu erkennen, ist darüber hinaus noch eben der Umstand selbst, daß er ihm angehört. Denn so erscheint dieser Geist ihm einseitig als das Gemeinsame der Mitlebenden, nicht aber als das geschichtlich Besondere im Gegensatz zu einem fremden Gemeingeist. Und selbst wenn er dem fremdvölkisch anderen Geiste begegnet oder im historischen Denken des Geistes von einst in seiner Andersheit ansichtig wird, so sieht er bei aller Plastik der Schau zunächst doch immer das Allgemeine in ihm.

Es liegt eben im Wesen des Einzelmenschen, daß er auch das Ferne und Fremde in erster Linie vom natürlichen Standpunkt des Einzelnen aus sieht, der hier wie dort das Gemeinsame als solches nur gegen das persönlich Einzige abgehoben sieht, nicht gegen anderweitiges Gemeinsames. Auch das ist sehr menschlich. Aber es ist ein dem Phänomen des Gemeingeistes nicht adäquates Sehen. Die Erhebung zu geschichtlichem Sehen von größerer Überschau, zum Sehen in der Ebene und Größenordnung des objektiven Geistes, ist dem Menschen deswegen keineswegs verschlossen. Er kann diese Erhebung vollziehen, und zwar konkret-anschaulich — genau so, wie er sich in seiner Naturanschauung zur konkreten Auffassung kosmischer Verhältnisse oder auch mikroskopischer Strukturen aufschwingen kann. Es gehört nichts als die einfache Transposition des Maßstabes dazu, und die ist durch nichts als eine gewisse gedankliche Reife und Freiheit bedingt.

Vollzieht er aber diesen Schritt, so erscheint ihm der geschichtliche Geist einer Epoche, eines Volkes, ja der eigenen Zeitgenossenschaft, ohne Schwierigkeiten in seiner Individualität, seiner Einmaligkeit, Einzigkeit und Unwiederbringlichkeit.

c. Völkerindividualitäten und Völkergemeinschaft.

Auf der Bühne des geschichtlichen Lebens kehrt im Großen wieder, was der Mensch im privaten Leben zur Genüge kennt. Wie hier die Einzelpersonen im Handeln und Behandeltwerden, im Empfinden und Empfundenwerden sich gegenüberstehen, so dort die Völkerindividualitäten mit ihrer besonderen völkischen Geistesart, Denkungsart, Aktions- und Reaktionsart — auch gerade im Denken voneinander und im Agieren gegeneinander.

Allerdings muß hier vor Substantialisierung gewarnt werden. Der Einzelne tritt dem Einzelnen, gerade bei naivster Einstellung substanzartig als Einheit und Ganzheit entgegen, wie sehr immer es Täuschung sein mag, daß wir diese Ganzheit auch wirklich erfassen; sie ist schon im sinnlich-leibhaften Anblick vorweg gegeben. Ein Volk als Einheit entbehrt dieser Vorweg-Gegebenheit. Man darf ihm auch nicht im Hegelschen Sinne die Idee des „Volksgeistes" unterschieben. Die Völkerindividuen sind keine Substanzen, auch nicht in dem Sinne, daß sie eindeutige Realisationen weltgeschichtlicher „Prinzipien" wären, oder gar den Gang des geschichtlichen Geschehens als eine Art Austrag zwischen ihren Prinzipien bestimmten (vgl. Kap. 18c).

Soviel aber bleibt doch daran, daß jedes Volk wirklich seinen eigentümlichen Geist hat und daß dieser eine Macht mit sehr eigenen Tendenzen im Gesamtleben der Völker ist; ferner daß in der Tat ein jeder völkische Geist seine strenge geschichtliche Individualität hat, die sich auch von den gemeinsamen Zügen des Zeitgeistes noch sehr bestimmt abhebt; schließlich daß der in diesem Sinne geschichtlich individuelle Geist seine besonderen einzigartigen Schicksale hat, seine besondere Entwicklung, sein Entstehen und seinen Niedergang. Er hat als Macht unter Mächten seine Grenzen, genau so wie er politisch und territorial seine Grenzen hat. Er hat auch stets in sich und neben sich noch einen allgemeineren Geist, der vielen Völkern gleicher Epoche eigen ist, aber als Zeitgeist der Epoche doch auch wieder geschichtlich individuell ist.

Denn darin bleibt ein unaufhebbarer Unterschied von personalem und objektivem Geist bestehen: jener ist streng an eine Erscheinungsform, das menschliche Individuum, gebunden, kehrt in keiner Erweiterung oder Verengerung wieder, seine Individualität ist an die biologische Lebenseinheit festgenagelt; der objektive Geist dagegen ist der einer Vielzahl von Individuen, zwar nicht ihre Kollektivganzheit, auch nicht ihr bloßer Geistestypus, wohl aber die gelebte und im lebendigen Austausch sich auslebende Gemeinsamkeit eines Geistes. Vielheiten aber gibt es in sehr verschieden abgestufter Größenordnung. Jede lokale oder durch Interessengemeinschaft verbundene Gruppe hat an ihrem Teil spezifischen Gemeingeist, nicht weniger als ganze Völkergruppen in der Gemeinsamkeit der Zeitgenossenschaft. Die „Völker" sind keineswegs immer die geschichtlich maßgebenden oder bevorzugten Einheiten in der Trägerschaft eines bestimmten Gemeingeistes; und ihre geistige Individualität ist auch nicht notwendig eine geschlossenere als die in anderweitigen Menschengruppen bestehende Zusammengehörigkeit.

Das Verhältnis von lebendem Volk und Gemeingeist ist also nicht dasselbe wie das von lebendem Individuum und personalem Geist. Darum ist auch die Individualität des objektiven Geistes keineswegs notwendig eine völkische. Sie ist vielmehr nur in bestimmten Zeitaltern eine vorwiegend völkische, in anderen eine mehr sozial-klassenmäßige, wieder in anderen eine solche der Glaubensgemeinschaft, oder auch der Wirtschaftsgemeinschaft; und zu gewissen Zeiten treten alle diese Grenzen zurück gegen die der sich ablösenden kulturellen Zeitalter in bestehender Völkergemeinschaft.

Wie aber man die Begrenzungen auch vorfindet, in welchen Dimensionen immer der objektive Geist sich zusammenschließt oder scheidet, immer ist er in jeder Form und jeder geschichtlich realen Einheit wieder ein geschichtlich individueller, lebt nur einmal und unwiederholbar und ist der Eigenart nach nicht mit einem anderen lebenden Geiste identifizierbar.

30. Kapitel. Eigengesetzlichkeit und Eigenleben.

a. Schichtung und Selbständigkeit im Geistesleben.

Man halte nun die entwickelten Momente des objektiven Geistes zusammen. Er ist überall, wo er auftritt, Einheit und Ganzheit eigener Art, ist in allen Formen und Abstufungen eine aufweisbare reale Macht, dem Einzelgeist wie dem fremden Gesamtgeist gleich fühlbar; er ist in allen seinen Gestalten selbst wiederum individuell, obschon er weder im Einzelbewußtsein aufgeht noch ein Kollektivum der Einzelnen ist. Im Zusammenhang dieser Bestimmungen nimmt auch die Konsequenz, daß er ein geschichtliches Eigenleben im Großen über dem Leben der Personen hat — ja geradezu ein solches Eigenleben des Geistes „ist" —, eine ganz konkrete Form an. Es zeigt sich, daß dieses Eigenleben ebensosehr ein zeitliches, reales und autonomes ist wie das der Einzelpersonen, und daß sein Bedingtsein durch die Fülle der Realfaktoren, die außer ihm und ontisch „unter" ihm wurzeln, seine Autonomie so wenig zu hindern vermag, als das analoge Bedingtsein der Einzelpersonen deren Autonomie hindert.

Wäre der objektive Geist ein bloß Allgemeines, bloßer Typus der Individuen, so ließe sich von einem Eigenleben bei ihm nicht sprechen. Ist er aber eine Macht in den Individuen, zeigt er jederzeit eigentümliche Tendenz und Individualität, ist seine Einheit eine geschichtlich entstehende und vergehende neben anderen koordinierten Einheiten, so ist sein Eigenleben in der Geschichte eine notwendige Konsequenz, an der höchstens die Eigengesetzlichkeit in Frage gezogen werden kann. Man könnte die Einzelschicksale der Individuen für das geschichtliche Gesamtschicksal eines Gemeingeistes in Anspruch nehmen; man könnte auch weiter alles in Abhängigkeit von materiellen und vitalen Mächten sehen, so daß die geistigen Strömungen bloße Resultanten aus einem Geflecht von Ursachen bilden, die ihnen selbst heterogen sind.

Gegen das erstere spricht der Machtfaktor im lebenden Gemeingeist und die Ohnmacht des Individuums ihm gegenüber. Gegen das letztere aber steht die grundsätzliche ontologische Überlegung, die für Gesamtgebilde höherer Ordnung überhaupt das Gesetz ausspricht[1]): Abhängigkeit

[1]) Vgl. hierzu Einleitung 6—10, sowie Kap. 4, b und 5, b. Insonderheit sei hier auf das Grundverhältnis der beiden kategorialen Gesetze, des Gesetzes der „Stärke" und des Gesetzes der „Freiheit", verwiesen.

von Bedingungen äußerer oder der Seinsstufe nach niederer Art schließt die Autonomie des „höheren" Gebildes nicht aus. Im Gebiete des organischen Lebens ließ sich das an der Einseitigkeit mechanistischer und vitalistischer Theorien in aller Strenge nachweisen. Die Bedingtheit des Organischen „von unten her" schließt seine Autonomie ebensowenig aus, wie diese seine Bedingtheit ausschließt. Dieses Verhältnis von Abhängigkeit und Eigengesetzlichkeit bildet das ontologische Grundverhältnis der Seinsschichten. Hat man es einmal eingesehen, so fällt auch für die geschichtlichen Geistesphänomene alle Gefahr einseitiger Weltbilder hin. Das ist an unserem Problempunkt von zentraler Wichtigkeit, denn hier handelt es sich nicht mehr um das Verhältnis heterogener Seinsschichten allein, sondern auch um das der Gebilde verschiedener Größenordnung innerhalb einer und derselben Schicht.

Das Eigenleben des objektiven Geistes steht nicht nur in Abhängigkeit vom organischen Leben der Art „Mensch", nicht nur vom Stammesleben des einzelnen Volkes, von dessen äußeren Lebensbedingungen, von geographischen, ökonomischen und zahllosen anderen Faktoren, sondern auch vom Leben der Individuen, die selbst bereits geistige Wesen sind. Diese Abhängigkeit darf in keiner Weise verkannt oder geschmälert werden. Ja, man darf, ohne zu viel zu wagen, das Leben des objektiven Geistes sehr wohl als ein solches verstehen, das sich aus dem mannigfaltigen Geistesleben der Einzelpersonen integriert. Das trifft hier in ähnlicher Weise zu wie im Reich des Organischen, wo auch das jeweilige Leben einer Tierart sich aus dem Leben der Individuen integriert. Es kommt nur darauf an, ob die Integration eine bloße Summe darstellt oder ein Gebilde eigener Art und eigener Lebendigkeit ergibt. Im letzteren Falle wird man ihm auch die Eigengesetzlichkeit nicht absprechen dürfen.

b. Artleben und Geistesleben. Subsistenz und Superexistenz.

Im Leben der Tierart unterliegt es ja keinem Zweifel, daß hier ein Gebilde von eigener Gesetzlichkeit, ja von einem Ganzheitstypus gegeben ist, der seinerseits das Individuum sichtlich überflügelt und rückbeeinflußt. Die Art lebt in neuen und neuen Individuen fort, ist von deren Sterblichkeit nicht berührt, hat vielmehr in deren Reproduktion den Modus ihres Fortbestehens und ihrer langsam schreitenden Abwandlung. Der Geschlechtsinstinkt des Individuums „dient" offenkundig dem Gesamtleben, und mittelbar der Gesamtaszendenz, die als solche nicht die seinige ist. Es ist mit seiner individuellen Lebensfunktion ganz und gar dem Lebensprozeß größten Stils eingefügt, ist seinerseits von ihm getragen, indem es selber ihn forträgt.

Sucht man nach einem ontologisch passenden Ausdruck für dieses Verhältnis, so findet man, daß die gangbaren Relationsbegriffe hier alle nicht zutreffen. Die „Substanz“-Kategorie, die sich hier von alters her vorgedrängt hat, gibt offenbar ein gänzlich schiefes Bild. Die Art verhält sich zum Individuum keineswegs wie ein Subsistierendes zum Inhärierenden. Sie ist weder Formsubstanz nach Aristotelischem Muster noch unvernichtbares Substrat (etwa eine durchgehende Lebenskraft in den Individuen). Sie erhält sich auch nicht, wie eine Substanz sich erhält, nicht durch passive Identität, Trägheit, Unvernichtbarkeit, sondern dadurch, daß sie selbsttätig das Vernichtete wiederherstellt, wiedererzeugt, ersetzt. Sie reguliert ihr eigenes Fortleben in der Reproduktion der Individuen, stellt das stets labile Gleichgewicht von Tod und Geburt durch das Gesetz ihrer Lebensform wieder her. Sie stabilisiert es immer wieder.

Diese Art von Erhaltung hat nicht die Form der „Subsistenz“, sondern umgekehrt die der „Superexistenz“. Das Gesamtleben ist nicht das Zugrundeliegende des Lebens der Individuen, sondern ein ihrem Leben sich überlagerndes, von ihnen getragenes und insofern durchaus abhängiges, nichtsdestoweniger aber sie umfassendes und überformendes Leben höherer Ordnung.

Dasselbe läßt sich nun in aller Schärfe von der Seinsweise des objektiven Geistes zeigen. Zwar ist sein Verhältnis zum Individuum ein durchaus anderes, auch läßt er selbst sich dem Leben der Art keineswegs vergleichen, weder der Struktur noch dem Werdegange nach. Aber in dem einen charakteristischen Grundzuge gleicht er ihm: auch er ist nicht ein Leben „hinter“ den Individuen, sondern eines, das „in“ ihnen als einer ständig wechselnden und sich auffüllenden Vielheit abläuft. Und auch dieses Leben hat nicht die Seinsform der Subsistenz, sondern die der Superexistenz. Es ist vom Leben der Personen getragen und bedingt, ja selbst seine geschichtliche Bewegung geht nicht ohne deren Einsatz und Initiative vor sich. Es überlagert sich dem Leben der Individuen, es ist aufruhendes, abhängiges und in diesem Sinne tatsächlich nur superexistierendes Leben. Aber eben in dieser Abhängigkeit und diesem Aufruhen ist es nichtsdestoweniger die höhere, autonome Form des Geisteslebens, ein Geist-Gebilde höherer Ordnung von eigenartiger Ganzheit und Werdeweise, das weder im Individuum sich vollziehen noch aus Individuen sich zusammensetzen kann; ein Gebilde, das sich im Wechsel der Individuen erhält und entwickelt und darin deutlich bekundet, daß es einer anderen Gesetzlichkeit folgt als der personale Geist.

Nimmt man hinzu, daß der objektive Geist auch dem Individuum schon stets als eine inhaltliche Geformtheit, ja als Macht entgegentritt, daß er seinerseits das Individuum in seine Formen aufnimmt, es von Jugend auf innerlich durchformt und durchsetzt, indem er es in seine geprägte Gestalt hineinwachsen läßt, so wird es klar, daß hier die Superexistenz von noch viel ausgeprägterer Art ist als im Leben der Art, und zwar unbeschadet ihrer Abhängigkeit. Im Eigenleben des objektiven Geistes haben wir es mit einem Überformungsphänomen von einzigartiger Größe und Kraft zu tun.

c. Tradition und Superexistenz.

Das tritt besonders eindrucksvoll in die Erscheinung, wenn man sich erinnert, auf welchem Wege hier die „Erhaltung" des Gesamtbildes im Wechsel der Individuen zustande kommt. Der Geist wird nicht, wie die Artcharaktere des Organischen, vererbt; er wird tradiert, wird übergeben und übernommen. Die Lebenden, in deren Mitte das Individuum hineingeboren wird, übergeben ihm das Geistig-Gemeinsame, das sie haben, und zwar stets in dem Maße, als sie selbst davon durchdrungen und beherrscht sind. Der objektive Geist, in ihnen sein geschichtliches Eigenleben führend, teilt sich den heranwachsenden Individuen mit. Er geht direkt als der gemeinsame auf sie über, wird auch der ihrige.

Das superexistierende Leben des gemeinsamen Geistes greift so kraft seiner Expansivität unmittelbar auf die neu in ihn eintretenden Individuen über. Diese verfallen ganz von selbst seiner Macht, Strömung oder Tendenz. Seine Tendenzen werden zu den ihrigen, noch ehe sie als bestimmt gerichtete empfunden werden. Auf den Gebieten aber, wo es des bewußten Einsatzes der Person bedarf, um dieses Geistes teilhaft zu werden, da wirkt das geistige Gut wie ein Anziehungspol, der unwiderstehlich zu sich hinzieht, soweit nur immer die Einzelnen sich zu ihm hinaufzubilden vermögen. Er ist so die eigentlich bildende und führende Macht in aller menschlichen Erziehung.

Ontologisch gesehen ist in diesem Verhältnis keinerlei Widerspruch zu finden, wenn man sich einmal das Gesetz der Eigengesetzlichkeit in der Abhängigkeit klar gemacht hat. Das getragene und superexistierende Gebilde erhält und entwickelt sich selbst, indem es den tragenden Elementen gegenüber zu einer sie überformenden und beherrschenden Macht wird. Und eben das ist seine Eigengesetzlichkeit, daß es diese Macht über sie gewinnt und in aller Umformung erhält. Es hebt sie damit erst auf die höhere Seinsstufe, die des eigentlich geistigen Seins; denn ohne lebenden Gemeingeist, der sich in der Folge der Generationen akkumuliert und in jeder Phase seines Werdeganges tradiert, kennen wir überhaupt keinen personalen Geist.

Das Individuum für sich, isoliert, in seiner kurzen Lebensspanne, in der Begrenztheit seiner Erfahrung und seiner inneren Verarbeitung des Erfahrenen, würde zum eigentlich geistigen Wesen überhaupt nicht aufrücken. Der Geist als solcher wächst nur geschichtlich, als objektiver Geist. Die Menschwerdung des Menschen — soweit sie eine Frage des geistigen Seins in ihm ist — steht nicht beim Einzelnen. Das widerspricht nicht der

Tatsache, daß sie sich in jedem Einzelnen neu vollzieht. Denn in jedem Einzelnen ist sie der abgekürzte Prozeß der geschichtlichen Menschwerdung. Die Abkürzung eben ist das Übergeben und Übernehmen, das Hineinwachsen des Individuums in den geschichtlich gewordenen Geist. Was sich am Einzelnen vollzieht, ist nichts als das Hineingezogenwerden in das Kontinuum des sich zum geistigen Sein hinaufringenden und in ihm weiter fortschreitenden gemeinsamen Lebens.

d. Zur Dynamik geschichtlich-geistigen Eigenlebens.

In das Innere des geistigen Eigenlebens läßt sich nicht hineinleuchten. Sein inneres Gleichgewicht, seine Selbstregulation und Selbsterneuerung kann man so wenig auf etwas anderes außer ihm zurückführen wie die des vitalen Artlebens. Man kann es nur von seiner inhaltlichen Seite fassen, und das ist die eigentlich „objektive“ Seite des objektiven Geistes — die, mit welcher er gegenständlich erscheint —, aber es ist nicht seine dynamische Seite. Dennoch bleibt es sehr wohl erkennbar, daß gerade die dynamische Seite das eigentliche „Leben“ des objektiven Geistes ausmacht, während die inhaltliche nur die besondere Gestalt betrifft, die im dynamischen Prozeß seines „Lebens“ hervorgetrieben und wieder abgewandelt, in andere und andere Gestalt umgebildet wird.

Wo man in das innere Gefüge eines Prozesses nicht eindringen kann, da ist es doch sehr wohl möglich, das Phänomen des Prozesses zu beschreiben. Und es ist nicht ausgeschlossen, daß man auf diesem Umwege doch auch etwas von seiner eigenartigen Dynamik zu fassen bekommt. Tatsächlich ist die inhaltlich eingestellte Geschichtsphilosophie immer wieder diesen Weg gegangen, und zwar mit um so größerem Erfolg, als sie sich der spekulativen Konsequenzen enthalten hat. Ob man sich dabei mehr an soziale oder an politische oder an kulturelle Dinge hielt, das macht keinen grundsätzlichen Unterschied aus; nur die verschiedenen Seiten des Grundphänomens kommen dabei sehr verschieden zur Geltung.

Was für Perioden ein Volk durchläuft, das sich zu geschichtlicher Größe durchringt, steht hier nicht zur Diskussion. Daß es aber den charakteristischen Unterschied von Frühzeit, Höhe und Niedergang gibt, und daß dieser in jedem solchem Werdegange wiederkehrt, darf man wohl als ein Minimum typischer Periodenfolge gelten lassen. Und ähnlich wie beim Individuum sind diese Perioden von solchen des vitalen Lebens unterbaut — sei es nun, daß das Stammesleben nach und nach vom Geiste aufgezehrt und verbraucht wird, sei es, daß es aus sich selbst seine Periodizität in bemessener Zeitspanne hat und der Geist nur die dieser Entwicklung entsprechenden Formen annimmt. Beides schließt sich auch nicht aus, genau so wenig wie im Leben des Individuums.

Wenn man nun hinzunimmt, daß in der Frühzeit der Völker ein bestimmter Typus von Moral, von Recht, von Staatsform, von Lebensstil vorherrscht, daß in der Reife- und Höhezeit die Mannigfaltigkeit völkisch-geistiger Eigenart eine unvergleichlich größere ist, daß schließlich sie alle einander im Niedergang wieder ähnlicher werden, während die Individuen einander immer unähnlicher werden (Auflösung des Gemeingeistes und einsetzender Individualismus), — so ist leicht zu erkennen, daß hier eine Eigengesetzlichkeit der Geistesentwicklung liegt, die als typisch gelten darf. Man braucht diesen Gedanken keineswegs zu überspannen, braucht auch den Begriff des Gesetzes darin nicht auf die Spitze zu treiben. Gerade die Gesetzlichkeit als solche bleibt unerkannt, nur die Erscheinungsfolge bietet sich dar. Aber auch diese genügt. Und sie ist in allen einschlägigen Betrachtungen — wie sie in verschiedener Form angestellt worden sind — den geschichtlichen Tatsachen entnommen.

In jedem Falle aber handelt es sich dabei um die innere Dynamik des geschichtlich-geistigen Eigenlebens. Denn nicht die bloße Mannigfaltigkeit äußerer Umstände kann solche Erscheinungsfolge verständlich machen.

e. Autonomie der geschichtlichen Selbstbewegung.

Ob man sich mit der Annahme solcher und ähnlicher Gesetzlichkeit befreundet oder nicht — dem Empiriker der Geschichte wird das Angedeutete schon zu weit gehen —, ist für unsere Betrachtung nicht ausschlaggebend. Weder auf Gleichförmigkeit noch auf die Wiederkehr der Erscheinungsfolge kommt es hier an, sondern allein auf die Eigengesetzlichkeit der Entwicklungsdynamik; und eine solche kann auch individuell sein — nicht anders als im Leben des Einzelmenschen. Im Grunde aber ist jeder geschichtlich-geistige Entwicklungsgang ein dynamischer Gestaltungsprozeß objektiven Geistes, und stets ringt in ihm eigene innere Determination mit einer Fülle äußerer Faktoren. Am Resultat aber tritt von Phase zu Phase stets nur das Gesamtschicksal in die Erscheinung.

Hierbei von innerer Eigengesetzlichkeit zu sprechen, könnte überflüssig erscheinen, wenn es sich nur um die Geistes-„Formen" oder -„Typen" handelte — wenn also bestehendes Recht nichts als ein Kodex von Bestimmungen, geltende Moral nur ein System von Normen, politische Tendenz nur ein Typus nationaler Aktion und Reaktion, herrschender Lebensstil nur ein Gemisch von Konventionen wäre. Dem ist, wie gezeigt, nicht so. Und das ist der Punkt, um den es sich hier handelt: alles dieses zusammen ist vielmehr die lebendige und sich selbsttätig abwandelnde Gestalt des geistigen Lebens selbst. Ja, es ist an ihm alles nur Manifestation, gleichsam das Greifbare und Benennbare in der einheitlichen inneren Dynamik des geschichtlichen Lebensprozesses.

Wäre das Recht nur ein Kodex von Gesetzen, so gäbe es keinen Unterschied zwischen dem in bestimmter Zeit in einem Volke geltenden Recht und anderweitigem, nicht in ihm geltenden Recht. Der Charakter des Kodex ist auch dem nicht mehr geltenden Recht von einst noch eigen. Was also hat das „geltende" Recht voraus? Doch offenbar eben dieses, daß es „gilt". Und nur dieses.

Was hier „Gelten" heißt, läßt sich nur so beschreiben, wie es oben (Kap. 28) versucht wurde. Das Gelten des Rechts ist nichts anderes, als daß es den Rechtswillen oder das Rechtsempfinden der Lebenden als ein gemeinsames ausdrückt; oder was dasselbe ist, daß es innerlich, in ihrem Verstehen und Urteilen, Macht über sie hat. Nur inhaltlich läßt sich das geltende Recht als ein Inbegriff getroffener Bestimmungen fassen; seine Seinsweise in der Geschichte ist etwas anderes: das Lebendigsein der Gesetze im gemeinsamen Rechtswillen und -Empfinden der Menschen. Das „Leben" der Gesetze in den Menschen ist insofern identisch mit deren Leben nach ihnen; wobei letzteres freilich nicht strikte Erfüllung bedeutet, denn es gibt auch Übertretung. Aber auch in der Übertretung bleibt doch dieses bestehen, daß sie Recht und Unrecht im Sinne dieser Gesetze verstehen, empfinden und beurteilen.

Daß die Einzelnen den ganzen Kodex nicht kennen, geschweige denn den Sinn der einzelnen Bestimmungen erschöpfen, tut dem keinen Abbruch. Das ist nur das Nichtaufgehen des objektiven Geistes im Einzelbewußtsein. Gegebenenfalls lernt der Einzelne das Recht schrittweise kennen, wächst hinein; und im Maße seines Hineinwachsens versteht er und empfindet im Sinne des Gesetzes. Wo aber wirklich die Menschen nicht mehr im Sinne des Gesetzes Recht und Unrecht empfinden, da ist sein Leben bereits unterhöhlt, sein Gelten ein äußerliches. Und das ist dann der Anstoß seiner geschichtlichen Bewegung, seiner Umbildung von innen heraus. Die Umbildung aber ist gerade die Dynamik seines geschichtlichen Lebensprozesses. Und da sie durch die Änderung der Lebensverhältnisse nur den Anlaß erfährt, die Rechtsschöpfung in ihr aber eine immer neue und eigene ist, so darf die Dynamik ihrer geschichtlichen Bewegung bei aller Abhängigkeit als eine autonome gelten.

f. Abwandlung der Autonomie nach Geistesgebieten.

Genau so, nur in entsprechender Abwandlung, ist es auf anderen Gebieten. Lebende und tote Sprache unterscheiden sich dadurch, daß die eine gesprochen wird, die andere nicht. In der lebenden Sprache denkt und versteht sich ein lebendes Volk, in ihren Formen und Geprägtheiten bewegt sich Ausdruck, Mitteilung, Dichtung, Objektivation der Lebenden. Sie selbst „lebt" eben in ihnen. Nicht der Wort- und

Wendungsschatz macht ihr Leben aus — den bewahrt auch die tote Sprache im Schrifttum —, sondern dieses, daß er fortlaufend „gebraucht“ und im Gebrauch geschichtlich abgewandelt wird. Die Abwandlung gehört wesentlich zum Lebensprozeß der Sprache; und sie ist jederzeit eine von innen heraus schöpferische. Sie schreitet zwar organisch und in mancher Hinsicht gesetzlich fort, doch läßt sich ihre Bewegung nicht vorausbestimmen.

Die geltende Moral ist in diesem Punkte besonders instruktiv. Hier gibt es selten einmal die explizite Zusammenfassung der Normen, die in ihr maßgebend sind. Diese sind keine eigentlichen Einsichten, sie haben ein anderes „Bestehen“ oder „Gelten“: sie sind nichts als die Maßstäbe lebendigen moralischen Wertempfindens in den Menschen selbst. Ihre Lebendigkeit ist ihr unmittelbares Einleuchten, das Überzeugtsein und Erfaßtsein des sittlichen Bewußtseins von ihnen. Sie spiegelt sich in der Unfähigkeit des Einzelnen, anderes für gut zu halten, als was ihnen entspricht, anderes als böse zu verwerfen, als was ihnen widerstreitet. Das ist es, was der toten Moral fehlt, selbst dann, wenn der Epigone sie sehr wohl empfinden kann. Sie wird durch bloßes Verstehen nicht die seine; sie bestimmt ihn nicht, hat kein Leben in ihm. Was aber im Wandel der lebenden Moral sich ändert, wenn neue Werte in Sicht kommen und Macht über die Menschen gewinnen, das geschieht rein von innen heraus, in autonomer Entwicklung des Wertblickes.

So ist auch der bestehende Lebensstil ein solcher, der die Lebenden beherrscht, sie gefangenhält. Er ist die wirkliche autonome Formgebung in ihrem Gehaben. Er ist nicht die bloße Typik der Formen — die bleibt auch dem toten Lebensstil eigen, den sich der Lebende nicht mehr zu geben vermag, weil er nicht der seine ist; er ist das in den Menschen lebende und sie bestimmende Anstands- und Formgefühl, sofern es gemeinsam und den Mitlebenden gemeinverständlich ist. Und aller geschichtliche Wandel an ihm ist innere Selbstumformung dieses gemeinsamen Formgefühls.

Das öffentliche soziale und staatliche Leben unterscheidet sich vom Leben dieser Geistesgebiete lediglich durch das breitere Hineinspielen äußerer Faktoren. Aber diese heben weder die Innerlichkeit seines Eigenlebens noch dessen Autonomie auf. Die soziale Entwicklung fremder Völker oder vergangener Zeiten kann man wohl erfassend nacherleben; aber man steht nicht darin, ist nicht mit hineingerissen, nicht mitbetroffen, nicht mitverantwortlich. Das öffentliche Leben des eigenen Volkes hat dieses Einzigartige, daß man an ihm beteiligt ist und das eigene persönliche Leben von ihm nicht abtrennen kann. Es ist das Gemeinsame im Leben der Individuen selbst; wie denn das politisch-geschichtliche Schicksal ihrer aller gemeinsames Schicksal ist und als solches von ihnen erfahren und getragen wird.

31. Kapitel. Der Geschichtsprozeß und die Ideen.

a. Ganzheiten und Ganzheitsprozesse.

Hält man diese Dinge unbefangen zusammen, so kann man bei aller Vorsicht nicht mehr sagen, das Leben des objektiven Geistes sei etwas Verborgenes, Ungreifbares oder gar etwas in der Abstraktion Konstruiertes. Es tritt in diesen Erscheinungen sehr konkret, gestalthaft bestimmt und überdies als ein jederzeit erfahrbares und erlebbares vor Augen; und zwar erfahrbar als ein durchaus irreduzibles, autonomes Eigenleben mit eigener innerer Dynamik. Ungreifbar bleibt in alledem nur das Innere dieser Dynamik, während zahlreiche Faktoren äußerer Art, die in den Prozeß hineinspielen, wohlbekannt sind; und das gibt der am Äußeren hängenden Betrachtung immer wieder Anlaß, die Eigengesetzlichkeit geschichtlichen Geisteslebens zu verkennen.

Der Anlaß des Irrtums läßt sich nicht aufheben. Nur der prinzipielle Fehler in ihm läßt sich aufdecken. Er hängt am Ansatz der soziologisch-atomistischen Auffassung. Denn der Prozeß, um den es sich handelt, setzt nicht an den sozialen Atomen, den Individuen an, sondern an der Ganzheit gemeinsamen Geisteslebens und verläuft an ihr, wiewohl er im Leben des Individuums sich manifestiert.

An dieser Problemgruppe versagt von Grund aus alle Betrachtung vom Individuum her. Es gibt kein Dasein des Individuums vor dem Dasein der Gemeinschaft und des Gemeingeistes. Der Geist ist überhaupt niemals personal einsamer Geist, Ich ohne Du. Auch als persönlicher formt er sich schon in der Gemeinsamkeit. Der Gemeingeist ist immer schon da, das Tradiertwerden ist die Form seines Fortbestehens und seines geschichtlichen Daseins.

Man muß hier alle hergebrachten ontologischen Vorurteile fallen lassen. Immer noch kann man den Einwand hören: wie sollte ein geistig Gemeinsames, ja wie sollte selbst eine bestehende Gemeinschaftsform Dasein haben? Man sieht sie doch nie als Ganzes. Als ob Dasein vom Gesehenwerden abhinge! Ebensogut könnte man dem Sonnensystem Dasein absprechen, man sieht es auch nie als Ganzes. Das gerade ist der ontische Sinn von Dasein, daß es überhaupt unabhängig von seinem Erfaßtsein besteht. Es läßt ein Erfassen wohl zu, fordert es aber nicht.

Dasselbe gilt vom geschichtlichen Dasein bestimmten Rechts in bestimmtem Volke und Zeitpunkte, von dem bestimmter Moral, Kunst,

Sprache, bestimmten Lebensstiles. Man muß von Grund aus aufräumen mit dem Vorurteil des Positivismus, nur das Greifbare, Substanzartige, nur das Element habe Existenz. Das Ungreifbare, das Komplexe, die auf den Elementen beruhende Ganzheit höherer Ordnung hat genau ebensosehr Existenz. Und sofern die Ganzheit eine getragene, superexistierende ist — und das sind alle echten Ganzheiten, auch schon die organischen —, so muß man hinzufügen: getragene Superexistenz ist nicht weniger echte Existenz als Subsistenz. Sie ist auch auf allen Gebieten der Gemeinschaft von Individuen, der vitalen so gut wie der geistigen, ebenso fundamental wie die Subsistenz. Das Individuum eben ist nirgends vor der Gesamtheit, das tierische Exemplar nicht vor der Art, die Person nicht vor der Koexistenz der Personen, der subjektive Geist nicht vor dem objektiven. Auf der ganzen Linie kennen wir stets nur beide zusammen, ihr Ineinander, das Gefüge.

b. Das Geistesleben als formbildender Prozeß.

Die Ganzheit im Gebiete des Geistes ist nicht einfach die Koexistenz, auch nicht einfach die gleichartige Geformtheit, sondern das bewegliche Leben der geistigen Form in den koexistierenden Individuen. Sie besteht nie als ruhende, stabile Gestalt, es gibt sie nur aufgelöst in den fortlaufenden Gestaltungsprozeß, die ständige Formauflösung und Formbildung.

Alles Leben ist formbildender Prozeß, auch das organische. Weder das Individuum noch die Art kennt eine rein statische Form; der Wandel geht nur in sehr verschiedenem Tempo vor sich. Das Geistesleben aber ist in noch ganz anderen Maßen und Dimensionen beweglich. Es flutet hin und zurück, löst seine geschaffenen Formen, ersetzt sie durch neue, kehrt zu ihnen zurück oder läßt sie für immer fallen; es bewegt sich zu Zeiten in Extremen, ja in Gegensätzen, ist an kontinuierlichen Gang nicht gebunden; es beschreitet Wege, verläßt sie, schlägt neue ein, es versucht, macht Erfahrung, wertet sie aus. Hier versagt die Analogie zum Organischen. Dieser Lebensprozeß ist in anderem und weit höherem Sinne formbildender Prozeß als der organische.

Im Reiche des Organismus herrscht die Wiederbildung der gleichen Form in der Reproduktion der Individuen. Die Abweichung von ihr ist nur Variation, nur Unstabilität der Form; der Ausgleich in der Vermischung des Keimplasmas von Generation zu Generation führt im Ganzen wieder zur Grundform zurück. Und der Gestaltwandel der Art geht nur in kosmischen Zeiträumen vor sich. Anders der geistige Ganzheitsprozeß. Die Form vererbt sich nicht; im Tradiertwerden aber ist sie schon der Abwandlung unterworfen. Die neue Generation stellt Neues heraus, indem sie Altes übernimmt. Sie bringt das Ihrige mit, und das Tradierte fällt auf neuen Boden, der ebenso gemeinsam, aber ein anderer ist.

Hier ist der Einzelne mit seiner Eigenart wesentlich beteiligt. Seine Initiative ist bewegende Kraft im Prozeß, wennschon die Resultante des Prozesses deswegen noch nicht die von ihm gewollte zu sein braucht. Der geschichtliche Prozeß geistiger Formbildung bezieht das Bewußtsein und sein Tun in sich ein; wie er denn das Individuum schon im Hineinwachsen zu eigenem Einsatz herausfordert, ihm nichts als geschenkt zufallen läßt, es zum Erarbeiten und Bewältigen des Übernommenen zwingt. Durch diesen stets neu einsetzenden Faktor rückt die Dynamik der Formgebung im geistigen Gesamtprozeß von Hause aus zu ganz anderer Größenordnung auf. Das Element persönlicher Autonomie, des Zielsetzens, Wollens und Sich-Einsetzens für das Gewollte ist stets mit enthalten unter den bewegenden Mächten des Prozesses. Und durch dieses Element ist der Prozeß nicht nur bewegter, sondern stets auch bewegender Prozeß. Das ist es, was seine Lebensdynamik zu einer einzigartigen macht, wie sie das geistlose Sein nicht kennt.

c. Bewegende Ideen und Richtungsbewußtsein des Geistes.

Bliebe es nun bei der Initiative des Einzelnen, und bestünde diese in der ganzen Mannigfaltigkeit möglicher Richtungen, so müßte sich nach den Gesetzen der Statistik im Gesamteffekt alles wieder ausgleichen, und die geistige Form des Ganzen würde geschichtlich stillstehen. Daß dem nicht so ist, beruht auf dem Vorhandensein jeweilig gemeinsamer Vorzugsrichtungen, Strömungen oder Tendenzen. Solche bestehen jederzeit auf allen Geistesgebieten. Und sie machen den objektiv-geistigen Gegenfaktor zur individuellen Initiative aus, einen Faktor nämlich, der in dieser stets bereits enthalten, wennschon nicht als solcher erkannt ist.

Wo solche Tendenzen bewußt gemacht und verkündigt werden, da geschieht das freilich durch den Einzelnen. Die wahren Ursprünge aber liegen tiefer dahinter, in der gemeinsamen Abwandlung des Geistes; und nur wo eine solche im Entstehen ist — wo also sie schon innere Tendenz des Gemeingeistes ist —, findet der Verkünder Anklang. Solche Strömungen sind es dann, welche die Initiative und den Einsatz der Einzelnen gleichsam an sich reißen. Dieses Ansichreißen aber ist ein Prozeß, der sich auf vielen Gebieten direkt verfolgbar im vollen Lichte des Bewußtseins abspielt. Denn es gehört dazu die inhaltliche Prägung der Tendenz in Form von Zielen, Normen, Wertungen oder „Ideen".

Der Mensch hat immer die Tendenz, sein Leben unter Ideen zu stellen, denen er nachtrachten kann. Er will Sinn und Bestimmung in seinem Leben sehen. Er greift nach Ideen, wo und wie immer er sie einleuchtend findet; und wo er sie nicht findet, da schafft er sie sich. Keiner, der Mensch im vollen Sinne ist, vermag „das Leben ohne Ideale zu leben"; und wer es fertig bringt, dem fehlt es irgendwo an seinem besten Teil. Diese Grundtendenz im Wesen des Menschen ist identisch mit dem Bedürfnis nach Sinngebung und Sinnerfüllung des eigenen Daseins. Sie macht ihn nicht nur fähig, sondern auch jederzeit bereit, sich an Ziele hinzugeben, die sich ihm zeigen und einleuchten, einerlei ob sie ihm selber sichtbar zugute kommen oder nicht.

Ideen in diesem Sinne sind das Richtungsbewußtsein in der Dynamik des geistigen Gesamtprozesses. Und weil das Bewußtsein das der Einzelnen ist, die Initiative des Einzelnen aber integrierender Faktor der Gesamtbewegung ist, so ist die Idee als gemeinsames Richtungsbewußtsein der Individuen eine eminent bewegende Macht im Lebensprozeß des objektiven Geistes. Sie ist der Exponent seiner Realität und Lebendigkeit im Bewußtsein der Lebenden.

Ideen haben vor der privaten Initiative und privaten Lebenszielen dieses voraus, daß sie die Menschen verbinden, ihnen gemeinsam sind. Dadurch sind sie nicht dem Gesetz des Ausgleichs und der Nivellierung unterworfen. Ihr Gesetz ist das des Umsichgreifens unter den Menschen, des Ansichreißens aller Kräfte, des Anwachsens zur bewegenden Macht im Gesamtprozeß. So sind sie Mächte einer anderen Größenordnung, geschichtsbildende, schöpferische Mächte. Sie sind es auch dann, wenn die Anlässe ihres Aufkommens in gänzlich außergeistigen Faktoren liegen.

Denn ihre Kraft ist nicht wie diese eine blind stoßende, sondern eine sehende, vorsehende, und in gewissen Grenzen eine schöpferisch vorbestimmende. An ihnen hängt der Einschlag teleologischen Gerichtetseins im Geschichtsprozeß. Dieses Gerichtetsein ist gewiß nicht allmächtig in der Geschichte, es ist nur eine unter anderen Mächten; es begegnet Widerständen, kann erlahmen, verebben, durchkreuzt oder abgelenkt werden. Deswegen ist es unsinnig, auf seinem Vorhandensein in der Geschichte das teleologische Bild eines nach Ideen allein gerichteten Geschichtsprozesses zu konstruieren. So weit eben geht die Macht der Ideen nicht.

Wohl aber sollte ihr Vorhandensein als geschichtlich-geistige Realität im Gesamtprozeß keinem Zweifel unterliegen[1]). Sie bilden unter

[1]) Die These Nietzsches, daß der Mensch auf die Dauer immer so wird, wie er sich „will", dürfte nur von den großen moralischen Ideen gelten, die viele Jahrhunderte lang herrschend bleiben; und auch da wohl nur mit mancherlei Einschränkungen. Daß aber überhaupt eine über viele Generationen dauernde Vorzugsrichtung des Willens, durch eine Idee konkret geschaut und bei sich unentwegt festgehalten, umschaffend

den Mächten, die ihn forttreiben, eine wesentliche Komponente. Ihr Lebendigsein im Sehnen der Menschen ist eine durchaus reale Macht — unter anderen realen Mächten. Und ebenso real ist der geistige Kampf, der sich um sie in der Geschichte abspielt, sei es nun, daß es ein Kampf der Ideen untereinander oder gegen anderweitige Mächte ist. Er ist geschichtlich verfolgbar in ihrem Sich-Hochringen, Durchdringen, Sich-Durchsetzen, wie in ihrem Erlahmen, Abgedrängtwerden, Unterliegen. Wie groß im Einzelfall die Macht einer Idee anwächst, hängt nicht von ihrem Gehalt allein ab; wie hoch sie geschichtlich einzuschätzen ist, dürfte allemal schwer zu entscheiden sein. Aber der Einschlag bewegender Kraft überhaupt in ihrem Auftreten und Herrschen bleibt davon unabhängig.

Ideen sind diejenigen Mächte im Leben des objektiven Geistes, an denen seine Autonomie und Spontaneität — in aller Abhängigkeit — greifbar wird. Sie sind Dokumente des Einschlages selbsttätiger Formbildung des Geistes im Großen, ein sichtbares Element seiner Selbstgestaltung und Selbstverwirklichung inmitten der Mannigfaltigkeit tragender Mächte, die aller geschichtlichen Gestaltung und Umgestaltung zugrundeliegen.

d. Doppelte Eigengesetzlichkeit im Geistesleben.

Zusammenfassend läßt sich sagen: der Gesamtprozeß ist stets zugleich von unten und von oben her bestimmt, von außergeistigen und von geistigen Mächten. Er ist heteronom und autonom zugleich. Das erstere ist eine Selbstverständlichkeit, kein Wissender wird die Wucht der materiellen, vitalen, wirtschaftlichen Faktoren verkennen; man vergißt über ihnen nur leicht den Faktor der Idee. Ebenso kann man in der Hingabe an diesen die niederen Mächte aus dem Blick verlieren. Denn die Idee, einmal erschaut, fasziniert den Blick. Nach beiden Seiten kann man einseitig werden, und beides ist gleich verkehrt. Die Ideologien der Zeitalter sind weder unabhängig von Betriebs- und Gesellschaftsformen, noch auch von ihnen allein abhängig. Hier liegt Recht und Unrecht des Marxismus, hier Recht und Unrecht der idealistischen Gesellschaftstheorien.

Und weiter läßt sich sagen: 1. geformter Gemeingeist ist nicht Inbegriff individueller Geister, obschon er auf deren Gemeinschaft beruht; 2. die Bewegung des Gemeingeistes in der Geschichte ist nicht Gesamtheit privater geistiger Bewegtheit, obgleich sie diese als Elemente enthält; 3. die Dynamik geschichtlichen Geisteslebens ist nicht einfach

---

wirken kann, wird man im Hinblick auf allbekannte Tatsachen der Geistesgeschichte schwerlich bestreiten können.

ein Getriebensein, weder durch Umstände allein noch durch individuelles Bedürfnis und Initiative allein, obgleich beides jederzeit wirksame Faktoren sind. Sondern: in jeder dieser Hinsichten ist das Ganze ebensosehr vor wie nach dem Teile, ist Bedingendes und Bedingtes zugleich, besteht nie anders als in und mit den Teilmomenten. So gibt es den Gesamtgeist stets nur „mit" der Person, das geschichtliche Schicksal nur „mit" dem persönlichen Schicksal, die geschichtlich bewegende Macht nur „mit" der individuellen Initiative. Die Einzelperson, als Bestandteil verstanden, hat nicht mehr Selbständigkeit als die Ganzheit des Gemeingeistes. Diese bestimmt die Initiative des Einzelnen nicht weniger, als sie ihrerseits von ihr mitbestimmt wird.

Es stehen sich hier stets zwei heterogene Eigengesetzlichkeiten des Geistes gegenüber, die der Person und die des Gemeinsamen. Und gerade das Ineinandergreifen beider macht erst die volle Autonomie des lebenden Geistes aus. Beide determinieren nur partial. Dadurch lassen sie einander Spielraum. Das Ineinandergreifen selbst aber, das so zuwege kommt, bleibt dem Bewußtsein des Mitlebenden verborgen; wie denn beide Momente in ihm selbst wirksam sind und von ihm nicht unterschieden werden. Nur aus der geschichtlichen Distanz, gleichsam von der Seite betrachtet, wird das Gefüge objektiv greifbar.

Die gewordene geistige Gesamttendenz ist allemal der privaten an Macht unvergleichbar überlegen. Sie selbst aber enthält die Dynamik der privaten Tendenzen in sich. Was sie ihrerseits als ihr Eigengesetz hinzufügt, ist nur deren Vereinigung in die Einheit einer Gesamttendenz. Denn das Zusammenschießen in eine Richtung ist den privaten Tendenzen als solchen nicht eigentümlich. Die Ganzheit reißt die individuelle Initiative an sich. Sie wirkt, einmal entstanden, unter den Individuen wie der Kristall in der Lauge: die individuelle Tendenz schießt an.

Das ist die Macht des lebenden geschichtlichen Geistes über den Einzelnen. Der Einzelne wird von ihm ergriffen und mitgezogen, er gleicht sich an. Was nicht ausschließt, daß auch die Gegentendenz wieder vom Einzelnen ausgeht. Aber die Dynamik des Prozesses ist als die des Ganzen eine andere als die des Gliedes. Die Andersheit des objektiven Geistes hat sich in allen Richtungen und allen Aspekten des Phänomens als eine grundlegende ergeben. Ob man ihn im Querschnitt oder im geschichtlichen Prozeß betrachtet, er bleibt dem personalen Geiste stets unähnlich. Er ist ein Gebilde anderer Ordnung und Existenzform.

IV. Abschnitt.

Das Fehlen des adäquaten Bewußtseins.

32. Kapitel. Geist und Bewußtsein überhaupt.

a. Das Irritierende im Phänomen des Gemeingeistes.

Der objektive Geist hat sich als real seiender im vollen Gewicht des Wortes erwiesen. Er teilt mit allem sonstigen Realen die Zeitlichkeit, Zerstörbarkeit, Individualität, Wirksamkeit, ja die empirische Gegebenheit. Seine Wirklichkeit ist nicht die von Wesenheiten und Werten, sondern die von Geschehnissen, Dingen, Dingverhältnissen, Lebewesen und Personen. Er ist in demselben Sinne geschichtlich wirklich, wie sichtbare Dinge naturwirklich sind. Es hat sich darüber hinaus gezeigt, inwiefern er eine Macht eigener Art ist, ein Eigenleben über dem der Personen führt, und zwar ein solches mit eigener, autonomer Dynamik.

Soweit dürfte sein Phänomen geklärt sein. Aber es hat noch eine negative Kehrseite, gleichsam einen modus deficiens, an sich. Und diese ist das eigentlich Irritierende an ihm, das seine Gegebenheit immer wieder unglaubwürdig erscheinen läßt. Wo immer sonst wir realen Geist antreffen, da hat er die Form des Bewußtseins und der Personalität. Von der Seinsform des Menschen her ist uns das so selbstverständlich, daß wir ein Gebilde, das weder Bewußtsein noch Person ist, gar nicht für ein geistiges halten würden. Dennoch: der objektive Geist ist weder Bewußtsein noch Person. Er ist Geist, aber in anderer Seinsform.

Hier liegt der Punkt, in dem man radikal umlernen muß über das Wesen geistigen Seins, wenn anders man die bisher durchlaufene Reihe der Phänomene verstehen will. Denn — das wird sich zeigen — auf Grund eines Geistbegriffs, der in den Kategorien Bewußtsein und Personalität festhängt, läßt sie sich nicht verstehen. Insofern stehen wir hier, beim modus deficiens des objektiven Geistes, an einem Scheidewege philosophischen Begreifens. Entweder die geschilderten Phänomene sind falsch gesehen, oder der hergebrachte Geistbegriff ist falsch, und seine Kategorien sind zu revidieren. Denn jene zeigen ein geistiges Sein ohne eigenes Bewußtsein und eigene Personalität.

Wenn man vom menschlich-subjektiven Geiste herkommt, so will einem das ganz unmöglich erscheinen. In der Ebene der Personen eben gibt es nur personalen Geist; hier spielt sich alle Entfaltung geistigen Seins zwischen Geburt und Tod des Individuums ab. Aber gerade an Leben und Tod der Personen ist der objektive Geist nicht gebunden, er geht über die jeweiligen Träger ungehemmt hinweg, sein Leben läuft in anderen Zeitmaßen ab.

Dasselbe gilt vom Bewußtsein. Es entsteht neu in jedem Individuum und vergeht mit ihm. Niemand kann sein Bewußtsein oder auch nur dessen einzelne Akte weitergeben. Niemand auch kann mit seinem Bewußtsein dem Anderen in das seine eindringen. Das Bewußtsein isoliert die Menschen, jeder hat seines für sich, unvertauschbar, unübertragbar. Der Geist aber ist ihnen gemeinsam, und bei aller Verschiedenheit individuell geistiger Artung hat niemand seinen Geist schlechterdings für sich. Der geistige Gehalt ist an sich objektiv, er geht über, wandert frei von Bewußtsein zu Bewußtsein. Der Geist verbindet die Menschen, sein Wesen ist expansiv.

An all das braucht hier nur erinnert zu werden. Hält man es aber mit den geschilderten Phänomenen zusammen, so bedeutet es nichts Geringeres als dieses: der Geist als solcher ist überhaupt nicht Bewußtsein. Er kann Bewußtsein haben. Aber er hat es nicht notwendig — genau so wenig, wie er notwendig Personalität hat.

b. Ontologisch-kategoriale Klärung der Sachlage.

Diese Sätze, obgleich dem vorgelegten Phänomenmaterial leicht zu entnehmen, mögen vor der Hand ohne besondere Begründung dastehen. Sie werden noch zu belegen sein. Es sei hier zunächst nur gezeigt, was das eigentlich Rätselhafte und Verwirrende daran ist.

Wo eine höhere Seinsform sich über der niederen erhebt, da erwartet man die kategorialen Elemente der letzteren in ihr als Bausteine wiederzufinden. So entspricht es dem ontologischen Gesetz der „Überformung". Man kennt dieses Verhältnis vom Organischen her, das sich über dem Physisch-Materiellen erhebt, indem es selbst noch ein materielles Gebilde ist, aber darin nicht aufgeht. Es überformt die materiellen Verhältnisse durch die Eigenstruktur einer höheren Ganzheit.

Genau so erwartet man auch weiter hinauf die Erhaltung der niederen Seinsform vorzufinden, nimmt das a priori Erwartete als selbstverständlich hin. Da nun der objektive Geist sich als höhere Ganzheit über dem Bewußtsein und über dem personalen Geist erhebt, so erwartet man mit gleicher Selbstverständlichkeit, an ihm Bewußtsein und Personalität wiederzufinden. Das ist ein einfacher Analogieschluß, der immer schon unbemerkt vollzogen ist, wo wir an das Geistproblem herantreten. Erweist sich nun, daß beides auf den objektiven Geist nicht zutrifft, so steht man vor der Unstimmigkeit und sieht sich gedrungen, entweder ein „allgemeines Bewußtsein" und eine „Gesamtperson" für ihn zu hypostasieren, oder aber ihn überhaupt fallen zu lassen und sein Bestehen, dem Phänomen zum Trotz, für unwirklich zu erklären.

Diese Alternative ist die Wurzel weitverbreiteter Irrtümer. Ihre Position ist von Grund aus falsch. Denn Phänomene lassen sich nicht aufheben, Analogieschlüsse aber — und zumal stillschweigend vollzogene — sind jederzeit schon in sich selbst verdächtig.

Hier kann man sich in aller Einfachheit schon am Verhältnis niederer Seinsschichten orientieren. Was im Verhältnis von Materiellem und Organischem gilt, das trifft schon eine Stufe höher nicht mehr zu. Das Bewußtsein erhebt sich über dem Organischen, ruht auf ihm ebenso auf wie dieses selbst auf dem Materiellen, aber es hat weder die Seinsform des Organismus als kategoriales Element in sich, noch die Materialität und Räumlichkeit. Die Wiederkehr dieser Kategorien bricht schon hier ab. Es ist wohlbekannt, welchen geschichtlichen Kampf der Meinungen es um diesen Punkt gegeben hat; immer wieder brach die materialistische Auffassung durch, versuchte die seelischen Phänomene mit ihren Kategorien zu bewältigen. Erst langsam konnte sich die Einsicht befestigen, daß es so nicht geht, daß Räumlichkeit und Materialität hier überhaupt aus dem Spiele bleiben, und daß das Bewußtsein eine Seinsform ist, die das Organische nicht überformt, sondern als ein eigenes, ihm unähnliches Reich überbaut. Die erst in der Neuzeit erreichte Spruchreife des psychologischen Problems ist bereits eine Frucht dieser Einsicht.

Dasselbe ist es eine weitere Stufe höher mit dem Verhältnis von Bewußtsein und objektivem Geist. Nur will sich hier, wie es scheint, die entsprechende Einsicht noch lange nicht durchringen. Erschwert ist die Sachlage nur dadurch, daß neben der Seinsform des Bewußtseins auch die der Personalität steht, die selbst bereits eine solche des Geistes ist. Der Stufenbau des geistigen Seins ist eben in sich selbst komplex. Dem personalen Geiste ist das Bewußtsein durchaus eigentümlich, wenn er darin auch nicht aufgeht. Dem objektiven Geiste dagegen ist es nicht eigentümlich.

Die Sachlage in unserem Problem erfordert es kategorisch, hier mit allen vagen Vorurteilen aufzuräumen und der Einsicht Raum zu geben, daß geschichtlicher Geist etwas wesentlich anderes ist als Bewußtsein und Person, daß er diese nicht einfach überformt, sondern sie als eine Sphäre eigener Art und Seinsform überbaut, sie also als Kategorien hinter sich läßt. Die Zumutung ist durchaus keine prinzipiell neuartige. Die Sachlage ist dieselbe wie im Problem des Bewußtseins: wie dort Räumlichkeit und Materialität zurückbleiben und einem raumlos-immateriellen Reich des Seienden Platz machen, so bleiben hier Bewußtsein und Personalität zurück und lassen einem Reich des Geistes Spielraum, das überpersonal und über die Enge des seelischen Seins erhoben dasteht.

c. Metaphysische Perspektiven.

Will man dieser Konsequenz ausweichen, so wird man unvermeidlich auf die obige Alternative zurückgeworfen: man muß dann entweder die Phänomenkette des objektiven Geistes für nichtig erklären oder entsprechend seiner makrokosmischen Seinsweise so etwas wie Gesamtbewußtsein und Gesamtperson hypostasieren. Und da man Phänomene nicht widerlegen kann, so müßte man sich wohl oder übel mit der Hypostase befreunden.

Wie steht es nun damit? Man müßte unter der Gesamtperson schon eine personale Einheit eines Volkes, eines Stammes, einer Zeitgenossenschaft verstehen, und zwar so, daß sie als Ganzes wiederum ein eigenes, vergrößertes Bewußtsein hätte, ein „allgemeines Bewußtsein" über dem individuellen Bewußtsein der Einzelnen. Dann ließe sich der objektive Geist streng nach Analogie des Menschengeistes verstehen. Er wäre bewußter personaler Geist höherer Ordnung.

Metaphysisch-spekulativ kann man etwas derartiges natürlich annehmen. Aber die Annahme bleibt Konstruktion. Sie läßt sich durch keinerlei Phänomene belegen. Das ist der Grund, warum in einer am empirischen Geiste orientierten Theorie vollständig von ihr abgesehen werden muß. Wir kennen durchaus kein allgemeines Bewußtsein über dem menschlichen Bewußtsein. Und wir kennen keine allgemeine Personalität über der menschlichen Person. Menschliches Bewußtsein aber und menschliche Person sind ausschließlich die des Einzelnen.

In allen Formen von Mengen oder Kollektiveinheiten der Einzelnen ist der Seinstypus der höheren Einheit weder der einer Bewußtseinseinheit noch der einer Personeinheit. Da es aber tatsächlich und nachweisbar in der Reihe der aufgezeigten Phänomene die Einheit und Ganzheit des Geistes an diesen höheren Gebilden gibt — streng unterschieden in Seinsweise und Lebensform von der des individuellen Geistes —, so muß man hieraus den Schluß ziehen, daß der objektive Geist ohne tragendes Gesamtbewußtsein und ohne tragende Gesamtperson besteht. Er ist überhaupt weder Bewußtsein noch Person. Er ist darin in der Tat dem individuellen Einzelgeist tief unähnlich.

Zwei Dinge sind es, die gefühlsmäßig der Anerkennung dieses an sich einfachen und klaren Schlusses entgegenstehen.

1. Gerade die Unähnlichkeit von Geist und Geist scheint verdächtig. Man kann sich von der Analogie zum Einzelmenschen nicht so leicht freimachen; man denkt sich den objektiven Geist, wenn überhaupt, so als vergrößerten Menschen. D. h. man denkt ihn anthropomorphistisch. Es herrscht hier dieselbe Zwangsvorstellung wie beim Gottesbegriff; auch dieser kommt vom Anthropomorphismus nicht los.

2. Man ist gewohnt, alles real Seiende auf Substanzen irgend-

welcher Art zu beziehen. Das ist altes Aristotelisches Gedankenerbteil. Daß etwas Prozeßhaftes ohne Substrat real sein könnte, scheint undenkbar. Daß eine sich entwickelnde Ganzheit ebensogut anderem Seienden subsistieren oder auch superexistieren könnte, dagegen sträubt sich das Kategoriengerüst aller hergebrachten Denkweise. So meint man, dem objektiven Geiste müsse eine Geistsubstanz zugrunde liegen. Und an ihr muß dann natürlich alles wiederkehren, was man sonst am empirischen Geiste als Subsistenz kennt: Bewußtsein und Personalität. Man versteht so den objektiven Geist als „Subjekt" und macht aus ihm in Wahrheit das Gegenteil: einen potenzierten subjektiven Geist.

In diesen beiden Motiven wurzelt die unausrottbare Verführung zur spekulativen Annahme von Bewußtsein und Personalität höherer Ordnung. Da aber eben diese Annahme den großen Gedanken des objektiven Geistes verdunkelt und geradezu in Mißkredit gebracht hat, so muß vor aller weiteren Untersuchung mit diesen Motiven aufgeräumt werden.

d. Die idealistischen Bewußtseinstheorien.

Hierbei läßt sich die historische Orientierung nicht ganz vermeiden. Die Vorurteile gegen Begriff und Wesen des objektiven Geistes sind älter als die eigentliche Prägung seines Begriffs. Sie hängen mit dem alten Geist- und Vernunftbegriff zusammen, zugleich aber auch mit dem idealistischen Bewußtseinsbegriff.

Hegel zwar hat es verstanden, den von ihm neu geprägten Begriff des Geistes von aller überspannten Bewußtseins- und Personalitätstheorie frei zu halten. Aber den Rekurs auf eine Geist-Substanz hat er nicht nur nicht vermieden, sondern systematisch zur Theorie ausgebildet. Dieser Einschlag Aristotelischen Denkens in ihm hat dem transzendenten Subjektivismus und Personalismus Vorschub geleistet.

An der Schwelle des deutschen Idealismus steht die Kantische Lehre vom „transzendentalen Bewußtsein". Sie ist erkenntnistheoretisch fundiert, gibt unmittelbar nur der Tatsache Ausdruck, daß Erkenntnis nicht eine rein individuelle Angelegenheit des Einzelnen ist, daß die Erkenntnisformen, die Anschauungs- und Denkformen, gemeinsam sind, kurz daß die „Vernunft", als Inbegriff innerer Bedingungen verstanden, in Allen eine ist. Indem aber Kant dieses transzendentale Bewußtsein zur Grundlage eines Idealismus machte, der das empirisch Reale zur Erscheinung herabsetzte, vollzog er ungewollt bereits den ersten Schritt zur Hypostasierung des allgemeinen Bewußtseins.

Er folgte damit lediglich einem sehr alten Gedanken, dem des intellectus divinus oder archetypus, dessen Denken zugleich das Schaffen der Objekte ist. Er nahm ihm nur das theologisch-metaphysische Gewand und stellte damit seinen erkenntnistheoretischen Gehalt greifbar heraus. Den Gedanken selbst fand er als Erbteil des Mittelalters vor, das ihn seinerseits der Metaphysik des Aristoteles verdankte. Aristoteles hatte den göttlichen „Geist" als Denken seiner selbst zum ersten Beweger aller Prozesse gemacht, in denen Seiendes entsteht. Auf dem Umwege über den späten Neuplatonismus wurde dieser Geist-Begriff mit dem christlich-persönlichen Gottesbegriff identifiziert. Und diese geschichtliche Synthese blieb als Prototyp aller späteren Fassungen einer allgemeinen Geist-Person stehen.

Was lag nun näher, als den im deutschen Idealismus sich durchringenden Begriff des geschichtlichen Geistes auf diese traditionell gewordene göttlich allgemeine Geist-Person zu beziehen? Hier ist ein besonderer Übergang gar nicht mehr nötig. Mit vollkommener Selbstverständlichkeit spricht sich das in den idealistischen Geschichtstheorien aus. In seinem System von 1800 läßt Schelling ohne Bedenken Gott als Lenker in der Geschichte walten. Besser verdeckt hinter den Schicksalen der „Vernunft" in der Geschichte ist der teleologische Gedanke bei Fichte, noch mehr verhüllt tritt er bei Hegel auf. Aber der Grundgedanke und die stillschweigend übernommenen Kategorien bleiben dieselben.

Es erübrigt sich, diese konstruktiven Theorien einer Kritik zu unterwerfen. Das geschichtliche Denken von heute ist ihnen endgültig entwachsen. Sie gehen unsere Untersuchung nur insoweit an, als sie sprechende Belege dafür sind, wohin die Kategorien „Subjekt, Bewußtsein, Person" führen, wenn man sie als Bestimmungsstücke auf den geschichtlichen Geist bezieht.

e. Der Personalismus und seine Schwächen.

Ganz anders, ohne Geschichtstheorie, und dennoch im Grunde von derselben Auffassung geleitet, geht der Personalismus vor, wie er in unserer Zeit eindrucksvoll von Scheler entwickelt worden ist[1]). Hier gelten die Gesamtheiten selbst — Volk, Kulturkreis, Menschheit — als Personen höherer Ordnung. Als Merkmale dieser höheren Personalität gelten die spezifischen Formen der Verbundenheit, die Solidarität und die Mitverantwortung. Die Reihe steigt auf bis zur höchsten und absoluten Gesamtperson, Gott genannt.

Auch hier liegt stillschweigend die Tendenz zugrunde, das Gesamtgebilde zu substantialisieren. Denn eben hinter dem Personbegriff verbirgt sich ein Einheitstypus, der nicht in Ganzheit aufgeht, sondern ein subsistierend Identisches zu sein beansprucht; wie denn der Name „Person"

---

[1]) Max Scheler, Der Formalismus in der Ethik und die materiale Wertethik. 3. Aufl. 1928.

schon die Analogie zum menschlichen Individuum verrät. Dabei läßt sich nicht verkennen: Scheler erkauft die Möglichkeit der Personalität höherer Ordnung um die Preisgabe der Subjektivität, die Person braucht nach seiner Auffassung nicht Subjekt zu sein. Und das heißt natürlich, sie braucht nicht Bewußtsein zu sein. Denn Bewußtsein ist nur möglich als ein Subjekt von Objekten.

Das aber ist gerade metaphysisch konstruiert. Wo wir wirklich gegebener Personalität begegnen, wie im Einzelmenschen, da finden wir sie stets an ein Bewußtsein gebunden. Wille, Handlung, Zielsetzung, Verantwortung sind ohne bewußtes Subjekt ebensowenig möglich wie Denken, Wahrnehmen, Erkennen. Und keiner dieser Akte ist nun einmal abtrennbar vom Wesen der Person.

Was hilft es also, „Gesamtpersonen" höherer Ordnung anzunehmen, wenn sie nicht „Gesamtsubjekte" sind und kein Gesamtbewußtsein haben! Es sind von vornherein depotenzierte Personalitäten, nur blasse Analogien wirklicher Personen. Was übrig bleibt, sind nur die Gesamtheiten als solche, sowie in jeder von ihnen der gemeinsame Geist, der sie in sich zusammenhält — beides läßt sich aufweisen —, aber durchaus ohne Personcharakter und Gesamtbewußtsein. Und was schließlich sollte eine persönliche Gottheit sein ohne Bewußtsein? Hier steigert sich der Widersinn ins Absolute.

Damit stürzt die ganze Metaphysik des Personalismus in sich zusammen. Sie war von Hause aus Konstruktion, ohne Fühlung mit der Eigenart der Phänomene. Die Phänomene aber sprechen hier eine ganz eindeutige Sprache. Sie zeigen uns die Gesamtheiten in vielerlei Abstufung und stets geprägt und geformt von einem in ihnen lebendigen Gesamtgeiste. Aber dieser Geist ist durchaus nur „objektiv", nicht subjektiv. Und darum ist er weder Bewußtsein noch Person.

Person ist durchaus nur der Mensch. Objektiver Geist aber ist nicht der vergrößerte Mensch; genau so wenig wie der Mensch verkleinerter objektiver Geist ist. Der Mensch ist wohl Geist, aber subjektiver Geist.

33. Kapitel. Das Bewußtsein des Einzelnen als Bewußtsein des objektiven Geistes.

a. Die Inadäquatheit des menschlichen Bewußtseins.

Im Folgenden soll nun die Personalismusfrage ganz aus dem Spiele bleiben. Sie hat ohnehin ausgespielt. Nur das spekulative Bedürfnis, nicht die Forschung ist an ihr interessiert. Die philosophische Untersuchung aber hat es nur mit dem Interesse der Forschung zu tun.

Ein wichtiger Fragepunkt dagegen bleibt das positive Verhältnis des objektiven Geistes zum Bewußtsein. Er ist mit der Ablehnung eines

Gesamtbewußtseins keineswegs erledigt. Denn die Sachlage ist doch auch nicht die, daß es überhaupt kein Bewußtsein des objektiven Geistes gäbe. Es gibt ein solches sehr wohl, und es spielt für ihn selbst in seiner eigentümlichen Seins- und Lebensform eine durchaus wesentliche Rolle. Aber es ist nicht das seine, sondern das des Individuums.

Man kann sich das in folgender Weise klarmachen. Objektiver Geist ist weit entfernt, schlechthin „unbewußter Geist" zu sein — das ist ein gefährlicher Begriff, schon der Ausdruck gemahnt an Schellingsche Metaphysik, er würde dem spekulativen Unfug erst recht die Tore öffnen. Tatsächlich wissen wir Menschen doch auch wirklich um den objektiven Geist, und zwar keineswegs erst in der philosophischen Überlegung. So weiß der Künstler um die Kunst seiner Zeit, der Politiker um die politischen Strömungen, der Gelehrte um die Wissenschaft, in der er steht; so weiß jeder Mensch um seine Moral, sein Weltbild, seine Sprache. In alledem ist echtes Bewußtsein des objektiven Geistes. Aber der objektive Geist ist nicht Subjekt, sondern Objekt dieses Bewußtseins. Subjekte dieses Bewußtseins sind die Individuen.

Nun aber ist das Bewußtsein der Individuen ihm in seiner Ganzheit auf keinem Geistesgebiete gewachsen. Es umspannt ihn nicht, bleibt seiner Totalität inadäquat. Und da es außer diesem Bewußtsein kein anderes gibt, so muß man hinzufügen: es gibt überhaupt kein adäquates Bewußtsein des objektiven Geistes.

Hält man nun diese Momente zusammen, so läßt sich die Sachlage in folgenden drei Grundsätzen zusammenfassen:

1. Es gibt wohl ein Bewußtsein des objektiven Geistes, aber es ist kein höheres Gemeinbewußtsein über dem der Individuen.

2. Das Bewußtsein des objektiven Geistes besteht nicht in ihm, sondern in uns, den Einzelpersonen. Wir eben sind Subjekte, bewußte Wesen. Es ist also nicht das seinige, sondern das unsrige. Oder in anderer Wendung: der objektive Geist hat sein Selbstbewußtsein — man kann Hegelisch auch sagen sein Fürsichsein — nicht in sich, sondern in uns.

3. Da das Bewußtsein des Individuums ihm inhaltlich inadäquat ist, so hat er sein volles Selbstbewußtsein weder in sich noch in uns. Es gibt kein adäquates Bewußtsein des objektiven Geistes. Es ist sein inneres Schicksal, weder direkt an sich selber noch mittelbar in uns ein Bewußtsein seiner selbst haben zu können, das inhaltlich ihm genügte, — also das, was er an sich ist, voll und ganz für sich sein zu können.

In diesen drei Grundsätzen liegt die entscheidende Einsicht über das Wesen des objektiven Geistes. Es ist heute wie ehedem der Haupteinwand gegen seine Realität, daß es kein „Überbewußtsein" über dem der Individuen gibt. Der Einwand hat recht. Aber er ist kein Einwand. In diesem Punkte gerade muß man umlernen: das ist das Eigentümliche des geistigen Seins, daß es nicht nur nicht mit Bewußtsein zusammenfällt, sondern überhaupt nicht an Seinsform und Grenzen des Bewußtseins gebunden ist.

Wäre objektiver Geist eine Geist-Substanz, so ließe sich ihm eigenes Bewußtsein wohl zusprechen; und je nach Art und Stellung der Substanz könnte sein Bewußtsein dann „in" ihm oder auch „hinter" ihm liegen, adäquat oder inadäquat sein. Ohne Substanzcharakter bleibt er auf das Bewußtsein der Menschen angewiesen, die er umfaßt. Und eben dieses allein seiende Bewußtsein ist und bleibt inadäquat.

b. Sein und Bewußtsein der Wissenschaft.

Was sich so generell dem Wesen des objektiven Geistes ansehen läßt, das läßt sich ebenso auch empirisch an den Teilgebieten aufzeigen. Und hier nimmt die Sachlage mannigfaltige Gestalt an.

Das Gebiet, auf dem ein Gemeinbewußtsein noch am ehesten zu erwarten wäre und der Sache nach wohl auch des öfteren angenommen worden ist, ist das der Erkenntnis. Die Erkenntnis, im Großen gesehen, ist ein geschichtlicher Prozeß, in den die Errungenschaften des Einzelnen einbezogen sind. Die „Vernunft", so sagt man wohl, macht ihre Fortschritte in diesem Prozeß, sie ist „eine"; es hat nicht jeder seine Privatvernunft.

Aber was heißt das eigentlich? Heißt es, daß eine Vernunft über der Menschenvernunft der Träger dieses Prozesses sei? Oder gar daß ein Bewußtsein über dem menschlichen Bewußtsein Träger dieser Vernunft sei? An solcher Deutung hat es nicht gefehlt. Aber sie schwebt konstruktiv in der Luft. Der Prozeß selbst verrät nichts davon. Das gerade ist für den Erkenntnisfortschritt charakteristisch, daß er sich niemals geschlossen in einem Bewußtsein vollzieht, sondern parallel in vielen und deswegen auch stets uneinheitlich und in gewisser Breite der Mannigfaltigkeit divergent verläuft; desgleichen, daß die jeweilige Erkenntnis niemals in einem Bewußtsein beisammen ist. Der Erkenntnisprozeß ist wohl eine Einheit, aber eine solche, die sich jederzeit erst langsam herausstellt, weil vielerlei Einzelbewußtsein mit seiner Erkenntnisarbeit in ihn eingeht. Das aber heißt: er ist überhaupt keine Bewußtseinseinheit, sondern eine objektiv-geistige Einheit inhaltlicher Gemeinsamkeit.

Gäbe es in der Wissenschaft so etwas wie ein Gemeinbewußtsein, der Einzelne könnte an der Wissenschaft teilhaben, indem er am Gemeinbewußtsein teilhätte. Er brauchte sich nur innerlich zu ihm zu erheben, brauchte den Weg der Erfahrung an der Sache nicht zu gehen. Rationalistische Theorien haben sich von jeher dieser Auffassung genähert. Die Wirklichkeit des Erkenntnisstrebens zeigt ein ganz anderes Bild. Der Einzelne muß sich in die Sache vertiefen, auch schon im lernenden Heranwachsen an den Stand der Wissenschaft, und zwar jederzeit auf dem Wege, auf dem die Sache ihm zugänglich ist.

Die Sache aber ist wirklich gemeinsam. Und was er vom Stande der Wissenschaft dazu erhält, ist nur die Vorarbeit, der gebahnte Weg zur Sache. Das ist zwar viel. Aber das Einsehen selbst muß jeder für sich leisten. Der gebahnte Weg nimmt es ihm nicht ab.

Das Gesamtbild erweist sich ganz und gar als das umgekehrte. Es gibt offenbar kein Überbewußtsein in der Wissenschaft, dem der Mensch in die Karten gucken könnte. Den Weg des Erkennens selbst geht durchaus nur das Privatbewußtsein. Aber es geht ihn nicht zu Ende. Was der Einzelne empfängt, ist das Objektive, das errungene Geistesgut; und auch das empfängt er nur im Ausschnitt. Beisammen ist es in seinem Geiste nie. Es gibt wohl die objektive Inhaltseinheit der Wissenschaft in jeder Zeit. Aber es gibt zu keiner Zeit ein adäquates Bewußtsein dieser Einheit.

c. Rechtsbewußtsein und Moralbewußtsein.

Bestehendes Recht ist nicht ein Rechtsbewußtsein in den geltenden Gesetzen, oder über ihnen, und erst recht nicht über dem Rechtsbewußtsein der Einzelmenschen. Es ist durchaus nur das Gültig- und Anerkanntsein der Gesetze im Rechtsbewußtsein der Menschen selbst, in ihrem Rechtswillen und Rechtsempfinden. Die Individuen eben haben ein Rechtsbewußtsein, und es besteht im Wissen um die objektiv für alle geltenden Gesetze. Aber weder ist es ein Bewußtsein höherer Ordnung, noch ist es ein dem geltenden Recht adäquates Bewußtsein; denn es kann den ganzen Geist des geltenden Rechts nicht umfassen. Darum gerade bedarf es des geschriebenen Gesetzes, damit über das Prinzipielle nicht Streit sei. Die Identität dessen, was gilt, ist nicht einem Bewußtsein, sondern der Objektivation im geistlosen Sein, im „Buchstaben", anvertraut. Erst durch die Vermittlung des Buchstabens hat der Geist des Gesetzes die Objektivität und Allgemeinheit, die seinem Wesen entspricht. Die Auslegung und Anwendung bleibt auf das menschlich begrenzte Rechtsbewußtsein angewiesen. Und da fehlt es am Streit der Meinungen nicht.

Noch eine andere Seite dieser Sachlage kommt in der bestehenden Moral zur Geltung. Es geht hier nicht um das Bewußtsein der Normen, Gebote oder Werte allein, sondern unmittelbar und stets um das Entscheiden, Wollen, Handeln unter ihnen. Gäbe es nun ein Gemeinbewußtsein, dem Initiative und Freiheit eignete — und nur ein solches könnte ethisches Gemeinbewußtsein sein —, so trüge nicht der Einzelne für sich Verantwortung und Schuld. Es wäre von jenem über ihn entschieden;

er aber stünde nicht nur unschuldig da, sondern auch unzurechnungsfähig und entmündigt.

Damit ist gesagt, daß er gar nicht mehr sittliches Wesen wäre. Er stünde unter dem ethischen Gemeinbewußtsein wie ein Ding unter seinen Naturgesetzen. Ein solches Gemeinbewußtsein also würde das Ethos schlechterdings aufheben.

Die bestehende Moral ist offenbar kein Gemeinbewußtsein. Auch abgesehen davon, daß kein Phänomen dafür spricht, könnte sie es nicht sein, ohne sich selbst aufzuheben. Sie ist vielmehr nur das objektiv Gemeinsame im Ethos der Individuen, und zwar als die in ihrem lebendigen gemeinsamen Wertempfinden bestehende Geltung der gleichen Werte, ihr gemeinsames Erfaßtsein von ihnen. So wenigstens ist es, solange eine bestimmte Moral wirklich geltend ist. Weder die Gemeinschaft als Ganzes kommt hier für den Einzelnen auf, noch auch ein ihn betreuendes Bewußtsein außer oder über ihm. Gemeinsam ist nur zweierlei: 1. das Gültige, die Norm, der Wert, und 2. das Aufgeschlossensein der Menschen für dessen Geltung. Nicht gemeinsam ist der bewußte Wille, die Gesinnung, die Tat, die sich für oder wider das Geltende einsetzt.

Das aber heißt offenbar: das Gemeinsame in der Moral haftet am Objektiven in ihr; es hat nur die Seinsform des Gemein-Geistes, nicht die des Gemeinbewußtseins — geschweige denn die der Gesamtperson.

d. Das Bewußtsein von Sprache, Kunst, Lebensstil.

Ähnlich, nur nicht so zugespitzt, liegt die Sache bei der Sprache. Sprechen kann nur der Einzelne. Ein objektiver Geist von sich aus spricht so wenig, als er will und handelt. Man kann auch nicht sagen, daß die lebende Sprache spreche. Sie wird gesprochen. Die Rede ist allein Sache des Menschen.

Das Gemeinsame ist hier wie überall im Geistesleben nur der Geist selbst. Der Geist der Sprache verbindet die Menschen, nicht ein sprechendes oder sprachbildendes Etwas hinter ihnen. Und hier so wenig wie in der Moral gibt es ein adäquates Bewußtsein. Das des Einzelnen reicht nicht zu, in ihm geht der ganze Geist der Sprache nicht auf. Und was wir Beherrschen einer Sprache nennen, ist viel mehr ein Beherrschtsein von ihr. Aber das Beherrschtsein ist kein Beisammenhaben in einem Überblick.

Noch greifbarer wird das auf dem verzweigten Gebiet von Lebensstil, Geschmack, Anstand, konventioneller Sitte, Selbstformung, Selbstauffassung, Mode. Hier würde auch nicht leicht jemand auf den Gedanken kommen, es könnte ein Gesamtbewußtsein dahinterstehen. Dennoch ist die eigenartige, bis in gleichgültige Äußerlichkeiten gehende Gleichformung der Personen gerade auf diesem Gebiete eine frappierende und könnte an sich ebensogut wie auf anderen Gebieten es nahelegen, eine Art bewußter Drahtzieherschaft hinter den Kulissen der Gesellschaftsbühne zu suchen. Das Unsinnige der Sache liegt nur aus anderen Gründen hier sichtbar auf der Hand. Denn nichts ist charakteristischer als die tiefe Irrationalität, mit der Geschmack und Lebensstil sich wandeln. Ja, schon in der bloßen Art, wie die Einzelnen von Formen dieser Art beherrscht sind, liegt deutlich eine gewisse Bewußtseinsfremdheit. Auch finden wir allen Bezug auf sinngebende Momente weit außerhalb dieser Sphäre, tief hinter ihr gelagert, so daß sie in sich selbst sogar leicht eine gewisse Sinnentblößtheit zeigt, sobald man sie isoliert ins Bewußtsein hebt.

In der eigentlichen Kunst ist das freilich ganz anders. Die Sinnmomente stehen ganz im Vordergrunde. Auch gibt es hier wohl ein Bewußtsein von Stil und Geschmack. Aber es ist einzig das des Menschen, des Künstlers, des Beschauers. Und im Menschen wiederum ist es weder primär mit der Sache gegeben, noch auch ein ihr adäquates. Es folgt vielmehr erst in einem gewissen Abstande nachhinkend und bleibt in dauernder Halbheit hinter dem lebendigen künstlerischen Empfinden zurück. Denn dieses ist ein ganz anderes Bewußtsein. Es hat nicht Geschmack und Stil zum Gegenstande, auch nicht die „Kunst" als solche, sondern einzig das Kunstwerk. Es „ist" selbst Geschmack und Stilempfinden, ja es gehört zum geschichtlichen Sein der Kunst. Das Objektive in ihm ist das inhaltlich Gemeinsame des künstlerischen Geistes. Nicht aber ein Gemeinbewußtsein.

Diese Beispiele mögen genügen. Sie lassen sich leicht über alle Gebiete erweitern. Das Verhältnis ist prinzipiell überall dasselbe.

34. Kapitel. Hegels Bestimmungen und ihre Folgen.

a. Der nur ansichseiende Geist.

In diesem Zusammenhange ist auf die Tatsache hinzuweisen, daß der Entdecker des objektiven Geistes, Hegel, gerade dem Punkte, der uns hier beschäftigt, vollauf Rechnung getragen hat. Das ist um so bemerkenswerter, als er auf Grund seiner Annahme einer allgemeinen Geist-Substanz es leicht gehabt hätte, auch ein allgemeines Bewußtsein zu verfechten. Es mußte auf dieser Basis naheliegen, dem objektiven Geist ein Selbstbewußtsein zuzuschreiben, dessen Subjekt nicht das des Menschen ist. Das aber hätte noch eine andere „Reflexion in sich" verlangt, es hätte die Form eines unmittelbaren „Fürsichseins" des objektiven Geistes erfordert.

Hegel aber, der hierin treulich den Weg der „Phänomenologie" des Geistes verfolgte, d. h. der „Erfahrung" folgte, die der Geist mit sich selber macht, fand ein solches Phänomen nicht und hütete sich wohl, das Fehlende konstruktiv hinzuzufügen. Er sah vielmehr deutlich, daß es dem geschichtlichen Geist in seinen Grunderscheinungsformen gerade am Fürsichsein fehlt, daß er vielmehr unmittelbar nur die Form des „Ansichseins" hat.

Er meinte mit dieser Bestimmung nicht, daß es überhaupt kein Bewußtsein des objektiven Geistes gebe. Schon sein eigenes Tun in der Lehre vom objektiven Geist hätte dem widersprochen. Er sah sehr wohl, daß im subjektiven Geiste des Einzelnen stets ein gewisser Ansatz dazu vorhanden ist. Aber er sah auch, daß dieses Bewußtsein nicht das des objektiven Geistes ist, sondern das unsrige, das der Individuen. Objektiver Geist ist überhaupt nicht Subjekt, sondern Objekt, nicht Bewußtsein, sondern Gegenstand möglichen Bewußtseins.

Mittelbar gibt es hiernach wohl ein Fürsichsein des objektiven Geistes. Aber da er es nicht in sich, sondern in uns hat, deckt es sich nicht mit seinem Ansichsein, gehört nicht mit zu ihm. Man kann nicht sagen, daß er das, was er an sich ist, auch für sich wäre. Im Geiste des Individuums verkennt er sich jederzeit ebensosehr, als er sich erkennt. Er reflektiert sich in diesem wohl, aber nur bruchstückweise. Das Bewußtsein des Individuums ist ihm inadäquat. Es kann ihm das wirkliche, eigene Selbstbewußtsein, das ihm fehlt, nicht ersetzen.

b. Objektiver Geist als unvollständiger Geist.

Es verlohnt sich, bei diesen immerhin metaphysisch belasteten Bestimmungen zu verweilen — nicht um sich auf sie festzulegen, sondern um ihrer Kraft und Objektivität trotz der Belastung gerecht zu werden.

Geht man nämlich davon aus, daß alles, was uns als seiend bekannt ist, uns entweder als Objekt oder als Subjekt gegeben ist — eine Einteilung, die nicht das Sein, sondern durchaus nur die Gegebenheitsweise betrifft —, so fällt der geschichtliche Gemeingeist unter die Gegebenheitsform des Objekts. Wir konstatieren ihn im Erfahren und Erleben nicht als etwas dem eigenen Bewußtsein Zugehöriges, sondern als ein ihm Gegenüberstehendes, als ein Reales außer uns. Wir erfahren ihn im Leben als eine von uns unabhängige Macht, mit der wir uns stellen, auseinandersetzen müssen, die wir erkennen oder verkennen können, wie andere Realobjekte auch.

Daß wir selbst auch in unserem Bewußtseinstypus von ihm durchzogen und durchformt sind, tut dem keinen Abbruch. Denn gerade das ist eine Einsicht, zu der wir uns erst besonders durchringen müssen. Für den Einzelnen ist er zunächst gegeben als eine Geformtheit der nächsten

Außenwelt, sofern sie die Menschenwelt ist, als eine Formung der Mitwelt, des Milieus, des Bestehenden, Geltenden, in Kraft Seienden. Der Einzelne eben tritt in diese geformte geistige Mitwelt nicht anders hinein als auch in die naturgeformte Welt. Beide sind ihm in gleicher Weise zunächst das Äußere, die Außenwelt. Beide sind durchaus Objektwelten. Ja, beide zusammen machen vielmehr erst die eine gemeinsame Außenwelt aus, die der Inbegriff möglicher Objekte ist.

In diesem Sinne steht der objektive Geist zunächst immer in einer Linie mit der Natur da, viel mehr als mit dem subjektiven Geist. Die geistigen und die natürlichen Ereignisse greifen untrennbar ineinander; geschichtliches und dingliches Geschehen sind in einen einzigen Gesamtprozeß des Weltgeschehens verflochten. So gesehen ist der geschichtliche Geist, in dem wir leben, in der Tat „objektiv" gegeben wie der Kosmos, in dem wir leben, — beides natürlich in den Grenzen jeweiliger Erfahrung.

Wie es andererseits eine Natur „in uns" — im Leben der Triebe, Neigungen etc. — gibt, so auch den Geist in uns, der immer in der großen Masse seines Inhalts schon übernommener Gemeingeist ist. Aber wie die Natur uns in erster Linie nicht als Natur in uns, sondern als Natur außer uns greifbar wird, so auch der Gemeingeist. Und da dieses Verhältnis der Gegebenheitsweisen nicht willkürlich umkehrbar ist, so ist auch der Charakter des Gemeingeistes als eines „objektiven" für uns nicht umkehrbar. Und auch wenn wir ihn in späterer Reflexion auf das eigene Subjektive wirklich in uns wiederfinden, so bleibt er uns doch jederzeit der „eine Welt formende und in seinen Formen festhaltende Geist" — eine Welt, in der wir ebenso leben wie im Kosmos.

Das ist die andere Seite des objektiven Geistes. Es ist diejenige, die der Hegelschen Begriffsprägung ursprünglich zugrunde liegt. Und insoweit dürfte gerade Hegel das Grundphänomen in aller Reinheit geschaut haben. Vor allem ist daran dieses zutreffend erschaut, daß gerade der „objektive" Geist, als solcher genommen, durchaus unvollständiger Geist bleibt. Es fehlt ihm etwas, was zum vollen Wesen des Geistes unerläßlich gehört: das Fürsichsein. Und er kann dieses nicht haben, weil er nicht Bewußtsein ist. Er kann es nur in einem Bewußtsein haben, also nicht in sich haben. So bleibt er mit seiner Vervollständigung auf die Ergänzung durch den personalen Geist angewiesen.

c. Höhere und niedere Seinsform des Geistes.

Wie schwer diese seine Unvollständigkeit ins Gewicht fällt, wird sich in vollem Umfange erst im nächsten Kapitel zeigen. Es handelt sich hier um eine Art unaufhebbarer Bedürftigkeit, einen echten modus deficiens, eine ganz bestimmte Form ontischer Unselbständigkeit, ein Angewiesensein und Stets-Angewiesen-Bleiben auf den personalen Einzelgeist. Denn ohne einen gewissen Einschlag von Bewußtsein — im Wissen seiner selbst — kann der Geist nicht bestehen. Auch nicht als objektiver.

Wie er sich über dem individuellen Geist der Einzelnen erhebt, ein Überbau über ihrem Leben, getragene Superexistenz, so muß er in seiner eigenen folgerichtigen Entfaltung doch stets wieder zu ihm zurückkehren. Er muß den personalen Geist gleichsam zu Hilfe rufen. Nur bei ihm findet er, was er zur eigenen Vollständigkeit braucht. Er muß sich das Bewußtsein, zu dem er als superexistierender nicht gelangen kann, vom personalen Geiste „leihen".

Dieses Verhältnis ist ontologisch von größtem Gewicht. Es beweist, daß der objektive Geist, für sich genommen, keineswegs die in jeder Hinsicht höhere Seinsform ist. Er ist nur ein Seinsgebilde höherer Größenordnung, und insofern ist er dem personalen Geist ähnlich überlegen wie die Natur. Aber Überlegenheit dieser Art ist nur eine solche der Macht und durchaus nicht ohne weiteres auch der Seinshöhe. Das Individuum behauptet ihm gegenüber eine Überlegenheit anderer Art. Es hat die Kategorien der Subjektivität, Bewußtheit, Personalität vor ihm voraus. Es ist also in seiner Weise auch wiederum unaufhebbar das höhere Gebilde, der vollständiger ausgeformte Geist. Nur der Einzelmensch ist verantwortliches Wesen, nur er hat eigentlichen Willen, Initiative, Entscheidungskraft. Alles dieses, und alles, was darauf beruht, hängt am Bewußtsein.

Der Ausgleich aber liegt darin, daß beide Seinsformen des lebenden Geistes isoliert gar nicht vorkommen. Es gibt den personalen und den objektiven Geist nur zusammen, in Wechselbezogenheit und Wechselbedingtheit, nur als Einheit des Ineinanderseins, als Gefüge. Und gerade dieses, daß jeder seinen Vorzug, seinen ontischen Vorrang, seine besondere Art Überlegenheit hat, ist dabei wesentlich.

Ein persönlicher Geist ohne objektiven wäre arm, inhaltslos, leer; denn alles Inhaltliche in ihm baut sich im Übernehmen auf. Und ein objektiver ohne persönlichen wäre bewußtlos, blind. Beides ist offenbar ein Nonsens. Keiner von beiden kann sich vom anderen absondern. Sie sind in aller Strenge durch ihr eigenes Wesen aneinander gefesselt. Der persönliche Geist hat am objektiven die Macht, die ihn erst einmal auf das Niveau hebt, sodann die Atmosphäre, in der er lebt und atmet. Der objektive aber hat am persönlichen nicht nur den ephemeren Träger und Beweger, sondern auch die Bewußtheit, sein Fürsichsein, seine Krönung.

35. Kapitel. Leitende Funktion und stellvertretendes Bewußtsein.

a. Das Erfordernis bewußter Initiative im Gemeinwesen.

Wenn es sich so auf allen Gebieten bewahrheitet, daß der objektive Geist kein eigenes Bewußtsein hat, daß es wohl ein Bewußtsein von ihm gibt, aber nicht in ihm, sondern nur in uns, so muß das wohl auch in derjenigen Schicht des Geistes gelten, in der es sich um Gestaltung, Formgebung und Leitung der Gemeinschaft handelt, in der Schicht des sozialen Lebens, des Gemeinwesens und der Politik. Und es ist leicht vorauszusehen, daß gerade hier die Sachlage sich eigenartig zuspitzen muß, daß sie sich hier als besonders folgenschwer, ja geradezu als katastrophal erweisen muß.

Man bedenke: ein geschichtlich bestehendes Gemeinwesen will „regiert" sein, es kann nicht im bloßen Dahintreiben fortbestehen, es bedarf von Augenblick zu Augenblick der leitenden Hand, der Führung. Sein Leben besteht in einer einzigen, ununterbrochenen Kette laufender Angelegenheiten, Schwierigkeiten, Streitigkeiten, Nöte, politischer Situationen, Aufgaben. Die Angelegenheiten wollen erledigt werden, der Streit will beigelegt, die Schwierigkeit behoben, die Not gestillt, die Situation ausgewertet, die Aufgaben erfüllt werden. Der Staat muß eingreifen, er muß entscheiden, handeln; und zwar ebensosehr nach innen wie nach außen. Er steht nicht allein da in seiner Zeit und Weltlage, er ist einer von vielen koexistierenden. Die politische Verwickelung in der Koexistenz ist eine stets neue Sorge. Es müssen Maßnahmen getroffen werden, und nicht für den Augenblick allein, sondern für die künftige Entwicklung.

Es ist klar, daß dieses alles nur von einem Bewußtsein geleistet werden kann. Erkenntnis der Sachlage, Voraussicht, das Erfassen der Chance, die Entscheidung in gegebener Situation, die Initiative der Ausführung — das alles ist spezifische Sache eines Bewußtseins. Der Staat als solcher aber hat kein Bewußtsein. Wie also soll er handeln? Wie soll Entscheidung gefällt, Initiative aufgebracht werden? Der Gemeingeist, der in einem Volke lebt, dem also diese Funktionen von Rechts wegen zufallen müßten, ist dazu außerstande. Er hat wohl geschichtliche Individualität, aber nicht Personalität, es fehlt ihm das Subjekt, das Bewußtsein.

Die Menge der Einzelpersonen schafft es erst recht nicht. Es hat in ihr wohl jeder sein Bewußtsein, aber weder ist es ein Bewußtsein des Ganzen in seiner Ganzheit, noch ist es in allen das gleiche. Weder die Meinungen noch die Willensrichtungen und Ziele sind dieselben. Es gibt wohl eine Majorität, und die kann durch bestimmte öffentliche

Einrichtungen auch herausgestellt werden; aber weder hat sie die Beweglichkeit, dem laufenden Wechsel der Situationen nachzufolgen, noch ist aus ihr eine wirklich greifbare volonté générale ablesbar. Eine solche besteht nur der Idee nach, nicht als tatsächlicher Wille Aller. Die wirkliche Menge ist jederzeit ebenso vielköpfig als kopflos.

b. Die Stellung des repräsentierenden Individuums.

Hier ist nun der Punkt, in dem es eines leitenden und waltenden Bewußtseins höherer Ordnung dringend bedürfen würde. Da aber der objektive Geist ein solches nicht hat, der Staat aber keine Stunde ohne lebendes Bewußtsein leben kann, so schafft er sich für den modus deficiens eine Art Ersatz: er sucht sich und findet das stellvertretende Bewußtsein — und zwar dort, wo allein es zu finden ist, bei der menschlichen Einzelperson. Er greift damit zu einem Surrogat. Aber er hat keine Wahl. Es gibt für dieses Erfordernis nur das Surrogat. Er erhebt den Einzelnen als das repräsentierende Individuum an die leere Stelle des leitenden Bewußtseins. Er gibt sich den künstlichen Kopf, den er an sich nicht hat.

Ob das in patriarchalischer oder parlamentarischer Form geschieht oder in sonst einer, ist prinzipiell gleichgültig. Ob es der „König" ist, der führend und verantwortlich auftritt, oder der Staatsmann, oder eine aus wenigen Köpfen zusammengesetzte „Regierung", das ändert an der Sache nichts. Immer aber ist es die Macht und die Verantwortung, die das repräsentierende Bewußtsein trägt. Und eben darin besteht seine Funktion, den Staat wissend und handelnd zu repräsentieren. Dasselbe Prinzip ist es noch bei den gewählten Vertretern eines Volkes, die gemeinsam ein Parlament bilden. Das gerade bedeutet ihr Gewähltsein, daß sie repräsentieren sollen, daß ihnen Verantwortung und Macht übertragen ist. Ja, dasselbe ist es auch noch in allen Teilfunktionen, Ämtern und Posten im Staate. Ein jeder Posten hat seine bestimmte Zuständigkeit, seine besonders geartete Verantwortlichkeit. Und ein jeder erfordert ein eigenes ganzes Bewußtsein.

Dieses Verhältnis ist so grundlegend, daß die Art, wie das Individuum in repräsentierende Stellung erhoben wird, dagegen relativ gleichgültig wird. Ob es durch Erbfolge, Wahl oder durch persönliche Tüchtigkeit und Überlegenheit des Einzelnen selbst geschieht, ob der Weg ein legitimer oder ein Gewaltakt ist, das Verhältnis selbst ist, wo es sich einer gewissen Stabilität nähert, doch das gleiche. Auch der Usurpator tritt faktisch in dieselbe Verantwortung, wie denn die Stellung, die er usurpiert, dieselbe Stellung des repräsentativen Bewußtseins ist. Und halten kann er sich in ihr nur, wenn er sie ihrem Sinne gemäß auszufüllen weiß. Denn der Einzelne hat Macht nicht als Einzelner, sondern nur als Repräsentierender. Seine Macht ist verliehene Macht, und sie besteht nur, solange sie ihm verliehen wird. Quelle der Macht ist und bleibt der lebende objektive Geist, der Machthaber ist und bleibt getragen von ihm. Er kann sich nur in Einzelheiten von seiner Gesamttendenz entfernen, nicht im Ganzen und nicht auf die Dauer. Denn nur Bewußtsein, Initiative, Aktionsfähigkeit ist es, was das repräsentierende Individuum dem objektiven Geiste verleiht; die bestehenden Bedürfnisse, Nöte, Tendenzen kann es nicht ändern. Die verliehene Macht zwingt es in ihren Dienst. Und dieser Zwang ist kein bloß moralischer. Er ist ein höchst realer und unentrinnbarer.

An diesem Punkte wird der Unterschied des staatlich-politischen Lebens von jeder anderen Art des Geisteslebens greifbar. Zwar gibt es auf allen Gebieten die gelegentliche Führung einzelner Persönlichkeiten, und überall hängen die großen Errungenschaften oder Bewegungen an solcher Führerschaft. Am bekanntesten ist das in der Kunst; aber auch in der Religion, in der Moral, im Recht, im Lebensstil gilt das gleiche. Der Unterschied ist nur: diese Gebiete des Geisteslebens sind nicht notwendig auf einheitliche Führerschaft angewiesen. Sie können auch ohne führendes Bewußtsein und ohne leitende Initiative fortbestehen. Es bedarf hier nicht der Initiative und Aktionsfähigkeit des geschichtlichen Geistes.

Nur der Staat kann ohne sie nicht bestehen. Nur im politischen Leben muß von Augenblick zu Augenblick das „Ganze" sich wissen, Künftiges vorsehen, Entscheidungen treffen, handeln und im Handeln verantwortlich sein. Wenn man erwägt, was es heißt, einen Frieden schließen, einen Vertrag mit dem fremden Staate unterzeichnen, ein Abkommen zwischen inneren Machtgruppen treffen, so leuchtet das unmittelbar ein. Nur eine bestehende, wirkliche, d. h. den wirklichen Rückhalt in der Staatsgemeinschaft habende Regierung kann Verträge schließen. Der Sinn des Vertrages ist eben das Einstehen dafür, daß das Ausgemachte eingehalten werde.

Nichts Ähnliches gibt es auf anderen Geistesgebieten[1]). Überall sonst ist die geistige Führung nur eine gelegentliche. Nur im Staate handelt es sich um konstitutive Führung des stellvertretenden Bewußtseins. In der Wissenschaft ist führend, wer zur Zeit auf einem Spezialgebiete einen Schritt voraus ist; aber er tritt automatisch zurück, sobald

[1]) Wenigstens im Großen nicht, nicht den ganzen lebenden Geist und sein Schicksal betreffend. Im Kleinen schließen auch die Einzelpersonen ihre Verträge, aber sie sind selbst bewußte, aktionsfähige Wesen; desgleichen die korporativen Verbände jeder Art und Größenordnung, und auch sie tun es durch ihre repräsentierenden Persönlichkeiten, ihre Vorsitzenden, Geschäftsführer, Ausschüsse. Das System ist dasselbe. Es betrifft nur nicht das Ganze eines geschichtlich lebenden Geistes.

er sachlich überholt ist. Ähnlich ist es in der Dichtung, der Musik, den bildenden Künsten und wo immer sonst Führergestalten hervortreten. Hier überall hat der Entwicklungsgang des objektiven Geistes sein Eigengesetz in sich, und eine autoritative oder konstituierte Führerschaft des Einzelnen kann den geraden Weg nur verfälschen, die lebendige Bewegung hemmen. Das politische Leben dagegen kann nicht bestehen ohne konstituiertes vertretendes Bewußtsein, in dem Wissen, Vollmacht und Verantwortung sich vereinigen. Ja im allgemeinen gilt der Satz, daß schlechte Führung immer noch besser ist als keine, sofern es nur eine wirkliche und in der Macht stehende ist.

c. Der Sinn des modus deficiens.

Dieses Verhältnis ist ein in sich selbst durchsichtiges und ein wohlbekanntes. Über sein Bestehen ist kein Streit. Nur darüber kann man verschiedener Meinung sein, wie man seinen Sinn vom Gesichtspunkt des geschichtlichen Geisteslebens aufzufassen hat. Denn wie sehr auch das Leben des Staates in dem des Geistes nicht aufgehen mag, es steckt in ihm doch ein eminentes Geistproblem.

Im Zusammenhang der geschilderten Phänomene nun läßt sich die Sachlage so ausdrücken: für alle anderen Gebiete des Geisteslebens ist die Existenzform des objektiven Geistes eine zureichende. Nur für das politische Leben ist sie nicht zureichend. Hier tritt der modus deficiens an ihr in den Vordergrund.

Der Staat bedarf des personalen Geistes in einem anderen Sinne, als Kunst und Wissenschaft seiner bedürfen. Für diese genügt die Einzelperson als tragendes und integrierend bewegendes Moment. Der Staat bedarf ihrer als des leitenden und handelnden Prinzips. Er bedarf ihrer also im vergrößerten Maßstabe, in repräsentativer Erhobenheit über das individuelle Privatmenschentum. Er stellt damit eine Anforderung an das Individuum, mit der er es der Idee nach über sich hinaushebt. Für ihn genügt das Ergänzungsverhältnis nicht, in dem auf allen Gebieten personaler und objektiver Geist stehen. Er bedarf einer Ergänzung des bloß objektiven Geistes, die von anderer Art ist. Und da er sie nur in demselben personalen Geiste des Einzelnen finden kann, den er als Träger jederzeit zur Voraussetzung hat, so muß er das Bewußtsein, das er als solcher nicht hat, von diesem leihen. Er muß die Einzelperson zu Hilfe rufen in Ermangelung eigener Personalität. Und das will sagen, er muß sie dorthin rufen, wo sie ihrem Wesen nach nicht steht, an die Leerstelle großen Formats, die er seinem Wesen nach offen läßt und von sich aus nicht ausfüllen kann.

Von hier aus gesehen gewinnt die Tatsache, daß objektiver Geist weder Person noch Bewußtsein ist, ein sehr ernstes Gesicht. Sie wird an ihm als Mangel sehr fühlbar. Daß es wohl ein Bewußtsein des objektiven Geistes gibt, nur nicht in ihm, sondern in uns, will dem gegenüber wenig besagen. Denn das menschliche Einzelbewußtsein ist nicht das ihm adäquate. Es ist ein Ersatz, ein Surrogat für das fehlende Gemeinbewußtsein. Es macht den Staat als solchen nicht zum bewußt handelnden Wesen, nicht zur Gesamtperson in dem Sinne, wie der Einzelne für sich Person ist.

d. Die Inadäquatheit des stellvertretenden Bewußtseins.

Wäre das auf den Posten gehobene stellvertretende Bewußtsein dem Sein des objektiven Geistes adäquat, so müßte sich der Mangel ausgleichen. Dem aber ist nicht so.

Der Einzelmensch kann das fehlende Gemeinbewußtsein nicht vollwertig ersetzen. Er ist ein Wesen inferiorer Größenordnung. Wie seine Person den Staat nur vertreten, nicht umfassen kann, so kann auch sein Bewußtsein ihn nicht umspannen, nicht im Ganzen seines Gefüges durchschauen. Es kann also nicht einmal ihm als Gegenstand gerecht werden. Und eben das müßte es, um zureichendes Bewußtsein des Staates zu sein.

Das wirkliche politische Leben bleibt allemal nicht nur sich selbst — in den Individuen der Menge —, sondern auch ihm, dem leitenden Bewußtsein, teilweise unbewußt. Das geliehene Bewußtsein ist notwendig inadäquat. Weder das prinzipielle Erfordernis, noch der reinste Wille, noch auch die aktuell bestehende geschichtliche Notlage kann hier helfen. Alle Politik, soweit sie nicht bloß in schicksalhaftem Werden, sondern in aktivem Entscheiden und Durchführen besteht, ist Menschenwerk und trägt alle Merkmale menschlichen Tuns: Einseitigkeit, Kurzsichtigkeit, partikuläre oder subjektive Bedingtheit. Der persönliche Geist ist den Anforderungen des objektiven grundsätzlich nicht gewachsen. Seine Tragkraft ist keine übermenschliche.

Der Volksmund sagt: wem Gott ein Amt gibt, dem gibt er auch den Verstand. Ein optimistischer Glaube — auf den Posten höchster Verantwortung im Staate trifft er schwerlich zu. Dennoch kann ein Gemeinwesen geschichtlich nicht wohl bestehen ohne diesen Glauben. Hat die Menge nicht in irgendeiner Form das hohe Zutrauen, daß der Regierende Kraft und Weisheit besitze, seiner verantwortlichen Stellung gerecht zu werden, so kann sie gar nicht zu ihm stehen, kann seinem Tun also auch nicht den Rückhalt geben, in dem seine Macht besteht. Eine Regierung, die dieses Zutrauen der Staatsbürger nicht besitzt, ist eine schwache und im entscheidenden Augenblick machtlose Regierung. Ihre Macht ist verliehene Macht; das „Verleihen" aber ist nicht ein zeitlich einmaliger Akt, es erschöpft sich nicht in einem Erwählen, Ernennen,

Einsetzen, oder auch einem Huldigungsakt, es ist auch nicht identisch mit dem Erheben auf den Posten; das Verleihen der Macht vielmehr ist ein dauerndes und besteht in nichts anderem als dem wirklichen Zutrauen der Staatsbürger zu ihrer Regierung. Darum ist die Macht selbst eine wirkliche und wohlgegründete nur, solange dieses Zutrauen währt.

In der öffentlichen Meinung spiegelt sich die verliehene Macht im Prestige, in der Popularität, in der geglaubten Überlegenheit der regierenden Persönlichkeiten. Das Prestige des Königs, der Dynastie, des erprobten Staatsmannes, oder auch eines Kabinetts ist die Grundbedingung der Aktionsfähigkeit des Staates selbst. Jede Stärkung des Prestiges ist Macht des Staates, jede Schwächung Ohnmacht des Staates. Daher die geschichtliche Bedeutung der Idee des Gottesgnadentums, solange diese Form des Zutrauens dem frommen Glauben der Menge entspricht; denn sie bedeutet die Voraussetzung höherer Erleuchtung des legitimen Herrschers.

Es liegt aber im Wesen des Menschen, daß er, auch an die höchste Stelle gehoben und vom kühnsten Glauben der Menge getragen, doch nur Mensch bleibt. Er kann grundsätzlich nicht über sich hinaus, bleibt des Übermenschlichen unfähig. Der Glaube der Menge vermag ihm nur die Macht zu geben, nicht die Einsicht und nicht die Reinheit des Willens. Er kann ihm nicht die über Menschenmaß gehende Fähigkeit verleihen, das dem Gemeingeist fehlende Gemeinbewußtsein, Person gewordener Gemeinwille zu sein. Er kann dem Allzumenschlichen nur die Kraft der Idee entgegenhalten. Und diese freilich kann den für sie Empfänglichen in gewissen Grenzen über sein privates Menschentum hinausheben. Aber nicht bis zur Verwirklichung der Idee.

e. Der vom objektiven Geiste erhobene Mensch.

Nach zwei Seiten gebricht es dem Menschen an Kraft, der vom objektiven Geiste erhobene zu sein: nach der intellektuellen und nach der moralischen Seite, der Weisheit nach und dem Ethos nach.

Es gibt keinen Menschenverstand, der das Ganze einer politischen Gesamtsituation so umfassen könnte, wie er die private Situation im persönlichen Leben umfaßt. Es gehört dazu außer den Hintergründen gegenwärtiger Verwickelung jederzeit auch ein beträchtliches Stück des Künftigen. Und dieses muß vorausgesehen werden. Je weitsichtiger eine politische Aktion angelegt ist, um so bedeutungsvoller, gewichtiger, folgenreicher ist sie, um so mehr Chance hat sie, etwas zu erreichen. Hier aber versagt menschliche Vorsehung schon bei den nächsten Schritten. Der Mensch ist nur im Kleinen vorsehend.

Ebenso gibt es keinen menschlichen Willen, der dauernd und ganz in reiner Hingebung an den Staat, an Amt und Aufgabe aufgehen könnte.

Der Mensch bleibt auch darin Mensch, er wächst auch moralisch nur begrenzt über sich hinaus. Das Privatinteresse, die persönliche Sympathie und Antipathie meldet sich irgendwo, und natürlich dort am meisten, wo er um sie nicht weiß. Unversehens drängt sie sich vor die bewußt errungene Objektivität.

Und selbst wo das alles schweigt, sprechen doch noch die übernommenen und eingewurzelten Interessen partikulärer Art mit, die einer Gruppe, einer Klasse, einer Partei. Denn irgendeiner engeren Runde entstammt stets auch der führende Politiker. In der Regel ist es direkt die Partei, die ihn an seine Stelle gehoben hat, und zwar zum Zweck der Durchsetzung ihres Programms. Rechtfertigt er nun diesen Zweck, so ist er der unrechte Mann vom Standpunkt des Staates; er bleibt Parteiführer, wo er Staatsführer sein sollte. Opfert er ihn dem größeren Interesse des Staates, so ist er der unrechte Mann vom Standpunkt der Partei und stößt die Machtgruppe zurück, die ihn trägt. So kommt zu aller menschlich-innerlichen Begrenztheit noch die äußere Gebundenheit durch die partikuläre Einstellung.

Niemand hat die Kraft, sich innerlich ganz mit dem objektiven Geiste zu identifizieren, so wie es der Idee politischer Führerschaft entsprechen würde. Er müßte dazu aufhören, Privatperson zu sein, als Mensch empfindend, verletzbar zu sein. Sein Bewußtsein müßte ganz zum Organ des Gemeinwesens werden. Wohl kann das Gesetz in gewissen Grenzen die äußere Bedingung dafür schaffen, die Sakrosanktheit. Aber weder kann das Gesetz die moralische Angreifbarkeit aufheben — stets werden Gegner, Neider, Besserwisser mit der Verleumdung arbeiten und Gehör finden — noch kann es den Machthaber selbst innerlich vor seinem Allzumenschlichen schützen, und sei es auch nur vor der Verführung, die in der verliehenen Macht und im bloßen Stehen auf der Höhe liegt.

Die Macht ist ein eigenartiger Versucher. Es ist nicht wahr, daß sie den Ehrgeiz des moralisch Starken nur befriedigt. Sie kann ihn ebensosehr auch erst erwecken, und zwar in ungeahntem Maße. Wohl kann der gesteigerte Ehrgeiz des Einzelnen auch in höherem Sinne dem Staate dienen; und in dieser Hinsicht läßt er sich wohl gar als eine Form verstehen, in der der vom objektiven Geist erhobene Mensch an das Übermenschliche seiner Aufgabe heranwächst —, gleichsam als ein Modus der Person, überpersönlich zu sein. Aber er kann ihm auch alle Maßstäbe verwirren, ihm und dem Staate zum Verhängnis werden.

f. Die Verwurzelung geschichtlicher Zufälligkeit im Wesen des Geistes.

Das politische Geschick der Völker ist im großen Ganzen nicht zweckgeleitet, nicht vom Bewußtsein zusammengehalten, überwacht und erfaßten Aufgaben gemäß gesteuert. Es ist, im Großen gesehen, ebensosehr

Verfehlen als Treffen, in seinen Abläufen ebensosehr sinnwidrig als sinnerfüllend. Es ist einer Fülle unbekannter, undurchschauter, ja vielfach ganz ungeahnter Mächte preisgegeben. Nur zum geringsten Teil sind es Mächte „äußeren" Ursprungs, zum größten Teil sind es solche, die von innerer Entwicklung der Verhältnisse im Staate selbst hervorgetrieben werden. Aber zumeist sind es Mächte, die erst greifbar werden, wenn sie schon gewirkt, schon eine Situation geschaffen haben, die der Mensch dann nur noch erkennen, nicht aber aufhalten kann.

Vom Gesichtspunkt des Menschen und seines Bewußtseins aus — auch des ins Objektive gehobenen — ist das Geschick von Volk und Staat eben damit dem „Zufall" preisgegeben. Denn was wir Zufall nennen, ist der Inbegriff unbekannter Faktoren im Gefüge des laufenden Weltgeschehens. Wie der Mensch sein privates Geschick nur in sehr beschränktem Maße bestimmen kann, so erst recht das politische Geschick des Gemeinwesens. Und da außer ihm niemand ist, es zu lenken, so macht es geradezu den Grundzug geschichtlichen Geschehens aus, daß es aller Anstrengung des Menschen zum Trotz im Ganzen doch ohne Lenkung und sinnerfüllende Zweckgerechtigkeit läuft.

Bis in das Tun des großen Staatsmannes hinein läßt sich dieser Einschlag der Zufälligkeit verfolgen. Jeder Politiker hat seine Gegenspieler, die äußeren wie die inneren. Sein Gelingen ist wesentlich sein Sich-Durchsetzen gegen sie. Aber wie weit es auf seiner Kraft, wie weit auf der Schwäche des Gegenspielers beruht, dafür gibt es keine objektiven Maßstäbe. Ohne die Chance, welche die fremde Schwäche bietet, ist der eigene Schachzug aussichtslos. Freilich liegt die Überlegenheit eines Führenden gerade im Erfassen der Chance. Aber diese selbst kann er nicht schaffen, sie muß sich „von selbst" zur rechten Zeit einstellen. „Glück" muß man haben — so haben gerade die Größten unter den Großen gedacht. Sie haben ihr Tun als Wagnis empfunden, als Sprung ins Ungewisse, und — an ihr Glück geglaubt. Dieser Glaube ist die Form ihres Wissens um die geschichtliche Zufälligkeit und ihres Rechnens mit ihr.

Der Gang der Geschichte ist nur im Kleinen zweckgerecht geleitet. Im Großen kann er es nicht sein. Das Leiten eben fällt dem Menschen zu. Der Mensch aber ist nur im Kleinen vorsehend. Hier liegt die Grenze aller spekulativen Versuche, die Weltgeschichte teleologisch zu verstehen.

Der Grund davon liegt in der Fundamentaltatsache, daß der objektive Geist kein adäquates Bewußtsein seiner selbst hervorbringt. Er bleibt auf das stellvertretende Bewußtsein angewiesen, und dieses bleibt notwendig inadäquat. Es bleibt überdies viel zu kurze Zeit am Ruder; seine Zeit ist bemessen, geschichtliche Prozesse aber laufen in anderen Zeitmaßen. Dagegen hilft aller teleologische Optimismus einer idealistischen Geschichtsmetaphysik nichts.

Wäre der objektive Geist ein Gemeinbewußtsein über dem unsrigen, das die Geschlechter und Zeiten überdauerte, den Prozeß in zureichender Weise wissend und vorsehend bei getroffener Zielsetzung festhalten könnte, da ließe sich wohl von Teleologie des politischen Geschehens sprechen. Denn das würde bedeuten, daß der objektive Geist selbst zwecktätig wäre. Nun aber trifft gerade das nicht zu: der zwecktätige Geist — den es wohl gibt — ist nicht der objektive, und der objektive ist nicht zwecktätig.

Dieser Sachlage muß man nüchtern ins Gesicht sehen und die Konsequenzen ziehen, diesseits von Optimismus und Pessimismus. Die Weltgeschichte läßt sich verstehen als das Ringen des Geistes mit diesem seinem inneren Mißgeschick. Aber das Mißgeschick ist nur ein prinzipielles. Es macht den Menschen nicht klein und nichtig, seine Geschichte nicht sinnberaubt. Denn was an Großem in ihr zuwege kommt, ist seine Größe.

Und noch eine zweite Einsicht ist es, die sich hier aufdrängt. Sie betrifft das „Zufällige" in der Geschichte. Läge dieses nur in den äußeren, niederen, geistlosen Mächten, die mitbestimmend in das geistige Sein hineinspielen, so bliebe dem Geiste stets die Freiheit, des Zufalls Herr zu werden. Denn Sinn- und Zweckgebung stehen bei ihm. Es wäre prinzipiell dieselbe Möglichkeit der Selbstlenkung im objektiven wie im personalen Geiste. Die einzige wirkliche Grenze vielmehr, die dem geistigen Sein hier vorgezogen ist, ist eine rein innere: diese, daß der Gemeingeist nicht Person, und der personale Geist nicht Gemeingeist werden kann; oder auch, daß zwecktätiger und objektiver Geist sich immer nur ergänzen, aber nicht identisch werden können.

Die Verwurzelung der geschichtlichen Zufälligkeit liegt nicht dort, wo man sie immer gesucht hat, nicht beim geistlosen Sein. Darüber ist umzulernen. Sie liegt im Wesen des Geistes selbst.

36. Kapitel. Die Grenze der Macht im objektiven Geiste.

a. Utopie, Theokratie, Doktrinärstaat.

Hier könnte man nun einen gewissen Widerspruch zu den früher betrachteten Charakteren des objektiven Geistes erblicken. Es hatte sich gezeigt, wie er eine weitgehende Macht über die innere geistige Ausformung des Individuums ausübt, wie er, einmal bestehend, die Tendenz hat, jedes Individuum in sich hinein und zu sich heran zu ziehen, und es tatsächlich in sich hineinwachsen läßt. Dieses Hineinwachsen ist das inhaltliche Heranwachsen des Individuums an ihn.

Eine sichtbare Beschränkung findet diese Macht nur an der persönlichen Eigenart des Individuums. Es fragt sich nun: wenn einmal der lebende objektive Geist diese Macht über das Individuum hat, und wenn er andererseits im politischen Leben so dringend des ihm adäquaten Bewußtseins bedarf, warum hebt er da nicht wenigstens eine Auslese von Individuen ganz zu seiner Höhe hinauf? Bei der jederzeit vorhandenen Mannigfaltigkeit der Individuen kann es doch an Material möglicher Auslese nicht fehlen. Und selbst, wenn es zeitweilig daran fehlen sollte, so doch nicht jederzeit und nicht in jedem Volke. Warum also versagt gerade hier, wo es dringend des Heranwachsens bedarf, seine Macht?

Die Frage intensiviert sich, wenn man sieht, daß dieser Gedanke, so utopisch er den heutigen Menschen berühren mag, gar nicht selten in der Geschichte aufgetaucht ist, ja ein Ideal darstellt, das in verschiedenster Form die Völker und ihre Denker beschäftigt hat. Als Postulat lag er in der antiken Idee einer „Herrschaft der Besten", deren Sinn sich durch die entstellte Bedeutung von „Aristokratie" gar nicht wiedergeben läßt.

Derselbe Gedanke liegt dem Platonischen Staatsideal zugrunde, nach dem die Herrschenden die Weisen sein sollen. Erwägt man, daß die Weisheit dieser Weisen in der Schau der „Idee des Guten" verankert ist und von ihr her ein innerlich apriorisches Erkennen dessen gewährleisten soll, was im Staate „gerecht" ist, so kann man nicht zweifeln, daß es sich um eine Form höherer Erleuchtung handelt, die den Einzelnen über sich hinaus auf die Höhe des objektiv Erforderlichen heben soll. Deutlich also ist unter dem Weisewerden das sachlich-inhaltliche Heranwachsen des menschlichen Bewußtseins an seine ideale Aufgabe im Staate verstanden. Ähnlich ist es in zahlreichen anderen Utopien, die dieser gefolgt sind. Platon selbst konnte sogar den Gedanken fassen, daß der Mensch durch eine Art Züchtungsprozeß, den er zielgerecht leitet, die Hervorbringung des weisen Herrschers in seiner Gewalt habe.

Aber auch ohne philosophischen Hintergrund begegnen wir dieser Idee. So z. B. auf religiöser Basis in den theokratischen Verfassungen. Der Herrschende erscheint hier unmittelbar als Sprecher übermenschlicher Weisheit. Und daß diese nicht als die seinige, sondern als die der Gottheit verstanden wird, beweist nur um so schlagender, daß in ihr die Idee eines adäquaten Bewußtseins steckt. Daß der prinzipielle Charakter der Idee darin unerkannt bleibt, ändert nichts daran. Ein blasser Rest theokratischer Anschauung steckt noch im Gedanken des Gottesgnadentums. Und im Mythos der Dynastie, der Insignien (Krone, Thron usw.), oder auch der traditionellen Zeremonie lebt dieselbe Idee vergröbert fort.

Nicht viel anders, nur auf ganz anderer Grundlage ist es im verwirklichten Kommunistenstaat mit diktatorischer Regierungsform. Hier kommt die Erleuchtung von einer Doktrin, das Wesen des Staates betreffend; und diejenigen, die in ihrem Besitze sind, gelten als die Wissenden absoluter Wahrheit. Es folgt: der Staat muß notwendig in das rechte Geleise kommen, wenn diese Wahrheit realisiert wird. Hinter dem ökonomischen Materialismus steckt ein geradezu prophetisch auftretender Idealismus der Doktrin als solcher. Durch die Doktrin erscheint hier das Bewußtsein des Machthabers in zureichender Weise über Menschenmaß hinausgehoben.

b. Der Ideologe und der Realpolitiker. Das geschichtliche Individuum.

Alle solche Ideen, einerlei auf welcher Basis sie erbaut sein mögen, sind lehrreich dafür, wie aktuell das Problem der Machtgrenze im objektiven Geiste ist. Sie haben den Glauben an die Erhebung menschlichen Bewußtseins zur Adäquatheit miteinander gemein. So sind sie lehrreich gerade durch ihre innere Fragwürdigkeit, Weltfremdheit oder Gewaltsamkeit, durch ihre Art, die politische Ratlosigkeit zu verhüllen.

Die Ratlosigkeit dringt aber geschichtlich durch. In der altjüdischen Theokratie meldet sich ein Bewußtsein dessen in den Prophetengestalten: daß Gott durch Propheten spricht und nicht durch die, die sich als die Berufenen und Betrauten fühlen, heißt doch eben, daß die wahre Erleuchtung nicht bei diesen ist. Ähnlich löst sich aller geschichtliche Glaube selbst wieder geschichtlich auf, sobald der Wandel der Verhältnisse seine Weltfremdheit entlarvt. Auch der Doktrin tut die Geschichte nicht den Gefallen, nach ihrer Vorbestimmung abzulaufen. Man kann die Entwicklung der Dinge eine Zeit lang gewaltsam bei ihr festhalten, aber durch den starren Dogmatismus der Theorie kommt kein Staat ins rechte Geleise. Er wird in ein künstliches gebracht, entgleist immer wieder. In dem ewigen Streit zwischen dem Ideologen und dem Realpolitiker behält auf die Dauer immer der letztere recht. Er hat den ungeheuren Vorzug, wenigstens in den Grenzen menschlichen Könnens mit dem Gegebenen und Vorhandenen zu rechnen.

Der Ideologe, einerlei welcher Richtung, ist jederzeit in Gefahr, blinder Weltverbesserer zu werden. Er vergißt, daß im laufenden politischen Leben immer bereits ein sehr bestimmt gestaltetes Gebilde vorliegt, das Entwicklung und Eigengesetz hat, ja daß an ihm stets etwas im Werden ist, das es wert ist, erfaßt, ins Bewußtsein gehoben und planmäßig verwirklicht zu werden. Der wirkliche Politiker — in menschlichen Grenzen — ist derjenige, der das Feingefühl hat, es aufzuspüren und in einer Form auszusprechen, die der Menge verständlich ist. Das besagt der Satz Hegels, das geschichtliche Individuum sei dasjenige, das der Menge zu sagen weiß, was sie in Wahrheit „will". Und versteht man unter dem in Wahrheit Gewollten das, was im tiefer verstandenen Interesse Aller liegt, so ist es freilich etwas, was die vielköpfige Menge von sich aus nicht weiß. Denn es ist das, was hinter allen partikulären Parteiinteressen und hinter dem lauten Streit bewußter Wünsche liegt, das, was die wirkliche Richtung des lebenden geschichtlichen Geistes ausmacht.

Der Realpolitiker großen Stils ist der, der wirklich wenigstens in einem entscheidenden Punkte das erfaßt, was im Zuge der Zeit geschichtlich positiv im Werden ist, und ihm die Wege zu bereiten weiß — in der Auswertung gegebener politischer Situation ebensosehr wie im Begreifen und Wollen der Mitlebenden.

Der Mensch kommt nicht durch Theorien, Utopien oder Ideologien zum politischen Bewußtsein. Er kann das, was geboten ist, immer nur erraten, indem er dicht am Wirklichen steht, ihm gleichsam sein Geheimnis ablauscht und es kongenial in seinen Willen aufnimmt.

Aber eben diese Kongenialität hat ihre Grenzen. Auch der geschichtlich Hellhörigste bleibt Mensch, subjektiver Geist, einseitig, Vorurteilen unterworfen. Er kann das fehlende Bewußtsein des objektiven Geistes nur annähernd und nur auf kurze Sicht ersetzen.

c. Das Ergänzungsverhältnis als Ersatz der Synthese.

Der objektive Geist hebt trotz seiner Macht über den Einzelnen das Bewußtsein des Einzelnen nie ganz auf die Höhe dessen, was er in Wirklichkeit ist. Er kann es sich selbst nicht adäquat machen. Selbst wenn man ihm die Tendenz zuschreiben wollte, ein solches Bewußtsein in Gestalt eines Einzelnen oder einer Auslese hervorzutreiben, so hat er doch nicht die Macht dazu. So weit eben geht seine Macht nicht. Er müßte dazu sein eigenes Gesetz durchbrechen, sein charakteristisches Nichtaufgehen nach Ganzheit und Inhaltsfülle im individuellen Vertreter.

Es ist also grundsätzlich falsch, sich in diesem Punkte geschichtsphilosophisch auf seine Macht zu berufen. Es ist auch offenbar falsch, diese seine Ohnmacht als Widerspruch zu den aufgewiesenen Machtphänomenen in seinem Wesen zu verstehen. Hier liegt durchaus kein Widerspruch vor. Der objektive Geist ist keineswegs machtlos, aber er ist auch nicht allmächtig. Er kann das Unmögliche nicht erzwingen. Und darin wiederum gleicht er dem personalen Geist, dessen Macht auch eine ebenso eigenartige als eigenartig begrenzte ist. Die Machtgrenze des objektiven Geistes ist nur eine ganz andere; ihm ist vieles möglich, was dem personalen unmöglich ist. Er ist eben ein Gebilde anderer Größenordnung und Entfaltungsfähigkeit. Aber auch seine Macht ist nur eine ganz bestimmte und in bestimmter Gesetzlichkeit unwandelbar festgehaltene.

Er zwingt wohl das Individuum, an ihn als bestehenden heranzuwachsen, aber stets nur bis zu dem Ausmaße, das dem Individuum als solchem überhaupt erreichbar ist. Und dieses Ausmaß deckt sich nicht mit dem Ganzen des geschichtlichen Geistes, am wenigsten wohl im Wissen um die bewegenden inneren Mächte, die ihn jeweilig über sich hinausdrängen. Hier hilft keine Auslese der Individuen, weder eine vom Menschen geleitete noch eine durch den sich tradierenden Geist selbst vollzogene. Sie würde auch dann nicht viel ausrichten, wenn sie straff auf ein gegebenes Ziel hin angelegt wäre. Denn das Material der Auslese bietet die Chance des über Menschenmaß gehenden Bewußtseins gar nicht dar.

Man kann in Erweiterung der oben gebrachten Formulierungen dieses Resultat auch folgendermaßen aussprechen. Weder der menschlich personale noch der geschichtlich objektive Geist kann das überschauende politische Führertum übernehmen. Jener ist nur Bewußtsein, aber nicht das des lebenden Gemeingeistes; dieser ist nur das Leben des Gemeingeistes, aber nicht Bewußtsein. Die Synthese beider ist wohl konstruierbar, aber nur spekulativ, im Gedanken — etwa dialektisch —, nicht in der Wirklichkeit herstellbar. Die Wirklichkeit des staatlich-politischen Lebens kennt nur die Ergänzung beider. Die aber ist nicht Synthese, nicht wirkliches Ineinssein.

Wie überhaupt personaler und objektiver Geist sich ergänzen, haben wir gesehen. Die Ergänzung ist zwar nur ein Kompromiß — gemessen am Erfordernis des politischen Lebens —, reicht aber gleichwohl so weit, daß in ihr genügend Spielraum für begrenztes politisches Bewußtsein und zeitweiliges Führertum gegeben ist.

Sie fällt nur in verschiedenen Völkern und Zeiten außerordentlich verschieden aus. Denn tief verschieden sind die Völker in der durchschnittlichen politischen Begabung der Individuen, desgleichen im Hervortreiben überragender Individualitäten; ja schließlich auch kaum weniger verschieden in ihrer Tendenz, sich führen zu lassen. Von diesen drei Faktoren gehört nur der letztere ganz dem objektiven Geiste an. In den beiden ersteren ist er auf andere Mächte angewiesen, die bis in die Vitalanlage der Völker hinabreichen. An ihnen hat seine Macht eine äußere Grenze.

d. Künstlerische und politische Genialität.

Diesem Verhältnis könnte es immer noch zu widerstreiten scheinen, daß es andere Gebiete des Geisteslebens gibt, auf denen individuelle

Führerschaft eine unvergleichlich größere, absolutere, geradezu die Entwicklung im Großen bestimmende Rolle spielt.

Man denkt hierbei mit Recht in erster Linie an Dichtung und Künste. Es ist die Eigentümlichkeit dieser Gebiete, daß hier der Einzelne so außerordentlich hoch über den Durchschnitt hinauswachsen kann. Und hier könnte man wirklich von einem Gelenktwerden des objektiven Geistes durch den Einzelnen sprechen. Aber gerade das ist die Frage, ob diese Art von Gelenktwerden sich auf andere Gebiete übertragen läßt, ja ob sie grundsätzlich überhaupt dasselbe ist wie auf politischem Gebiet.

Es läßt sich zeigen, daß dem keineswegs so ist. Und zwar aus zwei Gründen. Erstens ist die Führerschaft des künstlerischen Genies nicht Führerschaft des Bewußtseins. Und zweitens erstreckt sie sich nicht auf das harte Material des Realwirklichen, sondern auf ein schwebendes Reich eigener freier Formung und Schöpfung, in dem der Geist alleiniger Herr und Meister ist.

Der Künstler schafft nach dem Gesetz der Form, und darin besteht seine Künstlerschaft. Aber er weiß nicht um dieses Gesetz, es ist seinem Bewußtsein nicht gegeben, weder vor noch nach geschaffenem Werk. Es waltet nur in seinem Tun. Ins Bewußtsein fällt durchaus nur das konkret Geschaute und Geformte. Darum kann er nicht sagen, wie er es macht, kann es Anderen nicht geben. Andere können nur selbsttätig mitgehen, und es bleibt eine Frage der Kongenialität, ob sie es treffen. Kongenialität aber hat kaum weniger enge Grenzen als Genialität. Nur sind es keine Grenzen des Bewußtseins. Und von einem Umspannen des lebenden Geistes mit dem Bewußtsein ist hier gar nicht die Rede.

Das politische Genie dagegen ist durchaus Bewußtsein, und zwar im Maße seines Umspannens. Es genügt nicht, daß es die intuitiv-treffsichere Fühlung habe mit der geheimen Unterströmung, der noch werdenden Tendenz, dem Kommenden und ans Licht Drängenden. Es muß auch die Form finden, in der es das treffsicher Erfaßte einer Menge, die es nicht sieht, zum Bewußtsein bringt. Der Künstler kann aus dem Geschauten heraus widerstandslos schaffen; der Politiker stößt auf den Widerstand des Vorhandenen. Er muß den Widerstand überwinden, das Vorhandene für sein Geschautes gewinnen. Die Menge führen, die vielspältig nach nahen Augenblickszielen geht, die ihre selbstläufig gewordenen partikulären Tendenzen hat, erfordert eine ganz andere Art von Einsatz. Alle Führung muß sich hier erst gegen eine jederzeit bleischwere Inertia durchsetzen.

So gibt es wohl das politische Genie, aber es ist in seinem Reiche nicht dasselbe wie der Künstler im Reiche der Kunst. Es muß das Gewicht des geschichtlichen Realprozesses bewegen. Eine Kraft, die dem gewachsen ist, kann der Einzelne von sich aus nicht haben. Sie kann ihm nur zuströmen, wo er bestehende Kräfte an sich reißt; sie muß ihm aus vorhandenen Tendenzen erwachsen. Solche Tendenzen sind nicht bewußtseinsgeboren, sie laufen die längste Zeit blind; darum lassen sie sich sehr wohl lenken, vor bewußte Ziele spannen. Sie lassen sich auswerten, nicht anders als die ewig blinden Naturkräfte.

Aber auch der genialste Politiker ist und bleibt von ihnen getragen. Er muß mit ihnen rechnen und schalten. Er kann sie nicht nach Belieben hervorzaubern oder stillegen. Sie sind das gegebene Material seiner Arbeit. Und alle seine Ziele müssen dem Material angemessen sein.

Diesen beiden Unterschieden läßt sich noch ein dritter anfügen. Künstlerische Führung ist selten — vielleicht auch niemals — Einheitsführung des ganzen objektiven Geistes. Sie braucht es auch nicht zu sein. Ähnlich ist es bei wissenschaftlicher Führung. In der Kunst und im Wissen gilt der Satz: je mannigfaltiger und gegensätzlicher die Richtungen, um so größer die Entfaltung. Der Wettstreit, die Polemik, die Bekämpfung fallen positiv ins Gewicht. Sie machen die großen Zeitalter des Geistes kenntlich. Dem einheitlichen Fortschreiten tut das keinen Abbruch; es ist ein Fortschreiten auf breiter Front, und was nicht echt und ganz ist, das scheidet im Fortgange von selbst aus.

Man denke an die innere Mannigfaltigkeit der Richtungen im klassischen Griechentum. Es ist ein einziger bewegter Kampf auf allen Gebieten. Aber in der Kunst, der Dichtung, der Wissenschaft war es ihre Größe; im politischen Leben war es ihre Kleinheit und Zerrissenheit, der Keim ihres Unterganges.

Führung im Leben des Gemeinwesens ist notwendig Führung des Ganzen als solchen. Sie ist überhaupt nur da, wo sie einheitlich ist. Die Vielspältigkeit partikulärer Tendenzen ist für sie zwar tragendes Element, aber doch zugleich auch jederzeit Widerstand, den sie überwinden muß. Erst wo sie der Zerrissenheit Herr wird, kommt sie zur Geltung. Hier kann nicht gewartet werden, bis die einseitig orientierte Tendenz von selbst abfällt; hier muß gehandelt werden, und zwar im Augenblick der gegebenen Situation. Der objektive Geist bringt wohl den Ausgleich, aber nur langsam, auf weite Sicht. In der Aktualität der Minute läßt er das stellvertretende Bewußtsein mit sich allein, wälzt ihm die ganze Last zu — die des Widerstandes wie die der Verantwortung —, und dieser Last ist der personale Geist nicht gewachsen.

V. Abschnitt.

Echtes und Unechtes im objektiven Geiste.

37. Kapitel. Bedrohtsein mit Irrung von innen heraus.

a. Hegels Vorurteil zugunsten des Gemeingeistes.

Hat man das Wesen des objektiven Geistes soweit erfaßt, hat man sich überzeugt, daß seine innere Grenze gerade in dem Punkte einsetzt, wo die entscheidende Rolle dem Individuum zufällt, so unterliegt man leicht der Versuchung, ihn für das allein Wahre und Wesentliche im Geistesleben zu halten, den personalen Geist aber gegen ihn als den überhaupt inferioren zurückzusetzen.

Das ist um so gefährlicher, als wir einen objektiven Maßstab von Wert und Unwert hier nicht ohne weiteres haben. Wir haben ihn wohl in der historischen Rückschau, aber auch da nur genähert, und nicht ohne Schwankungen des Gesichtspunktes. Im laufend Gegenwärtigen aber haben wir ihn niemals.

Hegel ist solcher Überschätzung verfallen. Ihm schien wesentlich nur, was in gegebener Zeitlage allgemeine Geltung hat. Dem entspricht sein Ideal der Moralität: das vollkommene Drinstehen des privaten Wollens im Gemeingeist, kein Ziel haben neben seinen Zielen, keines Tuns fähig sein, das seine Gesetze und Normen überschritte, das Geborgensein des Einzelnen im objektiven Geiste.

Wenn es sich dabei nur um das Zukurzkommen der Einzelpersönlichkeit handelte, so ließe sich die Einseitigkeit wohl noch auf Hegels eigener Gedankenbasis zurechtrücken. Aber es birgt sich dahinter etwas ganz anderes, ein Vorurteil zugunsten absoluter Echtheit alles und jedes objektiven Geistes, die Meinung also, daß er jederzeit und in jeder Hinsicht gegen das Individuum recht habe.

Das würde bedeuten, daß es eigentliche Verirrungen des objektiven Geistes gar nicht gibt: der Mensch kann irren, und sein Irren ist stets ein Irren gegen den geschichtlichen Geist, in dem er steht; dieser selbst irrt nicht. Verirrung ist dann alles Heraustreten aus ihm, alles Abweichen, alles Sichherausnehmen eines Eigenen, ja selbst ein Privatgewissen neben dem Gemeingewissen. Daher der bei Hegel eigentümlich umgebogene Begriff des „bösen Gewissens". Der objektive Geist dagegen steht durchaus infallibel da. Er kann nach dieser Auffassung wohl Umwege gehen, aber nicht willkürliche, nur innerlich notwendige, geschichtliche Umwege. Was dem menschlichen Beurteiler als Abweg erscheint, ist nicht Sackgasse, sondern die notwendige Zuspitzung einer bestimmten Tendenz, die zu ihrer Zeit von der Gegentendenz wieder ausgeglichen wird. So verlangt es das dialektische Schema des Geschichtsprozesses. Der scheinbare Umweg erweist sich in höherem Verstande als der allein gerade Weg.

Es ist wohl verständlich, daß Hegel so urteilen konnte — auf Grund seiner metaphysischen Substantialisierung des objektiven Geistes. Ein ungeheurer Optimismus des geschichtlichen Denkens liegt dem zugrunde der Geist im Großen ist nicht nur der stärkere, sondern auch der höhere Geist, der vollkommenere.

b. Die Kehrseite des Bildes.

In dieses Gedankengeflecht ist durch die obigen Analysen bereits mehr als ein Loch gerissen. Einmal hat der Substanzgedanke überhaupt ganz weichen müssen. An seine Stelle ist die Kategorie der „getragenen Superexistenz" getreten. Als „aufruhende" und sich dem Individuum „überbauende" Ganzheit erscheint der objektive Geist als etwas ganz anderes, als er bei Hegel war. Denn dort war er das die Individuen Unterbauende. Das eben heißt „Substanz". Fällt nun der Substanzgedanke hin, so zeigt sich die Kehrseite des Bildes.

Es fällt vor allem die monadenartig unbeeinflußte Selbstentwicklung des objektiven Geistes hin, und mit ihr seine Infallibilität. Es zeigt sich, daß er in seinen Gestaltungen und geschichtlichen Tendenzen den mannigfachsten Einflüssen „von unten her" ausgesetzt ist. Das brauchte an sich die Reinheit seiner Eigentendenzen noch nicht zu gefährden. Anders aber gestaltet sich das Verhältnis, wenn sich in ihm selbst gewisse Gegentendenzen, Schwächen oder Neigungen zeigen, die solchen Einflüssen entgegenkommen. Daß es sie in ihm gibt, wird noch zu zeigen sein. In der geschichtlichen Wirklichkeit ist seine Grundtendenz von Mächten durchkreuzt, die nicht aus ihm selbst stammen, ihn aber dennoch von innen heraus mit Irrung bedrohen. Es ist damit grundsätzlich dasselbe wie beim Einzelmenschen; auch er ist jederzeit von innen her moralisch gefährdet, indem seine Freiheit wesensgemäß Freiheit zum Guten und zum Bösen ist, das Untermenschliche in ihm aber dafür sorgt, daß der Geist nicht allein herrsche.

Der Geist im Großen wie im Kleinen hat die Niederungen des geistlosen Seins, auf denen er aufruht, noch an sich. Was immer er aus sich selbst macht, er muß es den tragenden Mächten abringen. In mannigfachen Formen ragen diese in ihn hinein, drängen sich bestimmend vor; und er selbst ist im steten Ringen mit ihnen. Er muß immer erst den Modus finden, sich mit ihnen zu stellen, seiner Eigentendenz „über" ihnen den Weg zu schaffen.

Wie aber kann das geschehen, wenn ihm das adäquate Bewußtsein fehlt, das in seiner Eigenbewegung die Führung übernehmen könnte? Wie soll eine geistige Strömung das Kriterium ihres Rechtgerichtetseins in sich haben, wenn sie weder auf ein substantielles Wesen zurückgeht, das ihr die Richtung garantiert, noch auch ein adäquates Bewußtsein besitzt, das vorschauend und regulierend sie beim Ziele festhalten kann?

Alle Bindung an ein Ziel ist an ein Bewußtsein gebunden. Gibt es aber nur das individuelle Bewußtsein, und ist dieses dem geschichtlichen Geiste inadäquat, so muß auch alle Bindung an Ziele inadäquat sein. In der Menge der Individuen können aus gegebener Gesamtsituation heraus die mannigfaltigsten Vorstellungen von dem, was not tut, aufkommen. Sie können, so irrig immer sie sein mögen, die Menge erfassen, mitreißen, betören. In der Massensuggestion ist keineswegs die wirkliche Überzeugung des Einzelnen maßgebend. Ganz im Gegenteil, eben der Einzelne wird von der Suggestion fortgerissen. Diese ist nicht sein Werk, sondern das der Menge. Der Einzelne weiß hier selten, woher eigentlich dasjenige kommt, was ihn selbst und die anderen mitreißt.

Kann man nun den personalen Geist nicht dafür verantwortlich machen, so doch wohl nur den objektiven. Der aber hat ja gerade seine wahre Tendenz keineswegs in dem, wovon die Menge sich suggestiv leiten läßt. Diese kann sein wirkliches jeweiliges Wesen aufs gründlichste verkennen, verfehlen, ja geradezu verfälschen.

c. Massensuggestion und objektiver Geist.

Die Masse, die der Suggestion unterliegt, ist als solche nicht objektiver Geist. Sie ist ein Kollektivum, was er nicht ist. Wohl aber gehört die Massensuggestion mit zu den Phänomenen, die ihn betreffen. Denn wo sie breite Dimensionen annimmt, ein Ganzes umfaßt, da ist es unmittelbar sein geschichtliches Leben, an dem sie als Auswuchs auftritt. Sofern sie aber ein Getriebensein nach der Stimmung des Augenblicks ist, das aus seiner wirklichen Grundtendenz herausfällt, ja sie verfälschen kann, so muß man hier offenbar zwischen Echtem und Unechtem im objektiven Geiste selbst unterscheiden.

Ist er selbst es, der diese Erscheinungen hervortreibt, so bedeutet der Unterschied, daß neben seiner inneren Wesensrichtung auch solche Tendenzen in ihm aufkommen, die von ihr abirren, falschen Vorspiegelungen folgen, in Wahrheit also ebensosehr gegen sie als mit ihr gehen können. Stehen aber anderweitige Mächte dahinter, so darf man die Verirrung mit doppeltem Recht als das Unechte und Uneigentliche im objektiven Geiste ansehen. Und dann ist es erst recht seine Sache, wie er mit ihr zurechtkommt. Denn auf irgendeine Weise muß er sich ihrer erwehren; anders müßte er ihr zum Opfer fallen und gleichsam unter ihr begraben werden.

Wie dem auch sei, die Erscheinung selbst ist Tatsache im breitesten Sinne des Wortes und kann als solche sehr wohl erfaßt werden. Und die Tatsache ist gewichtig. Denn ist der Gemeingeist überhaupt der Suggestion unterlegen, kann er überhaupt dem Unechten verfallen, so erhebt sich doch die Frage, wann und wo man es denn mit dem Echten und Eigentlichen in ihm zu tun hat. Das ist nicht nur ein theoretisch-philosophisches Anliegen, es ist oft genug auch ein bewußtes Anliegen der Lebenden und in der Suggestion Stehenden. Und stets handelt es sich um die brennende Frage, wie man denn der Verfälschung Herr werden und sich zum Eigentlichen und Echten im lebenden Geiste zurückfinden soll.

Wird nun so die Infallibilität des objektiven Geistes höchst fraglich, so läßt sich auch die weitere Frage nicht abwehren: ist es denn wahr, wie Hegel meinte, daß alles Heil beim objektiven Geiste liege? Ist das Aufgehen des Individuums in ihm alles, worauf es ankommt? Sind die Werte der Ganzheit und des geschichtlichen Ganges in jeder Hinsicht die superioren? Das ist offenbar zu verneinen. Ja, es wäre selbst dann zu verneinen, wenn man vom Ethos des Einzelnen, vom unvergleichlichen Wert persönlicher Eigenart und vom Reichtum menschlicher Mannigfaltigkeit absehen wollte. Der Einzelne hat eben auch prinzipiell einen Vorzug, den der Subjektivität und Personalität. Auch er ist in seiner Weise die höhere Seinsform des lebenden Geistes, nur in anderer Weise als der objektive Geist.

Das spielt eine entscheidende Rolle in der Frage der Echtheit und Eigentlichkeit. Wohl kann auch der personale Geist entgleisen, in Uneigentlichkeit fallen — in Nachahmung, Pose, eingebildetes Wesen, Insuffizienzgefühle; er kann dem Buchstaben des Gesetzes, der schematischen Moralität, dem Tugendstolz, Rigorismus, Fanatismus aller Art verfallen. Aber das ist nicht zu vergessen, er trägt den Wächter seines eigenen Wesens in sich; er ist Bewußtsein und darum des ständigen Mitwissens um sich selbst fähig. Er hat ein Gewissen.

d. Der Einzelne als Gewissen des objektiven Geistes.

Darin also ist er dem objektiven Geiste überlegen. Denn wo ist das Gewissen der Menge? Wo das still begleitende Mitwissen des Gemeingeistes um sich? Er hat den inneren Mahner und Erwecker nicht in sich, der ihn zu sich selbst, zum eigenen wirklichen Wesen zurückführen könnte. Oder, wenn er ihn hat, so nicht am eigenen Wesen, sondern am personalen Geiste. Und dieser muß sich mit seinem Mahnen und Erwecken erst gegen ihn durchsetzen.

Wohl mag es in seiner geschichtlichen Bewegung Tendenzen geben, die aus ihm selbst immer wieder das Wesen in seiner Eigentlichkeit hervortreiben, es in immer neuer Gestalt gegen das Unechte hervorbrechen lassen und so das Ringen heraufbeschwören, in dem wir ihn ja tatsächlich immer begriffen finden. Aber die Form eines Gewissens hat dieses Hervorbrechen nicht. Und es ist die Frage, ob es überhaupt zustande käme, wenn es den personalen Geist nicht gäbe, in dem es zuallererst aufbrechen könnte.

Hier wie im Leben des Gemeinwesens ist es der Einzelmensch, der ihm das Bewußtsein leihen muß. Auch das Gewissen des objektiven Geistes ist nicht in ihm, sondern in uns, den Einzelnen. Und wenn der Mensch nicht neben seinem persönlichen Gewissen, das allein ihn selbst und sein privates Tun betrifft, auch ein öffentliches und geschichtliches Gewissen hätte — oder doch wenigstens die Möglichkeit hätte, es aufzubringen —, so stünde der objektive Geist ebenso gewissenlos da, wie er bewußtlos und vorsehungslos dasteht.

Es ist die ethische Potenz des Menschen, daß er Verantwortung empfinden und tragen kann. Es liegt aber nicht im Wesen dieser Potenz, daß er nur für sich selbst Verantwortung tragen kann. Er kann sie auch für andere Menschen übernehmen, er ist der Mitverantwortung fähig. Und was er für andere Menschen tragen kann, das kann er grundsätzlich auch für das Ganze des Gemeingeistes tragen. In den Grenzen dieser seiner ethischen Potenz kann mittelbar durch sie auch der objektive Geist zu einer Art von Verantwortungsfähigkeit gelangen. Er gelangt zu ihr dort, wo die Mitverantwortlichkeit der Einzelnen zu einer sie verbindenden gemeinsamen wird.

Stünde der personale Geist in jedem Einzelnen jederzeit auf der Höhe der Mitverantwortungsfähigkeit, so wäre für das Gewissen des objektiven Geistes jederzeit gesorgt. Der Einzelne aber lebt gemeinhin bewußt nur sein privates Leben. Zum Bewußtsein des Gemeinlebens muß er sich erst erheben. Solche Erhebung aber hängt an Bedingungen, die ihrerseits beim objektiven Geiste liegen. Es gehört eine bestimmte Form des Hineinwachsens und Teilhabens dazu; und diese bildet sich nur heraus, wo sie sich fortlaufend tradiert und im Tradiertwerden zu einer gewissen Höhe gelangt.

So bewegt sich die Bedingungskette in einem Zirkel. Und darin liegt die Schwierigkeit für das Zustandekommen eines Gewissens des objektiven Geistes. Diese Schwierigkeit ist keine äußerliche oder formale. Sie kehrt in allen einschlägigen Teilphänomenen sehr konkret greifbar wieder und erweist sich damit als eine prinzipielle, die der Überwindung des Unechten auf allen Geistesgebieten bestimmte Grenzen zieht.

38. Kapitel. Majorität und öffentliche Meinung.

a. Initiative des Einzelnen und Entscheidung der Menge.

Zu diesen allgemeinen Erwägungen kommt nun sehr viel Konkretes und Spezielles, das die Tatsachen liefern. Es handelt sich durchweg um wohlbekannte Tatsachen, die als solche niemand bestreitet. Was es an ihnen darzutun gilt, ist überall nur der Problemzusammenhang. Denn an ihm und nicht an den Einzelheiten hängen die Konsequenzen.

Auf den ersten Blick scheint das Problem der Menge und ihrer Suggerierbarkeit ein psychologisches zu sein. In diesem Sinne ist es als „Psychologie der Menge" oder „Massenpsychologie" behandelt worden. Den eigentlichen Fragepunkt bildet dabei die Wirkungsform der Suggestion selbst. Daneben aber tauchen andere Fragen auf. Denn auch ohne eigentliche Suggestion ist das Rechthaben der Menge in ihren jeweiligen Tendenzen eine überaus fragwürdige Sache. Ihre Motive sind ebensosehr subjektiv und partikulär als objektiv und allheitlich.

Überall, wo geschichtlich ein Volk zur Selbstbestimmung heranreift, wo patriarchalische, aristokratische oder monarchisch-autokratische Regierungsformen einer im echten Sinne demokratischen weichen, taucht unvermeidlich die große Frage auf, ob die große Masse auch wirklich politische Initiative aufbringen und Verantwortung für das Ganze, das sie darstellt, tragen kann. Man sollte meinen, sie gerade müßte es können. Extensiv verstanden, der Kopfzahl nach, „ist" sie eben doch wirklich das Ganze. Solange einzelne Machthaber oder Gruppen von solchen im Besitze der Macht sind, hat ein Volk keine Garantie, daß im Staate geschehe, was im Interesse Aller liegt. Regiert es aber selbst durch seine gewählten oder berufenen Vertreter, so ist formal diese Garantie sehr wohl gegeben.

Das ist ein einfaches Exempel, so scheint es. Die Geschichte aber belehrt uns eines anderen. Regieren ist etwas ganz anderes als gemeinsame Interessen und Tendenzen haben. Die Menge von sich aus gibt keine realpolitische Initiative her, legt keine Pläne oder Entwürfe vor, sie kann nur zustimmen oder ablehnen, wo ihr etwas vorgeschlagen wird. Alles aber, was Initiative, Entwurf, Vorblick ist, gehört dann dem Vorgeschlagenen an, nicht der Funktion des Zustimmens und Ablehnens. Und dasselbe, was von der breiten Menge gilt, gilt mit gewissen Einschränkungen auch noch von der gewählten vielköpfigen Vertreterschaft, die als parlamentarische Körperschaft berät und entscheidet.

Es ist das Gesetz der konkret umrissenen Initiative, daß sie stets in einem gewissen Gegensatz zur vorhandenen Tendenz der Menge auftritt und als solche nicht ihr, sondern dem Einzelnen angehört. Dieses

Gesetz besteht unabhängig von der Frage, wie weit die Menge urteilsfähig ist. Es beruht einfach auf der Seinsform der Menge.

Was der Menge insoweit übrig bleibt, ist aber immerhin noch die Entscheidung in Form von Zustimmung und Ablehnung. Und das ist nicht wenig. Denn mit der Entscheidung nimmt sie die Verantwortung für das auf sich, dem sie zustimmt. Sie entscheidet der Idee nach im Sinne eines „Interesses Aller". Was aber ist dieses Interesse? Man meint zunächst, das müßte doch auf der Hand liegen. Praktisch aber liegt es nichts weniger als auf der Hand. Die Menge besteht aus Einzelnen; der Einzelne, im Durchschnitt genommen, sieht nur, was ihm verständlich ist. Verständlich wiederum ist ihm unmittelbar nur, was ihn praktisch berührt, seine Lebenslage, seine soziale Stellung betrifft. Und das ist sehr verschiedenes, je nach Stellung und Lage. Integriert sich nun eine Majorität aus solchen Einzelnen, so hat sie von vornherein wenig Chance, das zu treffen, was im wirklichen „Interesse Aller" liegt, ja auch nur was im wirklichen Interesse ihrer selbst (der Majorität) liegt.

b. Die Urteilsfähigkeit des Einzelnen im Durchschnitt.

Es ist nun eine eigene Sache um das Prinzip der Majorität. Ihr auf der Hand liegendes, unaufhebbares Recht wurzelt in der Berechtigung des Anspruches, daß jeder Staatsbürger sein Interesse im Staate — direkt oder indirekt — vertrete. Eine Garantie dafür aber, daß er sein wirkliches Interesse im Staate auch erkenne, ist mit der Berechtigung dieses Anspruches in keiner Weise gegeben.

Könnte der Einzelne sich die Höhe des Gesichtspunktes, die politische Überschau und den staatsbürgerlich reinen Willen zum Ganzen geben — d. h. könnte er sich über sich selbst erheben und den Standort jenes fehlenden Bewußtseins des Ganzen einnehmen —, dann freilich läge in der Majorität ein gewisses Kriterium des echten und tieferen Gesamtinteresses; ja, es bedürfte dann kaum mehr der Stimmenzahl, die sonst verschieden Denkenden müßten sich in Sachen des Gesamtinteresses von vornherein einig sein. Ist aber davon schon der berufsmäßige Politiker weit entfernt, der wenigstens dem Wissen nach ein ganz anderes Rüstzeug mitbringt, wieviel weniger der durchschnittliche Einzelne in der Menge, der in seinen Privatsorgen gefangen lebt und die öffentlichen Angelegenheiten nur aus der Ferne sieht, nur lückenhaft durch das Medium trüber Berichterstattung verfolgt und überdies das Gesehene und Verfolgte nur peripher verstehen kann.

In nüchternen Worten: das Prinzip der Majorität setzt voraus, daß der Einzelne politisch urteilsfähig ist. Es gehört dazu außer der reinen, parteilosen Hingabe an die „gemeinsame Sache" (an die wirkliche res publica) der Einblick in die Hintergründe der Sachlage — und zwar nicht, wie ihn bloße allseitige Aufdeckung der Karten gewähren könnte, sondern auch so, wie nur der Einsatz autonomen politischen Blickes ihn bringen kann. Denn die Tatsachen allein belehren nicht. Es gehört schon die besondere Kraft des Hindurchschauens dazu, ihre Sprache zu verstehen.

Diese Kraft ist jederzeit unter Menschen eine seltene Gabe. Auch in Zeiten intensivsten politischen Mitlebens der Menge können nur wenige sie haben — bestenfalls. Man denke nur konkret an die Sachlage in unseren Tagen, wie sie ohne Unterschied in allen Ländern und Staaten gegeben ist: wer blickt durch die Machenschaft der Parteien und der von ihnen beherrschten Presse hindurch? Jeder ist von der Richtung, der er angehört, gefangen, hält sich für den Unparteiischen, erscheint aber zugleich jedem anders Orientierten als befangen, irregeleitet. Man versteht sich nicht mehr, man hat keine „gemeinsame Sache", keiner sieht die res publica und ihre Lage, wie sie ist.

Es liegt im Wesen der Sache, daß der Einzelne nur sieht, was er begreift, und nur begreift, was ihn seiner Meinung nach angeht. Die Meinung aber, die darüber bestimmt, was ihn angeht, ist die der engeren Interessengemeinschaft, des Standes, der Gruppe, der Partei. Die Partei hat ihr Programm, ihre Schlagworte, ihre politischen Kategorien. In diesen Kategorien bewegt sich das Denken der Einzelnen, von ihnen ist alles Erfassen überfärbt, alles Verstehen vorgeformt, alles Interesse voreingenommen.

Die Konsequenz ist eine sehr einfache und ernste: wo Parteien herrschen, da schläft der Geist des echten und eigentlichen politischen Lebens. Er ist zwar sehr lebendig, aber er kann nicht erwachen, nicht zum Bewußtsein durchdringen. Und was er braucht, ist eben das Bewußtsein. Andererseits aber: gerade dort, wo ein Volk politisch zur Reife gelangt und die Menge am Herrschen beteiligt ist, da herrschen Parteien. Gerade dort also, wo ein Volk politisch zur Reife gelangt, ist es von der schwersten inneren Gefahr bedroht, von der Gefahr, politisch ganz ohne bewußte Führung zu bleiben.

Und gerade dieses Stadium ist es, in dem die Majoritäten bestimmend hervortreten. Das spiegelt sich in deren Charakter. Es sind in der Regel nicht einmal echte Meinungsmajoritäten, sondern künstliche, gemachte, durch Propaganda, Vorspiegelung, Suggestion erzeugte Majoritäten. Es ist eben nur zu leicht, das alte Falschspiel mit der Menge, das den Demagogen aller Zeiten geläufig gewesen ist: man sagt der Menge, was sie hören will, bringt sie auf seine Seite, tut aber dann, was selbst sie verwerfen würde.

c. Organisches Hineinwachsen in die Mitverantwortung.

Wo bleibt in der Herrschaft der Majoritäten das Echte und Eigentliche des objektiven Geistes? Wie schwer das zu beantworten ist, darüber wissen wir Heutigen am besten Bescheid. Es ist schon im Ernst geltend gemacht worden, gerade bei den Minoritäten müßte das Wissen um das Rechte weit eher zu finden sein. Sind doch die Urteilsfähigen jederzeit in der Minderzahl, und zwar eben deswegen, weil sie urteilsfähig sind.

Mit solcher Umkehrung ist indessen nicht viel anzufangen. Um welche Minorität sollte es sich denn handeln? Doch nicht um alle und jede. Im allgemeinen sind Minoritäten ebensosehr partikulär gerichtet, Gruppen, die ein Sonderinteresse zusammenschließt. Und wo sollte das Kriterium einer solchen liegen, die das nicht wäre? Vor allem aber, wo bliebe dabei das Recht des Einzelnen, sein Interesse zu vertreten? Die Rechtmäßigkeit dieses Anspruches kann man aus solchen Erwägungen heraus nicht bestreiten. Dieser Anspruch verbindet ihn dem Staate; der Staat, der ihn grundsätzlich nicht hört, kann auch auf ihn nicht zählen. Er muß aber auf ihn zählen können. Denn die Menge ist es, die ihn trägt.

Indessen ist darüber zweierlei nicht zu vergessen.

Erstens handelt es sich nie und nirgends um einen statischen Zustand mit festem Gepräge, stets handelt es sich um Entwicklungen, Übergänge; stets ist Neues im Werden, und stets läßt es sich erst als Gewordenes ganz beurteilen. Auch der auf Majorität basierte Staat ist erst geschichtlich im Werden.

Was er von seinen Staatsbürgern verlangt, ist nicht wenig. Es ist im Grunde ein Ideal: jeder soll politisch urteilsfähig und jeder soll überparteilich gesinnt sein. Das Ideal ist zwar so nicht erreichbar. Wohl aber gibt es eine Annäherung: die Erziehung des Menschen zum Staatsbürger. Und wie alle Erziehung letzten Endes Erziehung durch den objektiven Geist ist, so auch hier. Nur das Leben im Staate selbst kann die Menschen zu dem erziehen, was sie seiner Idee nach sind, und zwar nur dadurch, daß der Staat ihnen das Recht der Mitbestimmung gibt und sie so in die Mitverantwortung hineinwachsen läßt. Es gibt keine andere Erziehung zum Staatsbürger als durch das Staatsbürgertum selbst. Das Hineinwachsen ist auch hier der organische Weg. Und es ist, wie sich früher gezeigt hat, identisch mit dem Modus des Fortlebens und der Fortentwicklung des objektiven Geistes.

Dann aber liegt es im Wesen der Sache, daß die Majoritäten nicht mit einem Schlage ihrem idealen Wesen gerecht werden können. Sie müssen geschichtlich an ihre Aufgabe heranreifen, müssen durch Erfahrung klug werden, durch ihre Irrtümer und Schicksale, durch ihre Geschichte. Ihre Idee werden sie so freilich nicht erreichen. Aber welche Institution erreicht ihre Idee? Nicht darin kann die Krisis liegen, sondern in der Höhe der Annäherung, zu der sie es bringen. Und wer wollte da vorgreifend pessimistisch urteilen — wo doch die Geschichte der Majoritäten als bestimmender Mächte im Staate noch jung ist.

d. Die Ziele des Staatsmannes und seine Moral.

Zweitens aber bleibt faktisch niemals eine Majorität mit sich allein. Sie hat stets die individuelle Initiative des führenden Politikers neben sich, ja oft genug schon als Direktive in sich. Natürlich kann diese Initiative auch irrig, schwach, unentschieden sein. Sie ist an sich kein Remedium der öffentlichen Verirrung; immerhin aber ist sie die der Person, des Bewußtseins, und insofern doch stets schon das natürliche Gegenstück zur vielköpfigen Menge.

Was die höchste Gefahr für den Staat ist — die Beeinflußbarkeit, Suggerierbarkeit, Verführbarkeit der Menge — gerade das bildet auch einen gewissen Ausweg aus der Sackgasse des Majoritätsprinzips. Der überlegene Staatsmann, der wirklich mehr sieht als die Menge, wird jederzeit Mittel suchen und finden, die Menge für Ziele zu gewinnen, die sie einstweilen nicht sieht und versteht, die aber im höheren Verstande gerade die ihrigen sind. Und er kann das, soweit er sie bei ihren bewußten Interessen — und das sind die partikulären — zu fassen weiß.

Wie weit er ihr dabei reinen Wein einschenkt, ist keineswegs bloß eine Frage seines politischen Gewissens, sondern weit mehr noch eine solche der Klugheit, der politischen Erfahrung, des Rechnens mit der Psychologie der Menge. Die Gewissensfrage aber, die hierbei freilich nicht umgangen werden kann, läßt sich keineswegs mit den Maßstäben jeweilig geltender bürgerlicher Moral ermessen. Es ist durchaus nicht wahr, daß die Politik „den Charakter verderbe". Sie stellt vielmehr die Charakterlosigkeit rücksichtslos bloß: was in kleinen, persönlichen Verhältnissen wie ein Charakter aussieht, ist noch lange nicht gefestigte menschliche Artung in der Feuerprobe hoher Verantwortung. Hier hält nur der innerlich Großgeartete stand, nicht nur dem sichtbaren Ansturm, sondern auch der Verkennung und der Notwendigkeit, sich scheinbar ins Unrecht zu setzen.

Es ist also vielmehr die Frage, ob es nicht eine eigene, ganz positive Moral des Staatsmannes gibt, in der mit anderem Maßstabe zu messen ist, weil hier das Wollen und Handeln des Einzelnen noch unter andere Werte fällt; wie denn im Wollen und Handeln des Staatsmannes anderes und Größeres auf dem Spiele steht.

Daß die Verführbarkeit der Menge den politisch Führenden nicht verführe, dafür gibt es zwar keine Garantien, wohl aber das Gegengewicht, das in seinem Verhältnis zur Menge selbst liegt. Denn stets muß es — auf die Dauer wenigstens — seine Sorge sein, die Menge dahin zu bringen, daß sie seine wahren Ziele begreife und als die ihrigen erkenne. Anders kann sein Werk nicht Bestand haben. Es liegt eben im Wesen politischen Wirkens, daß das Gewirkte nicht das seinige ist. Das aber heißt doch: das eigene Gewicht seines Tuns muß ihn dahin drängen, die Karten wieder aufzudecken. Und Recht wird ihm die Menge nur geben, wenn sie sich in einem ihr faßbar gewordenen Sinne recht geführt sieht.

So gibt es im objektiven Geiste sehr wohl die selbstläufige Gegentendenz, die das Verfälschte und unvermeidlich Unechte wieder auf das Echte und Eigentliche zurücklenkt. Man kann das auch so ausdrücken: der politische Geist kann sich praktisch nicht beliebig weit von seinen wahren inneren Tendenzen entfernen. Es ponderiert alles wieder zu ihnen zurück. Nur eben Bewußtsein und Vorblick der Menge kann diesen Prozeß nicht lenken. Die Blindheit kann nur der Sehende durchbrechen. Aber er kann die Anderen erst sehen lehren, wenn ihre Stunde gekommen ist.

Die heutige Zeit ist majoritätsgläubig. Gewiß ist dieser Glaube nicht immer ein fester, oder auch nur ein aufrichtiger. Aber man hält im Ganzen doch an ihm fest — notgedrungen: man weiß nichts Besseres. Er bildet wenigstens die Basis eines innerpolitischen modus vivendi. Aus der Perspektive der Geschichte gesehen, ist es aber doch mehr: die Majoritätsgläubigkeit ist eine Form des objektiven Geistes selbst — einseitig und unzureichend wie jede andere auch, aber dennoch deutlich ein Versuch, das fehlende Gesamtbewußtsein durch eine Instanz der Entscheidung zu ersetzen. Der Ersatz gelingt, insofern wirklich Entscheidung gewonnen wird; er mißlingt, insofern sie blind gewonnen wird. Jeder Ersatz ist eben Notbehelf [1]).

e. Die Antinomie der öffentlichen Meinung.

Eine verwandte Phänomengruppe des Uneigentlichen im objektiven Geist ist die der „öffentlichen Meinung“. Öffentliche Meinung ist nicht einfach die der Einzelnen; sie deckt sich mit deren individuellem Dafürhalten nicht. Sie besteht vielgestaltig in Vielen, läßt Raum für Auffassungen und Streit, aber sie stellt trotzdem, im Ganzen gesehen, ein Identisches in den Vielen dar, gemeinsame Stimmung, Reaktion, gemeinsames Urteil oder Vorurteil. Sie ist auch durchaus etwas anderes

[1]) Es ist in diesem Zusammenhang eine höchst belehrende Tatsache, daß gerade diejenige Regierungsform, die am eindeutigsten auf der Majorität aufgebaut ist und das Rätesystem am prinzipiellsten durchgeführt hat, praktisch am weitesten von ihr abgekommen ist. Die Diktatur hat sie ersetzt.

als eine politische Majorität, obgleich sie tatsächlich die „Meinung der Meisten" ist.

Es handelt sich in ihr durchaus nicht immer um Sachen des Staates. Sie bezieht sich ohne Unterschied auf alles, was gemeinsames Interesse erweckt, auf soziale Zustände, auf Rechtsfälle, religiöse, moralische, künstlerische Dinge, auf technische und sportliche Leistungen, auf das Tun und Lassen des Einzelnen, auf Gewichtiges und Nichtiges, soweit nur irgend das Sensationsbedürfnis sich daran gefesselt sieht. Auf politischem Gebiete steht sie jederzeit im Hintergrunde der bewußten, sachlichen Überlegung und der verantwortlichen Entscheidung. Der berufene Vertreter kann sich sehr wohl in Gegensatz zu ihr setzen; schon ein geringes Plus an Einsicht kann ihn von ihr scheiden. Eine Majorität in parlamentarischer Körperschaft kann sehr anders ausfallen, als die öffentliche Meinung es verlangen würde. Dennoch ist es nicht so, daß sie in dieser unmittelbar ein Korrektiv hätte. Denn was die Schwäche der Majorität ausmacht, das Fehlen der Objektivität und eigentlichen Urteilsfähigkeit, eben das tritt verstärkt und verdichtet, zugleich beweglicher und haltloser noch in der öffentlichen Meinung zutage.

Die öffentliche Meinung reagiert auf alles, mischt sich in alles Laufende. Sie tritt mit dem Anspruch auf, über alles ein Urteil zu haben. Und da sie es nicht haben kann, da sie beeinflußbar, suggerierbar im höchsten Maße ist, so steckt offenbar in ihrem Wesen selbst eine Antinomie.

Es ist durchaus beides in ihr, Wahrheit und Irrtum; und zwar beides in gesteigertem Sinne: Wahrheit im Sinne unbeirrbaren Gefühls für das Rechte und Eigentliche, Irrtum im Sinne unbegrenzter Verfälschbarkeit. Das Empfinden der Menge ist nicht verächtlich, sofern es nur ihr echtes Empfinden ist. Sie ist der eigentliche Volkskörper, um sie geht es in den öffentlichen Angelegenheiten. Und irgendwie ist stets der wirkliche geschichtliche Geist in ihrem Empfinden enthalten. Er weiß sich nur in diesem Empfinden nicht unmittelbar als das, was er in Wahrheit ist. Darum ist die öffentliche Meinung schwankend, reagiert auf jeden Anstoß.

Der Zeiger des objektiven Geistes in ihr weist nicht notwendig in die Richtung seiner wirklichen Tendenz. Er kann, wenn überhaupt, nur im Ganzen die Richtung weisen, gleichsam im Mittel seiner Ausschläge, nicht im Einzelnen. Die Ausschläge weichen weit ab von ihr, lassen sie nicht erkennen. Die Menge empfindet nur dunkel, was sie eigentlich will. Sie kann es nicht sagen, man muß es ihr sagen. Aber man kann ihr ebensowohl Unwahres vorspiegeln wie Wahres. Sie verfällt dem Schein — freilich nicht dauernd, denn das Unwahre rächt sich an ihr —, aber sie verfällt ihm doch.

Diese Antinomie, von Hegel so gesehen und zugespitzt, ist keine künstlich gemachte. Sie ist nur allzu reell im wirklichen Leben der Völker. Sie bedeutet, daß es in der öffentlichen Meinung etwas gibt, das der Einzelne — und auch der Führende — notwendig aufs höchste achten muß, zugleich aber auch etwas, was er aufs höchste verachten muß. Es ist in ihr immer sowohl das Eigentliche als auch das Uneigentliche des objektiven Geistes enthalten, und zwar in einer Form der Vermengtheit, die es nicht gestattet, eines vom anderen zu unterscheiden.

Das Wissen um dieses Verhältnis ist sehr alt. Verachtung der Menge in ihren Stimmungen und Leidenschaften finden wir in allen großen Kulturen. Daneben aber steht das Gegenteil: wo alles menschliche Ermessen versagt, nimmt man die Zuflucht zur vox populi — in der stillen Überzeugung, daß in ihr die vox dei spreche, die Stimme einer höheren, parteilosen Gerechtigkeit. Es ist die Überzeugung, daß das Rechtsempfinden gerade des gemeinen Mannes im Grunde unbeirrbar ist.

So ist das Phänomen durch widersprechende Wesenszüge in sich gespalten. Es ist ein dialektisches Phänomen.

f. Kein Kriterium — keine Lösung.

Worin liegt das Kriterium des Echten in der öffentlichen Meinung? Daß sie mit etwas Ernst macht, darin allein liegt es nicht. Auch das Suggerierte in ihr kann ein sehr ernstes Gesicht zeigen; es kann Dimensionen annehmen, Kräfte und Leidenschaften entfesseln, die alles über den Haufen rennen. Warum schlägt denn in Kriegszeiten die Verhetzung gegen ein fremdes Volk so rückhaltlos ein? Sie kann das Unglaubwürdigste glaubhaft machen — und das nicht in Zeiten des Aberglaubens, sondern mitten im nüchternen Rationalismus einer wirtschaftlich-technischen Kultur. Man kann hier nicht argumentieren, das läge an systematischer Irreleitung durch eine rein auf ihre Zwecke bedachte Regierung, am Mißbrauch der Presse u. s. f.; das vielmehr sind nur die Mächte und Mittel der Suggestion selbst. Das Erstaunliche ist doch gerade, daß überhaupt die Menge sich das durchaus Unglaubwürdige ansuggerieren läßt.

Andererseits wäre es sehr lächerlich, zu glauben, solche künstlich genährte, über alle Grenzen des Menschenwürdigen getriebene Verlästerung sei jemals die wahre Meinung eines Volkes in seinem Gros über ein anderes Volk in seinem Gros. Das vielmehr ist das eigentlich Merkwürdige an der Sache, daß im Grunde ein jeder weiß, daß er irregeführt wird, und dennoch der Suggestion unterliegt. Er unterliegt ihr, nicht weil ihm so ganz das Urteil fehlte, sondern weil er in der Menge steht, und weil die öffentliche Situation des Augenblicks so ist, daß sie ihn und die anderen alle willenlos zur extremen Haltung inklinieren läßt, die er sonst verachten würde. Die Augenblickswelle des objektiven Geistes trägt ihn fort, reißt ihn mit. In ihr gerade liegt die Uneigentlichkeit.

Dieses Phänomen ist ein allgemeines, nicht auf extreme Fälle beschränktes. Es kehrt in Zeiten politischer Erregung immer wieder, und immer zeigt es dieselben Grundmerkmale: das Suggerierte reißt fort, ohne eigentlich zu überzeugen, es gibt daneben stets im Volke selbst ein anderes, nüchternes, unbeirrbares Wissen, ein Wissen um das Ganz-Anders-Sein. Man weiß sehr wohl, auch die Gegner sind Menschen, auch sie wollen in ihrer Weise das Rechte, sind vielleicht nur ebenso blind, verhetzt. Dieses andere Wissen ist nur übertönt, verschüttet, oder es wagt sich nicht hervor.

So ist die Menge Spielball in der Hand einer Machtgruppe, wird getäuscht wider besseres Wissen, läßt sich mißbrauchen — zu Zwecken, die weit entfernt sind, die ihrigen zu sein. Ob es erlaubt sei, ein Volk über sich selbst und seine Ziele zu täuschen, ist angesichts so harter Tatsachen eine fast wesenlose Frage. Wo gäbe es eine Machtgruppe, die danach fragte, was ihr erlaubt sei? Wer so fragt, der steht vielmehr schon selbst anders da; es geht ihm nicht um seine Ziele, sondern um die des Volkes, um die wirkliche Tendenz des geschichtlichen Geistes in ihm. Und eben damit macht er sein Privatgewissen zum öffentlichen Gewissen.

Mit dem Optimismus Hegels kann man sich hier nicht wohl begnügen, „. . . daß ein Volk über seine substantielle Grundlage, das Wesen und den bestimmten Charakter seines Geistes sich nicht täuschen lasse, aber über die Weise, wie es diesen weiß und nach dieser Weise seine Handlungen, Ereignisse u. s. f. beurteilt, von sich selbst getäuscht wird“ [1]). Die Täuschung kann vielmehr sehr wohl ins Substantielle gehen, wenn auch nicht für immer; und sie geht auch gemeinhin nicht von der Menge aus, sondern von der Initiative des Politikers. Der objektive Geist ist eben keine „Substanz“ im Hegelschen Sinne. Er ist ein sehr abhängiges superexistierendes Gebilde, und seine Eigentendenzen liegen unaufhörlich im Ringen mit Mächten heterogenster Art.

Die öffentliche Meinung hat kein Kriterium des Wahren in sich selbst. Sie wartet gleichsam immer darauf, daß es ihr gegeben werde. Die Gegeninstanz aber, die allenfalls es ihr geben könnte, liegt beim personalen Geiste, sofern er als führender über sie hinauswächst. Sie liegt also eben dort, wo auch die Quelle und die Initiative der Verfälschung liegt.

Der Führer muß sich — das ist die erste Bedingung seines Führertums — von der öffentlichen Meinung unabhängig machen. Damit muß er sich in Gegensatz zu ihr setzen. Da er aber in seinem Vorgehen nicht

---

[1]) Hegel, W. W., Band VIII. Philosophie des Rechts, S. 410.

gegen sie gehen kann, so muß er sie für sich gewinnen. Und wenn er sie nicht mit der Sache überzeugen kann, die er als die allgemeine vor Augen hat, so muß er sie täuschen. Er muß sie wie eine Elementarkraft für Zwecke arbeiten lassen, die sie nicht bewußt zu den ihrigen machen kann. Dann aber ist die Berechtigung des ganzen Verhältnisses auf die Reinheit und Gewissenhaftigkeit seiner Person allein gestellt. Ob er aber dieser Zumutung moralisch und intellektuell gerecht wird, hängt dann an der besonderen Artung der Persönlichkeit.

Nun aber liegt es im Wesen der Persönlichkeit, nach beiden Seiten begrenzt zu sein. Auch so also löst sich die Antinomie nicht.

39. Kapitel. Das Unechte im reinen Geistesleben.

a. Künstlerische Urteilsfähigkeit und fertige Meinung.

Unterläge nun der objektive Geist bloß im politischen Leben der Verfälschung, so könnte man meinen, das Unechte sei überhaupt nicht das seine, es schliche sich nur „von außen“ ein. Denn der Staat als solcher ist nicht Geist, und sein Leben ist kein rein geistiges Leben. Aber dem ist durchaus nicht so. Das Phänomen der Verfälschung kehrt auch auf anderen Gebieten wieder, und zwar durchaus auch auf denen des reinen Geisteslebens.

Das ist am deutlichsten sichtbar auf dem Gebiete der Kunst, des Geschmacks, des Lebensstils; aufweisbar aber ist es auch auf dem der Weltanschauung, des Glaubens, ja sogar der Wertung und der Moral. Hier kann man sich nicht leicht auf Faktoren ungeistiger Art berufen. Hier besteht keine andere Möglichkeit, als daß die Quelle des Uneigentlichen und der Verfälschung im objektiven Geiste selbst liege. Es muß also wohl mit dem objektiven wie mit dem personalen Geiste auch sein: er muß irgendwie die Gefährdung seines Wesens in sich selbst tragen. Sie braucht deswegen nicht gerade in seinem Wesen zu liegen. Denn da er sich selbst erst zu dem machen muß, was er dem Wesen nach ist, so liegt es in seiner Seins- und Werdeweise, daß er dieses sein Wesen ebensosehr verfehlen als treffen und realisieren kann. Was wiederum nur möglich ist, wenn er ähnlich wie der persönliche Geist dem Wesensgesetz der Selbstgestaltung, unter dem er steht, nicht wie einem Naturgesetz unterworfen ist, sondern ihm gegenüber Freiheit hat, es zu erfüllen oder nicht zu erfüllen.

Wenn eine neue Richtung in der Kunst aufkommt, das Publikum in die Ausstellungen drängt, so stehen die meisten zunächst befremdet vor dem Neuen. Gesetzt nun, dieses sei wirklich ein Bahnbrechendes, so besteht der wahre innere Wandlungsprozeß des Geschmacks darin, daß der Einzelne langsam sich hineinsehen lernt, allmählich durch die Kraft des Werkes selbst mitgezogen wird, in seinem Empfinden umgestellt und umgestaltet wird.

Tatsächlich pflegt der Prozeß nicht so zu verlaufen. Lange bevor der Einzelne ein eigenes Verhältnis zum Werk gewinnt, wird er voreingenommen — sei es durch Äußerungen, die er hört, sei es durch sensationelle Aufmachung der öffentlichen „Kritik". Eine Atmosphäre fertiger Meinungen umfängt ihn, fängt ihn ein; er sieht durch die Brille dieser Meinung, kann aus ihr nicht mehr heraus, weiß aber in der Regel keineswegs um diese seine Unfreiheit. So kommt er garnicht dazu, das eigene künstlerische Schauen zu gewinnen, das der Sache angemessen wäre, auch dann nicht, wenn er an sich dessen sehr wohl fähig wäre. Er ist mit der Sache „fertig", bevor er noch begonnen hat, sie zu erfassen.

Dieses Phänomen dürfte wohlbekannt sein. An sich selber zwar bemerkt man es nicht; an den Anderen fällt es leicht auf. Stets ist es dasselbe: wo immer Neues aufkommt, da wandern auch schon die Schlagworte, mit denen es abgetan wird. Und es ist erstaunlich, wo man auch hinhört, ein jeder hat bereits ein „Urteil"; fragt man aber nach dem Wie und Was, so hört man nichts als immer dieselben Schlagworte. Das könnte zwar zur Not auch noch mit rechten Dingen zugehen; künstlerisches Empfinden ist nicht adäquat ausdrückbar, und es gibt in der Tat gelegentlich den divinatorisch geprägten, nicht überbietbaren Ausdruck, der dann mit einem gewissen objektiven Recht von Mund zu Munde geht. Aber wer wollte behaupten, daß all das geschwinde, sensationell geprägte und verdächtig gleichförmige „Urteil", dem man begegnet, in solchem Sinne einleuchtend wäre! Pflegen doch Schlagworte dieser Art ebenso schnell wieder zu verschwinden und anderen zu weichen, die ebendasselbe Werk als Sensation von gestern mit einer Geste abtun.

Die Wahrheit ist, daß hinter dem schnell fertigen und überlegen klingenden Urteil die tiefste Ratlosigkeit, ja Verständnis- und Urteilsunfähigkeit steckt. Man schämt sich nur es einzugestehen, sich selbst wie den Anderen. Man will nicht „zurück sein" hinter dem Neuen, man will mit der dunkel geahnten, aber durchaus unverstandenen Bewegung des objektiven Geistes Schritt halten. Man täuscht sich in der eigenen Haltung ein „Auf-der-Höhe-Sein" vor, das man nicht hat. Darum hascht man nach dem Schlagwort, versteckt sich hinter dem Aufgeschnappten.

Sich diesen Sachverhalt einzugestehen, ist gar nicht so leicht. Nicht nur die Scheu vor Rückständigkeit und Blöße hemmt den Einzelnen. Vielmehr er weiß gar nicht, wie tief er in der Täuschung steckt. Die Täuschung ist Selbsttäuschung. Die Suggestion hat ihn ergriffen, der Strom reißt ihn mit fort. Ein eigenes Urteil, das dagegen aufstünde, hat er nicht; ein solches könnte sich erst langsam in innerer Umstellung des künstlerischen Geschmacks herausbilden. Es ist auch hier eine Art öffentlicher Meinung, die ihn gefangen hält, in die er hineingezogen ist, er weiß nicht wie, die irgendwie entstanden ist, niemand weiß wie.

b. Sensationsbedürfnis des Publikums und künstlerische Autonomie.

Hier ist es deutlich der objektive Geist selbst, der die Verfälschung erleidet. Es ist sein eigenes Gespaltensein, seine Zweideutigkeit, daß eine Strömung in ihm selbst — gleichsam peripher, an seiner Oberfläche, und dementsprechend ephemer — „gegen" das Echte und Eigentliche in ihm laufen kann, daß sie die Gemüter erfassen, wie eine neue Wahrheit fortreißen kann, um sie dann ebenso schnell einer neuen Sensation preiszugeben. Denn eben dieses Verfälschungsphänomen im künstlerischen Geschmack, Empfinden und Urteil ist nicht eine Privatangelegenheit des Einzelnen, sondern etwas, was das ganze künstlerische Leben einer Zeitgenossenschaft betrifft.

Wohl spielt mannigfaltig die Initiative des Einzelnen hinein. Es gibt nicht nur die bestellte und bezahlte „Kritik", es gibt auch den leeren Drang zum „Neuen" als solchem, gibt auch die Sensationslüsternheit des künstlerisch Ahnungslosen, der sich zum Kenner und Führer der öffentlichen Meinung aufwirft. Aber solche Initiative ist in der Regel selbst schon Produkt gemeinsamer Entgleisung. Und überdies wäre sie wirkungslos, wenn ihr nicht die Ratlosigkeit und das Sensationsbedürfnis des Publikums entgegenkäme. Daß sie nicht ins Leere vorstößt, sondern auf sehr empfänglichen Boden trifft, das erst läßt sie weiterwuchern. Es ist die Schwäche des objektiven Geistes, mit der sie arbeitet. Es ist ein trübes Medium, in dem das Unechte wuchert, das Echte zurückdrängt und überwuchert.

Dem Epigonen ist das wuchernde Unechte leicht kenntlich — an seiner Eintagsherrschaft. Denn nur das Echte setzt sich dauernd durch. Dem Darinstehenden und Mitgerissenen ist kein Kriterium gegeben. Er kann es freilich in sich tragen, wenn er autonom empfindender Künstler ist; er braucht deswegen nicht notwendig Schaffender zu sein, auch der adäquat Schauende und Genießende ist künstlerisch autonomer Geist. Aber mit solchem autonomem Empfinden, sofern es gegen die Sensationen der Zeit geht, steht er dann allein da, isoliert, verkannt, als der Verbohrte, oder gar Rückständige.

Die Geschichte der Künste in ihrem langsamen Wandel von Geschmack und Stil ist überlagert vom ephemeren Hin- und Herfluten des sensationsbestimmten Augenblicksgeschmacks. Was an großen Werken auf die Nachwelt kommt, ist immer schon das Ausgesiebte, das, was sich dauernd durchgesetzt hat. Da sind die Schlacken abgefallen; aber nicht vom lebenden Geiste — denn der ist ein anderer geworden, mit anderem Echtem und Unechtem in sich — sondern nur von seinen Objektivationen. Und die haben ein anderes Seinsgesetz. Man darf darin freilich so etwas wie eine innere Gerechtigkeit des künstlerischen Geistes sehen, im Großen wenigstens; denn das Unechte fällt ab, das Echte bleibt. Aber das Phänomen der Verfälschung ist damit nicht aus der Welt geschafft. Es besteht fort, begleitet den lebenden Geist weiter auf seinem geschichtlichen Wege; und in jeder Zeitlage ist das Gros der Zeitgenossen neuer Selbsttäuschung ausgeliefert.

c. Irrwege der künstlerischen Produktion.

Was für den künstlerischen Geschmack als den des Betrachters gilt, findet sich bezeichnenderweise sogar in der künstlerischen Produktion wieder. Es greift gleichsam auf sie über — freilich mit Einschränkungen, denn eigentliches Schaffen ist jederzeit an das Echte und Eigentliche gebunden. Aber es gibt auch ein künstlerisch uneigentliches Schaffen.

Die Produktion ist — so will es das Gesetz des objektiven Geistes — nicht unabhängig von der Richtung des Zeitgeschmacks, auch nicht von deren Schwankungen und extremen Ausschlägen. Der Künstler steht von Hause aus selbst in der Zeitkindschaft drin. Der Wellenschlag jeweiliger Bewegung ist auch der seine. Und er ist andererseits nichts ohne sein Publikum, und dieses muß er bei dem fassen, was ihm faßbar ist. So geschieht es, daß mit den echten Intentionen des lebenden künstlerischen Geistes auch seine Verfälschung vom Betrachter auf den Künstler und sein Schaffen überspringt.

Daß es eine Romanliteratur, eine Bühnendichtung, eine Filmproduktion gibt, die den Stempel der unechten Kunst an der Stirn trägt, ist jedem Heutigen geläufig. Hier wie in den bildenden Künsten gibt es den „Kitsch". Und hier wie dort ist es das Sensationsbedürfnis, die billige Gefühlsromantik, oder auch das sie beide ausnutzende „Geschäft" des Unternehmers, was sie hervortreibt. Nicht das talentlose Nachahmen großer Muster ist eigentliche Entgleisung — das ist nur Symptom fehlender Originalität und Stoßkraft —, sondern das Wuchern gänzlich außerästhetischen Interesses im Gebiet künstlerischer Produktion, sofern es den Schein erweckt und selbst sich ihm hingibt, dabei noch künstlerische Ziele zu verfolgen.

Das Merkwürdige ist, daß überhaupt der lebende Geist in so hohem Maße ästhetisch täuschbar ist, daß er die erstaunlichsten Irrwege gehen kann, ohne es zu bemerken. Allemal schieben sich dabei Werte weit niederer Art vor (solche der Zerstreuung, des Amüsements, der Spannung, der sexuellen Erregung), hinter denen die wirklich ästhetischen dann versinken. Eine so in die Irre geleitete Zeitgenossenschaft verliert für diese den Blick.

Es können ihr auch eines Tages die Schuppen von den Augen fallen, wenn mitten in ihr das wirkliche Genie aufsteht und sie bei dem unbefriedigten tieferen Bedürfnis zu fassen weiß, indem es das Wunder des Schönen ihr vor die Augen stellt. Freilich kann sie den Schöpferischen auch verkennen. Sie kann den Sinn für das Echte so weit verloren haben, daß sie es nicht mehr zu sehen vermag, den Meister nicht mehr vom Stümper zu unterscheiden weiß. Dann ist der Schöpferische in ihrer Zeit der Verkannte, sie selbst aber hat keinen Teil mehr an dem, was ihr dem wirklichen Geiste nach zugehört. Andere Geschlechter werden es erkennen, ein anderer Geist wird es besitzen. Sie selbst aber in ihrer Zeit wird leer ausgehen.

d. Aufgepfropfter Lebensstil.

Anders gestaltet sich das Verhältnis im Gebiet des Lebensstiles. Auch hier handelt es sich um den Geschmack, aber er ist nicht auf Werte gleicher Höhe und Absolutheit bezogen, und seine Verfälschung ist insofern auch nicht an absoluten Maßstäben meßbar. Was an Umgangsformen, Anstand, Mode als das Angemessene „empfunden" wird, das „ist" es auch. Man kann sich hier auf keine andere und objektivere Instanz als den herrschenden Geschmack selbst beziehen.

Dennoch gibt es auch hier das Unechte. Denn eben das ist die Frage, ob eine Zeitgenossenschaft auch wirklich das als das Angemessene empfindet, was sie an sich selber zum Ausdruck bringt. Immer ist sie von Formprägung anderer Art umgeben, die ihr imponieren, sie zur Nachahmung reizen kann; und leicht unterliegt sie diesem Reiz. Denn stets gibt es die Sucht nach dem Neuen, Opposition gegen Hergebrachtes; das Fremde aber wirkt als das Neue, und dadurch ist es verführerisch.

Das verstärkt sich, wo das Fremde wirklich die höhere Formprägung ist, wo also ein Volk oder auch nur eine Schicht in ihm dem Lebensstil und Geschmack nach anderen voraus ist. Solches Höhersein oder Voraussein kann als solches empfunden werden und den Anreiz zur Nachahmung um vieles verstärken. Daß das Nachgeahmte als solches dem autochthon Gewachsenen nicht gleichwertig ist, selbst wenn es mit dem Höhersein seine Richtigkeit hat, dafür fehlt dem Nachahmer der Sinn. Er kann die Geste ablauschen, ohne sich den Geist, dessen Kleid sie ist, zu eigen zu machen, ja auch nur ihn zu erfassen.

So bleibt der herübergenommene Lebensstil am eigenen Geist gleichsam in der Luft schweben, ein Äußeres, Aufgepfropftes, eine Form ohne Kern, ein Unechtes. Er dringt zwar in den lebenden Geschmack ein, bildet ihn wohl gar um, aber nicht von innen heraus. Es bleibt etwas im Hintergrunde stehen, was ihm widerstreitet. Und das gerade ist das tiefere, eigene, autonome Empfinden. Es kann so kommen, daß dieses ganz überwuchert und erstickt wird. Es kann auch anders kommen, das autonome Eigentliche und Echte kann sich widersetzen, kann irgendwann einmal durchbrechen, das Aufgepfropfte von innen heraus überwinden und abtun. Geschichtlich ist beides wohlbekannt. Man denke an das Eindringen französischer Art und Sitte in Deutschland im 18. Jahrhundert, das Vordringen griechischer Lebensart in Syrien, Ägypten, Rom in den letzten vorchristlichen Jahrhunderten. Dort drang der nationale Geist gegen den zeitweilig mächtigeren Fremdgeist zuletzt wieder durch, hier unterlag er nach und nach. Und wo er unterliegt, da geht die Durchsetzung weiter in die Tiefe der geistigen Kerngebiete, in die Moral, die Dichtung, die Weltanschauung. Die Opposition des Cato major konnte dem alten Römergeist nicht dauernd wieder aufhelfen; das politisch geschlagene Griechentum drang siegreich vor — von der äußeren Sitte, Lebensart und Sprache in das Weltbild, das Ethos, das künstlerische Empfinden.

Die meisten geschichtlichen Zeitalter zeigen dieses Phänomen, daß innerhalb eines weiteren Kulturkreises ein Volk die Vorhand hat in kulturellen Dingen. Und in der Regel sind es nicht die inneren Geistesgebiete, auf denen es zunächst durchdringt, sondern die äußeren des Lebensstiles. Immer aber ist es so, daß viel autonome Eigenart darüber zugrunde geht. In unseren Tagen ist es der in seinen äußeren Ausprägungen (Tracht, Technik, Städtebau) längst einheitlich gewordene Geist des westlichen Europäertums, der ausgleichend in die alten und jungen Kulturen aller Erdteile eindringt. Und überall, wo er hindringt, verfälscht er den hergebrachten, harmonisch autonom geprägten Geist der Völker, läßt deren reiche Mannigfaltigkeit scheinbar konvergieren und droht die bunte Fülle zu nivellieren. Denn auch dieser Geist hat sehr sichtbar die Tendenz, vom Äußeren zum Inneren vorzustoßen und das Echte des fremden Geistes in Weltanschauung, Moral und Kunst zu entwurzeln.

e. Konventionelle Moral. Duldung und Scheinethos.

Weit ernster als in der Kunst und im Lebensstil ist die Sachlage auf dem Gebiet der Moral. Man sollte meinen, hier bleibe der geschichtliche Geist jederzeit auf das Echte angewiesen — nicht zwar in dem Sinne, daß die geltende Moral auch das Tun der Menschen total beherrschte, wohl aber in dem Sinne, daß die vorherrschende Beurteilung des Tuns ihr entspräche. Die Wirklichkeit jedoch belehrt uns eines anderen.

Was man die öffentliche Moral einer Gesellschaftsschicht in bestimmter Zeit nennen kann, ist keineswegs identisch mit den inneren Intentionen ihres Ethos; es deckt sich auch nicht mit dem, was dem wirklichen Wertempfinden nach als gut und seinsollend gilt. Es bleibt in der Regel weit dahinter zurück, ist eine Art Kompromiß des echten Ethos mit menschlicher Schwäche und bewußter Unmoral.

Diese öffentliche oder „konventionelle" Moral hat es jederzeit an sich, daß sie das als verwerflich Erkannte nicht nur in gewissen Grenzen zuläßt, sondern auch konventionell zudeckt. Sie läßt der Unmoral — wofern sie nur den gesellschaftlichen modus vivendi nicht beeinträchtigt — den zur Schau getragenen Schein der Moralität, ja sie schützt und stützt ihn. Sie drückt vor bestimmter Unsitte die Augen zu, läßt dem in aller Form erkannten „Bösen" gleichsam das Ventil offen, daß es sich ausleben kann. Und sie straft die Träger dieses Bösen nicht mit dem wohlverdienten „schlechten Ruf".

Sie tut das um so mehr, je größer der Kreis derer ist, die das moralische Odium treffen müßte. Sie schafft damit den Menschentypus, der in der Scheinmoral lebt, den des Tartüffe. Und selbstverständlich unterhöhlt sie damit das Leben des Ethos. Es tritt ein Scheinethos mit sehr gelockerten Anforderungen an die Stelle des echten ethischen Empfindens. Der Wertblick verdunkelt sich, das Gewissen schläft ein; man ist auf den Schein, das Gelten, die Meinung der Menschen bedacht, nicht auf das moralische Sein und Nichtsein. Ein solches Scheinethos kann, wenn es um sich greift, den objektiven Geist von Grund aus zersetzen. Denn es betrifft seinen innersten Kern.

Ein gutes Beispiel dafür ist die sexuelle Moral der christlichen Völker unserer Zeit, die gesellschaftlich versteckte, aber jedermann wohlbekannte Lebensweise derer, die dem Triebe ohne Skrupel folgen, dabei jedoch den Ruf des „Soliden" genießen und aufrechterhalten; desgleichen die dementsprechende Einrichtung der Prostitution, die man verwirft, fürchtet, bekämpft und doch öffentlich duldet. Es handelt sich hier nicht um Beurteilung dieser Sachlage, nicht um moralische Bewertung oder Stellungnahme; vielleicht ist es eine Verirrung der Moral, ein solches Sexualleben zu verwerfen und in das Dunkel versteckten Treibens abzudrängen. Wo das wirkliche Ethos es gutheißt, da ist keine Scheinmoral neben der echten, keine Unterhöhlung, das wirkliche Wertempfinden entspricht dem zur Schau getragenen. Gerade bei den christlichen Völkern aber zählt es zum Unechten, denn ihre wirkliche Moral verwirft eben das, was konventionell geduldet wird. Und dem entspricht die Zweideutigkeit und das Doppelleben derer, die diese Duldung in Anspruch nehmen. Ein jeder fürchtet die Aufdeckung seiner geheimen Wege, fühlt sich aber relativ sicher davor, obgleich er weiß, daß es ihm an Mitwissern nicht fehlt. Er weiß, daß die Mitwisser schweigen, sei es, daß sie in gleicher Situation stehen, sei es, daß sie sich einfach dem Brauch fügen, der es für unfair erklärt, das Zugedeckte ans Licht zu ziehen. So erscheint der im Sinne der wirklichen Moral Schuldige als „tugendhaft" und kann dem Nichtwissenden und Unschuldigen als „ehrbar" entgegentreten.

In vielfacher Spielart kehrt dieses Verhältnis wieder. Da ist die Nächstenliebe des Begüterten, die in öffentlicher „Wohltätigkeit" vor aller Welt sich dokumentiert und Anerkennung findet, während alle Welt weiß, durch welche Ausbeutung des hart Arbeitenden der Spender den Überschuß gewinnt, von dem er spendet. Da ist die Selbstbespiegelung des „Gerechten", der nicht stiehlt, nicht betrügt, nicht veruntreut, weil ihn die Versuchung nicht anwandelt, und zugleich sein Aburteilen über den hart Ringenden, der ihr erliegt. Der Pharisäismus ist in den verschiedensten Formen der Moral eine wiederkehrende Erscheinung, nicht anders als der Tugendstolz des Stoikers oder des Puritaners, der für jedermann durchschaubar den nacktesten Egoismus kaum bedeckt, während die konventionelle Moral ihn bejaht und ehrt.

f. Habituell gewordener Selbstbetrug und Moral des „guten Rufes".

Hier überall, soweit es sich nicht um den Einzelnen handelt, sondern um den Typus in einer Zeitgenossenschaft, liegt Verfälschung des objektiven Geistes vor. Der Schein des Echten wird aufrechterhalten, dahinter aber birgt sich nur schlecht ein ganz anderes, zum Tiefstande gesunkenes moralisches Empfinden, zu dem sich die Träger nicht offen zu bekennen wagen. Weil das gesunkene Empfinden aber ihr wirkliches Empfinden ist, dieses aber sich hinter einem vorgetäuschten Empfinden versteckt, so ist hier die Moral selbst aufgespalten in ein wirkliches Ethos und ein Scheinethos; wobei das erstere das des gesunkenen Empfindens, das letztere das der eigentlich geltenden Moral ist.

Die Wurzel des Übels ist nicht beim Einzelnen zu suchen, sondern bei der Konvention, beim Kompromiß. Was aber Konvention ist, das ist durchaus gemeinsame Sache, wenn auch nicht Aller. Der Einzelne kann es nicht schaffen. Es ist das Unechte in der Moral der Zeit, eine Art habituell gewordenen Selbstbetruges, in dem die Menschen sich gegenseitig bestärken, indem sie in ihm leben, den sie schließlich kaum mehr bemerken, und der deswegen nicht ihr Gewissen beschwert.

Aber eben dieses, daß das Gewissen der Lebenden hier nicht mehr spricht, ist die Entgleisung des objektiven Geistes aus seiner Bahn, seine Untreue an sich selbst, seine Unechtheit. Denn nach wie vor gibt er ein anderer zu sein vor. Das ist, wo nicht moralische Erneuerung ihn wieder hochreißt und zu sich zurückführt, seine Auflösung, sein Untergang.

Vielleicht darf man sagen, in jedem geschichtlich lebenden Geist ist ein Bruchteil moralischer Unechtheit. In jedem dürfte freilich auch ein Bruchteil Umkehrtendenz sein. Und in jedes Menschenleben spielt beides hinein; wie denn der Heranwachsende jederzeit nicht nur in das Echte und Eigentliche hineinwächst, sondern ebenso auch in das Unechte. Er übernimmt wahllos, was der lebende Geist darbietet. Niemand deckt im Privatleben alle Karten auf, jeder hat sein wohlgehütetes Geheimnis — auch wenn er sich selbst das nicht eingesteht —, jeder hütet eifersüchtig den „guten Ruf", den er genießt, auch wenn er weiß, daß er ihn nicht verdient. Er mag ohne ihn nicht leben, wohl aber ohne seiner wert zu sein. Die Sorge um den guten Ruf verdrängt die Sorge um das wirkliche Gut und Böse. Und wo das nicht mehr bemerkt wird, wo es im eigenen Leben als selbstverständlich hingenommen wird, da lebt der Mensch im habituellen Selbstbetruge.

So wenigstens ist, auch ohne sonderlich große Verfehlung, das Gros der Menschen. Und eben weil es sich um das Gros handelt und nicht um Einzelfälle, so handelt es sich vielmehr um die faktisch allgemeine und herrschende Moral, um Schäden des objektiven Geistes. Dieser selbst ist es, der sich spaltet, auflockert, seine geprägte Form preisgibt. Wo einmal der „gute Ruf" sich vor das moralische Sein gedrängt hat, da liegt es im Wesen der Sache, daß er auch die Tendenz zeigt, es ganz zu verdrängen. Denn er ist das dem moralischen Sein entgegengesetzte Prinzip, das bloße Dafür-Gelten, der Schein. Die Koexistenz von echter und Scheinmoral ist nicht stabil. Eine von beiden muß die andere verdrängen.

Ein geschichtliches Ethos hält sich auf seiner Höhe nur, solange es in den Grundanschauungen gediegen bleibt. Läßt es das Unechte einmal zur Hintertür herein, so sinkt es zu ihm herab.

g. Geistig leerlaufende Tendenzen.

Noch von anderer Art ist der Einschlag des Unechten, der in gewissen Zeiten geistiger Umwälzung auftritt. Es gibt Revolutionen der Gesamteinstellung, die mit positiv neu Geschautem, mit neuen Ideen einsetzen. In ihnen geht der geschichtliche Geist inhaltserfüllt im Sinne seiner echten Intentionen vorwärts. Denn was hier überwunden wird, ist Veraltetes, nicht mehr ihm Gemäßes, oder auch direkt unecht Gewordenes. Aber es gibt auch Revolutionen, in denen das Positive noch fehlt. Sie sind zunächst rein destruktiv, reißen auch das noch lebendig Bestehende ein — und zwar zugunsten eines Neuen, das sie noch nicht haben, sondern sich unter Schlagworten vortäuschen.

Von Hause aus freilich liegt die Sache in jeder Umwälzung so, daß die Tendenz in ihr auf etwas Echtes und Eigentliches geht, wennschon nur so, wie man dieses dunkel empfindet. Insofern ist sie die gesunde, aus der Tiefe des objektiven Geistes hervorbrechende Tendenz auf das wahrhaft Lebendige in ihm. Und im allgemeinen darf man in solcher Tendenz die Quelle der Anstöße sehen, die immer wieder zum Echten, zur Verinnerlichung und Erneuerung drängen.

Aber eine Gefahr liegt in ihrem Wesen. Tendenzen sind prospektiv auf Künftiges gerichtet, das Künftige will erschaut sein, es zu erschauen ist nur dem Bewußtsein gegeben; der objektive Geist aber ist nicht Bewußtsein, er ist auf das Einzelbewußtsein seiner Träger angewiesen. Dieses wiederum ist nicht adäquat, am wenigsten in der Vorausschau. Sofern nun die Tendenz dem Bewußtsein des Einzelnen folgt, ist sie der Vorspiegelung unterlegen. Und das besagt in diesem Falle, sie wird zur Auflösung des Bestehenden geführt, auch dort, wo noch kein erschautes Neues das rechtfertigt.

Charakteristisch für diese Erscheinung sind die Aufklärungszeitalter, insonderheit soweit es um weltanschauliche und moralische Dinge geht. An Stelle des Geglaubten und pietätvoll Hingenommenen wird die Vernunft gesetzt; aber es ist eine sehr enge Vernunft, eine solche der Nützlichkeit und des „gesunden Menschenverstandes". Es schwebt ihr die Mündigwerdung des Menschengeistes vor, aber inhaltlich hat sie keine hohen Ideale, die jene des Geglaubten ersetzen oder gar überbieten könnten. Sie langt bei einer vulgären Weltanschauung (Materialismus), einer ideenlosen Moral (Utilitarismus) an.

So hat Fichte die Aufklärung, an deren Ausgang er stand, als eine Art Kehraus des Geistes charakterisiert — gewiß einseitig, aber doch treffend in dem, was er sah. Fichte sah das Bedenkliche in dem Übers-Ziel-Schießen einer echten Tendenz, ihr Unechtwerden und ihr Leerlaufen, gleichsam aus der Inertia ihrer eigenen Bewegung heraus. Das Bedeutsame ist, daß dieses Phänomen viel allgemeiner ist, als Fichte es faßte. Es kehrt in vielen Umwälzungen sozialer Art wieder: unhaltbar gewordene Verhältnisse werden preisgegeben, aber die Ausformung der neuen und besseren hält damit nicht Schritt; ein viel zu einfaches, oder gar ein theoretisch konstruiertes Ideal — eine Ideologie — tritt an ihre Stelle. Aber es ist nicht organisch aus dem Bestehenden heraus gewachsene Formung, die Menschengemeinschaft kann in ihr so nicht leben. Es ist ebensoviel Konstruiertes und vorgeschobenes Unechtes darin wie geschautes Echtes.

Diese Sachlage zeigt sich darin, daß der vordringende neue Geist eine Art schlechten Gewissens behält. Die Unstimmigkeit macht sich in ihm fühlbar. Sie zwingt ihn, entweder zurückzukehren und Wesentliches von dem, was er verwarf, wieder aufzunehmen, oder aber zu ungeistigen Mitteln zu greifen, den noch lebendigen alten Geist mit äußerer Gewalt zu unterdrücken. Und erst damit gerät die neue Tendenz endgültig ins Leerlaufen.

Gewalt ist im Leben des Geistes stets ein Zeichen innerer Schwäche, einerlei von welcher Seite sie ausgeübt wird. Das Überlebte und brüchig Gewordene hält sich damit ebenso künstlich aufrecht, wie das noch nicht lebensfähige Neue und Unerprobte. Es war die Blöße der mittelalterlichen Kirche, daß sie die Andersgläubigen mit Gewalt verfolgte, und es ist ihr zu Verfälschung und Unheil ausgeschlagen. Es ist die Schwäche bolschewistischer Lebensformung, wenn sie mit Blut und Drohung sich durchsetzt. Der Geist, dessen Wesen es ist, freie Entfaltung zu sein, durch inneres Gewicht Geltung zu haben und durch Überzeugungskraft zu herrschen, wird zum Tyrannen. Er wird damit zum Verfälscher des Geistes selbst.

Der echte Geist, wenn seine Zeit gekommen ist, hat andere Mittel, sich durchzusetzen. Er als solcher ist nicht aufhaltbar. Er ist nur retardierbar. Aber gerade die scheinbare Beschleunigung ist Retardierung des wirklichen Geistes in seiner laufenden geschichtlichen Bewegung. Die Bleigewichte, die diese Bewegung hemmen, liegen nicht bei der Inertia des Hergebrachten allein; sie liegen auch beim Einschlage des Unechten und der inneren Leere des Neuen.

h. Heideggers Fassung des „Man", des „Geredes" usw.

Eine verwandte Erscheinung zu den geschilderten Phänomenen hat Heidegger geschildert[1]). In der Sphäre der „Alltäglichkeit" nimmt das Unechte die Form des subjektlosen Neutrums, des „Man" an. Wir urteilen, wie „man" urteilt, empfinden, wie „man" empfindet, leben, wie „man" lebt. „Das Man, das kein bestimmtes ist, und das Alle, obzwar nicht als Summe sind, schreibt die Seinsart der Alltäglichkeit vor."

Es brauchte in diesem Vorschreiben an sich nichts anderes zu liegen als das Leben des echten objektiven Geistes, sofern er in Geschmack, Stil, Lebenszuschnitt besteht. Das „Tun, wie man tut", ist die einfache Form des Übernehmens und Hineinwachsens. So lernt das Kind sprechen, indem es spricht, wie „man" spricht. Aber eben diese primitive Form des Übernehmens ist blind, kritiklos; sie gilt auch dem Unechten. Und das ist die Schwäche in der Seinsweise des objektiven Geistes. Denn die inneren Domänen des Geistes verlangen ein nicht nur annehmendes und nachahmendes, sondern auch verstehendes und verarbeitendes Übernehmen. Das Man entlastet jegliches Verhalten, es ist subjektlos; es macht das Tun des Einzelnen unselbständig, man

[1]) Vgl. zum folgenden Martin Heidegger, Sein und Zeit, §§ 27, 35—37.

kennt den Ursprung der Initiative nicht und fragt nicht nach ihm, — niemand ist es gewesen, niemand trägt Verantwortung, niemand setzt sich wirklich auseinander mit dem, was man gelten läßt oder nicht gelten läßt.

So ist das Man die allgemeine Verantwortungslosigkeit. Ebendadurch aber wird auch die Sache, mit der man es jeweilig zu tun hat, „verdunkelt" und in dieser Verdunkelung „als das Bekannte und Zugängliche" ausgegeben. Und so gibt man sich unter der „hartnäckigen Herrschaft" des Man der Täuschung hin, es mit den Sachen selbst zu tun zu haben, ist aber vielmehr in Urteil und Stellungnahme immer schon „fertig" damit, ehe man wirklich an sie herangekommen ist.

Dasselbe Phänomen kehrt im „Gerede" wieder. Das Bereden einer Sache ist der einfachste Modus, mit ihr fertig zu werden, ohne sie sich zuzueignen. „Das Gerede, das jeder aufraffen kann, entbindet nicht nur von der Aufgabe echten Verstehens, sondern bildet eine indifferente Verständlichkeit aus, der nichts mehr verschlossen ist." Diese indifferente Verständlichkeit ist das uneigentliche Verstehen, das Vorbeileben am geistig Wirklichen. Die Welt, wie sie ist und als seiende auch sehr wohl für uns sein könnte, wird uns im Grunde verschlossen. Wir kommen nicht mehr an sie heran, weil sie uns von vornherein als beredete begegnet. Darin ist keine Täuschungsabsicht, kein Ziel, keine Verneinung. Niemand lenkt das Gerede. „Das bodenlose Gesagtsein und Weitergesagtwerden reicht hin, daß sich das Erschließen verkehrt zu einem Verschließen."

Diese Charakteristik ist noch durch manches andere ergänzt. So gehört hierher das Phänomen der „Neugier", als der Sensationslüsternheit. Es ist die Unfähigkeit, auch nur beim nächstliegenden Wesentlichen zu verweilen, die Tendenz, nach dem Neuen als solchem zu haschen, als wäre es um der Neuheit allein willen auch schon das Wichtige. Diese Tendenz ist mangelnde Ernsthaftigkeit, das immer schon Fertigsein mit dem eben in Sicht Tretenden, ohne Verwunderung und inneres Erfaßtsein, ohne Verstehen des Nichtverstehens. So kommt es, „daß das echt und neu Geschaffene bei seinem Hervortreten für die Öffentlichkeit veraltet ist". Es kann erst wieder wirksam werden, wenn das sensationell aufgetriebene Interesse an ihm verebbt ist.

Was uns hier begegnet, ist offenbar die Verallgemeinerung dessen, was die öffentliche Meinung im politischen Leben aktuell zugespitzt zeigte. Die „Öffentlichkeit" im Sinne Heideggers ist die allgemeine Charakteristik des Uneigentlichen im objektiven Geiste. Gerade an solchen Momenten wie dem „Man", dem „Gerede", der „Neugier" wird es klar, daß es sich nicht um äußere Einwirkungen handelt, die ihn verfälschen, auch nicht um ein spezifisches oder gelegentliches Tun des Einzelnen, sondern um etwas, was in der Gemeinsamkeit des Gemeingeistes selbst wurzelt, ihn von innen heraus zweideutig macht, seine innere Gefährdung durch sich selbst ist. Denn eben das, wie „man" denkt, tut oder redet, ist nicht Sache des Einzelnen, sondern spezifische Funktion des Miteinanderseins. Es zeigt auch die charakteristische Form der Zeitströmung (wenn auch einer ephemeren), der gemeinsamen Geformtheit, in die der Einzelne ebenso willenlos hineinwächst wie in das Echte und Eigentliche.

Der ganze Seinsmodus und die geschichtliche Realität dieser Erscheinung sind die des Gemeingeistes als solchen. Man muß also wohl die Konsequenz ziehen, daß sie ihm als solchem zugehört. Und das eben heißt, daß die Uneigentlichkeit, die darin zutage tritt, die seine ist und, trotzdem sie das Wesenswidrige in ihm ist, ihm wesentlich zugehört.

40. Kapitel. Die Frage nach dem Kriterium des Echten.

a. Das Echte im Bewußtsein des Unechten.

Angesichts solcher Breite des Unechten im objektiven Geiste drängt sich die Frage auf: Wo liegt das Gegengewicht dazu? Was treibt den Geist geschichtlich doch immer wieder auf seine eigentliche Linie zurück? Gibt es in aller Verfälschung eine Instanz, die dafür sorgt? Und worin besteht sie?

Diese Frage kommt offenbar der nach einem „Kriterium" des Echten gleich. Sie enthält die beiden Teilfragen: ob es eines gibt, und worin es zu suchen wäre.

Man kann sie nicht damit abweisen, es sei müßig, nach einem Kriterium zu fragen, wo doch der Lauf der Geistesgeschichte zeigt, daß die Verfälschung nie abreißt. Die Konsequenz wäre, daß wir überhaupt nicht mehr von einem Echten und Eigentlichen im geschichtlichen Geist sprechen könnten. Denn weder würde es sich durchsetzen können, noch würden wir es erkennen können. Die Verfälschung wäre dann selbst das Grundwesen des objektiven Geistes, und es gäbe hinter ihr kein Eigentliches.

Diese Konsequenz zeigt die Unhaltbarkeit solcher Skepsis. Schon rein in sich selbst verstanden, setzt das Auftreten eines Unechten das Vorhandensein eines Echten voraus. Anders wäre es gar nicht ein Unechtes. Verfälschung kann es nur geben, wo etwas ist, was verfälscht werden kann. Es ist damit wie mit Wahrheit und Irrtum: wo es überhaupt kein Wahres gibt — wie die relativistischen Theorien behaupten —, da gibt es auch keinen eigentlichen Irrtum, es ist alles gleich wahr und unwahr. Wo in der Geistesgeschichte sich ein Unechtes gegen keinerlei Echtes abhebt, da ist es vielmehr selbst das Echte. Gibt es nun aber ein geschichtliches Bewußtsein des Unechten, sei es gleichzeitig oder im Rückblick, da ist dieses bereits ein Bewußtsein des Echten, und ebendamit ein Zeugnis des Vorhandenseins eines solchen. Ob es dieses Echte zu fassen vermag oder nicht, das ist dafür gleichgültig.

Nun gibt es zu allen Zeiten ein lebendiges Gefühl dessen, daß irgendwo im Hintergrunde der öffentlichen Meinung, der Sensationen und des Geredes etwas steht, was das Eigentliche ist, und daß es in Wirklichkeit um dieses allein geht; desgleichen daß dieses in der Stille seiner Hintergründigkeit doch das ist, was unbeirrt seinen Weg geht, ja daß seine Bewegung den eigentlichen inneren Gang der Geistesgeschichte ausmacht. Das Gefühl davon mag dunkel sein, es ist deswegen doch da, ist eine Art geschichtlichen Gewissens, das sich nichts abhandeln läßt.

Und ebenso gibt es ein dunkles Bewußtsein der Uneigentlichkeit und Verfälschtheit im Getriebe der Verfälschung selbst. Es kann zuzeiten auch ein sehr klares und bestimmtes Bewußtsein sein, womit freilich nicht gesagt ist, daß es der Verfälschung auch gleich müßte Herr werden können. Wohl aber liegt es im Wesen des Verfälschtseins, daß es dem Bewußtsein der Verfälschung auf die Dauer weichen muß. Dieses Bewußtsein eben ist bereits der Keim seiner Aufhebung — wie denn der Irrtum, der als solcher erkannt, ja auch nur bezweifelt wird, bereits aufgehört hat, Irrtum zu sein. Wie der Zweifel selbst schon das Ausschauen nach dem Wahren ist, so das Bewußtsein des Unechten ein Rückgreifen auf das Echte. Es ist die Form, in der das Echte sich meldet.

b. Lebendigkeit und Umbildungsfähigkeit des Echten.

Dazu kommen zwei weitere Momente.

Erstens unterscheiden wir im geschichtlichen Rückblick leicht zwischen Echtem und Unechtem eines Zeitgeistes. Das Geschehen selbst ist darüber weggegangen und hat das eine vom anderen geschieden. Verirrungen im künstlerischen Geschmack etwa sind dann leicht als Auswüchse kenntlich. Die wirkliche Entwicklung des künstlerischen Sehens und Empfindens tritt deutlich in den großen Werken hervor, die eine Zeit geschaffen hat. Denn sie haben die Sensationslust überdauert und sich im Wandel selbst als wertbeständig erwiesen.

Ähnlich ist es in der Moral, im sozialen und politischen Leben, in den weltanschaulichen Dingen. Was die Aufklärungszeiten propagiert haben, erscheint als Überspitzung. Man durchschaut die Überschärfung reeller Strömungen; der werthaltige Kern in ihnen hat sich durch seine Tragfähigkeit längst bewährt; das Beiwerk, das die Erregtheit eines geschichtlichen Augenblicks für das Wesentliche nehmen konnte, ist abgefallen, und man sieht in ihm das kaum noch glaubhafte Leerlaufen der Tendenz.

Die wirkliche Bewegung in jenen Zeiten deckte sich nicht mit dem, was sie dafür nahmen. Aber auch die innere Bezogenheit zwischen ihr und der öffentlichen Meinung von einst ist eine durchaus einsichtige geworden, sie wird bei aller Andersheit des gewandelten Empfindens doch nicht als eine rein zufällige empfunden. Auch in der Entgleisung noch spiegelt sich die wirkliche Bewegung des Geistes. Sie ist im Rückblick objektiv geworden, nur noch Gegenstand, nicht mehr die unsrige.

Dahinter aber steckt zweitens greifbar ein anderes. Eben dieses Sichtbarwerden ist nur möglich, weil der geschichtliche Gang des Echten und der des Unechten ein sehr verschiedener ist, d. h. weil beides sich in ihm auf die Dauer ganz von selbst scheidet. Das Unechte vergeht, während das Echte bestehen bleibt. Das Bestehenbleiben ist zwar kein identisches Beharren, wohl aber ein organisches Sich-Umbilden im langsamen geschichtlichen Wandel des Gesamtgeistes, wobei das objektiv Erarbeitete und Errungene sich als Moment im Neuen erhält.

Das geistig Echte eben ist das allein Umbildungsfähige in der Geschichte. Das Unechte ist dem Verfall preisgegeben, es kann sich nicht halten, weil es nur Auswuchs ist. Es ist das geschichtlich Ephemere. Haltlos aber ist es deswegen, weil kein geistig Wirkliches da ist, dem es entspricht, oder affirmativ ausgedrückt, weil ein geistig Wirkliches da ist, dem es nicht entspricht und dem es auf die Dauer nicht gerecht werden kann. Denn was es auch vortäuscht, es kann das Wirkliche doch nicht aufheben.

Der wirkliche geschichtliche Geist eben ist ein Lebendiges, eine Macht, die immer wieder ans Licht drängt und von keiner Entstellung verdrängt werden kann. Dieses Verhältnis spiegelt sich deutlich im Schwanken der öffentlichen Meinung, ihrer Suggerierbarkeit, ihrer Neigung zum Extremen und Überspitzten; desgleichen in der Sensationslüsternheit, der Sucht nach dem Neuen, dem Abtun des Ernsten im „Gerede". All das sind Symptome des geschichtlich Ephemeren. Das Bleibende ist von anderer Art, von tieferer Verwurzelung. Es ist das, was den geschichtlichen Wandel aushält und in ihm selbst als Gewandeltes und Erneutes hervorgeht. Das Unechte ist im Wandel durch sein eigenes Wesen „gerichtet"; es ist von vornherein das Kernlose, nur Anhaftende. Darum ist es das Ephemere.

Im Hinblick auf echt und unecht ist die Weltgeschichte in der Tat das, was Hegel in ihr — freilich zu sehr verallgemeinert — erblickte, das „Weltgericht".

c. Abkehr vom objektiven und Zuflucht beim personalen Geist.

So haben wir keinen Grund zum geschichtlichen Pessimismus. Eine andere Frage aber ist es, wo und wie ein Bewußtsein des Unechten seinen Ursprung nimmt. Mit allgemeinen Überlegungen kann man diese

Frage nicht beantworten, es steckt in ihr erneut das Ausschauen nach einem Kriterium. Es genügt hier nicht, sich in der Rückschau auf den geschichtlichen Prozeß der Ausscheidung des Unechten zu verlassen. Wer mitten drin steht in seiner Gegenwart, kann nicht abwarten, was spätere Geschlechter mühelos sehen werden. Er muß als Jetziger und Darinstehender die Symptome greifen können.

So gefaßt, stößt die Frage auf dieselbe prinzipielle Schwierigkeit, die überhaupt die Grundaporie im Wesen des objektiven Geistes ist. Sie liegt in der Tatsache, daß es kein adäquates Bewußtsein des objektiven Geistes gibt. Ein Kriterium müßte Sache der Einsicht, also eines Bewußtseins sein. Der Einzelne nun hat zwar Bewußtsein, reicht aber damit an die innere Krisis des Seins und Nichtseins im jeweilig lebenden Geiste nicht heran. Er ist in jeder Zeit und jeder Verirrung ebenso vom Unechten gefangen wie vom Echten. Der objektive Geist aber, der in seinem Kern wohl die echte Tendenz ist, hat überhaupt kein Bewußtsein, kann also das Korrektiv seiner selbst in Form eines Kriteriums nicht hergeben.

Der Ausweg ist nach zwei Seiten gesucht worden, nach der des personalen und nach der des objektiven Geistes selbst.

Man kann den ersteren Weg den individualistischen nennen. Er ist es nicht nur insofern, als das Individuum die Rückleitung auf das Echte zu vollziehen hat, sondern auch insofern, als dieses Echte selbst als ein solches des Individuums erscheint. Der Einzelne hat es, so meint man, der Entgleisung des Gemeingeistes entgegenzusetzen; wobei dann freilich die Konsequenz kaum zu vermeiden ist, daß diesem überhaupt keine echte Eigenstruktur innewohnt.

Auf dem Gebiete der Moral brach sich diese Auffassung in der Spätantike Bahn — im Ideal des „Weisen", der sich in seiner Freiheit und Unerschütterlichkeit selbst genug ist. Im Christentum ist es die Sorge um die Einzelseele, die auf anderer Basis den Menschen auf sich selbst zurückwirft. Im philosophischen Denken sind diesen Vorbildern viele Nachfolger erwachsen. Auch Heidegger sucht in dieser Richtung die Lösung, indem er von den Momenten der Angst, der Schuld, des Gewissens die Einkehr des Einzelnen in sich selbst ausgehen läßt. In solcher Einkehr aber liegt dann die grundsätzliche Abkehr vom geistig Gemeinsamen.

Daß hier ein Stück Wahrheit liegt, wird niemand bestreiten wollen. Die Rückkehr des Einzelnen zu sich selbst ist ein ewiges Motiv der Verinnerlichung; und überall, wo eine solche sich vollzieht, da ist sie zugleich die Erneuerung von innen heraus. Nur ist das zu wenig, sofern es sich um den geschichtlichen Geist handelt. Daß der Einzelne in sich die Wendung vollzieht, bewegt den objektiven Geist noch nicht. Am wenigsten bewegt es ihn auf sich selbst zu, denn die Wendung geht nur auf das Eigentliche des Individuums. Wo aber eine ganze Zeitgenossenschaft in ihrem Gros gemeinsam die Wendung an sich erfährt, da ist es nicht mehr der Einzelne, der sie für sich vollzieht. Da ist es vielmehr die rückkehrende Bewegung des objektiven Geistes. Von der jedoch steht es ja gerade in Frage, was eigentlich sie aus ihrer Desorientierung zurückruft.

Alle individualistischen Auskünfte leiden hier an dem Mangel, daß sie die Abkehr vom objektiven Geiste überhaupt verlangen, ja gewissermaßen seine Preisgabe. Damit ist nicht nur das Problem grundsätzlich verfehlt, sondern es ist auch etwas ontisch und geschichtlich Unmögliches verlangt. Das gerade ist das Grundverhältnis zwischen Gemeingeist und Individuum, daß das Individuum aus dem lebenden Gemeingeist auf keine Weise heraustreten kann.

Es kann wohl in Einzelheiten gegen ihn angehen, kann also auch sich gegen seine Verfälschung richten. Aber das bedeutet nicht, daß es im Ganzen seinen privaten, einsamen Weg einschlagen könnte, der es auf eine ganz andere geistige Basis stellte. Es wird notwendig, wenn es sich auf sein eigenes Echtes und Wahres besinnt, ebendadurch vielmehr auf das Echte und Wahre des objektiven Geistes hingeführt. Wenn es die Angst ankommt, wie es vor Gott oder vor den echten Anforderungen der Moral bestehen könne, so ist das, was es sucht, zwar ihm nur als seine Privatsache bewußt; der Sache nach aber und dem Wesen nach ist es zugleich etwas, was jeden anderen für ihn selbst ebenso angeht. Es ist also ein Gemeinsames.

Ja, man kann sagen: auch das Gewissen, so sehr nur der Einzelne ein solches hat, ist doch inhaltlich weit entfernt, bloßes Privatgewissen zu sein. Es ist das genau so wenig, wie die „Vernunft“, die ihm dabei heimleuchtet, bloße Privatvernunft ist. Gerade im Gewissen des Einzelnen spricht die gemeinsame ethische Forderung, wie sie an jeden gerichtet ist. Und wenn auch der Einzelne nur sein privates Verfehlen sich schuldgeben kann, es ist doch weder der Maßstab der Schuld einer, der sein privates Tun allein beträfe, noch sein Verschulden selbst ein solches, das ihn allein beträfe. Es stellt ihn vielmehr unmittelbar in die Mitverantwortung, die er mit anderen und für andere trägt. In ihr hat er jederzeit seinen Anteil an der gemeinsamen Sache, am öffentlichen Recht und Unrecht im Miteinandersein.

In der Umkehr des Einzelnen als einer solchen ist also die Frage, auf die es ankommt, nicht getroffen. Ja, es ist in ihr auch das „Echte“, um das es geht, nicht getroffen. Man müßte denn schon die Umkehr des Einzelnen als die Initiative in der geschichtlichen Bewegung des Gesamtgeistes verstehen. Das ändert freilich die Sache von Grund aus. Aber dann handelt es sich nicht mehr um den Einzelnen allein. Dann ist seine Sache die gemeinsame.

d. Eigensinn und Gemeinsinn. Das andere Extrem.

So sieht man sich auf den anderen Weg zurückgeworfen: das Heil liegt nicht beim Individuum und seiner Rückkehr zu sich, sondern beim objektiven Geiste selbst. Dieser kann das Eigentliche seines Wesens niemals ganz verlieren, er wird von sich selbst stets wieder zu ihm zurückgeführt.

Nimmt man das an, so liegt es nahe, noch einen Schritt weiter zu gehen und alle Verfälschung auf das Konto des Individuums zu buchen. Das Gesamtbild ist dann dieses: solange die Individuen nur wirklich im Gemeingeiste drinstehen, solange sie aus dem Gemeinsinn heraus leben und empfinden, gibt es auch keine Verfälschung und kein Unechtes. Erst indem sie sich auf ihr Eigensein besinnen und jedes seinen Eigensinn gegen ihn durchzusetzen sucht, entfernen sie sich von ihm. Und dadurch bewirken sie die Verfälschung des Gemeinsinnes. Das geistig Uneigentliche ist dann immer schon die Folge des einsetzenden Individualismus.

Diese Auffassung ist im wesentlichen die Hegelsche. Und sie ist sinnvoll, wenn man ihr die Metaphysik einer Geist-Substanz zugrunde legt. Hebt man diese, wie nicht zu vermeiden, auf, so fällt die Infallibilität des objektiven Geistes hin. Es gibt eben sehr wohl an ihm als solchem das Unechte, und keineswegs das Individuum allein kann dafür aufkommen. Es gibt auch durchaus die gesunde Besinnung des Individuums auf sich, und diese darf auch im gemeinsamen Ethos nicht fehlen: je tiefer der Einzelne sich moralisch und staatsbürgerlich verantwortlich fühlt, um so mehr Chance hat der objektive Geist, sich im Sinn seiner wirklichen geschichtlichen Intentionen zu entfalten. Sittliches und rechtliches Selbstbewußtsein des Individuums in diesem Sinne ist dafür auch weit entfernt, Individualismus zu sein.

Aber auch wenn man die Verkennung des persönlichen Gewissens aus dem Spiel läßt, so ist die Hegelsche Auffassung doch nicht haltbar. Man könnte sogar Hegels eigene Dialektik der „öffentlichen Meinung" dagegen anführen. Ein objektiver Geist, der so der Verführung zugänglich ist, so der Suggestion des Augenblicks verfällt, ist jedenfalls weit entfernt, aus sich selbst heraus seinem Wesen treu zu sein. Es bedarf ja vielmehr immer erst des „großen Individuums", das ihm sagt, was er in Wahrheit will. Und wenn man dieses auch als Repräsentanten des wahren Gemeingeistes verstehen will, so ist der Gemeingeist doch deswegen nicht unmittelbar seiner selbst gewiß und mächtig, sondern lediglich durch die Vermittelung des Individuums.

Ja schließlich, auch wenn es wahr ist, daß auf die Dauer jede Verfälschung sich ausgleicht, und der Geist wieder auf sein Echtes zurückgelenkt wird, so ist damit doch nicht seine jeweilig irregeleitete Tendenz aufgehoben. Die geschichtlichen Situationen aber sind einmalig, und was in ihnen unternommen wird, ist nie wieder rückgängig zu machen. Hier hat der lebende Geist nicht die Zeit, auf den Ausgleich seiner Irrgänge zu warten. Es kommt vielmehr darauf an, ob in ihm selbst und aus ihm heraus, auch inmitten der jeweiligen Verirrung, etwas Zeugnis von seinem echten Sein ablegt. Ein solches Zeugnis könnte ihn bewahren, das Irrige zu tun.

Ob es das gibt, darauf geben auch die Hegelschen Bestimmungen keine Antwort. Das mag verwunderlich erscheinen. Die Wahrheit aber dürfte sein, daß Hegel das Phänomen des Unechten im objektiven Geiste überhaupt nicht gesehen hat. So konnte er ihm freilich nicht begegnen.

Damit erweist sich denn auch der andere Weg als ungangbar. Weder beim Individuum noch beim objektiven Geiste selbst ist direkt ein Kriterium des Echten gegeben. Und die ganze Antithetik der extremen Theorien hat nur den Wert, zu beweisen, daß sie gegenstandslos ist.

Wenn überhaupt es ein Kriterium des Echten im objektiven Geiste gibt, so ist es jedenfalls nicht in den Extremen zu suchen.

VI. Abschnitt.

Vom Geist der Wissenschaft.

41. Kapitel. Das Reich reiner Echtheit.

a. Der aufsammelnde Progreß.

Ein eigenes Kapitel in alledem bildet noch das Reich der Erkenntnis als besonderes Gebiet des objektiven Geistes, sowie das in ihm erwachsende Phänomen der Wissenschaft. Es wurde in anderem Zusammenhange gezeigt, wie die Wissenschaft alle Grundzüge des objektiven Geistes an sich hat: das Nichtaufgehen in einem Kopf, die Gemeinsamkeit des Inhalts und des jeweiligen Problemstandes, das Hineinwachsen des Einzelnen in sie und seine nachfolgende Mitarbeit in ihr, vor allem aber die Geschichtlichkeit ihrer Fortbewegung (vgl. Kap. 21 und 26c).

Wissenschaft ist nicht etwas zeitlos Allgemeines. Die wirkliche Wissenschaft ist in jeder Zeit eine andere, wie sehr auch sie nach Ausgleichen sucht, Errungenschaften aufsammelt, kontinuierlich fortschreitet. Sie ist geschichtlich gesehen auch kein durchaus einheitlich weiterlaufender Prozeß; es gehen stets vielerlei Erkenntnisprozesse in einer Zeit nebeneinander her, oft in weitgehender Unabhängigkeit voneinander. Sie hat in jeder Entwicklungslinie ihre großen Zeitalter, wo die Entdeckungen sich häufen, und ihre Niedergänge. Es gehen auch Errungenschaften verloren, wo den Epigonen das Organ für sie fehlt. Auch die Wissenschaft ist geschichtlich individuell wie aller objektive Geist; ihr Prozeß ist Realprozeß und allen Schicksalen eines solchen unterworfen.

Bei alledem ist die Aufsammlung der Errungenschaften, wenn man auf das Ganze des Wissenschaftsprozesses hinblickt, doch ein eigenartiges Phänomen, wie andere Geistesgebiete es nicht kennen. Im Wandel der Moral, des Geschmacks, des künstlerischen Empfindens treten zwar neue und neue Wertbereiche in den Gesichtskreis der Lebenden, aber die alten, die einst das Wertempfinden bestimmten, entschwinden ihm; sie „weichen" den neuen. Der Lebensstil von einst, die Sprache von einst, der Glaube von einst leben im Neuen nicht fort; der Wandel des Geistes läßt sie fallen, und wo er sich ihnen wieder zuwendet, da geschieht es in dem Bewußtsein, es mit Vergangenem und Totem zu tun zu haben. Anders die Erkenntnis. In ihrem Wandel leben die Einsichten von einst fort, und auf ihnen erbaut sich das Neue, das der Fortschritt bringt. In ihrem Fortgang herrscht eindeutig das Abstoßen des Irrigen und das Festhalten dessen, was sich als haltbar erweist. Als haltbar aber erweist sich, was im Fortgange selbst den neu in Sicht tretenden Phänomenen entspricht. Die Folge ist die einzigartige Akkumulation der Einsichten selbst unter ständigem Aussondern des Irrigen. Und wenn auch durch gelegentliche Ungunst der Verhältnisse nicht alles errungene Gut der Erkenntnis erhalten bleibt, so stellt doch, im Ganzen gesehen, der Gang der Wissenschaft durch die Jahrhunderte ein ungeheures Anwachsen des geistigen Gutes dar, das ihr eine Sonderstellung unter den Inhaltsgebieten des objektiven Geistes verleiht.

Es ist offenbar eine Eigenart der Erkenntnis als solcher, daß sie sich akkumulieren kann, daß ihr Prozeß auf Wachstum, Einfügung alles Einzelnen in ein Ganzes angelegt ist. Eine Sitte verdrängt die andere, ein Geschmack den anderen, ein Recht und eine Staatsform die andere — hier überall ist nur sehr begrenzte Einfügung möglich. Im Erkenntnisprozeß aber fügt sich ohne innere Grenze Einsicht in Einsicht, wofern nur sie sich bewahrheitet. Schon im Leben des Einzelnen ist es so, die Erfahrung, die Menschenkenntnis, die Weisheit sammelt sich an. Im geschichtlichen Prozeß der Wissenschaft kehrt dasselbe im Großen wieder. Und was wir den Stand des Wissens in bestimmter Zeit nennen, ist die aufgesammelte, kritisch gesichtete Arbeit vieler Generationen.

b. Warum es kein unechtes Wissen gibt.

Gegen das Unechte hat die Wissenschaft von vornherein leichteres Spiel. Sie bewegt sich nicht wie das Ethos, der Glaube, der Geschmack in den Hintergründen des Menschentums, sondern im vollen Lichte des Bewußtseins. Wissen ist wesentlich Bewußtsein. Und wenn es sich überall sonst erwies, daß der objektive Geist als solcher kein Bewußtsein hat, so könnte es sich hier vielmehr fragen, ob nicht die Wissenschaft selbst in den Grenzen ihres jeweiligen Vordringens die Stelle des fehlenden Gemeinbewußtseins einzunehmen berufen sei. Natürlich „ist" sie selbst kein solches. Aber sie ist inhaltlich gemeinsam und doch für den Einzelnen Bewußtseinssache.

Zugleich spielen in ihr Gebiet nicht die mannigfaltigen Leidenschaften hinein. Sie steht über diese hinausgehoben da, bewegt sich in einer anderen Ebene, jenseits ihrer. Sie ist infolgedessen den meisten verfälschenden Faktoren garnicht ausgesetzt — wenigstens nicht solchen der Suggestion, der partikulären Interessen, der öffentlichen Meinung, auch nicht denen der privaten Initiative. Und wenn es nicht in ihr selbst eine Quelle des Unechten gibt, so ist nicht einzusehen, wie ein solches in ihr überhaupt aufkommen sollte.

Natürlich spielen mittelbar auch hier die größten Interessiertheiten hinein, ja recht eigentlich Leidenschaften. Aber sie gehören nicht der Erkenntnis als solcher an, sie bleiben deshalb auch stets von ihr abtrennbar, ja sie fallen auf die Dauer von selbst von ihr ab. Am bekanntesten wohl ist hier das Hineinspielen weltanschaulicher und religiöser Bedürfnisse. Das Geglaubte und autoritativ Hingenommene kann freilich Erkenntnis verfälschen, hemmen, ihr Einsichten vorspiegeln, die sie nicht hat; ja es kann ihr auch inhaltlich vorschreiben, was sie einzusehen habe. Ebenso kann es geschehen, daß ein politischer Wille eine besondere Doktrin (z. B. vom Staate oder vom Recht) um jeden Preis durchzusetzen sucht. In beiden Fällen kann es bis zur Gewaltherrschaft über die Wissenschaft kommen, dergestalt daß die Wissenschaft „gezwungen" wird, zu beweisen, was der gewaltsame Wille verlangt.

In beiden Fällen aber liegt die Sache doch in Wahrheit so, daß es gar nicht die Wissenschaft selbst ist, die der Verfälschung verfällt. Sie gerade wehrt sich gegen das Aufgedrängte. Dieses Sich-Wehren ist geschichtlich wohlbekannt. Solange sie sich aber nicht wehrt, nimmt sie das Geforderte nicht nur hin, sondern hält es auch im Ernst für ein Wahres, ist also überzeugt davon; und ihre Versuche, es auch wissenschaftlich zu erweisen, sind durchaus echte Betätigungen des Erkenntnis- und Wahrheitsstrebens.

Man wende nicht ein, daß diese Versuche eben doch Irrtümer sind und zu neuen Irrtümern führen. Erstens ist es gar nicht ausgemacht, daß es durchaus Irrtümer sein müssen. Zweitens aber ist ein Irrtum in der Wissenschaft etwas ganz anderes als Verfälschung und Unechtheit.

Unechtes Wissen wäre ein solches, das den Irrtum einsähe und sich dennoch verführen ließe, an ihm festzuhalten. Das mag es zuzeiten geben, zumal im einzelnen Kopf, wenn er sich von Lieblingsideen verführen läßt; es fehlt dann aber wohl auch nicht am schlechten Gewissen. Aber eben das ist auch nicht mehr Wissenschaft zu nennen. Im Wesen der Wissenschaft liegt es, den eingesehenen Irrtum abzutun. Er gilt ihr gar nicht mehr als Erkenntnis. Es steht ihr nicht frei, ihn immer noch weiter für Einsicht zu halten. Denn es ist ein Widerspruch in sich selbst, für wahr gelten zu lassen, was man als unwahr erkannt hat. Vielmehr, wo immer sich auch nur ein Zweifel regt, ob etwas, was galt, auch wahr ist, da ist der Gedanke auch schon auf der Suche danach, wie die Sache in Wirklichkeit sein mag. Und keine Macht der Welt kann ihn in seinem Tun aufhalten.

Daraus ist klar: ein im angegebenen Sinne „unechtes Wissen" gibt es nicht. Es gibt wohl das Unwahre in unserem Wissen, den Irrtum, die Täuschung. Aber es gibt nicht das wissentliche Festhalten daran aus der Initiative der Erkenntnis selbst heraus. Was wir unser „Wissen" nennen, ist gewiß zu allen Zeiten ein Gemisch von Erkenntnis und Irrtum. Aber der Irrtum ist nicht Fälschung; er ist nicht unechtes Für-Wahr-Nehmen, sondern echtes. D. h. man kann das Phänomen des Irrtums in der Wissenschaft und im Gesamtfortgang der Erkenntnis überhaupt nicht als ein geistig Unechtes bezeichnen. Es ist kein Untreuwerden der Erkenntnistendenz an sich selbst, kein Abweichen von der Idee des Wahren. So kann man es nicht mit der Scheinmoral des „guten Rufes" vergleichen, der das schlechte Gewissen auf dem Fuße folgt; desgleichen nicht mit der Nachahmung fremden Lebensstiles, bei der ein Gefühl der Unangemessenheit empfindlich zurückbleibt; noch weniger mit der Suggestivität der öffentlichen Meinung, die von heute auf morgen umschlägt und für die Irrtümer von gestern stets „die Anderen" verantwortlich machen will.

Der Irrtum vielmehr gehört hier wie auf anderen Gebieten auch zur echten Überzeugung. Nur mit dem Unterschiede, daß die Wissenschaft stets hinter ihm her ist, ihm gleichsam auflauert, und wenn sie ihn gefaßt hat, ihn notwendig preisgeben muß. Es ist ihre Eigentümlichkeit, ihr einzigartiges Eigengesetz, des Unechten als solchen nicht fähig zu sein.

Wohl gibt es ein Scheinwissen des Einzelnen, aber nur außerhalb der Wissenschaft, im Autodidaktentum der Ahnungslosen; und auch von diesem kann man nicht sagen, daß es ohne Überzeugtheit dastände. Dasselbe gilt von den großen Verirrungen ganzer Zeitalter, von Sophistik, begrifflicher Haarspalterei, wie sie zuzeiten aufkommt, sowie von den sackgassenartigen Einseitigkeiten gewisser Forschungsrichtungen. Das alles kann weit um sich greifen und die Köpfe gefangen halten. Aber weder kann es geschichtlich dem Gegenschlage auf die Dauer entgehen, noch ist die

Überzeugtheit darin eine unechte. Es sind nur verbreiterte Irrtümer, nicht eigentliche Verfälschungen.

c. Verdunkelung der Sachlage durch die rationalistische Erkenntnistheorie.

Zunächst ist das noch eines weiteren Erweises bedürftig. Wenn es sich aber bewahrheiten sollte, so ist damit viel gewonnen. Der objektive Geist besitzt dann im Erkenntnisgebiet eine Domäne, die der Zweideutigkeit nicht unterliegt, dem Unechten nicht zugänglich ist. Hier also könnte sehr wohl so etwas wie eine Instanz der Kritik liegen, auch für die anderen Geistesgebiete. Damit aber würde man sich der Erfüllung des großen Desiderates, dem Kriterium des geistig Echten und Unechten, nahegerückt sehen. Denn Erkenntnis und Wissen stehen im Geistesleben nicht isoliert da. Sie sind überall mit den Aktualitäten des Lebens eng verbunden; sie wachsen aus ihnen hervor, erheben sich über sie, bleiben aber auch in der Erhebung im Zusammenhang mit ihnen. Wie denn alles, was jene Aktualitäten ausmacht, selbst wiederum Gegenstand möglicher Erkenntnis ist.

Zum Verständnis dieser Sachlage gilt es, einige traditionell gewordene Mißverständnisse zu beheben. Die rationalistische Erkenntnistheorie hat hier verwirrend gewirkt; sie hat ihre Verdienste um den Wahrheitsanspruch der Erkenntnis, ist aber dem Charakter der Erkenntnis als eines Gebietes des Geisteslebens nicht gerecht geworden.

Diese Betrachtungsweise sieht in der Erkenntnis eine für sich alleinstehende, frei schwebende Sphäre. Sie orientiert sich dazu an gewissen fertig dastehenden Resultaten der Wissenschaft. Diese erscheinen ganz vom konkreten Leben abgelöst, eine Sphäre durchsichtiger Rationalität, ein erwiesener Begriffs- und Urteilszusammenhang. Man bemerkt dabei kaum mehr, daß man aus dem wirklichen Erkenntnisprogreß, wie ihn selbst die Geschichte der Wissenschaften erkennen läßt, aus dem stetigen Ringen von Irrtum und Wahrheit ein Abstraktum gemacht hat, das so niemals vorkommt. Die wirkliche Wissenschaft ist zu jeder Zeit im Werden begriffen, lebendiger geschichtlicher Progreß. Sie selbst in ihren jeweilig in ihr arbeitenden Trägern sieht sich niemals als Resultat, stets als das Ringen selbst. Der vielgeschmähte Dogmatismus erbrachter Resultate ist eine Erfindung der Adepten; und wer ihn ihr vorwirft, kennzeichnet sich damit als Adept. Ihr selbst ist er fremd.

Ebensowenig ist Wissenschaft jemals abgelöst vom laufenden Leben, weder vom privaten noch vom geschichtlichen. Erkenntnis und Irrtum gibt es nicht in der Wissenschaft allein. Im Alltag des Lebens ist alles voll davon. Unsere Menschenkenntnis ist genau so sehr Erkenntnis wie unsere Naturwissenschaft, nur der Gegenstand ist ein anderer, und dementsprechend die Form des Wissens; aber es ist darin dasselbe Gefüge von Erfahrung und Schlußfolgerung. Ähnliches gilt vom praktischen Überlegen vor dem Tun: im Wählen der Mittel für vorgenommene Zwecke, im Wahrnehmen des günstigen Augenblicks, im Auswerten der gegebenen Situation. Der Erfahrene — und das ist der an Lebens- und Menschenkenntnis Reiche — ist stets im Vorteil, wie auch im übrigen die Chancen für ihn liegen mögen. Dieses ganze Gebiet der praktischen Erkenntnis macht durchaus die große Masse unseres Wissens aus. Und die eigentliche Wissenschaft mit ihren Verzweigungen ist demgegenüber nur ein sich überbauendes höheres Stockwerk der Erkenntnis.

Das Wichtige darin aber ist, daß diese praktische Erkenntnis und die Wissenschaft nicht grundsätzlich verschiedene Struktur haben, nicht heterogener Gesetzlichkeit unterliegen, sondern durchaus einer und derselben. Eine Erkenntnistheorie, die ihre Aufgabe erfaßt, hat hier nicht zu scheiden, sondern die gemeinsamen Grundlagen herauszuarbeiten. Denn gerade in der Gemeinsamkeit wissenschaftlichen und unwissenschaftlichen Erkennens unterliegt das menschliche Wissen dem geschichtlichen Wandel. Und alle Besonderheit eines Zeitalters in szientifischer Hinsicht hat ihre Grundschicht und Grundeinstellung bereits in den Formen des alltäglichen Erkennens.

d. Das Wissen und die emotionale Sphäre.

So liegt denn auch in der Rolle, die das Erkennen im objektiven Geiste spielt, durchaus kein „Rationalismus". Es ist überhaupt irrig, Erkenntnis auf Rationalität zu beziehen. Das geht allenfalls an, wenn man unter dem Rationalen das Erkennbare versteht, denn das Unerkennbare wird natürlich nicht erkannt. Aber meist wird diese Bedeutung mit einer ganz anderen verwechselt, nach der „rational" das in logischer Form Aufgehende ist, also das, was sich der Fassung in Begriffe und Urteile fügt. „Irrational" in diesem Sinne ist alles Alogische. Und schließt man dieses von der Erkenntnis aus, so schließt man den größten Teil der Erkenntnisgegenstände von ihr aus. Hier wurzelt das eigentliche „rationalistische" Vorurteil, das die Theorien gefangenhält.

Es ist eine weitverbreitete Ansicht, daß Erkenntnis an logische Form gebunden sei, daß sie durchweg die Form des Urteils („etwas als etwas") habe. Damit schließt man alle primäre Einsicht von der Erkenntnis aus, z. B. alle Wahrnehmung und alle unmittelbare Erfahrung. Mit diesem Erkenntnisbegriff — der übrigens nicht einmal auf die Wissenschaften zupaßt (auf Beobachtung, Experiment, mathematische Anschauung) — ist im konkreten Problem des Geistes, und vollends des objektiven, nichts anzufangen. Er entspricht den Erkenntnistatsachen nicht; das Grundphänomen ist in ihm falsch gesehen und beschrieben. Erst wenn man ihn fallen läßt, kommt man an das Erkenntnisphänomen heran. Urteil und Begriff sind logische Fassungen des Erkannten, nicht selbst Erkenntnis. Erkenntnis ist Einsicht, Erfassen, Schau. Sie hat mit logischer Fassung als solcher nichts zu tun. Sie betrifft ebensogut das Logische wie das Alogische.

Das wird besonders einleuchtend, wenn man die mitten im Alltag enthaltenen Elemente der Erkenntnis ins Auge faßt: das Wissen um die Menschen und ihre Gesinnungen, ihr Verhalten, ihre Absichten und Mittel der Verwirklichung. In diese Sphäre dringt das Urteil überhaupt nur nachträglich ein; das meiste davon bleibt ihm dauernd unfaßbar, es ist alogisch. Und wenn wir nach dem logischen Ausdruck für das Eingesehene suchen, um es etwa anderen mitzuteilen, so finden wir ihn nur inadäquat. Die Einsicht selbst aber kann dabei sehr adäquat sein.

In diesem weiten und eigentlichen Sinne greift die Erkenntnis tief hinein in die emotionale Sphäre, durchsetzt sie von Grund aus. In allen unseren Gesinnungen, Stellungnahmen, Aversionen und Sympathien stecken immer schon Elemente intuitiver Erkenntnis. Und diese gerade sind die primären. Ja, der größte Teil unserer praktischen Lebensansicht, Alltagserfahrung, Menschenkenntnis kommt uns in emotionaler Form zum Bewußtsein; sie kündigt sich in Bewertung, Stellungnahme, im Für- und Wider-Empfinden an. Daß gerade der liebende Blick objektiv tiefer geht als der lieblose, ist eine wohlbekannte Tatsache. Persönliche Eigenart eben erschließt sich nur verweilender Hingabe.

Und dennoch ist es nicht so, daß diese Verwurzelung primären Erkennens in der Sphäre der Interessiertheit die Objektivität der Erkenntnis verfälschen müßte. Es wäre ganz falsch, hieraus den Schluß zu ziehen, als wäre das rein erkennende Interesse als solches kein primäres und autonomes. Es läßt sich vielmehr zeigen, daß schon in dieser Sphäre selbst das Erkennen autonom auftritt, in seiner bewußten Herausarbeitung aber vollends von den Gefühlselementen unabhängig wird.

e. Innere Unabhängigkeit der theoretischen Einstellung.

Diese Unabhängigkeit ist des öfteren bestritten worden, selbst für die Wissenschaft. Alle pragmatistische Auffassung der Erkenntnis geht von der Voraussetzung aus, das Interesse am Wissen sei im Grunde ein praktisches, und niemand würde sich um das Wesen der Dinge bekümmern, wenn er die Dinge nicht nötig hätte. So war es schon in der Philosophie Bacons, so ist es noch bei James und Dewey. Und kaum anders ist es auch in der neuen „Soziologie des Wissens". Ganz ähnlich, wennschon auf breiterer Basis hat Max Scheler die „Formen des Wissens" nach ihren atheoretischen Motiven unterschieden und zu begründen gesucht — nach den Zielen der „Beherrschung, Bildung und Erlösung".

Dem steht die klassische Bestimmung des Aristoteles am Eingang der Metaphysik entgegen, daß „alle Menschen von Natur nach Wissen streben"; wobei das „von Natur" offenbar so zu verstehen ist, daß es ein selbständiges und genuines Bedürfnis des Menschenwesens ist, hinter das Wesen der Dinge zu kommen, und nicht durch praktische Zwecke, auch nicht die höchsten, bedingt. Die Idee der θεωρία und des βίος θεωρητικός ist die einfache Konsequenz dieser Bestimmung. Dahinter aber steht weiter der Sokratisch-Platonische Gedanke, daß die Erkenntniseinstellung mit dem θαυμάζειν beginne, d. h. mit einem ursprünglichen und rein theoretischen Affekt der Hingabe an die Sache um ihrer selbst willen.

Man darf diese antiken Bestimmungen wohl dahin mildern, daß nicht eben „alle Menschen" darin gleich sind. Es gibt zweifellos die der theoretischen Einstellung Unfähigen; solche sehen den aus reinem Sachinteresse Suchenden mit tiefer Skepsis an, sie glauben an seine Ehrlichkeit nicht, stellen seine Einstellung als Selbsttäuschung oder gar als Heuchelei hin. Aber das ändert an dem Phänomen nichts. Es gibt die theoretische Einstellung sehr wohl, und zwar mannigfaltig abgestuft, aber sie ist nicht eine empirisch allgemeine aller Menschen — genau so wie der Sinn für Musik oder für mathematische Dinge nicht allgemein menschlich ist. Das tut der genuinen Echtheit in der Einstellung derer, die sie haben, keinen Eintrag.

Die Schelerschen „Formen des Wissens" z. B. tragen deutlich den Stempel eines bestimmten Schemas an der Stirn, nämlich das der Einstellung des Menschen auf sich selbst als einziges autonomes Interessenobjekt. Die „Beherrschung" (etwa die der Natur) will das eigene Ich, den Menschen, erheben; dasselbe will die Bildung, die ja direkt die eigene Person als geistiges Wesen „auszubauen" bestrebt ist; die „Erlösung" vollends ist typisches Bedachtsein auf sich selbst, wennschon im sublimiert-weltanschaulichen Sinne.

Demgegenüber ist zu fragen, ob es denn wahr ist, daß dem Menschen die Rückgewandtheit auf sich selbst derartig eigentümlich ist; ob er nicht vielmehr ebenso primär „nach außen" auf anderes und auf Andere um ihrer selbst willen gerichtet ist; ob ihm die Welt als solche, in der er lebt, nicht von Hause aus tausendmal interessanter ist als er selbst. In einem Punkte wenigstens haben wir deutlich den Beweis für das letztere: in seinem Ethos. Denn darin gerade besteht sein Ethos, daß es ein Hinauswachsen des Menschen über sich selbst ist, ein Sich-Hingeben an den Anderen, ein ursprüngliches Interessiertsein an ihm um seiner selbst willen. Mit diesem Einschlag von ethischem Altruismus fängt alle eigentliche Moralität an.

f. Die Formen reinen Hingegebenseins und die Wissenschaft.

Dieses selbe Phänomen finden wir auch auf viel breiterer Basis wieder. Es gibt die Hingabe des Menschen an sein Werk, seine Tätigkeit, seinen Beruf, sein Unternehmen. Und das letztere braucht man nicht eben im Sinne absoluten Wertvollseins zu verstehen, ja nicht einmal eines vermeintlichen. Es gibt eben auch die reine Hingegebenheit an das Werk als solches, bloß weil es das eigene Werk ist. Und wohlbekannt ist es, daß solche Hingebung sehr extreme, fanatische Formen annehmen kann. Alles Ethos der Arbeit und Leistung, dem heutigen Menschen so geläufig wie kaum ein anderes, ist von dieser Art. Ob wir es hoch oder gering einzuschätzen haben, ist eine ganz andere Frage. Das Phänomen selbst ist unabhängig davon. Der Mensch kann sein Herz an Unternehmungen jeder Art hängen, ohne Unterschied ihrer Werthöhe.

Großen Stil nimmt diese Fähigkeit im Gebiet des künstlerischen Schaffens an. Das Werk ist hier der magische Pol, der alle Energie und allen Einsatz des Schaffenden an sich zieht, die höchsten Opfer von ihm erheischt, ihn unter Umständen ganz aufsaugt und aufbraucht. Es reißt ihn mit wie eine Macht, die stärker ist als er. Das persönliche Interesse verschwindet hinter dem Schicksalhaften des Werkes. Vergeblich ist hier alle Erklärung aus Ehrgeiz oder Ruhmsucht; gerade an den Großen unter den Schaffenden wird sie zur Lächerlichkeit.

In einer Linie mit diesen Formen der Hingegebenheit steht diejenige, die wir auf theoretischem Gebiet kennen. Freilich gibt es tausend kleinmenschliche „Motive", die sich unterschieben, hier so gut wie sonstwo. Aber das Erstaunen vor dem Unbegreiflichen ist aus ihnen so wenig zu verstehen wie die lebenslängliche Hingabe an ein Problemgebiet, von dem der Suchende sehr wohl weiß, daß er es nicht bewältigen wird. Gerade das letztere aber ist ein immer wiederkehrendes Phänomen.

Wer ernstlich in den Dienst der Erkenntnis eintritt, der hat sehr früh die Feuerprobe zu bestehen: ob er den Einsatz der Person rein für die Sache der Einsicht zuwege bringt oder nicht. Denn schon bei geringem Eindringen muß es ihm überwältigend klar werden, daß er mit seinem persönlichen Einsatz in eine große Kette sich summierender Arbeit einrückt, in der er selbst die Früchte nicht sehen wird, zu deren Reifen er beiträgt. Er muß den langen Atem, die Geduld, die Kraft des dauernden In-der-Schwebe-Bleibens aufbringen; und das heißt, er muß die reine Hingabe an den Gegenstand der Forschung aufbringen.

Bringt er sie nicht auf, so fällt er notwendig ab, wendet sich anderen Zielen zu — auch wenn er scheinbar dabei bleibt. Will man noch eine weitere Probe auf das Exempel, so liegt sie darin, daß für den Adepten gerade das Hineingelangen in die Wissenschaft etwas tief Unbefriedigendes hat. Er verspricht sich Aufhellung der Rätsel, sieht sich aber schon bei den ersten Schritten vor immer größere Rätselfragen gestellt. Das Wissen des Nichtwissens wird mit jeder neuen Einsicht größer, die seelische Belastung schwerer. In dieser Belastung gilt es auszuharren, dauernd zu leben, ohne Skepsis und Pessimismus, im Hinblick auf dereinstigen Ertrag, der nicht der seinige werden kann. Denn niemand hat die Macht, das Fortschrittsgesetz der Wissenschaft in seinem geschichtlich langsamen Gange zu durchbrechen.

Wollte man das bestreiten, man müßte das gewaltige Maß an Einsatz und Hingabe, das die wissenschaftliche Arbeit von ihren führenden Köpfen beansprucht, und das sie in ihnen aufbringt, für Selbsttäuschung erklären, und alle Bemühung um die Sache für betrogene Eitelkeit.

Aber das geht noch weiter. Denn keineswegs im wissenschaftlichen Erkennen allein ist es so. Jeder Mensch steht mitten im Alltag unzähligen Dingen gegenüber, die wohl geeignet sind, sein Wissensbedürfnis zu reizen. Von dieser Art sind vor allem die mitlebenden Menschen selbst. Er lernt nie aus über sie, sie halten ihn dauernd in Atem, lassen ihn nicht los, und zwar weit über die Grenzen hinaus, die das praktische Interesse der eigenen Person um ihrer selbst willen ihm ziehen würde. Nicht jeder freilich gelangt bis zur reinen Hingabe an das Menschliche, Fremde, immer wieder ganz Andere; aber eben doch viele, und keineswegs nur die theoretisch Eingestellten. Ein Leben im Erkennen ist eben an sich schon ein reiches und erfülltes Leben. Und wer seiner fähig ist, den reizt die Fülle des gegebenen Seienden auch im schlichten Umkreis der privaten Sphäre schon zu weiterem Eindringen und zur Hingabe. Die Liebe zur Sache um ihrer selbst willen ist gerade in der Gegenseitigkeit menschlicher Beziehungen eine sehr gewöhnliche Erscheinung. Und sie ist es, die ihrerseits der persönlichen Anteilnahme, Liebe, ja dem Mitfühlen jeder Art den Weg ebnet.

42. Kapitel. Die Platonische Idee der Wissenschaft.

a. Verbundenheit im Erkennen. Die Sokratische ὁμολογία.

Nun aber liegt es im Wesen der Erkenntnis und vollends der Wissenschaft, daß sie mehr und tiefer als anderer geistiger Gehalt (Ethos, Geschmack, Sprache, Politik) die Menschen verbindet. Sie ist von Hause aus objektiver und hat daher auch im Bewußtsein des Einzelnen — als

„seine" Erkenntnis — die größere Nähe, ja direkt die Tendenz zum objektiven Geiste. Was erkannt und verstanden ist, das ist schon rein an sich etwas, was auch Erkanntes und Verstandenes anderer Personen sein kann. Und es muß zu dem ihrigen werden, sobald es in den Gesichtskreis ihres Verstehens tritt.

Es ist ein alter Satz, daß die „Vernunft" gemeinsam ist (vgl. Kap. 16 e). Heraklit spottete über die Einbildung der „Vielen", als hätten sie jeder eine „Privatvernunft" (ἰδία φρόνησις). Es gibt Einsichten, in denen alle diejenigen übereinstimmen, die nur irgend an ihren Inhalt herangewachsen sind, Einsichten, die niemand „für sich" anders oder abweichend haben kann, wenn er einmal die geistige Reife für sie gewonnen hat. Von alters her hat man als Beispiele dafür die elementaren mathematischen Einsichten angeführt. Man hat diese Einsichten später die apriorischen genannt, und man hat sie durch Allgemeingültigkeit und Notwendigkeit charakterisiert. Letztere Bestimmungen treffen aber streng nur zu, wenn man sie an die angegebene Bedingung der inneren Erkenntnisreife knüpft.

Sie bedeuten nicht eine empirische Allgemeinheit für alles menschliche Dafürhalten. Dieses kann eben sehr weit von der Einsicht der Sache entfernt sein, und dann kann ihm alles mögliche Abweichende vorschweben. Wohl aber gilt dieses: wer überhaupt mit seiner Einsicht an die Sache heranreicht, der kann sie nicht beliebig „so oder anders" auffassen — das steht schlechterdings nicht in seiner Macht —, er kann die Sache nur auffassen, wie ihr Wesen es verlangt. Das aber heißt, daß Alle, die überhaupt sie erfassen, sie in gleicher Weise erfassen müssen.

Das private Dafürhalten des Einzelnen hat nicht Macht über die Einsicht, wie das Wesen der Sache sie vorzeichnet. Sondern die Einsicht hat Macht über ihn und sein Dafürhalten. Darum ist sie grundsätzlich die „Allen gemeinsame" und für Alle notwendige Einsicht, auch wenn faktisch in bestimmter Zeit nur Wenige zu ihr gelangen — oder selbst niemand.

Es war die grundlegende Einsicht des Sokrates, und zwar im Gegensatz zum Relativismus der Sophisten, daß es jederzeit die Möglichkeit im Meinungsaustausch (διάλογος) gibt, zur Übereinstimmung (ὁμολογία) zu gelangen, wenn nur beide Teile ernstlich um die Sache bemüht sind und sich nicht von unsachlichem Wollen leiten lassen. Es muß dann notwendig einer von beiden den Anderen überzeugen, nämlich der, der die wahre Einsicht hat. Das muß einfach deswegen so sein, weil sie gemeinsam auf dieselbe Sache zugehen, diese aber eine ist und sich als solche der eindringenden Bemühung nicht entziehen kann.

Dieser Gedanke liegt der Platonischen Wissenschaftsidee zugrunde.

Er mag, praktisch gesehen, ein großer Optimismus sein. Denn weder ist der Wille zur Sache stets so rein, noch liegt die Sache stets in Reichweite derjenigen Erkenntnisreife, die beide Teile mitbringen. Dennoch bleibt das Wesen dessen, was hier erstmalig entdeckt wurde, voll und ganz in Kraft, wenn man das Verhältnis auf den Erkenntnisprogreß im Großen bezieht, und wenn man gleichzeitig das positive Gewicht auch der negativen Einsichten mit in die Wagschale wirft.

Im Gang der Wissenschaft kann sich nur halten, was sich bewährt. Es bewährt sich aber nur, was sich aus Gegebenheiten heraus als zutreffend erweist, zum mindesten also was sich mit ihnen verträgt. Jede Behauptung setzt sich einfach dadurch, daß sie aufgestellt wird, der Kritik aus; um abweichende Meinung gerade braucht man nie verlegen zu sein. Die Folge ist die notwendige Auseinandersetzung. Ja, genau genommen fällt jede neue Einsicht bereits auf den Boden einer laufenden Auseinandersetzung, schneidet in sie hinein. Sie tritt damit unmittelbar in sie ein. Der Wissenschaftsprozeß, als fortlaufende Kette neuer Einsichten verstanden, ist so nichts anderes als ein Dialog vergrößerten Maßstabes, in dem Schlag und Gegenschlag einander dauernd herausfordern, begrenzen, korrigieren.

Die Auseinandersetzung wiederum als gemeinsame Angelegenheit hat kein anderes Kriterium als die Fülle des Gegebenen, d. h. den Halt an der Sache, wie sie in den Phänomenen vorliegt. Wo also auch Voreingenommenheit bestimmter Art waltet, da wird sie doch auf die Dauer unweigerlich unter dieses Kriterium gezwungen. Was vor ihm nicht besteht, muß weichen; der Verstehende muß es notwendig als unhaltbar empfinden.

b. Der Platonische Problembegriff und die Zucht des Negativen.

Auf diese Weise ist zwar die positive Einsicht selbst nicht gewährleistet. Denn gerade das bleibt fraglich, ob man zurzeit das Irrige, das man verwirft, durch Wahres ersetzen kann. Praktisch ist das aber nur ein Grenzfall der Erkenntnis selbst, und zwar auch nur der jeweiligen, keineswegs aber eine Grenze der Verständigung und der Allgemeingültigkeit für die Erkennenden. Gerade die Einsicht, daß man etwas Bestimmtes „nicht" erkannt hat, daß man also nicht weiß, wie es in Wirklichkeit ist, bedeutet eine sehr bestimmte und positive Einsicht. Und in der Regel ist gerade solche Einsicht die Basis weiteren positiven Vordringens. Sie hat dann im Haushalt der Wissenschaft die Form und das inhaltliche Gewicht des bestimmt umrissenen „Problems".

Es ist geschichtlich kein Zufall, daß gerade die Herausarbeitung des wissenschaftlichen Problembegriffs auch auf die Sokratik zurückgeht. Das „Wissen des Nichtwissens" in bestimmter Sache ist hier geradezu als notwendige Stufe im Fortschritt der Einsicht erkannt. Platon nannte diese Stufe die ἀπορία, d. h. das Bewußtsein der „Weglosigkeit“. Es ist die der Erkenntnis selbst eigentümliche Tendenz der inneren Ehrlichkeit — des Eingeständnisses ihres Mangels —, die sich darin ausspricht. Wissenschaft ist ein fortschreitendes „Sich-Rechenschaft-Geben“. Sie ist von Natur kritisch. Sie hat die Zucht des Negativen in sich.

Gerade in dieser Zucht des Negativen aber ersteht ihr das Positive. In der kritischen Auseinandersetzung muß von ihr bei solcher Rechenschaft notwendig alles abfallen, was vor dem berechtigten Einwande nicht besteht. Die Folge dieses Verhältnisses ist genau das, was Platon vor Augen hatte: in der auf die Sache allein orientierten Auseinandersetzung muß notwendig die Sache selbst sich zeigen, wie sie ist, — soweit nämlich überhaupt sie jeweiligen Erkenntnismitteln zugänglich ist. Den Partnern des großen geschichtlichen Dialogs muß sie in ihrem gemeinsam geführten λόγος (der Untersuchung) erscheinen, sich offenbaren, soweit nur immer der Dialog führt. Denn im Wesen der Sache liegt es nicht, sich zu verbergen, sie wehrt sich nicht gegen das Eindringen der Erkenntnis. Nur der Mensch verbirgt sie sich — durch seine Vorurteile. Räumt er diese in hingebender Arbeit hinweg, so liegt die Sache frei vor ihm. Dieses Frei-vor-ihm-Liegen ist der Sinn der ἀλήθεια (Unverborgenheit), um die es in allem Einsatz der Erkenntnis geht.

Man darf die Sokratik in der philosophischen Durchleuchtung, die Platon ihr gab, als die geschichtliche Geburtsstunde des Geistes der Wissenschaft bezeichnen. Nicht als hätte die Einstellung der Sachhingegebenheit den Altvorderen gefehlt; wohl aber fehlte ihnen das Bewußtsein dessen, was sie in ihrer Einstellung vollzogen, wenn sie schlicht den Problemen nachgingen. Eine Methodik aber, die das Gebundensein der Erkenntnis an die Sache und die Verbundenheit aller ernsthaft Suchenden in dieser Gebundenheit zum Prinzip der wissenschaftlichen Haltung macht, ist nicht unabhängig von ihrer sich selbst durchdringenden Bewußtheit. Denn Wissen ist Bewußtsein.

Ist nun der Wissenschaftsprozeß ein solcher des geschichtlich objektiven Geistes, so ist hier der Punkt gegeben, an dem der objektive Geist die Möglichkeit hätte, zu einem Bewußtsein seiner selbst zu gelangen, um durch dieses Bewußtsein erst sich voll und ganz zu dem zu machen, was er ist. Man kann auch sagen, es ist der Punkt, in dem er grundsätzlich die Aussicht hat, durch das Bewußtsein frei zu werden — nämlich frei von alledem, was nicht er selbst in seinem wahren Wesen ist, vom Unechten und Uneigentlichen in ihm selbst, von den Faktoren der Subjektivität und der Verfälschung.

c. Überzeugungskraft und Kontakt mit der Sache.

Fragt man sich weiter, was in der Sokratischen Gemeinsamkeit der Erkenntnis eigentlich das positiv Überzeugende ist, so gibt es darauf nur eine Antwort: es ist die Überzeugungskraft der Sache selbst, mit der es die Erkenntnis zu tun hat. Das ist es, was das sophistische Denken nicht hat, es überredet nur, überzeugt nicht. Es gibt in aller Welt nichts, was überzeugen könnte, als den Kontakt mit der Sache. Kontakt mit der Sache eben ist Einsicht, Erkenntnis.

Überall, wo der Kontakt mit der Sache verloren geht, versinkt der Gedanke in die unendliche Relativität des Denkbaren. Ob er Systeme und Weltbilder baut, gleich Kartenhäusern; ob er der Suggestion der Menge, der Stimmungsmache, der Mode unterliegt und nur noch denken kann, wie „man" denkt; ob ihn die Leidenschaft des Eiferers, der Fanatismus der Partei in Bann schlägt, immer ist es der Kontakt mit der Sache, der da fehlt. Dieses eben ist der Punkt, an dem alle Unechtheit im objektiven Geiste hängt. In der Kunst, im politischen Leben, in der Moralität, überall hängt Verfälschung und Uneigentlichkeit daran, daß die Sache, um die es geht, entgleitet und Surrogate sich unterschieben. Die Sophistik, die der Platonismus bekämpfte, war das rhetorische Surrogat der Sachfühlung und Sachkenntnis auf allen Gebieten des Lebens. Der Geist der Wissenschaft aber ist auf allen ihm zugänglichen Gebieten die bewußte Tendenz, die Sachfühlung herzustellen.

Das ist das Geheimnis der Wissenschaft, der Angelpunkt ihrer Überzeugungskraft. Sie ist ihrem Wesen nach die reine Tendenz auf die Sache. Die Sache aber, worin immer sie bestehen mag, spricht für sich selbst. Sie, wenn sie sich nur zeigt, ist immer überzeugend. Angesichts ihrer gibt es weder Streit noch Meinung. Erst von hier aus kann man den Sokratischen Gedanken der Gemeinsamkeit ganz würdigen: im einsamen Denken ist jeder seiner Subjektivität ausgeliefert; in der Gemeinsamkeit, sofern sie sich durch die Einheit des Gegenstandes herstellt, ist der Einzelne gezwungen, den Halt an der Sache zu suchen. Darum konvergieren die Meinungen im διάλογος. Der Mensch tritt hier unter ein Gesetz des objektiven Geistes, das ihn zwingt, „bei der Sache" zu bleiben. Es ist das Gesetz der objektiven Gültigkeit — ein Gesetz der Rechenschaft und der inneren Kritik, das aller Willkür spottet.

d. Die Überzeitlichkeit der Problemgehalte.

Man kann dieses Gesetz auch von anderer Seite fassen, mehr ontologisch und zugleich mehr in die geschichtliche Perspektive gerückt. Es läßt sich dann aussprechen als das der objektiven Verwurzelung der Erkenntnis in den ewigen Problemgehalten.

Was es damit auf sich hat, kann man nicht erfassen, solange man in den „Problemen" nur die Frage-„Stellungen" des Einzelnen sieht. Natürlich kann der Einzelne Fragen stellen oder nicht stellen, je nach Neigung, Interesse oder zufälligem Daraufgestoßenwerden. Mit den Fragen der Wissenschaft aber ist es anders. Nicht der Einzelne macht sie; er übernimmt sie in bestimmter Entfaltungsphase aus dem jeweiligen Stande der Wissenschaft, er tritt in die erarbeitete „Problemlage" ein, um in ihr weiterzuarbeiten. Die Problemlage selbst aber hängt wiederum an einem inhaltlichen Etwas, das als solches unbekannt ist, aber durch seinen engen Zusammenhang mit Bekanntem das Sinnen und Suchen der Menschen in Atem hält. Dieses inhaltliche Etwas ist der „Problemgehalt".

Problemgehalte sind nicht Menschenwerk, nicht der Willkür unterworfen, weder der des Einzelnen noch der einer herrschenden Interessenrichtung. Sie entstehen nicht erst durch die Fragestellung, sondern sie sind das, was die Fragestellung erst hervortreibt, ja was geschichtlich die wechselnden Generationen immer wieder zu erneuter Fragestellung zwingt. Bleibende Problemgehalte wurzeln in der Beschaffenheit des Gegebenen, der Dinge, der Welt, sofern die menschliche Erkenntnis, aller jeweiligen Einsicht zum Trotz, sie doch dauernd nicht bewältigt. Problemgehalte sind dem Menschen ohne sein Wollen und Zutun „aufgegeben", und zwar dadurch, daß die Welt, in der er lebt, ihm diese bestimmten Rätselhaftigkeiten darbietet. Er sieht sich vor sie gestellt, kann sie nicht abweisen, weil sein Leben ihn ständig auf sie stößt, kann sie aber auch nicht durch versuchte Lösungen bewältigen. Ein Problem wie das von Leib und Seele geht deswegen unverändert durch die Jahrhunderte und durch unzählige Lösungsversuche, weil das Rätsel des leibseelischen Wesens dauernd vor Augen liegt, zugleich aber auch dauernd unerschöpft und ungelöst bleibt. Ebenso ist es mit dem Problem der Materie, der Bewegung, der Substanz, der Form, der Determination und vielen anderen — man kann sagen, mit allen philosophischen Grundproblemen.

Könnte der Mensch die Welt ändern, so könnte er damit freilich auch die großen Problemgehalte verschieben. Da ihm das nicht gegeben ist, so bleibt er dauernd mit seinem erkennenden Eindringen an sie gebunden. Denn auch durch endgültige Lösungen abtun kann er sie nicht. Auf diese Weise aber stellt sich eine Einheit der Erkenntnis her, die nicht nur die Menschen einer Zeit, sondern auch die der verschiedensten Zeiten miteinander verbindet. Sie schließt die Stadien des geschichtlichen Gesamtprozesses der Erkenntnis zu einer natürlichen Einheit zusammen. Sie verbindet die Gestalten des objektiven Geistes über ihre geschichtliche Geschiedenheit hinweg. Auch hier aber ist es der Halt an der Sache, der die Einheit herstellt.

Diese Einheit — eine rein objektiv-geistige — ist von der großartigsten Tragfähigkeit. Sie ermöglicht es, daß sich der Nachfahre dauernd mit dem Gedanken des Vorgängers, und sei es des entferntesten, sachlich „auseinandersetzen" kann. Die Auseinandersetzung eben ist die lebendige Gemeinsamkeit, wie sie in aller Zeitlichkeit die Zeit überdauert, in aller Geschichtlichkeit selbst übergeschichtlich gegründet ist. Und so erst wird es in vollem Gewichte verständlich, wie das Moment der Rechenschaft und Kritik sich zu einem inneren Kriterium des geschichtlichen Geistes auswächst.

43. Kapitel. Das innere Gesetz der Wissenschaft.

a. Die eindeutige Richtung auf Wahrheit.

Es wurde oben gezeigt, wie in der Wissenschaft zwar stets Wahrheit und Irrtum sich mengen, aber nicht Echtes und Unechtes. Das liegt daran, daß sie jederzeit, auch mitten in ihren Irrtümern und Einseitigkeiten, eindeutig die „Tendenz" zur Wahrheit an sich hat. Denn in ihr ist jederzeit ein Bruchteil Kritik, und Kritik ist jederzeit wesensgemäß gegen Irrtum und Schein gerichtet. Diese eindeutige „Tendenz" zur Wahrheit kann ihr zwar nicht die Wahrheit selbst garantieren — wenigstens nicht in bestimmter Sache und zu bestimmter Zeit —, wohl aber die Richtung auf sie hin im Ganzen der geschichtlichen Fortbewegung. Die Gewähr dafür ist der Halt an der Sache.

Wissenschaft ist zu keiner Zeit ein feststehender Besitz, so sehr auch es dem in seiner Zeitlage Wurzelnden so erscheinen mag; sie ist stets im Werden, ist im Ganzen gesehen ein einziger großer Prozeß. Der Prozeß aber ist, wo immer er lebendig im Gange, und nicht etwa bloßes Zehren von fremder Errungenschaft ist, notwendig ein Adäquationsprozeß, Annäherung an die Wahrheit. Das trifft auch dort noch zu, wo einseitige Richtungen sich zuspitzen. Der Halt an der Sache läßt es nicht anders zu; was unwahr ist, kann mit Gegebenem nicht zur Deckung gebracht werden, kann also dem fortschreitenden Problemstande nicht genügen.

Die Irrtümer in diesem Prozeß sind also nicht nur lehrreich, sie sind vielmehr ebenso positiv bewegende Momente wie die Einsichten; und zwar auf die Dauer stets solche, die auf die Wahrheit zu bewegen. Sie gerade zwingen zum tieferen Eindringen, ihre eigene Unhaltbarkeit drängt zur Berichtigung hin. In der Wissenschaft sind Irrtümer die Erfahrungen, die der objektive Geist an sich selber macht. Und seine Erfahrungen kommen ihm zugute.

So ist es schon im Leben des Individuums. Die Erkenntnis wächst im Maße der begangenen Irrtümer und ihrer Berichtigungen. Der Mensch zahlt Lehrgeld, indem er fortschreitet. So ist es erst recht beim

Erkenntnisprogreß im Großen, der als geschichtlicher den individuellen überlagert und in seine Bewegung einbettet. Und beide hängen zusammen: wie die jeweilige Errungenschaft des Wissens das Erkennen des Individuums trägt und bewegt, so bewegt dieses wiederum den Bestand des Wissens durch seine jeweilige Errungenschaft fort.

Die Bewegung des objektiven Geistes unterliegt somit in der Wissenschaft einem eigenen Gesetz, wie es auf keinem anderen Gebiet sein Analogon hat: sie mag im einzelnen von Irrtum zu Irrtum führen, sie führt dennoch in der Gesamtresultante unentwegt der Wahrheit zu — und zwar unabhängig davon, ob sie in bestimmter Frage zur Wahrheit gelangt oder nicht.

Das kommt so zuwege: da sich der Irrtum im Fortschreiten nicht halten kann, sondern hinfällig wird, fordert er den Gegenschlag heraus; und dieser mag nun auch so irrig sein, wie er will — in der Regel wird er in das entgegengesetzte Extrem fallen —, er ist nichtsdestoweniger schon die Korrektur des ersten Irrtums, und dadurch über ihn hinaus. Dem zweiten Irrtum ergeht es aber genau so wie dem ersten. Und das reißt nicht ab, bis sich das Irrige ausgleicht und ein im Wechsel der Irrtümer selbst erarbeiteter schlichter Wahrheitskern sich herausstellt.

Dieses Gesetz hat man seit Hegel oft als das antithetische bezeichnet. Daran ist soviel Wahres, daß die Polemik der Individuen, sowie die der wissenschaftlich einseitigen Richtungen („Ismen") in der Tat die Tendenz hat, sich in Extremen zu bewegen. Der Gegensatz spielt im Kampf der Überzeugungen wirklich die Rolle eines bewegenden Prinzips. Seine Zuspitzung ist deswegen, obwohl sie übers Ziel schießt, nicht überflüssig; sie ist, von höherer Warte gesehen, gerade im Sinne der Wahrheitstendenz notwendig. Denn die Einseitigkeit gerade ist das, was einer These den Gegner erweckt.

Man ersieht hieraus ferner: je klarer und übersichtlicher die Gegebenheiten liegen, je aufdringlicher die Sache sich darbietet, die zu erkennen steht, um so mehr wird die Antithetik des geschichtlichen Werdeganges der Wissenschaft verschwinden, um so geradliniger muß ihr Weg werden. Und umgekehrt: je geistiger und freier eine Wissenschaft ist, je vermittelter und schwieriger in ihr der Halt an der Sache wird, um so antithetischer und umwegreicher wird ihre Bewegung ausfallen.

Man muß aber hinzufügen: das Gesamtbild ihres Fortschreitens kann deswegen sehr wohl nur um so stetiger ausfallen. Die Antithetik ist nur die äußere Form der Bewegung. Dahinter steht das unausgesetzte Ringen um die Sache. Das polemische Vorgehen und die Zickzacklinie der Gegenschläge sind auf ihre Weise gar nichts anderes als das bei bestimmter Artung des Gegenstandes erforderte Gerade-Zugehen auf die Sache. Denn es ist fortschreitende Richtigstellung des Irrtums.

b. Das ständige Aufrücken der Einsicht zur gemeinsamen Sache.

Zu alledem kommt, daß die Wissenschaft auf allen Gebieten die Tendenz zur Durchsichtigkeit, zur logischen Struktur und damit zur Erhebung des Erkannten in die volle Objektivität hat. Das ist nicht dasselbe wie die oben abgelehnte Rationalität. Weder das Aufgehen in logischer Form noch auch das totale Erkennbarsein der Sache ist damit gewährleistet. Nur die Tendenz besteht. Und diese bedeutet das Ins-Licht-Stellen des Inhalts, das Zugänglich-Machen, das Zur-Diskussion-Stellen.

Die logische Form, die Einkleidung in Begriffe, Urteile und Urteilszusammenhänge, ist an sich der Erkenntnis äußerlich. Die Einsicht selbst hat mit dieser Form nur wenig zu tun. Wohl aber ist es so, daß die Form dem Eingesehenen Durchsichtigkeit verleiht, es dem Blick Aller enthüllt. In dieser Form läßt sich die Blöße einer schwachen Position auf die Dauer nicht verdecken. Sie muß sich irgendwo in einem Widerspruch ankündigen.

Es liegt nun im Wesen dieser Form, daß sie die jeweilige Einsicht zur gemeinsamen Sache macht. Sie fordert damit das fremde Denken heraus, die Einsicht zu der seinigen zu machen, zugleich aber auch sich mit ihr auseinanderzusetzen. Damit gerade beschwört sie Kritik herauf, bietet das Erfaßte ihr dar. Sie ist also nicht Stillegung des Progresses, sondern viel eher der Anstoß zu ihm.

Freilich, dieses Verhältnis hängt keineswegs an der logischen Form allein. Diese begünstigt es nur. Man muß vielmehr das Verhältnis selbst auf breiterer Basis erfassen. Es liegt im Wesen des geistigen Gutes, streng universell zu sein, allen offen zu stehen und allen zu gehören, die es fassen. Der dingliche Besitz trennt, der geistige verbindet die Menschen. Ein Ding kann nicht zwei Besitzer haben, ein geistiger Inhalt dagegen kann nicht auf einen beschränkt werden. Man gibt ihn weiter und behält ihn doch als den eigenen.

Nirgends ist dieses Gesetz strenger erfüllt als im Gebiete der Erkenntnis. Jede neue Einsicht, kaum errungen, gehört schon nicht mehr dem Entdecker allein, sondern jedermann, der sie faßt. Der Entdecker kann sie wohl künstlich zurückhalten; dann aber bringt er sie um ihren Sinn, der eben darin besteht, daß sie überzeugt, führt, bewegt, eine treibende Macht, ein Gemeinsames ist. Erfüllt er aber diesen ihren Sinn, spricht er sie aus, indem er ihr die gedanklich objektive, logische Form gibt — und die Geschichte kennt keine Beispiele anderen Tuns —, so ist sie eben damit schon über ihn hinausgewachsen, ist in den Bestand des objektiven Geistes übergegangen.

c. Exklusivität des Wissens und radikaler Ausschluß des Unechten.

Dieses Gesetz der Wissenschaft aber hat seine Kehrseite, sein Komplementärgesetz. Die Expansivität und Universalität hat ihre Grenze in der Fassungskraft der Mitlebenden. Es ist nicht so, daß jede Einsicht wahllos jedermann überhaupt gehörte, der von ihr hört. Sie gehört vielmehr jederzeit nur denen, die sie wirklich zu erfassen vermögen. Das Erfassen ist an Vorbedingungen geknüpft. Das ist eine Grenze, die nicht im Wesen der Einsicht, sondern im Wissensstande der Menschen liegt, welche die jeweilige Mitwelt ausmachen.

Niemand kann eine Errungenschaft der Erkenntnis einem anderen „geben", wenn der sie nicht einzusehen vermag. Er kann das Erkennen selbst für ihn nicht vollziehen. Der Empfangende muß die inneren Voraussetzungen mitbringen, er muß das Erkenntnisniveau haben, die „Sache" zu begreifen. Es gibt wohl ein Heranführen des fremden Bewußtseins zum Begreifen, aber nicht ein Begreifen für den Anderen; das Heranführen ist dann ein Heranbilden, in dem der Geführte von Stufe zu Stufe begreifend sich selbst erheben muß. Er muß lernen, hineinwachsen, die geistige Reife in sich schaffen. Das Wachstum des Verstehens läßt sich nur befördern, nicht geben. Das Niveau will erarbeitet sein, und zwar von unten auf, ohne Lücke; jede Lücke auf einer Stufe ist Versagen des Verstehens auf allen höheren Stufen.

In der Wissenschaft wird uns nichts geschenkt. Wohl liegt ihr erarbeitetes Gut vor aller Augen. Aber nicht jedes Auge kann es sehen. Das Sehen eben wird nicht geschenkt. Ein jeder kann es nur selbst vollziehen.

Das ist ein hartes Gesetz. Es macht das geistige Gut unübertragbar auf den Nichtbesitzfähigen. Es schließt ihn aus von der Gemeinschaft der Teilhabenden. Das ist nicht Neid, nicht Menschenwillkür, nicht ein Vorenthalten; es steht außer Menschenmacht, das zu ändern. Es ist einfach das Gesetz des Seins der Wissenschaft, ein echt objektiv-geistiges Gesetz. Man kann es als den exklusiven Charakter der Wissenschaft bezeichnen.

Dieses Gesetz beschränkt in der Tat die Freiheit des Individuums. Zwischen dem Individuum und der jeweiligen Wissenschaft ist immer dieses Verhältnis: es ist nicht einfach der Einzelmensch, der sich seine Wissenschaft wählt, etwa nach Neigung oder Interesse, sondern auch die Wissenschaft ihrerseits wählt sich ihre Individuen. Sie seligiert die Menschen nach ihrem Zureichen für sie, nach Befähigung, nach dem Aufbringen von sachlichem Ernst und Hingabe. Wer hier nicht zureicht, den Einsatz nicht aufbringt, der bleibt außen stehen, er mag sich anstellen, wie er will, sich vortäuschen, was er will.

Es gibt wohl wissenschaftliche Scheinexistenzen. Aber die wirkliche Wissenschaft kennt sie nicht. Und umgekehrt darf man sagen: wo wirkliche

Hingabe an die Sache ist, wo der Ernst des Erarbeitens von unten auf einsetzt, da ist der Mensch schon erfaßt vom Geist der Wissenschaft, da ist er der Erwählte, Berufene. Denn wen sie erfaßt, den läßt sie auch nicht los, der gehört ihr, ist ihr Auserwählter.

Aber die Härte dieses Gesetzes ist nur Härte gegen das Individuum. Der objektive Geist kommt gerade so erst zu seiner Reinheit. Die Exklusivität der Wissenschaft gegen die persönliche Insuffizienz des Einzelnen ist nichts anderes als der radikale Ausschluß des Unechten und Uneigentlichen aus dem Leben der Wissenschaft. Es ist eine Härte zum Heil — die unerläßliche Bedingung des Kontaktes mit der Sache und des eindeutigen Halts an der Sache.

d. Ausschluß von Majorität und öffentlicher Meinung.

Man vergleiche diese Sachlage mit derjenigen im politischen Leben. Der Gegensatz springt unmittelbar in die Augen. Dort herrscht die Majorität, die Stimmung der Menge, die Suggestion, die den Einzelnen jeder Entscheidung und Verantwortung überhebende „öffentliche Meinung". Das alles gibt es hier nicht. In der Wissenschaft ist Abstimmung eine Sinnlosigkeit. Sie könnte, auch wenn man sie vollziehen wollte, nicht überzeugen. Nur das am Gegebenen Nachprüfbare und in sich Einsichtige hat Überzeugungskraft. Die Wahrheit ist gleichgültig gegen die Vielzahl der Subjekte. Es kann ihr jeweiliges Schicksal sein, daß nur Einer sie faßt. Ihre prinzipielle Allgemeingültigkeit wird dadurch nicht gefährdet. Vielmehr sie wird dann auch von dem Einen als solche, die für alle gilt, erfaßt. Ein Zeuge genügt ihr; so hat schon Platon (im „Gorgias") das Verhältnis verstanden. Ihr Prüfstein liegt nicht beim menschlichen Dafürhalten, sondern beim Kontakt mit der Sache. Sie ist von Hause aus objektiv verankert.

Und das gerade ist die wahre Allgemeingültigkeit, die nicht numerische Allheit der Individuen, sondern sachliche Notwendigkeit und Verbindlichkeit für den Verstehenden ist. Man kann diese Allgemeingültigkeit die innere nennen im Gegensatz zur numerisch-extensiven, die stets äußerlich bleibt, weil sie nicht am Wesen der Sache hängt. Mit ihr verträgt sich die empirische Meinungsverschiedenheit sehr wohl: Verstehende und Nichtverstehende können nicht einer Meinung sein; unter den ernsthaft Suchenden aber ist die Divergenz selbst Form des Suchens nach der inneren Allgemeingültigkeit.

Dieses nun ist genau der Punkt, in dem es dem politischen Leben an einer Richtschnur fehlt. Da gibt es keine Instanz, die von selbst und ohne Zutun des Menschen den Verstehenden vom Nichtverstehenden schiede. Der Urteilsunfähige steht stimmberechtigt in einer Reihe neben dem Urteilsfähigen. Daher die Uneigentlichkeit der Majoritäten, die

Verfälschung und Suggerierbarkeit der öffentlichen Meinung. Man kann zwar die Menge in Sachen des Wissens ebenso irreleiten wie in Sachen der Politik. Der Unterschied ist nur der, daß die Irreleitung auf den Geist und Fortgang der Wissenschaft selbst keinen Einfluß hat — die Mißleiteten gelangen gar nicht bis an sie heran —, während im politischen Leben die größten und unwiderbringlichsten Entscheidungen aus der Verirrung heraus gefällt werden können. Hier eben handelt es sich um die Tat, dort um die Einsicht als solche. Die Tat hängt am Augenblick, sie kann auf das Begreifen nicht warten; die Einsicht aber ist das Begreifen selbst, ihr ist keine Stunde vorgezeichnet, sie kommt zu ihrer Zeit und ist dann nicht aufzuhalten.

Wo das Seinsgesetz des objektiven Geistes selbst die öffentliche Meinung als unwesentlich von ihm ausschließt, da ist auch Verfälschung und Uneigentlichkeit von ihm ausgeschlossen. Es ist der einzigartige Vorzug der Wissenschaft, daß dieses Ausgeschlossensein in ihr gewährleistet ist. Das bedeutet eine radikale Umwertung des Verhältnisses von Menge und Individuum, zugleich aber auch eine Art Reinkultur des Verhältnisses von objektivem Geist und Individuum. Hier eben zeigt es sich, daß der Gemeingeist nicht ein Kollektivum von subjektiven Geistern ist, sondern etwas, was jederzeit in einer gewissen Indifferenz gegen Anzahl und Summe seiner Träger dasteht.

Denn mehr als auf anderen Geistesgebieten verschwindet in der Wissenschaft das Individuum; sein geistiger Besitz ist dem Wesen nach Gemeinbesitz, auch wenn es ihn zurzeit mit niemandem teilen kann. Aber zugleich ist dieses Verschwinden nicht ein Zurücktreten gegen die Menge und ihr durchschnittliches Dafürhalten, sondern gegen den Geist der Wissenschaft als lebendiges Objektivum von inhaltlicher Prägung, das in den jeweiligen Trägern nur sein geschichtliches Durchgangsstadium hat.

e. Die Idee der geschichtlichen Mission im Geiste der Wissenschaft.

Bei dieser Sachlage darf man sich wohl im Ernst fragen, ob nicht überhaupt bei der Wissenschaft ein Kriterium des Echten auch für die anderen Gebiete des Geistes zu suchen ist. Seit der großen Platonischen Utopie ist diese Frage oft und in den verschiedensten Formen bejaht worden; vor den Anforderungen des wirklichen geschichtlichen Lebens hat sich solche Bejahung niemals halten können. Der Irrtum kann in überspannter Konsequenz liegen, er kann aber auch ein grundsätzlicher sein. Im ersteren Falle könnte sich trotz aller gegenteiligen Erfahrung sehr wohl eine dauernde geschichtliche Aufgabe, gleichsam eine Art Mission der Wissenschaft in ihrer Idee, in bezug auf das Ganze des lebenden objektiven Geistes herausstellen, deren geschichtliches Gewicht es zu ermessen gälte.

Man wird hier nicht die in unserer Zeit populär gewordenen Einwände der sogenannten Wissenschaftskritik dagegen aufbringen. Schon ihre Popularität zeugt deutlich von ihrer Unwissenschaftlichkeit. Sie tragen den Charakter eben derselben öffentlichen Meinung, die vom stetigen Gang der Wissenschaft selbst ausgeschlossen ist. Es ist die Auflehnung eines an Majoritäten und Urteilsrecht Aller gewöhnten Zeitalters gegen die innere und unaufhebbare Exklusivität der Wissenschaft, das Unbefriedigtsein der Vielen, die nicht mitkönnen mit ihr und sich von ihr ausgeschlossen sehen, — kurz eine Art Ressentimenterscheinung im objektiven Geiste der Zeit. Was aber echt und sachorientiert in dieser Kritik ist, das ist nichts als der Kampf gegen wissenschaftliche Einseitigkeit, ein Kampf also, der nach dem Gesetz der geschichtlichen Antithetik notwendig selbst einseitig sein muß. In diesem Sinne verstanden, ist aber gerade der Kampf das deutlich greifbare Moment des inneren Fortschreitens und der Lebendigkeit der Wissenschaft selbst, die Form ihrer Fortarbeit im eindeutigen Hintendieren auf Wahrheit, d. h. ihre fortgesetzte Adäquationstendenz.

Dazu ist vor allem eins zu berücksichtigen. Gegenstand der Wissenschaft ist grundsätzlich alles, was es gibt, alles Seiende, welcher Art und Schicht immer es angehören mag. Wissenschaft ist nicht beschränkt auf das geist- und geschichtslose Sein, auf Dinge, Natur, Prozesse, Organismen, Lebenserscheinungen. Wissenschaft ist ebensosehr Erkenntnis des geistigen und geschichtlichen Seins; und fast auf der ganzen Linie der Gegenstände letzterer Art ist sie Wissenschaft vom objektiven Geiste. Es gibt also im Gebiete des Geistes nichts, was ihr grundsätzlich entzogen wäre. Es ist ihr prinzipiell gegeben, alles zu erfassen und zu durchleuchten, soweit nur irgend sie vordringt.

Wenn es aber andererseits in ihrem Wesen liegt, die Tendenz auf Wahrheit zu haben, das Echte vom Unechten scheiden zu können, muß man da nicht von ihr erwarten, daß sie im Durchleuchten des objektiven Geistes auch in ihm selbst als dem jeweilig lebenden das Unechte zu entlarven, das Echte in Reinheit herauszuheben berufen ist? Es fiele ihr damit eine Mission von höchster Tragweite zu, eine Art ständiger Aufgabe in der Geschichte der Menschheit: die reine Offenbarung des jeweilig lebenden objektiven Geistes zu sein, und zwar auch gerade dort, wo dieser sich in der breiten Aktualität des öffentlichen Lebens bewegt und der Verfälschung ausgesetzt ist. Die Wissenschaft könnte damit aufrücken zu einer Instanz, die das hinter allem Getriebe und Gewoge der Uneigentlichkeit stehende Gewissen des lebenden Geistes ausmachte, gleichsam sein ständiger Mahner zum eigenen wahren Wesen, seine Rücklenkung zu sich selbst aus der Verfälschung.

f. Expansionstendenz und Erziehung zur Sachlichkeit.

Dem kommt der Umstand entgegen, daß sie trotz aller Exklusivität doch auch eine gewisse Expansivität hat, die vor der breiteren Menge keineswegs haltmacht. Bei allem Gegensatz zur öffentlichen Meinung scheut sie doch die Öffentlichkeit nicht. Sie liegt jederzeit in ihrem ganzen Bestande zugänglich vor Aller Augen, findet auch stets die stillen Teilnehmer an ihrem Werk. Nur das Nichtzureichen der Individuen in ihrem Durchschnitt zieht hier eine Grenze vor. Auch dringen ihre Resultate sehr wohl in weitere Kreise durch; die Methoden schon weniger, aber auch für sie gibt es ein weitgehendes Verstehen, das weit breiter ist als der Kreis derer, der mit ihnen arbeitet. Das Ansehen, das die Wissenschaft genießt, ist denn auch durchaus kein blindes. Es ist in den Zugängen verwurzelt, die sie dem ernstlich Bemühten jederzeit offenhält.

In ihrer Auswirkung aber greift diese Stellung der Wissenschaft noch weit darüber hinaus. Denn in gewissen Grenzen nötigt die Wissenschaft geradezu die Mitlebenden, sich an sie heranzubilden und laufend ihrem Fortschreiten zu folgen. Es gibt eben zahlreiche Gebiete des Lebens selbst, auf denen sie eine gewisse Unentbehrlichkeit besitzt. Das sind keineswegs bloß die technisch-praktischen Gebiete, es sind ebenso viele Gebiete des rein gedanklichen und menschlichen Verstehens. Hierher gehört vor allem das geschichtliche Verstehen, das stets auch ein Verstehen der laufenden Gegenwart ist, wennschon auf Grund eines Verstehens des Vergangenen. Das Vergangene zu verstehen ist aber ohne die forschende Arbeit der Geschichtswissenschaft nicht möglich. Das ist der Grund, warum die Bildungsarbeit der Lehrinstitute so sehr der Geschichte zugewandt ist — in Sprache und Literatur, Kunst und Weltanschauung, in politischer und sozialer Entwicklung. Die allgemeine Bildung, wie sie gerade dem Durchschnitt der Lebenden sich zumessen läßt, zehrt ganz und gar von der Arbeit der Wissenschaft.

Die Wissenschaft mit ihren Errungenschaften dringt so nicht nur beständig in der Menge vor; sie ist vielmehr auch stets dabei, das Gesamtniveau des Verstehens und der Urteilsfähigkeit zu heben. Sie arbeitet so in ihren Auswirkungen gerade an dem schwächsten Punkte des objektiven Geistes dem Verfall und der Verfälschung planmäßig entgegen. Man kann diese ihre Arbeit mit gutem Recht als die Erziehung der Menschen zur Sachlichkeit bezeichnen.

Es kommt dabei nicht so sehr darauf an, auf welchem Wissensgebiet dieses Erziehungswerk sich durchsetzt. Das wird in jeder Zeitlage je nach den besonderen Erfordernissen verschieden sein. Und nicht jede Art Sachlichkeit hat die unmittelbare Nähe zum Gemeinschaftsleben. Der Sinn der erziehlichen Wirkung liegt vielmehr im Durchdringen des wissenschaftlichen Geistes selbst in die Menge, sofern er überhaupt und auf allen Gebieten ein Geist der Eigentlichkeit und Echtheit ist und diese seine Tendenz im Dringen auf Objektivität und Sachlichkeit überhaupt bekundet. Denn wer auf einem Gebiete die gewaltige Überlegenheit sachlich-objektiver Orientierung erfahren hat und das eigene Urteil an die Pflicht zur Sachbeherrschung gewöhnt hat, der wird auch überall im Leben sich nicht so leicht ein Urteil erlauben, wo ihm die Sachbeherrschung abgeht.

Das aber gerade ist die Wurzel eines inneren Heilungsprozesses, der allein den Schäden der Uneigentlichkeit im lebenden objektiven Geiste entgegenzuarbeiten imstande ist. Und hier letzten Endes liegt der Grund des ungeheuren Wertes der wissenschaftlichen Bildung, sowie des gewaltigen Aufwandes an Mühe und Kraft, der von Lehrenden und Lernenden dauernd für sie eingesetzt wird.

Zugleich aber auch liegt hier der Grund, warum dieser einzigartige erziehliche Wert durchaus nicht für jedermann greifbar auf der Hand liegt. Er kann dem Lernenden unmöglich am einzelnen Lehrgegenstande als solchem klar werden. Denn er liegt offenbar gar nicht in ihm. Ja, er kann selbst dem Lehrenden in der mühevollen täglichen Arbeit sehr wohl entgleiten, und dann muß ihm sein auf diesen Endzweck orientiertes Tun sinnlos erscheinen. Was seine Arbeit von ihm erheischt, ist gerade die Hingabe an ein Ziel ideeller Art, das erst auf weite Sicht hin sich der Verwirklichung entgegenführen läßt. Es liegt im Wesen des wissenschaftlichen Bildungswertes, daß er nur dort, wo er von hohem Glauben und tiefster Durchdrungenheit seiner Pioniere getragen ist, sich in einem lebenden Gemeingeiste verwirklichen läßt.

g. Hegels „Eule der Minerva“.

Dem allem steht aber begrenzend ein anderes Moment entgegen, das alle hochgespannten Hoffnungen auf ein sehr bescheidenes Maß zurückdrängt. Der Prozeß der Wissenschaft geht langsam. Er hält nicht Schritt mit der Aktualität der großen geschichtlichen Lebensfragen von Volk und Staat, Recht und Ethos. Was in ihm erarbeitet wird, kann wohl das Vergangene erleuchten, aber nicht dem Kommenden voranleuchten. Es kommt zu spät dafür. Die Wissenschaft ist überhaupt ein Spätprodukt der Kulturen. Sie beginnt dann sich auszubreiten in einem Volke, wenn dieses seinen geschichtlichen Lauf in der Hauptsache vollendet hat. Das ist der Sinn des Hegelschen Wortes von der „Eule der Minerva", die erst mit der einbrechenden Dämmerung ihren Flug beginnt.

Die Tatsache selbst ist geschichtlich wohlbekannt. In allen Völkern geht die Entfaltung des Lebens so vor sich, daß zuerst die politisch-rechtlichen, wirtschaftlichen, sozialen, staatlichen Dinge sich herausarbeiten; und in dieser Entwicklung besteht die Grundlage alles weiteren. Daß damit auch das rein geistige Leben sich herausbildet, das Ethos, der Lebensstil, die Künste, ändert an dieser Priorität nichts. Denn gerade die Wissenschaft hinkt nach. Sie kam im Griechentum zur Höhe, als politische Selbständigkeit und Freiheit im Niedergehen waren, und die aufkommenden Staats- und Rechtstheorien fanden kein aufsteigendes Leben des Gemeinwesens mehr vor, es zu formen. Nicht wesentlich anders war es bei den Römern, obgleich das geistige Erbe der Griechen ihnen zufiel.

Ob darin ein allgemeines Gesetz liegt, wird man aus solcher Überlegung heraus freilich nicht erschließen können. Es könnte ja sein, daß im Großen gesehen die Menschheit noch geschichtlich jung ist, und da wissenschaftliche Dinge sich besser als manches andere geistige Gut tradieren können, das Verhältnis sich einmal umkehren könnte. Es wäre dann wohl daran zu denken, daß die Wissenschaft auch einmal auf politisch-sozialem Gebiete führend würde.

Diese Möglichkeit hat als Idee mehrfach der Staatsphilosophie vorgeschwebt, so in Platons Republik, so bei den Naturrechtslehrern, so noch bei Kant in der Durchführung seiner Idee des ewigen Friedens. Ein großes Beispiel dieser Art ist auch der Marxismus, der gerade als wissenschaftliche Theorie sehr wesentlich in die Entwicklung der europäischen Politik hineingespielt hat. Der geschichtliche Versuch, diese Theorie in Wirklichkeit umzusetzen, liegt heute im nahen Osten vor aller Augen. Ob der Versuch ein ermutigender ist, ob er Fähigkeit oder Unfähigkeit einer Doktrin zu konkreter Gestaltung staatlichen Lebens erweist, darüber dürfen wir Heutigen die Akten nicht als geschlossen ansehen. Erst die ausgereiften Früchte werden darüber belehren können.

Immerhin lehren die Beispiele doch noch ein Zweites, das über den Hegelschen Satz vom „Zuspätkommen" hinausgeht. Was die Wissenschaft bisher an Staatstheorien hervorgebracht hat, trägt offenkundig den Charakter von Anfängen — unzureichend für die wirkliche Problemgeladenheit des lebendigen Gemeinwesens. Es sind einseitige, spekulative oder ideologische Theorien, von denen es immerhin fraglich bleiben darf, inwieweit sie den Namen der Wissenschaft verdienen. Man sollte also meinen, die Wissenschaft komme nicht nur zu spät, sie reiche vielmehr auch inhaltlich nicht an die laufenden Probleme jeweiliger Sachlage heran. Es gibt in ihr wohl einen stetigen Gang gesicherten Erkennens, aber er hält sich vorwiegend an weit einfachere Problemgebiete, an Seinsschichten niederer Ordnung. So haben wir exakte Naturwissenschaft; aber eine strenge Wissenschaft vom politisch-sozialen Leben haben wir nicht.

Demgegenüber ist wiederum zu bedenken, daß eigentliche Geschichtswissenschaft noch jung ist, Sozialwissenschaft aber noch jünger. Die viel ältere Staatswissenschaft aber ist zumeist von den jeweilig vorliegenden Staatsformen beherrscht gewesen. Sie konnte bei dieser Sachlage natürlich nicht frei und prospektiv werden.

Daß aber in der Fortentwicklung nicht auch dieses Verhältnis sich einmal verschieben könnte, ist damit nicht gesagt. Man wird nicht verkennen dürfen, daß aller Gedankenkonstruktion und Ideologie zum Trotz gerade in unserer Zeit sich sehr nüchtern orientierte Ansätze einer neutralen, tendenzlosen Staats- und Sozialwissenschaft herausbilden. Und zum mindesten wird man die Hoffnung nicht aufgeben dürfen, daß diese sich mit der Zeit zu einer gewissen Sach- und Situationsbeherrschung entwickeln könnte. Alle Anfänge echter Wissenschaft sind unscheinbar, und zwar gerade wegen dieser ihrer Nüchternheit.

Sollte sich das aber bewahrheiten, so ist es an sich doch auch nicht ausgeschlossen, daß einmal die Wissenschaft mit dem laufenden politischen Leben Schritt halten und der Mensch durch sie in die Lage kommen könnte, den Geschichtsprozeß in ganz anderem Maßstabe prospektiv zu dirigieren, als das bei gegebener Sachlage möglich ist.

Dritter Teil.

Der objektivierte Geist.

I. Abschnitt.

Phänomen und Formen der Objektivation.

44. Kapitel. Geschaffenes Werk und geistiges Gut.

a. Objektivation als Fixierung, Herausstellung und Ablösung.

Das Problem des geschichtlichen Geistes erweitert sich noch um eine Dimension, sobald man die Phänomengruppe der Objektivationen einer gesonderten Betrachtung unterwirft. Daß Objektivationen eines lebenden Geistes eine solche verdienen, weil sie ihm gegenüber eine neue Problemkette heraufführen, wurde bereits in der Einleitung gezeigt. Denn es handelt sich in ihnen um Gebilde von anderer geschichtlicher Seinsweise als er, um solche, die einmal von ihm hervorgebracht, relativ selbständig ihm gegenüberstehen und seinen Wandel, seine Schicksale, sein Vergehen nicht teilen.

Es gibt den Geist noch in dritter Grundgestalt — neben dem personalen und dem objektiven. Man kann das neue Problem vorläufig so charakterisieren: der lebende geschichtliche Geist ist nicht nur selbst „objektiv", sondern er treibt darüber hinaus auch noch ständig Gebilde eigener Art hervor, in denen er sich eine greifbarere, von ihm selbst unterschiedene „Objektivität" gibt, d. h. „sich objektiviert". Diese Gebilde sind nicht er selbst. Sie haften auch nicht an ihm als einem Träger. Vielmehr er hat sie aus sich „herausgestellt", gleichsam aus der Bewegtheit seines Wandels „entlassen". Indem er sie aber herausstellt und entläßt, „fixiert" er sie im Gegensatz zu sich selbst, als dem niemals fixierbaren. Er gibt ihnen Bestand gegen sich, indem er sie von sich ablöst, selbständig macht. Er scheidet so das Erzeugnis vom schöpferischen Erzeuger, übergibt es der Geschichte, d. h. dem kommenden Geist, der als lebender ihn ablösen wird.

Gleichwohl aber bleibt er selber in dem geschaffenen Gebilde inhaltlich bestehen. Er hat eben sich selbst in ihm fixiert und ist späteren Zeiten darin noch erkennbar, wenn er selbst längst nicht mehr lebender Geist ist und unwiederbringlich der geschichtlichen Vergangenheit angehört.

Um was für Gebilde es sich handelt, wird schon hieraus einleuchten. Man denkt dabei zunächst an Schöpfungen des Schrifttums und der Künste. Und diese wohlbekannte Gruppe von Erzeugnissen des Geistes darf vorerst als die repräsentierende genügen; sie umfaßt in der Tat die zentralen und zugleich vollkommensten Formen der Objektivation.

Hat man sie im Auge, so kann auch kein Zweifel daran sein, in welchem Sinne hier der Terminus „Objektivation" zu verstehen ist. Man darf ihn nicht mit „Objektion" verwechseln. Objektion ist ein charakteristisches Erkenntnisphänomen: die vorbestehende Sache wird zum Objekt eines Subjekts gemacht, an ihr selbst aber wird nichts geändert. In der Objektivation dagegen wird etwas, was vor ihr nicht bestand — wenigstens als gegenständlich bestimmtes Gebilde nicht bestand —, allererst zustande gebracht. In der Objektion ist der lebende Geist nur aufnehmend, in der Objektivation ist er schaffend.

Im weiten Sinne kann man sagen: der Einzelmensch objektiviert sich schon in seinen Worten, seinen Taten, im Wirken, in der Arbeit, im Werk. Was nur in seinen Gedanken war, tritt durch Verwirklichung in seinem Tun aus ihm heraus in die Gegenständlichkeit. Und überall, wo es sich um bestimmt geformte Dinge handelt, die er ersinnt und herstellt, da stellt er eben damit zugleich ein Bild seiner selbst her, in dem er erkennbar ist. Denn es ist Geist von seinem Geiste, der darin zum Gegenstande möglichen Erfassens wird — für jedermann, der ihn darin zu sehen vermag.

b. Abgelöstheit und Überdauern der Objektivation.

Hier freilich ist auch schon die Grenze dessen, was der Terminus besagt. Er besagt zu wenig. Ein „Zum-Objekt-Werden" des Geistes gibt es auch weit über die herangezogenen Phänomene hinaus. „Objektiv" in diesem Sinne ist auch der personale Geist, so sehr er an sein Subjekt gefesselt bleibt; dasselbe gilt vom lebenden Gemeingeist, so sehr er auch am Leben der individuellen Subjekte hängt und nirgends als in ihrer Vielzahl Existenz hat. Darum eben heißt er „objektiver Geist".

Der „objektivierte Geist" dagegen, als dritte Grundgestalt verstanden, ist sowohl vom personalen als vom lebenden objektiven Geiste abgelöst. Er ist aus dem Leben der Subjekte herausgetreten, und damit auch aus dem Leben desjenigen Gemeingeistes, der ihn hervorgebracht hat. Er ist der „nur noch" als Objektivation bestehende, der selbst nicht lebende und sich entwickelnde, also auch nicht geschichtlich reale, sondern der bloß in seiner Geformtheit als solcher stabil gewordene Geist.

Es ist die Eigenart des geistigen Gutes, daß es sich vom lebenden Geiste, dessen Errungenschaft es ist, ablösen und im Gegensatz zu ihm als Gebilde von bestimmter Prägung und Inhaltsgeformtheit festhalten läßt. Ja, es liegt in seinem Wesen, daß es zu jeder Zeit die Tendenz zeigt, sich zu solchen Gebilden auszuformen und in ihnen stabil zu werden. In solchen Gebilden besteht der objektivierte Geist. In ihnen gewinnt er eine eigene Seinsweise, auf Grund deren er fortbesteht, während der lebende Geist unter ihm her sich wandelt.

Hinge er noch dem lebenden Geiste an, sei es dem personalen oder dem objektiven, so müßte er mit ihm sich wandeln, seine Schicksale, seinen Tod teilen. Als von ihm abgelöster aber überlebt er ihn. Oder richtiger — denn eigentliches Leben darf man ihm nicht zusprechen — er „überdauert" ihn; und in seinem Überdauern erhält sich in ihm etwas von dem, was der lebende Geist war, der sich in ihm objektivierte. Es erhält sich nur nicht als ein eigentlich Fortlebendes und nicht als ein geschichtlich Reales.

Als was eigentlich es sich erhält — das ist die weitere Frage, vor der wir stehen. Es ist eine ontologische Frage: die nach der Seinsweise des objektivierten Geistes. Realer Geist ist stets nur der lebende Geist. Wie aber existiert der vom lebenden Geiste durch Objektivation in einem nicht lebenden Gebilde abgehobene und aus ihm herausgestellte Geist?

c. Irrealität als Enthobensein. Schaffender und geschaffener Geist.

Aller lebende Geist objektiviert sich, der personale so gut wie der Gemeingeist, und zwar auf allen seinen Gebieten. Das Rechtsempfinden einer Zeit objektiviert sich im „gegebenen Gesetz", im positiven Recht als einem fixierten und niedergelegten; das Wissen in einem System der Wissenschaft, festgehalten in Wort und Schrift. Objektivationen dieser Art haften zunächst durchaus noch am lebenden Geiste, haben sich nicht abgelöst, sind nur die Ausformung eines noch lebendigen Rechtsempfindens, eines wirklichen Erkennens der Lebenden. In solchem Empfinden, solchem Erkennen als einem gemeinsamen besteht der lebende objektive Geist. Die Objektivation als solche beraubt ihn seines Lebens nicht.

Aber er bleibt nicht stehen, er bewegt sich fort. Mit dem Rechtsempfinden wandelt sich das geltende Recht, mit dem Fortgang der Erkenntnis das positive Wissen. Was bleibt in diesem Wandel übrig vom einstigen Recht, von der einstigen Wissenschaft? Das, was davon in die dauernde Form des Wortes geprägt und aufgezeichnet ist. Es ist dann aus der schriftlichen Fixierung noch späten Geschlechtern erkennbar — als das Recht oder das Wissen von dazumal. In der Objektivation überdauert es den lebenden Geist, dessen Schöpfung und Eigentum es war.

Das Geschaffene überdauert den Schöpfer. So ist es Gesetz in der Geschichte des geistigen Seins. Der lebende Geist, ob persönlich, ob Gemeingeist, unterliegt dem Gesetz alles Lebendigen: er verfällt dem Tode. Auch im ununterbrochenen Wandel, ohne den sichtbaren Untergang von Völkern und Kulturen, weicht ein bestimmter geschichtlicher Geist dem anderen. Anders das Produkt des Geistes, das erarbeitete geistige Gut. Es unterliegt einem anderen Gesetz: weil es nicht lebt, stirbt es auch nicht mit dem Lebendigen. Weil es nicht ein Reales ist, hat es auch die Härte des Realen nicht an sich, erfährt nicht die Zerstörung, die seinen Schöpfer ereilt.

Das ergibt ein eigentümliches Gesamtbild: im ständigen Entgleiten und Absinken des lebenden Geistes erhält sich das geschaffene geistige Gut. Es bleibt gleichsam stehen. Der geschaffene Geist ist durch seine Irrealität dem Geschick des schaffenden Geistes enthoben. Er ist in eine Sphäre erhoben, die vom lauten Gang der Geschichte nicht berührt wird. Darum bleibt er bestehen, wo der schaffende Geist zugrunde geht. Und weil das Geschaffene Zeugnis vom Schaffenden ablegt, den lebenden Geist also stets mit darstellt — was immer auch der besondere Inhalt sein mag —, so ist es in der Objektform, die es gewonnen, in der Tat die bleibende Objektivation geistigen Lebens, wiewohl eines vergangenen.

Es wird noch zu zeigen sein, inwiefern die Sphäre, in die das geistige Gut hier erhoben ist, keineswegs ohne weiteres eine solche der Überzeitlichkeit ist. Sichtbar ist das schon daran, daß auch die Objektivation der Vernichtung anheimfallen kann. Schrifttum kann unwiederbringlich verlorengehen, ein Kunstwerk kann zerbrechen. Es fehlt nicht an Bedingtheit durch Zeitlichkeit und Realität. Dennoch ist diese Bedingtheit eine andere als die des lebenden Geistes, der selbst und als ganzer ein geschichtlich Reales ist und seine Lebenszeit nicht überschreiten kann. Die Objektivation als solche hat keine bestimmte Lebenszeit, denn sie ist kein Lebendiges. Nur um dieses Phänomen handelt es sich vor der Hand. Und es ist merkwürdig genug, auch wenn man seine Einschränkung von vornherein im Auge hat.

Das Gesetz des objektivierten Geistes ist hiernach dieses: einmal als geschaffenes Produkt herausgeformt, gewinnt er Unabhängigkeit vom schaffenden Geiste. In dieser Unabhängigkeit führt er ein Dasein eigener Art in der Geschichte, hat eine eigene Seinsweise neben dem fortgehenden Leben des objektiven Geistes. Er bleibt zwar an lebenden

Geist überhaupt gebunden, aber nicht an einen bestimmten, nicht an den, dessen Produkt er ist; und jederzeit ist er etwas ganz anderes als der lebende Geist. Er macht dessen Evolutionen nicht mit, ist dessen Schicksalen nicht unterworfen. Er hat vielmehr inmitten jener Schicksale noch sein eigenes, besonderes Schicksal — ein solches nämlich, das kein lebender Geist mit ihm teilen kann.

d. Unselbständige und verselbständigte Objektivation.

Geht man davon aus, daß aller lebende Geist sich in jeder seiner Formgebungen bereits im Leben selbst objektiviert, die so geschaffenen Objektivationen aber im allgemeinen ebenso leicht wieder preisgibt, so wird es schwer, eine Grenze zu ziehen, von der ab man von „objektiviertem Geiste" im Sinne eines verselbständigten Gebildes sprechen kann.

So ist z. B. alle Rede, ungeachtet ihrer Flüchtigkeit, doch schon Objektivation im weiten Sinne. Denn sie ist Ausformung des aus seiner Innerlichkeit in die Objektivität herausgestellten Gedankens. Ebenso kann man eine lebende und gesprochene Sprache als Ganzes auch als Objektivation bezeichnen, und zwar als eine sehr bestimmte. Sie wird ja auch als solche empfunden, der Sprachschatz ist gemeinsamer Besitz; und sie tritt dem fremdsprachigen Geist, der die Sprache „lernend" sich ihr nähert, deutlich als ein solches objektiv geformtes Etwas entgegen. Dennoch besteht dieses geformte Etwas in der lebenden Sprache noch unabgelöst vom Gesprochenwerden, d. h. vom lebenden Gemeingeiste; und wer sie voll erlernen will, muß sich unter die Lebenden und Sprechenden begeben, muß selbst als Sprechender in den lebenden Geist der Sprache „hineinwachsen" — nicht anders, als überhaupt der Lebende in den lebendigen objektiven Geist hineinwächst.

Objektivation dieser Art ist noch nicht verselbständigt. Sie besteht nur als die noch flüssige, mit allen Schwankungen des Augenblicks und der Individualität mitgehende, vom lebenden Geiste ganz getragene und ihm gegenüber unselbständige Ausformung. Sie ist also zwar Objektivation, tritt auch gelegentlich spürbar als solche hervor; aber sie funktioniert nur wie ein Lebenselement des lebenden Geistes, gleichsam als seine Scheidemünze im Austausch der Individuen. Denn das gesprochene Wort ist „flüchtig", und ist es einmal gehört und verstanden, so ist es als solches auch vergessen. Es verschwindet hinter dem, was es vermittelt, dem noch lebendigen und flüssigen Gedanken.

Angesichts dieser Sachlage erhebt sich die Frage: wo ist die Grenze zu ziehen, von der ab die Objektivation zu einer selbständigen Seinsweise aufrückt und unabhängig wird vom Wandel des sie tragenden und fortbildenden geschichtlichen Geistes? Was ist es, was sie stabil werden läßt? Solange der lebende Geist allein sie trägt, kann sie keine Selbständigkeit gegen ihn gewinnen. Ohne Träger aber kann sie nicht bestehen. Was also tritt als Träger für sie ein an Stelle des lebenden Geistes? Denn schwebender Geist, der von nichts getragen wäre, ist ein Ding der Unmöglichkeit.

Die Frage wird noch dringlicher, wenn man sich klar macht, daß sie bis in das Leben des persönlichen Geistes hineinreicht. Jede Äußerung, jedes Wort, jede Geste, jedes Verhalten des Individuums ist schon Objektivation. Ein Mensch wird eben gegenständlich greifbar in allem, was von ihm ausgeht. Und dieses Greifbare ist an sich jederzeit der Verselbständigung fähig, kann stabil geprägt und festgehalten werden.

Daß dem so ist, sieht man am deutlichsten an der geschichtlichen Bedeutung der Apophthegmatik, der tradierten oder aufgezeichneten Anekdote. Das persönliche Bild Alexanders des Großen ist festgehalten in einer Reihe an sich belangloser Aussprüche und charakteristischer kleiner Szenen. Der persönliche Geist des einen bestimmten Menschen ist darin anschaubares Objekt, und zwar weit über seine Lebenszeit hinaus. Auch der legendarische Einschlag dieser Anekdoten ändert daran wenig. Selbst die ersonnene Anekdote zeigt sein Bild doch lebensvoll so, wie die Mitlebenden oder die ein wenig später Lebenden es sahen. Der objektive „Eindruck", den er hinterließ, ist darin festgehalten und der Nachwelt übergeben.

Im heutigen Leben darf man neben die Anekdote die Photographie stellen, noch mehr vielleicht die kinematographische Aufnahme. Es ist kein Zweifel, daß bedeutende Persönlichkeiten unserer Zeit auf diesem Wege in sehr individuellen und menschlich-innerlichen Zügen der Nachwelt erhalten werden können — einer Nachwelt, die sie vielleicht nur noch aus solchen Objektivationen kennen wird.

e. Flüchtigkeit und Fixierung. Selbständige Seinsform.

Gerade an solchen Grenzbeispielen sieht man gut, wie außerordentlich weit das Gebiet des objektivierten Geistes ist. Zugleich aber sieht man auch, wo die Grenze seiner Selbständigkeit zu ziehen ist. Das geistige Leben selbst ist eben stets voll von Objektivationen, gewollten und ungewollten; der Verkehr der Menschen, der Meinungsaustausch, das Füreinandersein und Miteinanderleben bringt sie ständig mit sich. Ja, ohne Objektivation wäre der subjektive Einzelgeist in sich verschlossen; alle Mitteilung hat schon die Gestalt der Objektivation, sie wird nur als solche nicht festgehalten. Aber weil sie die Gestalt hat, so „kann" sie wenigstens festgehalten werden. Sie ist prinzipiell ablösbar vom lebenden Geiste, vom privaten Zweck der Mitteilung, von der besonderen

Lebenssituation, in die sie hineinspielt. Sie ist also als die nicht abgelöste doch jederzeit ablösbar.

Warum nun werden einige Objektivationen festgehalten und bleiben als abgelöste bestehen, indem sie zu selbständigem Sein aufrücken, — während andere im Strom des Geisteslebens sofort wieder untertauchen? Darauf antworten zwei Gründe, die sehr verschiedenartig sind und selbständig gegeneinander variieren, aber dennoch nur in strenger Bezogenheit aufeinander vorkommen. Der eine ist ein innerer und liegt in dem großen Unterschiede der empfundenen Bedeutsamkeit des Inhalts; er liegt also beim geistigen Gewicht dessen, was sich objektiviert. Der andere Grund liegt im Unterschiede des Materials, „in dem" der Inhalt sich objektiviert; denn das Material kann flüchtig oder stabil sein, es kann die in ihm geprägte Form der Vergänglichkeit preisgeben oder über die Zeit und den Wandel hinweg festhalten. Und es leuchtet ohne weiteres ein, daß nur Objektivationen in stabilem Material zu abgelöster, selbständiger Seinsweise gelangen können; nicht weniger aber auch, daß nur solcher geistige Inhalt, der dem lebenden Geiste als gewichtig erscheint, in stabilem Material objektiviert wird.

Das gesprochene Wort ist gemeinhin flüchtig. Im Leben liegt das Gewicht nicht auf ihm als solchem, sondern auf der Situation, in der es fällt und an der es ein mitgestaltendes Element ist. Es hat für den Hörenden seine Rolle ausgespielt, wenn es seine Wirkung in der Situation ausgeübt hat. Noch mehr gilt das von der Geste, vom mimischen Ausdruck, vom Verhalten. Es zielt alles wieder in den lebendigen Fluß des Lebens zurück, wie es ja mit Worten, Gesten usw. auch nur auf ihn abgesehen ist. Das ändert sich erst, wo eine überragende Bedeutung am gesprochenen Wort oder am Verhalten der Person empfunden wird. Das geistige Gewicht des an sich flüchtigen persönlichen Gebarens überträgt sich auf die geprägte Objektivation: das Wort wird inhaltsschwer, wird als repräsentativ vernommen und — festgehalten. Aber das Festhalten bedarf eines anderen Vehikels, es wird aufgezeichnet, geht ins Schrifttum über. Das aber heißt: es wird in eine andere, dauerhaftere Materie umgesetzt.

Ein großes Beispiel für diese Sachlage ist das Fortleben des Sokratischen Gedankengutes im Kreise der Sokratiker. Die „Sokratischen Reden" (Dialoge) wurden wieder- und wiedererzählt; sie erschienen trotz ihrer Ausgedehntheit gewichtig genug, um nicht vergessen zu werden. Dennoch blieben sie im mündlichen Weitergeben dem Wandel ausgesetzt, die Auffassung des Einzelnen, seine eigene Meinung und deren Fortentwicklung spielte hinein. Eigentlich objektiviert und aus dem Wandel herausgestellt wurden sie erst in der Niederschrift. Und eben weil diese nicht unmittelbar die „Sokratischen Reden" selbst festhielt, sondern eine Überformung durch den unsokratischen Gedanken, so ist uns das menschliche und denkerische Bild des Sokrates nur im Spiegel solcher Überformung erhalten.

f. Die Grenze der Verselbständigung.

Die Grenze des Heraustretens aus dem lebenden Geiste und des Aufrückens zu selbständiger Seinsweise hebt sich hiernach deutlich heraus durch die Fixierung im Schrifttum. Dafür ist es einerlei, ob es sich um einfache Aufzeichnung des wirklich gesprochenen Wortes oder um die anekdotische Festhaltung der ganzen Szene, oder um spätere Überformung des Gehörten und Erlebten handelt. Und es ist leicht zu sehen, daß es damit auf anderen Gebieten ebenso ist, wo an die Stelle der Schrift eine andere stabile Materie tritt. Es geht dabei niemals ohne ein gewisses Bewußtsein der Bedeutungsschwere zu.

Das wird einleuchtend, wenn man erwägt, daß es auch innerhalb des im Geistesleben selbst auftretenden Schrifttums eine große Masse des „Geschriebenen" gibt, die niemals zu selbständigem Dasein aufrückt, sondern ähnlich wie das gesprochene Wort im laufenden Leben wieder verschwindet, sobald das Geschriebene seinen besonderen Zweck in der Augenblickssituation erfüllt hat. So ist es mit Briefen jeder Art; einmal gelesen, haben sie ihren Sinn als Mitteilung gefunden und sind damit für die Lebenden erledigt. Es fehlt die über den Augenblick und die private Sphäre hinausreichende Bedeutungsschwere. Es kann freilich auch ein solches Schriftstück sich durch „Zufall" erhalten, wie der Papyrusfetzen im Wüstensande, und dann nach vielen Jahrhunderten den Epigonen für die Rekonstruktion des Zeitbildes bedeutsam werden. Das Festhalten als solches liegt eben im Wesen der Schrift als einer Materie der Objektivation. Gemeinhin aber hebt sich aus dieser Masse erst das Gewichtige durch sein Gewicht heraus. Die wenigen Briefe Platons wurden abgeschrieben und wieder abgeschrieben, während ungezählte Briefe gleicher Zeit verloren sind. Wer wollte es bedauern? Aber das Empfinden der Gewichtigkeit, das über ihr Schicksal entschied, mochte gleichwohl recht subjektiv sein.

Die einzigartige Kraft der „Schrift", Objektivationen zu tragen, stabil zu machen und über den zeitlichen Wandel herauszuheben, ist eine wohlbekannte Sache. Den ausgiebigsten Gebrauch davon macht ein jeder, der bewußt etwas Bedeutsames festlegen will. Die Urkunde, der Gesetzeskodex, die wissenschaftliche Formulierung sind nur vereinzelte Beispiele dafür. Hier überall ist das Verhältnis ein besonderes: es rückt hier nicht eine gelegentliche Äußerung durch unbeabsichtigtes Gewicht zur Fixierung auf, sondern das empfundene Gewicht der Sache treibt von vornherein zur Ausprägung in fixierbarer Form. Als Grenzfall könnte man hier die Sachlage anführen, die entsteht, wenn ein Entdecker sich für seine neue Einsicht die Priorität vor anderen sichern will, ohne einstweilen mit der Sache an die Öffentlichkeit zu treten; er kann die Formulierung seiner Einsicht verschlüsseln, den Schlüssel aber für sich behalten, um ihn erst bei genügender Bestätigung herauszugeben. Die Schrift hält auch das Verschlossene und Nicht-Entzifferbare als solches fest[1]).

Man darf hiernach zusammenfassend sagen: Objektivationen gibt es wohl auf allen Gebieten schon im lebenden Geiste selbst, aber objektivierter Geist in selbständiger Seinsform ist nur die in einem dauernden Material fixierte Objektivation. Wendet man diese Einschränkung an, so hebt sich eine Reihe von typischen Gebilden objektivierten Geistes heraus, an denen als Grundphänomenen man sich orientieren muß. Dazu gehören alle Arten von dauernden Schöpfungen des Geistes. Die „Dauer" selbst aber ist hierbei nicht als unbegrenztes Fortbestehen, auch nicht als ein quantitativ meßbares Verharren zu verstehen, sondern nur und ganz speziell als das Hinausdauern über den lebenden Geist, der diese Schöpfungen geschaffen hat.

45. Kapitel. Erhaltung und Hineinragen der Objektivation.

a. Das Menschenwerk und sein Fortbestehen.

Die reinsten Repräsentanten objektivierten Geistes sind hiernach ohne Zweifel die Schöpfungen der Literatur, der Dichtung, der bildenden Künste, der Musik. Daneben aber treten Denkmäler jeder Art, Bauten, technische Werke, ja in gewissen Grenzen auch Werkzeuge, Waffen, Nutz- und Zweckgegenstände, handwerkliche und industrielle Produkte. An allem Menschenwerk haftet der Erfindungsgeist des Menschen.

In etwas erweitertem Sinne aber gehören hierher alle geformten und im Schrifttum niedergelegten Gedankenschöpfungen, auch sofern sie nicht in einem geschlossenen Schriftwerk festgehalten sind. Von dieser Art sind die wissenschaftlichen und philosophischen Weltbilder (Systeme), mythische und religiöse Anschauungen; ferner die spezifisch geformten Begriffe, soweit in ihnen noch bestimmte Denk- und Anschauungsweise erkennbar ist, sowie die ihnen verwandten Dogmen und Symbole, die

[1]) Als Huygens 1656 auf den Gedanken kam, die „Henkel" des Saturn als Ring zu deuten, aber der Deutung noch nicht sicher war, da faßte er das Vermutete in den Satz zusammen: „Anulo cingitur tenui, plano, nusquam cohaerente, ad eclipticam inclinato"; er schrieb aber nicht die Worte selbst, sondern nur die alphabetisch geordneten Buchstaben nieder (aaaaaaa cccc d eeeee usw.). Den Schlüssel des Anagramms behielt der Entdecker in der Tasche. Als er ihn nach Jahren herausgab, sprach das Geschriebene eindeutig für seine Entdeckung.

ins Symbolische erhobenen und verallgemeinerten Gestalten (Helden, Götter, Schicksalsträger). Allen diesen Gebilden ist es eigentümlich, daß sie die Grundstrukturen eines bestimmten geschichtlichen Geistes, der sie hervorgebracht hat — gleichsam sein geistiges Koordinatensystem — noch an sich haben und einem anderen lebenden Geiste, sofern er sich verstehend verhält, immer wieder vermitteln können.

Alle solche Gebilde „erhalten" sich im Wandel des lebenden Geistes. Oder wenigstens sie können sich doch erhalten. Die Erhaltung als solche hat mit dem Fortbestehen desjenigen lebenden Geistes, der die Gebilde hervorgebracht hat, nichts zu schaffen. Es ist eine Erhaltung anderer Art. Wohl lebt die Dichtung, die Kunst, das Wissen auch unmittelbar fort; aber dieses Fortleben ist Wandel, Entwicklung, ein ständiges Anderswerden mit dem lebenden Geist. Im Leben eben ändert sich unausgesetzt Geschmack, Stil, Anschauung, Wissen. Der lebende Geist produziert anderes und anderes. Er lernt um und formt um, er stößt ab und schafft Neues, verwirft und ersetzt — darin besteht wesentlich seine Lebendigkeit. Ein Kunstwerk dagegen, eine Dichtung, ein Gedankensystem besteht als fixiertes fort, ohne an das Kontinuum eines lebenden Geistes gebunden zu sein. Es kann für Zeiten dem lebenden Geiste entschwinden, kann aber auch nach Jahrhunderten wieder für ihn auftauchen und aufs neue sein geistiges Gut werden.

So hat das Menschenwerk eine eigene Art des Fortbestehens. Und sofern es lebender Menschengeist ist, der sich in ihm objektiviert, so ragt dieser über die Zeit hinweg aus ferner, unwiederbringlicher Vergangenheit in die lebendige Gegenwart hinein. Sofern nun aber Geschichtlichkeit eben darin besteht, daß das Vergangene nicht tot und verloren ist, sondern in den zurzeit lebenden Geist noch hineinragt und in ihm selbst gegenwärtig ist, so muß gesagt werden, daß der objektivierte Geist eine andere Art geschichtlichen Daseins hat als der lebende Geist. Denn er hat eine von Grund aus andere Form des Hineinragens in die Gegenwart. Ihm ist ein anderer Modus eigen, als vergangener Geist noch gegenwärtig zu sein.

b. Die Arten des Hineinragens und ihr Ineinandergreifen.

Man muß sich hierbei klar darüber sein, daß es zwei grundverschiedene Arten gibt, wie vergangener Geist in den gegenwärtigen hineinragen kann. Beide gehen im Geschichtsprozeß vielfach zusammen, beziehen sich auf denselben geistigen Gehalt, haben aber doch weitgehende Selbständigkeit gegeneinander. Sie greifen ineinander und übereinander hinweg; sie überschneiden und verbinden sich zugleich, ergänzen und stören sich zugleich, bedingen und beschränken sich zugleich gegenseitig [1]).

[1]) Der hier gemachte Unterschied fällt, wie das Folgende zeigt, nicht zusammen

Die Sprache etwa entwickelt sich als lebende fort, enthält nach Jahrhunderten noch die Elemente, ja den Wortschatz, Bau, die Begriffsbildung von einst abgewandelt in sich. Das Kontinuum ist in aller Veränderung nicht abgerissen, eine breite Masse geistigen Gutes ist mit herübergenommen. Dennoch berührt die Sprache von einst den Lebenden wie eine fremde Sprache, die er erst erlernen muß. Im Schrifttum von einst aber tritt sie ihm wohlerhalten entgegen. Sie hat sich in dieser Verkapselung gegen allen Wandel der lebenden Sprache erhalten. Aber diese Erhaltung ist eine ganz andere als die, welche im Kontinuum des sprachlichen Lebens liegt. Die Andersheit ist im Resultat sehr fühlbar. Dennoch kann die Zugehörigkeit einleuchtend, das geistige Sprachgut durchaus wiedererkennbar sein.

Ein anderes Beispiel. Ein bestimmtes Stadium der Wissenschaft fixiert sich in bestimmten Forschungsresultaten und Anschauungen, in einem Weltbilde. Es erhält sich in niedergelegten Formulierungen objektiviert über die Jahrhunderte hin. Indessen ist die Forschung auf der ganzen Linie fortgeschritten, die Anschauungen von damals sind überholt, verlassen, durch neue ersetzt und wieder ersetzt. Aber die neuen haben zahlreiche Elemente der alten herübergenommen, abgewandelt, umgebildet. Das alte System ist noch verständlich, aber es ist nicht mehr das der lebenden Wissenschaft. Es ragt in doppelter Form hinein in sie: durch die übernommenen und umgebildeten Elemente einerseits, als fremdartiges Ganzes andererseits, um das man als ein vergangenes weiß.

In manchen Zweigen des Wissens ist diese doppelte Linie des Hineinragens von größter Bedeutung. So in der Philosophie: das Denken des lebenden Geistes muß sich hier fortlaufend mit dem Gedankengut der Vergangenheit auseinandersetzen; und es kann das, weil dieses Gedankengut ihm im Schrifttum objektiviert entgegentritt. Wo die Objektivation verloren ist, die Schriften sich nicht erhalten haben, Berichte der Späteren nicht vorliegen, da ist auch die befruchtende und vertiefende Auseinandersetzung ein Ding der Unmöglichkeit. Denn im Wandel des lebenden Geistes und seiner Anschauungen sind die geschichtlichen Elemente nur in Auslese enthalten und überdies nicht als solche erkennbar.

Noch größer wird die Bedeutung der Objektivation im Glaubensleben, insonderheit wo es sich um Stifterreligion handelt. Das religiöse Empfinden klammert sich hier bewußt fest an dem einmal Geschauten als dem Geoffenbarten; es legt dieses fest im „heiligen Buche"

---

mit dem von „stillschweigendem" und „vernehmlichem" Hineinragen, wie er oben geschildert wurde (Einleitung, 16). Denn letzterer findet sich schon innerhalb des lebenden Geistes, auch ohne Hineinspielen der Objektivation. Hier dagegen handelt es sich um den Unterschied lebenden und objektivierten Geistes.

oder formuliert es als Dogma und lebt hinfort im Zehren vom Festgelegten. Da es aber dem inneren Wandel ebenso ausgesetzt ist wie aller lebende Geist sonst auch, so tritt hier in gewissen Perioden immer wieder die Rückorientierung auf die ursprüngliche — oder für ursprünglich gehaltene — Objektivation ein. Die älteste Quelle gilt als die maßgebende. Und selbst die fortschreitende Interpretation erfährt noch die Einschränkung durch sie. So spielt sich ein Kampf ab zwischen lebender Tradition und festliegendem Gehalt der Urkunde. Und wo die Autorität der Urkunde fällt, da löst sich auch das religiöse Leben auf.

c. Bewegende Kraft der Objektivation in den Künsten.

Wieder ganz anders liegt die Überschneidung der beiden Arten des Hineinragens in den Künsten. Die Kunst einer Zeit geht nicht in der Reihe der Kunstwerke auf, die sie produziert; sie besteht primär in der künstlerischen Artung des lebenden Geistes, seinem Empfinden, Geschmack, seiner Art zu sehen, zu hören, aufzufassen. Aber eben diese Geistesart objektiviert sich mit in den geschaffenen Werken. Und in ihnen erhält sie sich über den eigenen geschichtlichen Wandel hinweg. Und das Eigenartige ist, daß sie aus der Objektivation heraus die Kraft hat, den lebenden Geist einer anderen Zeit wieder zu erfassen und sehen zu lassen, was er aus seiner eigenen geschichtlichen Einstellung heraus nicht sehen könnte.

Man kann ein Kunstwerk nicht beliebig ansehen, wenn anders man es wirklich „als Kunstwerk" sehen will. Man muß es schon in bestimmter Weise ansehen — wobei freilich der Auffassung ein gewisser Spielraum bleibt. Aber der Spielraum ist begrenzt. Insofern läßt sich sagen: das Werk schreibt die Art des Sehens vor, in der allein es gesehen werden kann. Es nötigt den, der es künstlerisch zu sehen sucht, zu einer bestimmten Art des Sehens. Diese Nötigung gleicht nicht der Notwendigkeit von Naturgesetzen, auch nicht der von Geboten; niemand ist gezwungen, überhaupt künstlerisch zu sehen, auch läßt sich an niemand die Anforderung kategorisch stellen, er solle es tun. Dennoch liegt hier ein unüberschreitbares Gesetz. Denn wer die spezifische Art des Sehens nicht aufbringt, bleibt unweigerlich von der Teilhabe am Werke ausgeschlossen.

So ist die Objektivation eines bestimmten Inhaltes im künstlerischen Werke jederzeit zugleich auch Objektivation der geistigen Haltung selbst und der ihr eigenen Art des Empfindens. Und darum kann sie diese am Spätling wieder hervorrufen, sofern dieser mit seiner Einstellungsfähigkeit ihr entgegenkommt. Das aber will heißen, das Kunstwerk leistet mehr als objektivierter Geist anderer Art. Der Denker, der sich in geschichtliches Gedankengut vertieft, erfaßt nur dieses, ist überdies dabei auf vielerlei ergänzendes Realwissen um die Vergangenheit angewiesen. Der künstlerisch Schauende, der das Kunstwerk der Vergangenheit vor sich hat, erfaßt nicht nur unvermittelt dessen geistigen Gehalt, er wird vielmehr auch selbst von ihm erfaßt, wird in seiner Art zu sehen umgestellt. Er nimmt im Schauen etwas von der geistigen Haltung desjenigen Geistes an, der das Werk produziert hat. Er sieht, wie der Künstler gesehen hat, gewiß mit vielerlei Abstrichen und viel eigenem Hineinsehen, dennoch aber im Grunde mit seiner Seh- und Auffassungsweise. Ohne das sieht er das Kunstwerk nicht als Kunstwerk.

Das geschichtliche Kontinuum des lebenden Geistes bewegt sich unter den Objektivationen fort; das sich tradierende künstlerische Empfinden wandelt sich, die Art des Sehens entwickelt sich fort, und jede neu aufkommende Art bringt neue Werke hervor. Im Hervorbringen aber stellt sie diese aus sich heraus und macht sie selbständig. Die Werke bleiben stehen, bieten sich geschichtlich anderem und anderem lebenden Geiste dar, anderer Art des Sehens. Und ständig geht dabei eine Art Anforderung an den jeweilig lebenden Geist von ihnen aus, sie in bestimmter Weise zu sehen. Aber nicht jeder lebende Geist vermag der Anforderung zu genügen.

So kann ein Werk über weite geschichtliche Zeiträume hin ein schlummerndes Dasein führen, bis eines Tages ein lebender Geist aufkommt, der die Einstellung findet, es künstlerisch zu sehen. Es gibt dann ein Erwachen, eine Wiedergeburt, ein Wieder-Einrücken des Werkes in den lebenden Geist. Und mit seinem Einrücken kann es den lebenden Geist dann fortbewegen, befruchten, erneuern. Die Objektivation erweist sich als eine Macht, die einmal wieder aktualisiert, den lebenden Geist bewegt.

Die große Renaissance der griechischen Kunst und Dichtung ist nur eines von vielen Beispielen. Den heute Lebenden noch als Selbsterlebtes erinnerlich ist das Wiedererstehen der ägyptischen Plastik, desgleichen das Einrücken der ostasiatischen Kunst in das europäische künstlerische Bewußtsein. Es gibt Zeiten, die rein den eigenen Intentionen nachgehen, gleichsam mit Scheuklappen für das ihnen Wesensfremde leben, und es gibt Zeiten, in denen das künstlerische Organ sich öffnet, erweitert, für alles Einstellung sucht und findet, woraus ein fremder Geist spricht. Von der letzteren Art dürfte unsere Zeit sein. Aber das sind gemeinhin nicht die schöpferisch großen Zeiten.

46. Kapitel. Zweischichtigkeit und Rolle der Materie.

a. Rätselhafte Seinsweise der Objektivation.

Man sieht nun leicht, daß hier eine Reihe von Problemen auftaucht, die alle die Seinsweise des objektivierten Geistes als solchen betreffen.

So liegt es nahe zu fragen: was eigentlich erhält sich in den Objektivationen? Was überdauert in ihnen? Ist es der Geist selbst, der in ihnen als Inhalt Form gewinnt, oder ist es nur seine Formung in einem Material? Ist es vielleicht so, daß ein „Werk" des Geistes gar nicht selbst geistiger Gehalt ist, sondern nur Ausdruck von Geist, nur Manifestation, Offenbarung? Oder handelt es sich um einen selbst zum Werk gewordenen Geist? Und erhält sich dann dieser selbst vermittelst des Werkes als einer geformten Materie?

Beides geht nicht an. Eine Dichtung, als Werk verstanden, ist durchaus selbst geistiger Gehalt, und keineswegs nur Ausdruck. Andererseits aber ist die Erhaltung der Schrift nicht identisch mit der Erhaltung des geistigen Gehalts; jene ist rein materielles Beharren, diese offenbar etwas ganz anderes. So ausgedrückt bewegt sich die Alternative noch in roh gefaßten Extremen, die sichtlich dem Phänomen nicht gerecht werden.

Das wahre Verhältnis kann nur am Phänomen selbst gesehen werden. Der Geist, der das Werk schuf, der also sich in ihm irgendwie objektivierte, ist tot; er gehört unwiederbringlich der Vergangenheit an. Dennoch „spricht" er aus dem Werk zu uns wie ein lebender Geist. Darin besteht das Wunder des Schrifttums, der Kunst, des geformten Gehaltes. Es ist also jedenfalls zu wenig, wenn man sagt, nur die Manifestation erhalte sich. Und es ist wiederum zuviel, wenn man sagt, der lebende Geist selbst erhalte sich darin.

Das letztere ist auch aus anderem Grunde schief. Gestalten, die der Dichter schafft, haben nie als lebende Menschen existiert. Aber in den Dichtungen leben sie fort, bestehen für uns heute wie für seine Zeitgenossen. So ist es mit Homers ewig jungen Helden, so mit Ödipus und Antigone, so mit Hamlet oder Falstaff. Zwischen sie und das geschriebene Wort ist auch keine Reflexion eingeschaltet, sie erstehen dem Blick unmittelbar aus der Dichtung. Dasselbe gilt von der bildenden Kunst. Wir können noch sehen, was Rembrand sah; und was mehr ist, wir können sehen, „wie" Rembrand sah. Es gilt nur verstehend das Werk anzuschauen.

Und nicht von den Künsten allein gilt das. Wir können auch gedanklich die Welt sehen, wie Platon sie sah, wenn wir uns in seine Dialoge vertiefen. Wir können verstehend empfinden, wie Meister Ekkehard empfand, wenn wir seine Bilder und Gleichnisse lesen. Wir können das Weltbild eines Wissenschaftsstandes von ehedem innerlich anschauen, das weit entfernt ist, das unsrige zu sein, — so das des Archytas und Ekphantos, das des Hipparch, des Ptolomäus. Mit dem Worte ist mehr gegeben als das Wort, mit dem Bilde mehr als das Bild. Es spricht ein geistiges Gut daraus, das als solches in der Fassung nicht aufgeht, und wohl auch zu keiner Zeit ganz in ihr aufgegangen ist, dennoch aber jederzeit in ihr wiedererkennbar ist.

b. Die Aporie im Modus der „Erhaltung".

Man nimmt es freilich wie eine Selbstverständlichkeit hin, daß Gedankensysteme, Kunstwerke, Dichtungen, ja gedichtete Gestalten sich geschichtlich erhalten; die Tatsache ist ja wohlbekannt, man ist an sie gewöhnt. Aber die Sachlage wird dadurch um nichts weniger rätselvoll. Denn nur solange besteht der Schein der Selbstverständlichkeit, als man auf den Modus der Erhaltung garnicht reflektiert. In diesem Modus eben liegt die Aporie. Das Selbstverständliche ist das Rätselhafte. Erhalten sich etwa nur die Schriftzeichen, die Buchrolle, der Marmor in seinem Schutt? Oder erhält sich die gedichtete und geschaute Welt mit ihren Gestalten, die geschaute Bewegtheit der Körper, die der Marmor „zeigt"? Wenn wir sagen, der Almagest oder die Platonische Republik habe sich erhalten, so meinen wir offenbar nicht die Texte allein, sondern recht eigentlich das kosmische Weltbild und das Staatsbild.

Es ist kein Zweifel, daß sich geschichtlich hier überall weit mehr erhält als Schrift und Marmor. Um die Schriftzeichen als solche würde kein Mensch sich bekümmern, wenn es nicht etwas gäbe, was in ihnen verschlossen ist und sich aus ihnen wiedererkennen läßt, etwas, was mehr ist und ein anderes als sie. Alles verstehende „Lesen" ist recht eigentlich ein „Wiedererkennen", und als ein solches benannten es die Griechen (ἀναγιγνώσκειν). In diesem Ausdruck wird plastisch das ganze Rätsel greifbar, das in der Seinsweise des objektivierten Geistes liegt. Es ist freilich so, daß das geistige Gut als Gehalt der Objektivation fortbesteht, und Schrift und Stein sind nur Mittel dieses Fortbestehens. Aber diese Mittel würden nicht zureichen, wenn ihnen nicht das Wiedererkennen eines lebenden Geistes entgegenkäme.

Damit wird es klar, daß das Fortbestehen des objektivierten Geistes stets auf eine sehr bestimmte Gegenleistung des jeweilig lebenden Geistes angewiesen bleibt. Das Wiedererkennen ist die Gegenleistung. Die Gestalten, die Lebendigkeit, das geistige Gut — sie alle müssen im äußerlich geformten Gebilde erst wiedergefunden, wieder erschaut werden. Denn objektivierter Geist besteht nicht als realer Geist fort. Geschichtlich real ist nur der lebende Geist. Und wo nicht der lebende Geist im Wiederfinden sich mit seiner Lebendigkeit einsetzt, hingegeben und verstehend, da bleibt auch der geistige Gehalt der Objektivation ungehoben, erwacht nicht zum Leben, hat kein geschichtliches Sein.

Dieses Angewiesensein auf den lebenden Geist ist dem objektivierten durchaus wesentlich. Man bedenke: eine Handschrift liegt jahrhundertelang vergraben in einer Klosterbibliothek, ein antikes Götterbild ruht verschüttet unter Trümmern; beides erhält sich als Realgebilde durchaus geschichtlich real, und darum ist beides wieder ausgrabbar. Das Werk erhält sich so als beschriebenes Pergament, als geformter Marmor. Aber kann man im Ernst sagen, daß es sich auch als geistiges Gut, als gedichtetes Menschenschicksal, als geschaute Gottheit erhält? Man kann die Paradoxie noch weiter zuspitzen, wenn man sagt, es müßte ja dann das Menschenschicksal mit Leidenschaften und Heldentum in der Bibliothek verstauben, die Gottheit müßte im Schutt begraben sein. So ist es offenbar nicht.

Aber wie ist es denn in Wirklichkeit? Existiert ein Kunstwerk in solchen Zeiten der Verschüttung überhaupt nicht? Dann müßte ja sein Wiedererscheinen bedeuten, daß es zum zweiten Male geschaffen würde. Und wenn es sein Schicksal ist, daß es in langen Zeitläuften bald verstanden und erfaßt wird, bald unverstanden bleibt, so müßte man die Konsequenz ziehen, daß seine geschichtliche Existenz eine diskontinuierliche ist. Auch so kann es offenbar nicht sein. Dafür ist wiederum die Verknüpftheit des geistigen Gehalts mit der dinglich-realen Geformtheit von Schrift und Stein eine zu enge.

Lösbar ist das Problem sichtlich auch auf dieser Basis nicht; man muß eine andere zu gewinnen suchen. Es gibt dazu nur ein Mittel: man muß noch einmal, und von anderer Seite, an das Phänomen heranzutreten suchen.

Die andere Seite bietet sich dar, sobald man für eine Weile von der Geschichtlichkeit — und von der Zeitlichkeit überhaupt — im Wesen der Objektivation absieht und die charakteristischen Grundtypen objektivierten Geistes rein in sich selbst betrachtet. Es muß sich dann an ihnen eine besondere Struktur ergeben, wie sie anderen Gebilden nicht eigen ist. Und erst aus der Besonderheit dieser Struktur wird sich generell ihre — scheinbar zwiespältige — Seinsweise verstehen lassen.

Mit der Seinsweise überhaupt werden wir aber auch den Zugang zu ihrem rätselhaften geschichtlichen Dasein finden.

c. Das „sinnliche Realgebilde" als tragende Seinsschicht.

Man muß sich hier noch einmal jener Grundeigenschaft alles geistigen Inhalts oder „Gutes" erinnern, die schon in der Diskussion des persönlichen Geistes zutage trat: seiner Ablösbarkeit vom Subjekt. Diese Grundeigenschaft tauchte dort als unmittelbare Kehrseite der Distanz des Subjekts zu seinem Gegenstande auf, bzw. als die „Objektivität", in der ihm die Welt erscheint. An dieser Objektivität hing die Expansivität des geistigen Gutes, seine Tendenz, Gemeinbesitz zu werden (vgl. Kap. 9 a, 10 a und 16 b).

Als die charakteristischen Gebilde boten sich zunächst der Begriff und das Urteil dar. Die Ablösung freilich zeigte sich dann unmittelbar nur als ein Übergehen in den lebenden Gemeingeist. Rein in sich betrachtet aber geht sie noch weiter. Denn eben diese Gebilde lösen sich auch vom lebenden Gemeingeiste ab; ihre Expansivität geht weiter. Nimmt man dazu, daß ein Gleiches auch von allen übrigen geprägten Ausformungen geistigen Gutes gilt — auch von den anschaulich-künstlerischen —, so dürfte es klar sein, daß hier der Ansatzpunkt für die Strukturanalyse des objektivierten Geistes liegen muß.

Aller geistige Gehalt ist, einmal objektiv gefaßt und geprägt, seinem Sinne nach ins Überzeitliche erhoben. Der Gedanke ist nicht das Denken, das Geschaute nicht das Schauen. Der Inhalt ist dem Akt als solchem heterogen. Er ist zwar nur „für" den Akt da, aber eben darum ein anderes als er. Übertragbar in der Mitteilung ist nur er, der Akt ist in jedem Subjekt ein neuer. Aber was vermittelt die Übertragung?

Das eben tut die Objektivation. Schon das Wort ist Objektivation, die Sprache ist ein verzweigtes System verfügbarer Elemente möglicher Objektivation. Der einzelne Satz, das formulierte Urteil, der definierte und in einem Terminus festgehaltene Begriff sind schon besondere und höher ausgeformte Objektivationen. Eine Wissenschaft in bestimmtem Entwicklungsstande ist ein einziger großer Zusammenhang von solchen Objektivationen, und nur als ein solcher kann sie Gemeinbesitz sein.

Hier aber wird es deutlich, daß die Objektivation stets an ein Gebilde gebunden ist, das als solches nicht geistiger Gehalt, geschweige denn geistiges Leben, sondern ein sinnlich wahrnehmbares, dingliches Realgebilde ist. Ja, es ist klar, daß Objektivation wesentlich in der Bindung des geistigen Gehalts an ein solches Realgebilde besteht.

Dieses Gebilde soll im folgenden kurz das „Realgebilde" genannt werden. Es ist dabei freilich nicht zu vergessen, daß im lebenden Geiste auch der geistige Gehalt selbst durchaus Realität hat. Der Unterschied ist nur, daß das sinnfällige Realgebilde — etwa das Wort, der Terminus — dasjenige ist, was sich in einer Sphäre wahrnehmbarer Dinglichkeit (z. B. in der Schrift) unabhängig vom lebenden Geiste festlegen läßt und so eine selbständige Realität gewinnt, während der geistige Gehalt (die Bedeutung, das Gemeinte) stets nur in einem wiedererkennenden lebenden Geiste realisierbar ist.

d. Das Verhältnis von Vordergrund und Hintergrund.

Die Grundthese geht nun dahin, daß nicht nur in der sprachlichen, sondern in aller Objektivation ein Realgebilde als sinnlich zugängliche Basis zugrunde liegt und vom geistigen Gehalt, der sich in ihm objektiviert, zu unterscheiden ist.

Man kann das auch als allgemeines Gesetz der Objektivation bezeichnen und so aussprechen: aller objektivierte Geist, als Gesamtgebilde verstanden, ist seinem Wesen nach zweischichtig, ein Doppelgebilde; und die beiden Schichten in ihm sind von heterogener Seinsweise. Die sinnlichreale Schicht existiert unabhängig vom auffassenden Geiste, der geistige Gehalt aber, der in ihr fixiert ist — die Hintergrundsschicht des Gesamtgebildes — existiert immer nur „für" einen auffassenden Geist.

Man darf also bei aller Objektivation von einem „Vordergrunde" und einem „Hintergrunde" sprechen. Und in jedem Falle ist dann der Vordergrund die sinnfällige Schicht, ein selbständiges, ontisch an sich seiendes Realgebilde, aber nicht an sich etwas Geistiges; der Hintergrund dagegen ist der eigentlich geistige Gehalt, dasjenige, worum es in der Objektivation eigentlich geht, aber nicht von selbständiger Seinsweise, sondern stets nur „für" einen wiedererkennenden lebenden Geist daseiend. Der Hintergrund also, für sich betrachtet, ist und bleibt durchaus irreal. Er hat im Gegensatz zum Ansichsein des Vordergrundes nur die bedingte Seinsweise des „Für-uns-Seins". Welcher lebende Geist hierbei der wiedererkennende — das „wir" des Für-uns-Seins — ist, bleibt dabei gleichgültig. Wesentlich ist nur, daß er überhaupt sich wiedererkennend verhält.

Zu der Rolle der Materie, in der sich geistiges Gut objektiviert, tritt also notwendig die des wiederfindenden lebenden Geistes. Und damit beginnt auch die größere innere Schwierigkeit im Wesen der Objektivation durchsichtig zu werden. Denn das eigentlich Geheimnisvolle in ihr ist dieses, wie denn eine sinnliche Realmaterie durch ihre sinnlich-dingliche Geformtheit Träger eines geistigen Gehaltes sein kann. Es ist doch so, daß dieser Gehalt in ihr erblickt und aus ihr wiedergewonnen werden kann. Dazu, so meint man, mußte er doch irgendwie „in ihr sein". Wie aber kann geistiger Gehalt in ihr sein, wo wir doch sonst immer sehen, daß nur ein lebender Geist geistigen Gehalt fassen und haben kann?

Substituiert man nun hier das soeben erörterte Verhältnis, so ergibt sich: der Gehalt ist auch keineswegs ohne Zutun lebenden Geistes in der Materie. Er ist überhaupt nicht „an sich darin", sondern nur „für uns". In aller Objektivation besteht die Hintergrundsschicht nur auf Grund einer Wechselbeziehung zum lebenden Geist. Sie hat kein Ansichsein, sondern nur ein Für-ihn-Sein.

e. Wort und Schrift. Hören und Verstehen.

Prototypisch ist dieses ganze Verhältnis am gesprochenen und geschriebenen Wort zu fassen. Das Wort ist offenbar ein zweischichtiges Etwas: der Klang ohne Bedeutung ist durchaus kein Wort; die Bedeutung ohne hörbaren Klang (oder sichtbares Schriftbild) ist erst recht kein Wort. Bedeutung und Klang aber sind von tiefster Heterogeneität. Sie sind nicht nur einander unähnlich, sondern auch von grundverschiedener Seinsweise, ja von weitgehender Selbständigkeit gegeneinander. Letzteres folgt schon aus der Vielheit der Sprachen, aus der Übersetzbarkeit des Gedankens aus einer in die andere, ja aus der Vielfachheit möglichen Wortausdrucks für den gleichen Gedanken in einer und derselben Sprache.

Die Heterogeneität der Schichten hindert offenbar keineswegs den Zusammenhang. Man sieht das am besten an den zugehörigen Akten. Klang und Bedeutung hängen genau so zusammen wie Hören und Verstehen (resp. wie Lesen und Verstehen). Auch die Akte sind durchaus nicht aneinander verhaftet. Man kann auch hören, ohne zu verstehen — etwa im Hinhorchen auf eine fremde Sprache —, und man kann auch verstehen, ohne zu hören; es gibt eben auch ein halbes Erraten, und es gibt noch mancherlei andere sinnfällige Symbolik für geistigen Gehalt — in der Mimik, der Geste, im ganzen Verhalten des Menschen.

Unmittelbar verständlich aber wird aus diesem Verhältnis, was es mit der „Erhaltung" des geistigen Gutes im Schrifttum auf sich hat. Man denke an den oben herbeigezogenen Fall, wo ein Dichtwerk vergessen im Staub einer Bibliothek schlummert. Was sich hier direkt und realiter „erhält", ist durchaus nur das Geschriebene als solches. Der in ihm objektivierte geistige Gehalt „erhält" sich keineswegs in gleicher Realunabhängigkeit vom lebenden Geiste. Er gerade taucht erst wieder auf, wenn das Verstehen eines lebenden Geistes, geführt durch das sinnliche Lesen des Geschriebenen, einsetzt und zum „Wiedererkennen" des geistigen Gutes wird. Damit erst wird dieses — d. h. der Hintergrund der Objektivation — wieder zum Leben erweckt und in die Realität des lebenden Geistes erhoben.

Es soll hier nicht erörtert werden, wie eigentlich das Verhältnis zwischen Vordergrund und Hintergrund funktioniert. Darüber lassen sich interessante Vermutungen aufstellen, aber sie alle entfernen sich bereits beträchtlich vom Phänomen. Die Philosophie der Sprache und der Kunst kann nicht umhin, auf sie einzugehen. Für den Zweck einer Analyse des geistigen Seins genügt es, das Phänomen als solches eindeutig festzuhalten.

Nur soviel sei dazu gesagt: es ist keineswegs erforderlich, daß das Verhältnis selbst ein irgendwie wesentliches oder innerliches sei. Im Wort, in der Sprache und vollends in der Schrift ist es fast durchgehend ein bloß konventionelles. Wesentlich für den Zusammenhang von Klangbild und Bedeutung (resp. Schriftbild und Bedeutung) ist jederzeit nur die feste Bestimmtheit der Zuordnung. Aber gerade die Zuordnung ist eine dem Klang wie der Bedeutung äußere. Es ist einem bestimmten Klangbilde nicht anzusehen, warum es gerade dieses Bestimmte bedeuten sollte; desgleichen der Bedeutung, warum sie gerade in diesem bestimmten hörbaren Gebilde sich ausdrücken müßte. Einzig das geschichtliche Gewordensein der bestimmten Sprache verbindet das eine mit dem anderen;

aber sie verbindet es eindeutig für jeden, der der Sprache mächtig ist. Darum ist die Bedingung alles Verstehens im Hören und Lesen die Kenntnis oder Beherrschung der Sprache. Und unter Beherrschung ist eben dieses zu verstehen, daß die Wortbedeutungen in unmittelbarer — nicht erst reflektierter — Präsenz sich beim Hören und Lesen einstellen.

47. Kapitel. Verbundenheit der Schichten im künstlerischen Werk.

a. Der ästhetische Gegenstand und seine Werte.

Das Phänomen der Zweischichtigkeit ist nicht auf Wort und Schrifttum beschränkt. Es umfaßt alle Arten der Objektivation. Und es zeigt seine ganze Mannigfaltigkeit erst im Gebiet der Künste. Man darf nur die Künste nicht von der Seite des Aktes fassen — weder des schauenden noch des schaffenden Aktes —, sondern von der des Gegenstandes. Die Ästhetik unserer Tage hängt immer noch vorwiegend an der Aktanalyse fest; das ist der Grund, warum ihr das Schichtenverhältnis, obgleich öfters bemerkt, nicht geläufig geworden ist.

Der Sache nach aber ist die Einstellung auf den Gegenstand von Hause aus die natürliche im ästhetischen Problemgebiet. Denn alle künstlerischen Werte hängen am Gegenstande allein, und nicht am Akt. Nicht die Kunst als solche ist „schön", auch nicht der Kunstgenuß, sondern einzig das Kunstwerk. Das Kunstwerk aber, einerlei welcher Art es sein, welchem Kunstgebiet es angehören mag, trägt deutlich den Charakter des objektivierten Geistes. Stets ist es geistiges Leben, das sich in ihm objektive Gestalt gibt; und stets überdauert das Gebilde, in dem es sich Gestalt gegeben, sein eigenes geschichtliches Dasein. Es hat die charakteristische Seinsweise der Objektivation.

Auch von der künstlerischen Objektivation gilt, was vom Wort und vom Schrifttum galt: sie ist Fixierung eines geistigen Gehalts in einer Materie, die Materie aber ist dem Gehalt stets irgendwie heterogen. Sie also mit ihrer Geformtheit bildet stets eine Art Vordergrund des Gesamtgebildes, von dem als zweite Schicht der Hintergrund sich deutlich unterscheidet. Und auch hier waltet derselbe Unterschied der Seinsweise: der Vordergrund ist real, der Hintergrund durchaus irreal. Nur ist das Verhältnis hier ein innigeres, tieferes, zugleich auch um vieles rätselhafteres und der Analyse nur im Groben zugängliches. Es besteht eben hier nicht in bloßer Zuordnung, beruht nicht auf Konvention. Das sinnlich Geformte ist auch durchaus nicht in andere Formung übersetzbar; wie man denn auch von ihm nicht sagen kann, es sei bloßer Ausdruck eines Inhalts. Es zählt selbst inhaltlich mit, und der künstlerische Wert des Ganzen hängt an ihm nicht weniger als am Hintergrunde.

Dennoch läßt sich prinzipiell sehr wohl dasselbe Grundverhältnis darin wiedererkennen wie im Wort. Denn es ist dieselbe Heterogeneität der Seinsweise, die das Verhältnis bestimmt. Und gerade sie ist für das Auftreten der ästhetischen Werte die Grundbedingung.

Es ist darum auch keineswegs ein äußerliches Einteilungsprinzip, wenn man die Künste nach der Art der Materie unterscheidet, in der sie arbeiten. Jede Art von Materie läßt nur bestimmte Art der Vordergrundsformung zu; und jede Art der Vordergrundsformung schreibt ihrerseits bestimmte Art und Auslese in der Gestaltung des Hintergrundes vor. Beides aber ist wesentlich bestimmend für die besondere Artung des künstlerischen Wertes, der dem Gesamtgebilde eignet. Die Plastik hat physische Materie (Stein und Erz), die Malerei hat die Farbe und ihre Verteilung auf der Fläche, die Musik hat den Ton, die Dichtung das Wort zur Materie. Die dramatische Dichtung hat darüber hinaus noch das sichtbare Spiel auf der Bühne, die Musik das hörbare Spiel des reproduzierenden Künstlers, die beide dem Vordergrunde angehören. Auf dieser Grundlage differenziert sich die Art der Objektivation überhaupt und zugleich die des künstlerischen Werkes und seines Wertes.

b. Die Plastik. Stillstehende Form und geschaute Bewegung.

Hält man sich nun genau an die Phänomene, so läßt sich ohne Schwierigkeiten zeigen, wie genau das Gesetz der Zweischichtigkeit auf die Künste zutrifft. Die tiefe Verschiedenheit der Künste wird dadurch nicht beeinträchtigt; vielmehr gerade ihre Besonderheiten spiegeln sich deutlich in den Formen, die das Schichtenverhältnis annimmt.

An der Plastik ist das am sichtbarsten, wenn man Beispiele herausgreift, in denen bewegte Figuren dargestellt sind: den tanzenden Satyr, die Ringer, den Diskoswerfer, den Reiter auf schreitendem Roß; oder selbst solche, bei denen die Bewegung dicht bevorsteht und sich in der Haltung ankündigt: Michelangelos David vor dem Wurf. Niemand zweifelt, daß der geformte Stein unbewegt ist. Es ist in der Raumform nur ein Moment festgehalten, dennoch sieht man die Bewegung. Man sieht also mehr, als real vorhanden ist. Man sieht die Szene des Ringkampfes, das Schreiten des Rosses, den Wurf in der Palästra.

Dabei liegt die Sache zunächst doch so: das Roß auf seinem engen Sockel kann gar nicht ausschreiten, es würde ins Leere treten; der Diskoswerfer zwischen den Wänden des Museumsraumes kann offenbar in diesem Raume nicht werfen, der Wurf ist Wurf in einem anderen Raum, der im künstlerischen Sehen mit gesehen wird. Die Bewegung eben ist irreal, und der Raum, in dem sie vorgeht, ist auch irreal. Ja, die Lebendigkeit und Menschlichkeit der Figuren selbst ist durchaus irreal. Sie besteht nicht an sich, sondern nur „für" den Schauenden, sofern er künstlerisch schaut. Sie ist ein Leben, das durch die leblose Starre des geformten Steines hindurch — und stets im Gegensatz zu ihr — erschaut wird. Sie „erscheint" in der plastischen Form, ohne Realität vorzutäuschen. Sie ist durchaus nur erscheinendes Leben.

Und dennoch ist gerade dieses erscheinende Leben das eigentlich Wesentliche am plastischen Bildwerk; und nur sofern es in der an sich starren Form „erscheint", ist diese ein Kunstwerk zu nennen. Es ist die Hintergrundsschicht, die als eigentlicher Gehalt des Werkes in dem realen Vordergrunde erscheint. Das Gebilde ist zweischichtig. Die reale Form des Steines hat ein vom Beschauer unabhängiges Dasein, Bewegung und Leben aber können nur „für" einen künstlerisch verstehenden Geist Dasein haben. Sie haben kein Ansichsein, sondern nur ein Für-ihn-Sein.

Versteht man das plastische Bildwerk als Objektivation, so fällt dabei freilich auf, daß der als Hintergrund erscheinende Gehalt weit entfernt ist, dem Inhalt nach durchaus geistiges Gut zu sein. Denn Leben und Bewegung sind an sich nicht Geist. Wohl erscheint in vielen Werken der Plastik auch geistiges Leben, so in den Porträtköpfen der späteren Antike, oder in symbolischen Figuren. Aber das ist nicht notwendig und nicht überall der Fall.

Das ändert sich aber von Grund aus, wenn man sich hier des oben Gesagten erinnert: daß nämlich nicht nur ein bestimmter Inhalt, sondern auch die Art, wie er gesehen und verstanden ist, mit objektiviert ist. Wir sehen eben im Doryphoros nicht nur, was Polyklet sah, sondern auch „wie" er sah. Und bedenkt man, daß die Art, zu sehen und Gesehenes zu empfinden, recht eigentlich das künstlerische Leben einer Zeit ausmacht, so ist das, was der Hintergrund offenbart, auch hier überall ein eminent Geistiges. Es ist der künstlerische Geist einer schöpferisch großen Zeit, der darin erhalten ist und dem Spätling noch als gegenwärtiger erscheint.

c. Die Malerei. Erscheinender Raum und erscheinendes Licht.

Dasselbe Verhältnis kehrt verschoben in der Malerei wieder; nur ist die Seinsdifferenz der Schichten noch viel greifbarer. Auch hier ist es Leben und bunte menschliche Fülle, die da „erscheint" — und zwar in der ihr ganz heterogenen Materie der Farbe auf der Leinwand — als ein Irreales und dennoch greifbar Konkretes.

Aber das Verhältnis geht noch weiter. Die reale Anordnung der Farbe auf der Leinwand ist flächenhaft, zweidimensional. Was aber in ihr erscheint, ist die Raumtiefe, die volle Dreidimensionalität. Das ist die Eigenart des „Bildes", daß es diese andere, volle Räumlichkeit sichtbar macht, hervorzaubert. Und dasselbe ist es mit dem Licht. Das reale Licht, das auf das Bild fällt, ist nicht das Licht im Bilde, wiewohl es die Bedingung ist, daß dieses erscheine. Das gemalte Licht ist durchaus nur erscheinendes Licht; aber gerade als erscheinendes ist es das eigentlich Maßgebende, dasjenige Licht, in dem die Formenplastik und die Formenmannigfaltigkeit alles dessen erscheint, was im erscheinenden Bildraum sich darstellt.

Es ist ein Sehen eigener Art, das hier einsetzt. Der künstlerisch Schauende sieht, was real gar nicht da ist, und auch gar nicht als real Daseiendes vorgetäuscht wird. Wenn man es scharf ausdrücken will, so muß man sagen: die gemalte „Landschaft", wie sie in ihrem Rahmen an der Wand hängt, ist gar nicht Landschaft; das Porträt ist gar nicht der Mensch, den es darstellt. Die Landschaft besteht nur für den Blick des Beschauers. Sie ist nur erscheinende Landschaft. Keinem Beschauer wird es einfallen, sie für real zu nehmen. Ebensowenig bildet der Künstler, der sie malt, sich ein, sie zu realisieren. Was er mit ihr macht, ist etwas ganz anderes: er stellt sie dar, macht sie sichtbar für eine bestimmte Art des Sehens; er läßt sie in dem Realgebilde, das er schafft, erscheinen.

Aber eben zum Erscheinen gehört das Subjekt, dem es erscheint. Es gibt kein Erscheinen an sich. Direkt formen kann der Künstler nur den Vordergrund, das Realgebilde. Aber er kann es so formen, daß Raumtiefe, Licht, Landschaft, oder auch der Mensch mit seinen Charakterzügen in ihm dem Beschauer sichtbar wird. Er gibt so gleichsam dem Realen, das er gestaltet, in der Art der Gestaltung selbst die Transparenz für das Andere, das in ihm erscheinen soll, — und zwar in so bestimmter Zuordnung, daß es jedem künstlerisch Verstehenden notwendig darin erscheinen muß. Er zwingt den Blick zum Hindurchschauen durch das Realgebilde auf das in ihm Dargestellte.

Er übt hiermit eine Führung des Sehens aus. Er läßt den Beschauer sehen, was dieser von sich aus sonst nicht sieht. Und eben in dieser Macht des Sehenlassens — eines Unwirklichen in der konkreten Fülle des Wirklichen — besteht seine Künstlerschaft. Oder objektiv gefaßt: in dieser Durchsichtigkeit des Realgebildes für das schauende Erfassen des nicht real vorhandenen Hintergrundes besteht der künstlerische Wert des Werkes.

Auch hier also ist es wesentlich, daß nicht nur ein inhaltlich-gegenständliches Gebilde zur Erscheinung gelangt, sondern die Art des Sehens und Empfindens durch die Gestaltung des Vordergrundes mit vorgeschrieben ist. Und nur in diesem Sinne läßt sich — bei der breiten Mannigfaltigkeit thematisch-dinglicher Vorwürfe in der Malerei —

behaupten, daß es sich generell um Objektivation geistigen Gutes handelt.

d. Die Musik. Klang und Klangfolge, akustisches und musikalisches Hören.

Man könnte nun meinen, in der Musik sei es anders. Die reine Musik hat keine gegenständlichen Themen, die sie aus anderen Gebieten entlehnte, weder dingliche noch menschliche. Wohl lassen sich ihr solche Themen unterlegen, und in der Betitelung von Musikwerken hat es zu keiner Zeit daran gefehlt. Man kann dafür die einfache Vertonung von Dichtwerken geltend machen, so gut wie die Oper oder das Oratorium. Demgegenüber bleibt es aber stets fraglich, ob das Thematisch-Inhaltliche dieser Art noch als eigentlich musikalischer Gehalt gelten darf. Und schließlich, wie man auch über die Programmmusik denken mag, es läßt sich doch nicht von ihr aus der Gesichtspunkt für alle Musik gewinnen. Denn es gibt eben auch die andere, „reine", von außermusikalischen Themen freie Musik. Und wenn es auch wahr ist, daß sich stets seelische Stimmung in ihr ausspricht, so bleibt es doch fragwürdig, die Stimmung in diesem Sinne als objektivierten geistigen Gehalt hinzustellen — als wäre nicht der rein musikalische Aufbau eines Tonwerkes schon in sich selbst ein geschichtetes Gebilde.

Wesentlich für alle und jede Musik ist vielmehr, daß auch in ihr sich stets ein bloß „sinnlich gehörtes" Tongebilde — und insofern ein reales — von einem dahinter stehenden „musikalisch gehörten" deutlich abhebt. Kann man etwa die Einheit eines komponierten „Satzes" (z. B. den ersten Satz der Eroika) sinnlich als Ganzes hören? Ist auch nur die Tonfolge einer Melodie, eines sogenannten „Themas", oder gar die Klangfolge einer Modulation rein akustisch als Einheit auffaßbar? Die Töne klingen ja gar nicht zusammen, sondern nacheinander; die einander ablösenden Akkorde würden, sinnlich zusammengehört, die verworrenste Disharmonie ergeben. Man hört sie eben sinnlich nur nacheinander. Die musikalische Einheit des Satzes oder des Tonstückes ist aber eine kompositorische Einheit, in der das Verklungene und im gegebenen Augenblick jedenfalls nicht sinnlich Gehörte noch gegenwärtig, und zwar als Gegenwärtiges wesentlich ist.

Das Eigentümliche des musikalischen Hörens, im Gegensatz zum bloß akustischen Hören, besteht eben darin, daß man in dem Nacheinander des sich tonisch und harmonisch Ausschließenden die musikalische Einheit eines Aufbaus heraushört, die als solche in keinem Augenblick hörbar beisammen ist, die aber dennoch das Eigentliche der Komposition ausmacht und den „Satz" erst zur Ganzheit zusammenschließt. Ja, man hört sogar musikalisch antizipierend, man erwartet den Fortgang, die Auflösung, die Durchführung; man ist gleichzeitig mit dem sinnlich gehörten Augenblicksklang noch innerlich beim Vergangenen und Verklungenen, zugleich aber schon vorweg beim Folgenden. Denn jede musikalische Phase weist über sich hinaus.

In einem streng gebauten Tonstück baut sich nach und nach unter dem zeitlichen Ablauf des „Stückes" eine Ganzheit auf, die sich türmt und rundet und gerade dann erst ganz beisammen ist, wenn die sinnlich hörbare Abfolge der Klänge zu Ende gelangt und verklungen ist. Das musikalische Hören erweist sich so als ein synthetisches Hören anderer Ordnung, ein Zusammenhören der Einheit und Ganzheit, wie es als bloß akustisches Hören gar nicht möglich ist. Man hört musikalisch mehr, als man sinnlich hört. Und, was wichtiger ist, man hört ein Anderes, und ein weit Größeres. Dieses Andere gerade ist das eigentliche Tonstück, das Lied, die Fuge, die Symphonie.

Und dieses Andere ist als Gesamtbau ein typisches Hintergrundsgebilde. Es ist ein akustisch Irreales, ein als tonisches Beisammen auch nicht Realisierbares. Man hört es „hindurch" — durch die Klangfolge und im Gegensatz zu ihr, d. h. zu ihrem Auseinandersein in den Zeitstadien. Und es läßt sich nicht daran zweifeln, der künstlerische Wert des musikalischen Werkes besteht gerade in der Macht der sinnlichen Klangfolge, diese Einheit und Ganzheit des Aufbaus — seine innere Gestalt — erscheinen zu lassen.

Die Probe auf das Exempel sind die uneinheitlich wirkenden Tonwerke, die dem Hörenden gleichsam in eine Folge von Einzelwirkungen auseinanderfallen. Was in ihnen fehlt, ist eben die Einheit der inneren Gestalt. Und die Gefälligkeit der Einzelheiten vermag dafür nicht zu entschädigen. Die Bindung zur Ganzheit ist reine Sache des Hintergrundes. Aber erscheinen kann diese Ganzheit nur in der zeitlichen Aufgelöstheit der sinnlich hörbaren Klangfolge.

Auch in der Musik also handelt es sich grundsätzlich um dieselbe Zweischichtigkeit, dieselbe Heterogeneität der Seinsweisen, um dasselbe „Erscheinen" des Gehalts in sinnlicher „Materie", sowie um dieselbe Transparenz des Vordergrundes. Selbstverständlich ist hier die innere Bindung der Schichten aneinander eine ganz eigene, unübertragbar auf andere Künste. Von eigener Art ist auch der Charakter des Hintergrundsgebildes selbst; ja, es ist leicht zu sehen, daß der Hintergrund hier wieder in einem ganz anderen und neuen Sinne als inhaltlich-geistiges Gebilde zu gelten hat; wie denn die Art des Hörens, Auffassens und Empfindens gerade hier in eminentem Sinne den Inhalt mit bestimmt, resp. von der Ganzheit der inneren Gestalt her eindeutig bestimmt und vorgeschrieben ist. Aber das alles sind Unterschiede, die nur die Eigenart der Musik als solcher betreffen, das Grundverhältnis aber unangetastet lassen.

e. Die Dichtung. Das geformte Wort und die gedichtete Gestalt.

Das große Gebiet der Dichtung ist in der Art der Schichtung, die in den Künsten allen waltet, wohl das durchsichtigste. Das hängt mit der Materie zusammen, in der sie arbeitet, Wort und Schrift. Sie steht insofern der außerkünstlerischen Objektivation näher als die anderen Künste; Dichtwerke gehören demselben Schrifttum an, dem soviel anderweitiges geistiges Gut auch angehört, wofern es nur aufgezeichnet ist. Daß aber das Wort, das den nüchternsten Zwecken dient, auch einer Formung höherer Ordnung fähig ist und durch sie Transparenz für das sonst im Leben nicht Sagbare gewinnt, das ist das Tun der Dichtung an ihm.

Gegenstand der Dichtung ist die ganze erlebbare Mannigfaltigkeit des Menschendaseins. Die feinsten Abschattungen des seelischen Empfindens, die menschlichen Schicksale und Leidenschaften, die lebenden und handelnden Gestalten, Persönlichkeiten, Charaktere — sie alle „erscheinen" anschaulich im geformten Wort. Das Wort ist hörbar, lesbar, ist mitsamt seiner dichterischen Formung Realgebilde; jene menschlichen Dinge aber, die in ihm erscheinen, sind Gebilde von ganz anderer Art, niemand wird sie mit dem geschriebenen oder selbst gesprochenen Worte verwechseln. Aber auch niemand wird sie deswegen, weil sie an konkreten Gestalten anschaulich erscheinen, für reale Schicksale, Leidenschaften, Charaktere nehmen. Man weiß um ihre Irrealität, weiß sogar dann um sie, wenn der Stoff der Dichtung der Wirklichkeit entnommen ist.

Man darf also sagen, im Gebiet der Dichtung ist der Unterschied der Schichten, sowie die Heterogeneität ihrer Seinsweise, etwas ganz Geläufiges; desgleichen ist hier das Erscheinungsverhältnis und die Transparenz des Wortes für den gedichteten Gehalt etwas durchaus Wohlbekanntes. Der Dichter läßt eine ganze Welt vor uns erscheinen; wir können uns in sie einleben, haben ihre Gestalten greifbar vor Augen. Aber sie steht herausgehoben aus den Realzusammenhängen da, in denen wir als die Lebenden uns bewegen. Sie steht umgrenzt, in sich geschlossen, ein Ausschnitt mit eigener Einheit und Ganzheit, da. Und das eben ist die Macht der Dichtung, eine solche gedichtete Welt mit gedichteten Gestalten im geformten Wort erscheinen zu lassen.

Soweit wäre das Verhältnis hier ein einfach durchschaubares. Es kompliziert sich aber in der dramatischen Kunst, und zwar dadurch, daß hier die Leistung des reproduzierenden Künstlers, des Schauspielers, zwischengeschaltet ist — nämlich zwischen das geformte und geschriebene Wort und den menschlich-seelischen Gehalt der Gestalten und ihrer Schicksale. Rechnet man nun mit dem nicht nur geschriebenen und gelesenen, sondern auch gespielten und auf der Szene „geschauten" Stück, so erweitert sich offenbar der Bereich des Realgebildes im Drama ganz außerordentlich. Denn das Agieren auf der Bühne ist ein durchaus reales Geschehen und wird als solches sinnlich erlebt.

Damit aber liegt der Einwand nahe, daß hier die ganze „Handlung" in die Realität hineingezogen werde; was so viel bedeuten würde, wie daß für einen irrealen Hintergrund, der im Realgebilde erschiene, kein Spielraum mehr bliebe.

f. Dramatische Kunst. Realität der Szene und Irrealität der Handlung.

Indessen läßt sich zeigen, daß dem nicht so ist. Das Grundverhältnis bleibt das gleiche, es ist nur inhaltlich verschoben. Ein Teil dessen, was sonst in der Dichtung irreal bleibt und dem Hintergrund angehört, ist in der Tat in den Vordergrund gezogen und damit in die Realität erhoben. Aber keineswegs gilt das vom Ganzen des Hintergrundsgebildes.

Das Bildhafte der Szene, das sichtbare Agieren, die Geste, der Dialog sind hier freilich in den Bereich des Realen eingetreten; und sie verfallen damit der Flüchtigkeit, denn das Spiel des Mimen ist Augenblickswerk, unstabil, es läßt sich nicht festhalten und ist erst recht außerstande, anderes festzuhalten, — wie denn jede „Aufführung" des Stückes eine andere und neue Nachschöpfung mit anderem und neuem Detail ist. Stabil ist nur das Geschriebene als solches, und was in ihm unmittelbar festgehalten ist; an ihm allein hängt die Einheit des eigentlichen „Werkes" in der Vielheit der Auffassungen.

Die Sachlage spitzt sich indessen noch dadurch weiter zu, daß in gewissen Grenzen ein Gleiches auch von den „Gestalten" der Dichtung gilt. Auch sie nehmen auf der Bühne die Form der Realität an; und auch von dieser Formgebung durch den darstellenden Künstler gilt es, daß sie eben damit der Flüchtigkeit verfällt. Die erzielte Sinnfälligkeit, der Realismus der Schaustellung, wird mit der Gebundenheit an den Augenblick und dem Verfallen mit ihm bezahlt.

Hier aber zeigt sich zugleich die Grenze des szenischen Realismus. Die Gestalten erscheinen auf der Bühne zwar in der Form der Realität, aber sie werden deswegen doch keineswegs selbst real. Nur das Sichtbare in ihrem Gehaben ist realisiert; ihr Hassen und Lieben, ihr Leiden und ihr Schicksal spielt sich nicht real ab. Ja, es wäre schon verkehrt zu meinen, es werde als ein reales vorgetäuscht. Die Ästhetik des Dramas hat sich eine Zeitlang mit der Illusionstheorie über diese Sachlage zu täuschen vermocht: die Illusion eben sollte darin bestehen, daß dem Zuschauer die Realität der Handlung vorgespiegelt würde. Aber gerade das trifft nicht zu. Dem Zuschauer würde mit der Vorspiegelung etwas ganz Unmögliches zugemutet werden: er müßte in kontemplativer Ruhe, in der Distanz des künstlerisch Genießenden verharren, während er Zeuge des menschlichen Konfliktes und Leidens, der Bosheit und Hinterhältigkeit, ja der Vernichtung, des Unrechts, des Mordes ist. Der Sinn des tragischen Spiels würde damit auf den Kopf gestellt.

Es ist vielmehr auf der ganzen Linie das Umgekehrte. Gerade das selbstverständliche Wissen um die Irrealität der Vorgänge, um das Gespieltsein als solches, gibt dem Zuschauer die kontemplative Einstellung. Gerade daß er den Schauspieler nicht mit dem Helden, sein Mimenschicksal nicht mit dem Heldenschicksal verwechselt, gibt der „Handlung" auf der Bühne in seinen Augen die Transparenz. Die eigentliche Handlung gerade ist ihm die gespielte Handlung; nur das Spiel ist real, aber im Spiel „erscheint" ihm ein Anderes, der Ernst des Schicksals und der Leidenschaften. Das Erscheinenlassen eben ist die Kunst des Mimen.

Die Probe aufs Exempel dieses Verhältnisses ist das ästhetische Bedürfnis nach Eingrenzung des Realismus im Bühnenspiel selbst. Man sieht das deutlich an der Wirkung des Verses im gesprochenen Wort, an der dezenten Dämpfung des Gewaltsamen und Grausigen auf der Szene. Das künstlerische Schauen und Hören wird eben gestört durch ein Übermaß an Realismus. Und da das Erscheinen des Hintergrundes mit seinen Gestalten und Schicksalen überhaupt nur „für" ein künstlerisches Schauen und Hören besteht, so wird eben dadurch auch der ästhetische Gegenstand selbst mit zerstört. Noch deutlicher vielleicht als an der Dämpfung des Realismus kann man das an solchen Grenzfällen sehen, wo aus dem Spiel Ernst wird, wo das Schicksal des Helden in das des Darstellers übergeht. Man denkt dabei unwillkürlich an das Thema des „Bajazzo", wo hinter der gemimten Eifersucht die wirkliche lauert und schließlich hervorbricht und dieses Hervorbrechen mit der Bühne selbst, auf der es spielt, auf die Bühne gebracht wird. Dann aber schlägt das gespielte Spiel in gespielte Wirklichkeit um, und der gespielte Genuß des Zuschauerkreises in das Entsetzen des Hineingerissenseins in die Wirklichkeit. Dann heißt es: „Das Spiel ist aus".

So ist in der szenischen Darstellung dieselbe Zweischichtigkeit deutlich greifbar, die aller Dichtung und allen Künsten überhaupt eigen ist. Sie ist nur inhaltlich verschoben. Es erscheint im realen Spiel ein Anderes, das nicht Spiel ist; aber im Gegensatz zum Spiel ist und bleibt es irreal, ein bloß Erscheinendes, und wird auch, wo es künstlerisch erfaßt wird, nicht als real aufgefaßt. Das Wesen der dramatischen Darstellung ist genau so wenig wie das der plastischen oder malerischen Darstellung ein Vortäuschen von Wirklichkeit. Es ist nur anschauliches Gegenständlichmachen als Erscheinung. Dieses Gegenständlichmachen aber ist die Objektivation.

g. Stellung der Architektur als Objektivation.

Schließlich läßt sich der Gesichtspunkt der Schichtung auch auf solche Künste übertragen, in denen direkt nichts dargestellt wird, die also unmittelbar nicht prätendieren, Objektivation eines angebbaren Gehaltes zu sein. Schon das Zutreffen des Verhältnisses auf die Musik beweist ja, daß hier keine Grenze seiner Gültigkeit liegt. Freilich läßt sich nicht überall so greifbar gegenständlich wie dort die irreale Hintergrundsschicht aufweisen.

So ist es vor allem in der Architektur. Hier ist die räumliche Form, die Statik der Massen, Bauplan und Bautechnik ganz zum Realgebilde zu rechnen. Und es könnte scheinen, als stünde nichts dahinter, was darin erschiene. Dennoch kann es kaum einem Zweifel unterliegen, daß im Eindruck, den der künstlerisch verstehende Beschauer hat, mehr gegeben ist als dieses. Wie soll man es sonst auch nur verstehen, daß Bauwerke bestimmter Art „groß wirken", ohne doch sonderlich groß zu sein, oder gar daß im Baustil eine bestimmte völkische Artung erscheint, die man als solche noch nach Jahrhunderten unmittelbar-anschaulich empfinden kann? Die „Größe" der Wirkung ist durchaus nur erscheinende, nicht reale Größe, die empfundene Eigenart des Menschenschlages durchaus nur erscheinende Eigenart.

So kann man auch weiter fragen: wie kommt es, daß im Entlangwandern durch die Innenräume eines Bauwerkes die Ganzheit des letzteren sich anschaulich zur Einheit eines Gesamteindruckes zusammenschließt, den wir im direkten Sehen auf keine Weise haben können? Hier setzt offenbar hinter dem optischen Sehen ein anderes, synthetisches Sehen ein, welches mehr sieht als jenes. Dieses andere Sehen ist das künstlerische Sehen; und was es sieht, ist die innere Gestalt der Komposition. Und, so muß man hinzufügen, wenn dieses andere Sehen mehr sieht, so muß das, was es sieht, „für" eben dieses Sehen doch irgendwie gegenständlich da sein. Nur eben wird man dieses Daseiende nicht als real Daseiendes verstehen dürfen.

In allem Menschenwerk verrät sich der schaffende Menschengeist. Er objektiviert sich in Bauwerken nicht weniger als in Bild- und Schriftwerken. Blickt man auf Monumentalbauten vergangener Epochen, ja selbst nur auf ihre Überreste, so kann man daran nicht zweifeln. Menschliche Größe und menschliche Geistesart, der innere Habitus ganzer Epochen spricht aus ihnen. Nur ist die Sprache eine andere als die von Bild und Schrift, wie denn die Materie der Objektivation eine von Grund aus andere und eigene ist. Sie sagt uns daher von demselben Geiste nicht dasselbe wie jene, sondern anderes.

48. Kapitel. Konsequenzen zur Ästhetik.

a. Vielfachheit der Schichten und des Erscheinungsverhältnisses.

Die Analyse des künstlerischen Gegenstandes gehört in erster Linie der Ästhetik an und ergibt für sie eine Reihe von Konsequenzen. Erst in zweiter Linie betrifft sie das allgemeinere Problem des objektivierten Geistes. Man kann daher nicht umhin, die Konsequenzen auch in dieser Reihenfolge zu ziehen — auf die Gefahr hin, daß die Abweichung vom Thema sich als ein Umweg fühlbar macht. Im Punkte der Schichtung und der Seinsweise eben hängen die Problemketten derartig eng zusammen, daß sie ineinander hinüber spielen.

Es hat sich gezeigt, daß alle ästhetischen Gegenstände sowohl der Struktur als der Seinsweise nach geschichtet sind. Es liegt stets im Vordergrunde eine sinnlich gegebene Realschicht, und erst durch sie hindurch erscheint als ein Anderes der eigentliche Gehalt des Werkes, als irrealer Hintergrund. Blickt man nur auf die Seinsweise, so genügt diese Zweiteilung. Erwägt man aber, wie mannigfaltig, wie ergiebig, ja unerschöpflich in Kunstwerken größeren Stils der erscheinende Gehalt ist, so dürfte ein so einfaches Schichtungsschema keineswegs genügen.

In der Tat geht die Schichtenfolge hier überall bedeutend weiter. So erscheint z. B. im gemalten „Bilde" zunächst die dreidimensionale Räumlichkeit und Dinglichkeit mitsamt dem über sie ergossenen Licht; sodann aber erscheint in der erscheinenden Dinglichkeit noch etwas anderes, die Stimmung der Landschaft, der Charakterkopf mit seinen menschlich-seelischen Eigentümlichkeiten, oder auch die dargestellte Szene mit ihrem geistigen Situationsgehalt. Diese Schicht ist nicht mehr räumlich, auch nicht dinglich; der Künstler kann ihre inhaltliche Fülle nicht direkt gegenständlich malen, wie er das Sichtbare malen kann, er kann sie nur im direkt gegenständlich Gemalten mit erscheinen lassen. Aber auch damit ist die Schichtung nicht erschöpft. Denn in der Szene, im Charakterkopf kann noch ein Weiteres erscheinen, ein menschlich Allgemeines, Symbolisches, das den individuellen Gestalten oder der besonderen Situation erst das eigentliche Gewicht gibt. Man kann dieses dritte Etwas niemals direkt thematisch benennen, es läßt sich schwer in eine andere Sprache als die der Kunst selbst übersetzen; man hilft sich mit Ausdrücken wie „tieferer Sinn", „Bedeutsamkeit", „Idee", aber die Wahrheit ist, daß man nur an das künstlerische Schauen als solches appellieren kann, auf die höhere Transparenz des gegenständlich Dargestellten und Erfaßbaren allein angewiesen bleibt. Niemand aber wird bestreiten, daß Kunstwerke großen Stils gerade von dieser allgemeinen Schicht des Gehaltes her ihre Größe und ihre bleibende Bedeutung haben.

Für die Ästhetik ist diese Auflösung des Hintergrundes in eine Mehrzahl von Schichten ausschlaggebend. Denn in ihr erst beginnt das Geheimnis der künstlerischen Inhaltsfülle sich zu lüften. Und es ist leicht zu sehen, daß in einer solchen Schichtenfolge allemal die tiefer hinein liegende es ist, die der vordergründigen Gewicht und Bedeutung verleiht. Vielleicht darf man allgemein sagen: je größer das Kunstwerk, um so tiefer hinein in die Hintergründigkeit liegt der eigentliche Gehalt. Das ist ein Satz, der freilich nur von einer gewissen Höhe technischer Meisterschaft ab wird gelten dürfen; denn es gibt auch eine ideengeladene Kunst, die in den Mitteln versagt und so gerade durchaus schwach und stümperhaft wirkt. Wenn das Wesen einer Kunst im Erscheinenlassen besteht, so ist das Grundgesetz darin zweifellos dieses, daß alle weitere Schichtung des Erscheinens sich von unten aufbaut und allemal nur in einer gewissen künstlerischen Vollkommenheit der niederen Schicht der Gehalt der höheren wirklich konkret-anschaulich erscheinen kann. Alle Tragfähigkeit für höhere Inhaltsfülle liegt letzten Endes beim Vordergrunde; wie denn dieser allein sich direkt an die sinnliche Auffassung wendet. Aber sie kehrt weiter hinauf von Schicht zu Schicht wieder; und erst wo sie als Stufenbau sich lückenlos vollendet, können die großen Ideengehalte, die sonst kein Ausdruck faßt, greifbar werden.

b. Abwandlung der Schichtenfolge in den Künsten.

Was für die Malerei gilt, läßt sich abgewandelt in allen Künsten aufzeigen. Von der Plastik ist es wohlbekannt, wie überreich sie von alters her an Gestalten ist, die hoch ins Symbolische hineinragen. Blickt man auf die Götter- und Heroengestalten der Antike, wie sie heute noch in erhaltenen Bildwerken uns vor Augen stehen, so möchte man glauben, daß gerade von den Anfängen her die höchsten und geistigsten Aufgaben sie bestimmt haben, und daß eben im Ringen mit diesen Aufgaben der Grund des ungeheuren Auftriebes zu suchen ist, der sie auch technisch unaufhaltsam zur Vollendung gedrängt hat. Die Verwurzelung ihrer Entwicklung in kultisch-religiösen Dingen läßt hieran kaum einen Zweifel aufkommen.

Daß ähnliches von der Musik gilt, läßt sich auch nicht bestreiten. Schon die gleiche Verwurzelung in alter wie in neuerer Zeit weist darauf hin. Daß der hinter dem sinnlich Gehörten auftauchende musikalische Aufbau nicht die letzte und einzige Schicht des Hintergrundes ist, daß in diesem kompositorischen Aufbau vielmehr erst alles das erscheint, was die ungreifbare seelische Erfülltheit großer Tonwerke ausmacht — ungreifbar und doch zutiefst überzeugend, überwältigend, mitreißend —, wird jedem selbstverständlich sein, der nur irgend musikalisch zu hören und zu erleben weiß. Man kann auch nicht einmal sagen, daß diese tiefere Schicht nicht gegenständlich werde; sie wird es sehr wohl, nur nicht für die Erkenntnis, und deswegen läßt sie sich in Worten auf keine Weise aussprechen. Man kann sie auch niemandem zeigen, der sie im Hören nicht selbst mit heraushört. Aber daß sie eminent menschlich-geistiges Gut ist, das wird über alles Begreifen hinweg gewiß, wenn man im Hören alter Musik den Geist einer unwiederbringlich vergangenen Zeit in voller Lebendigkeit und Gegenwärtigkeit erstehen sieht.

Am mannigfaltigsten vielleicht gestaltet sich die Schichtenfolge in der Dichtung. Schon das Wort als solches ist, wie gezeigt wurde, zweischichtig. Der Hintergrund also beginnt hier, streng genommen, schon mit den einfachen Wortbedeutungen. Nun aber fügt der Dichter die Worte nicht konventionell, sondern in eigener Weise, läßt sie als Bilder wirken, in denen wieder anderer, originär gefaßter Sinn erscheint. Er erreicht so eine Höhe der Konkretion, in der das sonst Unsagbare ausgesprochen ist. Geht man ferner davon aus, daß es menschlich-seelische Dinge sind — Schicksale, Leidenschaften, Haß und Liebe —, die im geformten Worte erscheinen (so wurde es oben im Umriß gefaßt), so muß man doch sogleich hinzufügen, daß gerade die eigentliche Dichtung selten direkt von diesen Dingen spricht. Sie läßt vielmehr ihre menschlichen Gestalten „auftreten", rückt sie in eine durch das Wort vermittelte — also selbst erscheinende — Sichtbarkeit und Hörbarkeit, läßt sie sprechen, handeln, sich gerieren; und erst im Gesprochenen, im Tun, in der Geste läßt sie das Innere erscheinen. Sie analysiert nicht psychologisch, sondern im erscheinenden Äußeren läßt sie Charaktere, Konflikte, Schicksale erscheinen. Sie gibt das unwägbar Seelische durch das nicht weniger unwägbar Sinnliche. Sie scheidet dadurch das grobe Mittel des Begriffs aus, vermittelt das ihm Ungreifbare in erscheinender Unmittelbarkeit. Und schließlich, da gerade die Dichtung ihre Gestalten wieder über die Individualität hinweg ins Ideenhafte zu erheben vermag, so taucht dahinter noch eine weitere Schicht auf, in der bei großen Werken das Hauptgewicht liegt. In dieser Tiefenschicht erst ist die gewaltige Fülle bleibenden geistigen Gutes zu suchen, welches die kulturelle Bedeutung der Dichtung ausmacht und sie zu einem geschichtlichen Faktor im geistigen Leben der Völker erhebt.

c. Zweiheit der Seinsweisen in der strukturellen Vielheit der Schichten.

Inwieweit sich diese Vielschichtigkeit noch weiter verallgemeinern läßt, mag hier auf sich beruhen bleiben. Es genügt, daß sie in den genannten Künsten vorhanden ist und die innere Struktur des Kunstwerkes von Grund aus bestimmt.

Hält man sie aber mit der oben entwickelten Zweischichtigkeit zusammen, so könnte es scheinen, als stehe sie zu dieser in Widerspruch. Das wird um so auffallender, wenn man sieht, daß die strukturelle Schichtenfolge in den einzelnen Künsten eine wesentlich verschiedene ist, ja daß sogar die Anzahl der auftretenden Schichten nicht unwesentlich variiert, daß aber nichtsdestoweniger zwischen ihnen dasselbe Erscheinungsverhältnis waltet, dessen Richtungssinn sich offenbar niemals umkehrt.

Diese Aporie löst sich indessen einfach. Der ästhetische Gegenstand ist zwar der Struktur nach vielschichtig, der Seinsweise nach ist er dennoch bloß zweischichtig. Real an sich seiend ist eben überall nur die „erste" Schicht, die sich direkt an die Sinne wendet; nur sie hat ein selbständiges Sein und ist im engeren Sinne Vordergrund. Alle weiteren Schichten, wie weit hinauf ins Geistige sie auch gehen mögen, oder wie nah die ersten Glieder ihrer Folge auch noch dem Sinnlichen stehen mögen, haben kein selbständiges Sein, sondern nur erscheinendes Für-uns-Sein. Sie sind und bleiben, ontisch verstanden, auf die Gegenleistung des künstlerisch auffassenden Subjektes angewiesen. Sie gehören somit alle einem und demselben Hintergrunde an. Man darf also sagen: unterscheidet man Vordergrund und Hintergrund rein der Seinsweise nach, so ist der erstere stets in sich einfach und einschichtig, der letztere dagegen erweist sich strukturell in sich selbst als weiter geschichtet.

Der Hintergrund mitsamt seiner inneren Schichtenfolge hat weder reales noch ideales Ansichsein, sondern nur ein Sein für den Beschauer. Sofern aber in ihm der eigentliche Gehalt und das inhaltliche Gewicht des Kunstwerkes liegt — und zwar um so mehr, je höher hinauf er geschichtet ist —, so muß man die Konsequenz ziehen, daß Kunstwerke als solche überhaupt kein eigentliches Ansichsein haben, sondern nur ein Sein „für" den Beschauer. Bestünden sie im sinnlichen Realgebilde allein, so wäre dem nicht so. Aber wer nur das Realgebilde wahrnimmt, erfaßt das Kunstwerk gar nicht. Die Realgebilde als solche sind bloß Dinge unter Dingen — ein Buch, ein geformter Stein, eine bunte Fläche —, das Kunstwerk aber ist aus der Reihe der Dinge allein dadurch herausgehoben, daß in ihm mehr sichtbar wird als das Ding.

Kunstwerke also teilen die Seinsweise der Erkenntnisgegenstände nicht. Diese eben gehen in ihrem Gegenstandsein — dem „einem-Subjekt-Gegenstehen" — nicht auf; sie sind etwas „an sich", was auch unabhängig vom Erkanntsein besteht. Erkenntnis ist „Objektion" eines Ansichseienden, künstlerisches Schaffen und Schauen dagegen ist „Objektivation" eines an sich nicht Seienden. Der ästhetische Gegenstand geht in seinem

Gegenstandsein für den Schauenden voll und ganz auf, er hat darüber hinaus kein übergegenständliches Sein. In anderer Wendung: er ist reiner Gegenstand als Gegenstand, besteht nur im Gegenstehen selbst. Oder auch: er ist Erscheinung als Erscheinung; seine Seinsweise ist seine Art, dem Schauenden in einem Sinnlich-Realen zu erscheinen.

d. Eigentümlichkeit ästhetischer Werte. Das Wesen des „Schönen".

Demnach ist der ästhetische Wert — einerlei von welcher besonderen Art er sei — jedenfalls auch nicht Wert eines Ansichseienden, sondern nur eines Für-uns-Seienden. Denn nur das Realgebilde hat Ansichsein, an ihm allein aber hängt der künstlerische Wert zweifellos nicht. Man kann denn auch vom Schaffen des Künstlers nicht sagen, daß es ästhetische Werte „realisiere" — wie etwa menschliches Verhalten und Handeln sittliche Werte realisiert —, sondern nur daß es sie zur anschaulich-konkreten Gegenständlichkeit bringt. Es objektiviert sie, bringt sie zur Erscheinung, und zwar an einem selbst nur erscheinenden gegenständlichen Gebilde.

Ästhetische Werte sind Werte der Erscheinung als Erscheinung, wobei das ganze Erscheinungsverhältnis gegenständlich mit in die Trägerschaft der Werte einbezogen ist. Realisiert werden ästhetische Werte überhaupt nicht. Darauf beruht die ungeheure Bewegungsfreiheit der Kunst, die fast unbegrenzte Spielweite des Möglichen, die sie dem Schaffenden eröffnet. Wäre sie auf Realisation angewiesen, so wäre sie auch durch die Enge jeweiliger Realmöglichkeit begrenzt. Das eben ist sie nicht. Sie überfliegt spielend die Schwere der Wirklichkeit, mit der das Wollen und die Verwirklichung stets zu ringen haben. Denn die Enge des Möglichen besteht nur in der Sphäre des Realen.

Das ist nicht so zu verstehen, als herrschten in der Kunst keine Gesetze. Nur sind ihre Gesetze reine Eigengesetze; und weil das, was sie determinieren, nicht auf Realität prätendiert, so finden sie in ihrer Sphäre keinen Widerstand, den sie zu überwinden hätten. Es fehlt eben das Gegengewicht und die Trägheit des Realen. Die künstlerischen Gesetze, obgleich als solche unerkannt und niemals angebbar, sind in ihrer Sphäre nicht nur autonom, sondern auch alleinherrschend.

Andererseits aber ist zu beachten: es ist auch keineswegs so, daß der ästhetische Wert ausschließlich am irrealen Hintergrunde des Gegenstandes hinge. Wäre das der Fall, so müßte es möglich sein, ihn auch ohne realen Vordergrund erscheinen zu lassen[1]). Daß dieses nicht möglich

[1]) Eine solche Auffassung steckt in dem Grundgedanken der alten Ästhetik, die bis auf Platons These zurückgeht, das eigentlich Schöne sei die „Idee", in der Dinglichkeit und Sichtbarkeit des vergänglichen Gebildes erscheine sie nur verdunkelt, ein Schauen höherer Ordnung aber könne sie auch rein und ohne dinglichen Anhalt erfassen. Plotin

ist, beweist die Unübertragbarkeit des „Schönen" in eine andere Form als die, in welche es vom Künstler gebannt ist. Das Realgebilde mit seiner sinnlich wahrnehmbaren Geformtheit gehört also vielmehr ganz wesentlich mit dazu. Denn wie tief hinein auch sich die strukturelle Schichtung des Hintergrundes fortsetzen mag, alles Erscheinen dieser Schichten hängt doch am realen Vordergrunde, geht von seiner Transparenz allererst aus.

Das Schöne als solches liegt weder im Hintergrunde allein, noch im Vordergrunde allein, sondern einzig in ihnen beiden miteinander, nämlich in ihrem Hintereinandergeschaltetsein für den Beschauer. Das zwischen ihnen waltende Verhältnis, die eigenartige Bindung des der Seinsweise nach Heterogenen, das sinnfällige Erscheinen eines durchaus irrealen Gehaltes in einem Realen — oder, was dasselbe ist, die Durchsichtigkeit eines Realgebildes für solchen Gehalt — ist das künstlerisch Schöne, der ästhetisch wertvolle Gegenstand.

Nimmt man die innere Schichtenfolge des Hintergrundes hinzu, so intensiviert sich dieses Verhältnis noch um ein Vielfaches. Denn von Schicht zu Schicht waltet dasselbe Gesetz der Erscheinung, und stets ist das Erscheinen des Tieferen und Hintergründigeren — d. h. des inhaltlich Gewichtigeren — vom Erscheinen des Näheren und Vordergründigeren getragen. Die Durchsichtigkeit des Realgebildes ist die Basis aller weiteren Durchsichtigkeit. Von ihr aus eröffnet sich dem Durchblick eine ganze Flucht erscheinender Mannigfaltigkeit, in der jedes Zwischenglied wesentlich ist und unaufhebbar seine bestimmte Rolle spielt, wennschon sie dem künstlerisch Schauenden keineswegs als solche bewußt wird. Denn sein Hindurchschauen geht nicht sukzessiv von Schicht zu Schicht weiter, sondern erfaßt mit einem Schlage das Ganze. Nur so ist es zu verstehen, daß dieses Ganze ihm als fertige Einheit und Vollendung zufällt und gleichsam sich schenkt, sobald er mit seiner Einstellung im Schauen den Ansatzpunkt für die innere Schichtenperspektive des Ganzen findet.

Aber eben weil „Durchsichtigkeit" nur „für" einen schauenden Blick besteht, so ist das Sein des Schönen ein bloßes Gegenstandsein, und

ist noch ganz von dieser Auffassung beherrscht, das νοητὸν καλόν gilt ihm als das Höhere. Der Sinn des künstlerisch Schönen als eines Erscheinungswertes ist darin von Grund aus verkannt, die Rolle der sinnlichen Anschauung — also des eigentlich „Ästhetischen" (dem Wortsinn nach) — ist zu einem Notbehelf herabgesetzt. Sie wieder zu Ehren gebracht zu haben, ist das Verdienst einer viel späteren Einsicht; die Romantik hat an ihr den Hauptanteil, in der Ästhetik Hegels ist sie auf eine kurze Formel gebracht. Das Schöne ist hiernach nicht die „Idee" selbst, sondern ausschließlich „das sinnliche Scheinen der Idee". Das ist eine grundlegende Umwertung des Sinnlichen. Das „Scheinen" ist wesentlich. Im Sichtbaren liegt der Schlüssel des Unsichtbaren.

nicht Ansichsein. Und für den nicht künstlerisch schauenden Blick existiert das Kunstwerk als Kunstwerk gar nicht.

49. Kapitel. Konsequenzen für die Seinsweise des objektivierten Geistes.

a. Parallelität aller Objektivation in und außer der Kunst.

Es ist hier nicht um eine Philosophie der Kunst zu tun. Die für sie abfallenden Konsequenzen bilden nur ein Nebenprodukt der Untersuchung; es sind von ihnen auch nur diejenigen aufgezählt, die mittelbar für das Problem des objektivierten Geistes bestimmend sind. Es kommen aber weitere Konsequenzen hinzu, welche direkt dieses Problem betreffen. Sie beziehen sich auf den Charakter der Objektivation im Kunstwerk; denn dieser Charakter ist dem Kunstwerk mit anderem Menschenwerk, insonderheit mit dem außerkünstlerischen Schrifttum, gemeinsam. Es handelt sich demnach um geistestheoretische und geschichtsphilosophische Konsequenzen.

Es ist hierbei vorweg daran zu erinnern, in welchem Sinne sich sagen ließ, daß im Kunstwerk jeder Art geistiger Gehalt objektiviert ist, der aus ihm wieder zu einem lebenden Geiste sprechen kann. Es handelt sich, wie gezeigt wurde, auch dann um geistigen Gehalt, wenn das Inhaltlich-Thematische nicht geistiges Sein ist, wie etwa die Bewegung der Ringer, Berge und Bäume der Landschaft. Denn nicht das thematisch Benennbare allein ist der Gehalt, sondern ebensosehr die Art des Sehens, in der es erfaßt wird, das Gesamtbild, ja die Weltanschauung, in die es eingerückt und durch die es über seine Gleichgültigkeit und Zufälligkeit erhoben ist. Hält man dieses zusammen mit der tiefgreifenden Parallelität des Grundphänomens im Kunstwerk und in Objektivationen anderer Art (im Begriff, in Sprache und Schrift, ja bis hinab zum Gebrauchsgegenstand), so läßt sich das weitere in allgemeiner Form in drei Hauptpunkten zusammenfassen.

Daß über der Parallelität die nach anderer Richtung ebenso tiefgreifende Verschiedenheit nicht übersehen werde, dafür wird weiter unten in anderem Zusammenhange noch Sorge zu tragen sein. Einstweilen aber handelt es sich nur um die gemeinsamen Grundzüge.

b. Das Herausgehobensein aus dem Wandel durch das Realgebilde.

Objektivierter Geist ist, wie sich gezeigt hat, stets und in allen seinen Besonderungen an ein Realgebilde gebunden. Dieses ist stets ein sinnlich-dingliches Etwas, also nicht etwa wiederum realer Geist. Es ist ein an sich durchaus ungeistiges Gebilde.

Das ist bei aller sonstigen Verschiedenheit der Objektivation ein wesentlicher Grundzug. Wäre das Realgebilde realer Geist, so wäre es lebender Geist, denn nur lebender Geist ist real. Es müßte also personaler oder objektiver Geist sein; beide aber sind dem Gesetz des Wandels und der Vergänglichkeit unterworfen. Das Leben des lebenden Geistes eben besteht wesentlich in seinem Wandel. Der objektivierte Geist könnte sich, an diesen Wandel gefesselt, nicht über die Lebensdauer desjenigen Geistes hinaus erhalten, der ihn hervorgebracht hat. Er müßte mit ihm vergehen oder in ein anderes übergehen. Aber gerade die Erhaltung ist das charakteristische Grundphänomen, das den objektivierten Geist vom lebenden unterscheidet. Gerade als ungeistiges Etwas also ist das Realgebilde dasjenige, was ihn aus dem Wandel des lebenden Geistes heraushebt.

Indessen gerade mit dieser Art der Erhaltung hängt es zusammen, daß der objektivierte Geist keineswegs unmittelbar ins Überzeitliche und Übergeschichtliche erhoben ist. Da seine Erhaltung an das sinnliche Realgebilde gebunden ist, dieses aber wie alles Dingliche ein zerstörbares ist, so ist auch aller objektivierte Geist, und zwar gerade als objektivierter, sehr wohl vergänglich. Er ist weder aus der Zeit noch aus der Geschichtlichkeit herausgehoben, er hat auch seine Zeiten, seine Schicksale, seine Geschichte. Es ist nur eine andere Geschichte als die des lebenden Geistes, der sich in ihm objektiviert hat. Ein Bauwerk oder Bildwerk ist zerstörbar, eine Dichtung kann für immer verlorengehen. Beides aber kann sich auch erhalten und geschichtlich den Schöpfer, sein Volk und seine Zeit überdauern.

Dieses Überdauern hängt ganz und gar am dinglichen Realgebilde. Deswegen schafft alle Kunst und aller produzierende Geist überhaupt, wo er Gewichtiges schafft, nicht in flüchtiger oder beliebiger, sondern in dauerhafter Materie. Und hier liegt die große kulturelle Bedeutung der Tatsache, daß das geschriebene Wort in mehr als einer Hinsicht aere perennius ist.

c. Ontischer Sinn der Zweischichtigkeit.

Zweitens fällt aber noch ein anderes Licht auf die Zweischichtigkeit. Das Herausgehobensein aus dem Wandel des lebenden Geistes charakterisiert den objektivierten Geist nur im Verhältnis zum letzteren. Da aber das Überdauern nur ein relatives ist und die Vergänglichkeit nicht aufhebt, so kann darin auch nicht der eigentlich maßgebende Unterschied liegen. Die Zweiheit der Seinsweisen aber hat noch eine andere Seite.

Man muß sich hier des zu Anfang entwickelten Gesetzes erinnern, daß der Geist niemals und in keiner seiner Seinsformen als „schwebender“

oder abgelöster vorkommt, daß er vielmehr immer und nur als „aufruhender" oder getragener Geist bestehen kann (vgl. Kap. 3a, b und 5b). Dieses Gesetz ist ein allgemeines Seinsgesetz des Geistes überhaupt. Es betrifft auch ohne Abstrich den objektivierten Geist.

Nun aber besteht die Objektivation gerade darin, daß geistiger Gehalt aus dem lebenden Geiste abgelöst und herausgestellt wird. Der letztere nun ist in seinem geschichtlichen Dasein vom vitalen Leben eines Volkes getragen. Solange er seinen errungenen Gehalt, das geistige Gut, im Fortleben bei sich behält, ist dieser selbst mit von derselben Lebensbasis getragen, aber auch dem Wandel unterworfen. Wird aber geistiges Gut objektiviert und in der Objektivation als selbständiges Gebilde von ihm abgelöst, so geht es dieser Basis verlustig. Gewinnt es also keine andere reale Basis, auf der es als getragenes „aufruhen" kann, so ist die Ablösung gleich der Vernichtung. Das Phänomen dagegen zeigt, daß es nicht nur nicht vernichtet, sondern geradezu der Vernichtung des realen Geistes enthoben wird.

Ein geistiger Gehalt kann sich offenbar vom lebenden Geiste nicht ablösen, aus ihm nicht in eine andere Seinsweise herausgestellt werden, ohne sich an einen anderen realen Träger zu heften. Er kann gegen ihn nur selbständig werden, wenn er in einem anderweitigen wirklich existierenden Gebilde gleichsam Aufnahme findet. Er kann ebensowenig „schweben" wie der lebende Geist. Hier also setzt eine Trägerschaft und ein „Aufruhen" ganz anderer Art ein. Aber bei aller Andersheit ist es doch durchaus reale Trägerschaft. Der Unterschied ist nur, daß es reale Trägerschaft eines irrealen geistigen Gehaltes ist. Das dinglich-sinnliche Sein löst das tragende Sein des lebenden Geistes und dessen vitale Seinsbasis ab.

Wie das möglich ist, darin liegt das eigentliche Geheimnis der Objektivation, der metaphysische Gehalt ihres Problems. Es ist im Grunde vielleicht nicht rätselhafter als das Getragensein des lebenden Geistes vom organischen Leben. Aber es ist doch ein anderes Getragensein. Denn dort ist die ganze Stufenfolge der Seinsschichten gewahrt, zwischen das materiell-dingliche Sein und das geistige ist das organische und das seelische Sein eingeschaltet; der natürliche Schichtenbau ist gewahrt. In der Objektivation ist er durchbrochen. Auf dem Dinglichen ruht unmittelbar das geistige Sein auf, das in ihm objektiviert ist. Der „Geist" ist gleichsam eingefangen und festgehalten im materiellen Realgebilde. Dieses ist vom lebenden Geiste, der es geschaffen, so eingerichtet, daß ein bestimmter geistiger Gehalt unmittelbar in ihm erscheinen kann. Ein solcher Gehalt ist der ihm „mitgegebene" Geist, und deshalb der in ihm wiedererkennbare. Er ist mitgegeben vom lebenden Geist für lebenden Geist, aber keineswegs direkt ihm gegeben, wie in der einfachen Mitteilung durch das flüchtige gesprochene Wort, sondern durchaus der Formung einer stabilen Materie mitgegeben — gleichsam ihr anvertraut — auf die Möglichkeit hin, daß er einmal von einem lebenden Geiste darin wiedererkannt werde.

Wie das Mitgeben durch bloße Formung des dinglichen Materials möglich ist, bleibt eine metaphysische Frage, die man mit bloßer Phänomenanalyse nicht lösen kann. Sie wird auch dadurch nicht vereinfacht, daß das ganze Verhältnis ein bloßes Erscheinungsverhältnis ist. Erscheinen ist zwar etwas ganz anderes als Realsein; aber das Getragensein des erscheinenden Geistes ist deswegen nicht weniger unbegreiflich als das des real lebenden. Soviel nur ist ersichtlich, daß gerade hierin die eigentümliche Seinsweise des objektivierten Geistes wurzelt: sein Überdauern, sein vom lebenden Gemeingeist verschiedenes geschichtliches Dasein und Schicksal, sein Vorhandensein in anderer und anderer Zeit, für anderen und anderen lebenden Geist. Es ist der ontische Sinn der Zweischichtigkeit und der Heterogeneität der Seinsweisen in ihr, daß sie die eigentümliche Art des Getragenseins ausmacht, in der allein der vom lebenden Geiste abgelöste und aus ihm herausgestellte Geist geschichtliches Sein, Selbständigkeit und Dauer gewinnt.

d. Der dritte Faktor. Dreigliedrigkeit des Verhältnisses.

Und noch eine dritte Konsequenz ist hier zu ziehen. Sie betrifft den Modus der Selbständigkeit im Sein des objektivierten Geistes. Dieses Sein ist ein selbständiges nur im Sinne des Abgelöstseins und des Herausgestelltseins, keineswegs aber im Sinne der Unabhängigkeit überhaupt vom lebenden Geiste.

Das Verhältnis zwischen Vordergrund und Hintergrund der Objektivation hat sich auf der ganzen Linie als ein Erscheinungsverhältnis erwiesen: im sinnlich zugänglichen Realgebilde „erscheint" ein Anderes, der „mitgegebene Geist". Weil es aber ein Erscheinungsverhältnis ist, so kann es nur in Funktion treten, wo noch ein Drittes vorhanden ist, dasjenige, „dem" der mitgegebene Geist erscheint, und „für das" er da ist. Ein solches Drittes aber kann immer nur lebender Geist sein. Nur er ist ein Auffassendes und Wiedererkennendes. Und auch er ist das nicht ohne weiteres, sondern nur sofern er bestimmte Bedingungen mitbringt, bestimmter Einstellung und bestimmten Auffassens fähig ist. Auf diesen dritten Faktor ist das Sein des objektivierten Geistes jederzeit angewiesen, und ohne ihn kommt es gar nicht zustande.

Was sich am Kunstwerk zeigte, daß es als ein solches stets nur für den spezifisch schauenden Beschauer da ist, nicht aber in der geformten Materie an sich existiert, das gilt auch allgemein für allen objektivierten Geist. Ein Begriff, ein schriftlich niedergelegter Gesetzeskodex, der einst in der Geschichte eines Volkes geltendes Recht war, ein philosophisches System, das in Fragmenten sich erhalten hat, besteht nicht in den Schriftzeichen auf dem Pergament, sondern stets nur vermittelt „durch" sie „für" einen lebenden und im Lesen wiedererkennenden Geist. Es ist also zu wenig, wenn man sagt, es gehöre zum objektivierten Geist stets das an sich ungeistige Realgebilde, das ihn trägt und über den Wandel der Zeiten hinweg erhält. Die zwei Grundschichten mitsamt ihrer Heterogeneität der Seinsweise bringen das Verhältnis noch nicht zustande. Es gehört immer noch der besonders geartete lebende Geist dazu, dem der „mitgegebene" Geist als ein in Wort, Schrift oder Stein festgehaltener erscheinen kann.

Das ganze Verhältnis also, das die komplexe Seinsweise des objektivierten Geistes ausmacht, ist ein dreigliedriges: zu dem dinglich-realen Träger und dem in ihm festgehaltenen geistigen Gut tritt als dritter Faktor notwendig wiederum der lebende Geist — und zwar in beiderlei Gestalt, als personaler und als objektiver. Denn der Einzelne bringt die zum Verstehen erforderliche Einstellung nur mit, wenn die gemeinsame geistige Basis, in der er wurzelt, sie ihm ermöglicht; und wiederum der Gemeingeist hat verstehendes Bewußtsein nur in den Individuen, in denen er lebt. Wie denn nur in dem Ineinandersein von personalem und objektivem Geiste der lebende Geist als geschichtlich realer vorkommt. Und nur „für" ihn — nur mit-getragen von seinem innerlich anschauenden und im Anschauen reproduzierenden Wiedererkennen — gibt es das Sein des objektivierten Geistes, einerlei ob als ununterbrochenes Fortbestehen oder als Wiedererstehen eines Vergessenen und Entrückten. Es ist vielmehr stets und in jedem Individuum, das sich zum Verstehen erhebt, ein Wiedererstehen und neues Aktualisiertwerden. Und dabei geht es nicht ohne den spontanen Einsatz des lebenden Geistes ab.

Das ist die Kehrseite des Satzes, daß das Sein des objektivierten Geistes nicht Ansichsein ist, sondern nur „Für-uns-Sein". Daß hiermit eine ganz bestimmte Abhängigkeit des objektivierten Geistes, sein Angewiesensein auf lebenden Geist, ausgesprochen ist, darf nicht zu einer Unterschätzung seines Seinsgewichtes im Gesamtleben des Geistes verführen. Es wird sich noch zeigen, daß gerade auch der lebende Geist, wennschon in anderem Sinne, auf den objektivierten angewiesen ist, und daß hier vielmehr eine eigenartige Wechselbedingtheit besteht, die für das Leben geschichtlichen Geistes nach beiden Seiten gleich ausschlaggebend ist.

e. Das Rätsel des „Darinseins" und der Schein des unmittelbaren „Aufruhens".

Die metaphysische Frage, wie überhaupt geistiger Gehalt unmittelbar der geformten Materie „aufruhen" kann, oder wie er in einem sinnlichen

Realgebilde „darinsein“ kann, läßt sich von hier aus noch einmal in neuem Lichte zeigen. Es wurde schon oben geantwortet: der Geist ist garnicht an sich darin, sondern nur „für uns darin“. Das ist zwar keine Lösung der Frage, wohl aber der Weg zu einer genaueren Fassung.

Die genauere Fassung aber beruht eben darauf, daß der dritte wesentliche Faktor des Gesamtverhältnisses bewußt mit hineingezogen wird. Die Frage modifiziert sich damit von Grund aus. Es handelt sich jetzt nicht mehr darum, wie der mitgegebene Geist einer geformten Materie an sich direkt aufruhen kann, sondern darum, wie er ihr „für“ den lebenden Geist im verstehenden Wiedererkennen aufruhen kann. Der spontane Einsatz des auffassenden Geistes ist in das Verhältnis eingeschaltet, ist gleichsam zwischen das tragende Realgebilde und den getragenen Geist als verbindende Funktion eingerückt. Denn nur „ihm“ erscheint der geistige Gehalt der Objektivation.

Wieviel oder wiewenig man hierbei auf die Spontaneität dieser Funktion abwälzen will, wie weit man diese selbst als ein inneres Nachschaffen in der Auffassung verstehen will, ist Sache einer Spezialuntersuchung, die für jeden Typus von Objektivation gesondert geführt werden müßte und in dieser Besonderung hier nicht geführt werden kann. Nur das Grundsätzliche darin muß festgehalten werden. Und dieses liegt in der Einsicht, daß die rätselhafte Ausschaltung oder Überspringung der ontischen Stufenfolge im Verhältnis von dinglicher Materie und Geist bei der Objektivation nur eine scheinbare ist. Wäre der mitgegebene Geist „an sich“ im dinglichen Realgebilde enthalten, so ließe sich allenfalls von Ausschaltung reden. Ist aber das Enthaltensein nur ein erscheinendes, nur „für“ adäquate Auffassung bestehendes, so ist hier nicht nur der lebende Geist als verbindendes Moment eingeschaltet, sondern mit ihm zugleich auch das Gefüge der ihn tragenden niederen Seinsschichten des Realen.

Denn der lebende Geist ist stets von ihnen getragen, und zwar in allen seinen Funktionen. Das ist in der Funktion des auffassenden Wiedererkennens auch ohne weiteres aufweisbar. Das Lesen, Hören, Sehen ist eben nicht nur geistige Funktion, sondern auch leiblich-seelische (psychovitale), und wenn man weiter bis auf die Licht- und Schallwellen zurückgeht, auch noch rein physische Funktion. In dieser Schichtung der Funktionen aber kehrt unverkennbar die der tragenden ontischen Stufenfolge wieder. Man ist nur gewöhnt, sie mit solcher Selbstverständlichkeit vorauszusetzen, daß man sie garnicht mehr bemerkt, oder wenn man sie auch bemerkt, für etwas Unwesentliches, die Objektivation nicht weiter Angehendes nimmt.

Indessen liegt gerade hier die Ergänzung des Gesamtverhältnisses. Nur fällt damit ein um so größeres Gewicht auf den „dritten Faktor“.

Es erweist sich, daß in ihm nicht nur der lebende Geist als solcher, sondern das ganze Verhältnis seines ontischen Getragenseins mit einbezogen ist. Und der Unterschied in der Seinsweise des objektivierten Geistes von der des lebenden stellt sich nunmehr so dar: im letzteren sind die ontischen Zwischenstufen direkte Unterlagen seines realen Daseins und als solche auch überall direkt aufweisbar, wo immer er Gegenstand einer Betrachtung wird; im objektivierten Geiste dagegen, der nur im Gegenstandsein für eine Betrachtung besteht, sind sie in der Art des Betrachtens enthalten und deswegen gleichsam in die Betrachtung als solche hinein verschwunden. Darum werden sie in dieser Betrachtung selbst nicht gegenständlich und erscheinen nicht mit am objektivierten Geiste. So wird der Schein erweckt, als ruhte der erscheinende Geist unmittelbar der geformten Materie auf.

f. Die Antinomie der Ablösung und das Ausgeliefertsein.

Hält man sich nun rein an die Bestimmungen, wie sie in der vorstehenden Analyse herausgesprungen sind, so scheint hier eine Antinomie zu liegen. Einerseits war das Grundphänomen des objektivierten Geistes dieses, daß er „abgelöst“ vom lebenden Geiste besteht. Andererseits hat es sich gezeigt, daß er vielmehr jederzeit auf den lebenden Geist angewiesen bleibt, also jedenfalls nicht „abgelöst“ von ihm bestehen kann.

Diese Antinomie ist indessen leicht als eine bloß äußere durchschaubar. Sie ist durch die Unschärfe der Fassung beider Phänomenkomponenten hervorgerufen. Offenbar ist in der These ein anderer lebender Geist gemeint als in der Antithese. Tatsächlich dürfte das Gesamtverhältnis so aussehen: objektivierter Geist besteht freilich abgelöst von demjenigen lebenden Geiste, der ihn als seine Errungenschaft hervorgebracht und in die Form des dinglichen Realgebildes geprägt hat, aber nicht abgelöst vom lebenden Geiste überhaupt. Der bestimmte geschichtliche Geist ist so vergänglich wie der persönliche des Künstlers, des Denkers, des Baumeisters; sein Werk aber bleibt, getragen vom Realgebilde, „für“ anderen und anderen geschichtlich lebenden Geist bestehen. Und eben davon, daß sein Bestehenbleiben nur ein solches „für“ einen Geist ist — nicht aber ein an sich der Schrift oder dem Steine Innewohnen —, kann das Sein des Werkes als eines geistigen Gutes sich niemals ablösen. Und darin wurzelt sein eigentümliches geschichtliches Schicksal, ob und in welchen Zeiten sich ein lebender Geist findet, der es wiedererkennt. Von einem Sein des geistigen Gutes im Sinne geschichtlichen Bestehens kann man überhaupt nur in solchen Zeiten sprechen, in denen es einen wiedererkennenden Geist gibt, dem es zufällt, und dem es damit aufs neue zum geistigen Gute, und zwar zu dem seinigen, wird.

Nach zwei Seiten erweist sich so der objektivierte Geist auf den lebenden Geist bezogen und von ihm abhängig. Er ist ursprünglich an den schaffenden, sodann aber an den wiederfindenden Geist gebunden; man kann auch sagen, an den hergebenden und an den aufnehmenden, an jenen mit seiner Entstehung, an diesen mit seinem Fortbestehen, resp. Wiedererstehen. Jene erste Gebundenheit löst sich im Wandel des lebenden Geistes auf und bleibt dann ein für allemal aufgehoben. Die letztere bewegt sich in eben diesem Wandel mit fort, oder sie setzt in ihm wieder und wieder ein. Wo auch sie verlorengeht, da geht mit ihr zugleich der objektivierte Geist verloren.

Man darf sagen: der objektivierte Geist ist nicht nur jederzeit auf den lebenden angewiesen, sondern ihm auch recht eigentlich mit seinem geschichtlichen Schicksal „ausgeliefert". Er hat sein Schicksal nicht in sich, sondern außer sich, im jeweilig lebenden Geiste; was freilich nicht ausschließt, daß auch er seinerseits diesem zum Schicksal werden kann. Wie er jedem Mißverstehen und jeder Verunstaltung ausgeliefert ist, so auch der Vergessenheit, dem Verkanntwerden, ja der völligen Vernichtung. Denn nur der lebende Geist ist tätig, schöpferisch; sein ist die Initiative im Spürsinn für die vergrabenen Schätze vergangenen Geistes, sein die Spontaneität des „Ausgrabens". Sein aber ist zuzeiten auch der Zerstörungswille. Er kann achtlos Götterbilder zerschlagen, Städte und Tempel verwüsten, Handschriften verbrennen.

Er kann aus Verblendung oder Aberglauben Unwiederbringliches vernichten. Er kann aber auch Vorgefundenes ehrfürchtig bewahren und hochhalten. Er kann das selbst dann, wenn ihm selber das objektivierte geistige Gut im Vorgefundenen weder verständlich noch überhaupt zugänglich ist. Es gibt eben auch das dunkle, ahnungsvolle Wissen um ungehobene und zurzeit unhebbare Schätze des Geistes. Ja, es gibt blinde Verehrung des Unverstandenen als solchen, nicht weniger als es blinde Zerstörung gibt. Und im geschichtlichen Schicksal des objektivierten Geistes spielt gerade sie eine ausschlaggebende Rolle. Denn lebender Geist nährt in der Intensität eigenen Aufstrebens meist auch eine Art instinktiven Bewußtseins großer Vergangenheit; von den Trümmern einstiger Kulturen her berührt es ihn wie ein Mysterium, an unverstandenen Inschriften haftet ihm der Zauber des Geheimnisses. Er ist zum voraus erfaßt von dem, was er nicht faßt. Und aus dem Erfaßtsein resultiert die Tendenz zum Erhalten und Verstehen, die im Fortgange zum wirklichen Wiederfinden und Wiedererkennen werden kann. Diesem dämmernden Bewußtsein der Scheu und des Ahnens gegenüber sind Zeiten barbarischer Zerstörung wohl mehr als die Ausnahmen zu verstehen.

II. Abschnitt.

Geschichtliches Sein des objektivierten Geistes.

50. Kapitel. Die „Anforderung" in der Objektivation.

a. Erhaltung und zeitliche Diskontinuität.

Das Phänomen des objektivierten Geistes ist mit diesen Bestimmungen in seinen Grundzügen beschrieben. Es ist darin einerseits in seiner tiefen Verschiedenheit vom objektiven Geiste und seiner ganz anderen Seinsweise zur Geltung gekommen, andererseits aber auch in seinem Zusammenhang mit ihm erfaßt. Hält man nun fest, daß aller objektivierte Geist 1. einen lebenden Geist voraussetzt, der ihn als sein Gut erarbeitet und schafft, 2. durch seine Bindung an ein sinnliches Realgebilde von ihm abgelöst wird, 3. aber in der Ablösung doch dauernd auf lebenden Geist angewiesen bleibt, „für" den er ist, was er ist, so darf das Phänomen damit als so weit geklärt gelten, daß wir die oben aufgeworfene Frage wieder aufnehmen können, „was" eigentlich in ihm sich zeitlich erhält.

Die Schwierigkeit der Frage hing daran, daß in Zeiten der Vergessenheit von einem eigentlichen Sein des geistigen Gutes garnicht die Rede sein kann. Das Dichtwerk, das in einer Handschrift in der Bibliothek ruht, das Bildwerk, das im Schutt vergraben liegt, ist „so" jedenfalls für niemanden da. Und da es kein anderes Sein hat als das Sein „für" jemand, so hat es auf diese Weise überhaupt kein Sein. Man kann auch nicht sagen, daß die Gestalten der Dichtung „in der Bibliothek ruhen und verstauben", so wenig als man sagen kann, Heroen und Götter lägen verschüttet unter Trümmern da. Nur ein dinglich Reales kann verstauben oder vergraben sein, jene Gestalten aber haben keine Realität. Das Schicksal des Pergamentes, der vergilbenden, abgewaschenen, wieder überschriebenen Schrift, oder das des verwitternden Steines, ist nicht das Schicksal der Gestalten, die dem Schauenden in ihnen erscheinen. Und dennoch hängt dieses Schicksal mit jenem zusammen, steht in unverkennbarer Abhängigkeit von ihm.

Hier liegt nun der Punkt der Frage, der noch ungeklärt ist. Soll man sagen, im Schrifttum erhalte sich nichts als die Schrift? Es ist dann zwar kontinuierliche Erhaltung, aber nur die des Dinges, nicht des Geistes. Oder soll man sagen, es erhielten sich die Gestalten der Dichtung? Dann ist es zwar Erhaltung des Geistes, aber eine diskontinuierliche, und insofern wiederum vielmehr keine eigentliche Erhaltung. Es käme so auf ein Dasein nur in bestimmten Zeiten, ein Nichtdasein in anderen

Zeiten heraus. Damit wird man wohl dem „Ausgeliefertsein" des geistigen Gutes an den Wandel des lebenden Geistes gerecht, nicht aber der bewegenden Kraft, die von ihm ausgeht und auch da sich erhält, wo es verkannt und unverstanden schlummert.

Es ist wahr, das Gut besteht nur für einen Geist, der die Einstellung findet, in der es sich sehen läßt. Und dieses Finden ist Sache des lebenden Geistes. Andererseits muß es doch auch einen Grund haben, warum immer wieder die Einstellung gefunden wird. Denn es gibt Werke der Literatur und Kunst, an denen sich mehrfach im Wandel der Zeiten ein Wiedererstehen vollzieht. Sie rücken dann jedesmal mit ihrem geistigen Gehalt wieder ein in den lebenden Geist, werden sein geistiges Gut und wirken in ihm fort, formen und bewegen ihrerseits ihn.

b. Selektion der Zeitalter. Falsche Angleichung an das ideale Sein.

Es muß also doch auch so sein, daß von ihnen dauernd so etwas wie eine Kraft ausgeht. Nicht freilich da, wo sie vergraben und vergessen sind, wohl überall da, wo sie bloß unverstanden sind. Die Realgebilde sind sichtbar, bieten sich auch dem nicht begreifenden Blick sinnlich dar. Sie lassen dem lebenden Geiste gleichsam keine Ruhe, halten ihn in Schach, zwingen ihn wieder und wieder, mit dem „Werk" zu ringen, dessen Gehalt er ahnt. Übersieht man das Gesamtschicksal einer großen Dichtung auf größere geschichtliche Zeitstrecken hin, so fällt es auf, daß sich an ihr die Zeitalter seligieren — in solche, die sie fassen, und solche, die sie nicht fassen. Es scheiden sich damit die geschichtlich individuellen Artungen lebenden Geistes in solche, für die die Gestalten der Dichtung ein Sein haben, und solche, für die sie kein Sein haben.

Aber nicht die Gestalten der Dichtung wandeln sich dabei, sondern der lebende Geist. Freilich erscheinen auch sie gewandelt je nach der Auffassung oder der Vorliebe des jeweilig lebenden Geistes für bestimmte Seiten. Aber dieser Wandel bewegt sich in Grenzen, die ihm durch den Charakter der Gestalten gezogen sind; er hat nicht die gleiche Beweglichkeit, wie der lebende Geist sie in seinen eigenen Schöpfungen hat. Die Konstanz der Grundzüge bleibt in ihm das Zentralphänomen.

Das alles indessen, so unbestreitbar die Phänomene sind, läßt doch zunächst die Aporie der Erhaltung nur noch schwieriger erscheinen. Macht man nämlich mit dem Gedanken Ernst, daß von der unverstandenen Objektivation dauernd eine Art „Kraft" ausgeht, so sieht man sich dahin gedrängt, dem geistigen Gehalt auch ein verselbständigtes Sein zuzuschreiben, etwa nach Art des „idealen Seins", wie es in der Geschichte der Metaphysik oft dem Ideenhaften, dem Allgemeinen, der essentia beigelegt worden ist. Mit einer solchen Metaphysik des geistigen

Seins aber entfernt man sich in bedenklicher Weise vom Phänomenbestand. Dafür sind die folgenden Punkte maßgebend.

1. Ideales Sein müßte absolute Überzeitlichkeit und Übergeschichtlichkeit haben. Seine Erhaltung wäre eine vollkommene, wäre vielmehr reine, zeitlose Identität. Geistiges Gut aber ist etwas Entstandenes und Vergängliches, es erhält sich nur relativ. Es ist nicht nur der Vernichtung, sondern auch einem gewissen Wandel in der Auffassung des lebenden Geistes ausgesetzt.

2. Ideales Sein ist dadurch charakterisiert, daß es rein für sich ohne jede Bindung an etwas Reales besteht und ohne den Anhalt am Realen — ja sogar in einem gewissen Gegensatz zu ihm — rein in sich selbst erfaßt werden kann. Das gilt für reine Wesenheiten, für mathematische Gesetzlichkeit, für die Grundtypen des Wertreiches. Gehörten also die Gestalten der Dichtung, die Weltbilder der Wissenschaft und Philosophie, die mythischen Vorstellungen dem Reiche idealen Seins an, so bedürften sie zu ihrer geschichtlichen Erhaltung überhaupt nicht des geformten Realgebildes (des Schrifttums, des Steines usf.); sie wären jederzeit autonom und ohne die Führung durch Werke eines vergangenen Geistes in sich selbst erschaubar; sie müßten in rein spontaner Schau jedem Geiste wieder erstehen, der für sie das Auge hat. Das gerade trifft auf sie in keiner Weise zu. Vielmehr ein neuer Dichter in neuer Zeit stellt durchaus neue Gestalten hin, ein neuer Denker erdenkt ein neues Weltbild. Auch die Wiederkehr gewisser Grundmotive kann darüber nicht täuschen. Geistiges Gut ist geschaffenes Gut. Und es wird als dasselbe nicht zweimal geschaffen.

3. Ideales Sein besteht keineswegs bloß „für" jemand, sondern an sich. Es ist auf keine Gegenleistung lebenden Geistes angewiesen. Und hier liegt der Grund sowohl für seine Überzeitlichkeit als auch für seine Unabhängigkeit von Realgebilden irgendwelcher Art. Für Ansichseiendes aber ist es charakteristisch, daß es indifferent gegen alles Erfaßtsein dasteht; indifferent also auch gegen sein eigenes Gegenstandsein. Das geistige Gut aber hat kein anderes Sein als sein Gegenstandsein für einen lebenden Geist. Es ist ohne den letzteren als Gegenfaktor garnicht vorhanden.

c. Das Ansinnen der Objektivation an den lebenden Geist.

Der objektivierte Geist ist seiner Seinsweise nach in das dreigliedrige Verhältnis eingespannt. Er ist und bleibt gebunden an das Realgebilde einerseits, den lebenden Geist andererseits. Er ist zweiseitig getragen. Das unterscheidet ihn radikal vom idealen Sein — genau so sehr wie das Erscheinen ihn vom realen scheidet.

Hier liegt offenbar der Punkt, an den man sich halten muß, wenn man der Frage nachgeht, was eigentlich in ihm sich geschichtlich „erhält". Man wird demnach die Antwort nicht scheuen dürfen, die sich schon oben aufdrängte: es erhält sich unmittelbar nur das sinnliche Realgebilde, nicht der „mitgegebene" Geist. Was in der Bibliothek ruht, ist durchaus nur das beschriebene Pergament; was im Schutt vergraben liegt, ist nur der geformte Stein, nicht die Gottheit. Und darum ist die Erhaltung des geistigen Gutes an die Zufälligkeit der dinglichen Erhaltung von Pergament und Stein gebunden.

Zugleich aber ist es offensichtlich, daß damit nur die Hälfte der Sachlage getroffen ist. Denn eben das ist das Eigentümliche dieser Erhaltung, daß sich mittelbar noch mehr erhält, noch ein Anderes. Man darf dieses Andere nur nicht gleich im geistigen Gute selbst suchen. Es sind nicht direkt die Gestalten der Dichtung, die Weltbilder, die Gottheiten, die sich im Realgebilde erhalten. Damit würde man deren Seinsweise verkennen und zugleich das Gegenglied des lebenden Geistes ignorieren, der das sich nicht erhaltende Element in der Seinsweise des geistigen Gutes ausmacht. Jene Gestalten und Weltbilder können sich nicht ohne ihn erhalten, obgleich gerade er der sich wandelnde Faktor ist.

Es kann sich also nur darum handeln: gibt es etwas an der Objektivation über das Realgebilde hinaus, was sich mit ihm unabhängig vom Wandel des lebenden Geistes erhält? Es könnte das nur etwas sein, was weder mit dem Realgebilde selbst noch mit dem getragenen geistigen Gut, noch auch mit dem Verstehen des lebenden Geistes zusammenfällt.

Es wurde oben gezeigt, wie auch das unverstandene Werk von Menschenhand als solches kenntlich ist und einen eigentümlichen Anreiz ausübt: es verrät den Menschengeist, der es geschaffen und sich in ihm objektiviert hat, lange bevor dieser in seiner besonderen Artung wiedererkennbar wird. Die Schrift und der geformte Stein haben in der Art ihrer Realform selbst schon etwas an sich, was den lebenden Geist, wenn er ihrer ansichtig wird, jederzeit herausfordert, ihm auf den Grund zu gehen. Es geht so vom Realgebilde der Objektivation in der Tat eine an ihn gerichtete Anforderung aus, ein an ihn gestelltes und von ihm auch als solches empfundenes Ansinnen.

Auch dieses Ansinnen ist kein reales — nur ein lebender Geist kann ein wirkliches Ansinnen stellen —, es ist ebensosehr nur ein erscheinendes Ansinnen, wie der geistige Gehalt nur erscheinender Gehalt ist. Es ist von diesem nur durch das vorausgesetzte Maß des Verstehens verschieden. Denn schon ein Mindestmaß von Fühlung, wie es der lebende Geist auch auf niederster Stufe mitbringt, genügt, um generell das Ansinnen herauszuempfinden. Wie denn vom schaffenden Geiste, der das Gebilde formte, auch tatsächlich das Ansinnen gestellt ist, ja wie Schriftzeichen und Materialformung von ihm eben daraufhin angelegt sind, es fühlbar zu machen.

Es gibt viele Abstufungen des nicht verstehenden Geistes. Ihnen allen aber ist es eigen, daß sie vorgreifend ein Wissen um das haben, was sie nicht inhaltlich fassen. Wer eine Sprache nicht versteht, weiß doch im Hinhören, daß es um Mitteilung und Gedankenaustausch geht. Wer nicht lesen kann, sieht dennoch, daß die Schrift etwas besagt. Wer wohl lesen, aber den Gedanken nicht fassen kann, hat doch ein Wissen darum, daß es sich um bestimmten gedanklichen Gehalt handelt; und von diesem Wissen geht der Anreiz aus, den Gehalt zu erfassen. So kann noch der Barbar in der Schrift das ihm verschlossene Geheimnis ahnen. Daß Sinn und Bedeutung darin ist, weiß er vor allem Lesenkönnen; daß er den Sinn der Runen primitiv als Zauber deutet, ändert daran nichts. Die Formen, in denen der Anreiz von der geformten Materie ausgeht, sind mannigfaltig. Aber das Ansinnen als solches wird immer darin empfunden. Und es erhält sich mit der geformten Materie, trotzdem es selbst nur erscheinendes Ansinnen ist, weil lebender Geist, solange es Menschengeschichte gibt, immer da ist und bei jeder Berührung mit geschaffenem Menschenwerk den gleichen Anreiz erfährt.

d. Anforderung und Ansprechen.

Man kann das auch so aussprechen: da der lebende Geist das Gegenglied des Realgebildes in der Relation ausmacht, in der allein das objektivierte geistige Gut erscheinen kann, so ist in allem Wandel des lebenden Geistes dafür gesorgt, daß das Erscheinen überhaupt möglich sei, solange das Realgebilde sich erhält und sinnlich zugänglich ist; denn das Gegenglied ist immer vorhanden. Alles übrige hängt an der Artung des lebenden Geistes. Empfindet er am Realgebilde nur die Anforderung, so wird er des ungehobenen Gehaltes wohl dunkel inne, aber nicht habhaft; findet er dazu auch noch die Einstellung, von der aus er diesen verstehen kann, so bringt er damit ihn zur Erscheinung.

Freilich der Begriff der Anforderung, und mit ihm der des Anreizes oder des Ansinnens, ist hier nur ein Gleichnis, und nicht in jeder Hinsicht ein zureichendes. Es handelt sich nicht um Anforderung, die von irgendjemand willentlich gestellt würde. Auch der Bezug auf den schaffenden Geist, der wirklich eine Anforderung mit seinem Werk verbindet, ändert daran nichts. Denn er gerade ist nicht mehr da, sie zu stellen. Der Epigone hat es nur mit dem Werk zu tun, und was er in ihm empfindet, besteht nur „für" dieses sein Empfinden.

Das Gleichnis drückt vielmehr nur die Wirkung des Realgebildes auf den lebenden Geist aus. Dieser eben empfindet auch die unverstandene Geformtheit schon als an ihn gestellte Anforderung. Er fühlt sich vom

Werke erfaßt, bevor er selber es erfaßt; es läßt ihn nicht mehr los, reizt ihn zum Eindringen. Und es ist bekannt, wie Gewaltiges dieser Reiz auslösen kann. Er kann in Epochen entwickelter Forschung bis zur Rekonstruktion toter, verschollener Sprache und Literatur führen.

In der Regel freilich ist der Umweg nicht so groß, das Rätsel leichter lösbar. Handelt es sich doch gemeinhin um geschichtlich näheren, auch noch in lebender Überlieferung zugänglichen Geist. Auch in der noch verständlichen Sprache, oder in der noch erlernbaren, gibt es das Überleben des Schrifttums. Vollends die bildenden Künste reden ohnehin eine jederzeit wenigstens grundsätzlich verständliche Sprache. Man kann dann sagen, das Realgebilde spricht uns noch unmittelbar an, und es genügt der Einsatz im Hinschauen, Lesen, in Hingabe und Versenkung. Aber auch dieses „Ansprechen" ist noch derselbe an uns gestellte und von uns empfundene „Anspruch". Und insofern handelt es sich auch hier um dieselbe Anforderung, die vom Realgebilde ausgeht.

Und — so darf man jetzt hinzufügen — eben darin, daß die Anforderung dauernd an jeden lebenden Geist ergeht, der auf das geschaffene Werk stößt, besteht jenes „Mehr" an Erhaltung, jenes Andere, das sich mit dem geformten Realgebilde erhält.

51. Kapitel. Geschichtlichkeit und Überzeitlichkeit.

a. Die Objektivation und der ihr adäquate Geist.

Es mußte oben in der ersten Untersuchung des objektivierten Geistes vorläufig von seiner Geschichtlichkeit abgesehen werden. Im Fortgange der Untersuchung aber hat sich das Problem seiner Geschichtlichkeit ganz von selbst wieder eingestellt. Dieselbe Teilfrage, die Frage nach dem Modus der Erhaltung, die jenes Absehen notwendig machte, hat auch wieder auf die Perspektive der Zeitlichkeit zurückgeführt. Die letzten Betrachtungen aber haben gezeigt, daß die ganze Seinsweise des objektivierten Geistes nahezu mit seiner Geschichtlichkeit zusammenfällt. Und da die letztere sich als eine andere erwiesen hat als die des lebenden Geistes, so liegt auch die weitere Problemkette der Seinsweise ganz und gar bei der Herausarbeitung der besonderen Art seiner Geschichtlichkeit.

Die Dreigliedrigkeit des Verhältnisses zeigte, daß das geschichtliche Sein des objektivierten Geistes ein doppelseitig getragenes ist. Nicht das Realgebilde allein ist Träger — wie es anfangs scheinen konnte —, sondern der lebende Geist trägt mit. Diese beiden tief heterogenen Faktoren gehören stets dazu. Sie bilden die Glieder einer Korrelation, in deren Zustandekommen allein das geistige Gut als solches „da ist". Die Korrelation ist keine beständige oder unlösbare, wie ja auch das Dasein des geistigen Gutes kein unvernichtbares ist. Sie löst sich zwar nicht so leicht ganz auf; auch wo sie sich nicht zur Vollständigkeit rundet, bleibt doch gemeinhin der Ansatz zu ihr bestehen — im empfundenen „Ansinnen" —, und der Ansatz genügt, das geistige Gut nicht ganz verschwinden zu lassen. Aber sie kann sich auch ganz auflösen, und dann hört der objektivierte Geist auf, geschichtlich zu „sein".

Bezeichnet man nun denjenigen lebenden Geist, der als Gegenglied der Korrelation zureichend ist, der also für ein Verstehen des geistigen Gutes zureicht, als den „ihm adäquaten" Geist, so kann man auch umgekehrt sagen, daß jeder geistige Gehalt, der in einem Realgebilde objektiviert und zugänglich ist, jederzeit für jeden ihm adäquaten Geist „da ist". Setzt das Vorhandensein des adäquaten Geistes für eine bestimmte Objektivation garnicht aus, so besteht auch deren geistiger Gehalt ununterbrochen in der Geschichte fort; er findet im Wandel des fortlebenden Geistes die lückenlose Kontinuität zureichender Einstellung. So leben gewisse Gestalten der Dichtung bei ununterbrochener Fortentwicklung einer und derselben Kultur — sei es in einem Volke oder in einem Kulturkreise — auch ununterbrochen fort. Die adäquate Einstellung tradiert sich dann selbst einfach weiter, und sie behält in gewissem Spielraum der Abänderung immer dieselben Grundelemente im lebenden Geiste.

Anders, wenn geschichtliche Umbrüche im Geistesleben stattfinden, wenn alte Kulturen zugrunde gehen, neue auf veränderter Basis entstehen. Da verschwindet zeitweise das geistige Gut, um dem neuen lebenden Geiste erst in gereifterer Entwicklungsphase zugänglich zu werden. Denn das Sichdarbieten des alten objektivierten Gehaltes besteht so lange fort, als die hinterlassenen Realgebilde noch vorhanden sind. Es hängt am anderen Faktor der Korrelation. Und er lebt auf, so oft der lebende Geist sich der Adäquatheit für ihn nähert.

b. Adäquatheit und geschichtliches Bewußtsein.

Dieser umgekehrte Aspekt des Verhältnisses ist insofern von besonderem Interesse, als an ihm die Unabhängigkeit des objektivierten Geistes in der Geschichte vom geschichtlichen Bewußtsein des lebenden Geistes greifbar wird.

Das ist durchaus nicht selbstverständlich. Bei der Abhängigkeit des objektivierten Geistes vom Verstehen des lebenden Geistes sollte man eigentlich das Gegenteil erwarten. Es liegt doch nichts näher, als daß ein Verstehen der Werke des vergangenen Geistes eine einfache Funktion des geschichtlichen Wissens um eben diesen vergangenen Geist sei.

Es ist denn auch eine weitverbreitete Ansicht — vom Historismus unserer Tage noch besonders genährt —, daß man die Kunst, die Dichtung, die Weltanschauung einer vergangenen Epoche nur aus dem geschichtlichen Wissen um den Gesamtgeist (das ganze „Leben") dieser Epoche heraus verstehen könne. Diese Ansicht hat eine wahre Jagd nach realenzyklopädisch-geschichtlichem Wissen sowie nach biographischen Einzelheiten entfesselt, angeblich zum Verständnis des Dichters, des Denkers, des Künstlers. In Wahrheit steht dahinter ganz anderes, teils das verselbständigte Interesse am geschichtlichen Wissen selbst, teils kleinmenschliche Neugier nach dem Allzumenschlichen, das auch den Großen anhaftet. Darüber konnte man es fast vergessen, daß der Künstler als Künstler stets nur aus seinen Werken, der Dichter aus seiner Dichtung, der Denker aus seinen Gedanken zu verstehen ist.

Soviel freilich ist daran wahr, daß geschichtliches Wissen um die Epoche den Schlüssel zu vielen Einzelheiten bietet, insonderheit soweit es sich um das Inhaltlich-Thematische der Künste, um Anlässe, Motive oder weltanschauliche Hintergründe handelt. Die Verwurzelung der Künste in Mythos, Religion und Kult gibt dem einen gewissen Boden.

Sobald man das aber verallgemeinert, ergibt sich ein barer Widersinn. Was sind denn die Quellen des Historikers, der vor dem Verstehen der Werke über Leben und Geist der Epoche belehren will? Im Grunde geht ja vielmehr all unser geschichtliches Wissen und Verstehen den einen Weg über die bestehen gebliebenen Reste objektivierten Geistes. Das sind freilich nicht Kunstwerke und Dichtungen allein. Das ganze erhaltene Schrifttum, ja Objektivationen aller und jeder Art gehören dazu. Alles, was der Historiker als „Quelle" bezeichnet, ist eben Objektivation — sei es im Selbstzeugnis der Epoche von sich selbst, sei es im Zeugnis der Späteren. Die Objektivation aber ist es gerade, was in jedem Falle zuvörderst dem Wiedererkennen unterliegt. Das aber ist dasselbe Wiedererkennen, das man durch geschichtliches Wissen unterbauen wollte. Man hat somit eben das vorausgesetzt, was man ermöglichen wollte. Man hat sich im Zirkel bewegt.

Sieht man genauer zu, so ist das Verhältnis selbst bei den Künsten noch eher das umgekehrte. Gerade das Kunstwerk oder Dichtwerk, das aus fremder Kultur stammt und uns mit fremdem Geiste anweht, kann uns den Einblick in diesen Geist noch am ehesten konkret erschließen. Es kann das auch gerade da, wo anderweitiges geschichtliches Wissen versagt. Was wüßten wir denn vom Geist der Griechen, ihrem wirklichen Leben und Treiben, wenn wir ihre Dichtung, ihre Plastik, ihre Bauten nicht wenigstens im Ausschnitt hätten? Was uns Spätere darüber berichten, würde zu einem anschaulichen Bilde nicht ausreichen.

Das geht noch einen Schritt weiter. Denn nicht um unser Wissen allein handelt es sich. Das Kunstwerk will in künstlerischer Schau wiedergewonnen sein. Und um das Wiederfinden der adäquaten Einstellung in dieser Schau handelt es sich. Das Wiederaufleben einstiger Kunst und Dichtung, das Aufkommen der großen Renaissancen in der Geschichte hat niemals mit historischem Wissen begonnen. Es hat jedesmal ein solches nach sich gezogen und sich dann freilich an ihm weiter intensiviert. Der ursprüngliche Antrieb aber liegt im autonomen Aufkommen eines künstlerischen Geschmacks und Formensinnes, der sich den großen Meisterwerken der Vergangenheit als adäquat erwies. Was diesen Formensinn hervortreibt, entzieht sich der Beurteilung. In den äußeren Anlässen — die man öfters dafür geltend macht — sind die Gründe gewiß nicht zu suchen. Sie gehören der eigenartigen Entwicklung des lebenden objektiven Geistes an. Und diese läßt sich, gleich der des Individuums, nur beschreiben, nicht erklären.

c. Adäquatheit und Kontinuum des lebenden Geistes.

Noch einem anderen Mißverständnis kann man von hier aus begegnen. Es liegt nahe zu glauben, daß objektivierter Geist nur dann eine Wiedergeburt erfahren könne, wenn etwas von demjenigen lebenden Geist, der ihn geschaffen und fixiert hat, noch fortlebt. Ein solches Fortleben besteht nicht in geschichtlichem Wissen, hat mit ihm gar nichts zu tun; es besteht im „stillschweigenden" Hineinragen des Vergangenen in die Gegenwart, der Geist von einst ist noch nicht tot, er lebt gewandelt fort, ist unbemerkt gegenwärtig.

Es liegt nun nahe, die Renaissance der griechischen Kunst darauf zurückzuführen, daß sich etwas vom Kunstempfinden der Griechen auch direkt in der künstlerischen Tradition der europäischen Völker kontinuierlich erhalten habe — über das späte Römertum und die lateinische Bildung des Mittelalters. In diesem Falle liegt die Sache freilich so, daß ein direktes Fortleben nicht ausgeschlossen ist; immerhin sind diese Fäden dünn, und eine Fülle eigener Antriebe steht dagegen. Ja, selbst wenn sie breiter wären, dürfte man doch nicht generell schließen, ein Kontinuum künstlerischer Tradition — auch ein latentes, das seine Ursprünge nicht mehr kennt — sei notwendige Voraussetzung für die geschichtliche Wiedergeburt vergangener Kunst.

Denn es lassen sich dem andere Beispiele entgegenstellen, bei denen von einem Kontinuum keine Rede sein kann. Sehr einleuchtend wird das, wenn man das Erwachen unseres Verständnisses für chinesische und japanische Kunst betrachtet. Hier liegt jedenfalls kein nennenswerter Einfluß von Ostasien her im Wandel des europäischen Kunstschaffens und -Verstehens vor. Dieses hat sich jahrhundertelang auf einer durchaus anderen Linie bewegt, und das Einsetzen des Verstehens mußte eine Kluft tiefer Fremdartigkeit überwinden. Es ist vielmehr so, daß innerhalb der eigenen autonomen Entwicklungslinie schließlich eine Phase einsetzt, die aus sich heraus den perspektivischen Punkt findet, von dem aus jene Kunstwerke ihm allererst als solche „sichtbar" werden. Dasselbe gilt vom Erwachen des Sinnes für ägyptische, babylonische, indische Kunst, ja für die von noch weit entlegeneren Kulturen, die der Primitiven, der Höhlenmenschen ferner Urzeit u. a. m.

Man mag das geschichtliche Einsetzen des Verstehens in bestimmter Zeit hier überall wohl zufällig nennen. In der Tat wird man im geschichtlichen Schicksal objektivierten Geistes dem „Zufall" eine gewisse Rolle einräumen müssen. Sofern das Erwachen solchen Verstehens aber gerade in eine Epoche fällt, die sich auf allen Gebieten dem Fremden und Heterogenen mit ausgesprochener Hingabe zuwendet, so wird doch auch die Zufälligkeit wieder sehr fragwürdig. Und man müßte eher eine Art Gesetzlichkeit der Selbstentfaltung des lebenden Geistes darin erblicken.

Zum mindesten wird sich festhalten lassen, daß die Eigentendenz solcher Zuwendung und Hingabe selbst in dem inneren Entwicklungsgange des künstlerischen Empfindens ihre sehr bestimmten Gründe habe. Vielleicht darf man dafür eine Bestätigung in der bekannten Beobachtung finden, daß Epochen solcher Zuwendung — gleichsam des Expansivwerdens von Geschmack und Verstehen — nicht eben die des bahnbrechenden Vordringens auf der eigenen Linie sind.

d. Zeitlichkeit des geschichtlichen Seins und Zeitlosigkeit des Gehalts.

Über alle Fragen dieser Art hinaus bildet aber die Zeitgebundenheit des geschichtlichen Seins — so wie wir sie in der Abhängigkeit vom Fortbestehen des Realgebildes einerseits, vom Auftreten des adäquaten Geistes andererseits gefunden haben — noch ein besonderes Problem. Denn dieser Zeitgebundenheit steht die vielberufene Überzeitlichkeit des Kunstwerkes, ja des geistigen Gutes überhaupt entgegen. Es handelt sich hierbei nicht mehr um die oben abgewiesene Ansicht, objektivierter Geist habe ein ideales Ansichsein. Diese Auffassung gehörte einer anderen Problemkette an — der des Erhaltungsmodus —, sie ließ sich in einer relativ einfachen Überlegung als irrig erweisen. Damit aber ist der Anspruch auf Zeitlosigkeit nicht erledigt.

Daß die Gestalten der Dichtung nicht in die Realität eintreten, dem in ihr waltenden Entstehen und Vergehen nicht unterliegen, ja direkt aus ihr — d. h. aus der jeweilig realen Ereignisfolge, Sachlage, Situation, Aktualität — vollständig herausgehoben sind, wird ihnen niemand bestreiten. Daß sie, so oft die Betrachtung zu ihnen zurückkehrt, sich unentwegt als dieselben darstellen, nie vom Strom des Geschehens erfaßt oder verändert erscheinen, ist nicht zu bezweifeln. Sollte es nun etwa so sein, daß diese Überzeitlichkeit nur eine eingebildete wäre?

Und rührt etwa das Vorurteil daher, daß man die geschichtlich relative Erhaltung des Kunstwerks über den Künstler und seine Zeit hinaus vorschnell für zeitloses Sein, für eine Art Ewigkeit des Geistes hält? In dem Falle wäre der Irrtum ein gröblicher und keiner Widerlegung wert. Schon die einfache Zerbrechlichkeit des Realgebildes würde ihn entwurzeln.

Indessen so einfach ist die Sachlage doch nicht. Freilich gibt es die Verwechslung von geschichtlicher Erhaltung mit echter Zeitlosigkeit, aber nur in der Theorie. Aber nicht um sie handelt es sich, denn im Leben selbst und in der Hingegebenheit an das Werk wird niemand das Herausgehobensein der Gestalten einer Dichtung mit der Dauer der Schrift identifizieren. Das Wesen der Sache ist vielmehr, daß es einen bestimmten Sinn der Überzeitlichkeit sehr wohl gibt, der gewissen Arten des geistigen Gutes zukommt, und zwar keineswegs bloß in den Schöpfungen von Kunst und Dichtung.

Zur Klärung der Sachlage kommt es offenbar darauf an, den Charakter dieser Überzeitlichkeit genau zu bestimmen. Erst dann läßt sich deren Vereinbarkeit mit dem Gesetz der eingeschränkten geschichtlichen Erhaltung diskutieren.

Halten wir uns zunächst an das Kunstwerk. Was ist es mit seiner Überzeitlichkeit? Offenbar betrifft sie weder das Realgebilde noch seine Transparenz für den geistigen Gehalt des Hintergrundes; und sie betrifft erst recht nicht das Erscheinen dieses Gehaltes für den Beschauer. Eben dieses Erscheinen ist ja vielmehr noch außerdem an das Dasein und die Einstellung des Beschauers geknüpft, was beides nur in bestimmter Zeit spielt. Die Überzeitlichkeit betrifft in Wahrheit ausschließlich den Gehalt des Hintergrundes als solchen; sie ist an ihm jederzeit als für ihn wesentlich empfindbar, sofern nur man ihn rein in sich betrachtet — und das will heißen, sofern man von seinem charakteristischen „Sein für den Beschauer" absieht.

Dieses Absehen aber ist nicht etwas, was man erst besonders zu vollziehen brauchte. Es ist vielmehr im künstlerischen Schauen und Hingegebensein immer schon vollzogen. Der Schauende eben schaut sein eigenes tätiges Zutun nicht gegenständlich mit. Es erscheint ihm nicht mit in den erscheinenden Gestalten. Er weiß nicht darum und braucht darum nicht zu wissen. Für ihn ist die Versenkung in das Geschaute zugleich das vollkommene Absehen von sich; sie ist Vergessenheit seiner selbst wie der realen Mitwelt. Und darum liegt in ihr auch stets ein Absehen vom „Für-ihn-Sein" des Geschauten; oder richtiger, er braucht davon gar nicht erst besonders abzusehen, denn in seinem Schauen hat er darauf noch gar nicht reflektiert. Hat er aber als philosophisch Denkender darauf reflektiert, so ist der Modus des Für-ihn-Seins ihm dennoch im künstlerischen Schauen nicht gegenständlich am Geschauten präsent. Er schaut nach wie vor im Absehen von ihm.

e. Erscheinende Zeitlosigkeit und erscheinende Idealität.

Und hier setzt nun das eigentlich Merkwürdige ein: das Absehen des Beschauers von sich selbst und vom „Für-ihn-Sein" dessen, was ihm erscheint, läßt dieses ihm Erscheinende nicht in einen Schein der Realität zurückfallen. Keine vorgetäuschte Wirklichkeit, keine Illusion ist die Folge. Gerade im Absehen vom Für-ihn-Sein bleibt doch ein Wissen um die Irrealität und das Bloß-Erscheinung-Sein. Dennoch ist das, was ihm erscheint, in eine Objektivität erhoben, die es in seinem Empfinden von eben diesem seinem Empfinden unabhängig erscheinen läßt. Aber es ist eine „andere Objektivität" als die der realen Welt, in welcher der Beschauer lebt. Und gerade aus dieser realen Welt herausgehoben steht ihm das Geschaute da — und zwar ebensosehr, als es ihm aus der Subjektivität seines Dafürhaltens herausgehoben erscheint.

Das ist es, warum die Gestalten der Dichtung, warum Leben und Bewegtheit der plastischen Figuren, die Raumtiefe der gemalten Landschaft, Gesichts- und Charakterzüge im Porträt dem Beschauer ins Zeitlose erhoben erscheinen. Wenn sie ihm Realität vortäuschten, so müßten sie ihm eben damit auch in den Realzusammenhang und seine Zeitlichkeit eingeordnet erscheinen. Sie erscheinen ihm aber gerade herausgehoben. Sie stehen, rein inhaltlich gesehen, ebensosehr aus der Zeit wie aus dem Raume herausgelöst da. Und damit sind sie dem Realzusammenhang enthoben.

Daß die geschaute Bewegtheit, das geschaute Leben selbst wiederum eine zeiträumliche Geformtheit enthält, tut dem keinen Abbruch; genau so wenig wie die geschichtlich zeitliche Einkleidung eines Dramas mit seinen Personen und deren Schicksalen an dem Herausgehobensein etwas ändert. Daß der „Wallenstein" im Dreißigjährigen Kriege „spielt", betrifft nur die im Stück erscheinende Zeit. Die „Zeit im Stück" ist nicht die Zeit, in der das Stück aufgeführt und vom Zuschauer erlebt wird. Reale Zeit ist nur die letztere; aber nicht sie erscheint dem Zuschauer, sondern die andere, ins Zeitlose erhobene Zeit. Es ist damit dasselbe wie mit der erscheinenden Räumlichkeit und dem erscheinenden Licht im gemalten Bilde; es ist nicht der Raum, in dem das Bild hängt, nicht das Licht, das auf das Bild fällt. Realräumlich betrachtet ist die erscheinende Räumlichkeit überall und nirgends, d. h. sie ist realiter raumlos (hat keinen Ort im wirklichen Raum). Genau so ist auch das Herausgehobensein der dramatischen „Zeit der Handlung" aus der Realzeit, in der der Zuschauer lebt und schaut, zu verstehen; so auch ist die Identität dieser erscheinenden Zeit in aller Wiederholung der Aufführung — d. h. in der Nichtidentität der Realzeit — zu verstehen. Der erscheinende Realzusammenhang im Stück, der geschichtliche Boden und seine Zeit, ist mit ins Zeitlose erhoben. Der beste Beweis dafür ist die Gleichgültigkeit der „Handlung" und ihrer Erfaßbarkeit gegen das historische Wissen des Zuschauers.

Hier läßt sich nun ein bestimmter Sinn der Überzeitlichkeit fassen, der in der Tat dem Gehalt von Werken der Kunst und Dichtung zukommt und der Geschichtlichkeit ihrer Seinsweise nicht widerspricht. Die Gestalten der Dichtung mit ihren Taten, Leidenschaften und Schicksalen „erscheinen" dem Beschauer ins Zeitlose erhoben — der Held in ewiger Jugend, der Intrigant in ewigem Neide, das Schicksal in ewiger Tragik. Alle Charaktere, Verhältnisse, Situationen „erscheinen" in ein ideales Sein erhoben.

Dasselbe gilt von der Bewegung der Ringer, von den Zügen eines Porträtkopfes. Das Lächeln der Mona Lisa, ein ephemeres Etwas, das Flüchtigste des Flüchtigen, ist „festgehalten" im Bilde, dem Flusse enthoben. So ist es mit allem, was immer die Kunst zur Erscheinung bringt. Es sind Gebilde, die wirklich in einer gewissen „Verewigung" dastehen. Zu ihnen kehrt man aus dem Getriebe zurück, findet sie in unentwegter Identität wieder vor — das Große in ewiger Größe, das Leichte in ewiger Leichtigkeit, das Flüchtige in ewiger Flüchtigkeit. Sie sind von der Kunst nicht nur festgehalten, sondern in ihrer Weise wirklich der Zeit enthoben, verewigt.

Aber eben diese Ewigkeit ist nur eine erscheinende. Sie gerade besteht nicht an sich, so wenig wie die Gestalten und Situationen selbst. Sie teilt die Seinsweise des „Hintergrundes", und diese eben besteht darin, nur erscheinendes Leben zu sein. Die Überzeitlichkeit, die unlöslich mit dem Charakter des Kunstwerkes zusammenhängt, ist — sofern man ihr nicht eine fingierte oder konstruierte unterschiebt — nichts anderes als die erscheinende Zeitlosigkeit seines Hintergrundes.

Darum erscheinen Charaktere, Gestalten, Handlung, Leben und Bewegtheit ins Ideenhafte erhoben. Denn alles Zeitlose zeigt die Merkmale der Idealität. Und es ist offenbar nicht ein konzessives Verhältnis, das zwischen der Idealität und dem Für-uns-Sein besteht: nicht „trotzdem" der Hintergrund ein bloß erscheinendes Sein hat, sondern gerade „weil" er nur ein solches hat, erscheint er in die Idealität erhoben. Weder als realer noch als geschichtlich bedingter könnte er das. Damit treten jene Gestalten freilich dicht neben das echte ideale Sein — neben das der Wesenheiten —, es ist dieselbe Zeitlosigkeit und Ewigkeit, in die sie erhoben sind. Aber da es nur erscheinende Gestalten sind, so sind sie auch nur als erscheinende, nicht als seiende, dahin erhoben. Und insofern wiederum teilen sie jenes ideale Sein keineswegs.

Das läßt sich einfacher so aussprechen: ihre Idealität selbst ist nur erscheinende Idealität — genau so wie ihre Zeitlosigkeit nur erscheinende Zeitlosigkeit ist. Sie ist also nicht ansichseiende Idealität, wie die der Wesenheiten. Wäre sie echte, ansichseiende Idealität, die Gestalten der Dichtung müßten freischwebend dastehen, unabhängig vom zerstörbaren Werk und vom verstehenden Geiste. Von beidem sind sie weit entfernt. Sie kommen nur im Erscheinungsverhältnis vor und sind an dessen Realbedingungen gefesselt; aber eben in diesem Verhältnis „erscheinen" sie als in die Idealität erhoben.

Gerade so erfüllt sich an ihnen das Grundgesetz des objektivierten Geistes: er ist der über seine Zeit hinausgehobene, nicht real „lebende", aber auch nicht zur bloßen Wesenheit verflüchtigte — in der Leere der Allgemeinheiten aufgehende —, sondern der mit seiner Lebensfülle im Realgebilde festgehaltene Geist. Das Festgehaltene eben erscheint im Wiederfinden dem Lebenden als zeitlos.

f. Zeitlichkeit der Erscheinung und Erscheinung der Zeitlosigkeit.

Tritt man mit diesem Resultat an die oben entwickelte Aporie heran, so löst sie sich ohne Schwierigkeit. Die Frage war: wie reimt sich die Überzeitlichkeit des Kunstwerkes mit seiner durchaus beschränkten Dauer und doppelseitigen Bedingtheit durch das zeitlich Reale in der Geschichte — durch das zerstörbare Dasein des dinglichen Realgebildes und durch die wechselnd auftretende und verschwindende Adäquatheit des lebenden Geistes? Geschichtliches Dasein hat das Kunstwerk nur, solange jenes vorhanden ist und von einem lebenden Geiste künstlerisch verstehend angeschaut wird. Was dagegen in der Schau selbst erfaßt wird, das erscheint als ein Zeitloses und ideal Immerseiendes.

Indem man das Verhältnis so ausspricht, ist in ihm die Lösung der Frage bereits aufgedeckt. Es ist offenbar ein anderes, ob etwas als ein Zeitloses und Ewiges erscheint, oder ob seine Erscheinung selbst ewige Erscheinung ist. Nur das erstere trifft auf den Gehalt des Kunstwerkes zu, das letztere nicht: die Gestalten mitsamt ihrer bunten Lebensfülle erscheinen verewigt, aber ihr Erscheinen als solches ist kein ewiges Erscheinen. Und es läßt sich auch geschichtlich nicht verewigen, denn es bleibt durch den stets neuen Einsatz des Schauens bedingt.

Das widerspricht sich keineswegs. Im Gegenteil, jene Überzeitlichkeit und diese Zeitbedingtheit passen sehr genau aufeinander zu. Sie entsprechen streng dem geschichteten Sein des Kunstwerkes, in dem nur der Vordergrund Ansichsein, der Hintergrund aber nur Erscheinungscharakter hat. Was nun in der Erscheinung als Immerseiendes dasteht, dessen Erscheinen braucht seinerseits doch nicht ein immerseiendes zu sein. Oder kürzer: ein erscheinendes Immerseiendes braucht, weil es ein solches ist, doch nicht immer zu erscheinen. Das Erscheinen ist wechselvoll; es ist dem Spiel des Zufalls, dem Wandel des Verstehens im lebenden Geiste, der Zerstörung des Realgebildes ausgeliefert. Wo aber und wie immer es einsetzt, es erscheinen immer wieder dieselben ins Zeitlose erhobenen Gestalten.

52. Kapitel. Künstlerisches und gedankliches Geistesgut.

a. Das Überzeitliche im Schrifttum des Gedankens.

Was sich in dieser Analyse herausgestellt hat, zeigt das Gewicht einer allgemeinen Gesetzlichkeit des objektivierten Geistes. Es ist nicht auf das Kunstwerk beschränkt, es kehrt an Objektivationen jeder Art wieder, wennschon die Akzente sich nicht unwesentlich verschieben.

Alles geistige Gut, das sich im Schrifttum erhält, — sei es nun Aufzeichnung von Ereignissen, Darlegung von Forschungsresultaten, sei es dem Inhalt nach eine ganze Weltanschauung, ein Weltbild oder auch nur der einzelne geprägte Begriff, sei es die im Urteil (Satz) formulierte besondere Überzeugung oder Einsicht — alles unterliegt demselben Gesetz: es ist rein inhaltlich betrachtet ein Zeitloses, und es erscheint auch dem wiedererkennenden Geiste als Zeitloses; aber es erscheint nicht in aller Zeit, sondern nur unter bestimmten Umständen. Die Erhaltung der Schrift und das geschichtliche Vorhandensein des verstehenden Geistes sind stets Bedingungen des Erscheinens.

Zunächst freilich begegnet man hier gewissen Bedenken. Gerade von der Weltanschauung, dem Weltbilde, der wissenschaftlichen Ansicht, sowie von Begriffen und Urteilen, die ihre Vehikel sind, gilt doch offenbar nicht dieselbe Zeitlosigkeit wie von den Gestalten der Dichtung. Sie haben „Geltung" in ihrer Zeit, und zwar nur relativ auf deren Wissensstand, oder auch auf deren Lebens- und Gesellschaftsform. Ihre „Wahrheit" also ist eine zeitbedingte, relative. Ob man diese Relativität rein historisch versteht oder pragmatistisch unterbaut, ändert an ihrem tatsächlichen Bestehen nichts weiter.

Wenn Anaxagoras zum Erstaunen der Athener den Satz aussprach, die Sonne sei „größer als der Peloponnes", so ist darin ein bestimmter Begriff der Sonne, ja eine bestimmte, sehr konkrete Anschauung ihres Wesens zum Ausdruck gebracht, die einem bestimmten Stande der Erkenntnis entspricht. Die geschichtliche Bedeutung dieses Begriffs liegt in der offenkundigen Überlegenheit über ältere, weit primitivere Begriffe der Sonne. Im Erkenntnisfortschritt stellt er ein bestimmtes Stadium der Annäherung an die Wahrheit dar, und als ein solches hat er in seiner Zeit einen gewissen Wahrheits- und Geltungswert. Aber wenn wir ihn heute in einem Bericht des Hippolyt finden, so hat er für uns doch nur historisches Interesse; sein Wahrheitsgehalt erscheint uns weit überholt. Dasselbe gilt offenbar für jede Art überwundener Anschauung, einerlei ob sie wissenschaftlicher, philosophischer oder religiöser Art ist.

Dennoch gibt es auch hier eine bestimmte Art von Überzeitlichkeit. Man darf sie nur nicht dort suchen, wo sie nicht liegt, also jedenfalls nicht im Wahrheitsanspruch, geschweige denn in einer konstruierten „absoluten Geltung". Die Verdunkelung der Sachlage ist in erster Linie durch die Verwechselung von Wahrheit und Geltung verschuldet; in zweiter Linie dann durch die Verwechselung beider mit dem Sinn oder Gehalt (eines Satzes, Begriffs, einer Anschauung), dessen Zeitlosigkeit in Frage steht.

„Wahrheit", streng verstanden, ist nichts als das Zutreffen der Ansicht auf die Sache. Dieses Zutreffen ist in jeder, noch so flüchtig auftretenden Einsicht ein zeitloses. Aber nicht um diese Zeitlosigkeit handelt es sich hier. Denn die Wahrheit teilt sie mit der Unwahrheit. Man darf sagen: war der Satz des Anaxagoras in seiner Zeit unwahr, so ist er heute noch und zu jeder Zeit unwahr; war er aber in seiner Zeit wahr, so ist er zu jeder Zeit wahr.

Etwas ganz anderes ist die „Geltung". Sie ist das Anerkanntsein einer Ansicht in einem bestimmten Kreise der Lebenden, ihre Überzeugungskraft für sie. Sie hat mit Wahrheit nur dort etwas zu tun, wo das Anerkanntsein auf Einsicht beruht; aber dafür gibt es zu keiner Zeit ein absolutes Kriterium. Wahrheit und Geltung variieren also geschichtlich weitgehend unabhängig voneinander, obgleich Geltung stets den Anspruch auf Wahrheit voraussetzt. Ein sehr schiefes und willkürliches Weltbild kann in gewisser Zeit allgemeine Geltung und Überzeugungskraft haben; verkannte Wahrheit wiederum ist mitten in der Verkennung nicht weniger wahr als anerkannte und geltende.

Aber weder Wahrheit noch Geltung fallen mit derjenigen Zeitlosigkeit zusammen, die dem Gehalt einer Weltansicht, eines Urteils, eines Begriffs in sich selbst eignet. Ein kosmologisches Weltbild wie das des Anaxagoras hat, rein als inhaltliches Gebilde verstanden, eine ganz bestimmte Art von Überzeitlichkeit — und zwar eine, die auch dem heutigen Menschen noch als solche greifbar ist, obgleich das Weltbild für ihn weder ein geltendes noch ein wahres ist. Es hat eben trotzdem eine durchaus greifbare und in Gedanken — ja in der Anschauung — jederzeit rekonstruierbare Gegenständlichkeit, wennschon wir dieser Gegenständlichkeit kein Ansichsein zuschreiben und sie mit der uns einleuchtenden Beschaffenheit der wirklichen Welt nicht verwechseln werden.

b. Erscheinende Gegenständlichkeit des geistigen Gutes.

Diese Art Gegenständlichkeit ist identisch mit der „anderen Objektivität", auf die wir schon bei der künstlerischen Objektivation gestoßen sind (Kap. 51e). Sie läßt sich dem Weltbilde von einst auf keine Weise rauben, auch wenn dieses dem Epigonen noch so gewagt und abenteuerlich erscheint. Konstruiertheit, Wirklichkeitsferne, Behaftetsein mit kaum mehr glaubhaften Vorurteilen beeinträchtigen sie nicht. Sie hat nichts mit Realität des Gemeinten zu tun, nichts mit Wahrheit und Unwahrheit, nichts mit Gültigkeit oder Ungültigkeit in gegebener geschichtlicher Zeit. Sie besteht sogar unabhängig davon, ob sie jemals für einen geschichtlich lebenden Geist Überzeugungskraft besessen hat oder nicht.

Die Gegenständlichkeit, von der hier die Rede ist, deckt sich also nicht mit der der Erkenntnis. Für sie besteht kein Unterschied zwischen Einsicht und Phantasie. Sie besteht nur in der Vorstellung, in Gedanken, in der Sphäre des Begriffs, im innerlich geschauten Weltbilde als solchem. Sie ist also recht eigentlich erscheinende Gegenständlichkeit. Aber als solche ist sie geistiges Gut, ein gedanklicher Inhalt von bestimmter Ausgeformtheit. Und Inhalt wie Ausgeformtheit sind im Erscheinen selbst derjenigen Zeitlichkeit enthoben, in der das Erscheinen stattfindet.

Der geformte Inhalt kann darum jederzeit jedem erscheinen, der die Zeugnisse davon im Schrifttum der Altvorderen vor Augen hat. Ja, er muß jedem erscheinen, der sie verstehend und wiedererkennend liest. Insofern liegt hier durchaus dasselbe Verhältnis vor wie bei der Dichtung, wie bei Kunstwerken jeder Art. Durch das sich erhaltende Realgebilde hindurch wird in unveränderter Gegenständlichkeit das Weltbild sichtbar; man kann sich in ihm auch als Spätling zurechtfinden — nicht anders, als wäre es das für wirklich gehaltene Weltbild —, kann sich gedanklich hineinversetzen, hineinleben.

Hier hat also in der Tat etwas die Zeit überdauert, sich als überzeitlich erwiesen, und zwar gerade im Wandel der Anschauungen und gegen ihn. Nur darf man das Überzeitliche nicht in der Wahrheit des Weltbildes suchen, noch weniger in seiner Gültigkeit. Es liegt vielmehr einfach in der Gegenständlichkeit des Weltbildes selbst. Und weil diese eine nur erscheinende Gegenständlichkeit ist, so handelt es sich auch hier, nicht anders als beim Kunstwerk, um eine durchaus nur erscheinende Überzeitlichkeit. Und ebenso wie beim Kunstwerk widerstreitet sie nicht der Zeitbedingtheit und der geschichtlichen Lückenhaftigkeit des Erscheinens.

Diese Sachlage ist von hoher Bedeutung für unser geschichtliches Bewußtsein. Ohne sie wäre der Blick in die Vergangenheit des Menschengeistes uns so gut wie verschlossen; der Historiker könnte vergangenes geistiges Leben vor seinem Blick nicht wiedererscheinen machen, nicht vergegenwärtigen. Denn wiederbringen können wir das Vergangene nicht. Nur im Schauen wiedererstehen lassen können wir es — aber nur soweit es durch Objektivation in die erscheinende zeitlose Gegenständlichkeit erhoben ist. Es ist die einzigartige Kraft des Schrifttums, diese Erhebung auch ohne künstlerische Formung zuwege zu bringen — durch die allgemeine, mit dem gesprochenen Wort Schritt haltende Durchsichtigkeit des Geschriebenen für den wiedererkennenden Blick.

Was im Schrifttum des Gedankens erscheint, das erscheint zwar nicht in gleicher Anschaulichkeit wie die Gestalten der Dichtung, wohl aber in gleicher Identität. In dem Maße, als das geschriebene Wort überhaupt den Geist faßt, bleibt dessen Lebendigkeit in ihm auch erhalten; sie verblaßt weder mit der Zeit, die darüber hingeht, noch mit dem Staube, der sich auf das Pergament senkt. Nicht auf den erscheinenden Geist senkt sich der Staub, nicht an ihm streicht die Zeit vorbei. Er als solcher altert nicht, er verharrt in derselben irrealen Zeitlosigkeit wie die ewig jungen Gestalten Homers. Und nur sein Erscheinen als solches bleibt zeitgebunden, geschichtlich bedingt, dem Zufall und dem Wandel des lebenden Geistes preisgegeben.

c. Verschiedenheit der Anforderung und des Verstehens.

Wollte man über der Gleichartigkeit der ganzen Phänomenkette die Verschiedenheit vergessen, man könnte der Mannigfaltigkeit des objektivierten Geistes nicht gerecht werden und trüge überdies eine Quelle unabsehbarer Irrtümer in die Betrachtung hinein. Zwischen dem Schrifttum des Gedankens und den Schöpfungen der Künste ist die Verschiedenheit nicht nur eine inhaltliche; sie macht sich auch in der Art der Objektivation selbst und ihrer geschichtlichen Seinsweise geltend. Und die letztere steht hier in Frage.

Dem Schrifttum des Gedankens haftet in der volkstümlichen Auffassung eine Art Odium an. Es hat sich damit die Vorstellung von Abstraktion im schlechten Sinne, von der Blässe des Gedankens, vom „Grau" der Theorie, ja von Weltfremdheit und Stubengelehrsamkeit überhaupt verbunden. Begriffe und Begriffszusammenhänge erscheinen dem ihrer nicht Mächtigen notwendig leblos und schematisch. Nicht nur im Hinblick auf das geschriebene Gesetz empfindet man die Starre, von der es heißt, „der Buchstabe tötet". Es scheint so, als vergilbte und verstaubte beim Schrifttum des Gedankens doch nicht nur das Pergament, als fehlte dem im neu einsetzenden Verstehen Ausgegrabenen der Geist, der da lebendig macht.

Das sind Übertreibungen. Nicht um sie handelt es sich. Daß „Theorie" nicht grau zu sein braucht, daß gerade ihr ursprünglicher Sinn die

„Schau“ im Großen (die Aristotelische θεωρία) ist, daß ein Weltbild, eine jede Sachauffassung — auch die begrenzte — jederzeit eine Art des Schauens ist und nur vom nicht durchdringenden Verstehen in die Blässe der Bücherweisheit hineingezogen wird, das alles sollte wohlbekannt sein und keines Wortes bedürfen. Jedenfalls darf es hier als bekannt vorausgesetzt sein. Erst unter dieser Voraussetzung setzt das eigentliche Problem ein.

Die Sache ist eben doch die, daß trotz alledem ein tiefer Unterschied bestehen bleibt. Das Aristotelische Weltbild etwa besteht offenbar nicht so ganz in der gleichen „ewigen Jugend“ fort wie die Gestalten Homers. Und zwar nicht nur deswegen, weil es den Jahrhunderten, die philosophisch von ihm gezehrt haben, an Kraft konkreter Schau gebrochen hätte — an Homerischer Stimmung ist man ja wohl erst recht nicht immer auf der Höhe gewesen —, sondern weil es sich um eine prinzipiell andere Art der Zugänglichkeit und Wiedererkennbarkeit des gedanklichen Gehaltes handelt.

Das wissenschaftliche Verstehen hängt offenbar an anderen Bedingungen als das künstlerische; sein Gegenstand erscheint überhaupt in einer anderen Art des Schauens. Und diese Art des Schauens stellt sich als reines Wiedererkennen nicht so leicht her. Es mischen sich andere geistige Elemente, eigene Tendenzen, mitgebrachte Auffassungs- und Interpretationsweisen des lebenden Geistes hinein. Freilich begegnet auch ein Kunstwerk solchen Eigentendenzen. Aber es schränkt sie zugleich durch die Art seiner Zugänglichkeit ein.

Das im Schrifttum überlieferte Weltbild ist keineswegs nur dem adäquat Schauenden zugänglich. Es hat auch dem ganz anders Interessierten vielerlei zu sagen, kann auch ihm Vorbild seines Weltschauens sein, wennschon ein vereinseitigtes oder mißverstandenes. Begriffe, Sätze, Thesen, ja selbst Argumentationen sind deutbar, weil sie — sobald sie nicht ganz aus dem Ganzen des Weltbildes heraus gefaßt werden — selbst vieldeutig sind. Die veränderte geschichtliche Problemlage im Wissen einer anderen Zeit bringt es mit sich, daß sie alle verschoben, verzerrt oder verblaßt gesehen werden.

Man kann das auch so ausdrücken: es geht zwar von den erhaltenen Schriften dauernd die Anforderung des Verstehens an den lebenden Geist aus, es ist auch stets das gleiche Sich-Darbieten des geistigen Gutes im Schrifttum — und insoweit ist das Verhältnis dasselbe wie bei den Künsten —, aber die Anforderung hat nicht die gleiche Kraft, den lebenden Geist, der sie empfindet, eindeutig in eine bestimmte Form des Schauens zu zwingen. Sie ist erheblich mehr auf die Art des Entgegenkommens angewiesen, ist der Willkür und Eigenwilligkeit des lebenden Geistes viel mehr ausgeliefert. Sie ist nicht nur auf das spontan-kongeniale Einsetzen des Verstehens, sondern auf das bewußte Entgegenkommen angewiesen, auf die besondere Bemühung und die darangesetzte Arbeit der Lebenden. Solche Bemühung und Arbeit aber wächst sich im Streben des Einzelnen leicht zur Lebensarbeit aus.

d. Reflektiertes und unreflektiertes Verstehen.

Den Grund dafür wird man in der Art der Objektivation selbst zu suchen haben. Es muß wohl irgendwie so sein, daß das Kunstwerk die größere innere Bestimmtheit hat, den schauenden Blick also, wenn überhaupt er bis auf den Hintergrund durchdringt, in größerer Eindeutigkeit auf das Zu-Erschauende hinleitet. Das aber kann bei der eigenartigen Schichtung der Seinsweisen nur heißen: die Gebundenheit der erscheinenden Gestalten an das Realgebilde muß im Kunstwerk eine unvergleichlich straffere sein. Das Erscheinungsverhältnis selbst, das in einer bestimmten Realgeformtheit des Vordergrundes nur ein bestimmtes, bis in die Einzelheiten determiniertes Hintergrundsgebilde auftauchen läßt, muß ein weit innigeres und eindeutigeres sein. Es ist im Vergleich mit Objektivationen anderer Art das leistungsfähigere, das funktional überlegene Erscheinungsverhältnis.

Man wird das nicht dahin mißverstehen dürfen, als wäre das Erscheinen hier weniger auf den Einsatz des lebenden Geistes angewiesen; auch nicht, als bestände hier größere Homogeneität zwischen den Schichten. Der Buchstabe ist dem Geist in der Dichtung ebenso heterogen wie in der Philosophie. Es ist auch nicht so, daß etwa das ästhetische Verstehen weniger verlangte als das weltanschauliche und wissenschaftliche. Es verlangt in mancher Hinsicht auch mehr. Aber die Hauptsache ist: es verlangt etwas anderes, und es ist selbst ein anderes Verstehen.

Diese Andersheit zeigt sich schon darin, daß das Verstehen am Kunstwerk blitzhaft aufleuchtend einsetzt. Es macht nicht den Umweg über die Reflexion, läßt sich nicht im Nachsinnen erarbeiten. Schon dadurch ist es der Willkür viel mehr entrückt. Es gibt hier nicht leicht Halbheiten und Kompromißhaltungen: man fühlt sich erfaßt, hingezogen, mitgerissen, erhoben, oder aber man fühlt nichts dergleichen. Ob man es nur von ferne ahnt oder als gewaltig erschütternd erlebt, nicht das macht den Unterschied aus; nur darauf kommt es an, ob man überhaupt in Fühlung mit dem Geist des Kunstwerkes kommt. Ist diese Fühlung da, so ist alles Weitere sekundär.

Damit hängt es zusammen, daß ein Kunstwerk mit der Anforderung, die es an die Lebenden stellt, auch eine viel bestimmter seligierende Wirkung ausübt. An ihm scheiden sich ganz anders radikal die Menschen und die Zeitalter in verstehende und nichtverstehende (wobei man freilich alles unechte Verstehen ausschalten muß, vgl. Kap. 39 a, b); die einen fühlen sich von ihm erfaßt und dauernd festgehalten, es läßt sie nicht mehr los, die anderen bleiben unberührt. Im künstlerischen Verstehen gibt es keine eigentlichen Abstufungen; es gibt nur, wo das Verstehen eingesetzt hat, die weitere Vertiefung.

Im Verstehen gedanklichen Gutes dagegen gibt es alle nur denkbaren Abstufungen. Schon das oberflächlichste Kennen vom Hörensagen gibt eine gewisse Vorstellung der Sache (einer Einsicht, eines Weltbildes); und auch das eindringlichste Studium an der Quelle ist oft ihres zentralen Wesens nicht gewiß. Das Erfassen geht hier durchaus den Weg der Reflexion, das Verstehen will erarbeitet sein; es hängt an der Urteilsfähigkeit, am Umfang der Sachkenntnis, an der Beherrschung der Problemlage, ja oft genug am Wissen um den geschichtlichen Werdegang, um die geistige Gesamtlage in der Entstehungszeit des Werkes. Wohl gibt es auch hier gelegentlich das intuitiv-blitzartige Aufleuchten der Sache. Aber es hängt nicht an der Transparenz des Realgebildes allein; es ist durch mancherlei spezielles Wissen, insonderheit durch das um die geschichtliche Einbettung bedingt. Nicht die einzelne Schrift allein führt und bestimmt das Verstehen. Das Wiedererkennen bedarf anderer Stützen.

Darin eben zeigt es sich, daß die innere Gebundenheit der Schichten in Objektivationen dieser Art — im Schrifttum des Gedankens — nicht gleichwertig ist derjenigen im Kunstwerk. Das Erscheinungsverhältnis ist kein eindeutiges. Das einzelne Realgebilde für sich reicht nicht aus, den geistigen Gehalt zu tragen. Darum ist das „Wiedererkennen" auf andere Hilfsquellen angewiesen, die den Umweg der Reflexion und der progressiven Erarbeitung nötig machen.

e. Das Herausgefordertsein des lebenden Geistes zur Auseinandersetzung.

Wenn man als „Grund" hierfür die größere „Bestimmtheit" des Kunstwerkes, resp. die straffere Bindung zwischen Realgebilde und Hintergrund angibt, im Schrifttum des Gedankens aber die geringere Bestimmtheit und Straffheit geltend macht, so muß man sich freilich darüber klar sein, daß man diesen Grund selbst nicht durchschaut. Er liegt in der Struktur des Erscheinungsverhältnisses, und gerade diese ist ein tiefes Geheimnis, und das um so mehr, je größer die Straffheit der inneren Bindung ist. Man kann sie stets nur beschreiben und das Beschriebene hinnehmen. Aber die Beschreibung haftet am Äußeren, am Effekt in der Schau, an dem also, „was" erscheint, nicht am Gefüge des Erscheinungsverhältnisses selbst.

Alle Begriffe, die wir uns davon machen, sind nur Bilder. Die Kunst deckt ihr inneres Gesetz nicht auf, bringt es auf keine Weise zum Bewußtsein, weder dem Schauenden noch dem Schaffenden, am wenigsten vielleicht dem Reflektierenden. Denn ihr Wesen ist der Reflexion fremd. Vielleicht gerade deswegen hält das Gesetz die Schau wie das Schaffen hier so fest umfangen, zwingt es nach seiner Notwendigkeit. Und weil der Schauende es nicht kennt und weiß, so ist sein Schauen ohne Reflexion, rein hingegeben an das Geschaute. Das besagt: das Schauen hat, wenn es überhaupt einmal einsetzt, nicht die Freiheit, so oder anders zu schauen; es kann das, was am bestimmten Kunstwerk zu schauen ist, nur auf eine Weise schauen. Das ist es, was beim gedanklichen Gut anders ist. Hier hat der Schauende vielerlei Möglichkeiten, Zugänge, Ansätze; aber keiner ist so, daß er ihn eindeutig und mit Sicherheit auf das Wesen der Sache hinleitete.

Dazu kommt noch ein zweites. Vom Realgebilde geht stets „Anforderung" an den lebenden Geist aus. Aber es ist eine grundsätzlich andere Anforderung, die von den Schriften des Aristoteles ausgeht, als die, welche von Homerischer Dichtung ausgeht. Der Gedankenbau will überzeugen, für wahr gelten, ins Leben oder doch zum mindesten in die Weltanschauung des Lebenden eindringen. Er ringt um Zustimmung.

Man sage nicht, das käme beim Gedankengut längstvergangener Zeiten nicht mehr in Frage, wir hätten doch nachgerade genügend historischen Sinn, um den Aristoteles nur noch als geschichtliche Erscheinung zu würdigen. Vielmehr die natürliche Einstellung ist und bleibt jederzeit die auf den sachlichen Gehalt des Gedankens, und zwar gerade mitsamt seinem Wahrheitsanspruch; wie denn die philosophische Überzeugungskraft des Gedankens sich gerade bei vollendeter Schulung des historischen Sinnes am eindrucksvollsten wiedergewinnen läßt. Es ist nicht alles „veraltet", was der Denkweise einer jüngeren und in vielem wirklich vorgeschrittenen Zeit fremd geworden ist. Es gibt auch das unausgewertete, geschichtlich liegengebliebene Gedankengut, das um der eigenen Einsicht willen zu heben sich verlohnt.

Darum kann ein philosophischer Gedankenschatz dauernd für wechselnde Epigonenschaft ein Streitobjekt der Meinungen sein — und zwar nicht allein um seiner adäquaten Interpretation willen, sondern erst recht um des eigenen Vordringens und der eigenen Weltanschauung willen. Denn mit der Lehrmeinung, solange in ihr unausgeschöpfte Einsicht steckt, muß der Gedanke der Lebenden sich auseinandersetzen. Er sieht sich von ihr selbst dazu herausgefordert. Sein Verstehen ist ein mit der Sache ringendes. Er muß mit dem eigenen Denken in die Probleme dessen eintreten, dem er gedanklich gerecht werden will. Anders wird er immer nur am Äußeren, an Resultaten und Formulierungen haften und den eigentlichen Geist der Sache übersehen. Denn der Geist der Sache ist das Ringen des Denkers mit dem Problem.

So wird der wiedererkennende Geist hier zu etwas ganz anderem herausgefordert als beim Kunstwerk. Er wird zur sachlichen Auseinandersetzung mit dem lebenden Geiste von einst herausgefordert. Und damit ist sein Wiedererkennen selbst auf eine andere Basis gestellt. Die Sache wird im Eindringen die seinige, und so muß sie ihm notwendig im Lichte seiner eigenen, gegenwartbedingten Problembewältigung erscheinen.

Ganz anders die Gestalten der Dichtung. Sie wollen gar nichts weiter als nur angeschaut sein, für den Schauenden in der Schau konkret gegenwärtig sein. Sie stehen jenseits der Aktualität und der Probleme. Wohl können sie den Menschen etwas lehren. Aber sie prätendieren nicht, es zu tun, greifen nicht in sein Weltbegreifen ein. Sofern sie aber mittelbar auch das tun — rein durch das Gewicht ihres menschlichen Gehalts — und den Verstehenden wirklich zur Auseinandersetzung veranlassen, so ist die Auseinandersetzung doch nicht eine solche, die im künstlerisch schauenden Verstehen einbegriffen wäre. Vielmehr sie folgt diesem erst. Wie denn alles Sinnen über das Geschaute und alle Reflexion die Schau selbst schon voraussetzt und erst einsetzen kann, wo sie vollzogen ist. Die Schau selbst und das Erscheinen des Geschauten als solches bleibt davon unberührt.

Hier liegt nun in der Tat ein grundlegender Unterschied der Objektivation. Er hat für mannigfache Abstufungen Spielraum. Dennoch aber ist er nicht so einschneidend, daß sich das Gemeinsame nicht mehr sehen ließe. Das Grundphänomen vielmehr bleibt das gleiche, auch in den Extremen. Und gerade der Umstand, daß es Spielraum für einen so tiefgreifenden Gegensatz hat, läßt am besten seinen Umfang und den Fundamentalcharakter seiner ontischen Struktur ermessen.

53. Kapitel. Geschichtsphilosophischer Aspekt.

a. Getragene Autonomie des objektivierten Geistes.

Von hier aus kann man nun deutlicher sehen, was es mit der Geschichtlichkeit des objektivierten Geistes auf sich hat. Sie hat sich mehr und mehr als ein Epiphänomen der Geschichtlichkeit des lebenden Geistes erwiesen. Aus dem Flusse „herausgehoben" ist der objektivierte Geist nur im Sinne seiner erscheinenden Gegenständlichkeit; nur an dieser hängt die erscheinende Idealität und Überzeitlichkeit, sie „erscheint mit". Dagegen mit seinem Erscheinen und Verschwinden selbst ist er an den Wandel des lebenden Geistes gebunden. Und wie die letzten Überlegungen zeigten, greift dieser Wandel auch deformierend in den Gehalt des geistigen Gutes ein, indem das, was erscheint, die Überprägung der Auffassung, des selektiven Verstehens und der bewußten Interpretation erfährt.

Der objektivierte Geist hat so trotz seiner erscheinenden Idealität in doppelter Hinsicht sein geschichtliches Schicksal im Wandel des lebenden Geistes. Hätte er ein eigenes Leben neben dem des letzteren, so müßte es an ihm auch den selbsttätigen Wandel geben, das selbsttätige Aufkommen und Niedergehen. So aber ist sein geschichtliches Auftreten ein von außen bedingtes, ihm selbst äußeres und schicksalhaftes. Seine Seinsweise ist aller inhaltlichen Abgelöstheit und Herausgehobenheit zum Trotz eine noch weit mehr bedingte und „getragene" als die des lebendig-objektiven Geistes; sie ist neben allem anderen Getragensein auch noch ein von diesem selbst mitgetragenes Sein. Nichtsdestoweniger aber hat sie auch über ihn eine gewisse bewegende Macht, der objektivierte Gehalt wirkt auf ihn zurück. Es bestätigt sich darin der ontologische Grundsatz, daß die Abhängigkeit als solche der Autonomie nicht Eintrag tut. Die Selbständigkeit des objektivierten Geistes ist die der getragenen Autonomie.

Um das ganze Verhältnis übersehen zu können, seien hier die folgenden Hauptmomente zusammengestellt, in denen das Ineinandergreifen des objektivierten und des objektiven Geistes in der Einheit „einer" Geistesgeschichte sich darstellt. Sie bilden zum Teil nur eine Zusammenfassung des Dargelegten, führen sodann aber darüber hinaus und entfalten so das Programm der weiteren Untersuchung. Diese führt vom Strukturproblem der Objektivation immer weiter ab und rückt das Problem der Geschichtlichkeit immer mehr ins Zentrum. Denn nicht Erhaltung und Seinsweise allein erschöpfen den geschichtsphilosophischen Aspekt.

b. Geschichtliche Überschneidung der Arten des Hineinragens.

1. Es wurde gezeigt, wie das objektivierte Geistesgut eine eigentümliche Art hat, im jeweilig lebenden Geiste gegenwärtig zu sein. Da nun stets objektivierter Geist früherer Zeit einem lebenden Geiste zufällt, so läßt sich sagen: es überschneiden sich in aller Geistesgeschichte zwei heterogene Grundformen des Hineinragens von Vergangenem in die jeweilige Gegenwart. Die eine besteht im direkten Fortleben des sich wandelnden objektiven Geistes in seinen einmal gewonnenen Formen; die andere im Bestehenbleiben des aus ihm herausgestellten und in der Objektivation festgehaltenen geistigen Gutes.

2. Die erstere hat die Form des kontinuierlichen Fortgehens. Man kann sie dem Bewahrungsvermögen des lebenden Geistes gleichsetzen. Erhaltung und Wandel betreffen hier die Selbstgestaltung des geistigen Lebens — der Sprache, des Wissens, des Geschmacks, des Lebensstiles.

In diesem Wandel „tradiert“ sich mit der Geformtheit auch direkt das inhaltlich verstandene geistige Gut. Die Übernahme des Gewordenen und Erarbeiteten vollzieht sich ohne Sprung von Generation zu Generation durch das „Hineinwachsen“ der Individuen in den Gemeingeist. Man kann also sagen: das Hineinragen des geistigen Gutes in die spätere Zeit ist hier auf dem Hineinwachsen der Individuen basiert, sofern in diesem das fortlaufende Übernehmen des Gutes besteht. Es beruht somit darauf, daß das geistige Gut aus dem lebenden Geiste garnicht heraustritt, von ihm dauernd festgehalten wird.

3. Im schroffsten Gegensatz dazu beruht die zweite Art des Hineinragens gerade auf der Herauslösung des geistigen Gutes aus dem lebenden Geiste. Die Herauslösung ist das Werk der Objektivation — das Geheimnis der Bindung an dingliche Materie und des Wiederfindbarseins in ihr. Bei diesem indirekten Modus des Hineinragens wird die Kontinuität der Tradition umgangen. Vom lebenden Geiste aus gesehen, hat hierbei das geistige Gut ein diskontinuierliches Dasein in der Geschichte; denn nur das an sich ungeistige Realgebilde besteht ununterbrochen fort, und schon die „Anforderung“, die von ihm ausgeht, besteht nur „für“ lebenden Geist. Aber die Diskontinuität hat, gerade als Form des Hineinragens, ihre sehr bestimmte Überlegenheit; denn mit der Herauslösung aus dem lebenden Geist ist das geistige Gut auch aus dem Wandel herausgelöst. Und was auf diesem Wege einer späten Zeit wieder gegenwärtig wird, das steht bei seiner Wiederkehr als ungewandeltes da.

4. Inhaltlich stehen beide Arten des Hineinragens so zueinander, daß sie sich ebensowohl auf den gleichen als auch auf verschiedenen geistigen Gehalt erstrecken können. Im Schrifttum der deutschen Aufklärung z. B. liegt ein geistiges Gut vor, das in wesentlichen Stücken auch direkt fortgelebt hat, sich in Denkungs- und Auffassungsart, in geprägten Begriffen, ja selbst in der Ausformung der Rede erhalten hat. Anders ist es mit dem Schrifttum der Griechen, dessen Verstehen wir uns im wesentlichen immer neu erarbeiten müssen. Im ersteren Falle deckt sich das auf zwei heterogenen Wegen aus gleicher Zeit Hineinragende noch gut und ergänzt sich leicht; im letzteren Falle ist das Kontinuum längst abgerissen, nur das objektivierte Gut liegt vor. Die Spannung, die aus dem Gegensatz des neu in die Erscheinung Tretenden zum lebenden Geiste resultiert, kann zum Kompromiß oder auch zur Synthese führen — zur Assimilation und Deformation des in der Objektivation erhaltenen geistigen Gutes durch die Anschauungsformen des lebenden Geistes, oder auch zur schöpferischen Neugestaltung auf Grund des erfahrenen Anstoßes.

c. Der ruhende und der bewegliche Faktor. Wiedergeburt des Vergangenen.

5. Es hat sich weiter gezeigt, daß dem bereits ein anderes und fundamentaleres Verhältnis zugrunde liegt. Das Abgelöstsein des objektivierten Geistes hat seine Richtigkeit nur inbezug auf den bestimmten geschichtlichen Geist, der ihn erarbeitet und objektiviert hat; es ist im Fortbestehen zugleich das Angewiesensein auf verstehendes Verhalten des jeweilig lebenden Geistes. Objektiviertes geistiges Gut hat ein Sein in der Geschichte nur da, wo der lebende Geist ihm entgegenkommt, ihm „adäquat" wird.

Nun aber kann das Adäquatwerden in zweierlei Weise vor sich gehen. Es kann auf dem unmittelbaren Fortleben desselben geistigen Gutes in der Tradition beruhen, wobei dieses längst zum stillschweigend hingenommenen Bildungselement geworden sein kann. Es kann aber auch bei vollkommenem Erloschensein der Tradition in spontaner Erweiterung des Verstehens-Horizontes bestehen. In beiden Fällen aber beruht die Aktualisierung des objektivierten geistigen Gutes auf einem Zusammentreffen von Anforderung und Einstellung; wobei die Anforderung vom Realgebilde, die Einstellung vom lebenden Geiste ausgeht. In diesem Verhältnis aber ist stets das Realgebilde der ruhende Faktor, der lebende Geist der bewegliche. An jenem hängt die potentielle Konstanz, an diesem die aktuelle Wiederkehr des geistigen Gutes. Die geschichtliche Kurve seines Verschwindens und Wiederauftauchens ist also im wesentlichen eine Funktion desselben lebenden Geistes, in dessen Wandel auch die Bedingungen des unmittelbaren Hineinragens liegen.

6. Der erstere Fall des Zusammentreffens darf als der gewöhnliche gelten. Alle Kulturen einer gewissen Höhe stehen im Genusse mannigfaltigen objektivierten Geistesgutes, das, einmal geschaffen, dauernd zugänglich bleibt; die Schriften der jüngeren eigenen Vergangenheit werden noch gelesen, als aktuell empfunden, man sieht in ihnen noch das dem eigenen Leben Zugehörige. So leben die Homerischen Gesänge in attischer, die deutschen Klassiker in heutiger Zeit fort. Wohl ist es für den einzelnen Lesenden oder Lernenden ein Wiedererstehen der Gestalten, aber es gleicht noch dem unmittelbaren „Übernehmen", das die Form des Hineinwachsens in den eigenen lebenden Geist ausmacht. Dieser eben hat sich mit seiner Einstellung von der Anforderung, die von den Schriften ausgeht, noch nicht wesentlich entfernt. Er wird ihr noch ohne große Umstellung gerecht.

7. Anders sieht das Zusammentreffen im zweiten Falle aus, wo die Tradition und mit ihr die adäquate Einstellung erloschen ist. Hier erst läßt sich von eigentlicher Wiederkehr sprechen. Hier empfindet der lebende Geist das Hineinragen des Vergangenen als ein solches; durch das Ab-

reißen der Tradition ist ihm dieses ein Fremdes geworden. Die Wiederkehr wird als Wunder erlebt, als Auferstehung oder „Wiedergeburt" vergangenen Geistes. Der Lebende steht in tiefer Ehrfurcht vor dem Wiedererstandenen: aus dem in langer Zwischenzeit stumm gewesenen Menschenwerk spricht ein Geist zu ihm, der nicht der seine ist. Und trotzdem er ein geschichtlich toter Geist ist, kann er doch konkret, greifbar, blutvoll, lebensfrisch vor seinem schauenden Auge dastehen.

d. Rückkehr in den lebenden Geist. Bewegende Kraft und Auflockerung der Objektivation.

8. Schließlich aber, der im Zusammentreffen wieder aktualisierte Geist der Vergangenheit wirkt zurück auf den lebenden Geist. Die Macht, die von ihm ausgeht, erschöpft sich nicht in der „Anforderung" des Schauens und Verstehens. Sie setzt vielmehr, wo diese Anforderung erfüllt, das Schauen und Verstehen erst einmal vollzogen ist, erst recht eigentlich ein. Sie erweist sich über die Umstellung hinaus als eine bewegende und befruchtende Kraft im Fortgange des lebenden Geistes selbst.

Es kommt so zu einer Art „Rückkehr" des durch die Objektivation abgelösten Geistes in den lebenden Geist. Er kehrt zwar in einen anderen Geist zurück als der, aus dem er „herausgestellt" wurde, aber eben doch in einen, der diesem wenigstens eine gewisse Angemessenheit der Einstellung im Verstehen entgegenbringt. Und so läßt sich wohl sagen, daß mit der Rückkehr des geistigen Gutes stets auch etwas vom einstigen lebenden Geiste in den gegenwärtig lebenden übergeht und so mit bewegend in ihn hineinragt.

Von dieser Rückkehr aus gesehen, erscheint die Verkapselung des geistigen Gutes in der Objektivation als ein bloßer Übergangszustand, in dem es sich über die Zeit hinweg erhalten konnte, um wieder in den lebenden Geist einzugehen und selbst zu neuem Leben zu erwachen. Gerade dieses Wiedereingehen empfindet der lebende Geist, der von ihm den Auftrieb erfährt, als „Wiedergeburt".

9. Soweit betrifft das Phänomen ausschließlich den lebenden Geist. Aber hier setzt zugleich ein Komplementärphänomen ein, das den objektivierten Geist als solchen betrifft. Mit der Wiedergeburt und dem Wiedereingehen in den lebenden Geist hört auch die Festigkeit der Objektivation auf; die eindeutige Bestimmtheit des Erscheinungsverhältnisses lockert sich; die Auffassung, die Eigentendenz, die Auseinandersetzung des lebenden Geistes wirkt auflösend, verflüssigend, sie trägt das Ihrige hinein. Der lebende Geist steht nicht rein empfangend da. Sein Aufnehmen ist zugleich in sein eigenes geistiges Ringen eingefügt, er lebt

im Schaffen und im Verwerten dessen, was ihm zufällt. So wandelt er seinerseits das, was ihn wandelt.

Die Rückkehr des geistigen Gutes ins unmittelbare geschichtliche Leben ist zugleich seine Rückkehr in die Beweglichkeit und den Wandel. Wie der Gedanke vor seiner Verfestigung im Schrifttum die bewegliche Geformtheit eines lebenden Geistes war, so wird er nun wieder zu einer solchen und unterliegt deren Gesetz in weiterer Umgestaltung.

Das betrifft in erster Linie das Schrifttum des Gedankens. Wie weit es auch auf die Künste übergreift, wird noch zu untersuchen sein.

10. In aller Rückkehr und Verflüssigung aber bleiben doch daneben die Objektivationen selbst, gebunden an ihre Realgebilde — soweit diese nicht zerstört werden —, als fixiertes geistiges Gut bestehen. Die Gegenwirkung des lebenden Geistes trifft nicht die geformten Gebilde selbst, sondern nur das, was in ihnen jeweilig erscheint.

Werke des Geistes können so, einmal zurückgekehrt in den lebenden Geist, ihm auch wieder entschwinden; und sie können einem später lebenden Geiste ebenso wieder erstehen, wie sie dem früheren wiedererstanden. Bei jeder dieser Wiedergeburten kann je nach Art und Eigentendenz des lebenden Geistes andere und andere bewegende Kraft von ihnen ausgehen; sie lösen immer wieder Verschiedenes aus, geben immer neuer Entwicklung den Anstoß.

So erfahren große Meisterwerke der Dichtung und Kunst, große Gedankensysteme und Weltbilder mancherlei Auferstehung in verschiedener Zeit. Und jedesmal ist es eine ganz andere. Wie denn jedesmal ein anderer lebender Geist, von ihnen ausgehend, neue Wege einschlägt.

54. Kapitel. Die Rückwirkung in den Künsten.

a. Verhältnis von Rückkehr und Rückwirkung.

Hält man von den aufgezählten Punkten die letzten drei zusammen und wendet sich von hier zu der oben (Kap. 52) angegriffenen Frage zurück, die den Unterschied zwischen dem Kunstwerk und dem Schrifttum des Gedankens betraf, so läßt sich diese jetzt weiter verfolgen. Es zeigte sich dort, daß die „Anforderung", die von einem Gedankenbau ausgeht, eine andere ist als die, welche vom Kunstwerk ausgeht. Der Gedanke fordert die Auseinandersetzung heraus, spielt damit in das eigene Ringen des lebenden Geistes hinein, erfährt aber zugleich dessen umbildende Gegenwirkung oder „Rückwirkung".

Das Bild des „Wirkens" darf hierbei freilich nicht wörtlich genommen werden. Es ist nur eine abgekürzte Formel. Es handelt sich einfach um eine Art Umbildung des Gedankens, die mit seinem Wiedereingehen in den lebenden Geist unmittelbar gegeben ist. Indem der objektivierte

Geist durch die Kraft seiner Anforderung an den lebenden Geist diesen zu sich hinbewegt und so in ihn zurückkehrt, geht von eben dieser seiner Kraft zugleich ein beträchtlicher Teil verloren. Sie erschöpft sich gleichsam in ihrer Auswirkung. Sie bewegt ihn also stets nur teilweise zu sich hin, zwingt ihn nur näherungsweise in die adäquate Form der Schau; der lebende Geist bewegt auch seinerseits den erschauten Gehalt entsprechend der mitgebrachten Sehweise, so daß dieser ihm bereits verschoben erscheint. Die Auseinandersetzung fördert wohl Neues zutage; aber das alte geistige Gut, so wie es in der Objektivation fixiert und aufgehoben war, wird dabei zugleich in seiner Reinheit preisgegeben.

Die weitere Frage ist nun die: gilt das wirklich nur vom Schrifttum des Gedankens — von wissenschaftlichen Anschauungen, Weltbildern, philosophischen Systemen und geprägten Begriffen —, oder unterliegen auch die Schöpfungen der Künste einer gewissen Abwandlung in der Schau und Auffassung des lebenden Geistes?

Man bedenke: unterliegen sie ihr nicht, so können sie auch den Kreislauf des geistigen Gutes nicht mitmachen, können, einmal in die Objektivation herausgestellt, nicht wieder wirkend und bewegend in den lebenden Geist zurückkehren; und dieser müßte, auch wo er sie erfaßt, doch in unbeteiligter Schau an ihnen vorbeileben, unberührt und unbewegt. Denn sobald sie in der Rückkehr ihn bewegen, erfahren sie seine Gegenwirkung in der Eigenart der Auffassung, die er ihnen zuteil werden läßt.

b. Auswirkung künstlerischer Gestalten im lebenden Geist und seine Rückwirkung auf sie.

Nun wird niemand bestreiten, daß Schöpfungen der Kunst, und am meisten wohl der Dichtung, in hohem Maße formend auf den lebenden Geist einwirken, dem sie zugänglich werden. Der bildende Wert der Dichtung ist schwerlich jemals bestritten worden; selbst wo er, wie in Platons „Republik", ins Negative gewendet erscheint, liegt doch der Abwertung gerade das Wissen um die eminent geistformende Macht der Dichtung zugrunde.

Es gibt Zeiten, die dieser Macht überhaupt die größte erziehende Wirkung beimaßen; und es gibt Dichter großen Formats, die mit ihrem Werk erziehend wirken wollten. Man mag immerhin von solcher Auffassung als von einer Übertreibung absehen, zumal die pädagogisch gerichtete Tendenzdichtung mag einen recht zweischneidigen Grenzfall darstellen; es bleibt dennoch die Tatsache unabsehbarer geistesgeschichtlicher Wirkung unzweifelhaft bestehen, und zwar gerade bei den Großen der Dichtung. Immer wieder lehrt die Geschichte aufs eindringlichste, wie die Völker — und zumal die im Aufstiege begriffenen — an ihren

Dichtern ihre Erzieher und Wegweiser haben. Die geschaffenen, im Worte objektivierten Gestalten rücken zu Maßstäben des gelebten Lebens auf; an ihnen orientiert sich der Werdende. Nicht nur die epische Heldendichtung ist so; mutatis mutandis ist alle Dichtung, und wohl auch alle Kunst überhaupt nicht anders. Und schwerlich wird man die bewegende Kraft, die sie nach Zeiten der Vergessenheit bei ihrer Rückkehr in den lebenden Geist entfaltet, geringer einschätzen dürfen als die des gedanklichen Geistesgutes.

Ist dem aber so, wie kann man es da vermeiden, auch für die Künste die Konsequenz aus dem Gesetz der Rückwirkung zu ziehen? Man muß ja vielmehr auf Grund der Tatsache einer so großen bewegenden Wirkung das Phänomen der Gegenwirkung am Gehalt des Kunstwerkes geradezu a priori erwarten. Und sollte es sich am geschichtlichen Schicksal des Kunstwerkes nicht aufzeigen lassen, so müßte man das Gesetz revidieren, oder doch zum mindesten den Grund seiner Einschränkung aufweisen.

Aber so liegt der geschichtliche Befund nicht. Die Rückwirkung ist sehr wohl aufweisbar. Man darf sie nur nicht dort suchen, wo sie nicht liegt. Denn sie ist von anderer Art und bewegt sich in anderen Grenzen als diejenige, die das gedankliche Gut erfährt.

c. Geschichtlicher Wandel dramatischer Gestalten.

Am deutlichsten läßt sich das an gewissen Gestalten der dramatischen Dichtung zeigen. Die Hamletgestalt bedeutete dem Interpreten Goethe, oder auch den Romantikern, nicht dasselbe wie den Zeitgenossen Shakespeares; sie bedeutet unserer Zeit wiederum nicht dasselbe wie jenen. Sie wird anders gesehen, verstanden, gewertet, und in den Bühnendarstellungen spiegelt sich die Andersheit sehr deutlich. Ein ähnlicher Gestaltwandel läßt sich an Faust und Gretchen, an Wallenstein usf. aufzeigen. Dieselbe Gestalt durchläuft die Reihe der Auffassungen, wird von ihnen überformt; wie denn im Grunde schon jede neue Aufführung neue Überformung durch die besondere, individuelle Leistung des Schauspielers und der Regie bringt. In jeder Darstellung setzt sich ein anderer lebender Geist mit ihr menschlich auseinander, tut das Seinige hinzu, sucht und gibt sie im Sinne seiner eigenen Artung.

Die Gestalt aber gibt immer Neues her, ist in ihren menschlichen Möglichkeiten nicht so leicht zu erschöpfen. Es mag eine unentscheidbare Streitfrage sein, inwieweit sie hierbei deformiert, mißverstanden, verfehlt wird, ja inwieweit überhaupt sie grundsätzlich mißverstehbar ist. Die bestimmte Auffassung muß der andersgearteten natürlich stets als Mißverstehen erscheinen. Aber die Möglichkeit besteht auch, daß die Gestalt in der besonderen Darstellung sogar über die ursprüngliche dichterische Formung hinausgehoben, gesteigert wird. Wobei sich dann die Frage erhebt, inwieweit überhaupt sie steigerbar sein mag.

Nicht auf Streitfragen dieser Art kommt es hier so sehr an. In erster Linie ist nur die Tatsache wichtig, daß überhaupt Gestalten der Dichtung in der Schau und im Verstehen der Nachwelt sich nicht unwesentlich abwandeln. Und wenn man dazu bedenkt, daß sie als solche, d. h. als durchaus irreale Gebilde, ein geschichtliches Dasein doch überhaupt nur in der Schau und im Verstehen des jeweilig lebenden Geistes haben, so erweist sich die Abwandlung in der Schau als maßgebend für ihr geschichtliches Dasein selbst. Dieses eben stellt sich als ein dem Wandel unterworfenes heraus.

Die Gestalten der Dichtung sind, ähnlich wie das gedankliche Geistesgut — nur in anderen Grenzen und anderer Bedingtheit — nicht nur mit ihrem Verschwinden und Wiederauftauchen, sondern auch mit ihrem Gehalt und Sosein dem lebenden Geiste ausgeliefert. Sie sind seiner Rückwirkung ausgesetzt, müssen sich mit ihr verändern. Sie werden, indem sie den künstlerischen Geist einer Zeit bewegen, in seinen Augen zu dem, was er aus ihnen macht.

An den dramatischen Gestalten tritt dieses Phänomen nur deshalb prototypisch auf, weil sich hier zwischen die Kunst des Dichters und das Aufnehmen des Zuschauers eine Kunstleistung zweiter Ordnung einschiebt, die des Schauspielers. Sie objektiviert gleichsam jede einzelne Abwandlung der Gestalt im sichtbaren Spiel. Die gemimte Darstellung ist bereits die Vergegenständlichung einer bestimmten Auffassung; und dem entspricht der hohe Grad der Individualisierung, die das Spiel der Gestalt verleiht, weit über diejenige hinaus, die das geschriebene Wort des Dichters ihr zu geben vermag. Diese Individualisierung ist die Kehrseite der Beschränkung und Vereinseitigung in der Darstellung.

d. Allgemeiner Gehaltwandel des Kunstwerkes im Wandel der Schau.

Aber das Phänomen des Gehaltwandels selbst ist ein viel allgemeineres. Es ist weder an die Kunst des darstellenden Interpreten noch überhaupt an die dramatischen Gestalten gebunden. Es läßt sich an aller Dichtung, ja wohl überhaupt an Kunstschöpfungen aller Art verfolgen.

Die Humanisten lasen die Dichtungen der Alten nicht, wie die Alten sie gelesen, und wir Heutigen lesen sie wieder anders. Wohl lassen die Verse wieder und wieder die alten Gestalten erstehen, aber sie erstehen jeder neuen Art des Sehens verändert. Dieselben Fresken Michelangelos, dieselben Porträtköpfe Rembrandts — wer wollte behaupten, daß sie unserem Sehen noch wirklich dieselben sind wie den Meistern selbst und ihren Zeitgenossen? Oder gar die Plastik der Ägypter, deren weltanschaulichen Hintergrund wir nur dunkel spüren, aber nicht für uns aktualisieren können. Überall, wo eine Kunst von religiösen Ideen getragen ist, ergeht es dem Epigonen so mit ihr: er spürt etwas von dem Ideengehalt wohl noch heraus, ihm aber bedeutet er nichts mehr. Wie sollten da die Werke solcher Kunst ihm noch dasselbe sein wie denen, die den Glauben hatten?

Und mit der Musik ist es nicht anders. Daß wir Bachsche Kontrapunktik anders hören, als seine Zeit sie hörte, geht schon daraus hervor, daß wir sie anders spielen (sogar auf anderen Instrumenten spielen). Jede Zeit hat ihre Art zu hören, wie sie ihre Art zu sehen und zu lesen hat. Wir hören anderes heraus, weil wir anderes hineinhören. Das Musikwerk, die Dichtung, das Bildwerk geht in unser Empfinden ein, aber auch unser Empfinden geht uns in seinen Gehalt ein; es wird das unsere, indem es uns ein anderes wird, als es dem Schöpfer und seinen Zeitgenossen war. Wir lernen zwar an ihm sehen, hören, empfinden, wie wir es von uns aus nicht vermöchten; zugleich aber hören und sehen wir es um in ein anderes, als es war.

Das geschaffene Werk, im vollen Sinne seines Gehalts verstanden, erfährt so die Gegenwirkung des lebenden Geistes, und zwar nicht erst in der Reflexion, nicht in gedanklicher Auseinandersetzung, sondern schon im Gehört- und Gesehenwerden selbst. In allem künstlerischen Verstehen ringt Geist mit Geist, und was er ihm nicht abringt, das ringt er ihm auf.

Im Grunde ist in allem ästhetischen Schauen nicht nur ein Nachschaffen, wie oft gesagt worden, sondern auch ein Umschaffen. Freilich ist es ein Umschaffen, das der Schauende nur für sich selbst vollzieht. Was an sich besteht im Kunstwerk, das Realgebilde mitsamt seiner sinnlichen Formung, bleibt unangetastet und bietet sich mit der Anforderung, die es stellt, stets unverändert dar. Bedenkt man aber, daß der Hintergrund kein Ansichsein hat, daß er nur in seinem Erscheinen für die Schauenden besteht, und daß alles, was an geistigem Gehalt in einem Werk objektiviert ist, allein dem Hintergrunde angehört, so liegt in dem Wandel des Geschauten unverkennbar zugleich ein Wandel des objektivierten Geistes, und somit eine Art Schicksal des Kunstwerkes selbst.

e. Überzeitlichkeit und geschichtlicher Wandel des Inhalts.

Das Gesetz der Rückwirkung also bestätigt sich im Gebiet der Künste voll und ganz. Der Satz, daß nur das gedankliche Gut sich in der Wiederkehr wandelt, ist hiernach zu modifizieren. Auch im Kunstwerk erfährt der objektivierte Geist einen geschichtlichen Wandel, der seinen Inhalt betrifft; und auch hier ist der Wandel nicht aus ihm selbst heraus, sondern aus dem Wandel des lebenden Geistes heraus bestimmt.

Der lebende Geist bereitet so dem Kunstwerk ein Schicksal, wie es seinem Gehalt als einem zeitlosen eigentlich garnicht zukommen kann. Er gibt mit dem Wandel seines Verstehens diesem Gehalt eine Geschichtlichkeit, die im Grunde nicht die seine ist, aber dennoch ihm anhaftet und offenbar eine andere ist als die des lebenden Geistes. Es ist eine geschichtlich bedingte Geschichtlichkeit, eine Geschichtlichkeit zweiter Ordnung. Sie fällt aber nicht mit der Geschichtlichkeit erster Ordnung zusammen. Sie bildet innerhalb ihrer und getragen von ihr eine eigene Kurve.

Es fragt sich nun, wie sich diese Geschichtlichkeit mit der Überzeitlichkeit des Kunstwerkes verträgt. Man kann diese Frage nicht ebenso beantworten wie die, welche am zeitweisen Verschwinden und Wiederauftauchen des Kunstwerkes hing. Dort handelte es sich um das Dasein und Nichtdasein des gleichen Inhalts in verschiedener Zeit, hier handelt es sich um Veränderung des Inhalts selbst in der Zeit. Dieser Inhalt gerade ist es aber, dessen Überzeitlichkeit im Schauen mit erschaut wird.

Dennoch liegt die Lösung der Frage in demselben Punkte wie dort: darin, daß es nur eine Überzeitlichkeit in der Erscheinung, und d. h. erscheinende Überzeitlichkeit ist. Es hilft zwar hier nichts, sich darauf zu berufen, daß das Erscheinen sehr wohl in der Zeit stattfinden kann, während das, was erscheint, als Zeitloses erscheint; denn es handelt sich hier nicht um Wandel des Erscheinens, sondern um Wandel dessen, was erscheint. Wohl aber läßt sich sagen, daß die erscheinende Überzeitlichkeit und Idealität auch von diesem Wandel nicht betroffen wird. Sie wird vom Wandel der Auffassung nicht tangiert, obgleich dieser Wandel eben darin besteht, daß immer wieder ein anderes erscheint.

Das mag paradox klingen, ist aber garnicht rätselhaft, sobald man sich klar macht, daß die erscheinende Überzeitlichkeit ja ganz unabhängig davon besteht, ob bei veränderter Auffassung ein anderes erscheint oder dasselbe. Erscheint nämlich allemal ein anderes, so kann doch jedesmal das, was nun wirklich und einmalig erscheint, als Überzeitliches erscheinen. Denn gerade die erscheinende Zeitlosigkeit eines Inhalts ist offenbar gegen Wiederholung des Erscheinens vollkommen gleichgültig.

Und in der Tat: in aller Abartung des Verstehens, des Hineinsehens, des Aufringens versteht der lebende Geist den irrealen Gehalt des Hintergrundes als zeitlosen. Er erlebt ihn als einen in die Idealität erhobenen, gleichgültig dagegen, ob er auch nur ein zweites Mal als derselbe erlebt wird. Daß er selbst in seiner Schau ihn abwandelt, weiß er nicht; und er braucht es auch im Schauen nicht zu wissen. Daß aber anderen Menschen und anderen Zeiten in demselben Vordergrunde ein Anderes erscheint, hat vollends damit nichts zu tun.

Was dabei wirklich teilweise aufgelöst wird, ist einzig die inhaltliche Identität der vom Künstler geschaffenen Gestalten. Diese Identität erweist sich im Hinblick auf die Vielheit der Auffassungen als eine beschränkte, nur teilweise bestehende. Aber diese Auflösung hindert nicht, daß die Gestalten — wie sehr vereinseitigt, überformt oder gesteigert sie dem Einzelnen im Einzelfall erscheinen mögen (oder auch ganzen Zeitaltern gemeinsam) — doch jedesmal und in jeder Abwandlung zur Überzeitlichkeit und Idealität erhoben erscheinen.

f. Eindeutigkeit und Vieldeutigkeit im Kunstwerk.

Eine andere Frage aber ist es, wie sich diese Abwandlung und diese Geschichtlichkeit mit der eigenartigen „Bestimmtheit" des Kunstwerkes verträgt, die es vor den Objektivationen gedanklichen Gutes voraus hat.

Es handelt sich hierbei, wie gezeigt wurde, um die anschauliche Bestimmtheit, mit der der Hintergrund im sinnlich erfaßten Realgebilde „erscheint". Diese Bestimmtheit hängt also, da sie das Erscheinungsverhältnis betrifft, nicht allein an der detaillierten Geformtheit des Realgebildes, sondern weit mehr noch an der Eindeutigkeit des Zusammenhanges zwischen seinem Detail und dem des Hintergrundes. Es ist die Bestimmtheit, mit der das Realgebilde den hindurchschauenden Blick zwingt, den Hintergrund so zu sehen, wie er ursprünglich erschaut und in ihm für alles künftige Schauen fixiert ist.

Hier muß nun angesichts der geschichtlichen Abwandlung, die eben dieses Fixierte erfährt, die Konsequenz gezogen werden, daß die Fixierung selbst auch im Kunstwerk nur eine relative ist. Das aber bedeutet, daß auch hier die Objektivation keine absolute Bestimmtheit hat, daß also die Eindeutigkeit des Zusammenhanges auch im rein anschaulich-konkreten Erscheinungsverhältnis — diesseits aller Reflexion — nur eine begrenzte ist. Sie läßt von Anbeginn der künstlerischen Schau einen gewissen Spielraum. Bestimmtheit und Eindeutigkeit bleiben zwar im Kunstwerk weit größer als im Schrifttum des Gedankens. Aber jene schließt doch eine gewisse Unbestimmtheit, diese eine gewisse Vieldeutigkeit nicht aus.

Diese Vieldeutigkeit ist der Ästhetik wohlbekannt. Wo Gestalten mit Leben, Bewegung, Leidenschaften, Handlungen dem Schauenden erscheinen, da erstreckt sich deren eindeutige Bestimmtheit nicht auf beliebige Seiten oder Details, sondern jederzeit nur auf eine gewisse Auslese von ihnen, so wie der besondere Aspekt künstlerischer Schau sie aus unübersehbarer Mannigfaltigkeit heraushebt. Die Bewegungen des dramatischen Spiels, die Mimik, die Geste, sind im allgemeinen im geschriebenen Stück nicht vorgeschrieben; sie müssen aus dem Geist des Ganzen herausgelesen, müssen sinngemäß ergänzt werden. Alle Dichtung kann nur eine sparsame Auslese der konkreten Mannigfaltigkeit geben, welche die menschlichen Verhältnisse, Situationen, Schicksale ausmacht. Sie würde sich sonst ins Uferlose verlieren.

Ihre Kunst besteht wesentlich darin, trotz aller Sparsamkeit doch in der Auslese selbst die Einheit einer viel komplexeren Handlung anschaulich erscheinen zu lassen. In ausgewählten Szenen geht die Handlung am Leser vorüber, dabei aber erscheint ihm in der Schau die Ganzheit eines Geschehenszusammenhanges mit alledem, was nicht erzählt wird.

Ja, das geht noch weiter. Der erzählende Künstler wird sich hüten, das eigentlich Innere und Seelische direkt zu beschreiben, oder auch nur beim Namen zu nennen — er hat guten Grund, die psychologischen Begriffe zu scheuen —, er hat ganz andere Mittel, das Innere erscheinen zu lassen. Er gibt direkt vielmehr das Äußere, die sinnlich-anschauliche Szene; und in diesem Äußeren läßt er das Verborgene der Menschenseele erscheinen, weit unmittelbarer und eindringlicher, als direktes Eindringen und Darlegen es vermöchte. Er läßt es also genau in derselben Weise erscheinen, wie es auch im Leben erscheint.

Und analog ist die Sachlage in den übrigen Künsten. Sie alle geben nur einen knappen Ausschnitt, je nach Maßgabe des Materials, in dem sie arbeiten (des Steines, der Farbe, des Tones). Aber vom Ausschnitt aus ergänzt sich dem künstlerischen Schauen die Fülle dessen, was es schaut, weit über das unmittelbar Gegebene hinaus, zur lebensvoll geschlossenen Ganzheit.

g. Die Ergänzung und ihr Spielraum in der künstlerischen Schau.

Zum Wesen der ästhetischen Schau gehört offenbar notwendig die Ergänzung. Ergänzung aber ist und bleibt stets eine synthetische Leistung des Schauenden. In ihr hat er eine gewisse Freiheit, wie und wozu er den erscheinenden Hintergrund ergänzt. Hätte der letztere ein Ansichsein, und sei es auch nur ein ideales, so wäre alles Ergänzen ein Verfehlen. Da er aber nur ein erscheinendes Sein hat, und nur erscheinende Idealität, so gehört das, was die Schau ergänzt, mit zu seinem inhaltlichen Bestande. Denn er besteht nur „für" die Schau.

Man kann diese Freiheit der Schau bei gegebenem Realgebilde ihren inhaltlichen Spielraum nennen. Sie ist der schöpferischen Freiheit des Künstlers eng verwandt, wie sie denn auch stets in deren Spuren zu gehen bestrebt ist. Der Spielraum selbst aber ist in den verschiedenen Künsten sehr verschieden bemessen. Ja, er variiert schon mannigfach innerhalb derselben Kunst, ist ebenso von Künstler zu Künstler verschieden wie von Werk zu Werk. Aber er ist immer da. In ihm liegt der innere Grund der Wandelbarkeit eines Kunstwerks in der Auffassung des Beschauers, und damit zugleich der Grund des geschichtlichen Schicksals, welches es im Wandel der Zeiten erfährt.

Mit einer relativ hohen Bestimmtheit verträgt sich dieser Spielraum und diese Wandelbarkeit immer noch sehr wohl. Es ist durchaus möglich, daß die Eindeutigkeit des Kunstwerkes im Vergleich mit der des objektivierten Gedankengutes eine sehr bedeutende ist. Die Überlegenheit ist unter anderem greifbar in dem oben aufgezeigten Moment des Ausschlusses der Reflexion. Wohl kann man das angeschaute Kunstwerk der Reflexion unterwerfen, aber die Schau ist dann immer schon erfassend vorausgegangen und hat die wesentlichen Bestimmtheiten schon vermittelt.

Am gedanklichen Gut dagegen ist das Erfassen selbst auf Reflexion angewiesen. Dem Denker erscheint das Gedachte, das aus der Schrift zu ihm spricht, zunächst in einer gewissen Rätselhaftigkeit, und erst das eindringende Sinnen muß ihn belehren, wie es zu verstehen ist. Daß hierbei dem Wandel der Auffassung ein ganz anders weiter Spielraum bleibt, ist ohne weiteres verständlich — selbst wenn man dabei noch ganz von der Aktualität des Gedankens für ihn und von seiner Auseinandersetzung mit dem Gedanken absieht. Die Deutung wird hier eben zu einer besonderen, erst noch zu leistenden Aufgabe, bei der es stets mannigfaltige Wege gibt.

Gestalten der Dichtung dagegen treten der inneren Schau in unmittelbarer Ganzheit entgegen. Die Ergänzung wartet hier nicht erst auf die Reflexion. Sie hat im Anschauen immer schon stattgefunden; sie ist schon fertig, wenn das Nachsinnen einsetzt. Sie fällt daher auch ganz anders aus als am gedanklichen Gut. Sie unterliegt viel weniger der Willkür; es ist kein Suchen und Tasten, kein Ausprobieren des Hinzugefügten in ihr. Denn der Schauende weiß garnicht um sein ergänzendes Tun. Die relativ hohe Bestimmtheit des Kunstwerkes liegt eben darin, daß die Geformtheit des Realgebildes selbst den Leitfaden der Ergänzung hergibt. Wie sehr das der Fall ist, sieht man am besten an der Tatsache, daß dem Schauenden das, was er ergänzend hineinschaut, durchaus mitgegeben erscheint.

55. Kapitel. Das Absinken der Begriffe.

a. Gedanklicher Zusammenhang und herausgebrochene Begriffe.

Der Unterschied der Objektivation im Kunstwerk und im Schrifttum des Gedankens ist hiermit einigermaßen fixiert. Er hat sich als doch wesentlich anders herausgestellt, als er anfangs erschien. Er ist nicht so groß, daß die Vergleichbarkeit und mit ihr die gemeinsame Art der Geschichtlichkeit überhaupt aufhörte. Aber er ist immer noch groß genug, und zwar nicht nur in der Struktur der Schichtung und des Erscheinungsverhältnisses, sondern auch im Formtypus des geschichtlichen Schicksals, das die Objektivation erfährt.

Das Letztere wird besonders einleuchtend, wenn man die Extreme gegeneinander hält, also etwa wenn man den „Begriff" als Objektivationsform neben die Schöpfungen der Kunst hält. Dieser Vergleich drängt sich insofern als maßgebender auf, als Begriffe die unmittelbaren Vehikel des Gedankens sind und alles gedankliche Gut sich in ihnen ausformt. Und andererseits ist es wohlbekannt, daß gerade die einmal aufgestellten und „geprägten" Begriffe ein gewisses Eigenleben in der Geistesgeschichte führen, ja daß es fast unabhängig vom Schicksal der Gesamtanschauungen und gedanklichen Systeme auch ein besonderes Schicksal und eine besondere Geschichte der Begriffe gibt.

Man braucht sich dazu nur zu erinnern, wie gewisse Grundbegriffe der Aristotelischen Philosophie — etwa der der Substanz, der Form, der Materie, der Potenz, der Energie — Gemeinbesitz der abendländischen Bildung geworden sind, ohne daß ein Gleiches sich von seiner Natur- und Weltauffassung sagen ließe. Sie treten schon sehr bald nach ihrer Prägung in einer gewissen Ablösung vom Gedankenzusammenhang auf, in dem sie geboren sind, erscheinen verselbständigt als herausgebrochene Stücke, werden aber vom lebenden Geist, der sie übernimmt und als gangbare Münze verwertet, keineswegs als herausgebrochene Stücke empfunden. Sie haben hinfort ihre eigene Geschichte, werden bei feststehendem Terminus weiter und weiter umgebildet. Der Prozeß geht so weit, daß nach Jahrhunderten dem Epigonen, der sie als die seinigen gebraucht, der ursprüngliche Gehalt kaum mehr erkennbar ist und ihn wie etwas Sonderbares und Fremdartiges berührt, wenn er bei neuer Vertiefung in die Schriften des Aristoteles wieder zum Vorschein kommt.

Wo der lebende Geist das gedankliche Ganze nicht mehr kennt, das den Begriffen zugrunde liegt, in denen er denkt, da bewegt er sich in solchen herausgebrochenen Begriffen. Und wie er ihren Ursprung nicht kennt, so kennt er auch ihren Bedeutungswandel nicht. Er hält sie vielmehr dauernd für fixierte, stabile Gebilde. Nichts ist verbreiteter als der Glaube an die Stabilität der Begriffe. Auch das wissenschaftliche Denken ist darin kaum weniger naiv als das populäre. Und die formale Logik mit ihrem stillschweigend zugrunde gelegten Identitätsprinzip leistet dem einen Vorschub, der ihre Kompetenz weit überschreitet. Hier gilt es, von Grund aus umzulernen. Die logische Identität der Begriffe ist ein Ideal, das innerhalb eines Gedankensystems allenfalls eine gewisse Erfüllung finden kann, niemals aber über dessen Grenze hinaus sich bestätigt findet. Die herausgebrochenen Begriffe aber haben diese Grenze überschritten.

Das ist der Grund, warum in größeren geschichtlichen Zusammenhängen es kaum etwas Unstabileres gibt als den Begriff. Der Begriff ist jederzeit seinem Gehalt nach genau so viel oder so wenig, als tatsächlich durch ihn „begriffen" wird. Dieses „Begriffene" aber ist nicht eine Funktion des Zusammenhanges, aus dem er herausgebrochen ist, sondern des Zusammenhanges, in den er jeweilig eingefügt wird.

b. Fortschreitende Abstraktion und geschichtliches „Absinken".

In diesem Prozeß nun verlieren die Begriffe viel von ihrem Bedeutungsgehalt, ja oft genug gerade das Wesentliche. Sie können als herausgebrochene sich nicht auf ihrer ursprünglichen Höhe halten. Sind sie von Hause aus Abbreviaturen konkret geschauter Wesenheiten und Wesenszusammenhänge, so gehen sie, einmal geläufig geworden, dieses geschauten Gehalts verlustig und sinken nach und nach zu Abstraktionen herab.

Der Terminus, der hier das Realgebilde ausmacht, wird im Denken der Epigonen nicht mehr als „Bild" eines anschaulich erfaßten Verhältnisses empfunden, obgleich die unmittelbare Wortbedeutung dem Feinsinnigen immer noch das Bild (meist ein räumlich-visuelles) verrät. Der Begriff ist dann abgegriffen, verblaßt, nur noch ein Denkschema. Aber gerade als abgegriffenes Denkschema hat er dann die bequeme Geläufigkeit, um derentwillen er im lebenden Geiste mit erstaunlicher Zähigkeit festgehalten wird.

Was hier festgehalten wird, ist also garnicht mehr der eigentliche, anschauungsgetragene und für die geistige Schau (das eigentliche Begreifen) transparente Begriff. Es ist nicht mehr das, worin das Denken die bestimmte Errungenschaft der Erkenntnis, die festgehalten werden sollte, vor Augen hat. Das Festhalten ist veräußerlicht, gilt nur dem Schema, ist der Sache nach weit mehr ein Fahrenlassen des ursprünglichen Gehaltes. Und diesen wiederzugewinnen ist hernach schwierig.

Dieses Phänomen des Verblassens und Fahrenlassens im scheinbar festgehaltenen Begriff ist ein solches der fortschreitenden Abstraktion oder der Preisgabe des eigentlichen Begreifens. Man kann es allgemein als das geschichtliche „Absinken" der Begriffe bezeichnen. Alle herausgebrochenen Begriffe geraten notwendig ins Absinken. Die meisten überkommenen Begriffe der Philosophie, und nicht weniger viele in den positiven Wissenschaften, sind abgesunkene Begriffe. Darum ist es so gefährlich, mit ihnen zu arbeiten, sich auf sie zu verlassen. Sie sind dem trägen Denken außerordentlich bequem; in ihnen ist die schwer übersehbare Fülle erarbeiteten Wissens auf ein handliches Minimum herabgesetzt, während sie dem Unwissenden noch einen Abglanz dieses Wissens vortäuschen. Durch diese Bequemlichkeit und dieses Vortäuschen sind sie verführerisch;

man wird durch sie mit allem, was an sich schwierig und rätselhaft ist, erstaunlich leicht „fertig". Wem es um das Fertigwerden als solches zu tun ist, wer die Beunruhigung durch unbewältigte Probleme scheut, der ist immer geneigt, dieser Täuschung anheimzufallen. Denn verblaßte Begriffe bieten sich jederzeit ungesucht an. Wer ihnen verfällt, dem verschließen sich die Perspektiven der Wirklichkeit. Von ihnen gilt das Wort: der Buchstabe tötet.

Wo abgesunkene Begriffe das Denken einer Zeit beherrschen, da ist der Geist der Wissenschaft tot. Ein solches Denken artet in Gedankenspiel, in Haarspalterei aus. Aller Aufschwung der Wissenschaft beginnt damit, die abgesunkenen Begriffe abzuschütteln, den schauenden Blick von ihnen zu befreien — oder aber ihren ursprünglichen Gehalt wiederzugewinnen.

c. Wiederherstellung des Abgesunkenen. Unselbständigkeit des Begriffs.

Wie aber gewinnt man den einmal verlorenen Gehalt wieder? Es gibt dazu nur einen Weg: das Zurückgreifen auf den Gedankenzusammenhang, in dem die Begriffe ursprünglich geschaffen wurden. Nur der lebendige Wiedereintritt in die Schau, die Wiederherstellung der θεωρία, deren Mittel und Teilaspekte sie waren, kann sie aus ihrer Erstarrung zu neuem Leben erwecken. Das aber heißt: die herausgebrochenen Stücke müssen wieder genau an die Stelle des Ganzen gesetzt werden, aus dem sie herausgebrochen sind. Ihre Transparenz stellt sich dann von selbst ein.

In der Philosophie ist dieses Verhältnis ein wohlbekanntes. Wer heute den ursprünglichen Sinn der abgesunkenen Aristotelischen Begriffe wiedergewinnen will, muß sich an die Texte des Aristoteles wenden. Er muß am Ganzen des dargelegten Problemzusammenhanges die eigentümliche Art des Aristoteles, Gegenstände zu untersuchen, Schwierigkeiten aufzurollen und die erfaßten Resultate vorsichtig in bildhaften Prägungen einzufangen, nicht nur kennen lernen, sondern nach Möglichkeit selbst erlernen. Er muß „sehen" lernen, wie Aristoteles sah. Und erst wenn er die Einheit der Schau (θεωρία) wiedergewonnen, ja sie nachzuvollziehen erlernt hat, ist er imstande, den Gehalt seiner Begriffe zu rekonstruieren.

Die Konsequenz hieraus ist: Begriffe als solche sind überhaupt keine selbständigen Gebilde. Sie stehen nicht wie Kunstwerke auf eigenen Füßen. Sie wurzeln stets in einem weit größeren Anschauungszusammenhang, sind aber ihrerseits außerstande, diesen als ganzen zu vermitteln. Deswegen sind sie, wo sie herausgebrochen dastehen, entwurzelt und jeder Willkür des lebenden Geistes schrankenlos ausgesetzt; deswegen auch verfallen sie dem geschichtlichen Absinken, und deswegen kann nur die Wiedereinfügung in den Zusammenhang sie inhaltlich wiederherstellen.

Begriffe als isolierte Bruchstücke objektivierten Geistes sind äußerst fragile, flüchtige Gebilde, und nur die Konstanz des Terminus ist es, was darüber täuschen kann. Ja, man darf sagen, sie sind für sich überhaupt nichts, sind alles, was sie sind, nur im Ganzen einer noch lebendigen oder wiedergewonnenen Gesamtschau.

An diesem Punkte kann man den Gegensatz zum Kunstwerk in ihnen mit Händen greifen. Das Kunstwerk vermittelt durch sein Realgebilde dem Schauenden die ganze Fülle des geistig-anschaulichen Gehaltes, der in ihm objektiviert ist. Es hat eben diese Fülle in sich selbst, d. h. in der Mannigfaltigkeit der Bestimmtheit, die es dem sinnlichen Sehen darbietet. Der Begriff aber hat diese Fülle außer sich — in der Ganzheit einer Gesamtschau, in der er selbst nur ein Bruchstück ist. Der Terminus verrät von dieser Fülle nichts, es sei denn demjenigen, der ohnehin schon in der Schau der Ganzheit steht.

Der Begriff, als einzelner für sich genommen, ist immer arm an Bestimmtheit. Selbst die Definition, die seinen Gehalt explizieren soll, hilft hier nur wenig zurecht. Eine kurze Formel, selbst wenn sie nicht bloß Nominaldefinition ist, kann die fehlende Mannigfaltigkeit greifbarer Bestimmtheit nicht ersetzen. Die wirklich erschöpfende Begriffsbestimmung liegt einzig im weiteren Inhaltszusammenhang. Sie ist nirgends zu gewinnen als am Ganzen der noch anschauungsnahen Gedankenarbeit, in der der Begriff geprägt ist. Der Begriff eben hat seine Bestimmtheit außer sich.

d. Das Absinken von Theorien und Systemen.

Das Phänomen des „Absinkens" ist indessen nicht auf einzelne Begriffe beschränkt, hängt also nicht an ihrer Isolierung allein. Es ist an ihnen nur am greifbarsten. Es gibt auch ein Absinken ganzer Begriffszusammenhänge, ja ganzer Theorien und Systeme.

Auch an diesen besteht es im Verblassen des geschauten Gehaltes. So ist es schon überall da, wo ein Gedankensystem nicht mehr in seinem Ringen mit den Problemen erfaßt wird, aus denen es hervorwächst, sondern nur noch in den Resultaten dieses Ringens, als „fertiges" System. Noch weiter geht das Verblassen, wo man das Gedankengefüge nicht mehr in ursprünglicher Fassung (etwa im Text des Grundwerkes) vor sich hat, sondern nur in Referaten zweiter Hand, in Auszügen oder Darstellungen. Der gedankliche Gehalt erscheint herabgerissen, trivialisiert, um sein eigentliches Wesen betrogen. Die Theorie ist hier nicht mehr die „Schau", auch kaum mehr eine Anleitung zu wirklichem Schauen, sie ist beinah zum grundsätzlichen Verzicht auf die Schau geworden. Sie ist zum Gegenteil ihrer selbst, zur „Theorie" im schlechten Sinne geworden.

Daß alle Gedankensysteme mitsamt ihrer Begriffssprache diesem Absinken ausgesetzt sind, lehrt zur Genüge die Geschichte der Philosophie. Und nicht erst nach Jahrhunderten, wenn die Formen des Lebens sich gewandelt und neue Probleme heraufgeführt haben, setzt dieser Prozeß ein. Er beginnt in der Regel schon gleich beim ersten Auftreten einer neuen Gedankenschöpfung. Überall, wo ein System „Schule macht", da wird es auch schon von der breiten Nachtreterschaft herabgezogen; das scheint ein unentrinnbares Schicksal der „Systeme" zu sein, Ausnahmen davon wird man schwerlich finden. Wohl gibt es fruchtbare Fortarbeit in und außer den Schulzusammenhängen in den Bahnen der aufgerollten Probleme. Aber die Fortarbeit gilt weder dem System als solchem (sie bildet es vielmehr um), noch gehört sie dem objektivierten Geiste an. Sie vielmehr ist der lebende Geist der Forschung, und was sie zustande bringt, ist durchaus neue Schau und neue Objektivation des Geschauten.

Wo es aber gilt, den ursprünglichen Geist eines abgesunkenen „Systems" wiederzugewinnen, da setzt dieselbe Forderung ein wie beim Begriff, nur in größerem Umfange. Es genügt hier meist nicht, auf die Schriften des einzelnen Denkers zurückzugehen, man muß auch die ganze Problemlage seiner Zeit, und für sie wiederum die Entwicklung der Probleme bei der Vorgängerschaft kennen. Tatsächlich schlägt ja auch jeder ernsthafte Historiker der Philosophie diesen Weg ein. Er hat keine Wahl, es anders zu machen.

Das aber bedeutet: auch der echte Gehalt einer Theorie ist nur an der Hand der breiteren Zusammenhänge wiederzugewinnen, in denen sie gewachsen ist. Auch sie hat die mannigfaltige Fülle ihrer Bestimmtheit nicht in sich allein, sondern ebensosehr außer sich — wenn auch nicht in gleichem Maße wie der Begriff. Jedenfalls ist es auch bei ihr stets bedenklich, sie aus den Zusammenhängen des lebenden und forschenden Geistes ihrer Zeit herauszubrechen. Der Fall liegt hier nur deswegen weniger extrem als beim isolierten Begriff, weil eine Theorie oder ein System schon in sich selbst eine größere Mannigfaltigkeit ist, in der sich viele Einzelbestimmtheiten gegenseitig tragen und ergänzen.

Theorien nehmen der Eindeutigkeit und Bestimmtheit nach offenkundig eine mittlere Stellung ein zwischen dem Begriff und dem Kunstwerk. Das ist insofern von Wichtigkeit, als daran sichtbar wird, wie die Reihe der Objektivationen eine breit angelegte Stufenfolge bildet, von der zu vermuten ist, daß sie für alle nur denkbaren Übergangsformen Spielraum hat — d. h. dem Wesen nach ein einziges Kontinuum bildet. Nicht als sollte damit die Grenzscheide von Gedankenschöpfung und Kunstschöpfung verwischt werden. Diese Grenzscheide liegt nicht in der Struktur und in der Geschichtlichkeit der Gebilde allein, sondern auch in ihrem Wertcharakter. Das Kontinuum bezieht sich nur auf die Abstufung der inneren Bestimmtheit und Selbständigkeit des objektivierten Geistes als solchen. Und da die Weltliteratur eine Fülle von Übergangsformen zwischen Dichtung und Gedankenschrifttum aufweist — Formen, deren Wertcharakter denn auch ein schillernder und umstrittener ist —, so ist nicht einzusehen, inwiefern hier eine Lücke im Kontinuum klaffen sollte.

e. Aufstieg der Begriffe im lebenden Geist.

Das Phänomen des Absinkens steht nicht für sich allein da. Es gibt in der Geschichte der Begriffe und Theorien auch einen Aufstieg. Der Aufstieg aber gehört dem lebenden Geiste an und nicht dem objektivierten. Er vollzieht sich im Fortgang der Forschung. Und man darf sagen, er ist überall solange im Gange, als die direkte Fühlung mit den Problemen andauert und die Erkenntnis fortschreitet.

Ein solches Fortschreiten erleben wir in den positiven Wissenschaften unmittelbar, sofern wir an ihrer Arbeit teilhaben oder mitwirken. Intensiviert tritt es in Epochen großer Entdeckungen auf; in den Naturwissenschaften ist als eine solche am bekanntesten die Entwicklung von Galilei bis Newton. Nicht nur das ganze kosmische Weltbild, sondern gerade auch die einzelnen physikalischen Begriffe erfüllen sich hier mit immer reicherem Gehalt. Sie intensivieren sich. In der Geschichtswissenschaft hat die jüngste Zeit den Beginn eines ähnlichen Aufstieges gebracht. In der Philosophie kennen wir Analoges in solchen Epochen wie der von Thales bis Aristoteles, vom Cusaner bis Leibniz, von Kant bis Hegel. Wie aber reimt sich das mit dem Phänomen des Absinkens der Begriffe?

Es reimt sich ohne weiteres damit. Denn das Absinken vollzieht sich in einer anderen geschichtlichen Ebene; es betrifft nicht den Fortgang der lebenden Forschung, vollzieht sich außerhalb ihrer, dort, wo sie aufgehört hat oder doch in den einschlägigen Problempunkten aussetzt. Vom geschichtlichen Erkenntnisprozeß aus gesehen ist das Absinken nur ein Grenzphänomen. Denn dieser Prozeß ist in den einzelnen Gebieten keineswegs ein ununterbrochener. Beide Bewegungen sind sogar jederzeit in einer gewissen Verbundenheit an denselben Theorien, denselben Begriffen aufzeigbar. Das eben erst errungene und in Begriffsform gebrachte Forschungsresultat ist schon dem Absinken ausgesetzt, sobald es Gemeingut Vieler wird.

Die Vielen eben halten sich nicht an die Schau, sondern an das formulierte Resultat, an die Objektivation, die Begriffe. Die Schau ist auch wirklich nicht jedem gegeben, sie ist nur um den Preis der Arbeit und des persönlichen Einsatzes zu gewinnen. Die Menge der Mitlebenden greift nur das Formulierte und Umrissene auf, sie „schnappt Begriffe auf", statt sich in Fühlung mit der Sache zu setzen. Und oft genug mischt sich das Sensationsbedürfnis hinein; ihm ist vollends die Sache mit dem Begriff abgetan.

Ein großes Beispiel dieser Art erleben wir in unseren Tagen am Einsteinschen Relativitätsbegriff. Im Bewußtsein der Menge, die ihn nur aus dürftigen — und überdies stets nur halb verstandenen — Referaten kennt, ist er längst ein abgesunkener Begriff geworden und sinkt ständig weiter ab; für Viele ist er nie etwas anderes gewesen als ein aufreizendes Schlagwort mit einem daranhängenden Kunterbunt phantastischer Vorstellungen. In der Wissenschaft selbst dagegen — vertreten durch einen sehr engen Kreis von Forschern verschiedener Nationen — steht eben dieser Begriff, wie es scheint, noch im Anfang seines Aufstieges. Aber dieser Aufstieg, von Jahr zu Jahr verfolgbar und immer größere Problemkreise einbeziehend, vollzieht sich im lebendigen Fortgang der wissenschaftlichen Schau selbst und überträgt sich auf deren Objektivation im Begriff nur insofern, als sie diesen fortlaufend umbildet.

f. Generelles Verhältnis von Aufstieg und Absinken.

Der Zusammenhang von Aufstieg und Absinken ist also dieser, daß jedes Stadium im Werdegange eines lebendig aufsteigenden Begriffs, sofern es als dieses bestimmte auch terminologisch fixiert wird, selbst wiederum sofort dem Herausgebrochenwerden und Absinken unterliegt. Es gibt eben immer die weitere Zeitgenossenschaft, für die der Zusammenhang der Schau nicht herstellbar ist, die sich aber dennoch ihren Anteil am formulierten Resultat nimmt. Für sie steht der Begriff immer relativ isoliert da. Und in dieser Isolierung ist er schlechterdings nicht auf seiner Höhe zu halten.

Die Begriffsbildung ist im Leben der Forschung ein ununterbrochen fortgehender Prozeß. Jede neue Einsicht nimmt, in die logische Form erhoben, die Gestalt eines Urteils an; jedes Urteil fügt dem Begriff ein neues Merkmal ein, dieses Einfügen ist der „synthetische" Charakter der Aussage. Der Begriff, als Inbegriff der Merkmale verstanden, ist so die fortschreitende Synthese der sich zusammendrängenden Prädikate. Dieses Fortschreiten der Synthese ist das Leben des Begriffs, sein inhaltliches Aufsteigen im Werdegang der Erkenntnis. Das Absinken also ist die Auflösung dieser Synthese. Es muß notwendig überall da einsetzen, wo der Begriff aus der lebendigen Arbeit der Einsicht und des Urteils herausgelöst wird.

Nun aber löst tatsächlich bereits jede Betrachtung, welche die Reihe der in ihm angehäuften Urteils-Synthesen nicht vollzählig mit vollzieht, den Begriff aus seiner Lebenssphäre heraus. Und da solche Betrachtung jederzeit und auf jedem Entwicklungsstadium des Begriffs bei der Hand ist, so stellt sich der Gesamtaspekt so dar: von einer einzigen zusammenhängenden Linie lebendigen Aufstiegs können unzählige Linien fortschreitenden Absinkens geschichtlich abzweigen, und zwar relativ unabhängig voneinander. Jedes einzelne Entfaltungsstadium in der aufsteigenden Geschichte eines Begriffs wird zum Ausgangspunkt geschichtlich fortschreitender Trivialisierung.

Die Wissenschaft ist bei der unübersehbaren Mannigfaltigkeit ihrer Forschungszweige in der steten Gefahr, den geschauten Gehalt ihrer Begriffe aus dem Blick zu verlieren. Sie lebt in stetem Ringen um diesen Gehalt fort, und ihre jeweiligen Definitionen sind ihr hierbei stets nur ein Notbehelf. Die Objektivationen, die sie in Form geprägter Begriffe für ihren eigenen Bedarf schafft, stehen ihr jederzeit ebensosehr im Wege, als sie ihr lebensnotwendig sind.

Bei den philosophischen Begriffen vollends steigert sich diese Gefahr ins Ungemessene. Hier ist die Inhaltsfülle der Schau nicht durch den Eintritt in ein Tatsachenmaterial allein zu gewinnen. Sie setzt, weil sie den Geschichtsaspekt mit in die Sachforschung hineinziehen muß, das Wiedergewinnen eines dem Epigonen fremdartig gewordenen Weltbildes, das Erlernen fremder Art des Schauens selbst voraus. Hier ist insofern der Einsatz, den das wirkliche Begreifen erfordert, noch größer. Man muß, nach dem Worte Hegels, allemal erst recht eigentlich „die Anstrengung des Begriffs auf sich nehmen". In dieser Anstrengung aber ist die geschichtliche Rückorientierung bereits vorausgesetzt.

56. Kapitel. Einzigartige Stellung des Kunstwerkes in der Geschichte.

a. Unschuldiges und verhängnisvolles Absinken.

Indessen auch mit dem Schicksal verblaßter Theorien und Systeme ist das Phänomen des Absinkens nicht erschöpft; desgleichen nicht das seines Verhältnisses zum Aufstiege im lebenden Geist. Denn beides erstreckt sich nicht auf gedankliches Gut allein.

Wir finden Analoges im Gebiet des Ethos, der bestehenden Lebensformen und Gebräuche, des Rechts und der Rechtspflege, ja des religiösen Lebens. Denn alle diese Gebiete des geistigen Lebens greifen in mannigfaltigen Formen zur Objektivation als zu einem Mittel des Festhaltens dessen, was sich in ihnen inhaltlich herausgeformt hat; wie sich denn in all ihren Verzweigungen Symbole, Formeln, Schlagworte, eigentümliche Wendungen, Ritual oder Zeremonien herausbilden, deren

Sinn mit ihnen selbst nicht identisch ist und dem Bewußtsein der Lebenden sehr wohl auch bei zähem Festhalten der geprägten Form entschwinden kann. Der ursprüngliche Sinn einer Sitte kann längst vergessen sein, während sie als Form fortbesteht. Dasselbe gilt vom Sinn vielgebrauchter Sprichwörter, Redewendungen, Bilder; vollends wie sehr alles Zeremonielle, Konventionelle, Rituelle die Tendenz hat abzusinken, ist wohlbekannt. Indem es sich ausschließlich an Auge und Ohr wendet, aber die Bestimmtheit der Transparenz für den eigentümlichen Gehalt nicht hat, läßt es der Willkür oder auch der gedankenlosen Hinnahme Spielraum. Wissenschaftliche Kulturforschung kann den Sinn solcher Formen ausgraben; aber auch dann weiß nur der Gelehrte um ihn, in den lebenden Geist geht er so leicht nicht wieder ein.

Soweit handelt es sich um ein sehr unschuldiges Absinken. Gewichtig aber — und gelegentlich wohl gar verhängnisvoll — wird es, wo überlebtes geschriebenes Recht fortbesteht, wo einzelne Bestimmungen, deren Geist an Lebensverhältnissen hing, die nicht mehr bestehen, dem Buchstaben nach geltend gemacht werden und dem offenkundigen Unrecht zur Handhabe dienen. Wieder ganz anders, aber nicht weniger bedenklich gestaltet sich das Absinken auf dem Gebiet des Glaubens. Religiöse Anschauungen, das Höchste und Innerste betreffend, das der Mensch faßt oder zu fassen meint, setzen sich in die Form von „Dogmen" um. Das Dogma aber, herausgebrochen aus dem tragenden Element lebendigen Empfindens (des empfundenen und überzeugend erlebten Verhältnisses zur höheren Macht), erleidet das Schicksal des Begriffs. Es verliert seinen Gehalt — und zwar um so mehr, als dieser ein dem Gedanken nicht gegenständlich greifbarer ist —, es verblaßt und erstarrt schließlich in der Formel.

Das Absinken der religiösen Dogmen bildet ein großes Kapitel für sich. Es verdiente von Rechts wegen eine gesonderte religionsphilosophische Behandlung unter Zugrundelegung der am weiteren Phänomenzusammenhang gewonnenen Objektivationsgesetzlichkeit. Denn Dogmen sind Objektivationen eigener Art, ausgezeichnet durch den ungeheuren Autoritätsanspruch, den sie erheben, dem aber die Kraft ihrer Transparenz für den lebenden Geist nicht im mindesten entspricht.

Es kann hier nur allgemein auf die wohlbekannte Tatsache hingewiesen werden, daß es in aller geschichtlichen Religiosität das Erstarren des Geschauten und Geglaubten zum Dogmatismus gibt — und zwar einerlei, ob es sich mehr in die Formen der gelehrten Orthodoxie umsetzt, oder in die eines mehr praktischen Pharisäismus, Puritanismus usf. Auch das religiöse Leben ist in steter Gefahr, sich in der Enge geschaffener Objektivationen zu verfangen. Auch von ihm gilt, was von der Wissenschaft galt: es lebt im steten inneren Ringen mit seinen eigenen Objektivationen. Die Gefahr ist hier nur um so größer, als Religion überhaupt nur im rein inneren Verhalten und Leben der Menschen besteht und aller Objektivation als solcher, sei es in Dogmen, Symbolen oder Begriffen, widerstrebt. Wie ihr denn auch die natürliche Exklusivität der Wissenschaft fehlt, die automatisch das Unechte aus dem eigentlichen Gang der Forschung ausschaltet.

b. Das geschichtliche „Aufrücken" künstlerischer Schöpfungen.

Um so erstaunlicher ist es, wenn man sich nun zu den Künsten zurückwendet und sieht, daß es in ihnen auch das umgekehrte Phänomen gibt: ein Aufrücken großer Kunstwerke im Wandel ihrer Auffassung durch den lebenden Geist — zu wahrhaft beherrschender Kraft und Größe.

Ein solches Aufrücken hat nichts gemein mit dem Aufstieg der Begriffe in der lebendigen Forschung. Jener Aufstieg ist im Grunde nichts als der Fortschritt der Erkenntnis selbst, sofern diese sich laufend weiter objektiviert; er gehört dem lebenden objektiven Geiste an, die Objektivation ist in ihm nicht fertig, ist noch flüssig, ist dauernd im Entstehen. Von Erhaltung des Begriffs läßt sich in solchem Aufstiege nur sprechen, sofern die einmal errungene Einsicht, die ihm als Merkmal eingefügt war, weiter verwertet wird. Im Aufrücken des Kunstwerkes dagegen handelt es sich um einen Prozeß, der sich ähnlich wie der des Absinkens am objektivierten Gehalt selbst vollzieht, nur eben in umgekehrter Richtung.

Das läßt sich gewiß nicht von allen Kunstwerken behaupten. Es gibt auch unter ihnen Gebilde, die schnell ins Nichts zurücksinken, ephemere Erscheinungen, Eintagsfliegen der Kunst, die ihr Publikum eine Weile faszinieren, dann aber ausgeschöpft und erledigt sind. Alle Tendenz- und Sensationskunst ist von dieser Art. Aber es gibt in der Rangabstufung der künstlerischen Leistungen — und zwar in allen Künsten — eine Grenze, oberhalb deren sich das ändert.

Alle geschichtlich große Kunst liegt oberhalb dieser Grenze. Das ist ein fast tautologischer Satz, denn eben weil solche Kunst die Grenze überschreitet, ragt sie aus ihrer Zeit heraus und in späte Zeiten hinein und hat ein geschichtlich ansteigendes Schicksal. Der Gehalt großer Werke wird von ihrer Zeit nicht ausgeschöpft; er gibt nicht nur fortgesetzt Neues her, sondern — was mehr ist — er gibt auch im Wechsel des lebenden Geistes dem tiefer verstehenden Geiste Tieferes her, dem größer gearteten Größeres, dem geschichtlich gereifteren das objektiv Ausgereiftere und Vollendetere.

Am deutlichsten ist das wiederum an gewissen Gestalten der Dichtung zu sehen — an Achilleus und Odysseus, Siegfried und Hagen, Egil, Parzival, Don Quixote, Hamlet, Faust. Solche Gestalten veralten nicht, sie nehmen nicht ab mit zunehmender geschichtlicher Ferne, sie wachsen an im Schauen des lebenden Geistes; und jede für sich wächst sich zu einem Mythos aus. Der lebende Geist reift an sie heran, indem er zugleich das Seinige einsetzt. Indem er sich in der Gestalt spiegelt und gleichsam sich an ihr mißt, wächst sie ihm ins Symbolische.

Auch in diesem Anwachsen und Aufrücken der Gestalten ist etwas wie Vereinfachung. Aber die Vereinfachung ist eine andere als die im Absinken der Begriffe. Dort fällt das Wesentliche ab und eine abstrakte Form bleibt zurück. Darum ist es ein Absinken. Hier fällt das Beiwerk ab, die einengende Besonderheit, und was zurückbleibt, ist reiner Wesenskern, die lapidar gewordenen Grundzüge, die ins Symbolische erhobene — und das heißt, die in die ihr eigentümliche Idealität und Zeitlosigkeit erhobene — Gestalt. Die Idealität ist zwar auch hier nur eine erscheinende, aber eine beherrschend erscheinende. Darum ist diese Art Vereinfachung nicht ein Absinken, sondern ein eminentes Aufrücken, nicht ein Sichverlieren, sondern weit eher ein Sichfinden der Urgestalt zu nennen.

Und nicht auf Gestalten allein ist das Aufrücken beschränkt. In der Dichtung mag es an ihnen vorwiegend hängen, und noch mehr vielleicht in der Plastik. Aber schon in der Malerei treten andere Inhalte daneben. Die Musik vollends hat anderen erscheinenden Gehalt. Und doch wird man gerade ihren Meisterwerken das geschichtliche Aufrücken nicht absprechen können; wie wir es denn an der Bachschen Musik in aller Buchstäblichkeit erleben, daß sie einem neuen und vertieften Verstehen auch durchaus Neues und Tieferes hergibt.

c. Vergängliche Masse der Produktion und das Stehenbleiben des Monumentalen.

Diesen Prozeß auf seine geistesgeschichtlichen Faktoren hin zu untersuchen, dürfte ein vermessenes Unterfangen sein — kaum weniger vielleicht, als wenn man das künstlerische Schaffen selbst analysieren wollte. Ist er doch diesem Schaffen zuinnerst verwandt, sieht er sich doch wie eine direkte Fortsetzung des Schaffens im lebenden Geiste der Nachwelt an.

Ob und wie weit er wirklich eine solche zu nennen ist, darf hier ununtersucht bleiben. Vollends dürfte es ein müßiger Streit sein, ob der Dichter die Gestalt, die einer Nachwelt ins Außerordentliche gesteigert erscheint, wirklich „so" gemeint habe. Der geschichtliche Gestaltwandel ist durchaus ein solcher der Auffassung; er vollzieht sich im Wandel dessen, was der Epigone im geschaffenen Werk erblickt. Und nur darauf kommt es an. Das Große am großen Werk ist aber eben dieses, daß seine Gestalten der vertieften Schau Tieferes erscheinen lassen. Dieses Phänomen ist ein geschichtlich-objektives; es betrifft den objektivierten Geist als solchen, nicht den personalen des schaffenden Künstlers. Denn der Künstler, wenn er Großes schafft, schafft seherisch, schlafwandelnd. Er stellt die Gestalt hin — mit der Fülle der Möglichkeiten, die sie umfaßt. Aber gerade im Hinblick auf diese Möglichkeiten wird man sagen dürfen, er weiß nicht, was er tut. Er braucht es auch nicht zu wissen. Er kann der Nachwelt das Ihrige daran überlassen. Sein Tun ist ein aus der Vision heraus von innen gedrängtes, ein schicksalhaftes Tun.

Es ist eine immer wiederkehrende Erfahrung, daß große Meisterwerke in ihrer Zeit fast verschwinden. Sie tauchen unter in der großen Masse der Produktion. Bei der Nachwelt aber, wenn das meiste von jener Masse versunken und kaum mehr dem Kenner bekannt ist, bleiben sie als Monumente ihrer Zeit stehen. Ja, sie werden erst hier an den Platz gerückt, der ihnen zukommt. Es wird dann gleichsam erst die Perspektive für sie frei, aus der sie gesehen sein wollen, und mit dem empfundenen Abstand gegen das Versunkene erscheinen sie ins Monumentale gesteigert.

Noch zugespitzter zeigt sich das dort, wo ein Meisterwerk in seiner Zeit gänzlich verkannt bleibt und erst von einer Nachwelt, die an seinen Gehalt herangewachsen ist, „entdeckt" wird. Dieser Fall ist deswegen ein so häufiger, weil es im Wesen großer Kunst überhaupt liegt, daß der Schaffende mit einer neuen Art des Sehens seiner Zeit voraus geht. Zur empfundenen vollen Größe aufrücken kann sein Werk erst dann, wenn der lebende Geist mit seiner Art des Sehens nachgefolgt und an die Anforderung herangewachsen ist, die das Werk stellt.

Fragt man sich aber weiter, was in der Struktur eines geschaffenen Werkes den Grund des Aufrückens ausmacht, was also der Unterschied des Ausschöpfbaren, Ephemeren und des Unerschöpflichen, noch in der Auffassung Entfaltungsfähigen eigentlich ist, so wird man unabweisbar auf die tieferen Schichten des erscheinenden Hintergrundes hingewiesen. Denn es zeigte sich, daß in den Künsten der Hintergrund überall noch in sich selbst strukturell mehrschichtig ist, und daß dem entsprechend das Erscheinungsverhältnis selbst ein geschichtetes ist (vgl. Kap. 48 a und b). Hierbei ist von Schicht zu Schicht allemal das mehr Vordergründige tragendes Element für das Erscheinen des mehr Hintergründigen, während umgekehrt allemal das letztere dem ersteren Gehalt und Erfülltheit verleiht. Für die eindringende Schau liegt also die Sache von vornherein so, daß sie gezwungen ist, beim Oberflächlicheren anzusetzen, und erst im Verweilen und Heranwachsen der Tiefe ansichtig wird.

Diesem Prozeß entspricht das Aufrücken des großen Meisterwerks im Wandel der Auffassung. Sein Schwergewicht liegt in seiner Tiefe, im Hintergründigsten und Ideenhaftesten. Aber es gibt dem lebenden Geist seine Tiefe erst allmählich her. Das Aufrücken ist das Hervorbrechen des innersten Ideengehalts im Heranwachsen der künstlerischen Schau des lebenden Geistes. Darum scheiden sich so radikal die des geschichtlichen Aufrückens fähigen Werke von denen, die im Sensationsbedürfnis ihrer Zeit nur einmal aufleuchten, um dann für immer zu verschwinden. Die letzteren eben entbehren der Tiefe; sie haben nichts, woran ein tiefer dringendes künstlerisches Schauen heranwachsen könnte. Der fortgeschrittene Geist ist über sie hinweggeschritten, sie können ihm nichts mehr hergeben.

d. Heraufreißende Kraft der Kunst und Ohnmacht der Abstraktion.

So haben wir denn im großen Meisterwerk der Kunst den äußersten Gegensatz zu allem, was geschichtlich „absinkt", zum Begriff, zur Theorie, zum Dogma, zum Buchstaben des Gesetzes, zu formalen Gebräuchen und Sitten. Da nun der geistige Gehalt aller dieser Objektivationen sehr wohl ein tiefer und hintergründig ideenhafter sein kann, so kann man ihren Unterschied vom Kunstwerk nicht in fehlender Tiefe suchen, wie bei den geringeren Werken der Künste selbst. Er muß in etwas anderem liegen.

Geht man dieser Frage weiter nach, so wird man unfehlbar auf die tiefe Verschiedenheit in der Bestimmtheit des Realgebildes zurückgeworfen. Der religiöse Gehalt eines Dogmas braucht nicht geringer zu sein als der einer dichterischen Gestalt, desgleichen der weltanschauliche Gehalt eines philosophischen Fundamentalbegriffs. Aber die Kraft des Dogmas wie des Begriffs, den Gehalt festzuhalten, und das heißt, ihn in der geprägten Form des Wortes erscheinen zu lassen, ist ganz unvergleichlich geringer. Beide haben, wie gezeigt wurde, ihre eigentliche Wesensbestimmtheit außer sich — in einer gedanklichen Gesamtschau, einer aller Formbarkeit transzendenten seelischen Haltung —, das Kunstwerk aber hat sie in sich.

Indem sich das Kunstwerk an die sinnliche Schau wendet, wendet es sich mittelbar — aber untrennbar davon — auch an die geistige Schau. Es fordert sie heraus, ja in gewissen Grenzen führt und zwingt es direkt zu ihr. Und sofern der „mitgegebene" (objektivierte) Geist den lebenden Geist überragt, so reißt es diesen zu sich herauf. Das Heraufreißen geht zwar nicht mit einem Schlage vor sich, der lebende Geist muß sich im Schauen zum Geschauten hin umbilden. Aber sofern dieses Umbilden sich in einen geschichtlich verfolgbaren Prozeß auszieht, stellt es sich in den Augen der einander ablösenden Geschlechter als ein Anwachsen und Aufrücken des objektivierten Geistes dar.

Begriff, Satz, Dogma sind formelhaft, Abbreviaturen, eine Art Scheidemünze des lebenden Geistes in der Verständigung der Individuen. Solche Scheidemünze ist dem geschichtlichen Bestehen lebenden

Geistes wesentlich. Aber an diesen Gebilden ist das Realgebilde eng, undifferenziert, es verschweigt die Hauptsache; diese ist aus ihnen nur denen verständlich, denen sie ohnehin geläufig ist. Die lautliche Form des Terminus, die geprägte Satzformel kann sie von sich aus nicht vermitteln, nicht in Bestimmtheit und Anschaulichkeit erscheinen lassen. Darum müssen sie absinken, sobald im lebenden Geiste der Gehalt, den sie tragen, nicht mehr lebendig und gegenwärtig ist.

Das Kunstwerk dagegen kann dem lebenden Geiste aus der Fülle seiner sinnlich-anschaulichen Bestimmtheit heraus erscheinen lassen, was er selber nicht hat. In ihm ist kein Mißverhältnis zwischen Realgebilde und geistigem Gehalt. Die Bestimmtheit des Realgebildes ist der des mitgegebenen Geistes adäquat. Darum hat es die Macht, den lebenden Geist zu sich heraufzureißen, ihn sich adäquat zu machen. Und im Maße dieses Adäquatmachens rückt es für ihn an Gestalt und Größe auf. Denn ein geschichtliches Sein hat es nur in seinem Verstehen.

e. Künstlerischer Wert und bewegende Kraft.

Man sieht von hier aus deutlich, was sich oben nur generell vorwegnehmen ließ, nämlich worauf es in diesem Unterschiede eigentlich ankommt. Die Kraft einer Objektivation liegt weder in Größe und Gewicht ihres Gehaltes allein noch auch in der sinnfälligen Geformtheit des Realgebildes allein — an ersterem sind auch Begriffe, an letzterer auch Kunstwerke zweiten Ranges reich —, sondern in dem Verhältnis zwischen der geformten Bestimmtheit des Realgebildes und der geformten Bestimmtheit des geistigen Gehaltes. Dieses Verhältnis ist entscheidend für die Kraft und das geschichtliche Schicksal des objektivierten Geistes. In ihm wurzelt die extreme Entgegengesetztheit von Begriff und künstlerischer Schöpfung.

Zeigt dieses Verhältnis Adäquatheit, so kann sich der objektivierte Geist als solcher im lebenden Geiste und für ihn über dessen geschichtlichen Wandel hinweg erhalten, kann ihn auch hinaufbilden und dadurch zu seiner eigenen vollen Idealität anwachsen. Ist das Verhältnis ein inadäquates, ist dem Realgebilde mehr Geist aufgebürdet, als seine Formung tragen kann, so muß der objektivierte Geist im Wandel des lebenden absinken, — es sei denn, daß dieser selbst ihn aus eigener Initiative wiederfindet (z. B. ihn in geschichtlicher Forschung rekonstruiert) und dann aufs neue objektiviert. Denn die Inadäquatheit liegt im Realgebilde. Das Absinken also hängt an der Schwäche der Objektivation, nicht an der des objektivierten Geistes.

Sieht man nun näher zu, so ist das geistesgeschichtliche Gesetz, auf das die Untersuchung hinausgelangt ist, im Grunde nichts anderes als die Kehrseite und Verallgemeinerung desjenigen Gesetzes, das sich in der Analyse des ästhetischen Gegenstandes bereits ergeben hat. Der eigentlich künstlerische Wert — das, was man die „Schönheit" des geschaffenen Werkes nennt, — erwies sich dort als etwas, was weder am sinnlich-realen Vordergrunde allein noch auch am geistig irrealen Hintergrunde allein hängt, sondern ausschließlich an ihrem Ineinander: am „Erscheinen" des Hintergrundes im Vordergrunde, resp. an der Transparenz des letzteren für den ersteren. Auch für den Wertcharakter hängt alles an der Adäquatheit des einen für den anderen. Nur bei gegebener Tragkraft des sinnlich Geformten setzt das Wunder des Erscheinens ein, durch das geschauter Gehalt wieder und wieder geschaut werden kann.

Es ist also dasselbe Verhältnis dort wie hier. Dieselbe Adäquatheit zwischen heterogenen Schichten erweist sich maßgebend für das geschichtliche Schicksal des objektivierten Geistes überhaupt. Und es ist kein Zufall, daß eben das, was hohen ästhetischen Wert hat, auch hohe Kraft der Erhaltung, ja bewegende Kraft im Wandel des lebenden Geistes hat. Am mächtigsten eben spricht die Vergangenheit zu uns aus ihrer Kunst. Die Schönheit ist zwar etwas ganz anderes als die bleibende Präsenz geistigen Gutes; wohl aber hat dasjenige geistige Gut die am meisten bleibende Präsenz in der Geschichte, dessen Versinnlichung im Werk die einzigartige Vollendung zeigt, die wir das Schöne nennen. Die adäquateste Objektivation ist auch die stärkste.

III. Abschnitt.

Objektivierter und lebender Geist.

57. Kapitel. Bewegende und hemmende Kraft.

a. Der lebende Geist als tragender und betroffener.

Die kategoriale Grundform des geistigen Seins in der Geschichte ist die des lebenden objektiven Geistes. Die Untersuchungen der letzten Kapitel haben das in mehr als einem Sinne greifbar gemacht. Objektivierter Geist ist nur geistiges Gut, nicht geistiges Leben. Gerade als Gut aber ist er zuvörderst einmal vom lebenden Geiste erarbeitet und geprägt, sodann erst aus ihm herausgestellt; ferner bleibt er dauernd auf ihn angewiesen als der nur „für ihn seiende", erfährt Umgestaltung durch ihn und kann schließlich auch ganz in ihn „zurückkehren", um in ihm als Faktor unter anderen Faktoren zu verschwinden.

Hält man diese fünf Momente zusammen, so sieht man deutlich, wie in jeder Hinsicht der lebende Geist schon Voraussetzung des objektivierten ist, ihn inhaltlich bestimmt und seine geschichtliche Seinsweise trägt. Dennoch beeinträchtigt diese Abhängigkeit des objektivierten Geistes keineswegs seine kategoriale Eigenart. Das getragene Sein ist ein anderes als das tragende — wie in allen übrigen ontischen Bedingungsverhältnissen auch —, und insofern behält es in der Seinsabhängigkeit durchaus seine strukturelle Selbständigkeit. Es hat kategoriale Selbständigkeit „in" seiner Dependenz, Eigengesetzlichkeit „über" der Fremdgesetzlichkeit seiner Bedingungen.

Wer diese Sachlage an der Reihe der einschlägigen Phänomene kennengelernt und sich zu anschaulicher Übersicht gebracht hat, dem wird es ohne weiteres einleuchten, daß aus ihr noch eine weitere Aufgabe resultiert, in deren Verfolg sich die mannigfaltigen Fäden der Untersuchung erst wieder zusammenschließen können. Sie betrifft das Verhältnis des lebenden und des objektivierten Geistes in der Einheit des Geschichtsprozesses.

Nicht als wäre dieses Verhältnis nicht schon fortlaufend mit zur Sprache gekommen; es war ja beim Eindringen in die Objektivationsphänomene ganz unmöglich, vom lebenden Geiste abzusehen, überall handelte es sich schon um die Einlagerung in ihn und die von ihm ausgehende Rückwirkung. Dennoch ist das Verhältnis damit nicht erschöpft. Es wurde vorwiegend vom Problem des objektivierten Geistes aus gesehen, in seinen Folgen für ihn analysiert — so verlangte es das Thema der Seinsweise von gedanklichem Gut, Begriff, Theorie, Dogma, Kunstschöpfung und Dichtung. Hat man aber dieses große Thema einmal in gewissen Grundzügen zur Übersicht gebracht, so meldet sich die Gegenseite: es gibt eben auch gewisse Folgen desselben Verhältnisses für den lebenden Geist. Denn der lebende Geist ist in diesem Verhältnis nicht nur der tragende, sondern auch der vom Getragenen betroffene.

Diese Folgen sind mit dem summarischen Hinweis auf die „bewegende Kraft" des objektivierten Geistes bei seiner „Rückkehr" in den lebenden Geist nicht erschöpft. Das vielmehr ist gerade die Frage, ob diese „Kraft" — wenn überhaupt man sie als Kraft bezeichnen will, was ja zunächst nur ein Gleichnis ist — wirklich und durchweg eine „bewegende" ist. Sie könnte an sich ebensogut eine bewegungshemmende sein.

Und erwägt man, daß Objektivation als solche unter allen Umständen den Charakter der Fixierung, des Festhaltens und Festlegens hat, und gerade dadurch die eigentümliche Art der Dauer und des Bestehenbleibens zuwege bringt, die geschichtlich für sie charakteristisch ist, so möchte man geradezu a priori erwarten, daß der Grundzug der Wirkung im lebenden Geiste, die von ihr ausgeht, in einer Hemmung eben dieses seines Lebens bestehen müsse.

b. Das Zurückfallen der Objektivation auf den lebenden Geist.

Das ist die Gegenseite des Verhältnisses. Das geistige Gut, insofern es überzeugt, ist stets eine Macht im lebenden Geist. Erhält es sich aber in der Geschichte, so ragt in seiner Gestalt ein vergangener Geist als bestimmende Macht in das gegenwärtige Leben des Geistes hinein. Und es fragt sich dann immer, wie seine Rolle da ausfällt, inwieweit es dieses Leben etwa bei dem Vergangenen festhält, und welche Formen die Auseinandersetzung des lebenden Geistes mit ihm annimmt.

Soviel sieht man leicht, daß diese Frage nicht vom Gesichtspunkt des objektivierten Geistes aus gesehen und verfolgt werden kann — denn sie betrifft nicht ihn —, sondern nur vom Gesichtspunkt des lebenden objektiven Geistes. Ihn betrifft die Frage. Seine Geschichtlichkeit zeigt sich hier von einer neuen Seite. Mit ihm also haben wir es hier zu tun. Und zu ihm kehren wir nun — nach der Analyse des objektivierten Geistes — zurück. Von seinem Problem aus gesehen ist jene ganze Analyse nur ein notwendiger Umweg. Wie denn in ihrem Hintergrunde sein Problem als eigentliches Grundproblem stehengeblieben ist.

Man darf den Prozeß der Geistesgeschichte nicht so ansehen, als setzte er sich aus zweierlei Geist mit zweierlei verschiedener Geschichtlichkeit zusammen. Wohl hat das geistige Gut sein eigenes geschichtliches Schicksal, ein anderes als der lebende Geist, der es schafft, und der es empfängt. Aber das spaltet den Gesamtprozeß nicht. In ihm ist Raum für mannigfaches Schicksal nebeneinander her in der Einheit eines Zeitlaufs.

Dieselbe Heterogeneität besteht auch zwischen dem Schicksal des personalen und des objektiven Geistes. Und doch sind beide so miteinander verflochten, daß das eine im anderen Spielraum hat. Der Geschichtsprozeß des Geistes ist einer; und er ist, als Ganzes gesehen, in erster Linie der Lebensprozeß des objektiven Geistes: in diesen eingebettet ist die begrenzte Geschichtlichkeit der Individuen, und von ihm getragen ist Produktion, Erhaltung, Geschick und Rückkehr des objektivierten Geistes.

Hält man sich dieses vor Augen und setzt man in dieses Verhältnis die Resultate ein, die sich an den Objektivationsphänomenen ergeben, so läßt sich die Sachlage in folgenden vier Punkten zusammenfassen.

1. Der lebende Geist stellt in der Objektivation das erarbeitete geistige Gut aus sich heraus, stellt es gleichsam neben sich hin, enthebt es dem eigenen Lebensprozeß und damit zugleich der eigenen Wandlung und dem eigenen Untergang.

2. Aber er kann es nur von seiner jeweiligen Gestalt losreißen, nicht vom Fortgang geistigen Lebens überhaupt — in anderen Gestaltungen; die eigentümliche Seinsweise der Objektivation zieht ihm hier die Grenze vor.

3. Sein Leben geht gewandelt fort, und das objektivierte geistige Gut fällt auf ihn zurück. Er hat es gleichsam hochgeschleudert, aber es kann sich in der Schwebe nicht halten, es fällt auf den alles tragenden Boden des realen Geistes zurück. Das ist ein Gleichnis, man darf es gewiß nicht überspannen, aber es drängt sich auf. Das geistige Gut eben hat kein Sein ohne den lebenden Geist; seine Idealität ist eine bloß erscheinende. Es kann sich in seiner Verhaftung an das geistlose Sein des Realgebildes — den Buchstaben, den Stein — nicht verselbständigen. Das Herausgestelltsein ist kein stabiler Zustand, in dem es „für sich" bestünde; es besteht nach wie vor, wenn überhaupt, so nur für ihn, den lebenden Geist. Daher sein Zurückfallen auf ihn. Der Geist, herausgeschleudert aus dem „Leben" des Geistes, ponderiert immer wieder zu ihm hin.

4. Aber weil er auf einen veränderten lebenden Geist zurückfällt, so wirkt er in diesem wie ein eigener Faktor neben dem laufenden Strom seines Lebens. Ja, er wirkt oft genug wie ein Fremdkörper in ihm. Und er kann ihm zur Last werden, die getragen oder abgeschüttelt werden muß. Dann ringt der lebende Geist mit dem objektivierten und trachtet sich seiner zu entledigen.

c. Das Sichwissen des Geistes in seinen Objektivationen.

In dem einheitlichen Prozeß des Geisteslebens ist der objektivierte Geist nur ein Faktor unter vielen anderen. Aber er ist ein sehr eigentümlicher Faktor, und meist von viel größerer Macht, als das um ihn inhaltlich wissende Bewußtsein weiß. Denn zu der Rolle des Bewegens und Hemmens kommt auch noch die Vermittelung des Sichwissens.

Jeder lebende Geist faßt sich selbst oder einen fremden Geist in erster Linie in seinen Objektivationen. Objektivation eben ist Gegenständlichmachung, und d. h. Faßbarmachung. Im Erfassen ist freilich stets zugleich Verkennung, wie denn in jede Objektivation ebensoviel eingeht wie nicht eingeht. Denn der lebende Geist hat seine Objektivität stets schon an sich selber; er ist eben „objektiver Geist"; zu seinem Leben bedarf er keiner Objektivität, die außer ihm wäre. Dennoch objektiviert er sich darüber hinaus im Gebilde, das nicht er selbst ist. Und in ihm hat er dann seine Objektivität „außer sich". Aber sie ist nicht dieselbe, die er an sich hatte.

Das geistige Leben selbst besteht nicht darin, daß es erfaßt wird, sondern nur darin, daß es gelebt wird. Der lebende Geist wird faßbar — sich selbst wie dem Epigonen — erst in seiner Objektivation. Das besagt: er wird faßbar erst in dem, was nicht er selbst ist. Er wird damit faßbar in dem, was freilich zu ihm gehört und das Seinige ist, als ein solches auch jederzeit sich kundgibt, aber doch ein anderes ist neben ihm, ein aus ihm Herausgestelltes.

Daß dem so ist, spielt bis tief in das geschichtliche Erfassen und Wissen hinein eine maßgebende Rolle. Es wurde oben gesagt, alle Geistesgeschichte sei Wissenschaft vom objektiven Geist. Dieser Satz trifft zu im Gegensatz zur Wissenschaft vom persönlichen Geist, die es in analoger Gestalt nicht gibt. Aber im Hinblick auf den objektivierten Geist muß er revidiert werden. Denn eben das geistesgeschichtliche Wissen erfaßt direkt nicht den lebenden Geist; der ist in sich so wenig greifbar wie nur je gelebtes Leben. Erst in seinen Objektivationen wird er ihm faßbar, d. h. in dem, was nicht mehr er selbst ist. Geistesgeschichte also ist vielmehr in erster Linie Wissenschaft vom objektivierten Geist; sie ist es dem Material nach, das sie unter den Händen hat, denn dieses Material besteht in Objektivationen, in Kunst-, Schrift-, Bauwerken, in allem, was vom einstigen Geist „geblieben" ist.

Das hindert sie nicht, mittelbar ein Erfassen lebenden Geistes zu sein. Denn Objektivationen sind transparent, sie haben sehr wohl die Kraft, geistiges Leben erscheinen zu lassen. Und das Anliegen der Wissenschaft ist eben dieses, in der Objektivation des Lebens von einst ansichtig zu werden. Es ist das an künstlerische Schau grenzende Geheimnis ihres Vorgehens, daß sie diesen Umweg einschlägt und dennoch zu konkreter Anschauung gelangen kann. Aber das ist auch der Grund, warum aus solchem Vorgehen sich nicht leicht eine angebbare und erlernbare Methode machen läßt[1]).

58. Kapitel. Die Objektivation als Fessel des Geistes.

a. Belastung des lebenden Geistes mit seinen Objektivationen.

Für die aufgeworfene Frage, wie der objektivierte Geist als mitbestimmender Faktor im lebenden Geiste einer Zeit dasteht, genügt es nicht, sich an die „Rückkehr" des herausgestellten geistigen Gutes in ihn zu halten. Denn nicht alle Objektivation löst sich ab, um erst im gewandelten Geiste eine Rückkehr zu erfahren. Man muß vielmehr bis auf das ursprüngliche Verhältnis zurückgehen.

Dieses liegt, wie gezeigt wurde, in der Tatsache, daß aller lebende Geist in allen Gestaltungen, die er sich selbst gibt, zugleich auch Objektivationen eben dieser Gestaltungen schafft und in sinnlich greifbarer

[1]) Sehr einleuchtend ist das an der Kunst Wilhelm Diltheys in Schau und Darstellung zu sehen. Das charakteristische Versagen der Methodologie läßt das Geleistete nur um so lichtvoller erscheinen. Die Kraft der Geisteswissenschaft liegt offenbar nicht im Wissen um das Verfahren, sondern ausschließlich in der Meisterschaft des Verfahrens selbst.

Form aus sich herausstellt. Er tut das im Kleinen wie im Großen, in der Rede wie im Schrifttum, in der Gesetzgebung wie in der Kunst. Er braucht alle diese Objektivationen selber — nicht erst, um über sich hinaus zu wirken, sondern schon für seinen eigenen Bedarf, seinen Alltag, seine Lebensform.

Die Form seines Lebens beruht auf dem geistig Gemeinsamen der Individuen; ein solches aber kann nicht bestehen ohne Verständigung und Tradierung des Gemeinsamen. Geste, Wort, Schrift, Begriff, Dogma, Sentenz und alles dem Verwandte bilden die Scheidemünze dieser Gemeinsamkeit. Sprache, Mimik, Begriffsbildung gehören zwar ihrem Grundwesen nach durchaus dem lebenden Geiste an. Aber eben als Elemente des lebenden Geistes bestehen sie doch in ständigem, unübersehbar mannigfaltigem Hervortreiben von Objektivationen.

Wenn all diese Objektivationen im lebenden Geiste bestehen blieben, so müßte er sich mit ihnen über jede Tragkraft belasten. Davon kann die Rede nicht sein. Der lebende Geist hält nur fest, was er braucht, wirft ab, was ihn beschwert. An Objektivationen erhält sich in ihm nur das, dessen Gehalt genügendes Gewicht hat, und dessen Realgebilde die genügende Adäquatheit hat. Über ihn hinaus aber dauert nur, was überdies in stabiler Materie geformt ist. Der lebende Geist aber empfindet nur das, was ihm wert und wichtig ist, als „gewichtig"; und nur das prägt er in stabiler Materie aus.

Aber auch in dieser Auslese noch bildet das objektivierte Gut eine größere Masse, als er auf die Dauer tragen kann. Damit setzt ein Konflikt ein, der zu weiterem Abwerfen führt oder aber sein Leben hemmt.

b. Der Konflikt zwischen lebendem und objektiviertem Geist.

Das charakteristische Ineinander des lebenden und objektivierten Geistes, sofern es zugleich ständige Produktion und ständige Auslese des letzteren ist, läßt sich auf allen Gebieten verfolgen.

Das positive Recht z. B. gehört dem lebenden Geiste an, nicht sofern es geprägte Satzung ist, sondern sofern es die innere Form des wirklichen gemeinsamen Rechtsempfindens ist. Dieses Rechtsempfinden aber objektiviert sich im geschriebenen Gesetz. Als Gesetz hat der lebende Geist es bereits aus sich herausgestellt und ihm die Autorität über sich verliehen. In dieser Objektivationsform hat es eine gewisse Eigenkraft, die nicht identisch ist mit dem lebendigen Rechtsempfinden. Letzteres ist dem Wandel unterworfen, bewegt sich also unter dem festgelegten Gesetz fort. Und als fortbewegtes tritt es in empfundenen Gegensatz zu ihm. Ist dieser Gegensatz aber einmal eingetreten, so hat er das Gesetz als objektives Gebilde, das Macht über ihn hat, „gegen sich". Er hat sich in seiner eigenen Objektivation gefangen. Er muß nun entweder sich fügen — und d. h. sein Fortschreiten hemmen lassen — oder die Fessel zerreißen.

Bekannter noch ist dasselbe Verhältnis auf dem Gebiet des Glaubens. Es tritt hier als Konflikt zwischen religiösem Empfinden und Dogma auf. Und doch ist das Dogma ursprünglich nichts anderes als die Objektivation des empfundenen und gelebten Gehaltes der Religion selbst. Religiöses Empfinden bedarf der Formulierung im Dogma; es kann als das einer ganzen Menschengemeinschaft nicht ohne sie fortbestehen. Der reine geistige Gehalt der Religion läßt sich ohne Dogma gar nicht festhalten; er ist als Sache des Empfindens viel zu flüchtig, viel zu ungreifbar, viel zu sehr an die Ausnahmezustände der Versenkung oder Erleuchtung gebunden, im übrigen aber aller Willkür menschlicher Subjektivität ausgesetzt. Indem religiöses Leben als gemeinsames sich selbst in bestimmten Formen ausprägt, muß es auch die Formen aus sich herausstellen. Damit aber fängt es sich in ihnen, hält sich in ihnen fest und hat sie, unter ihnen fortschreitend, notwendig „gegen sich".

Anders und doch ähnlich liegen die Dinge im geschichtlichen Leben von Erkenntnis und Wissenschaft. Dieses Leben besteht nicht in Begriffen und Lehrsystemen, sondern im forschenden Vordringen. Aber weil das Vordringen ein gemeinsames auf breiter Problemfront ist, so muß es seinen jeweiligen Stand in Begriffen und Lehrsystemen objektivieren. So stellt es ein Weltbild aus sich heraus, und das Weltbild mit seinen Begriffen und Sätzen fängt es ein, hält es bei sich fest, legt ihm Fesseln an. Die Erkenntnis, sofern sie an der Sache vordringend fortschreitet und sich inhaltlich wandelt, hat es „gegen sich". Sie muß mit ihm ringen. Sie muß entweder zum Stillstande kommen oder die Fessel sprengen.

Daß dieses Konfliktverhältnis durch das geschichtliche „Absinken" von Satzung, Begriff und Dogma noch beträchtlich intensiviert wird, liegt auf der Hand. Doch darf es nicht einfach als Folge des Absinkens verstanden werden. Denn auch die nicht abgesunkenen Objektivationen sind schon Verfestigungen und müssen bei noch voll empfundenem (erscheinendem) Gehalt dem lebenden Geist in seinem Fortschreiten zur Fessel werden. Es liegt eben schon im Wesen der Objektivation selbst, daß der sich unter ihr her wandelnde Geist sie überschreiten muß und sie dann „gegen sich" hat.

c. Freiheit und selbstgeschaffene Fesselung des lebenden Geistes.

Allgemein läßt sich das ganze Verhältnis jetzt so aussprechen:

Das Leben des Geistes besteht in seiner Selbstgestaltung und Selbstumgestaltung. Es prägt sich selber in seinem Empfinden, Glauben,

Wissen neue und neue Formen auf, so daß diese Formen unmittelbar die des lebenden Geistes sind. Aber es muß sie in seinem Wissen um sie zugleich auch als objektivierte aus sich herausstellen. Damit erhebt der lebende Geist seine jeweilige Gestalt in die erscheinende Idealität und Überzeitlichkeit. Und die so erhobene Gestalt, festgehalten im Realgebilde und ihn überdauernd, wendet sich nun „gegen ihn", als den sich weiter umgestaltenden. So wird sie ihm zur Fessel.

Es ist die Freiheit des lebenden Geistes, daß er sich selbst gestaltet. Schafft er sich aber mit der Gestaltung, die er sich gibt, auch eine Bindung und eine Fessel, die seine Machtstellung begrenzt, so ist seine Freiheit zugleich die Urheberin selbstgeschaffener Fesselung. Sie treibt selbst die Unfreiheit hervor, die sie hernach „gegen sich" hat.

Hier liegt nun ein Grundgesetz des geschichtlichen Geistes. Es betrifft den springenden Punkt im Verhältnis des lebenden und des objektivierten Geistes. Es spricht den unaufhebbaren Gegensatz zwischen ihnen im gleichzeitigen Angewiesensein aufeinander aus.

Nicht so sehr im Inhalt als in den beiderseitigen Seinsweisen liegt der Widerstreit. Eigentlicher Geist ist nur der lebende; das geistige Gut, abgelöst von ihm, ist nicht nur leblos, sondern überhaupt nichtseiend, seine Seinsart ist das Für-ihn-Sein. Das Für-ihn-Sein ist aber nicht nur ein von ihm getragenes, sondern auch ein aufdringliches; da es nicht von ihm loskann, so hängt es an ihm. Ist es nun aber zugleich die Verewigung dessen, was er war, während er selbst nur im Sichumgestalten fortleben kann, so erweist sich die Objektivation der Tendenz nach als Stillegung des Gestaltungsprozesses und damit seines Lebens. Er kann nicht mit ihr leben, aber er kann auch nicht ohne sie leben. Deswegen treibt er sie immer wieder selbst hervor.

Aller lebende Geist also „bindet" sich selbst in seinen Objektivationen, und die Bindung wird seiner eigenen Lebendigkeit zum Hemmnis. Er muß sich binden, weil er die Gemeinsamkeit der Individuen in seiner Formung zusammenhalten und dazu die Formung faßbar machen muß. Faßbar aber wird seine Formung nur in der aus ihm herausgestellten Objektivation. Von sich selbst als dem lebenden hat er in den Individuen kein adäquates Bewußtsein, außer ihm aber gibt es überhaupt kein Bewußtsein (Kap. 33 a). So muß er denn sich selbst Fesseln anlegen. Er muß sich mit seinen Objektivationen belasten. Mit ihnen aber hemmt er den Strom des Lebens, in dem er besteht.

Versteht man also sein Schaffen als seine Freiheit, die Selbstfesselung im Geschaffenen aber als Unfreiheit, so muß man sagen: er hat wohl Freiheit darin, womit er sich unfrei macht, aber nicht darin, sich unfrei zu machen oder nicht zu machen. Es bleibt ihm dieser Unfreiheit gegenüber stets nur das Aufsichnehmen des Konflikts und die nachträgliche Selbstbefreiung im Durchbrechen der selbstgeschaffenen Unfreiheit[1]).

Und man wird weiter folgern müssen: je größer die Freiheit im Schaffen, um so größer auch die geschaffene Unfreiheit; um so schwerer also auch hernach die Wiederbefreiung. Je lebendiger und produktiver der lebende Geist ist, um so mehr Objektivation und um so stärkere treibt er hervor; um so mehr also belastet er sich mit ihr. Je größer die Intensität des geistigen Lebens ist, um so größer ist auch die Fesselung, die es sich selber schafft. Mit dem Gewicht des geistigen Gutes wächst auch die Last, mit der es ihn belädt. Das geistige „Gut" hat in der Objektivation stets auch die Zweischneidigkeit, dem lebenden Geiste zum „Ungut" zu werden. Die verselbständigte Inhaltsschwere wird ihm zum Bleigewicht.

d. Lebendiges Ethos und objektivierte „Moral".

Daß in diesem Verhältnis die Selbstbelastung des lebenden Geistes nicht das letzte Wort behält, ist leicht vorauszusehen. Das Leben ist dem Leblosen überlegen, es hat ihm stets etwas entgegenzusetzen. So ist keine Gefahr, daß die Untersuchung im Verfolg des Fesselungsphänomens in Einseitigkeiten gedrängt würde. Das Phänomen selbst aber bedarf noch einer Ergänzung. Denn auf anderen Gebieten als den oben herangezogenen von Recht, Religion und Wissenschaft nimmt es andere Formen an.

Sehr charakteristisch hierfür ist das Gebiet des Ethos. Daß jedes Volk in bestimmter geschichtlicher Zeit seine bestimmte Moral hat, bedeutet nicht nur dieses, daß bestimmtes Verhalten als gut gilt, anderes als böse, wobei mit dem Gelten das Empfundenwerden als gut und böse gemeint ist. Insoweit bestünde das Ethos nur in einer bestimmten Auswahl von Werten, einem bestimmten Wertvorzug im lebenden Geiste selbst. Das Ethos aber vergegenständlicht sich auch in der „objektivierten Moral". Damit tritt ein zweites Moment neben das rein empfundene Gelten, gleichsam ein zweites, äußeres Gelten.

Moral eben ist mehr als lebendiges Ethos. Sie ist die Ausprägung gewisser Typen wertvollen Verhaltens in bestimmten Begriffen, in denen die Wertnuance eingefangen und für jedermann verständlich objektiviert ist. Begriffe solcher Art sind wohlbekannt als die von „Tugenden"; ihre ebenso fest geprägten Gegenstücke sind die Begriffe von „Untugenden" oder „Lastern". Alle herrschend gewordene „Moral" bewegt sich in solchen Begriffen.

[1]) Man erkennt hierin unschwer die Analogie zu derjenigen Freiheit, die dem personalen Geiste eigen ist, insofern dieser wohl frei ist darin, wie er entscheidet, aber nicht darin, Entscheidung überhaupt zu treffen oder nicht zu treffen (vgl. Kap. 14 g).

Aber ebenso wohlbekannt wie sie selbst ist auch das Odium, das ihnen anhaftet. Nichts ist im lebenden Geiste steriler, nichts neigt so sehr zum „Absinken", nichts ist so hemmend im Fortschreiten des Ethos selbst als die Tugend- und Lasterbegriffe. Nichts zieht so sehr wie sie die Moral herab von ihrem echten Wert- und Ideengehalt. Sie sind es, die auf die Dauer stets der echten Moral eine „Moral" im schlechten Sinne vorschieben, mit der sich dann freilich sehr bequem und stereotyp „moralisieren" läßt. Wer als Erzieher durch solche Begriffe wirken will, der hat das sittliche Empfinden des Werdenden von vornherein zum Gegner. Er stößt auf den Widerstand des keimenden lebendigen Ethos.

Die wirkliche Moralität, wo überhaupt sie besteht, läßt die objektivierte Moral hinter sich, empfindet sie als leblosen Formenkodex, der mit ihrer Bewegung nicht Schritt hält. Denn sie empfindet, daß sie diese Moral „gegen sich hat", fühlt sie als Fessel am eigenen Leben. Das ist keineswegs erst dann der Fall, wenn das lebende Ethos ihr ganz entwachsen ist, sich von Grund aus gewandelt hat. Auch wo die herrschenden Moralbegriffe noch in den Hauptstücken sein Empfinden treffen, meldet sich die Diskrepanz. Das moralische Empfinden eben ist außerordentlich feinsinnig. Es verzeichnet schon die leisesten Nuancen der Abweichung. Und eben diese genügen ihm, den Gegensatz zur Verfestigung zu spüren.

e. Frühes Einsetzen des Konfliktes. Opposition und Durchbruch.

Das Gebiet des Ethos ist nun deswegen besonders erleuchtend für das Phänomen der Selbstfesselung, weil die Objektivation hier gar nicht erst zu den stärksten Mitteln der Verfestigung gelangt. Wohl dringen die moralischen Begriffe allenthalben ins Schrifttum, aber sie sind darauf nicht angewiesen; auch wartet die „Moral" keineswegs darauf. Sie ist vielmehr schon im Alltagsleben selbst verfestigt — dadurch, daß ihre Begriffe zur gangbaren Scheidemünze der Verständigung in aller Bewertung, in Tadel und Billigung werden.

Der Prozeß der Fesselung ist hier viel kürzer als beim Recht und bei der Wissenschaft, wo erst das geschriebene Gesetz resp. die umständliche Darstellung des Gedankens eine Festlegung bedeuten. Der Konflikt ist hier tiefer in die Ursprünge der Objektivation hinein verfolgbar. Er setzt unmittelbar in ihrem Gefolge ein. Denn die lebendige Moralität steht keinen Augenblick still.

Dasselbe Bild aber zeigt sich auf anderen Geistesgebieten, zumal auf denen, die sich in Unwägbarkeiten bewegen und sich der bewußten Objektivation in geprägten Begriffen entziehen. Dahin gehört das meiste, was äußerer Lebensstil, guter Geschmack, Umgangsform und

Sitte ist. In alledem prägt Selbstauffassung und Selbstformung des Menschen sich aus. Die Selbstauffassung aber ist nicht weniger beweglich als das Ethos; sie wandelt sich nur um so hemmungsloser, je weniger sie das Innere des Menschen direkt betrifft, das sich in solcher Formung spiegelt.

Und um so mehr gibt es hier die Opposition gegen verfestigte Form. Im Aufkommen jeder jungen Generation erlebt die alte diese Opposition als eine Art stillen Kampfes gegen das Hergebrachte. Immer will neuer Geist gegen den alten, der sich in seinen Objektivationen verfangen hat, durchbrechen. Und immer wird der Durchbruch, wo er einsetzt, als ein Abschütteln von Fesseln empfunden. Es sind zwar auf diesem Gebiet keine drückenden Fesseln, aber um so mehr solche, die als überflüssig empfunden werden und in ihrer Masse doch eine fühlbare Belastung bilden. Was nach vollzogenem Durchbruch versöhnlich-nachsichtig „die gute alte Zeit" genannt wird, das ist ein Analogon zur begrifflich-objektivierten Moral mit ihren „Tugenden und Lastern". Es ist nur ein sehr unschuldiges Analogon, und das Odium bleibt an den abgeworfenen Formen nicht länger hängen, als der Kampf des lebenden Geistes gegen sie währt.

f. Das Verschwinden der Fessel in den Künsten.

Dichtung und Künste dagegen lassen sich unter diesen Aspekt nicht subsumieren — wenigstens nicht ihr eigentliches Leben, das stets im Schaffen selbst besteht. Das Phänomen der Fesselung verschwindet hier gleichsam hinter der ungeheuren Freiheit der Schöpfung.

Das erscheint auf den ersten Blick befremdend, weil gerade Kunstprodukte die größte Stabilität zeigen, die größte Kraft der Erhaltung und des Überdauerns, sowie die bei weitem größte Macht, den lebenden Geist in seinem Schauen zu sich hin zu bestimmen. Das Phänomen der Fesselung aber hängt nicht an der bestimmenden Kraft der Objektivation allein, sondern weit mehr daran, worauf diese Kraft sich richtet. Die Schöpfungen der Kunst nun haben diese eigenartige Stellung im lebenden Geiste, daß sie ihn direkt nicht inhaltlich betreffen, nicht Festlegungen seiner lebendigen Gestaltung sind. Sie stehen von vornherein über die Aktualität seines Ringens erhoben da. Sie prätendieren also gar nicht, ihn in jeweiliger Geformtheit festzuhalten; sie stehen in ganz anderem Maße herausgehoben da als Objektivationen anderer Art. Darum kann sein lebendiges Fortschreiten sie niemals eigentlich „gegen sich" haben und als Fessel empfinden.

Wohl gibt es Tendenzdichtung, die aus dieser erhobenen Stellung herausfällt, und an ihr tritt dann auch das Phänomen der Fesselung auf. Aber es wendet sich gegen sie, bringt sie um ihre geschichtliche Dauer.

Sie eben ist nicht reine Dichtung. Der Künstler als solcher ist nicht Träger moralischer oder sozialer Tendenzen. Er kann sie vertreten und mit objektivieren; aber weder machen sie den künstlerischen Wert seines Schaffens noch den des geschaffenen und im Schauen genießbaren Werkes aus. Der reine Künstler stellt sein Werk ohne Anspruch auf Beeinflussung vor den Beschauer. Er verlangt nur die Schau selbst und den Genuß im Schauen. Daß er aber gerade dadurch auch den bei weitem stärksten Einfluß ausüben kann, beruht ausschließlich auf der Kraft dessen, was er voranschreitend erschaut hat, und bildet weit mehr ein bewegendes als ein hemmendes Moment im Fortschreiten des lebenden Geistes. Und weder hat das Werk den Zweck solcher Wirkung, noch braucht der Schaffende um sie zu wissen. Der Schauende vollends, der sie empfängt, weiß am wenigsten um sie.

In der Sphäre des Schauens selbst dagegen, in der Art des Sehens, Hörens, Auffassens, kann die besondere künstlerische Formgebung sehr wohl verfestigend wirken. Sie kann Nachahmerschaft hervorrufen, Schule machen, Geschmack und Stilempfinden in Formen prägen. Damit stellt sich eine gewisse Gültigkeit des Fesselungsgesetzes auch auf diesem Gebiete her. Es spielt nur die gleiche Rolle nicht, weil das Kunstwerk nie, auch in seinen höchsten Formen nicht, auf gegenständliche Allgemeinheit prätendiert.

Ein Werk kann wohl den Verführbaren zu fälschlicher Verallgemeinerung verführen. Aber der Verführte bleibt dann eben der Nachbildner und ist als solcher kenntlich. Sein Werk ist in Wahrheit nicht Verallgemeinerung, sondern Verschlechterung des Vorbildes; es ist also nicht Verfestigung der Objektivation, sondern ihre Auflösung im lebenden Geist. Und wenn neue künstlerische Spontaneität Wege bahnt, die das Geschaffene hinter sich lassen, so braucht sie dieses nicht erst abzuschütteln wie eine Fessel. Sie läßt es bestehen und gelten, ist von vornherein von ihm nicht behindert.

59. Kapitel. Ringen des lebenden Geistes mit dem objektivierten.

a. Bindung des künftigen Geistes und seine revolutionäre Gegentendenz.

Übersieht man so weit das Phänomen der Fesselung, so lassen sich drei allgemeine Konsequenzen ziehen, die in der Analyse bereits überall anklangen und jetzt geradezu auf der Hand liegen.

1. Der lebende Geist fesselt in seinen Objektivationen nicht nur sich selbst in seiner Jeweiligkeit, sondern auch seine Zukunft. Er tradiert das objektivierte Gut oder stellt es gar aus sich heraus, so daß es dem

kommenden Geiste zufallen muß; damit legt er auch diesem die Bindung auf, die er sich geschaffen, hält ihn präsumptiv bei dem Seinigen fest.

Er greift also stets sich selber vor, indem er seine eigene Ausgestaltung gegenständlich aus sich herausstellt. Er ist mit seinen Werken an sich selber und für sich selber stets zugleich ein Wirken über sich hinaus — auf einen Geist, der noch nicht ist. Er kann kein Gebilde schaffen, ohne mit ihm auch geschichtlich vorgreifend zu determinieren, er mag darum nun wissen oder nicht. Die Objektivation ist dank ihrer eigentümlichen Seinsweise selbst schon die Form der Determination.

2. Der lebende Geist aber, der vom Schaffen des früheren Geistes mitbetroffen ist, ist gleichwohl dieser Determination nicht wehrlos ausgeliefert. Ausgeliefert ist vielmehr — trotz ihrer Determinationskraft — die Objektivation, und zwar ihm ausgeliefert im Wandel seiner Auffassung. Lebender Geist ist als solcher niemals wehrlos. Denn weil er „lebt", ist er eigenes gestaltendes Schaffen. Mit seinem Schaffen begegnet er dem Geschaffenen. Er lebt nicht nur im Genuß und in der Auswertung des Übernommenen, er lebt auch in ständigem Kampfe mit ihm. Er ringt unentwegt mit der aufgelegten Fessel. Er sucht sie, wo nur immer er sie empfindet, abzuschütteln; und er empfindet sie überall da, wo er sich unter ihr her gewandelt hat und im Schaffen eines Neuen begriffen ist.

3. Im lebenden Geiste gibt es so stets die revolutionäre Tendenz gegen das ihm Anhaftende und Auflastende, soweit es nicht mehr sein selbstgewolltes Geschaffenes ist. Diese Tendenz gibt es in mannigfaltigen Abstufungen der Bewußtheit und der Intensität auf allen Gebieten. Und — was wichtiger ist — gerade die Fesselung selbst, die dieser Tendenz den Widerpart hält, gibt ihr den Anstoß.

Das ist die innere Dialektik dieses Verhältnisses: der objektivierte Geist selbst, indem er den lebenden Geist fesselt, wiegelt ihn zugleich gegen sich auf. Indem er ihn determiniert und seine Freiheit einschränkt, ruft er ihn vielmehr zur Freiheit wach. Im Widerstreit einer lebendigen und einer leblosen Macht ist auf die Dauer die erstere stets überlegen. Das Leben eben ist selbsttätig, es reagiert nicht passiv wie eine schwere Masse auf den Stoß; es hat eigene Energien, die im Anstoß frei werden und dann mit eigener Entfaltung einsetzen.

Auch das liegt in der Seinsweise des objektivierten Geistes begründet. Ohne den lebenden Geist ist er leblos, ein Nichts. Nur in ihm und „für" ihn ist er etwas. Das Leben, zu dem er in seiner Rückkehr erwacht, ist geliehenes Leben — geliehen von eben demjenigen Geiste, in den er zurückkehrt, den er fesselt und den er gegen sich aufruft. Diese Abhängigkeit läßt sich nicht umkehren.

Darum muß auf die Dauer der lebende Geist über den objektivierten geschichtlich obsiegen — es sei nun mit ihm oder gegen ihn, ihn aufnehmend und umgestaltend oder ihn abschüttelnd.

b. Konservatives und revolutionäres Prinzip des Geistes.

Es handelt sich hier nicht so sehr um die großen, geschichtlich greifbaren Revolutionen des Geistes. Diese sind Ausnahmefälle, und sie entstehen da, wo sich Verfestigungen angehäuft haben und zu untragbarer Belastung oder gar zu einer Art Stillegung des Lebens geworden sind; nur noch ein harter Stoß kann sie durchbrechen.

In Wahrheit vollzieht sich ständig auf allen Geistesgebieten etwas wie eine stille Revolution — im Ethos, im Geschmack, im Wissen, im Glauben, in den unwägbaren Stilformen des Lebens. Überall gibt es zuzeiten eine Art „Herrschaft" objektivierten Geistes; und je fester die Objektivation ist, um so eher wird die Herrschaft als Tyrannei empfunden, um so stärker ruft sie in einem noch starken lebenden Geist die Opposition wach. Freilich gibt es auch den alternden Geist eines Volkes, der nicht mehr abschütteln kann, womit er sich beladen. Er ist dann geschichtlich sterbender Geist, weil er gefangener Geist ist und die Tendenz zum Durchbruch nicht mehr aufbringt. Aber anderer, geschichtlich junger Geist tritt dann an seine Stelle, und in ihm gehen Leben und Kampf weiter.

Das Leben des geschichtlichen Geistes ist überhaupt wesentlich ein Ringen mit objektiviertem Geist — nicht weniger, als es auch wesentlich Schaffen von Objektivationen ist. Denn Leben ist Fortgang, Um- und Umgestaltung, Objektivation aber ist Festlegung und Festhalten. Lebender Geist ist seinem Wesen nach revolutionär, und zwar eben deswegen, weil objektivierter Geist seinem Wesen nach tyrannisch ist. Jener ist der ewige Neuerer, weil seine Lebens- und Existenzform die der stetigen Selbsterneuerung ist; dieser ist das ewig konservative Prinzip in der Geschichte des lebenden Geistes, weil er neben ihm ein eigenes „Leben" nicht hat und aus sich selbst heraus keine Erneuerung erfahren kann.

Man darf aus solchen Sätzen nicht vorschnell ein Werturteil herauslesen; wie denn überhaupt es sich in einer Charakteristik dieser Art nicht um Bewertungen handelt. Objektivation als solche ist zwar ein konservatives Element im Geistesleben; aber der lebende Geist hat von ihr nicht etwa Hemmung und Tyrannei allein, sondern auch stets — und in erster Linie — den Genuß der Errungenschaften. Das ist hierbei nie zu vergessen, und es widerspricht der einsetzenden Fesselung keineswegs.

c. Dunkles Wissen des lebenden Geistes um Hemmendes und Befreiendes.

Es gibt geistiges Gut, das in seiner geschaffenen Größe und Fülle den durchschnittlichen Gehalt eines zurzeit lebenden Geistes bei weitem überragt. Große Schöpfungen der Kunst, der Dichtung, des Mythos, des Wissens sind von dieser Art. An ihnen ist der konservative Charakter der Objektivation geschichtlich tief berechtigt, und zwar gerade im Hinblick auf das Fortschreiten des lebenden Geistes. Sie sind es wert, daß sie ihn bei sich festhalten. Denn solange er sie nicht überflügelt, kann er sie für sich selber nicht entbehren, kann sich nur zu ihnen hinaufbilden, und alles Abwerfen wäre nur sein eigener Verlust.

Tatsächlich ist es in der Geschichte ja auch so, daß der lebende Geist sich gegen solche Objektivationen keineswegs wehrt, sie nicht als Fessel empfindet, auch wenn sie ihn noch so übermächtig bestimmen. Er hat in gewissen Grenzen sehr wohl ein dunkles Wissen darum, ob etwas der eigenen Entfaltungsrichtung nach vor ihm oder hinter ihm liegt, ob es ihn hinauf- oder hinabreißt, ihn befreit oder fesselt. Und vielleicht darf man hierin so etwas wie eine Gerechtigkeit der Geschichte gegen die Schöpfungen des Geistes erblicken, indem das Kleine und Dürftige vom lebenden Geiste gar bald als überlebt abgeworfen wird, das Große und Überragende aber — wo überhaupt es zum Verständnis durchdringt — Generationen und Epochen beherrschen und überdauern kann, ohne an ihnen zum Tyrannen zu werden.

Das letztere freilich ist ein Phänomen, das es nicht auf allen Gebieten gibt. Am wenigsten wohl dürfte es auf dem des politischen und sozialen Lebens zu finden sein, wo überhaupt die Objektivationen gegen die Aktualität des Laufenden zurücktreten; schwerlich auch auf dem des Lebensstiles, oder selbst des Ethos. Um so mehr aber ist es zu Hause in der Dichtung, in den Künsten, in Wissenschaft und Philosophie, in Mythos und Religion. Der Grund davon wird in der Eigenart der Gebiete selbst zu suchen sein.

d. Zweischneidige Verewigung. Unernst gegen Unernst.

Indessen das Überragen großer Geisteswerke hat am Phänomen der Fesselung doch nur die Bedeutung einer Begrenzung. Man wird das jederzeit verkennen, solange man sich beim objektivierten Geist nur an das Große hält; was freilich sehr nahe liegt, weil eben die großen Objektivationen dasjenige sind, was in der Geistesgeschichte zunächst in die Augen fällt. Aber sie bilden keineswegs die große Masse des objektivierten Geistes.

Seine große Masse liegt durchaus beim Alltäglichen und Durchschnittlichen. Und es liegt im Wesen der Objektivation, daß ihre Seinsweise am Durchschnittlichen zweischneidig werden muß. Denn sie ist Erhebung ins Zeitlose, Verewigung. Und hier zeigt sich die Kehrseite der Verewigung.

Die Erhebung in die erscheinende Idealität gibt wohl dem Großen die adäquate Erscheinungsform, nicht aber dem Kleinen und Nichtigen. Dieses ist wert, daß es geschichtlich zugrunde gehe. Es hat, wenn es im lebenden Geiste einem anderen gewichen ist, seine Rolle ausgespielt. Seine Verewigung ist ein Hohn auf den Sinn des geistigen Seins. Dennoch erhebt aller lebende Geist eine Menge des Ephemeren und Nichtigen in die erscheinende Idealität. Neben der großen Kunst wuchert breit die billige Augenblicksproduktion, Tendenz- und Sensationskunst; neben dem Ernst der Forschung läuft das Scheinwissen der Halbbildung her, und das biegsame Mittel des Schrifttums leiht allem ohne Unterschied das bleibende Gewand.

So ist es auf allen Gebieten. Hier ist die Verewigung von vornherein am unrechten Platz. Und was im lebenden Geiste ihr entgegenarbeitet, ist gesunde Reaktion.

Es gibt denn auch diese Reaktion in allem lebenden Geiste, und zwar in der Form, die allein der unangebrachten Verewigung angemessen ist. Sie hat die Form entsprechenden Leichtnehmens, Abschüttelns oder Abtuns. Sie gehört dem Gesamtphänomen der revolutionären Tendenz an; aber der Name einer solchen Tendenz ist viel zu groß für sie. Man kann hier garnicht von eigentlichem Kampfe sprechen, das Abtun sieht mehr wie ein leichtfertiges Beiseiteschieben aus, wie ein Hinweggehen über die Sache.

Wir haben dieses Hinweggehen in anderem Zusammenhang als ein recht bedenkliches Symptom kennengelernt, als Einschlag des Unernstes und der Unechtheit im lebenden Geiste. Jetzt lernen wir es von einer anderen Seite kennen. Denn dem Unernst im lebenden Geist entspricht auch ein Unernst im objektivierten Geist. Und dieser ist weit bedenklicher, weil er als objektiv geprägter und verewigter den lebenden Geist zu fesseln trachtet. Der letztere rettet sich gleichsam vor der Masse verfestigten Geistesgutes zweifelhafter Art durch einen gewissen Einschlag von Leichtsinn.

Das vorschnelle Erledigen, das Abtun ohne Vertiefung, das verantwortungslose Urteilen, wie „man" urteilt, ist nicht nur und nicht in jeder Hinsicht beklagenswerte Verfälschung; es steckt darin auch ein gesundes Abwerfen überflüssiger Belastung, ein Sichrecken und Sichbefreien des lebenden Geistes. Kein lebender Geist kann alles aufnehmen und verwerten, was objektiviert in ihn hineinragt; aber auch keiner kann zuvor alles sorgfältig sichten, in künstlerischer Hingabe bewerten, mit wissenschaftlicher Gründlichkeit beurteilen und auslesen lernen, bevor er eigene Schritte wagt. Er muß stets viel Ballast blind über Bord werfen.

Jener Unernst und jener Leichtsinn des Abtuns hat darin seine geschichtlich sinnvolle Kehrseite. Er ist eine Art Ventil des lebenden Geistes.

Denn dieser braucht ein Ventil, weil er selbst nur begrenzter Geist mit begrenzter Tragkraft ist.

e. Abwerfen und „Absinken". Verhältnis zur lebendigen Schöpferkraft.

Freilich wird man annehmen dürfen, daß hier stets mit dem Schutt auch echtes Gold über Bord geworfen wird. Und vielleicht ist es ein wesentlicher Werthöhenmaßstab eines lebenden Geistes, wieweit er den Instinkt für Wert und Unwert am überkommenen objektivierten Gute besitzt. Aber sicherlich ist das nicht der einzige Maßstab. Oft führt gerade das radikalste Abschütteln die mächtigste eigene Schöpferkraft herauf; oder vielmehr diese selbst ist es schon, die mit dem Abschütteln einsetzt. Das Abwerfen kündigt dann ihr Heraufkommen an.

Andererseits ist nicht zu verkennen, daß es im lebenden Geiste auch — wiewohl unendlich abgestuft — eine Art Gewissen dem objektivierten Gute gegenüber gibt, das ihn über Perioden der Abwehr und des stürmischen Selbständigkeitsdranges doch wieder und wieder zu den wirklich überragenden Schöpfungen zurückführt. Denn auch abgeworfen und verkannt bleiben die großen Objektivationen bestehen, und die Anforderung an den lebenden Geist geht ständig von ihnen aus. Ihre Verhaftung an neutrale Realgebilde trägt sie über Epochen der Vergessenheit hinweg. Und kraft jener Anforderung kann ihr Gehalt jederzeit wieder ins Bewußtsein der Lebenden einrücken.

Schließlich läßt sich auch das Phänomen des „Absinkens", das sich in anderem Zusammenhang als eine Art Schwäche der Objektivation darstellte, von hier aus noch in anderem Sinne verstehen. Es zeigte sich dort, wie das Absinken in erster Linie dem gedanklichen Gut, zumal dem in Begriffsform geprägten, anhaftet. Im Begriff ist das isolierte Realgebilde arm, es kann nur im Rekurs auf größere Zusammenhänge seinen geistigen Gehalt erscheinen lassen; das Absinken aber ist durch den Verlust eben dieser Zusammenhänge bedingt.

Nun schreitet das schauende Erkennen lebendig fort, muß entsprechend neuer Art des Sehens neue Begriffe prägen; die alten sind auch bei richtiger Einordnung in ihre Zusammenhänge nicht die seinigen, können es auch nicht wieder werden. Sie müssen fallen. Das Fallen aber vollzieht sich im Absinken; als bereits sinkender hat der geprägte Begriff wenig Widerstandskraft, wenigstens im lebendigen Fortschreiten der Einsicht. Nur das unselbständige Denken, das sich an „Resultate" hält, verfällt seiner Magie.

So kann das Absinken schon hervorgerufen sein durch die Spontaneität neuer Schau; und in diesem Falle ist es dort am stärksten, wo kein Wille zur Rekonstruktion der Gedankenzusammenhänge von einst mehr besteht, um es aufzuhalten, wo die ganze Energie im Denken des lebenden

Geistes den eigenen Problemen gehört. So kommt es, daß auch im Absinken der Begriffe die Selbstbefreiung des lebenden Geistes von der Herrschaft des objektivierten sich durchsetzt. Es ist auch hier ein Abtun des Überlebten, mit dem er gesättigt ist.

Und natürlich ist es ähnlich wie beim Begriff auch bei der Theorie, beim System, beim Dogma und allem, was dem verwandt ist. Das inhaltliche Schrumpfen dieser Objektivationen und ihr Versinken in die Nichtigkeit des nur noch Formalen ist nicht lediglich und nicht in jeder Hinsicht ein Verlust geistigen Gutes und Gehaltes für den lebenden Geist; es ist ebensosehr auch dessen Gesunden und Erstarken, ein Symptom des Sich-Regens und -Aufrichtens, des Durchdringens seiner werdenden Eigenart in lebendiger Selbstgestaltung und neuer, originärer Objektivation.

Denn es liegt im Wesen der Sache, daß unter allem objektivierten Gut das Absinkende das im schlechten Sinne Verfestigte und Verewigte ist, das zur Fessel gewordene. Und sein Absinken selbst ist dann als doppelte Folge zu verstehen — der Verfestigung einerseits, des lebendigen Andringens eines Neuen andererseits.

f. Geschichtliches Abwirtschaften alles Geschaffenen.

Es ist das Schicksal des objektivierten Geistes, nur eine zeitlich begrenzte Berechtigung in der Geschichte zu haben. Man vergißt das leicht über der in die Augen springenden Tatsache des Überdauerns; denn man sieht zunächst nur das Bestehenbleiben im Gegensatz zu Wandel und Untergang des lebenden Geistes, dem er entsprungen ist.

Alles Geschaffene und Geprägte wirtschaftet auch einmal ab. Und selbst in seiner Wiederkehr bleibt es ebenso begrenzt, auch das Wiedererstandene hat nur seine bestimmte Zeit. Es mag hier auf sich beruhen, ob die größten Geistesschöpfungen davon eine Ausnahme bilden oder nicht. Soweit reicht unsere geschichtliche Erfahrung — sie übersieht nur wenige Jahrtausende — offenbar nicht, um das eindeutig beurteilen zu können. Immerhin würden auch gewisse Ausnahmen die Regel noch nicht beeinträchtigen.

Offensichtlich aber ist, daß diese zeitliche Begrenztheit dem Sinn der Verewigung ins Gesicht schlägt, die als erscheinende Idealität dem objektivierten Geistesgut anhaftet. Diese Diskrepanz ist zwar, wie gezeigt wurde, kein sachlicher Widerspruch, wird aber dennoch immer wieder als ein solcher empfunden und täuscht den Betrachter leicht über die Rolle des objektivierten Geistes in der Geschichte. Demgegenüber ist nie zu vergessen, daß in aller Geschichte der lebende objektive Geist die fundamentale Seinsform bildet, der objektivierte aber nur ein Für-ihn-Sein hat und nur in dem Maße geschichtlich besteht, als jener ihn tragen kann.

Wäre der objektivierte Geist nur neutrales Gut, das sich einfach besitzen und genießen ließe, so gäbe es keine notwendige Begrenzung seiner Existenz für einen lebenden Geist. Denn es gäbe in ihm nichts, was diesen belasten könnte. Da es aber in seinem Wesen liegt, den lebenden Geist einzufangen, zu bestimmen und mit zu formen, so muß er ihm auch zur Fessel werden. Erst damit begrenzt er sein Dasein in der Geschichte.

Darum ist die Versündigung des lebenden Geistes an ihm, das Abwerfen, Darüberweggehen, Verschleudern, doch auch wieder geschichtlich gerechtfertigt — und zwar aus dem Wesen seines geschichtlichen Lebendigseins selbst heraus. Auch das freilich wird nur grundsätzlich gelten dürfen, nicht überall und im einzelnen. Aber schon beschränkte Geltung genügt, um die zweideutigen Phänomene des Unernstes und der Leichtfertigkeit am lebenden Geiste doch in gewissen Grenzen auch als etwas Notwendiges zu verstehen. Denn wo immer Geist gegen Geist steht, da hat auf die Dauer stets der lebende recht.

60. Kapitel. Entfesselung und Selbstbefreiung.

a. Kraftprobe des lebenden Geistes. Natürliche Auflösung der Fessel.

Das Phänomen der Fesselung und der aus ihr resultierenden revolutionären Tendenz macht nicht das ganze Verhältnis von lebendem und objektiviertem Geiste aus. Das Grundphänomen, an dem es nur ein Moment bildet, bleibt unverkennbar dieses, daß das einmal errungene geistige Gut durch die Vermittelung der Objektivation dem lebenden Geiste erhalten bleibt, und auch wo er es verloren hat, ihm doch wieder zugute kommen kann.

Der lebende Geist nimmt mit dem objektivierten Gute, das er sich aneignet, die Gefahr der Fesselung auf sich. Aber die eben muß er ohnehin auf sich nehmen, denn der Belastung entgeht er auch in seinen selbstgeschaffenen Objektivationen nicht. Es ist vielmehr als seine geschichtliche Kraftprobe anzusehen, ob er die Belastung tragen kann, wie weit er unter ihr beweglich bleibt, und wieviel davon er sich überhaupt zumuten kann. Von eigentlicher Fesselung läßt sich nur sprechen, wo seine Beweglichkeit versagt.

Es ist nun oben gezeigt worden, wie es eine Rückkehr des objektivierten in den lebenden Geist gibt, und inwiefern diese in einer Auflösung der Objektivation resp. ihrer Umbildung besteht. Es gibt kein Wiederaufleben des objektivierten geistigen Gutes, ohne daß dieses vom empfangenden lebenden Geiste die Rückwirkung erführe. Man darf diesen Prozeß als die Wiederverflüssigung des Verfestigten und Erstarrten bezeichnen.

Aber eben dieser Prozeß ist das Komplementärphänomen der Fesselung. Er ist die natürliche Auflösung der Fessel. Hier beweist der lebende Geist seine Lebendigkeit am erstarrten Geiste als Überlegenheit über ihn. Das Verewigte kehrt in die Zeitlichkeit und in den Fluß der Geschichte zurück; das in die Idealität Erhobene tritt wieder in die Realität ein. Und das eben bedeutet, daß es geschichtlich fruchtbar wird.

Nicht immer gelingt dem lebenden Geiste die Wiederverflüssigung. Wo sie ihm nicht gelingt, da eben unterliegt er der Fesselung, oder aber er schüttelt das Unbewältigte ab. Aber in glückhaften Fällen gelingt sie ihm sehr wohl; und dann besteht er die Kraftprobe, die ihm gestellt ist. In diesem Sinne sind die Renaissance-Zeitalter zu verstehen, in denen Schätze der Dichtung, Künste, Wissenschaft wieder lebendig werden. Auch religiöse Reformationen, wo sie bewußt auf ein erhaltenes „Ursprüngliches" (auf den strengen Sinn von Offenbarungsschriften) zurückgreifen, zählen zu dieser Art geistiger Wiedergeburten.

Charakteristisch für Geschichtsphänomene dieser Art ist es, daß der objektivierte Geist in ihnen nicht fesselnd, sondern eher noch befreiend, lösend, jedenfalls aber befruchtend auftritt. Es ist recht eigentlich bewegende Kraft, die hier von ihm ausgeht und in den lebenden Geist eindringt. Sofern aber in Wahrheit aller Krafteinsatz der des lebenden Geistes ist, so besteht die bewegende Wirkung des objektivierten Geistes vielmehr in der Auslösung oder Entfesselung von Eigenkräften des lebenden Geistes.

b. Befreiende Wirkung von Werken großen Formates.

Das Entfesseln von Kräften steht nun offenbar im Gegensatz zu den geschilderten Fesselungserscheinungen. Dennoch wäre es falsch, hier einen Widerspruch zu erblicken. Denn gerade solche Wiedergeburten sind eminente Revolutionsepochen des Geistes. In ihnen werden erstarrte Formen abgeworfen, Belastungen abgeschüttelt, Fesseln zerbrochen. Das aber heißt: gerade da, wo große Objektivationen in den lebenden Geist zurückkehren und ihn befruchtend bestimmen, werden andere, tyrannisch gewordene, zerbrochen.

In dieser Hinsicht gleichen sich die Wiedergeburten auf allen Gebieten, wie verschieden im übrigen auch ihr Verlauf sein mag, und wie verschiedengestaltig auch das erstarrte Geistesgut sein mag, gegen das die Erneuerung sich durchsetzt. Immer gleicht das, was bewegt und schlummernde Kräfte auslöst, der Art nach dem, was es verdrängt. Es stehen Werte gegen Werte auf, Recht gegen Recht, Glaube gegen Glaube, Weltbild gegen Weltbild, neue Schau gegen alte Schau. Stets wird Geformtes und in seinen Formen Verfestigtes verdrängt von mächtigerer Formung, die sich bewegend durchsetzt.

Daraus erhellt, daß es sich auch in solchen Revolutionen durchaus um dasselbe Ringen mit objektiviertem Geiste handelt. Das Besondere in ihnen ist nur, daß hier bestimmte Objektivationen — Geisteswerke großen Formats — mit ihrer Rückkehr in den lebenden Geist auf seine Seite treten und mit ihm gegen die Fessel ankämpfen, die ihn in der Masse geringerer Objektivationen gefangen hält.

Dieses einzigartige Phänomen besteht also in einem Kampf der Objektivationen, der sich im lebenden Geiste abspielt. In diesem Kampfe macht sich das, was groß und befreiend ist, zum Richter über das, was eng und fesselnd ist. Der Unterschied der Objektivationen ist eben der, daß die eine genügend inneres Gewicht oder Gehalt hat, um im lebenden Geiste führend zu werden, die andere nicht. Jene belebt und bewegt ihn vorwärts, ihr Gehalt läßt sich verflüssigen; diese dagegen hält ihn zurück, sie ist in ihrer Form erstarrt. An jener ist die Verewigung in geprägter Form nur eine Art Verpuppung, die ihren Sinn in geschichtlicher Auferstehung hat; an dieser ist sie ein Absterben, aus dem es kein Aufleben mehr gibt.

Die großen Renaissancen sind Zeitalter glückhafter selektiver Empfänglichkeit des lebenden Geistes für das, was bewegende und befreiende Kraft hat. Die seligierende Instanz darin aber ist immer schon die Eigenbewegung, die er mitbringt. Am lebenden Geiste also scheidet sich das der Wiedergeburt Fähige vom Abgestorbenen und Toten. Und es ist der Wiedergeburt fähig, weil es seiner Art und seinem Gehalt nach der Umgestaltung im lebenden Geiste fähig ist, und d. h. weil es ein noch Unerschöpftes ist.

Denn der lebende Geist kehrt niemals zum toten Geist der Vergangenheit zurück. Die Geschichte kehrt nicht um, wiederholt sich nicht. Er kann nur vorwärts gehen — auf Wegen, die seinem eigenen Wesen entsprechen und in diesem Sinne die seinigen sind. Der objektivierte Geist kann ihm nur insoweit wegweisend sein, als in ihm Unerschöpftes ist, das diesem Wesen entspricht.

c. Das Anhaften der Form und die Selbstbefreiung des lebenden Geistes.

Und noch ein zweites Moment ist es, das am objektivierten Geiste dem Phänomen der Fesselung die Wage hält. Objektivation eben ist, schon rein als solche verstanden, auch Befreiung des lebenden Geistes. Sie ist das nicht erst in ihren geschichtlichen Wirkungen, nicht als gestautes geistiges Gut, sondern von vornherein, gleich im Objektivationsprozeß selber. Man kann diese Seite an ihr freilich nicht vom geprägten Gebilde aus sehen, sondern nur vom lebenden Geiste aus; und wiederum nicht von demjenigen Geiste aus, der das Gut empfängt, sondern nur von demjenigen aus, der als schaffender es erzeugt und formt, indem er sein Eigenstes objektiviert. Denn er eben ist es, der darin das Seinige aus sich herausstellt und hinter sich läßt. Er befreit sich davon.

Aller lebende Geist bedarf andauernd der Befreiung von sich selbst. Er bedarf dessen, weil er „lebt", sich wandelt, über sich hinausschreitet. Er muß die Formen, die er sich gibt, wieder abwerfen; er kann im Prozeß seiner Selbstgestaltung nicht alles weiter und weiter umbilden, er muß auch mancherlei abstreifen und hinter sich lassen. Denn nicht alle Gestaltung, die er sich gibt, ist umbildungsfähig.

Es ist aber die Eigenart aller Selbstformung, daß er sie, einmal geschaffen, an sich hat, sich in ihr lebend bewegt, ohne sie als solche gegenständlich vor Augen zu haben oder auch nur von sich selbst unterscheiden zu können. Er ist mit ihr behaftet. Will er sie abwerfen, so hilft es ihm nicht, wenn er nur in ihr sich bewegend gegen sie angeht. Das Angehen geht stets auch gegen ihn selbst. Es ist ein Wüten gegen sich selber.

Wenn er sich darin nicht verzehren will, so muß er die Geformtheit, die er an sich hat, aus sich herausstellen, sie verselbständigen. Er muß sie in einem Gebilde vor sich hinstellen, das nicht er selbst ist. Die Herausstellung und Verselbständigung ist dann die Vergegenständlichung, die Objektivation. In der Objektivation wird er der Geformtheit, die er an sich hatte, als eines Gegenstandes ansichtig. Er hat sie von sich abgerückt, hat nun Freiheit gegen sie. Er kann sie verlassen, abstreifen, sich neue Form geben.

Man wird hierbei ungewollt auch an das Bild des Herausschleuderns oder Hochschleuderns erinnert, das den Charakter des Sichentledigens noch mehr unterstreicht. Das Hochgeschleuderte fällt zwar zurück auf lebenden Geist, aber auf einen anderen, dem es nicht als das seine angehaftet hat. Die Selbstbefreiung eines bestimmten lebenden Geistes durch Objektivation ist stets nur seine eigene, nicht die alles künftigen Geistes. Aber für ihn selbst genügt die relative Befreiung.

Sieht man aber von allen Bildern ab, so ist der springende Punkt in diesem Prozeß das Bewußtmachen. Was man „an sich hat" als ein damit Behafteter und davon Bestimmter, das sieht man als solches nicht bewußt. Das Bewußtsein ist gegenständlich, in der Gegenständlichkeit aber ist die Distanz zur Sache vorausgesetzt. Bewußtmachung ist also schon ein Abrücken dessen, was man „an sich hatte", von sich selber. Sie braucht nicht die Form des Verstehens oder des Begreifens zu haben. Schon das bloße Zur-Anschauung-Bringen — daß man überhaupt ein „Bild" davon habe — ist Vergegenständlichung. Und schon das genügt zum Abrücken und zum Herausstellen aus sich.

Der lebende objektive Geist nun ist seinem Wesen nach überhaupt nicht Bewußtsein seiner selbst, geschweige denn ein adäquates. Er hat sein Bewußtsein nur in den Individuen. Will er sich aber aus seinen Geformtheiten fortbewegen, so braucht er dazu das Bewußtsein dieser Geformtheiten im Wissen der Individuen um sie. Er gibt es sich in ihnen durch die Objektivation. In ihr stellt er seine Formen greifbar aus sich heraus. Das gedanklich Faßbare objektiviert er in Begriff und Theorie, das Unwägbare in Gestalten des Mythos, der Dichtung, der Künste. Es ist das Tun der Individuen an ihm, in dem sich das Befreiungswerk vollzieht. Aber der Denker wie der Künstler wirkt in diesem Tun weit über sich hinaus; wie denn sein Werk objektiv greifbar vor jedermanns Augen tritt. Es ist Selbstbefreiung des objektiven Geistes, die sich in seinem Schaffen Bahn bricht.

d. Mitteilung, Formgebung und Kunstschöpfung als Selbstbefreiung.

Das hier geschilderte Phänomen ist durchaus nicht etwas Verborgenes, Geheimnisvolles. Man kennt es zur Genüge vom subjektiven Geiste her. Auch er ist lebender Geist, nicht anders als der objektive; nur der objektivierte ist nicht lebender Geist. Es wurde oben mit Bedacht gesagt: „aller" lebende Geist bedarf andauernd der Befreiung von sich selbst. Das eben gilt vom personalen Geist in erster Linie.

Gerade der Einzelmensch befreit sich in Objektivationen von allem Möglichen, was ihn belastet oder bedrückt. Der Dichter schreibt, der Plastiker formt es sich vom Herzen; der gewöhnliche Sterbliche redet, berichtet, phantasiert es sich vom Herzen. Schon die bloße Mitteilung erleichtert, einerlei, ob es sich um Leid, Schicksal, Mißerfolg, Angst, Schuld oder Bedrängnis handelt. Die Macht der Mitteilung liegt keineswegs bloß im Mittragen des Anderen, oder gar erst in seiner aktiven Hilfe. Sie ist befreiende Macht schon rein durch sich selbst, und zwar deswegen, weil sie Formgebung im Worte ist. Das Ausgesprochene ist als solches schon abgerückt vom eigenen Selbst, ist vergegenständlicht. Was der eigenen Person anhaftete, hat ein erscheinendes Sein neben ihr erlangt; und dieses ist im Bewußtsein der fremden Person niedergelegt als ein beiden gemeinsamer gewußter Gegenstand. Sein Anhaften ist damit bereits durchbrochen. Es ist nicht mehr das Ungreifbare. Gegen das greifbar Gewordene aber hat der Mensch Freiheit.

Die Formen solcher Selbstbefreiung sind so mannigfaltig wie die Möglichkeiten der Objektivation. Schon primitive Phantasie, rein innerlich vor aller Mitteilung, arbeitet in anschaulichen Bildern. Wo der Druck des Anhaftenden und Belastenden stark wird, drängt sie zur greifbaren Ausformung der Bilder in sinnlichen Gebilden. Auch der Ungeschulte und Talentlose wird unter solchem Druck zum Bildner, Zeichner, Maler oder Dichter. Er formt symbolisch, ohne Rücksicht auf künstlerischen Wert; und mit der Selbstbefreiung hat die Objektivation ihren Dienst getan.

Aber es geschieht wohl auch, daß ein Mensch darüber wirklich zum Dichter, zum Künstler wird, ein Talent entfaltet, es entdeckt. Es gibt große Künstler aller Zeiten, die so begonnen haben, bevor sie um ihren Beruf zur Kunst wußten. Seelische Bedrängnis, religiöses Ringen, eine zertretene Liebe steht hinter den Anfängen mancher großen Meisterschaft; und vielleicht wäre es in der Geschichte der Künste zu vielen gewaltigen Schöpfungen nicht gekommen, wenn Kunst nicht eminente Selbstbefreiung wäre.

Und dem entspricht die befreiende Wirkung eben dieser Schöpfungen auf den Beschauer, der verstehend zum Nachschaffenden wird. Darum „packt" ihn das objektivierte Menschenschicksal in der geschaffenen Gestalt, weil es auch ihm das seinige mit in die Objektivität und Greifbarkeit erhebt. Es gibt auch ihm Distanz und Freiheit gegen das ihm Anhaftende.

e. Weltbilder und Systeme. Rationalismus und Vereinfachung.

Der objektive Geist der Völker macht es nicht anders. Er stellt durch Objektivation aus sich heraus, was er nicht mitzuschleppen oder umzuformen vermag. Es sind nicht die Künste allein — unter ihnen an erster Stelle die Dichtung —, die dieses Werk vollbringen; es ist ebensosehr die Gedankenarbeit weltanschaulicher und praktisch lebensgestaltender Art. Denn diese hat es mit den Künsten gemein, daß die Schöpfung des Einzelnen zum Gemeinbesitz wird und dasjenige, was in ihr gegenständlich ausgeformt in Distanz zum lebenden Geiste rückt, allen greifbar wird, die es verstehend erfassen.

Philosophische Systeme, gerade soweit sie nicht reine Forschung, sondern Konstruktionen des Gedankens sind, ganze Theorien mitsamt der ihnen eigentümlichen Begriffssprache, sind in weitem Ausmaße als Herausstellung von Unbewältigtem und Bedrängendem aus dem lebenden Geiste zu verstehen, um damit „fertig zu werden". Diese Tendenz ist auch des öfteren von führenden Philosophen ausgesprochen worden; am bekanntesten dürfte hier das Beispiel des Epikur sein, der in aller Ausdrücklichkeit lehrte, Philosophie habe die Aufgabe, den Menschen von falscher Angst zu befreien. Nicht auf die Stichhaltigkeit einzelner Erklärungen käme es hierbei an — nicht also auf das Erkennen um seiner selbst willen —, sondern allein auf das Prinzip, zu zeigen, wie alles scheinbar Rätselhafte in der Welt, das den Anlaß zu Furcht und seelischer Bedrängnis gibt, sich überhaupt auf natürlichem Wege erkläre und sich in Schein auflöse. Das mag praktisch auf einen platten Rationalismus hinauslaufen; doch bleibt die Tendenz unverkennbar, und man wird ihr ein gewisses Gewicht nicht absprechen dürfen, wenn man die Masse des Superstitiös-Bedrohlichen, des Schicksalhaft-Unbegreiflichen und der menschlichen Ratlosigkeit ihm gegenüber erwägt, die der gedanklich unreifen Welt- und Lebensorientierung belastend aufliegt.

Allgemein läßt sich sagen, das Element des Rationalismus, das eine breite Spur in der Geistesgeschichte gezogen und sich oft genug an den tiefsten Problemen vergriffen hat, das immer geneigt ist, vom Begreifbaren aus das Unbegreifliche wegzudeuten, läßt sich von hier aus sehr wohl als ein geschichtlich notwendiges verstehen. Die Notwendigkeit freilich muß hierbei als eine sehr antirationalistische verstanden werden. Die Rationalisierung eben ist, gerade dadurch daß sie eine ungeheure Vereinfachung ist, zugleich eminente Vergegenständlichung. Sie bewirkt durch den Kunstgriff eines inhaltlich sehr willkürlichen Zurechtschneidens der Welt die Herausstellung des Unbegreiflichen aus dem Flusse des geistigen Lebens. Sie erkauft um den Preis der Tiefe und Fülle ein abgekürztes Bewußtmachen, ein beschleunigtes Fertigwerden mit dem Unbewältigten, schicksalhaft Bedrohenden und Bedrängenden.

f. Die mythischen Gestalten. Befreiung und Bindung.

Tiefer in die Ursprünge des Geisteslebens zurück, noch weit diesseits aller Rationalisierung, gibt es andere Formen der Objektivation, nicht weniger mächtig als sie, wennschon weniger radikal. Die größte und gemeinmenschlichste Form dürfte die des Mythos sein. Auch sie ist Bewußtmachung, Vergegenständlichung, Selbstbefreiung, und auch sie arbeitet mit einer gewissen Vereinfachung, nur in ganz anderen Kategorien. Sie verleugnet das Unbegreifliche nicht, sie formt es vielmehr in Bildern aus, rückt es aber in ihnen gleichwohl vom eigenen Leben ab.

In den mythischen Gestalten stellt der Mensch sein Schicksalsempfinden, sein Ringen, seine Ohnmacht und seine Furcht greifbar aus sich heraus. Er objektiviert eines wie das andere. Und mit diesem zugleich objektiviert er die dunklen Mächte der Welt, in der er lebt, wie auch der inneren Welt in ihm selber. Er bringt sie sich zur Anschauung, und damit befreit er sich von ihnen. Und oft wird die Befreiung geradezu selbst mit vergegenständlicht — so überall, wo der Heros als der Befreier in Person auftritt, mit Unholden und Ungeheuern kämpft und sie besiegt.

Man muß sich indessen wohl hüten, das Prinzip der Selbstbefreiung in der Objektivation zu sehr zu verallgemeinern. Denn es koexistiert geschichtlich mit dem Moment der Fesselung. Und es ist klar, daß es diesem nicht widerspricht, selbst wo es sich um eine und dieselbe Objektivation handelt. Denn das, wovon die Objektivation befreit, ist nicht dasselbe wie das, worin sie den lebenden Geist fesselt. Vielleicht auch ist es grundsätzlich so, daß die Objektivation, indem sie auf der einen Seite befreit, zugleich auf der anderen bindet. Dem würde das anderweitig wohlbekannte Gesetz entsprechen, daß es keine rein negative Freiheit gibt, und daß alle Lösung nur um neue Bindung zu erkaufen ist.

Dieser Gedanke findet eine gewisse Bestätigung in der oben gebrachten Erwägung, daß aller lebende Geist einen gewissen Bestand von Objektivationen schon für sein eigenes geschichtliches Bestehen lebensnotwendig braucht. Sofern er Gemeingeist ist, muß er die Gemeinsamkeit der Individuen in geprägten Formen herstellen. Er bedarf der geprägten Scheidemünze der Verständigung. Im Zentrum dieses lebensnotwendigen Bedarfs an Objektivation steht die Sprache, und zwar gerade sofern sie stets zugleich mehr als Mittel des Austausches ist, nämlich gegenständliche Formung des Erlebens, des Begehrens, der Anschauung, des Verstehens. Das Charakteristische ist, daß der lebende Geist schon in dieser Vulgärebene flüchtigster Objektivationen stets sich befreit und sich zugleich wiederum fesselt: das erstere durch die Ausformung selbst in der Mitteilung, das letztere durch die Macht, welche die Ausformung über die Vorstellungsweise gewinnt.

Man weiß zwar im Alltag um beides nicht. Aber es ist doch beides stets vorhanden und unlöslich miteinander verknüpft. Und auch dieser Fesselung gegenüber bedarf es andauernd der Lösung durch neue und mächtigere Objektivation.

61. Kapitel. Hineinragen in die Gegenwart und Hinausragen in die Zukunft.

a. Verhältnis des lebenden Geistes zu seiner Geschichte.

Von den letzten Betrachtungen aus fällt mancherlei neues Licht auf das Verhältnis des lebenden Geistes zum Geschichtslauf, der sich durch seine jeweilige Gestalt hindurch vollzieht. Da dem geschichtlichen Werden das Hineinragen des Vergangenen in die Gegenwart und das Hinausragen des Gegenwärtigen in die Zukunft gleich eigentümlich ist, beides aber wesentlich durch die Erhaltung und Wiederverflüssigung von Objektivationen bestimmt ist, so läuft es hierbei in der Hauptsache auf dasselbe Verhältnis des lebenden und des objektivierten Geistes hinaus, bei dessen Betrachtung wir stehen.

Da nun aller lebende Geist jederzeit mitten inne steht zwischen einer Vergangenheit und einer Zukunft, die beide trotz allem Übergreifen von ihm geschieden sind und bleiben, so spaltet sich hier die Betrachtung seiner Geschichtlichkeit in zwei entgegengesetzte Aspekte, denen verschiedenes Verhalten des lebenden Geistes entspricht. Denn eben verschieden ist sein Verhalten — je nach den Gebieten seines Lebens und Schaffens — sowohl zum vergangenen als zum kommenden Geist.

Zu beginnen ist hier mit dem Verhältnis zum vergangenen Geist. Es ist identisch mit dem im engeren Sinne verstandenen Verhältnis jeweilig lebenden Geistes zu seiner Geschichte. Nun ragt das Vergangene aber in zweierlei Weise in die Gegenwart hinein, als direkte Erhaltung der Formung am lebenden Geiste selbst und als das aus ihm durch Objektivation herausgestellte Geistesgut. Was sich direkt im Leben erhält, das hat der gegenwärtige Geist noch an sich; er braucht dazu kein besonderes Verhältnis, keine Stellungnahme, denn er ist es noch selbst. Ganz anders bei den Objektivationen. Sie treten gegenständlich in sein Bewußtsein, sind ein anderes als er, bleiben ihm gegenüber. Und in ihnen bleibt auch die Vergangenheit, die aus ihnen spricht, ihm gegenüber. Er hat sie nicht an sich, sondern außer sich; ja, er kann sie auch „gegen sich" haben. So fordern sie seine Stellungnahme heraus. Und diese ist, weil sie die Objektivation des Vergangenen betrifft, zugleich Stellungnahme zur eigenen Geschichte.

Darin gleichen die geschichtlichen Zeitalter alle einander, daß sie stets dem Hineinragen in beiderlei Form unterliegen. Verschieden ist nur, was hineinragt, und wie es aufgenommen wird. Beides ist bestimmend für die Wertung, die es erfährt. Wie es hinsichtlich des noch lebendig Hineinragenden traditionstreue und traditionsscheue Epochen gibt, so auch hinsichtlich des objektivierten Geistesgutes pietätvolle und pietätlose. Das Althergebrachte kann rein als solches für unantastbar wertvoll gelten, es kann aber auch als Hemmnis des Neuen erscheinen, das im Werden ist.

Hier also setzt ein zweiter fundamentaler Unterschied ein, der nicht das Hineinragen und Fortleben, sondern das Verhalten des lebenden Geistes selbst zum fortwirkenden Geist der Vergangenheit betrifft. Und es ist nicht schwer, darin das Doppelgesicht des objektivierten Geistes wiederzuerkennen; denn an diesem in erster Linie hängt der Unterschied. Objektivierter Geist ist einerseits das geistige Gut, von dem der lebende Geist zehrt, auf dem er sich erbaut, das also insofern ihm zugute kommt; und er ist andererseits gleichzeitig die Fessel des lebenden Geistes, mit der er ringt, um sich fortzubewegen.

Dem entspricht die Zwiespältigkeit in der Wertung des „Alten". Es erscheint bald als das Bewährte und Ehrwürdige, bald als das Überlebte und Leidiggewordene — je nachdem, in welche Tendenzen des lebenden Geistes es hineintrifft (vgl. Einleitung 17). Das Vergangene ragt so in seinen Objektivationen einerseits als das Tragende und Lebenentfaltende hinein, andererseits als das Belastende und Lebenhemmende. Es hat im ersteren Sinne den lebenden Geist für sich, im letzteren gegen sich. Und eigentümlich mutet es an, wenn wir sehen, daß in einer und derselben Zeit das Alte und Überkommene sowohl als Wert wie als Unwert empfunden, herangezogen und argumentierend verwendet wird. Neue Tendenzen berufen sich geradezu auf die Autorität des Alten, um sich zu rechtfertigen; und ebenso neue berufen sich auf die Hinfälligkeit des Alten, gleichfalls, um sich zu rechtfertigen. Jene benutzen es konsolidierend für die eigene Sache, diese destruierend für die gegnerische.

Im objektivierten geistigen Gut erscheint so gleichzeitig der gute Geist der Erhaltung, der das Fortschreiten trägt, und der Tyrann, der es zurückhält.

b. Differenzierung des Verhältnisses.

Die Sache liegt also keineswegs so, als müßte ein bestimmter lebender Geist sich eindeutig für bejahendes oder verneinendes Verhalten zu seiner Vergangenheit entscheiden, die in Objektivationen greifbar in ihn hineinragt. Er ist keineswegs vor eine radikale Alternative gestellt. Wohl gibt es vorwiegend konservative und vorwiegend revolutionäre Einstellung einer ganzen Epoche, aber kaum jemals extremes Verhalten auf der ganzen Linie.

Vielmehr finden wir beide Haltungen fast immer vereinigt, und zwar in mannigfaltiger Abstufung. Das ist ohne Widerstreit durch die große Mannigfaltigkeit des Geisteslebens in sich selbst möglich, ja es wird durch die tiefe Differenzierung der Gebiete geradezu herbeigeführt. Derselbe objektive Geist, der religiös tief konservativ ist, kann künstlerisch revolutionär sein. Darin ist keine Diskrepanz. Die inhaltliche Breite der geistigen Lebensfront hat Spielraum für vielerlei Divergenz der Haltung, ja für eine gewisse Selbständigkeit koexistierender Tendenzen gegeneinander.

Es zeigt sich hierbei, daß die Geistesgebiete nicht nur inhaltlich, sondern auch der vorwiegenden Tendenz und dem Verhalten zur eigenen Geschichte nach durchaus heterogen sind. Sie lassen, wie oben gezeigt wurde (Einleitung 16—18), sogar eine Art Abstufung erkennen, die fast von Extrem zu Extrem führt. Die Geistesgebiete leben nicht nur einfach ihrer Geschichte „zugewandt" oder „abgewandt", sondern innerhalb beider Haltungen differenziert sich die Stellungnahme weiter. Das Zugewandtsein kann im Auffammeln des geistigen Gutes bestehen, kann direkt ein Zehren von ihm sein; es kann aber auch in einem Kampfverhältnis zu ihm bestehen. Ebenso kann das Abgewandtsein in bloßer Uninteressiertheit bestehen, es kann aber auch bewußte Ignorierung oder gar Ablehnung sein. Es kann schließlich auch ein wirkliches Darüberhinaussein bedeuten, nämlich dann, wenn der lebende Geist das Lebensfähige im geschichtlichen Gute bereits aufgesammelt hat und mit ihm fertig ist, weil er es als Fortlebendes in sich trägt.

Es soll hier nicht wiederholt werden, wie sich diese Abstufung auf die Differenzierungen des Geisteslebens in der Wissenschaft, der Philosophie, dem Ethos, der Religion, der Wirtschaft, der Technik usw. verteilt. Das Genauere gehört hier ohnehin der speziellen geistesgeschichtlichen Untersuchung an. Nur das ist für unser Problem von Wichtigkeit, inwiefern sich in ihr die Doppelnatur des geistigen Gutes als Objektivation zeigt.

Wenn die Technik die extreme Ablehnung des Vergangenen zeigt, so beruht das darauf, daß sie rein ihren Gegenwartszwecken nachgeht und Objektivationen als solche nicht brauchen kann. Indem sie überall die kürzesten Wege nimmt, wird ihr das Alte und Überkommene lediglich zur Fessel. Sie wirft es ab, weil es sie aufhält. Sie blickt nur nach vorwärts. Der objektivierte Geist ist ihr nichts; sie sieht sein anderes Gesicht nicht, auch dort nicht, wo sie Errungenschaften übernimmt und verwertet. Das liegt in ihrem Wesen. Der lebende Geist des Augenblicks ist hier alles.

Wenn wir im religiösen Leben das umgekehrte Extrem finden, wenn es hier nicht nur ein Aufsammeln des Vergangenen, sondern direkt ein Zehren von ihm gibt, wenn die objektivierte Offenbarung, das „heilige Buch", den allein maßgebenden Orientierungspunkt und die dauernde Quelle bildet, so liegt das an der inneren Form des Glaubenslebens. Die Objektivation zeigt hier ausschließlich ihre andere Seite, sie gilt als die unüberbietbare Ausformung eines einzigartigen Geistesgutes, dem der lebende Geist nichts an die Seite zu stellen hat. Darum ragt sie nicht nur hinein in seine Gegenwart, sondern überragt sie autoritativ bestimmend. Und das religiöse Empfinden sieht in dieser Autorität nicht die Fessel, die sie vielleicht ist. Es lebt fort, indem es sich immer neu daran bindet; ja, es greift wohl auf sie zurück, wenn es den Kampf gegen das eigene Erstarren im Dogma — d. h. gegen Objektivationen zweiten Ranges — aufnimmt. Löst es sich aber von dieser Autorität, so ist es selbst der Auflösung preisgegeben.

Wenn die exakte Wissenschaft ihrer eigenen Geschichte abgewandt lebt, wenn sie indifferent gegen die Lehrmeinungen von einst ihren Weg verfolgt, so ist das weder Ignorierung noch Ablehnung älterer Errungenschaften. Denn sie hat das Bleibende aus ihrer Vergangenheit im eigenen Fortschreiten aufgesammelt. Nur die Begriffe und Lehrsysteme von einst stößt sie ab, weil sie nicht mehr die ihrigen sind; d. h. die stehengebliebenen Objektivationen als solche sind für sie ein überflüssiger Ballast, der ihr zur Fessel werden müßte, wenn sie ihn festhielte. Es liegt in ihrem Wesen, sie hinter sich zu lassen, weil es ihre Eigenart ist, die Summe der Errungenschaften früherer Zeit ohnehin in sich beisammen zu haben.

Und wenn die Philosophie sich darin sehr anders verhält, wenn wir sehen, daß sie in steter Auseinandersetzung mit den Lehrmeinungen von einst fortschreitet, so hat das seinen Grund eben darin, daß sie im Fortschreiten nicht in der glücklichen Lage ist, alle Errungenschaften aufzusammeln und auszuwerten. Sie ist mit dem objektivierten Gute der Vergangenheit nie fertig, denn sie muß es im Fortschreiten zerschlagen und daher Ungeborgenes hinter sich liegen lassen. Dieses Gut zeigt ihr recht eigentlich sein Doppelgesicht: es fesselt sie, und es befruchtet sie zugleich; sie kann darauf nicht verzichten, aber sie kann es auch nicht gläubig hinnehmen, sie muß dauernd damit ringen. So kann sie weder davon zehren, noch es aufsammeln, noch auch es abwerfen. Sie hat es zugleich gegen sich und für sich. Darum sind beide Wertungen des Alten ihr gleich eigentümlich. Und daraus ergibt sich ihr einzigartiges Verhältnis zu ihrer Geschichte. Sie lebt dem Vergangenen zugewandt, ohne doch sich an seinen Bestand binden zu können. Ihr Fortschreiten an den eigenen Problemen ist zugleich Fortschreiten im Verstehen ihrer Geschichte.

c. Unbewußte und bewußte Wirkung in die Zukunft.

Nicht weniger differenziert ist das Verhalten des lebenden Geistes zu seiner Zukunft. Denkt man bei diesem Verhalten ausschließlich an die Sphäre des Aktuellen — z. B. des politischen und sozialen Lebens —, wo alle Tätigkeit in der Vorsorge für den nächsten geschichtlichen Augenblick aufgeht, für das also, was gemeinhin schon als laufende Gegenwart empfunden wird, so versteht man das Verhältnis viel zu eng. Das Wirken in die Weite hängt vielmehr in erster Linie an den Objektivationen, die ein lebender Geist aus sich herausstellt. Denn von ihnen gilt das Gesetz, daß das geistige Gut zu seiner Zeit wiederkehrt, sich verflüssigt und sich auswirkt. Das Hochgeschleuderte fällt auf lebenden Geist zurück, wennschon auf einen anderen.

Indem also lebender Geist sich objektiviert, wirkt er schon über sich hinaus, einerlei ob er darum weiß oder nicht. Er gibt dem künftigen Geiste Anstoß, vermacht ihm, was er besitzt, aber er fesselt ihn damit auch. Und je stabiler die Materie ist, in der er sich objektiviert, um so weiter greift diese Wirkung aus.

Es ist aber ein großer Unterschied, ob er um diese Wirkung weiß oder nicht; und wiederum wenn er darum weiß, ob er sie will und erstrebt oder nicht. Ja, man kann noch einen Schritt hinter das Wissen um die Wirkung zurückgehen, denn auch um die Objektivation selbst kann er ebensowohl wissen als nicht wissen; und wenn er um sie weiß, kann er sie als solche und um ihrer selbst willen wollen oder nicht wollen. Im letzteren Falle ist sie ihm nur ein Mittel für Zwecke anderer Art, die sein eigenes laufendes Leben angehen. Die Objektivation aber kann ungewollt zu geschichtlicher Wirkung gelangen.

In diesen Alternativen, die schon in sich eine Abstufung zeigen, differenziert sich die Stellung des jeweilig lebenden Geistes zum künftigen. Und auch hier spielt der strukturelle Unterschied der Geistesgebiete tief hinein. Es gibt Gebiete, auf denen ihm das willentliche Wirken in die Zukunft wesentlich ist; so ist es überall, wo er sich Institutionen schafft, um in ihnen zu leben und sich zu entfalten; und das gilt nicht vom politischen Leben allein, sondern ebenso vom Rechtsleben, vom Erziehungs- und Bildungswesen. Und es gibt andere Gebiete, auf denen ihm bewußtes Wirken in die Zukunft gemeinhin fernliegt; so darf es für das Ethos, den Lebensstil, den Geschmack gelten, ja in gewissen Grenzen selbst für die Künste und das Wissen.

Keineswegs aber ist es so, daß der lebende Geist dort, wo er in die Zukunft wirken will, auch tatsächlich am stärksten in sie wirkt. Die gegenwartsgefangene Objektivation kann sich sehr wohl als stärker zukunftsbestimmend erweisen. Die ungewollte Wirkung ist nicht selten die geschichtlich nachhaltigste. Ja, nicht einmal das Wissen um die Objektivation selbst ist hier entscheidend. Die naive Objektivation kann folgenschwer sein, kann zur Fessel, kann zur bewegenden Macht werden, wann und wo immer ein später lebender Geist sie verstehend ergreift. Die gegewollte und ertrotzte aber kann spurlos wieder verschwinden.

d. Das Sichwenden an die Zukunft. Der Ruf in die Geschichte.

Die große Masse der Objektivationen, die aus der laufenden Gegenwart in die Zukunft bestimmend hineinragt, ist zweifellos gegenwartsgefangene, wenn auch nicht immer unbewußte Objektivation. Das beginnt schon im hingeworfenen Wort, in der Geste des Einzelnen; zunächst ist es nur der persönliche Geist, der sich darin ausprägt, mittelbar aber in seinen Repräsentanten ebensosehr der Gemeingeist. Solche Objektivation ist unbewußt, aber sie ist dafür auch flüchtig. Denn ihre Materie ist flüchtig, das Wort verklingt, die Geste ist kaum in der Erinnerung festzuhalten. Erst wenn sich eine zweite Objektivation in stabiler Materie darüberlegt, wenn Wort und Geste vom Schrifttum festgehalten, als Apophthegma oder Anekdote aufgezeichnet sind, wirken sie über das Augenblicksdasein hinaus. Die zweite Objektivation aber ist nicht mehr unbewußt. Und in der Regel dürfte sie auch den Willen zum Aufbewahren und Weitergeben voraussetzen.

Überall, wo das Schrifttum einsetzt, darf man von gewollter Objektivation sprechen; desgleichen wohl überall, wo dinglich sichtbare Gebilde entstehen. Und dazu gehört alles künstlerische Schaffen. Etwas noch ganz anderes aber ist das Bewußtsein des eigentlichen Wirkens in die Zukunft. Der private Briefsteller, dessen Briefe lange nach seinem Tode „entdeckt", als wertvolles Zeugnis seiner Zeit ediert werden und noch den Epigonen bewegen, hat keine Ahnung von ihrer in die Geschichte gehenden Wirkung.

Auch der schaffende Künstler ist zunächst nur auf den zeitgenössischen Beschauer eingestellt. Nur liegt es im Wesen des geschaffenen Werkes, daß diese Einstellung es nicht begrenzt, daß es die Gegenwart überdauert und sich auch ohne den Willen des Künstlers an den kommenden Geist wendet. Nicht anders ergeht es dem Forscher, dem Denker, ja dem Träger und Bahnbrecher praktischer, ethischer, weltanschaulicher Ideen.

Aber bei ihnen allen gibt es daneben in besonderen Fällen auch das bewußte Hinausgreifen über den geschichtlichen Augenblick, das eigentliche Sichwenden an den kommenden Geist — sei es an den im Werden begriffenen und dunkel geahnten, sei es an den noch fernen, aber erhofften, ja einfach an den geschichtlich noch möglichen. Die Objektivation nimmt in diesem Falle einen vorgreifenden, prophetischen Charakter an, sie wird zum Ruf in die Geschichte.

Der Ruf freilich kann verhallen, die Prophetie kann Irrtum sein, das geschichtliche Schicksal des Werkes kann ein rein negatives bleiben. Die Quelle des Irrtums wiederum kann von zweierlei Art sein; sie kann in der irrigen Anmaßung des Schaffenden liegen, im eingebildeten Können, kann aber auch im weiteren geschichtlichen Lauf der menschlichen Dinge liegen. Denn es kann wohl auch so kommen, daß, solange das Realgebilde existiert, kein lebender Geist sich dem geschaffenen Werk gewachsen erweist. Beides aber ändert nichts am bewußten Vorgriff als solchem, am Anrufen der Geschichte und am Sichwenden an die Zukunft.

e. Gewicht des Werkes und weltgeschichtliche Mission.

Daß es auch hierfür große und wohl gerechtfertigte Beispiele gibt, ist allbekannt. Der Künstler, der Dichter, der Komponist, der sich seiner Zeit voraus fühlt, wird einfach durch den Charakter und das Gewicht seines Werkes über die Gegenwart hinausgedrängt. Er hat darin keine Wahl, das Werk hat sein Eigengesetz, dem Kompromiß aber sind in künstlerischen Dingen enge Grenzen gezogen. Und vielleicht, je vereinsamter ein Großer in seiner Zeit steht, um so bewußter wird er in seinem Werk die kommenden Geschlechter anrufen.

Noch mehr, wenn möglich, ergeht es dem Forscher so. Denn hier ist das Ausschauen nach dem Kommenden nicht auf die Großen beschränkt. Die Arbeit, in der er steht, läuft im Geleise von Problemen, die nicht die seinen allein sind, deren Lösung weder er selbst noch seine Zeit zu Ende führen kann. Wer einmal so tief eindringt, diese allgemeine Forschungssituation überhaupt zu erkennen — und daran fehlt es bei Forschern produktiver Art in keiner Zeit —, der weiß auch, daß seine Arbeit an den Problemen nur ein Glied in der Kette ist, in welcher der Erkenntnisprogreß geschichtlich besteht. Er weiß, daß er sein Problem nur einen Schritt weiter fortbewegt, daß er sein Resultat der kommenden Forschung als einen erweiterten Problembestand überläßt. Ja, er kann dieses Überlassen bewußt als verschobene Problemstellung ausgestalten. Und damit ruft er dann auch bewußt die Zukunft seiner Wissenschaft an, ruft sie zur Weiterarbeit auf.

Es ist klar, daß hier überall ein objektives Verhältnis zugrunde liegt, aus dem heraus das Sichwenden an die Zukunft notwendig wird. Nicht die Einschätzung, die der Schaffende für sein Werk hat, sondern der Gehalt des Werkes verlangt es so. Darum geht in Wahrheit das Anrufen überall da, wo es berechtigt ist, nicht so sehr vom Schaffenden als vom Geschaffenen aus. Damit aber ist es nicht nur der Subjektivität menschlichen Ermessens enthoben, sondern auch in eine gewisse Unabhängigkeit vom geschichtlichen Bewußtsein des Schaffenden gestellt. Nicht darauf kommt es an, ob er den Ruf in die Geschichte erhebt, sondern darauf, ob er von seinem Werke ausgeht. Ein großes Beispiel dafür liegt auf dem Gebiet der Forschung in der aporetischen Lebensarbeit des Aristoteles vor, die viel mehr Probleme herausgearbeitet hat, als er gelöst oder auch nur zu lösen versucht hat. Viele Jahrhunderte lang ist von diesen Aporien der immer neue Aufruf zur Fortarbeit ausgegangen; aber schwerlich hat Aristoteles sie zu diesem Zweck niedergeschrieben.

Noch andere Formen nimmt der Ruf in die Geschichte an, wo der lebende Geist in großen Vertretern sich mit Ideen erfüllt, in deren Inhalt und Wesen es liegt, eine Art Mission in der Weltgeschichte zu haben. Ob die Mission von ihren Vorkämpfern überschätzt oder unterschätzt wird, ob sie von ihnen auch nur als solche erkannt und verstanden wird, ist dafür relativ gleichgültig. Auch hier kehrt in vergrößertem Maßstabe die Objektivität des ganzen Verhältnisses und seine Indifferenz gegen alles Dafürhalten wieder.

Im Griechentum war die Gestalt des Sokrates Träger einer solchen Mission. Es läßt sich heute schwer entscheiden, wie weit das vom eigentlich geschichtlichen Sokrates selbst gelten darf. Unbestritten aber gilt es von der objektivierten Sokratesgestalt, wie Platon sie in seinen Dialogen geschaffen und greifbar vor die Nachwelt gestellt hat. Sie ist es, die weit über die Geschichte des Griechenvolkes hinaus immer wieder den Menschengeist zur Verinnerlichung, Rechenschaft und Verantwortung aufgerufen hat. Sie zeigt rein in sich und auch dem Spätling noch in eindringlicher Anschaulichkeit die ins Prophetische erhobenen Züge des Ideenträgers; sie atmet den Geist der Mahnung, der Anforderung an das Menschengeschlecht. Und Platon selbst schuf aus diesem Geiste heraus ein Staats- und Menschenideal, das aller Utopie zum Trotz den erhobenen Anspruch an das Aufhorchen später Geschlechter gerechtfertigt hat — wennschon anders, als es im Sinne des Dichterphilosophen liegen mochte.

f. Das geschichtliche Wagnis und seine Rechtfertigung.

Der hohe Anspruch, der im Anrufen der Zukunft liegt, muß seinem Wesen nach auf das an Kraft und Tragweite Außerordentliche beschränkt sein. Denn im Eifergeist der Weltverbesserer wird man ihn nicht ernst nehmen dürfen; und in der Forschung hat er mehr den Charakter einer Selbstbescheidung des Einzelnen gegenüber der Ferne gemeinsamer Ziele als den einer Zumutung.

Nur darf man nicht vergessen, daß der Zeitgenosse kein sicheres Kriterium dafür hat, wo der Anspruch gerechtfertigt ist, und wo er auf Anmaßung beruht. Der Epigone sieht den Unterschied leicht, für ihn hat bereits die Geschichte den Grenzstrich gezogen. Überhaupt wird man sagen dürfen, daß es ein geschichtliches Wagnis ist, wenn sich der Schaffende mit seinem Werk an den kommenden Geist wendet — ein Wagnis, das der Besonnene gewiß nicht leicht auf sich nimmt. Nur wo ein übermächtiges Geschautes ihn innerlich zwingt, wird er den Anruf wagen. Denn erweist sich der Anruf als eitel, so zieht er den Fluch der Lächerlichkeit auf den, der ihn erhoben. Rechtfertigt er sich aber, so erhebt er das Individuum zum Ideenträger, reißt es in ein Schicksal anderer Art als das persönliche hinein und läßt seine private Besonderheit hinter diesem verschwinden.

Auch sind es nur die Gebiete rein geistigen Schaffens, Forschens und Wirkens, auf denen der Anruf gelingt. Alle Tätigkeit, die unmittelbar ins Praktische und in die Drastik der Geschehnisse hineingreift, ist darin weit gehemmter: nicht allein, weil die Wirklichkeit den Spielraum des Geistes einengt, sondern auch, weil in ihr nur das unmittelbar Wirksame und am jeweilig Gewordenen Ansetzende Kraft hat, die Objektivation aber ihrem Wesen nach dazu in Gegensatz tritt. Charakteristisch dafür ist das politische Leben. Hier ragt in die jeweilige

Gegenwart das Vergangene einerseits als gewordene Situation, andererseits als bestehende Tendenz hinein; beides aber nimmt nicht den Umweg über die Objektivation. Und wo eine Zeit wirklich ihre politischen Ideale objektiviert, da nähert sie sich damit der Utopie. Auch im Platonismus liegt hier die Gebietsgrenze seiner geschichtlichen Wirkung.

Wo immer Objektivationen großen Stiles zu geschichtlich bestimmender Macht gelangen, da kehrt an ihnen auch deutlich das Doppelgesicht ihres Wesens wieder: dieses, daß sie sowohl Fessel des lebenden Geistes als auch bewegende Kraft in ihm sind. Gerade im Sinne des Anrufes zukünftigen Geistes ist das von Wichtigkeit. So ist der Anruf zugleich Herausforderung zum Ringen mit dem Werk. Er ist es auch dann, wenn der Schöpfer des Werkes ihn nicht so versteht. Es ist menschlich, im eigenen Geschauten ein Absolutes und Endgültiges zu sehen; kein lebender Geist kann die Kritik eben dessen, womit er dem Gegebenen vorgreift, mit vorwegnehmen. So liegt es im Wesen der Sache, daß er mit dem, was er aus sich herausstellt und dem kommenden Geiste übergibt, diesen zu fesseln die Tendenz hat, auch wenn ihm die Fesselung als Befreiung erscheint.

Weil aber der kommende Geist lebender Geist ist, so muß er, gerade wenn er den Ruf vernimmt, in selbsttätige Auseinandersetzung mit dem Werke treten. Sein Aufnehmen des objektivierten Geistes ist zugleich sein Ringen mit ihm. In diesem Ringen aber kommt es letzten Endes doch darauf an, ob die Objektivation sich verflüssigen, der in ihr festgehaltene Geist wieder frei werden und in den lebenden zurückkehren kann. Denn ein solches Ringen ist eminentes Leben, und nur das Lebendige kann in ihm recht behalten.

Fragt man aber weiter, was denn von allem objektivierten Geiste wieder zum Leben erwachen kann, und was dem Untergange geweiht ist, so wird man immer wieder auf die Antwort hingedrängt, die aus den großen Wiedergeburten der Geschichte spricht: nur was in der Tiefe ansetzt und was den lebenden Geist auf sein Innerstes und Eigenstes hinweist, hat Macht, ihn zu befreien und zu bewegen; was ihm von außen Formen aufprägen will, das wird im Ringen von ihm überwunden und abgeworfen, oder aber es begräbt ihn unter seinem Gewicht.

62. Kapitel. Das Geschichtsbewußtsein des lebenden Geistes.

a. Lebendiges, Mitgeschlepptes und Abgetanes.

Eine letzte Frage, die am Verhältnis des lebenden und des objektivierten Geistes hängt, betrifft noch das Geschichtsbewußtsein des letzteren. Es handelt sich hierbei nicht um das Bewußtsein der jüngsten

Vergangenheit, das alles geschichtliche Leben begleitet; denn dieses beruht vorwiegend auf dem „stillschweigenden" Hineinragen des noch unmittelbar lebendig gebliebenen Vergangenen in die Gegenwart. Es nimmt den Umweg über die Objektivationen nicht und ist auch gemeinhin kein gegenständlich ausgeformtes Vergangenheitsbewußtsein. Es handelt sich vielmehr um das eigentlich historische Bewußtsein, das seine Quellen in objektivierten Spuren vergangenen Geistes sucht. Aus diesem sekundären Geschichtsbewußtsein erwächst die Geschichtswissenschaft. Und vor ihr ist der Unterschied naher und ferner Vergangenheit hinfällig.

Diese Frage nach dem sekundären Geschichtsbewußtsein ist diejenige, an der heute die meisten geschichtsphilosophischen Theorien festhängen, zugleich auch diejenige, durch deren ungenügende ontologische Unterbauung sie meist von vornherein auf die schiefe Ebene einer bloß methodologischen Betrachtung abgedrängt werden. Die Frage soll hier nicht eingehend behandelt werden; bei ihr setzt die ganze Reihe der Methodenfragen ein, die wir zu Anfang ausgeschaltet haben. Was in den Rahmen unserer Untersuchung hineingehört, ist demgegenüber nur eine Vorfrage — freilich eine solche, die grundlegend für das Verständnis der Problemsituation ist, in der der Historiker steht. Im Zusammenhang der weit fundamentaleren Fragen dagegen, die uns beschäftigt haben, ist eben das, was dort Vorfrage ist, nur ein Endglied, eine Restfrage. Gleichwohl fällt von ihr aus auch auf das Sein des objektivierten Geistes noch einmal neues Licht.

Das Verhältnis des lebenden Geistes zu seiner Geschichte ist, wie das vorige Kapitel gezeigt hat, ein Teil seiner Lebendigkeit selbst. Soweit die Auseinandersetzung mit dem Vergangenen reicht, das in ihn hineinragt, gehört das Verhältnis noch ganz der jeweiligen geschichtlichen Aktualität an. Aber weder ragt alles Vergangene hinein, noch erstreckt sich die Auseinandersetzung auf alles, was hineinragt.

Es scheidet sich also das Vergangene für einen jeden lebenden Geist in solches, was noch lebendig oder wenigstens noch lebens- und umbildungsfähig ist, und solches, was tot ist. Innerhalb des Toten aber gibt es wiederum den Unterschied dessen, was noch als Ballast oder Fessel mitgeschleppt wird, und dessen, was wirklich überwunden und „abgetan" ist. Das Abgetane braucht als solches der Erinnerung der Lebenden nicht entschwunden zu sein. Es genügt, daß der lebende Geist es hinter sich gelassen hat. Die Vergessenheit kann dem Abgetansein nichts mehr hinzufügen, sie ist nur seine Folge.

Alle drei Abstufungen — das noch Lebendige, das Mitgeschleppte und das Abgetane — können in einem lebenden Geiste durch Objektivationen vertreten sein. Und dann stuft sich Wert und Gewicht dieser Objektivationen in der Gegenwart entsprechend ab: die einen sind bewegende Mächte im lebenden Geiste, die anderen nur noch seine Hemmnisse, die dritten liegen neutralisiert hinter ihm.

b. Das Gewicht des Abgetanen für das reine Geschichtsbewußtsein.

Ganz anders aber stellt sich das Verhältnis im rein gegenständlichen Geschichtsbewußtsein her. Hier ist das Vergangene als solches Objekt der Betrachtung. Und für diese Betrachtung ist die ganze auf den lebenden Geist bezogene und nur für ihn gültige Abstufung der Objektivationen vollkommen gleichgültig. Was für das aktuelle Gegenwartsbewußtsein tot ist, das ist für das Interesse des Historikers nicht tot. Und was für den Fortgang der Geschichte abgetan ist, das ist für das Geschichtsbewußtsein nicht abgetan. Der ganze Unterschied des Lebendigen, Mitgeschleppten und Abgetanen besteht nur für die Lebensaktualität jeweiliger Gegenwart. Das historische Denken aber ist aus dieser Aktualität herausgetreten. Es macht diesen Unterschied nicht.

Für sein Interesse gewinnt vielmehr gerade die große Masse des Abgetanen ein besonderes Gewicht — und zwar da am meisten, wo es dem Gegenwartsbewußtsein auch noch entschwunden und versunken ist. Es ist eben das in keiner Weise mehr Gegenwärtige, also auch von der Gegenwart nicht Überfärbte. Es ist das ganz und gar nur noch Vergangene; und insofern ist es dasjenige, worin die Vergangenheit am reinsten erscheint.

Hiermit setzt ein anderes Verhältnis des lebenden Geistes zu seiner Vergangenheit ein. In diesem Verhältnis handelt es sich nicht um Wiederkehr des Vergangenen, nicht um Rückkehr des objektivierten Geistes in den lebenden, hier wird nicht wieder geltend gemacht, was einst galt. Darum ist es für dieses Verhältnis gleichgültig, ob die Objektivationen der Vergangenheit, an die es sich hält, noch reaktiviert oder fruchtbar werden können. Sie tauchen hier weder als bewegende noch als fesselnde Mächte auf, sondern lediglich als Zeugnisse des Vergangenen als solchen. Alles Gegenwartsgewicht, sei es nun positiv oder negativ, ist hier neutralisiert. Und diese Neutralität erst ermöglicht dem historischen Sinn den unterschiedslosen Zugang zu allem und jedem Zeugnis, das sich in den Objektivationen vergangenen Geistes erhalten hat. So wenigstens liegt es in der Idee historischer Einstellung. Ob sie sich rein verwirklichen läßt, ist natürlich eine andere Frage. Für die Umwertung des Toten und Abgetanen ist indessen gerade das Prinzipielle der Einstellung maßgebend.

Das neue Verhältnis scheint auf den ersten Blick dem Seinsgesetz der Objektivation zu widersprechen. Das Gesetz besagte, daß Objektivationen nur ein Sein „für" einen lebenden Geist haben. Sind sie also im jeweilig lebenden Geiste ganz abgetan, so sollte man meinen, sie seien auch eben damit vollkommen vernichtet. Es zeigt sich hier indessen, daß es im lebenden Geiste selbst einen Zweig gibt, für den sie auch dann noch nicht vollständig vernichtet sind. Das aber heißt offenbar nichts anderes, als daß das Abgetane selbst sich als nicht in jeder Hinsicht abgetan erweist.

Dieser Zweig des lebenden Geistes ist das rein erkennende oder wissenschaftliche Geschichtsbewußtsein. Für ihn gibt es in der Tat kein Abgetanes. Und das bedeutet weiter, daß alles Abgetansein als solches nur ein relatives ist. Es ist relativ auf das Verhältnis eines lebenden Geistes zur Vergangenheit. Je mehr dieses Verhältnis im Aktuellen aufgeht, um so mehr Vergangenes ist für den lebenden Geist abgetan; je weiter es aus der Aktualität laufender Geschichte zurücktritt und sich einer rein verstehenden Hingabe nähert, um so mehr Abgetanes wird ihm in der Betrachtung wieder lebendig.

Man bedenke: bestünde das Abgetane überhaupt nicht mehr für den lebenden Geist, so wäre es ein Ding der Unmöglichkeit, daß der Historiker einen Zugang zum Vergangenen fände, soweit es nicht mehr lebendig und auch nicht mitgeschleppt wäre. Der Historiker hat, wenn man genau zusieht, als reines Zeugnis des Vergangenen nichts als dessen Objektivationen unter den Händen; denn gerade das noch Lebendige und selbst das Mitgeschleppte ist als solches kein reines Zeugnis; es hat den Wandel und die immer aktuelle Stellungnahme des lebenden Geistes an sich.

Gerade erst als abgetane werden die Objektivationen für ihn vollwertig; d. h. gerade als die das Gegenwartsleben am wenigsten angehenden und am meisten abgetanen sind sie für ihn am wenigsten abgetan. Alles, was dem Historiker als „Quelle" gilt, gehört hierher. Und das ist in erster Linie das Schrifttum vergangener Zeiten, soweit es nicht mehr zur gelesenen Literatur der Gegenwart gehört.

c. Historisches Wissen als Selbstbewußtsein des lebenden Geistes.

Damit aber taucht ein Problem auf, das die Seinsform des historischen Forschens und Wissens selbst betrifft. Geschichtsbewußtsein und historischer Sinn sind nicht nur getragen vom jeweilig lebenden Geist, sondern sie sind geradezu ein Stück von ihm, das ihm durchaus wesenhaft zugehört.

Nicht aller lebende Geist hat historischen Sinn, nicht zu jeder Zeit gehen aus ihm Köpfe hervor, in denen sich die Zuwendung zur Vergangenheit um ihrer selbst willen vollzieht. Die treibende Kraft, die ein über das Aktuelle hinausreichendes Geschichtsbewußtsein hervortreibt, liegt offenbar nicht bei den Objektivationen der Vergangenheit; denn es gibt Quellen, die jahrhundertelang als ungehobene Schätze daliegen, obgleich für ein mögliches Auswerten dauernd die gleichen Ansatzpunkte in ihnen vorhanden sind. Der eigentliche Antrieb liegt vielmehr im lebenden Geiste selbst. Es ist seine spontane Wendung zur Vergangenheit, die ihn das Abgetane hervorsuchen und als ein keineswegs in jeder Hinsicht Abgetanes verstehen lehrt.

Insofern hat auch das Zurücktreten des Historikers aus der Aktualität gegenwärtig laufender Geschichte eine innere Grenze. Die spontane Hinwendung zum Vergangenen, die sich in ihm vollzieht, nimmt ihre Anstöße letzterdings ebenso wie jede andere aufkommende Tendenz im Gegenwärtigen und Aktuellen. Was freilich dem Zurücktreten nicht widerspricht. Denn jene Anstöße ändern daran nichts, daß alles weitere Eindringen am Fernen, Fremdgewordenen und nicht mehr Aktuellen hängt.

Licht fällt auf diese Frage von der Kehrseite des Verhältnisses aus. Alles Geschichtsbewußtsein, ob rein betrachtend und forschend oder nicht, hat die Form eines Selbstbewußtseins des geschichtlich lebenden und sich wandelnden objektiven Geistes. Ein solches Selbstbewußtsein in irgendwelchen Vertretern hervorzutreiben, liegt durchaus in der Tendenz lebenden Geistes überhaupt. Denn von sich aus hat objektiver Geist — das wurde oben gezeigt — kein adäquates Selbstbewußtsein. Gerade die aktuellsten Seiten seines Lebens aber, das politische, staatliche, soziale Leben, bedürfen dringend eines solchen. Aller Ersatz, den er sich im individuellen Bewußtsein schafft, bleibt inadäquat. Der Geist der Wissenschaft aber, der ein solches Bewußtsein zu sein berufen scheint, kommt für den Bedarf der Gegenwart zu spät.

Diese Sachlage spiegelt sich deutlich in der Stellung der Geschichtswissenschaft. Als Wissenschaft kommt auch sie für das Gegenwärtige zu spät. Dennoch hat durch sie auch die laufende Gegenwart schon ein sich im Wissen um Vergangenes anbahnendes Selbstbewußtsein. Dieses läuft gleichsam ständig um eine Etappe zurückbleibend hinter dem wirklichen Gang der Geschichte her. Aber prinzipiell steht ihm das Einholen auch sehr wohl offen. Und alles, was es vom Vergangenen erkennt, ist seiner Natur nach auf dem Wege zu einem geschichtlichen Gegenwartsbewußtsein.

Mit dieser Einschränkung darf man den oft wiederholten Satz gelten lassen, daß der lebende Geist aus seiner Geschichte sich selbst verstehen lernt. Weder die Langsamkeit des aufholenden Lernens noch die notwendige Arbeitsteilung zwischen dem Historiker und dem Politiker — denn nur beim letzteren steht die Anwendung des Eingesehenen — darf einen über diesen Zusammenhang täuschen. Das alles bedeutet hier nur einen Umweg; wie denn der Weg über das Vergangene zum Gegenwärtigen selbst unaufhebbar die Form eines Umweges hat. Aber für das Selbstbewußtsein ist der Umweg der gerade Weg. Es gibt keinen kürzeren Weg des lebenden Geistes zu sich selbst.

Die Geschichtswissenschaft ist als solche freilich ein bloß nachträgliches Selbstbewußtsein des objektiven Geistes. Aber vermittelt durch sie kann dieses Selbstbewußtsein sehr wohl an das Gegenwärtige heranrücken und in gewissen Grenzen auch als mitbestimmender Faktor in seinen Bestand einrücken. Das Lernen des lebenden Geistes an seiner Geschichte ist vom Kreis der bewegenden Mächte in ihm nicht ausgeschlossen, wennschon die Lücke zwischen aufholendem Selbstverstehen und laufendem Selbstbestimmen und Selbstgestalten sich schwerlich jemals ganz schließen dürfte.

Man darf hierbei nur nicht den Fehler begehen, das „Lernen" als eine Art von Verallgemeinerung des geschichtlich Einmaligen zu verstehen. Das wäre ein zu einfaches Schema. Verallgemeinern läßt sich das einmal Erfahrene nur, wo strenge Gesetzlichkeit herrscht und ewige Gleichartigkeit das Wesen des Geschehens ausmacht. Das geschichtliche Geschehen ist nicht von dieser Art. Die Geschichte wiederholt sich nicht. Denn weder die Völker noch die Situationen, in denen sie stehen, wiederholen sich. Nur in den großen Umrissen zeigen sich Gleichartigkeiten, im Besonderen ist alles tief individuell. Alles Analogisieren bleibt hier ein gefährliches Spiel, wenn man mit ihm an die laufende Geschichte herantritt oder gar sie formen will.

Auch das freilich ist keine absolute Schranke. Es gibt ein geschichtliches Lernen viel konkreterer und lebendigerer Art. Es ist demjenigen Lernen aufs engste verwandt, das sich im Leben des Einzelmenschen ständig durch die Schulung des Lebens selbst an ihm vollzieht. Auch im privaten Menschenleben gibt es keine strenge Wiederholung der Lebenslage, jede ist einzig und stellt ihn vor einmalige Entscheidung. Und doch lernt der Mensch praktisch zu am eigenen Leben und wächst geistig im Maße des Erlebten und Erfahrenen. Die Erfahrung läßt ihn klug werden — auch ohne strenge Analogie der Erfahrung.

So hat auch jeder geschichtlich lebende Geist seine Schule an seiner Geschichte, und der Möglichkeit nach wohl auch an der des fremden lebenden Geistes. Er macht Erfahrung in ihr und zahlt Lehrgeld, nicht anders als der Einzelmensch auch. Ein Volk kann sehr wohl geistig wachsen mit dem, was es durchmacht. Und in diesem Wachsen ist das historische Begreifen ein Faktor, der an Macht zunimmt mit der Höhe seiner wissenschaftlichen Selbständigkeit.

d. Transposition des Vergangenen in die Geistesform der Gegenwart.

An der wissenschaftlichen Geschichtsforschung ist die Verwurzelung im Gegenwärtigen denn auch sehr wohl zu erkennen. In allen ihren Formen und Abarten zeigt sie deutlich Tendenzen, die mit der Herausarbeitung des Tatsächlichen, ja schon in seiner Auslese, eine Deutung seines Sinnes für den Bedarf und das Interesse der Gegenwart enthalten. Das widerspricht dem Suchen nach Distanz und Objektivität nicht, denn erst gegen solche Tendenzen muß alle Objektivität sich durchsetzen. Vielleicht darf man sogar hinzufügen: in aller Geschichtsforschung und -Schreibung steckt latent schon ein Stück Geschichtsphilosophie. Und nirgends als in der weltanschaulichen Gegenwartsgetragenheit der Forschung selbst ist der Grund dafür zu suchen.

Die Arbeit des Forschers gehört wie jede andere jederzeit dem lebenden Geiste an. Ihre Ursprünge wie ihre uneingestandenen Ziele wurzeln in ihm. Der Historiker hat so die Zeitkindschaft, aus der er kommt, auch im Forschen an sich und trägt sie in den Gegenstand hinein. Die Begriffe, die er bildet, sind Begriffe des zeitgenössischen Denkens, wie sehr sie auch ihrem Gegenstand nach Begriffe des Vergangenen sind. Sein Anschauen und Verstehen des Vergangenen ist und bleibt gegenwärtiges Anschauen und Verstehen. Kein noch so hingebendes Hineinversetzen kann darüber täuschen. Und die Objektivationen, in denen sein Geschichtsbild sich ausformt — die Darstellung, die er gibt —, sind nicht mehr die Objektivationen des vergangenen Geistes selbst, aus denen dieser zu ihm spricht. Sein Werk ist die Transposition des Vergangenen in die Geistesform der Gegenwart.

So ist sein darstellendes Gestalten des Stoffes notwendig ein Umgestalten des Hineinragenden. Aber eben dadurch bringt er das Erstaunliche zuwege, daß es allem Abgetansein zum Trotz dem gegenwärtigen Geiste noch etwas Wesentliches zu sagen hat.

Und, was mehr besagen will: er hebt damit das Abgetansein als solches auf. Das Vergessene und Verlorene rückt wieder ins Gegenwartsbewußtsein ein. Und so findet es in ihm den Platz, den es ausfüllen kann. Denn von keiner Vergangenheit, die noch irgendwie entfernt die seinige ist, kann sich der lebende Geist ganz lossagen. Er lernt mittelbar stets sich selbst verstehen an dem, was er gewesen ist, ja selbst an dem, was anderer geschichtlicher Geist gewesen ist. Er lernt sich selbst als ein Glied in der Kette der geschichtlichen Gestalten lebenden Geistes überhaupt sehen. Und eben das ist es, dessen er bedarf.

Daß er es aber stets nur in den Grenzen gegenwärtigen Verstehens kann, ist nicht die Auflösung dieses Tuns — wie ein auf die Spitze getriebener Historismus einen glauben machen könnte —, sondern durchaus nur eine Begrenzung, durch die das Verstehen selbst in den selben Gestaltwandel einbezogen wird, der seinen unerschöpflichen Gegenstand ausmacht. Die ontologische Grundlage des Geschichtsbewußtseins ist eben jederzeit die eigene Geschichtlichkeit des lebenden Geistes. Es ist im Grunde nur die ihm selbst lebensnotwendige Rückwendung zu ihr.

FSC
www.fsc.org
MIX
Papier | Fördert gute Waldnutzung
FSC® C083411

Kolibri 360 GmbH
Ferdinand-Jühlke-Straße 7
99095 Erfurt, Deutschland
produktsicherheit@kolibri360.de